W0262334

Die Theorie

der

optischen Instrumente.

Bearbeitet

von wissenschaftlichen Mitarbeitern an der
optischen Werkstätte von Carl Zeiss.

I. Band.

Die Bilderzeugung in optischen Instrumenten

vom Standpunkte der geometrischen Optik.

Berlin.
Verlag von Julius Springer.
1904.

Die Bilderzeugung

in

optischen Instrumenten

vom Standpunkte der geometrischen Optik.

Bearbeitet von den wissenschaftlichen Mitarbeitern an der
optischen Werkstätte von Carl Zeiss
P. Culmann, S. Czapski, A. König, F. Löwe, M. von Rohr,
H. Siedentopf, E. Wandersleb.

Herausgegeben

von

M. von Rohr.

Mit 133 Abbildungen im Text.

Berlin.
Verlag von Julius Springer.
1904.

ISBN 978-3-642-50613-0   ISBN 978-3-642-50923-0 (eBook)
DOI 10.1007/978-3-642-50923-0

Softcover reprint of the hardcover 1st edition 1904

ERNST ABBE

GEWIDMET.

Vorwort.

Als mir vor gerade drei Jahren nahegelegt wurde, die Darstellung, die ich vor längerer Zeit in meiner „Theorie der optischen Instrumente nach ABBE" *) gegeben hatte, zu überarbeiten, zu berichtigen und zu vervollständigen, mußte ich mir bald sagen, daß ich selbst, schon wegen meiner starken beruflichen Inanspruchnahme, außer stande sei, das zu tun. Bei näherer Überlegung schien es mir aber auch für die Sache dienlicher, wenn statt eines Bearbeiters, dessen Erfahrungskreis, Wissen und Urteil notwendig ein beschränktes, einseitiges ist, mehrere sich zur Lösung dieser Aufgabe zusammenfänden, und eine solche Mehrheit bot sich naturgemäß in dem Kreise der wissenschaftlichen Mitarbeiter der Firma CARL ZEISS dar. Es konnte dabei die Auswahl der Bearbeiter so erfolgen, daß jeder das oder diejenigen Themata erhielt, die seinem besonderen Wirkungskreis am nächsten liegen, zu deren Behandlung er daher am besten vorbereitet war. Andererseits gab diese Zusammensetzung der Mitarbeiter eine möglichst weitgehende Garantie dafür, daß trotz ihrer Vielheit die unvermeidliche Verschiedenheit der Auffassungen und der Darstellungsweisen auf das tunlich geringste Maß zurückführbar sei. Dadurch wurde also auch derjenige Mangel zum mindesten sehr gemildert, den die Bearbeitung eines größeren Themas durch verschiedene Personen stets aufweisen wird.

Dieser Plan fand zu meiner großen Genugtuung bei allen Beteiligten die freundlichste Aufnahme; auch Herr Professor ABBE hat ihm von Anbeginn seine volle Sympathie zugewandt. So wurde also der erste Teil des geplanten Werkes, die hier vorliegende Theorie der Bilderzeugung in optischen Instrumenten vom Standpunkte der geometrischen Optik alsbald von den Beteiligten

---

*) Breslau, TREWENDT 1893, jetzt in den Verlag von J. A. BARTH, Leipzig, übergegangen.

in Angriff genommen und bereits im Sommer d. J. konnte die Drucklegung beginnen.

Für den Inhalt des vorliegenden Bandes bildete die von mir früher gegebene Darstellung jeweils den natürlichen Ausgangspunkt. Sie wurde von den einzelnen Bearbeitern durch die Resultate der eigenen wie der in der Zwischenzeit von anderen angestellten Untersuchungen vervollständigt, erweitert und wo nötig berichtigt. Diese Änderungen hatten natürlich je nach Thema und Bearbeiter einen sehr verschiedenen Umfang und eine sehr verschiedene Bedeutung. Es dürfte für den Leser von Interesse sein, hierüber im voraus etwas unterrichtet zu werden, so daß er weiß, was etwa er erwarten darf zu finden. Ich glaube dabei die Bekanntschaft mit meiner „Theorie der optischen Instrumente nach ABBE" voraussetzen zu dürfen und beschränke mich darauf, die dieser Darstellung gegenüber vorgenommenen Änderungen, Erweiterungen u. s. w. zu skizzieren.*)

Man kann die zehn Kapitel des vorliegenden Werkes nach ihrem Verhältnis zu meiner Theorie ungezwungen in drei Gruppen teilen: Relativ geringe Abänderungen haben erfahren das erste Kapitel „Die Berechtigung einer geometrischen Optik" (Bearbeiter Dr. H. SIEDENTOPF), das dritte Kapitel „Die geometrische Theorie der optischen Abbildung nach E. ABBE" (Bearbeiter Dr. E. WANDERSLEB), das vierte Kapitel „Die Realisierung der optischen Abbildung" (Bearbeiter Dr. P. CULMANN) und das achte Kapitel „Die Prismen und Prismensysteme" (Bearbeiter Dr. F. LÖWE). Selbstverständlich haben auch die Bearbeiter dieser Abschnitte es sich durchweg angelegen sein lassen, Unvollkommenheiten bezw. Unrichtigkeiten meiner diesbezüglichen Darstellung zu beseitigen, die inzwischen veröffentlichten wie auch die von mir nicht genügend berücksichtigten älteren

---

*) Ich beziehe mich dabei auf die erste Auflage meines Buches (vom Jahre 1893), da die inzwischen namentlich durch Herrn Dr. EPPENSTEIN besorgte neue Bearbeitung desselben zwar mit der vorliegenden zeitlich und inhaltlich Hand in Hand ging, aber erst einige Monate nach ihr herauskommen kann. Es war unser aller Meinung, daß das eine Werk durch das andere nicht überflüssig gemacht werde, denn ich mußte mich schon des vorgeschriebenen Umfangs wegen auch in der neuen Auflage im wesentlichen auf eine Darstellung der Grundzüge der Theorie der optischen Instrumente beschränken, während das Eigentümliche gerade des vorliegenden Werks die gewissermaßen monographische, eingehende Darstellung der für diese Theorie wichtigsten Lehren ist, d. h. derjenigen Lehren, die zum näheren Verständnis der Wirkung (Analyse) und eventuell zur Konstruktion (Synthese) der optischen Instrumente führen. Die Bezeichnung „optische Instrumente" ist dabei in demselben engeren Sinne zu verstehen wie in meinem Buche.

Untersuchungen anderer mit heranzuziehen und durch die Behandlung der wichtigsten Sonderfälle das Werk für den unmittelbaren praktischen Gebrauch nützlich zu machen. So wird bei den allgemeinen Theoremen über Reflexion und Brechung, die bereits 1824 von HAMILTON eingeführte „charakteristische Funktion" behandelt (S. 21 ff.), die in englischen Darstellungen (R. S. HEATH) wohl auch bisher schon erläutert wurde, in Deutschland aber erst seit den Arbeiten von M. THIESEN, H. BRUNS, F. KLEIN u. a. Beachtung gefunden hat u. a. m. Wegen der von den anderen Bearbeitern vorgenommenen Änderungen sei auf deren eigene Angaben S. 83, 96, 124 und 409 verwiesen.

Durchgreifender sind die Modifikationen, die meine Darstellung erfahren hat, in den Kapiteln V, VI und IX. Namentlich das fünfte Kapitel „Die Theorie der sphärischen Aberrationen" (Bearbeiter Dr. A. KÖNIG und Dr. M. VON ROHR) dürfte bei allen auf diesem Gebiete Arbeitenden Interesse beanspruchen. Es gibt eine vollständige Durchführung der ABBESCHEN Invariantenmethode für die gesonderte Ableitung aller zehn SEIDELSCHEN bis zur dritten Potenz der Winkel gehenden Bildfehler und zwar für die von der zweiten und dritten Potenz der Öffnung der Büschel abhängigen Fehler (Koma im weiteren Sinne und sphärische Aberration der schiefen Büschel) zum ersten Male für e n d l i c h e Hauptstrahlneigung. Die SEIDELSCHEN Gleichungen selbst werden hieraus einfach durch Beschränkung auf kleine Hauptstrahlneigungen und nach A. KERBER auch direkt abgeleitet. Es zeigt sich hier der große Vorzug der ABBESCHEN Methode gegenüber der SEIDELSCHEN, erstens darin, daß sie gestattet, für einzelne Fehler so sehr viel weiter zu gehen, als die SEIDELSCHE Theorie, und zweitens darin, daß sie die Gleichungen für jeden Fehler gesondert gibt. Die SEIDELSCHEN Gleichungen werden auch für nichtsphärische Rotationsflächen entwickelt, eine Arbeit, die nach brieflicher Äußerung mir gegenüber früher schon A. GULLSTRAND in Angriff genommen hatte.

Ich muß mich hier auf diese flüchtige Andeutung des Inhalts dieses Kapitels beschränken. Es bildet, wie oben bemerkt, für sich eine wertvolle Monographie des Gegenstandes, für deren Bearbeitung in der jetzigen Vollständigkeit die Verfasser neben der wertvollen Unterstützung durch die KERBERSCHEN Abhandlungen fast ganz auf sich selbst angewiesen waren.

Das sechste Kapitel „Die Theorie der chromatischen Aberrationen" (Bearbeiter Dr. A. KÖNIG) zeichnet sich namentlich durch die stete Berücksichtigung e n d l i c h e r Wellenlängendifferenzen aus, wie sie allein den spektrometrischen Dispersionsmessungen und meist auch den Rechnungen zu grunde liegen. Die bezüglichen Formeln sind dabei durchaus nicht kompliziert.

Das neunte Kapitel endlich „Die Strahlenbegrenzung in optischen Systemen" (Bearbeiter Dr. M. von Rohr) gibt eine methodische Durchführung der von Abbe begründeten Theorie der Strahlenbegrenzung für aberrationsfreie optische Systeme. Sowohl der Fall allseitig strahlender Objekte wie der in der Praxis so häufig vorliegende eines durchleuchteten und nur in beschränkter Ausdehnung strahlenden Objekts wird für Projektionssysteme eingehend behandelt. Mittels der vom Bearbeiter schon früher eingeführten Einstellungsebene ergeben sich in sehr einfacher Weise die Gesetze, nach denen optische Systeme von räumlich ausgedehnten Objekten auf einem flächenhaften Schirm nicht sowohl Bilder als Abbilder zu stande kommen lassen. Bei der Diskussion der Verhältnisse, die ein mit dem Auge in Verbindung stehendes System bietet, ergeben sich neue Gesichtspunkte auf Grund der Feststellung A. Gullstrands, daß in gewissen Fällen, wie bei der Betrachtung von Photographien, die Hauptstrahlen sich genügend verlängert im Augendrehungspunkte schneiden müssen. Dieser Punkt erhält dadurch neben der Pupille des Auges und in manchem Sinne über diese hinaus Bedeutung für die Theorie der Instrumente.

Neben diesen Abschnitten, welche, wie gesagt, mehr oder minder auf entsprechenden meiner Darstellung aufgebaut werden konnten, sind nun noch drei Kapitel zu nennen, die auch in den Grundlagen ganz selbständig sind und unter dem hier festgehaltenen Gesichtspunkt sehr wichtige Zusätze gegenüber meiner Darstellung bedeuten. Es sind die Kapitel II „Die Durchrechnungsformeln" (Bearbeiter Dr. A. König und Dr. M. von Rohr), VII „Die Berechnung optischer Systeme auf Grund der Theorie der Aberrationen" (Bearbeiter Dr. A. König) und X „Die Strahlungsvermittelung durch optische Systeme" (Bearbeiter Dr. M. von Rohr).

Die beiden Erstgenannten kommen vorwiegend dem Bedürfnis des praktischen Optikers entgegen, der entweder ein gegebenes System durch rechnerische Verfolgung genügend zahlreicher, es durchsetzender Strahlen auf seine Tauglichkeit für einen gegebenen Zweck prüfen will oder der sich Rechenschaft geben will von der Möglichkeit, gewisse Bildeigenschaften, d. i. eine gewisse Freiheit von bestimmten Bildfehlern mit gegebenen Konstruktionsmitteln synthetisch zu erreichen.

Im zweiten Kapitel werden daher die Formeln zur Verfolgung eines Strahls durch ein gegebenes System abgeleitet zuerst für den Fall durch einen Achsenpunkt gehender, dann für den in der Meridianebene verlaufenden Strahlen (E. Abbe) und deren unendlich nahe Nachbarn. Dann wird der allgemeine Fall windschiefer Strahlen eingehend erörtert unter Benutzung der Arbeiten von L. Seidel bezw. B. Wanach, A. Kerber und H. Bruns. Besonders wertvoll erscheinen unter dem hier voranstehenden Gesichtspunkte die zum Schluß des Kapitels mitgeteilten sogenannten Differenzformeln von A. Kerber, die die Abweichungen für den erstgenannten Fall unmittelbar zu berechnen gestatten — Formeln, die L. Seidel anscheinend in größter Allgemeinheit besessen hat.

Im siebenten Kapitel zieht Dr. A. König sozusagen das praktische Fazit aus den voranstehenden Entwickelungen über die sphärischen und chromatischen Fehler in einer Diskussion über die Möglichkeit, mehrere dieser Fehler in einem System gleichzeitig zu heben. Er betrachtet daraufhin zuerst die sogenannte Petzvalsche Bedingung (der Bildebenung), auf deren Erfüllung die sonst vorzugsweise benutzte „Durchbiegung" der Linsen ohne Einfluß ist, und dann die Korrektion der übrigen Seidelschen Bildfehler in deren wichtigsten Kombinationen. Der Einfluß der zur Korrektion benutzbaren Mittel (Durchbiegung, Distanzierung der Einzellinsen, Blendenstellung) wird für verschiedene Fälle erörtert und durch Zahlentabellen die Resultate diesbezüglicher Berechnungen dargestellt. Schließlich wird die Berechnungsweise eines Systems im Anschluß an ein gegebenes Muster dargelegt und der Einfluß der absoluten Dimensionen eines Systems, des Maßstabs, auf die Fehlerbeträge erörtert, um die Grundlage für eine richtige Verteilung der Leistung auf Objektiv und Okular zu geben.

Im Schlußkapitel endlich werden von Dr. von Rohr die photometrischen Verhältnisse bei der optischen Abbildung vorgetragen.

Nach Entwickelung der photometrischen Grundgesetze wird aus der physikalischen Lichttheorie unter Zuhilfenahme der neuesten experimentellen Daten der Nachweis erbracht, daß die Gesamtintensität sowohl des an Spiegeln reflektierten wie des an der Grenze durchsichtiger Medien durch Brechung hindurchtretenden Lichts innerhalb weiter Grenzen vom Einfallswinkel unabhängig ist. Damit sind die früher fehlenden physikalischen Unterlagen erbracht für die Giltigkeit der beiden Abbeschen Strahlungssätze innerhalb des praktisch in Betracht kommenden Spielraums. Diese Sätze werden entwickelt und auf die Hauptgattungen optischer Instrumente —

die zur Projektion und die als Unterstützungsmittel des Sehens
dienenden — angewandt.

Der mühseligen Arbeit der eigentlichen Herausgabe hat sich
Dr. von Rohr freundlichst unterzogen. Für die Einheitlichkeit der
Bezeichnungen und der Literaturnachweise, für die Anfertigung des
sehr eingehenden Sach- und Autorenregisters, sowie für die Fehler-
freiheit des Textes und die Anlage und Ausführung der Figuren
sind wir ihm in erster Linie verbunden. Herzlicher Dank sei der
Verlagsfirma auch an dieser Stelle für die vortreffliche Ausstattung
des Werkes abgestattet.

Ich glaube, daß die in den nachfolgenden Blättern nieder-
gelegten Studienergebnisse der verschiedenen Mitarbeiter an diesem
Werk allen Fachgenossen als wertvolle Bereicherung der vorhandenen Literatur erscheinen werden.

Ob die Hoffnung, das Werk in der geplanten Weise durchzuführen, sich jemals verwirklicht, hängt leider zum Teil von Umständen ab, die in keines Menschen Macht liegen.

Jena, Anfang Dezember 1903.

S. Czapski.

Inhaltsverzeichnis.

IV. Kapitel.

Die Realisierung der optischen Abbildung . . 124—207

V. Kapitel.

Die Theorie der sphärischen Aberrationen . . 208—338

Inhaltsverzeichnis. XVII

Seite

VI. Kapitel.

Die Theorie der chromatischen Aberrationen . 339—372

VII. Kapitel.

Die Berechnung optischer Systeme auf Grund der Theorie der Aberrationen . . . . . . 373—408

VIII. Kapitel.

Die Prismen und die Prismensysteme . . . 409—465

IX. Kapitel.

Die Strahlenbegrenzung in optischen Systemen 466—507

X. Kapitel.

Seite

Die Strahlungsvermittlung durch optische Systeme 508—547

I. Kapitel.

Die Berechtigung einer geometrischen Optik.

Bearbeiter: **H. Siedentopf.**

———

1. Einleitung.

A. Licht-Theorieen.

Zur eingehenden und umfassenden Erklärung der Erscheinungen des Lichtes dient die von HUYGENS aufgestellte und von YOUNG und FRESNEL erweiterte Undulationstheorie des Lichtes, nach welcher das Licht in transversalen Schwingungen eines sehr feinen, sehr elastischen und überall verbreiteten Mediums, des sog. Lichtäthers, besteht. Die von MAXWELL angebahnte und durch HERTZ verbreitete elektromagnetische Theorie des Lichtes macht sich von spezielleren Voraussetzungen über Einzelheiten des Lichtvorganges freier, und es gelingt ihr ebenfalls, von den meisten Erscheinungen des Lichtes ziemlich vollständig Rechenschaft zu geben. Eine Rückkehr zu der Aufnahme spezieller, aber verfeinerter Hypothesen über den Licht-vorgang stellt die Elektronentheorie von LORENTZ dar.

Es gibt aber ein großes Gebiet von Lichterscheinungen — und darunter befinden sich gerade solche in großer Zahl, welche sich im gewöhnlichen Leben am häufigsten darbieten und eine weit-gehende praktische Anwendung gefunden haben — die in ihrem wesentlichen Teil zu ihrer Erklärung nicht einer Hypothese über die mechanische, elektrische oder sonstige Natur der Lichtbewegung bedürfen, sondern die auf gewissen allgemeineren Eigenschaften der Lichtbewegung beruhen, — Eigenschaften, die an sich sehr einfach sind, und die auch für sich zur Grundlage der hierher gehörigen Untersuchungen genommen werden können und — in früheren Zeiten ebensowohl, als in der Gegenwart — mit Erfolg genommen worden sind.

B. Geometrische Eigenschaften der Lichtbewegung.

Diese allgemeinen Eigenschaften der Lichtbewegung lassen sich aus den Grundvorstellungen über die Natur derselben unter Zuhilfenahme einiger durch die Erfahrung dargebotener Hilfsprinzipien mathematisch streng ableiten und dadurch tiefer begründen. Sie lassen sich aber auch ohne weiteres als durch die Erfahrung gegeben ansehen und zum selbständigen Ausgangspunkt der Untersuchung nehmen.

Es sind dies 1) das Gesetz der geradlinigen Ausbreitung des Lichts; 2) das Gesetz der Unabhängigkeit der Teile eines Lichtbündels voneinander; 3) das Gesetz der regelmäßigen Zurückwerfung, Spiegelung, Reflexion und 4) das Gesetz der regelmäßigen Brechung, Refraktion des Lichts.

Alle vier Gesetze beziehen sich nur auf die Richtung der Lichtbewegung, also eine rein geometrische Eigenschaft derselben. Die Anwendung dieser Gesetze auf die in der Natur sich darbietenden oder künstlich herstellbaren Kombinationen von Lichtbewegungen bildet den Gegenstand der „geometrischen Optik".

Die eigentlich so genannte geometrische Optik erstreckt sich jedoch nicht auf alle Erscheinungen des Lichts, soweit in ihnen bloß Richtungsänderungen in Frage sind, sondern sie beschränkt sich auf diejenigen Fälle, in welchen die wirkenden Medien isotrop, unkrystallinisch, sind.

Wenn nun aber auch die genannten Gesetze genügen, um auf ihnen ein sehr vollständiges System aufzubauen, d. h. ein solches, welches die beobachtbaren Erscheinungen sehr annähernd wiedergibt, und gestattet, noch nicht beobachtete Erscheinungen richtig vorauszusagen, so werden wir doch der besonderen Vorstellungen über die Natur des Lichts und deren Konsequenzen auch im Verfolge des hier ins Auge gefaßten beschränkteren Untersuchungsgebietes nicht entraten können. Es hat öfters zu Irrtümern geführt, daß man die Gesetze der geometrischen Optik über diejenigen Grenzen hinaus, in welchen sie durch die Erfahrung bestätigt oder durch die strengere Theorie gestützt waren, anwandte; namentlich eine vollständige Theorie der optischen Instrumente und der meteorologisch-optischen Erscheinungen läßt sich nur durch Rückgreifen auf die Begriffe der Undulationstheorie gewinnen; und es wird in jedem Falle gut sein, sich zu vergewissern, wie weit die aus den einfachen Vorstellungen gezogenen Folgerungen in der strengen Theorie noch eine Stütze finden, wenn man die geometrische Optik als physikalische Disziplin und nicht als ein bloßes Übungsfeld der Mathematik behandeln will.

Diesem Standpunkte gemäß sollen im folgenden außer den allgemeinen Beziehungen, welche aus den Grundgesetzen abgeleitet worden sind, nur solche Konsequenzen derselben behandelt werden, welche entweder zum Verständnis wichtiger Naturerscheinungen oder zu dem der optischen Instrumente nötig sind. —

2. Grundgesetze.

A. Die Ausbreitung des Lichts in geraden Strahlen.

Das Gesetz der Ausbreitung des Lichts in geraden Strahlen innerhalb eines homogenen Mediums ist ebensowenig als eines der anderen Grundgesetze der Physik aus einzelnen, eigens hierzu angestellten Beobachtungen geschlossen worden, noch ist es durch solche überhaupt streng beweisbar. Es nimmt seine Gewißheit, gerade so wie die Grundgesetze anderer physikalischer Disziplinen, aus der Übereinstimmung der aus ihm gezogenen Folgerungen mit der Erfahrung. Überall im gewöhnlichen Leben, und in aller Strenge in der praktischen Astronomie und Geodäsie, wird auf die unbedingte Gültigkeit dieses Gesetzes gebaut und wird umgekehrt die Geradlinigkeit einer Strecke aus der Tatsache der Bewegung des Lichtes in ihr gefolgert; und stets haben sich die hieraus weiter gezogenen Schlüsse als richtig erwiesen. Diese zahllosen, zum Teil sehr kritischen Bestätigungen des Gesetzes haben demselben eine Sicherung und allgemeine Annahme verschafft, wie kaum einem anderen Naturgesetze.

Trotzdem ist, wie seit hundert Jahren wohlbekannt ist, das Gesetz nicht unbedingt, und in der gewöhnlich ausgesprochenen Form überhaupt nicht richtig.

Wenn man daran geht, es einer möglichst strengen Prüfung durch das Experiment zu unterziehen, wenn man, um es als Elementargesetz nachzuweisen, möglichst mit den elementaren Bestandteilen des Lichts, den „Strahlen" selbst, zu operieren versucht, also durch Schirme mit sehr engen Öffnungen aus einem größeren Lichtbündel solche „Strahlen" heraushebt und ihren Weg verfolgt, so bemerkt man, daß die Ausbreitungsrichtung des Lichts desto unbestimmter, vieldeutiger und damit die Existenz isoliert darstellbarer „Lichtstrahlen" überhaupt desto zweifelhafter wird, je mehr man sie zu erreichen strebt. Denn je enger man die fragliche Öffnung macht, desto weiter breitet sich das durch sie getretene Licht, statt in einer einzigen Richtung weiterzugehen, in ein Büschel von in verschiedenen Richtungen variabler Helligkeit aus; einen je kleineren Schirm man in den Weg eines Lichtbündels stellt, desto weniger ist der auf einem gegenübergestellten Schirm entworfene Schatten dem schattenwerfenden Körper geometrisch ähnlich, desto mehr tritt an die Stelle dessen, was wir als Schatten zu bezeichnen gewohnt sind, eine ganz andere Erscheinung. Wir brauchen uns bei einer näheren Beschreibung solcher Versuche nicht aufzuhalten; denn wir gelangen auf diesem Wege zu nichts anderem, als zu dem, was als ein besonderes, wichtiges Erscheinungsgebiet der Optik Diffraktion, Beugung des Lichts genannt und eingehend studiert worden ist.

Trotzdem hiernach das Gesetz der Ausbreitung des Lichts in geraden Strahlen nur eingeschränkte Gültigkeit hat, verliert es doch kaum an Bedeutung, auch auf dem Boden der strengeren Theorie des Lichts, welche die oben erwähnten Erscheinungen völlig zu erklären vermag. Jene Theorie*) zeigt vielmehr, übereinstimmend mit der Erfahrung, daß bis zu einem erheblichen Grade der Annäherung in den gewöhnlich vorkommenden Fällen, d. h. überall da, wo wir es mit Lichtbüscheln von endlichem Querschnitt zu tun haben, diese Büschel sich in vielen Beziehungen so verhalten, als seien sie aus einzelnen Strahlen zusammengesetzt, welche sich unabhängig voneinander in geraden Linien fortbewegen. Nur in den meist ziemlich subtilen Fällen, welche in der Lehre von der Interferenz und Beugung des Lichts betrachtet werden, und auch da oft nur bei besonderer Aufmerksamkeit, sind die Ausnahmen von dieser Regel wahrzunehmen, wiewohl sie in aller Strenge niemals gilt.

Auffälliger werden die Abweichungen von den Grundgesetzen der geometrischen Optik an den Grenzen von Büscheln endlichen Querschnitts; aber alsdann ist die Menge des abweichenden Lichtes verschwindend gegen die des in diesem Sinne regulären, kann also gegenüber dieser für viele Zwecke vernachlässigt werden.

---

*) Nach Kirchhoff (1.) sind Strahlen diejenigen Geraden, nach denen sich im Innern eines Wellenzuges die Energie fortpflanzt.

B. Das Verhalten des Lichts an der Grenze zweier verschiedener Medien.

Die anderen beiden Grundgesetze treffen, wie die strenge Theorie des Lichtes und ebensolche experimentelle Prüfung zeigen, bis zu demselben Grade der Annäherung zu, wie die beiden ersten das heißt in allen Fällen, wo und insoweit, als man gemäß den vorliegenden äußeren Bedingungen berechtigt ist, überhaupt von „Strahlen" zu sprechen.

Solange sich das Licht in einem einzigen homogenen Mittel bewegt, tut es dies mit den angegebenen Einschränkungen in geradlinigen Strahlen. Gelangt es an die Grenze eines Mittels von anderer optischer Beschaffenheit, so spaltet es sich in zwei Teile, die sich von der getroffenen Stelle an der Grenzfläche aus mit plötzlich veränderter Richtung fortbewegen:

a) Ein Teil des Lichtes bleibt im ersten Medium — zurückgeworfenes, reflektiertes Licht.

b) Der übrige Teil des Lichts geht in das zweite Medium über und pflanzt sich zunächst in ihm fort — gebrochenes Licht.

Die Beschaffenheit der Grenzfläche. Eine genauere Untersuchung zeigt allerdings, daß diese scharfe Scheidung niemals eintritt. Auch der Teil des Lichtes, welcher in das erste Mittel zurückkehrt, war vorher bis zu einer gewissen, sehr geringen Tiefe in das zweite Mittel eingedrungen. Die natürlichen Farben der Körper haben in der bei dieser Gelegenheit vor sich gegangenen selektiven Absorption des Lichts ihren Entstehungsgrund, was wir aber hier nicht näher erörtern können. In welchem Maße und bis zu welcher Tiefe ein solches Eindringen des sogen. reflektierten Lichtes stattfindet, hängt außer von der Natur der aneinandergrenzenden Mittel auch noch im hohen Grade von der Beschaffenheit der Grenzfläche ab; z. B. davon, ob der zweite Körper in festem oder etwa pulverisiertem Zustande vorliegt, ob seine Oberfläche im ersteren Falle rauh oder poliert ist. Bei polierten Flächen ist außerdem das Verhältnis der Politurfeinheit zur Wellenlänge der angewendeten Lichtart in Betracht zu ziehen. Es können z. B. feingeschliffene, aber nicht polierte Flächen für ultrarotes Licht brauchbare Spiegelflächen abgeben, während auf der anderen Seite mit nicht besonderer Sorgfalt polierte Flächen für ultraviolettes Licht nur unvollkommen reflektieren oder brechen.

Die regelmäßige und die diffuse Reflexion und Brechung. Die Richtung des reflektierten Lichts hängt nach dem dritten Grundgesetz der geometrischen Optik in einer bald näher anzugebenden Weise nur von der Neigung des einfallenden Lichtstrahls gegen das von ihm getroffene Element der Grenzfläche ab. Und in der Tat, wenn diese Fläche mathematisch regelmäßig und vollkommen glatt poliert ist, so findet die Bewegung des Lichts fast ausschließlich in den jenem Gesetze entsprechenden Richtungen statt. Die Reflexion an solchen Flächen heißt daher regelmäßige Reflexion.

Je mehr aber die Trennungsfläche unregelmäßig ist, in der Art, daß ihre Elemente schon auf kleinem Gebiete oft und stark ihre Richtung ändern, d. h. je mehr die Fläche rauh, matt ist, desto weniger findet jenes Grundgesetz auf die Reflexion des Lichtes an ihr Anwendung. Die Anordnung der Elemente ist bei solchen Flächen wohl nie angebbar, so daß für eine Berechnung ihrer Wirkung nach dem Reflexionsgesetz schon die nötige Unterlage fehlt. Es ist dann aber auch die Größe der verschiedentlich wirkenden Flächenstücke eine so geringe, daß die Regeln der geometrischen Optik, wie vorhin hervorgehoben, überhaupt nicht ohne weiteres auf das Verhalten des Lichts an ihnen anwendbar sind. Endlich wird in einem solchen Falle, wie leicht ersichtlich, das in eine geringe Tiefe des zweiten Mittels eingedrungene Licht mit wirksam sein müssen und die Erscheinung beeinflussen. Von dem z. B. auf eine ebene Fläche in einer Richtung auffallenden Licht werden dann Teile, in stetig variierender Intensität, nach allen Richtungen zerstreut — diffuse Reflexion.

Gerade durch den Umstand, daß eine diffus reflektierende Fläche sich in ihren kleinsten Teilen verschieden gegen das Licht verhält, werden uns diese, und damit die Fläche selbst, als diskrete Ausgangspunkte von Lichtbewegungen sichtbar, während durch Reflexion an vollkommen glatten Flächen — wie wir später sehen werden — nur Bilder der äußeren, ihrerseits entweder selbst leuchtenden oder diffus reflektierenden Gegenstände entstehen, die reflektierenden Flächen selbst aber durchaus unsichtbar bleiben. In der Wirklichkeit wird diese Unsichtbarkeit freilich meist durch die unvermeidlichen Kratz- oder Sprungstellen, Stäubchen u. dergl. mehr oder minder aufgehoben. Denn in der Wirklichkeit gibt es keine Grenzflächen, die dem einen oder dem anderen Falle vollkommen entsprechen, so daß wir es immer nur mit einer mehr oder minder großen Annäherung an das im Idealfalle stattfindende Verhalten zu tun haben.

In Bezug auf das gebrochene Licht gelten zum Teil dieselben Bemerkungen, wie sie in Bezug auf das reflektierte eben gemacht wurden. Wenn die Grenzfläche der beiden Medien glatt ist, so hängt die Richtung des gebrochenen Lichts gemäß dem bald anzugebenden vierten Grundgesetz der geometrischen Optik nur von der Richtung des einfallenden Strahls gegen das getroffene Flächenelement und der Natur der beiden aneinandergrenzenden Medien ab. Ist die Trennungsfläche aber matt, rauh, so wird das in das zweite Medium eindringende Licht diffus gebrochen, in ganz analoger Weise, wie das in das erste Medium zurücktretende Licht diffus reflektiert wird.

Innerhalb des zweiten Mediums kann das Licht verschiedene Modifikationen erfahren. Stets geht ein Teil des Lichts als solches verloren und wird in andere Formen von Energie — Wärme, Elektrizität, chemische Energie — verwandelt, absorbiert. Oft ändert das Licht auch nur seine Art, Farbe, innerhalb des neuen Mittels und bietet dann die interessanten Erscheinungen der Fluoreszenz dar. Je nachdem durch eine Schicht von gegebener Dicke ein größerer oder geringerer Teil des auf sie gefallenen Lichtes hindurchgelassen wird, nennt man den Körper mehr oder weniger „durchsichtig". Ein Mittel wird im allgemeinen für verschiedene Farben verschiedene Absorption und daher auch verschiedenen Grad der Durchsichtigkeit besitzen.

Wenn das Medium, in welchem sich das Licht bewegt, vollkommen homogen ist, so kann man durch hinreichend dünne Schichten desselben andere Objekte, wenn auch in verringerter Helligkeit, so doch in vollkommen unverminderter Schärfe sehen. Medien, welche in homogener Masse Partikeln anderer optischer Eigenschaft zerstreut enthalten, wie dies z. B. bei der Milch, dem Blut, dem Porzellan, der feuchten atmosphärischen Luft der Fall ist, heißen trübe Medien. Die in ihnen vorhandenen Partikeln verursachen eine innere diffuse Reflexion, deren Natur nur nach den Vorstellungen der physikalischen Lichttheorie näher definierbar ist. Im durchgehenden Lichte lassen diese trüben Medien die äußeren Gegenstände nur unscharf erkennen, weshalb sie auch durchscheinend genannt werden.

Es braucht wohl kaum daran erinnert zu werden, daß es in der Natur absolut durchsichtige Medien nicht gibt, sondern nur ein gradueller Unterschied der Trübheit vorhanden ist, welcher allerdings so groß ist, daß er zu einer Verschiedenheit der allgemeinen Bezeichnung vollauf berechtigt. Es gibt Substanzen, wie z. B. nach Untersuchungen von H. SIEDENTOPF und R. ZSIGMONDY (*1.*), Goldrubingläser, deren Trübung durch fein zerteiltes Gold so unmerklich wird, daß sie im durchfallenden Licht vollkommen klar erscheinen, und es gibt umgekehrt in der Natur keine ganz undurchsichtigen Mittel, sondern in hinreichend dünnen Schichten werden alle Medien durchsichtig oder wenigstens durchscheinend. Doch beziehen sich diese Bemerkungen schon nicht mehr auf das Verhalten des Lichts

an der Grenze zweier Medien, sondern auf seinen Verlauf innerhalb je eines Mittels.

In dem folgenden werden alle Medien, welche das Licht trifft,
nicht bloß als homogen, sondern auch als vollkommen durchsichtig
und als durch vollkommen glatte Flächen begrenzt angenommen,
oder vielmehr es wird das Verhalten des Lichts an ihnen nur insoweit, als es von jenen Eigenschaften bedingt ist, untersucht.

Entsprechend dem Zwecke und Charakter der geometrischen
Optik wird von allen Eigenschaften des Lichtes, welche nicht zu
Änderungen geometrischer Verhältnisse Anlaß geben, in dem Vor-
trag derselben abgesehen. Also wird keine Rücksicht darauf genommen, ob das Licht von einem selbstleuchtenden oder diffus
strahlenden Körper ausgeht, oder von Brennpunkten, die erst durch
besondere optische Veranstaltungen aus jenen hervorgegangen sind,
ferner ob das Licht intensiv oder schwach, ob natürliches oder in
irgend einem Polarisationszustande befindliches ist. Wir berücksichtigen nur die Intensitätsänderungen gegebener Lichtbüschel,
soweit sie allein durch die Änderungen der geometrischen Verhältnisse bedingt werden. Es liegt ferner ganz im Sinne der geometrischen Optik als einer Hilfsdisziplin der physikalischen Optik
und einer selbst physikalischen Disziplin, nicht den Schnittpunkt
irgend welcher „Strahlen“ verschiedenen Ursprungs als „Brennpunkt“ des betreffenden Büschels aufzufassen, sondern als solchen
nur den Vereinigungspunkt kohärenter Strahlen gelten zu lassen,
d. h. von Strahlen, welche ursprünglich von ein und demselben
leuchtenden Punkte ausgingen, oder — wie die Definition des
Lichtstrahls in der Ausdrucksweise der Wellentheorie lautet — nur
solcher, welche Normalen derselben Wellenfläche sind, was wir schon
hier betonen wollen.

C. Die Grundgesetze der Reflexion und Brechung.

Die Richtung, welche der regelmäßig zurückgeworfene und der
ebenso gebrochene Teil des Lichts im Verhältnis zu dem einfallenden einschlagen, wird durch die folgenden Gesetze bestimmt (drittes
und viertes Grundgesetz der geometrischen Optik).

Definitionen. Der spitze Winkel, welchen der einfallende
Strahl mit der im Einfallspunkte auf der Trennungsfläche der beiden
Medien errichteten Normalen — der Einfallsnormalen — bildet,
heißt der Einfalls-, Incidenzwinkel. Der spitze Winkel, welchen
der reflektierte bezw. gebrochene Strahl mit derselben Normalen

bildet, heißt der Reflexions- bezw. Brechungswinkel. Die Ebene, in welcher der einfallende Strahl und die Normale liegen, heißt die Einfallsebene. Es gilt dann:

Der reflektierte und der gebrochene Strahl liegen in der Einfallsebene und auf der entgegengesetzten Seite des Einfallslots, wie der einfallende Strahl.

Das Grundgesetz der Reflexion. Der Reflexionswinkel ist gleich dem Einfallswinkel: $APN = -BPN = i$ (Fig. 1). Dabei sollen die Winkel als positiv bezw. negativ gerechnet werden, je nachdem bei ihnen die Drehung des Strahles in die Richtung der Normalen in einem Sinne erfolgen würde, welcher dem der Drehung des Uhrzeigers gleich oder entgegengesetzt ist.

Das Grundgesetz der Brechung. Der Sinus des Brechungswinkels steht zu dem Sinus des Einfallswinkels in einem Verhältnis, welches nur von der Natur der beiden aneinandergrenzenden Medien a und b und der Art (Wellenlänge) des wirksamen Lichts, aber nicht von der Grösse des Einfallswinkels abhängig ist:

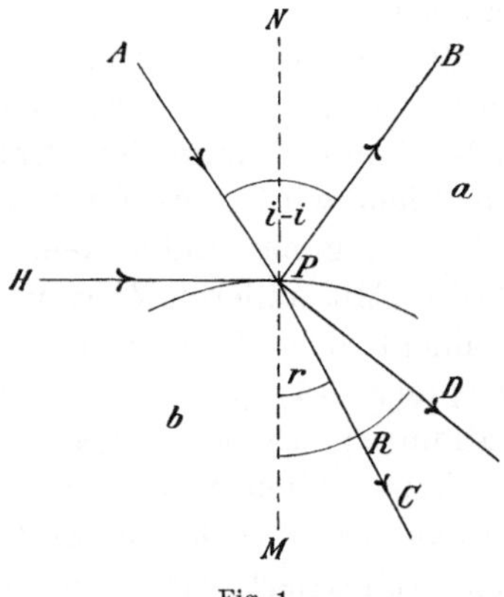

Fig. 1.

Einfallswinkel i und Reflexionswinkel $-i$ im Medium a, Brechungswinkel r und Winkel der Totalreflexion R im Medium b.

$$\sin CPM / \sin APN = \sin r / \sin i = n_{a,b} = \text{const} \ (i).$$

Die Verhältniszahl $n_{a,b}$ heißt der Brechungsindex des Mediums a gegen das Medium b für die betreffende Lichtart.

Über die erfahrungsmäßige Begründung dieser Grundgesetze gilt das in der Einleitung Gesagte. Die Ableitung derselben aus den Voraussetzungen der Undulationstheorie wurde zuerst von HUYGENS gegeben, später von FRESNEL schärfer formuliert. Die genaueste Bestätigung hat das Reflexionsgesetz durch astronomische Beobachtungen erfahren, bei welchen die Höhe eines Sterns einerseits direkt durch Einstellung auf ihn mit dem Meridianinstrument, dessen Horizontallage mittels Libelle festgestellt ist, andererseits indirekt durch Messung der Tiefe seines Spiegelbildes in einem Quecksilberhorizont bestimmt wird. Die auf diese Art beobachtete Tiefe wird immer genau der Höhe gleich gefunden bei jedem Betrage der letzteren. Dergleichen Messungen sind aber einer sehr großen

Genauigkeit fähig, so daß sie eine ebenso genaue Prüfung der Konsequenzen des fraglichen Gesetzes repräsentieren.

Das Brechungsgesetz wird am schärfsten auf die Probe gestellt durch Bestimmungen der Brechungsverhältnisse selber und durch die Übereinstimmung der unter seiner Annahme berechneten optischen Konstruktionen, wenn dieselben exakt ausgeführt sind, mit der Rechnung.

Das Prinzip der Umkehrbarkeit der Strahlenwege. In Bezug auf letzteres Gesetz hat die Erfahrung weiterhin zu erkennen gegeben, daß — was bei der Reflexion eo ipso statt hat — der einfallende und der gebrochene Strahl stets miteinander vertauscht werden können, so daß, wenn irgendwo ein unter dem Winkel i im Medium a einfallender Strahl unter dem Winkel r in das Medium b gebrochen wird, derselbe unter dem Einfallswinkel r im Medium b einfallend genau unter dem Winkel i in das Medium a gebrochen würde. Mit anderen Worten: wenn $n_{ab} = \sin r / \sin i$ der Brechungsexponent des Mediums a gegen das Medium b ist, so ist $n_{ba} = \sin i / \sin r = 1/n_{ab}$ der Brechungsexponent des Mediums b gegen das Medium a; also $n_{ab} = 1/n_{ba}$.

Wir schließen hieraus: wenn ein Strahl nach irgend welchen Reflexionen und Brechungen so auf eine Fläche fällt, daß er senkrecht reflektiert wird, so durchläuft er genau seinen vorherigen Weg, nur in umgekehrter Richtung.

Die optische Invariante. Und endlich hat die Messung zahlreicher Brechungsverhältnisse gezeigt, daß das Brechungsverhältnis n_{ab} eines Mediums a gegen b vollständig bestimmt ist, wenn die Brechungsverhältnisse n_{ac}, n_{bc} der Medien a und b gegen irgend ein anderes Medium c bekannt sind, und zwar, daß $n_{ab} = \dfrac{n_{ac}}{n_{bc}}$. Der relative Brechungsexponent eines Mediums a gegen das Medium b ist also gleich dem Verhältnis der relativen Brechungsexponenten der Medien a und b gegen ein drittes Medium c. Hierdurch wird die Zahl der möglichen Brechungsexponenten, welche sonst gleich der Zahl der Kombinationen aller Medien miteinander wäre, in eindeutiger Weise auf eine einzige Reihe zurückgeführt, nämlich auf die der Brechungsexponenten aller Medien gegen ein einziges. Als das letztere wird vornehmlich der leere Raum genommen. Die Brechungsverhältnisse gegen den leeren Raum heißen darum absolute, oder Brechungsindices schlechthin. Das Vakuum selbst hat gemäß dieser Bestimmung den Brechungsindex 1; die bekannten durchsichtigen Medien haben alle Brechungsindices > 1; nur einige Metalle, in Prismen von sehr geringer Dicke untersucht, haben Indices < 1 ergeben, wie z. B. von A. KUNDT (*1.*) festgestellt wurde.

Vermöge dieser Beziehungen läßt sich die Gleichung, welche das Brechungsgesetz ausspricht, in einer symmetrischen Form schreiben, welche wir künftig oft anwenden werden. Wir haben $\sin r = n_{ab} \cdot \sin i$. Da nun $n_{ab} = n_a/n_b$ ist, wenn wir mit n_a, n_b die Brechungsexponenten der Medien a und b gegen den leeren Raum bezeichnen, so wird

$$n_a \cdot \sin i = n_b \cdot \sin r,$$

oder das Produkt aus Brechungsexponent und Sinus des Winkels (Strahl-Normale) ändert sich bei je einer Brechung nicht. Wir wollen dieses Produkt die „optische Invariante" nennen.

Man erkennt ferner, daß die Reflexion durch dieselbe Gleichung wie die Brechung dargestellt wird, indem für sie nur $n_a : n_b$ den speziellen Wert -1 erhält. Wir werden daher in dem folgenden oft nur die Probleme der Brechung direkt behandeln und das für die Reflexion geltende Resultat ohne weiteres aus jenem durch die Substitution $n_a : n_b = -1$ gewinnen.

D. Die Dispersion des Lichts.

Wie schon bemerkt, hängt die durch Brechung herbeigeführte Richtungsänderung des Lichts an der Grenze zweier Medien, also der relative Brechungsexponent derselben nicht nur von der Beschaffenheit dieser Medien ab (für welche er umgekehrt ein wesentliches Charakteristikum ist), sondern auch von der Art (Farbe, Wellenlänge) des wirksamen Lichts; n ist eine Funktion von λ.

Wie eine solche Verschiedenheit der Brechungsexponenten für verschiedene Farben in Erscheinung treten muß, können wir auf Grund des bisher Abgeleiteten schon angeben. Denn ist der Brechungsexponent eines Mediums gegen den leeren Raum (oder auch gegen ein anderes Medium) für eine gewisse Farbe $= n$, so gilt für diese $\sin i = n \cdot \sin r$. Ist der Brechungsexponent für eine benachbarte Farbe (Wellenlänge) $= n + dn$, so wird ein Strahl von der betreffenden Farbe, welcher unter demselben Winkel i einfällt wie der erste, unter einem Winkel $r + dr$ gebrochen, welcher von r verschieden ist, gemäß

$$n \cdot \cos r \cdot dr + \sin r \cdot dn = 0$$

oder

$$dr = -(dn/n)\, \mathrm{tg}\, r.$$

Unter demselben Winkel einfallende Strahlen verschiedener Wellenlänge werden also schon durch eine einzige Brechung (und noch mehr durch zwei solche geeignet angeordnete) in verschiedene Richtungen gelenkt. NEWTON schloß umgekehrt aus der ungleichen Ablenkung verschiedener Farben durch Prismen auf die verschiedene Brechbarkeit des verschieden farbigen Lichts und auf die Zusammensetzung des weißen Sonnenlichts aus verschiedener Farbe. Die Art der Auffindung dieses Faktums durch NEWTON (im J. 1666) gilt noch heute für ein Muster induktiver Forschung und die von ihm gegebene Darstellung seiner Untersuchung für eins der lesenswertesten Dokumente der älteren Physik.

Es mag hier noch bemerkt werden, daß der Brechungsexponent der Medien im allgemeinen desto größer ist, je kleiner die Wellenlänge des betreffenden Lichts ist, daß er also im sichtbaren Teil des Spektrums von dem roten Ende nach dem blauen hin stetig wächst. Doch gibt es eine Klasse von Körpern, welche eine Ausnahme von dieser Regel bilden, in welchen also entweder das ganze sichtbare Spektrum oder Teile desselben den umgekehrten Zusammenhang zwischen Brechungsexponent und Wellenlänge aufweisen. Man nennt diese Art von Dispersion darum anomale.

Man glaubte früher, daß die Größe des Brechungsexponenten stets Hand in Hand ginge mit der Dichte der Körper. Wenn sich nun auch dieser Zusammenhang nach den späteren Untersuchungen als ein keineswegs durchgängiger erwiesen hat, so findet er doch sehr oft statt, und man hat den einmal eingeführten Begriff der „optischen Dichte" zur Abkürzung der Ausdrucksweise beibehalten. Der Ausdruck, ein Medium sei optisch dichter als ein anderes, soll daher nichts weiter besagen, als, es habe einen größeren Brechungsexponenten als jenes.

E. Die Totalreflexion.

Wir haben die Beziehung zwischen Brechungs- und Einfallswinkel durch die Gleichung ausgedrückt $n_a \cdot \sin i = n_b \cdot \sin r$. Wenn $n_a < n_b$, also $n_{ab} < 1$ ist, so bestimmt sich gemäß dieser Gleichung zu jedem Einfallswinkel i der Brechungswinkel r. Da der größte Einfallswinkel $i_{max} = J = \pi/2$ ist, so ist der größte Brechungswinkel unter diesen Umständen bestimmt durch die Gleichung $\sin (r_{max} = R) = n_a/n_b$. Allen einfallenden Strahlen entsprechen also gebrochene, die in einem Kegel von der Halböffnung $\mathrm{arc}\,(\sin = n_a/n_b)$ enthalten sind. Betrachten wir umgekehrt den Übergang des Lichts aus dem

Medium b in das Medium a, oder, was dasselbe ist, nehmen wir an, es sei $n_a > n_b$, also $n_{ab} > 1$, dann gibt es aus der Gleichung $n_a \cdot \sin i = n_b \cdot \sin r$ reelle Brechungswinkel r nur zu Einfallswinkeln i, deren sin kleiner ist als n_b/n_a oder kleiner als $1/n_{ab}$, entsprechend dem größten möglichen Brechungswinkel $r = \pi/2$. Strahlen, welche unter einem größeren Winkel i einfallen, als dem dieser Gleichung entsprechenden, können gar nicht mehr gebrochen werden, sondern alles eingefallene Licht wird in das erste Medium reflektiert.*) Man nennt diese Art von Reflexion daher Totalreflexion und den Einfallswinkel J, von welchem an dieselbe beginnt, welcher also der Gleichung $\sin J = n_b/n_a = 1/n_{ab} = n_{ba}$ genügt, den „kritischen Winkel" oder Winkel der Totalreflexion.

Beiläufig mag bemerkt werden, daß bei durchsichtigen Medien die relative Menge des reflektierten Lichts überhaupt mit dem Einfallswinkel wächst, so daß sie von dem der senkrechten Inzidenz entsprechenden Minimum bis zur Totalreflexion stetig wächst.

Der Winkel der Totalreflexion hängt nur von den Brechungsexponenten der beiden aneinander grenzenden Medien ab. Er ist daher auch im allgemeinen von der Wellenlänge, Farbe des betrachteten Lichts, abhängig. Der Winkel der Totalreflexion in einem Medium, welches an das Vakuum grenzt, bestimmt in einfachster Weise dessen absoluten Brechungsexponenten $\sin J = 1/n$.

F. Hilfssätze.

Aus dem Reflexions- und Brechungsgesetze lassen sich einige Hilfssätze ableiten, welche uns in der Folge manchmal nützlich sein werden, und die wir daher hier voranstellen. In Bezug auf die Reflexionen folgt aus deren Gesetz: 1. daß der einfallende und der reflektierte Strahl gleiche Winkel auch mit jeder durch den Einfallspunkt gehenden zur Einfallsnormalen senkrechten Geraden bilden, und 2. daß die Projektionen des einfallenden und zurückgeworfenen Strahls auf irgend eine durch die Einfallsnormale gehende Ebene ebenfalls das Reflexionsgesetz befolgen. Der Beweis dieser Sätze liegt auf der Hand. Wir wollen daher nur die entsprechenden für die Brechung geltenden Sätze beweisen, aus welchen sich die

---

*) Wenn auch genaue Untersuchungen gezeigt haben, daß auch hier das Licht zum Teil in das zweite Medium eindringt, so geschieht dies doch nur bis zu sehr geringer Tiefe, und auch dieser Teil des Lichts kehrt seine Bewegungsrichtung um.

ersteren ja auch ergeben, wenn $n_a = -n_b$ oder $n = -n'$ gesetzt wird. Hier gilt:

1. Die Cosinus der Winkel, welche einfallender und gebrochener Strahl mit irgend einer durch den Fußpunkt der Einfallsnormalen zu dieser senkrechten, d. h. in der Tangentialebene der brechenden Fläche gelegenen Geraden bilden, stehen ebenfalls im umgekehrten Verhältnis der Brechungsexponenten.

2. In demselben Verhältnis stehen die Sinus der Winkel, welche jene Strahlen mit einer durch die Normale gelegten Ebene bilden.

3. Für die Projektionen des einfallenden und des gebrochenen Strahls auf eine durch die Normale gelegte Ebene gilt das Brechungsgesetz mit einem Brechungsindex, welcher von der Neigung der Strahlen gegen jene Ebene abhängt.

Sei, zum Beweise dessen, ON (Fig. 2) die Einfallsnormale, MM die brechende Ebene oder Tangentialebene der brechenden Fläche in O, PO der einfallende, OP' der gebrochene Strahl. Dann gilt

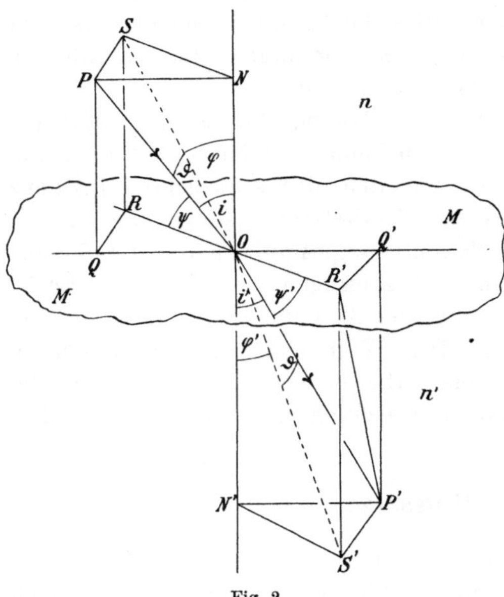

Fig. 2.

Projektionen des einfallenden Strahles PO und des gebrochenen Strahles OP' auf eine in der Tangentialebene MM der brechenden Fläche gelegene Gerade RR' und auf eine durch die Normale NN' gelegte Ebene $SNS'N'$.

$$n \cdot \sin(PON = i) = n' \cdot \sin(P'ON' = i');$$

daher auch

$$n \cdot \cos\left(\frac{\pi}{2} - i = POQ\right) = n' \cdot \cos\left(\frac{\pi}{2} - i' = P'OQ'\right)$$

Mache ich die Länge von OP und OP' proportional zu resp. n und n', so ist hiernach, wenn Q und Q' die Fußpunkte der von P und P' auf die Ebene MM gefällten Lote sind, $OQ = OQ'$. Ziehe ich nun durch O in der Ebene MM irgend eine andere Gerade, ROR' und fälle von P und P' Senkrechte auf sie, nach R und R', so sind die Verbindungslinien QR und $Q'R'$ auch senkrecht auf ROR'. Daher auch $OR = OR'$. Es ist aber $OR = OP \cdot \cos POR$, $OR' = OP' \cdot \cos P'OR'$, folglich in der Tat $\cos POR : \cos P'OR' = n' : n$ (1. Satz).

Denke ich mir nun durch ON und die (beliebige) Gerade RR' eine Ebene gelegt und von den, wie vorher bestimmten Punkten P und P' Senkrechte auf diese Ebene gefällt, nach S und S', so ist $PS = QR$ und $P'S' = Q'R'$, also auch $PS = P'S'$, da ja $QR = Q'R'$. Aber $PS = OP \cdot \sin POS$; $P'S' = OP' \cdot \sin P'OS'$, folglich $\sin POS : \sin P'OS' = OP' : OP = n' : n$ (2. Satz).

Endlich ist $SO \cdot \sin SON = SN = S'O \cdot \sin S'ON' = S'N'$. Aber $SO = PO \cdot \cos POS$; $S'O = P'O \cos P'OS'$, folglich $n \cdot \sin SON \cdot \cos SOP = n' \cdot \sin S'ON' \cdot \cos S'OP'$ oder $\sin SON : \sin S'ON' = n' \cdot \cos S'OP' : n \cdot \cos SOP$ (3. Satz).

Bei der Bezeichnung der Figur gilt also, neben der Fundamentalgleichung $n \cdot \sin i = n' \cdot \sin i'$ oder $\sin i : \sin i' = n' : n$ noch

1. $\qquad \cos\psi : \cos\psi' = n' : n,$

2. $\qquad \sin\vartheta : \sin\vartheta' = n' : n$

und

3. $\qquad \sin\varphi : \sin\varphi' = \dfrac{n'}{n}(\cos\vartheta' : \cos\vartheta) = n'\cos\vartheta' : n\cos\vartheta.$

G. Die analytische Formulierung des Brechungsgesetzes für räumliche Koordinaten.

Außer den vorstehenden Hilfssätzen kann insbesondere bei der Berechnung windschiefer Strahlen durch abbildende Systeme eine allgemeinere Formulierung des Brechungsgesetzes von Wichtigkeit werden.

Um diese abzuleiten, wollen wir die Pole des einfallenden Strahles σ, der Verlängerung des gebrochenen Strahles nach rückwärts σ', des Einfallslotes L und einer beliebigen durch den Einfallspunkt der brechenden Fläche gezogenen Geraden Z auf der Einheitskugel konstruieren (Fig. 3). Da die Brechung in einer Ebene verläuft (Grundgesetz S. 9),

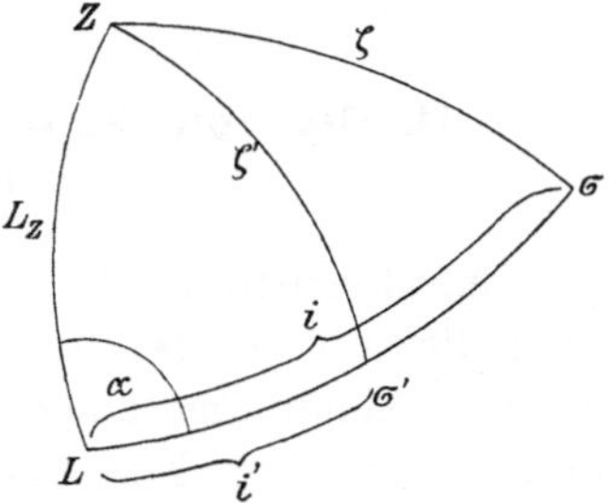

Fig. 3.

Lage der Pole σ des einfallenden, σ' des gebrochenen Strahles, L des Einfallslotes gegen den Pol Z einer beliebigen durch den Einfallspunkt (Kugelmittelpunkt) der Einheitskugel gezogenen Geraden.

liegen L, σ und σ' auf einem größten Kugelkreis. Die Winkel, die σ, σ' und L mit der beliebigen Achse Z bilden, bezeichnen wir durch ζ, ζ' und L_z.

Wir können jetzt den Winkel α der Brechungsebene gegen die Ebene LZ in doppelter Weise ausdrücken. Wir erhalten nämlich aus den beiden sphärischen Dreiecken $L\sigma Z$ und $L\sigma'Z$:

$$\cos\alpha = \frac{\cos\zeta - \cos L_z \cos i}{\sin L_z \sin i} = \frac{\cos\zeta' - \cos L_z \cos i'}{\sin L_z \sin i'}.$$

Hieraus folgt mit Rücksicht auf das Grundgesetz der Brechung

$$\frac{\sin i}{\sin i'} = \frac{n'}{n}$$

durch Elimination von α

$$n'\cos\zeta' - n\cos\zeta = \cos L_z\,(n'\cos i' - n\cos i).$$

Bezeichnen wir jetzt zur Abkürzung die Richtungscosinus der Strahlen σ und σ' gegen drei beliebige Achsen XYZ mit m, p, q resp. m', p', q' und diejenigen der Flächennormale im Einfallspunkte mit λ, μ, ν und setzen den Ausdruck $n'\cos i' - n\cos i = J$, so erhalten wir schließlich

$$\text{I} \qquad \begin{cases} n'm' - nm = \lambda J, \\ n'p' - np = \mu J, \\ n'q' - nq = \nu J, \end{cases}$$

wobei

$$J = n'\cos i' - n\cos i \quad \text{und}$$

$$J^2 = n'^2 + n^2 - 2n'n\,(mm' + pp' + qq')$$

$$\cos(i' - i) = mm' + pp' + qq'.$$

H. Die Ablenkung eines Strahls durch Reflexion und Brechung.

Charakteristisch für die Natur der Brechung — im Gegensatze zur Reflexion — ist folgende Eigenschaft: Die durch Brechung bewirkte Ablenkung eines Strahls von der Einfallsrichtung wächst mit zunehmendem Einfallswinkel immer schneller — wahrend sie bei der Reflexion mit wachsendem Einfallswinkel diesem proportional abnimmt.

In der Tat folgt aus $n\cdot\sin i = n'\cdot\sin i'$ zunächst $di/\mathrm{tg}\,i = di'/\mathrm{tg}\,i'$. Ist nun $n' > n$, so ist $i' < i$, daher auch $\mathrm{tg}\,i' < \mathrm{tg}\,i$ und, da im selben

Verhältnis stehend, $di' < di$. Die Ablenkung γ ist aber $= i - i'$. Diese nimmt also, da $d(i - i') > 0$ ist, mit i jedenfalls zu.

Des näheren ist

$$\frac{di - di'}{di} = \frac{d\gamma}{di} = 1 - \frac{\operatorname{tg} i'}{\operatorname{tg} i}, \text{ also } \frac{d^2\gamma}{di^2} = -\frac{d}{di}\left(\frac{\operatorname{tg} i'}{\operatorname{tg} i}\right).$$

Nun nimmt aber $\operatorname{tg} i'/\operatorname{tg} i$ mit i ab; denn

$$\frac{d}{di}\left(\frac{\operatorname{tg} i'}{\operatorname{tg} i}\right) = \frac{d}{di}\left(\frac{\sin i'}{\sin i}\frac{\cos i}{\cos i'}\right) = \frac{n}{n'}\frac{d}{di}\left(\frac{\cos i}{\cos i'}\right) = \frac{\operatorname{tg} i'\,(n^2 - n'^2)}{n'^2 \cdot \cos^2 i'} < 0;$$

also ist $\dfrac{d^2\gamma}{di^2}$ stets positiv und $\dfrac{d\gamma}{di}$ nimmt mit wachsendem i (oder i') zu, d. h. die durch Brechung bewirkte Ablenkung wächst immer schneller.

Wenn $n' < n$, so werden γ, $\dfrac{d\gamma}{di}$ und $\dfrac{d^2\gamma}{di^2}$ je < 0. Es erfolgt die Ablenkung nach der anderen Seite des Strahls (von der Normalen weg); im übrigen bleiben alle Schlußfolgerungen dieselben.

3. Allgemeine Theoreme über Reflexion und Brechung.

A. Der Satz vom kürzesten Lichtwege.

Wenn ein Lichtstrahl durch eine beliebige Anzahl von Reflexionen und Brechungen von einem Punkte A nach einem Punkte B gelangt, so ist die Summe der Produkte aus Brechungsexponent je eines Mediums und der in ihm durchlaufenen Strecke, Σnr, ein Grenzwert, d. h. sie weicht von der gleichen Summe für alle dem tatsächlichen Wege unendlich benachbarten höchstens um Glieder zweiter Ordnung ab. Es ist also $\delta \Sigma nr = 0$. Jenes Produkt wird „Lichtweg", „reduzierter Weg" oder „optische Länge" des Strahls genannt.

Wir wollen den Satz zunächst für eine einzige Brechung (und damit auch Reflexion) beweisen. Es seien xyz die rechtwinkligen Koordinaten des Einfallspunktes; $x + \delta x$, $y + \delta y$, $z + \delta z$ die eines ihm unendlich benachbarten Punktes. Liegt dieser benachbarte Punkt auch in der brechenden Fläche, so gilt

$$1. \quad \lambda\,\delta x + \mu\,\delta y + \nu\,\delta z = 0,$$

wenn unter λ, μ, ν die Richtungskosinus der Flächennormale im Punkte xyz verstanden werden. Beziehen wir die Gleichungen I

(S. 16) auf das gleiche Koordinatensystem und fassen sie additiv mit den Faktoren δx, δy, δz zusammen, so folgt

$$2. \quad 0 = n'm'\,\delta x + n'p'\,\delta y + n'q'\,\delta z - nm\,\delta x - np\,\delta y - nq\,\delta z.$$

Nehmen wir jetzt auf dem einfallenden Strahl den beliebigen Punkt XYZ im Abstande r von xyz und auf dem gebrochenen den beliebigen Punkt $X'Y'Z'$ im Abstande r' von der Fläche längs des Strahles gemessen, so gilt

$$r^2 = (X-x)^2 + (Y-y)^2 + (Z-z)^2,$$
$$r'^2 = (X'-x)^2 + (Y'-y)^2 + (Z'-z)^2;$$

daraus folgen

$$3. \begin{cases} \dfrac{\partial r}{\partial x} = -\dfrac{(X-x)}{r} = -\cos(r,x) = -m, \\[2ex] \dfrac{\partial r'}{\partial x} = +\dfrac{(X'-x)}{r'} = +\cos(r',x) = +m' \end{cases}$$

und die analogen Gleichungen in y und z.

Es gilt weiter

$$4. \begin{cases} \delta r = \dfrac{\partial r}{\partial x}\,\delta x + \dfrac{\partial r}{\partial y}\,\delta y + \dfrac{\partial r}{\partial z}\,\delta z, \\[2ex] \delta r' = \dfrac{\partial r'}{\partial x}\,\delta x + \dfrac{\partial r'}{\partial y}\,\delta y + \dfrac{\partial r'}{\partial z}\,\delta z. \end{cases}$$

Fassen wir die beiden Gleichungen 4 mit den Faktoren n und n' zusammen und setzen die Richtungskosinus aus 3 für die partiellen Differentialquotienten ein, so folgt

$$5. \quad n\,\delta r + n'\,\delta r' = -nm\,\delta x - np\,\delta y - nq\,\delta z + n'm'\,\delta x + n'p'\,\delta y + n'q'\,\delta z.$$

Dies ist aber gleich Null mit Rücksicht auf 2. Wir erhalten also

$$\delta(nr + n'r') = \delta \Sigma nr = 0.$$

Nach dem Prinzip der Superposition von Variationen können wir von der Gleichung $\delta \Sigma nr = 0$ für eine einzelne Reflexion und Brechung sofort Anwendung machen auf den Fall beliebig vieler. Bei stetiger Änderung des Brechungsexponenten folgt ebenso

$$\delta \int n\,dr = 0.$$

(Der zweite und die höheren Differentialquotienten können größer oder kleiner als Null oder auch gleich Null sein. Die gewöhnliche Fassung des Satzes, daß jene Summe ein Minimum sei, ist daher nicht korrekt, sondern nur historisch überkommen.)

Für ebene Trennungsflächen ist der optische Weg immer ein Minimum, wie für die Reflexion bereits HERO von Alexandrien, für die Brechung FERMAT (*1.*) bewiesen hat, wir wollen uns daher der Kürze wegen für den allgemeinen Fall desselben Ausdrucks bedienen.

Wichtig ist, dass auch die Umkehrung dieses Satzes gilt, nämlich, daß sich der Bedingung $\delta \Sigma n r = 0$ für den Weg eines Lichtstrahls zwischen zwei Punkten bei gegebenen reflektierenden und brechenden Flächen nur durch das Reflexions- und Brechungsgesetz genügen läßt.

Ob in einem speziellen Falle der Weg ein Minimum oder Maximum oder was sonst ist, davon kann man sich, wenn die Gestalt der Grenzfläche gegeben ist, folgendermaßen überzeugen. Sei PQ (Fig. 4) ein Stück der Grenzfläche und PA' der nach dem Brechungsgesetz zu AP gehörige Strahl. Um zu erfahren, ob APA' ein kürzester oder ein längster Weg zwischen A und A' sei, denke ich mir die Fläche $n \cdot AP + n' \cdot PA' = $ const. konstruiert, die sogen. cartesische Fläche (S. 23); PR sei ein Stück derselben. Diese Fläche muß die brechende in P jedenfalls berühren, weil dort für beide $\delta (n \cdot AP + n' \cdot PA') = 0$ ist. Ist nun die brechende Fläche in P nach dem dünneren Medium (n) zu stärker konvex als die cartesische, so ist für jene der Weg APA' ein Maximum, anderenfalls ein Minimum.

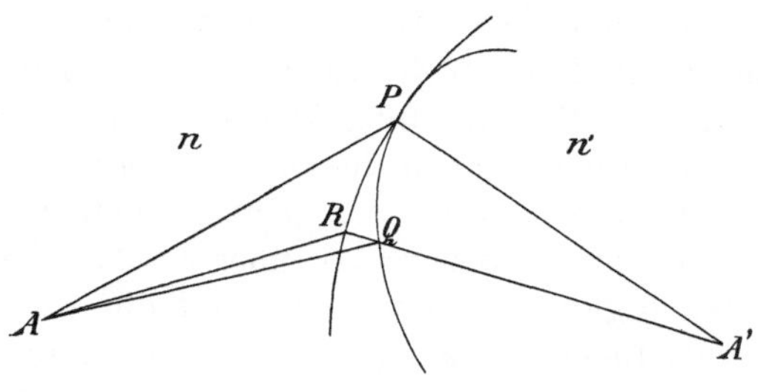

Fig. 4.

Der Weg APA' ist für das Licht ein kürzester oder längster, je nachdem die brechende Fläche PQ in P nach dem dünneren Medium weniger konvex ist als die cartesische Fläche PR oder nicht.

In der Tat, sei Q ein P unendlich benachbarter Punkt der brechenden Fläche, so ist der Lichtweg von A nach A' über Q, $[Q] = n \cdot AQ + n' \cdot QA'$. Der über R durch die cartesische Fläche, $[R] = n \cdot AR + n' \cdot RQ + n' \cdot QA'$, wenn R der Schnittpunkt von $A'Q$ mit der cartesischen Fläche ist. Also ist

$$[Q] - [R] = n \cdot (AQ - AR) - n' \cdot RQ.$$

Nun ist $AQ - AR < RQ$ als Seiten eines Dreiecks, daher, wenn $n < n'$, a fortiori $n \cdot (AQ - AR) < n' \cdot RQ$, also der Weg über Q kleiner, als der über R. Letzterer ist aber gleich dem über P, folglich ist unter diesen Umständen der Weg über P ein Maximum. In ganz analoger Weise läßt sich erkennen, daß, wenn die brechende Fläche nach dem optisch dünneren Medium weniger konvex ist als die cartesische, der Lichtweg über P ein Minimum ist.

B. Das Prinzip der schnellsten Ankunft.

Nach den Experimenten von FOUCAULT und in Übereinstimmung mit der Undulationstheorie des Lichts stehen die Brechungsexponenten zweier Medien im umgekehrten Verhältnis der Geschwindigkeiten der Lichtbewegung in ihnen, also $n/n' = v'/v$, oder allgemein $n = k/v$; $n' = k/v'$; $n'' = k/v''$ etc. Unter Benutzung dieser Beziehung geht die Gleichung $\delta \Sigma n r = 0$ über in $\delta \Sigma (r/v) = 0$. Da aber die Geschwindigkeit $v = r/t$ ist, wenn t die zur Durchlaufung der Strecke r vom Licht gebrauchte Zeit bedeutet, so wird schließlich $\delta \Sigma t = 0$, d. h. die Zeit, welche das Licht gebraucht, um von einem Punkte A unter beliebig vielen Reflexionen und Brechungen nach einem anderen Punkte B zu gelangen, ist für den Weg, welchen der Strahl gemäß dem Reflexions- und Brechungsgesetz einschlägt, um unendlich kleine Größen der zweiten oder höheren Ordnung verschieden von der für die diesem unendlich benachbarten Wege.

C. Der Satz von MALUS.

Unter Benutzung dieses Satzes läßt sich der folgende wichtige Satz von MALUS (**1.**) beweisen. Derselbe lautet: Ein Strahlensystem, welches einmal senkrecht zu einer Fläche ist, bleibt dies auch nach beliebig vielen Reflexionen und Brechungen. Da die von einem leuchtenden Punkte ausgehenden Strahlen senkrecht stehen auf jeder Kugel um diesen Punkt als Mittelpunkt, so würde für solche der MALUSsche Satz besonders gelten. Nach der Wellentheorie ist das selbstverständlich, da gemäß dieser in isotropen Medien die Strahlen nichts anderes sind als die Normalen zur Wellenfläche. Vom Standpunkte der geometrischen Optik läßt sich der Satz wie folgt beweisen [nach RAYLEIGH (**1.**)]. Seien $MABCP$, $M'A'B'C'P' \ldots$ (Fig. 5) Strahlen, welche auf der Fläche m bezüglich in M, M' normal stehen und in ihrem weiteren Verlauf an den Flächen a, b, c, bezüglich in $A, A' \ldots B, B' \ldots, C, C', \ldots$ Reflexionen oder Brechungen er fahren haben. Ich kann dann nach irgend einer dieser Reflexionen oder Brechungen, z. B. nach der an Fläche c stattgehabten, auf den betreffenden Strahlen jedenfalls Punkte P, P' ... so bestimmen, daß die Summe der reduzierten Wege von M bis P, M' bis P' etc. die gleiche wird. Die durch die Punkte P, P' ... gehende Fläche ist dann die gesuchte Orthogonalfläche der Strahlen. Verbinde ich zum Beweise dessen M' mit A und C mit P', so ist bei genügender Nähe von M an M' $[M'ABCP']$ nur um unendlich kleine. Größen höherer Ordnung als MM' verschieden von $[M'A'B'C'P']$. Laut Annahme ist aber $[M'A'B'C'P']$ $= [MABCP]$; daher nach Subtraktion der gemeinsamen Wegstrecken, wenn der erste Brechungsexpo-

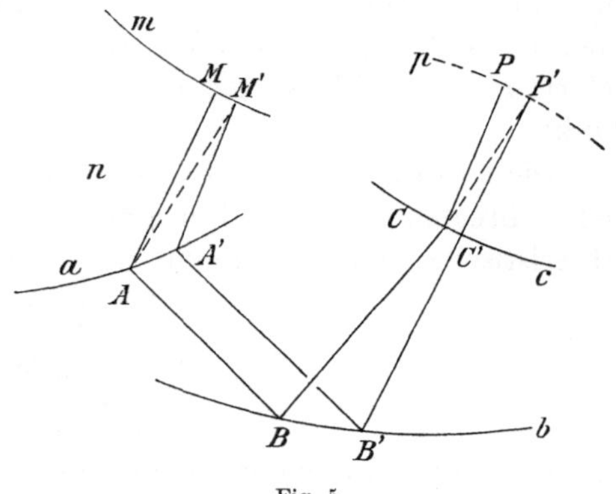

Fig. 5.

Satz von Malus: Ein System von Strahlen, welches einmal senkrecht zu einer Fläche ist, bleibt dies auch nach beliebig vielen Reflexionen und Brechungen.

nent mit n, der letzte mit n' bezeichnet wird, im Grenzfalle $n \cdot MA + n' \cdot CP = n \cdot M'A + n' \cdot CP'$. Nach der Voraussetzung, daß die Strahlen ursprünglich auf m senkrecht stehen, ist aber $\lim \cdot M'A = MA$ bis auf unendlich Kleines von wenigstens zweiter Ordnung; folglich auch ebenso nahe $\lim \cdot CP' = CP$, d. h. CP steht auf p in P senkrecht, und ebenso die anderen Strahlen $C'P'$ etc.

D. Die charakteristische Funktion.

Wie wir oben gesehen haben, drückt der reduzierte Lichtweg zwischen zwei Punkten, die durch irgend welche brechende oder spiegelnde Medien getrennt sind, diejenige Strecke aus, welche die Lichtbewegung im Vakuum während der Zeit zurücklegen würde, die die Lichtbewegung faktisch zwischen den beiden Punkten benötigt. Denken wir uns diesen reduzierten Weg als Funktion der Koordinaten beider Punkte gegeben, so erhalten wir die sogen. charakteristische Funktion, deren Begriff W. R. Hamilton (1.) im Jahre 1824 in die mathematische Optik einführte.

Im leeren Raum ist der reduzierte Weg zwischen den Punkten $x_1 y_1 z_1$ und $x_2 y_2 z_2$ gleich der Entfernung beider, also gleich

$$V_{12} = \sqrt{(x_2 - x_1)^2 + (y_2 - y_1)^2 + (z_2 - z_1)^2}.$$

Betrachten wir hierin den Punkt 1 als variabel, so folgt hieraus

$$\frac{\partial V_{12}}{\partial x_1} = - \frac{(x_2 - x_1)}{V_{12}} = - \cos(r_{12}, x) = - m_1$$

und analoge Gleichungen für die partiellen Differentialquotienten nach den anderen Koordinaten. Diese partiellen Differentialquotienten liefern also die Richtungskosinus des Strahls für den betreffenden Punkt.

Diese Formel läßt sich sofort auf den allgemeinen Fall beliebig vieler Brechungen und Spiegelungen verallgemeinern. Die charakteristische Funktion nimmt die Form an

$$V_{12} = \int\limits_{x_1 y_1 z_1}^{x_2 y_2 z_2} n_k\, dr_k,$$

worin n_k den Brechungsexponenten im Punkte k und dr_k das Linienelement des Lichtweges zwischen den Punkten $x_1 y_1 z_1$ und $x_2 y_2 z_2$ in der Umgebung des Punktes k bezeichnet, wobei zu beachten ist, daß das Integral als Funktion seiner Grenzen betrachtet wird. Variieren wir das Integral nach seiner oberen Grenze, so erhalten wir unter Weglassung der Indices

$$\delta V = n\,\delta v = n\,(m\,\delta x + p\,\delta y + q\,\delta z).$$

Daraus folgt

$$\frac{\partial V}{\partial x} = nm, \quad \frac{\partial V}{\partial y} = np, \quad \frac{\partial V}{\partial z} = nq$$

und des weiteren, daß die charakteristische Funktion V der partiellen Differentialgleichung

$$\left(\frac{\partial V}{\partial x}\right)^2 + \left(\frac{\partial V}{\partial y}\right)^2 + \left(\frac{\partial V}{\partial z}\right)^2 = n^2$$

genügen muß.

Ist die charakteristische Funktion für ein System bekannt, so lassen sich theoretisch alle Eigenschaften des Systems aus ihr ableiten. Freilich ist diese Ableitung, die zum Teil von HAMILTON (1. . . 4.), KUMMER (1.), MAXWELL (3.), THIESEN (1.), BRUNS (1.) durchgeführt ist, mit einem großen analytischen Apparat unter vornehmlicher Heranziehung der Theorie der krummen Oberflächen und der Strahlenkomplexe verknüpft. Hat sich so schon bei den vorhin genannten Autoren die Lehre von diesen allgemeinen Systemen zu einem verwickelten analytischen Gebäude ausgebildet, zu dem nur gründliche mathematische Kenntnisse den Eintritt ermöglichen, so werden bei der praktischen Anwendung dieser Lehren die Schwierigkeiten unüberwindlich. Bis jetzt ist die Aufstellung der charakteristischen Funktion nur in den allereinfachsten Fällen gelungen, welche entweder für die Praxis bedeutungslos sind, oder für welche diese schon längst auf speziellerem Wege die einfachste Lösung gefunden hat. Fast ebenso groß sind aber nach Kenntnis dieser Funktion die Schwierigkeiten, die entstehen, wenn man die als Zwischenvariabele auftretenden sukzessiven Durchstoßungspunkte eines Strahlenweges an den aufeinander folgenden trennenden Flächen mit Hilfe des FERMATschen Satzes eliminieren will, um praktische Endformeln zu erhalten [s. BRUNS (1. 403.)]. Dazu kommt, daß die Hauptfrage des Praktikers nach Rechenvorschriften zur Berechnung optischer Systeme durch diese ganz allgemeinen Untersuchungen überhaupt nicht berührt wird.

E. Die optische Länge zwischen konjugierten Brennpunkten.

Aus dem FERMATschen in Verbindung mit dem MALUSschen Satze können wir einen wichtigen Schluss ziehen; nämlich: wenn durch irgend welche Reflexionen und Brechungen alle in einem gegebenen Winkelraum enthaltenen von einem Punkt ausgehenden Strahlen wieder in einen Punkt (homozentrisch) vereinigt werden, so ist für sie die optische Länge vom Ausgangs- bis zum Vereinigungspunkt die gleiche. Denn in der Tat, weil dann von Strahl zu Strahl $\delta\Sigma nr = 0$ ist, so ist $\Sigma nr = $ const. innerhalb des betreffenden Winkelraums. Strahlen (Elementarwellen), welche von einem Punkte (Flächenelement) mit gleicher Phase ausgehen, kommen also bei homozentrischer Vereinigung im neuen Brennpunkt auch wieder mit gleicher Phase an. (Phasenverzögerungen durch Reflexion oder Brechung treffen alle Strahlen gleichmäßig — wofern dieselben nicht etwa von dem Einfallswinkel abhängen — beeinträchtigen also die Gültigkeit dieses Satzes nicht.) In solchen Vereinigungspunkten müssen sich die Strahlen also auch gemäß der Undulationstheorie verstärken, und es kommt daselbst zur Erzeugung eines sich in dem betreffenden Winkelraum selbst wie ein leuchtender Punkt verhaltenden Oscillationszentrums. Hierauf beruht die Möglichkeit einer Abbildung durch optische Mittel.

F. Cartesische Flächen.*)

Die Aufgabe, eine Fläche so zu bestimmen, daß die von einem leuchtenden Punkte ausgehenden Strahlen sämtlich wieder in einen

---

*) Diese Flächen werden in der Literatur auch wohl als aplanatische oder als aberrationsfreie Flächen bezeichnet. Da wir aber die Begriffe des „Aplanatismus" und der „Aberrationsfreiheit" später noch strenger zu fassen

Punkt gebrochen (oder reflektiert) werden, ist nach dem Voranstehenden mathematisch einfach so formulierbar, daß $nr + n'r'$ für alle Punkte der gesuchten Fläche denselben Wert haben solle, wenn r vom leuchtenden, r' vom Vereinigungspunkt aus gemessen wird. Die Lösung dieser Aufgabe bietet keine besonderen Schwierigkeiten und ist an mehreren Stellen zu finden. Da sie andererseits kein besonderes physikalisches oder praktisches Interesse besitzt, so begnügen wir uns mit der Anführung einiger Resultate und weisen nur darauf hin, daß in diesen Fällen für den reduzierten Weg des Lichtes zwischen den beiden Punkten wie überhaupt stets bei homozentrischer Strahlenvereinigung auch der zweite und alle höheren Differentialquotienten des Ausdruckes Σnr ebenfalls verschwinden.

Bei einer Reflexion ist $r \pm r' =$ const. bekanntlich die Bipolar-Gleichung eines Rotationsellipsoides oder eines Rotationshyperboloides, dessen Brennpunkte der leuchtende und der Vereinigungspunkt sind, wie auch aus der bekannten Eigenschaft eines solchen Ellipsoides oder Hyperboloides geschlossen werden kann, daß die Radii vectores gegen die Normale des betreffenden Flächenpunktes gleich geneigt sind, also dem Reflexionsgesetz genügen. Rückt der eine Punkt in das Unendliche, so wird die Fläche ein Rotationsparaboloid. Je nachdem die konkave Seite eines Rotationsparaboloides und eines Rotationsellipsoides oder die konvexe Seite eines Rotationsparaboloides und eines Rotationshyperboloides reflektierend wirkt, ist der Vereinigungspunkt der einfallenden Strahlen nach der Reflexion reell oder virtuell.

Im Falle einer Brechung gibt die Gleichung $nr + n'r' =$ const. eine Rotationsfläche vierten Grades, deren Meridiankurven für reelle Brennpunkte die eigentlichen sog. Cartesischen Ovale repräsentieren. In dem Spezialfall, daß wieder der eine, z. B. der leuchtende Punkt, im Unendlichen liegt, ist es eine Rotationsfläche zweiten Grades, deren einer Brennpunkt auch der der Strahlen ist. Die Fläche ist dabei ein Rotationshyperboloid oder Rotationsellipsoid, je nachdem der im Unendlichen liegende Punkt im optisch dichteren oder dünneren Medium sich befindet. Die numerische Exzentrizität der Flächen wird gleich dem Brechungsverhältnis der durch die Flächen getrennten Medien.

---

haben und in diesem Sinne die cartesischen Flächen im allgemeinen weder aplanatisch noch aberrationsfrei sind, so ziehen wir es in dieser Darstellung vor, diejenigen Flächen 4ten Grades, die einen Punkt homozentrisch in einen andern abbilden, als „cartesische" zu bezeichnen.

Ein und dieselbe cartesische Fläche bildet einen bestimmten, auf ihrer Achse gelegenen Objektpunkt P gleichzeitig auf 2 Punkte P' und P'' ab für zwei bestimmte Werte des Brechungsverhältnisses. Die beiden Punkte P' und P'' sind entweder beide reell oder konjugiert imaginär. Letzterer Fall entspricht bei der physikalischen Realisierung einer ganz bestimmten Art von Strahlenverwirrung.

Für eine besondere andere, später anzugebende Lage der beiden Punkte zur Fläche ist dieselbe eine Kugel.

Ganz ähnlich sind die Ergebnisse, wenn man die Wiedervereinigung der Strahlen statt durch eine einzige Fläche, durch mehrere solche bewirken will.

Von den cartesischen Flächen kann man theoretisch Gebrauch machen, um für eine gegebene Lage zweier Punkte und gegebene Gestalt einer, zwei Medien trennenden Fläche diejenigen Stellen der letzteren zu bestimmen, über welche durch Reflexion oder Brechung ein Strahl von dem einen Punkte nach dem anderen gelangen kann. Je nachdem die beiden Punkte in demselben oder in verschiedenen Medien (auf derselben oder auf verschiedenen Seiten der Fläche) liegen, konstruiert man um sie die Schar der Flächen $r + r' = \text{const.}$ oder $nr + nr' = \text{const.}$ Jede Stelle der Trennungsfläche, welche von einer dieser Flächen berührt wird, hat die gesuchte Eigenschaft, weil für sie eben $\delta \Sigma nr = 0$ ist.

Von den cartesischen Flächen haben sich bis jetzt nur die Rotationsparaboloide als Spiegel in den Scheinwerfern ein gewisses Anwendungsbereich erworben. Die Formgenauigkeit dieser paraboloidischen Flächen erreicht in der Technik nicht die Stufe, die bei den Kugelflächen verlangt und erzielt wird; freilich sind auch im allgemeinen die Anforderungen an die Exaktheit der Parabolspiegel für Scheinwerfer nicht besonders hohe.

G. Nichtsphärische oder deformierte Flächen.

Außer den Kugelflächen und den cartesischen Flächen gibt es allgemeinere Flächen — wir wollen sie zusammenfassend als nichtsphärische oder deformierte Flächen bezeichnen — welchen für die optische Bilderzeugung gewisse ausgezeichnete und für sie spezifische Eigenschaften innewohnen.

Zur theoretischen Auffindung lassen sich zwei verschiedene Wege einschlagen. Man kann einmal versuchen, analytisch das Gesetz der Flächen aufzustellen, die eine vorgeschriebene Strahlenvereinigung herbeiführen. Eine solche analytische Untersuchung begegnet aber so großen Schwierigkeiten, daß auf diesem Wege bisher noch keine Resultate erzielt sind. Andererseits kann man nach dem Vorgange von ABBE (*8. 9.*) für ein gegebenes optisches System, das aus Kugelflächen bestehend vorausgesetzt werden möge, diejenigen Abweichungen einer oder mehrerer Flächen von der Kugelform durch Reihenentwicklung berechnen, die eine bestimmte Veränderung in der Strahlenvereinigung herbeiführen. Beschränken wir uns auf Rotationsflächen, so können wir die Gleichung der Meridiankurve einer solchen Fläche in Polarkoordinaten darstellen durch

$$r = f(\varphi) = r_0 + \sigma,$$

worin r_0 den Krümmungsradius im Scheitel darstellt und σ die radiale Abweichung von der Schmiegungskugel im Scheitel mißt. Entwickeln wir σ nach Potenzen des Bogens $l = r_0 \varphi$, so können wir ansetzen

$$\sigma = \varkappa l^4 + \lambda l^6 + \nu l^8 + \dots$$

Es können nur gerade Potenzen auftreten, da die Meridiankurve zur Rotationsachse symmetrisch liegt, und ferner nur von der vierten Potenz an, da der Krümmungsradius im Scheitel r_0 die Kurve bis auf zweite Ordnung inklusive approximiert. Es lassen sich die Deformationskoeffizienten $\varkappa, \lambda, \nu \dots$ aus den vorgeschriebenen Veränderungen der Strahlenvereinigung des gegebenen sphärischen Systems berechnen.

Die methodische Anwendung theoretisch bestimmter nichtsphärischer Flächen in der Praxis hiernach ist erst in allerjüngster Zeit in der optischen Werkstätte von CARL ZEISS in Jena angebahnt.

Absichtliche Abweichungen von der Kugelgestalt hat man bisher nur bei den astronomischen Reflektoren und Refraktoren oder großen photographischen Objektiven versucht. Hier bleiben aber die Abweichungen von der Kugel äußerst gering, und es ist insbesondere charakteristisch für sie, daß sie nur durch praktisches Tatonnement unter Anwendung einer sogenannten Lokalretouche erzielt werden.

H. Das allgemeine optische Strahlenbüschel; Kaustiken (Brennflächen).

Da als optisches Strahlenbüschel, wie in der Einleitung hervorgehoben, nur ein solches angesehen werden kann, welches in letzter Instanz auf einen selbstleuchtenden Punkt (Oscillationszentrum) zurückgeführt werden kann, so hat ein solches gemäß dem Satz von MALUS auch stets ein System von Orthogonalflächen, eben die Wellenflächen, in welchen gleiche Phase der Oszillation herrscht.

„Jedem optischen Büschel, wie auch immer es entstanden sei, werden daher die Eigenschaften zukommen, welche die Normalen stetig gekrümmter Flächen besitzen, Die Theorie der letzteren lehrt aber, daß, wenn wir uns durch einen beliebigen Strahl a eine Ebene gelegt denken, welche die Fläche in einer Kurve schneidet, und diese Ebene um den Strahl drehen, die Kurve im allgemeinen im Schnittpunkte mit a verschiedene Krümmung besitzt, und daß die Ebene der größten Krümmung der Schnittkurve senkrecht steht auf der Ebene ihrer kleinsten Krümmung. Von den dem Strahl a unendlich nahen Normalen der Wellenfläche — welche also benachbarte Strahlen sind — schneiden daher diejenigen, deren Fußpunkte in der Linie größter oder kleinster Krümmung liegen, den Strahl a in dem Mittelpunkte bezüglich des kleinsten oder größten Krümmungskreises; die anderen dagegen schneiden den Strahl a gar nicht. Auf jedem Strahle gibt es also im allgemeinen zwei Brennpunkte, in denen er von benachbarten Strahlen geschnitten wird, welche Punkte den Mittelpunkten der größten und kleinsten Krümmung im Fußpunkte des Strahles der Wellenfläche entsprechen. Nur wenn die Krümmung der Wellenfläche in dem Fußpunkte des Strahles nach allen Richtungen gleich groß ist, wird der Strahl von allen, ihm unendlich benachbarten in einem Punkte geschnitten" (HELMHOLTZ).

Die Strahlen, deren Fußpunkte in einer Krümmungslinie der Wellenfläche liegen, schneiden einander bei endlicher Ausdehnung jener Linie sukzessive in verschiedenen Punkten. Sie sind daher die Einhüllenden einer Kurve, die aus lauter Brennpunkten unendlich benachbarter Strahlen gebildet ist. Dieselbe heißt daher Brennkurve oder Kaustik. Die aufeinander folgenden Krümmungslinien einer Wellenfläche geben ebenso viele Brennlinien, welche insgesamt eine Fläche, die Brennfläche des Strahlensystems, bilden. Da es zwei Scharen von Krümmungslinien gibt, so gibt es im allgemeinen zu jeder Orthogonalfläche auch zwei Brennflächen, und jeder Strahl ist gemeinsame Tangente beider Flächen.

Besonders einfach ist der Fall, wo die Wellenfläche eine Rotationsfläche ist. Die eine Schar von Krümmungslinien sind dann die Meridiankurven der Fläche und die ihnen entsprechende Kaustik ist eine Fläche, welche durch Rotation der Evolute der Meridiankurve um die Symmetrieachse entsteht. Die andere Schar von Krümmungslinien entspricht den Breitenkreisen der Erdkugel, d. h. es sind parallele Kreise, deren Mittelpunkte auf der Symmetrieachse liegen. Die zu ihnen gehörigen Normalen bilden je einen geraden

Kreiskegel und schneiden die Achse je in einem Punkt. Die zweite Brennfläche ist daher reduziert auf ein Stück der Achse. Den Charakter einer solchen Brennfläche veranschaulicht Fig. 6 im Meridianschnitt. Hier ist RQS die Erzeugende der einen Brennfläche, PQ die Gerade, in welche die andere Brennfläche hier degeneriert ist.

Mit der Aufgabe, die Gestalt der Kaustiken in besonderen Fällen zu bestimmen, wollen wir uns hier abermals nicht weiter beschäftigen, da sich auch an diese mehr ein mathematisches als ein physikalisches oder praktisches Interesse knüpft.

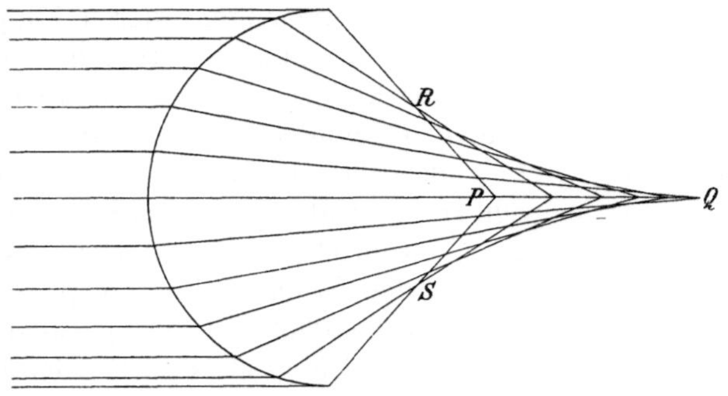

Fig. 6.

Brechung paralleler Lichtstrahlen an einer Kugel vom Brechungsindex 1,5. RQS die Erzeugende der einen Brennfläche, PQ die Gerade, in welche die andere Brennfläche degeneriert.

Bemerkt werden muß, daß Untersuchungen über die Intensität in den Punkten einer Kaustik und namentlich über die Intensitätsverteilung in Schnittebenen mit solchen, auf dem Boden der geometrischen Optik allein angestellt, einen sehr beschränkten Wert haben und meist ganz illusorisch sind. Denn die Brennpunkte, welche die Kaustik formieren, sind solche von unendlich dünnen Büscheln, würden also für sich allein (wegen des weitgehenden Diffraktionseffekts so schmaler Wellenzüge) fast gar nicht mehr den Regeln der geometrischen Optik folgen. In benachbarten Brennpunkten kommt aber das Licht mit stetig verschiedener Phase an und die Helligkeit sowohl in den Punkten der Kaustik selbst, als in denen einer Schnittebene hängt von den Phasen der sie treffenden Elementarwellen in hohem Grade ab. Wenn daher auch die nach den Reflexions- und Brechungsgesetzen berechnete Kaustik im großen und ganzen die Stellen hervorstechender Lichtkonzentration richtig angibt, insofern sie eben aus wirklichen Brennpunkten gebildet ist, so kann doch Näheres über die Lichtverteilung eines optischen Büschels nur mit Hilfe der Undulationstheorie und des Interferenzprinzips ermittelt werden. Eine auf dieser Grundlage stehende Untersuchung, wie sie Airy (4.) mit spezieller Rücksicht auf den Regenbogen geführt hat, gibt auch Rechenschaft von den in der Nähe jeder Kaustik beobachtbaren, lichtschwächeren Wiederholungen derselben (den überzähligen Bögen), für welche die geometrische Optik gar keine Erklärung zu liefern vermag.

I. Die allgemeine Konstitution eines unendlich dünnen, optischen Strahlenbüschels.

Es ist schon bemerkt, daß ein beliebiger Strahl des Büschels im allgemeinen nur von den in zwei bestimmten Ebenen ihm unendlich benachbarten Strahlen geschnitten wird, nämlich von den in der Ebene der größten und der kleinsten Krümmung seiner Orthogonalflächen gelegenen, also von denjenigen, deren Fußpunkte die Elemente jener Krümmungs-Kreise selbst bilden. Suchen wir eine nähere Vorstellung von der Lagenbeziehung der Strahlen, welche ein unendlich dünnes Büschel bilden, zu gewinnen. Denken wir uns zu diesem Zwecke durch einen Punkt P der Wellenfläche die Bögen größter und kleinster Krümmung gelegt, $M'M''$ und $N'N''$, welche aufeinander in P senkrecht stehen. Die Mittelpunkte dieser Bögen, also die Brennpunkte des durch P gehenden Strahles seien

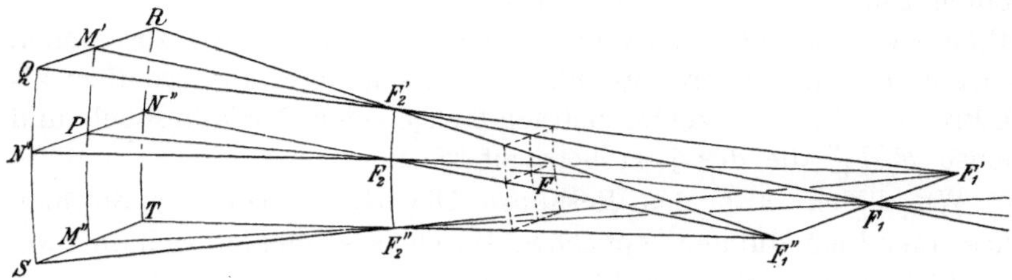

Fig. 7.

Astigmatisches Elementarbüschel mit zwei zueinander und zum Hauptstrahl PF_2FF_1 senkrechten Brennlinien $F_2'F_2''$ und $F_1'F_1''$.

F_1 und F_2; wir wollen sie kurz ersten und zweiten Brennpunkt nennen. Den durch P gehenden Strahl bezeichnen wir als „Hauptstrahl" des ganzen Büschels; derselbe ist zugleich Hauptstrahl der ebenen Partial-Büschel $M'F_1M''$ und $N'F_2N''$. Die Bögen der größten und kleinsten Krümmung in einem P benachbarten Punkt, z. B. M', stehen ebenfalls aufeinander senkrecht. Es wird aber auch wegen der Kleinheit des betrachteten Elements der Wellenfläche, also des Bogens $M'P$, bis auf unendlich kleine Abweichungen höherer Ordnung $N'P'N''$ dem entsprechenden Bogen QR der zweiten Hauptkrümmung in M' parallel sein und der durch M' gehende Bogen der ersten Hauptkrümmung mit $M'M''$ koinzidieren. Der Brennpunkt des ebenen Büschels $QM'R$ wird nun jedenfalls auf dem Hauptstrahl desselben liegen, d. i. auf dem durch M' gehenden Strahl. Dieser geht aber als Strahl des Büschels $M'M''$ durch F_1. Folglich verläuft das jetzt betrachtete ebene Büschel gänzlich in der Ebene QRF_1, und ebenso die durch andere zu $M'M''$ senkrechte Bögen gehenden Strahlen in den durch F_1 und diese Bögen gelegten Ebenen. Wo auch die Brennpunkte F_2', F_2'' etc. liegen mögen, es müssen alle diese Strahlenebenen, weil auf $F_1 M'M''$ senkrecht und durch F_1 gehend, sich in einer durch F_1 gehenden auf der Ebene $F_1 M'M''$ und daher auf dem Hauptstrahl PF_1 senkrechten Linie $F_1'F_1''$ schneiden. Wir nennen dieselbe die erste Brennlinie.

Genau dieselbe Betrachtung ist auf die zu $M'M''$ parallelen Bögen der ersten Hauptkrümmung QS, RT, etc. anwendbar. Die Hauptstrahlen dieser ebenen Partialbüschel gehen als Strahlen des Partialbüschels $N'F_2N''$ sämtlich durch seinen Brennpunkt F_2. Alle diese ebenen Partialbüschel stehen außerdem auf der Ebene der zweiten Hauptkrümmung $F_2N'N''$ senkrecht; sie schneiden sich also in einer auf $F_2N'N''$ und damit auf dem Hauptstrahl PF_2 senkrechten Linie $F_2'F_2''$, welche wir zweite Brennlinie nennen wollen. Halten wir diese beiden Systeme ebener Partialbüschel zusammen, so ist klar, daß letztere Brennlinie nichts anderes repräsentiert als die Brennpunkte der zuerst betrachteten ebenen Partialbüschel, und ebenso $F_1'F_1''$ die der jetzt betrachteten.

Wir haben also das Resultat: Die Gesamtheit der Strahlen eines unendlich dünnen, optischen Büschels schneidet sich in zwei unendlich kurzen geraden Linien, den Brennlinien, welche in den beiden Brennpunkten des Hauptstrahles bezüglich auf diesem senkrecht stehen und in zueinander senkrechten Ebenen (den Hauptkrümmungsebenen der betreffenden Wellenfläche) liegen. In der durch den ersten Brennpunkt gehenden Brennlinie liegen die Brennpunkte der zur ersten Hauptkrümmungsebene parallelen ebenen Partialbüschel, d. h. derjenigen erster Art und umgekehrt [Satz von STURM (*1.2.*)].

Man sieht, daß aus den beiden Brennlinien und dem Hauptstrahl das ganze Büschel konstruierbar ist. Man hat nur jeden Punkt der einen Brennlinie mit jedem der anderen zu verbinden und hierbei stets unendlich nahe dem Hauptstrahl zu bleiben.

Die Konstitution des Büschels ist aber auch bestimmt aus vier von seinen Strahlen, von denen nicht mehr als zwei durch je einen Punkt einer Brennlinie gehen.

Ebenen senkrecht zum Hauptstrahl schneiden das Büschel in Figuren von verschiedener Gestalt, je nach dem Ort des Schnitts und je nach der Begrenzung des Büschels auf der brechenden Fläche bezw. der Wellenfläche. An einer leicht anzugebenden

Stelle F zwischen den beiden Brennpunkten F_1 und F_2 ist der Schnitt des Büschels etc. ähnlich seiner anfänglichen Begrenzung (Stelle der geringsten Verwirrung genannt).

Für die Herleitung des Vorstehenden war wesentlich die Annahme, daß die gleichnamigen Hauptkrümmungsebenen in benachbarten Punkten eines unendlich kleinen Flächenelements einander merklich parallel seien. Dies findet aber nicht streng, sondern im allgemeinen nur bis auf Abweichungen von der zweiten Ordnung statt. Daher gelten die abgeleiteten Beziehungen auch nur mit derselben Annäherung.

Genau genommen kann man jedem Wellenflächenelement ein anderes Flächenelement näher anschmiegen, als, wie vorhin implicite angenommen, den Scheitel eines elliptischen Paraboloids, und dann sind dessen Hauptkrümmungen der Betrachtung zu Grunde zu legen. Die ebenen Partialbüschel, z. B. der ersten Hauptkrümmungen, schneiden dann die zum Hauptstrahl gehörige Ebene der zweiten sukzessive in verschiedenen Linien, welche in jener Ebene mit dem Hauptstrahl alle beliebigen Winkel einschliessen können, und desgleichen im allgemeinen die Partialbüschel der zweiten Hauptkrümmung die Ebene der ersten Krümmung. Mit Berücksichtigung der Größen der zweiten Ordnung gehen durch die beiden Brennpunkte des Hauptstrahls also keine Brennlinien, sondern Brennflächenstücke. Im besonderen kann dann auch der Fall eintreten, daß diese Brennflächenstücke in Linien degenerieren, welche aber oft gegen den Hauptstrahl merklich anders als senkrecht geneigt sind, wofür gerade die schiefe Brechung eines homozentrischen Büschels an einer Rotationsfläche ein Beispiel gibt. Und wenn infolge der vorliegenden geometrischen Verhältnisse ein Büschel von endlicher Dicke im wesentlichen dieselbe Konstitution hat, wie ein solches unendlich dünnes — was sehr wohl der Fall sein kann —, so werden die Abweichungen von dem vorhin statuierten auch der Beobachtung zugänglich werden können. Aber diese Überlegung kann den STURMschen Satz als solchen natürlich nicht aufheben, da dieser Giltigkeit ja nur innerhalb der angezeigten Genauigkeitsgrenzen beansprucht.

Im allgemeinen ist ja die Strahlenvereinigung in den Brennpunkten bezw. Brennlinien selbst nur eine solche von erster Ordnung. Es können daher der Natur der Sache nach Sätze, welche sich auf die allgemeinen Eigenschaften optischer Strahlenbündel beziehen, keine Beziehung auf die Größen der zweiten Ordnung enthalten und umgekehrt Sätze, welche auf diese Größen

Rücksicht nehmen, nicht ebenso allgemein sein, wie der STURM-sche Satz.

Daß auch in den Fällen, wo strenggenommen, bis auf Abweichungen von höherer als der zweiten Ordnung spitzwinklig gegen den Hauptstrahl geneigte Brennlinien vorhanden sind, eine durch einen der Brennpunkte senkrecht zum Hauptstrahl gelegte Ebene mit dem Büschel nirgends einen Querschnitt von weniger als der zweiten Ordnung (im Vergleich mit der Breite des betrachteten Wellenflächenstücks) hat, also der STURMsche Satz richtig bleibt, zeigt eine einfache Überlegung (Fig. 8). Ein z. B. durch F_2 gelegter senkrechter Querschnitt hat bei den in der Figur angenommenen besonders ungünstigen Verhältnissen seinen größten

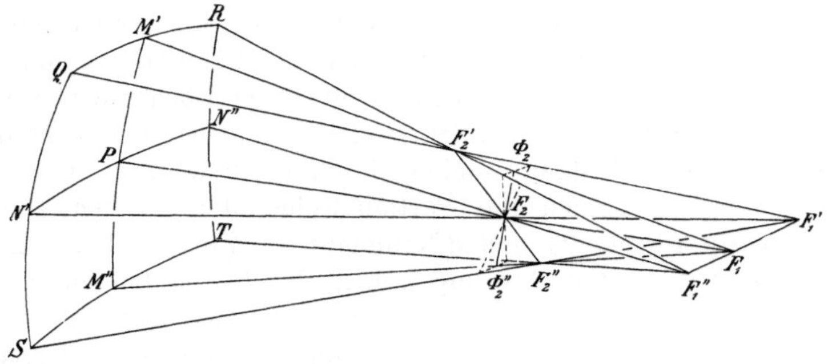

Fig. 8.
Astigmatisches Elementarbüschel mit spitzwinklig gegen den Hauptstrahl verlaufenden Brennlinien.

Querschnitt im Durchschnitt mit den äußersten ebenen Partialbüscheln QRF_2' und STF_2'' (bei rundlicher Begrenzung des Elements der Wellenfläche, an einer zwischen F_2 und Φ_2' gelegenen Stelle). Die Länge dieses Querschnittes q ist aber, wenn wir $F_2'\Phi_2' = dr$, d. i. gleich der Differenz der zweiten Hauptkrümmungsradien in M' und P und die mittlere Länge eines Hauptkrümmungsbogens zweiter Art wie $N'N'' = ds$ setzen $q = ds \cdot dr/r$ — also im allgemeinen unendlich klein gegen ds.

Das hier betrachtete unendlich dünne Strahlenbündel ist eine spezielle Art des allgemeinen geradlinigen Strahlenbüschels, welches nicht mehr die Eigenschaft hat, ein System von Orthogonalflächen zu besitzen. Ein solches wird in der Natur z. B. durch die irregulär in doppeltbrechenden Medien gebrochenen Strahlen repräsentiert. Die Eigenschaften dieses allgemeinen Büschels, deren Studium natürlich auch auf die des speziellen ein Licht wirft, insofern es zeigt, welche von den Eigenschaften dieses letzteren in seiner bloßen Geradlinigkeit, und welche auf den besonderen Annahmen beruhen, hat besonders HAMILTON (*1.* bis *4.*) studiert; nach ihm KUMMER (*1.*), MÖBIUS (*5.*), MEIBAUER (*1.*) u. a.

Nach den voranstehenden Festsetzungen kann als die Aufgabe der Dioptrik unendlich dünner Büschel, allgemein gefaßt, die ausgesprochen werden: wenn die Brechungsexponenten zweier Medien n und n', die Gestalt der sie trennenden Fläche $f(x, y, z) = 0$, die Richtung eines einfallenden Strahls und die Orte der Brennpunkte und Lagen der Brennlinien auf ihm gegeben sind, letztere drei Bestimmungsstücke auch für den gebrochenen bezw. reflektierten Strahl zu finden. C. NEUMANN (*2.*) hat eine allgemeine Lösung der Aufgabe mitgeteilt unter der Annahme der Giltigkeit des STURMschen Satzes; MATTHIESSEN (*10.*) ohne die letztere. Hier sei auf diese Darstellungen nur hingewiesen, die Aufgabe selbst werden wir später in einer Anzahl besonderer Fälle behandeln.

4. Definitionen.

Um der Sicherheit der Terminologie willen stellen wir vor den weiteren Ausführungen hier folgende Definitionen zusammen.

Das von irgend einer — gleichgiltig ob selbst- oder indirekt leuchtenden — Fläche sich ausbreitende Licht denken wir uns zusammengesetzt aus den Anteilen, die von je einem Element der Fläche ausgehen. Das von einem solchen Flächenelement ausgehende Licht bildet ein physikalisches Lichtbüschel.

Das in Öffnungswinkel und Querschnitt kleinste physikalische Büschel, welches praktisch noch von dem übrigen Licht getrennt und isoliert weiteren Veränderungen unterworfen werden kann, ist ein physikalischer Lichtstrahl (NEWTON).

In der streng geometrischen Optik bildet man die Fiktion, daß das Licht von den einzelnen Punkten einer Fläche ausgehe. Dieser Punkt heißt dann der Brennpunkt des Lichtbüschels oder kurzweg der leuchtende Punkt. Wenn die Winkelöffnung und der Querschnitt des Büschels verschwindend klein sind, so nennt man das Büschel ein Elementarbüschel. (Wo nicht die entgegengesetzte Annahme ausdrücklich gemacht ist, denken wir uns die Form des Elementarbüschels als die eines geraden Kegels bezw. Zylinders.) Die Büschel denkt man sich als Aggregate von Lichtstrahlen, welche letztere als mathematische gerade Linien behandelt werden.

Des näheren oft, und bei endlichen Büscheln durchaus heißt Achse oder Hauptstrahl des Büschels derjenige Strahl, welcher der, durch den Brennpunkt gehenden Schwerpunktslinie des Büschels — dieses als homogenen Körper gedacht — entspricht, also bei zylindrischen und konischen Büscheln die geometrische Achse, Symmetrielinie des Kegels bezw. Zylinders. Die Achse ist der Repräsentant der Richtung des Büschels.

Jeder Strahl eines Elementarbüschels kann als seine Achse angesehen werden.

Ein Büschel heißt konvergent oder divergent, je nachdem wir es an einer Stelle betrachten, die im Sinne der gedachten Lichtbewegung vor oder hinter dem Vereinigungspunkte der Strahlen, dem Brennpunkte, liegt. Der Grad der Konvergenz oder Divergenz von Büscheln wird durch ihren Öffnungswinkel, bei Elementarbüscheln durch das Verhältnis ihrer Öffnungswinkel, in der Ebene oder im Raume, gemessen.

Der Raum, in welchem sich das Licht bewegt, ganz gleich ob derselbe mit wägbarer Materie erfüllt ist, oder nicht, heißt das Medium oder Mittel. Der Brennpunkt eines Büschels wird stets in demjenigen Mittel liegend angenommen, in welchem tatsächlich die Strahlen verlaufen.

Wenn durch irgend welche Vorrichtung die von einem leuchtenden Punkte ausgegangenen Strahlen zum Teil wieder in einen Punkt vereinigt werden, so nennt man diesen das Bild des ursprünglichen Punktes, jenen den Objektpunkt. Die Vorrichtung wird als abbildendes System bezeichnet. Die zur Vereinigung gebrachten Strahlen können dabei ein endliches oder auch ein unendlich dünnes (Elementar-) event. auch nur ebenes Partialbüschel bilden.

Ein Unterschied zwischen einem selbstleuchtenden Objekt und einem optischen Bild ist der, daß ersteres von allen Seiten, letzteres aber im allgemeinen nur innerhalb beschränkter Raumgebiete sichtbar ist.

Vermöge der Umkehrbarkeit der Lichtwege können Objekt- und Bildpunkt ihre Funktion vertauschen, d. h. jeder Bildpunkt als Objekt Strahlen aussendend in den Richtungen, in welchen solche in ihm zur Vereinigung kamen, wird durch dasselbe abbildende System genau im vorherigen Objektpunkt abgebildet. Statt zu sagen, ein Punkt sei das Bild eines anderen, nennt man daher beide in Bezug auf die betreffenden abbildenden Mittel „konjugierte" Punkte.

Was von einem einzelnen Punkte gilt, trifft auch auf mehrere zu, welche ein mehr oder weniger ausgedehntes Objekt und Bild formieren.

In Bezug auf ein abbildendes System nennt man ein $\frac{\text{Objekt}}{\text{Bild}}$ reell oder virtuell, wenn sein Ort von der Lichtbewegung $\frac{\text{eher}}{\text{später}}$ oder $\frac{\text{später}}{\text{eher}}$ erreicht wird als das System.

II. Kapitel.

Die Durchrechnungsformeln.

Bearbeiter: **A. König** und **M. von Rohr.**

———

1. Der Fall durch einen Achsenpunkt gehender Strahlen.

A. Die Strahlen endlicher Neigung gegen die Achse.

Die Orientierung auf die Systemachse. Es sei die Aufgabe gestellt, den unter u geneigten Strahl BO, der die Achse SC in O

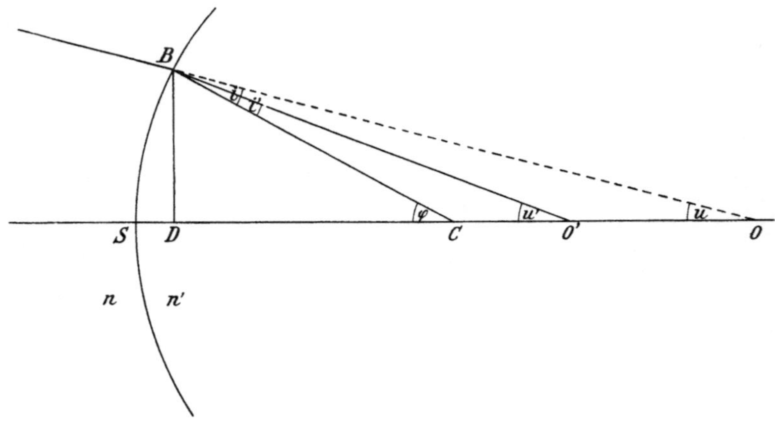

Fig. 9.

$$SO = s; \quad SO' = s'; \quad SC = r; \quad DB = h.$$

Zur Brechung eines zum Achsenpunkte O gehörigen Strahls endlicher Öffnung u an einer Kugelfläche.

schneidet, durch die Kugelfläche SB mit dem Radius $r = SC$ zu verfolgen, wenn diese die Medien mit den Brechungsexponenten n

und n' voneinander scheidet. Die beiden Größen $SO = s$ und u, die die Lage des Strahls eindeutig bestimmen, bezeichnen wir als die Strahlenkoordinaten, und wir wissen, daß wir in diesem Falle dazu den Scheitelabstand oder die *Schnittweite* s und den Neigungswinkel oder den *Öffnungswinkel* u gewählt haben. Wir rechnen SO dann, wie andere Strecken, positiv, wenn man sich von S nach O im Sinne der stets von links nach rechts gehend vorausgesetzten Lichtrichtung bewegt, und negativ, wenn entgegengesetzt dazu. Die Winkel*) werden positiv gerechnet, wenn oberhalb der Achse verlaufende Strahlen konvergieren, und negativ, wenn sie divergieren.

Stellen wir nun aus dem $\triangle COB$ mit Hilfe des Sinussatzes die Proportion auf

$$\frac{\sin i}{\sin u} = \frac{CO}{BC} = \frac{CS + SO}{BC} = \frac{s - r}{r},$$

so hat der Inzidenzwinkel i dasselbe Zeichen wie der Öffnungswinkel u, wenn, wie in unserem Falle

$$\operatorname{sign}(s - r) = \operatorname{sign} r.$$

Man sieht ein, daß wir auf diese Weise zu dem Zeichen für $\sin i$ kommen, das auf Seite 9 gefordert wurde. Mit Hilfe des Brechungsgesetzes bestimmen wir dann

$$\sin i' = \frac{n}{n'} \sin i,$$

wobei die Vorzeichen von i und i' in jedem Falle übereinstimmen.

Nach der Figur ist der Kugelwinkel

$$\varphi = u + i = u' + i'$$

also
$$u' = u + (i - i'),$$

und analog wie oben für den Strahl vor der Brechung erhalten wir jetzt nach ihr

$$s' - r = \frac{r \sin i'}{\sin u'},$$

woraus durch Addition von r sofort die Schnittweite s' erhalten wird.

Diese Formel versagt für unendlich lange Radien ihren Dienst, also in dem Falle, wenn aus der zentrierten Kugelfläche eine achsensenkrechte Planfläche wird.

---

*) Diese Wahl des Vorzeichens der Winkel u stimmt mit der überein, die A. STEINHEIL und A. VOIT (3. 41.) und A. KERBER (7. 5.) getroffen haben; sie weicht aber von der Festsetzung B. WANACHS (1. 164.) ab.

Wir erhalten dann nach Fig. 10 die Beziehung

$$s' \operatorname{tg} u' = s \operatorname{tg} u.$$

Die Winkel ergeben sich, wenn wir beachten, daß hier gilt

$$\varphi = 0,$$

zu

$$i = -u$$

$$\sin i' = \frac{n}{n'} \sin i$$

$$u' = -i'.$$

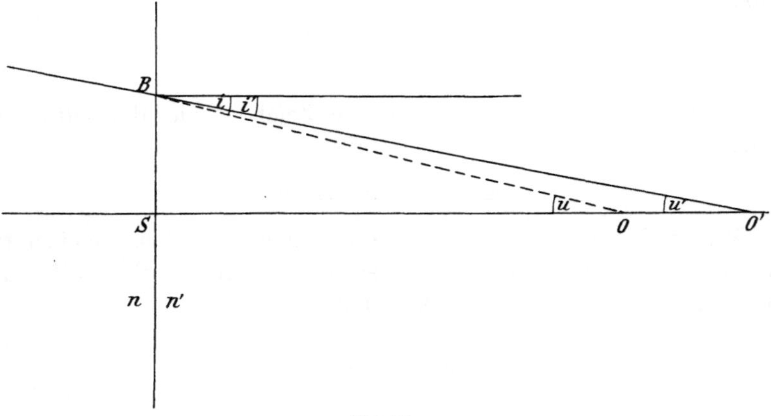

Fig. 10.

$$SO = s; \quad SO' = s'.$$

Zur Brechung eines zum Achsenpunkte O gehörigen Strahls endlicher Öffnung u an einer Planfläche.

Ist der Kugelradius zwar endlich aber sehr lang, $r = R$, so wird man vermeiden, die Schnittweite s' in der gewöhnlichen Weise aus

$$(s' - R) + R$$

zu bestimmen, weil sie bei der trigonometrischen Rechnung mit einer unnötig großen Ungenauigkeit behaftet sein kann. Man geht dann nach Analogie der Planflächen vor und setzt

$$s' = \frac{h}{\operatorname{tg} u'} + 2R \sin^2 \frac{\varphi}{2} = R \sin \varphi \operatorname{ctg} u' + 2R \sin^2 \frac{\varphi}{2}.$$

Man kann in diesem Falle auch nach dem Vorschlage von E. Abbe in folgender Weise verfahren. Man formt

$$\sin i' = \frac{s' - r}{r} \sin u'$$

so um, daß man erhält

$$\frac{s'}{r} \sin u' = \sin u' + \sin i' = 2 \sin \frac{\varphi}{2} \cos \left(\frac{i' - u'}{2} \right),$$

so daß sich hier ergibt

$$s' = \frac{2\,R \sin \dfrac{\varphi}{2} \cos \left(\dfrac{i' - u'}{2} \right)}{\sin u'}.$$

Diese Formel kann bei beliebigen Radien als Kontrollformel benutzt werden (auch die vorige läßt sich dahin umformen).

Ist der Objektabstand $s = \infty$, so übt die achsensenkrechte Planfläche keine Wirkung auf die Richtung achsenparallel auftreffender Strahlen aus. Bei einer brechenden Kugelfläche ergibt sich dagegen bei einem im Achsenabstande h auftreffenden Strahle von $u = 0$

$$\sin i = \frac{h}{r}.$$

Der Übergang von einer brechenden Fläche r_ν zur nächsten $r_{\nu+1}$, die um die axiale Scheitelentfernung oder *Dicke* d_ν von ihr absteht, ergibt sich zu

$$s_{\nu+1} = s_\nu' - d_\nu; \quad u_{\nu+1} = u_\nu'.$$

Sind wir in dieser Weise in den Stand gesetzt, einen von einem endlich entfernten Achsenpunkte ausgehenden Strahl endlicher Öffnung u (bei achsenparallelem Strahlengange endlichen Achsenabstandes h) durch ein System zentrierter Kugelflächen hindurch zu verfolgen, so haben wir jetzt noch die Bestimmung anderer Größen zu leisten, die bei der Durchrechnung von Systemen von Wichtigkeit sein können.

Die *Einfallshöhe* $h = DB$

$$h = r \sin \varphi,$$

wobei

$$\varphi = i + u = i' + u'.$$

Die *Pfeilhöhe* SD

$$SD = SC - DC = r\,(1 - \cos \varphi) = 2\,r \sin^2 \frac{\varphi}{2}.$$

Die *Weglängen* $BO = p$; $BO' = p'$

$$p = \frac{h}{\sin u}; \; p' = \frac{h}{\sin u'},$$

und daraus folgt ohne weiteres

$$\frac{p'}{p} = \frac{\sin u}{\sin u'}.$$

Bei zwei unmittelbar aufeinander folgenden Flächen hat unter gewissen Umständen (z. B. zur Feststellung der Absorptionswirkung) die Bestimmung des zwischen ihnen liegenden Wegstücks, der *schiefen Dicke* d_ν, noch Interesse. Sie ergibt sich aus

$$p_{\nu+1} = p_\nu' - d_\nu.$$

Genauere Werte kann man noch erhalten, wenn man auf die Pfeilhöhen der einschließenden Kugelflächen zurückgeht. Es ergibt sich dann

$$d_\nu = \frac{d_\nu - 2\left(r_\nu \sin^2 \frac{\varphi_\nu}{2} - r_{\nu+1} \sin^2 \frac{\varphi_{\nu+1}}{2}\right)}{\cos u_\nu'}.$$

Wir bemerken hier noch, daß wir im folgenden die soeben abgeleiteten Formeln sowohl für Strahlen benützen werden, die ihren Ausgang vom Objektpunkte nehmen, wie wir es hier vorausgesetzt hatten, als auch für solche, die von der Blendenmitte ausgehen. Die Strahlen dieser Art werden wir in Zukunft als *Hauptstrahlen* bezeichnen. Um sie sofort von den Objektstrahlen endlicher Öffnung unterscheiden zu können, werden wir an die Stellen der Größen

$$s \; u \; i \; \varphi \; h \; p$$

die folgenden

$$x \; w \; j \; \phi \; y \; q$$

treten lassen, die für die Strahlen der zweiten Art eine genau entsprechende Bedeutung haben.

Die Orientierung auf das Zentrallot. Eine andere Möglichkeit der Koordinatenbestimmung besteht darin, daß man nicht die Schnittweite SO des Strahls, sondern den Abstand $CH = U$ als gegeben annimmt, in dem die im Kreismittelpunkte C errichtete Senkrechte, das *Zentrallot*, von dem Strahle geschnitten wird.

Es ist

$$U = (s - r)\,\mathrm{tg}\,u$$

und wegen

$$\frac{\sin i}{\sin u} = \frac{s - r}{r}$$

$$\sin i = \frac{U \cos u}{r};$$

ebenso gilt natürlich

$$\sin i' = \frac{n}{n'} \sin i$$

$$u' = u + (i - i')$$

und

$$\sin i' = \frac{U' \cos u'}{r}$$

also

$$U' = U \frac{n}{n'} \frac{\cos u}{\cos u'},$$

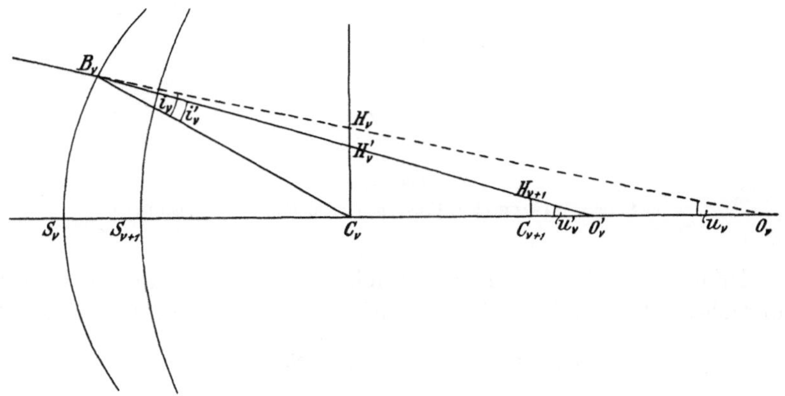

Fig. 11.

$$U_\nu = C_\nu H_\nu; \quad U_\nu' = C_\nu H_\nu'; \quad U_{\nu+1} = C_{\nu+1} H_{\nu+1}; \quad S_\nu S_{\nu+1} = d_\nu; \quad S_\nu C_\nu = r_\nu;$$
$$S_{\nu+1} C_{\nu+1} = r_{\nu+1}.$$

Zu den SEIDEL-WANACHschen Brechungs- und Übergangsformeln.

womit wiederum aus U und u unter Zuhilfenahme der Inzidenzwinkel die Werte für U' und u' abgeleitet sind.

Für den Übergang von einer Fläche zur andern bedürfen wir des Abstandes C_ν zweier aufeinander folgender Kreiszentren. Es ist nach der Figur 11

$$C_\nu C_{\nu+1} = C_\nu S_\nu + S_\nu S_{\nu+1} + S_{\nu+1} C_{\nu+1}$$
$$C_\nu = - r_\nu + d_\nu + r_{\nu+1}$$

und wir erhalten

$$U_{\nu+1} = U_\nu' - C_\nu \operatorname{tg} u_\nu',$$

während wie vorher

$$u_{\nu+1} = u_\nu'$$

gilt.

Diese Formelfolge hat B. WANACH (*1.*) aus dem später zu besprechenden, von L. SEIDEL angegebenen Rechenschema für windschiefe Strahlen abgeleitet.

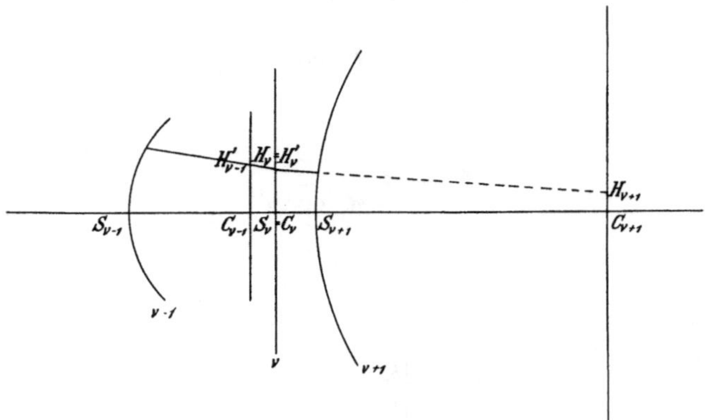

Fig. 12.

Zum SEIDEL-WANACHschen Übergange zu und von einer Planfläche.

Handelt es sich um ebene Flächen, so wählt man die achsensenkrechte Ebene selbst als Lot und erhält nach der Figur 12:

$$C_{\nu-1}C_\nu = C_{\nu-1}S_{\nu-1} + S_{\nu-1}C_\nu$$

$$C_{\nu-1} = -r_{\nu-1} + d_{\nu-1}$$

$$U_\nu = U'_{\nu-1} - C_{\nu-1} \operatorname{tg} u'_{\nu-1}$$

$$u'_{\nu-1} = -i'_\nu$$

$$U_\nu' = U_\nu$$

$$C_\nu = d_\nu + r_{\nu+1}$$

$$-i_\nu' = u_{\nu+1}$$

Die übrigen Formeln zur Bestimmung der Einfallshöhe, der Pfeilhöhe und der Weglänge können auch für dies Verfahren ohne weiteres dem früheren entnommen werden.

B. Die Strahlen in der Nachbarschaft der Achse.

Die Spezialisierung der trigonometrischen Formeln. Handelt es sich um die Berechnung der Schnittweiten von Strahlen, die der Achse unendlich benachbart sind, so schreiben wir für s und s' stets s und s', sowie für u, i, u', i' hier immer du, di, du', di'.

Es steht dann nichts im Wege, wie es auch tatsächlich von A. STEINHEIL und E. VOIT (**3. 81.**) vorgeschlagen wird, eine der trigonometrischen Rechnung bei Strahlen endlicher Neigung analoge Anlage in folgender Weise auszuführen:

$$di = \frac{s - r}{r}\, du$$

$$di' = \frac{n}{n'}\, di$$

$$du' = du + di - di'$$

$$s' - r = r\, \frac{di'}{du'}.$$

Da der für du anzunehmende, unendlich kleine Wert als Faktor überall in die zu bestimmenden Größen eingeht, so ist es gestattet, ihn durch ein beliebiges Multiplum zu repräsentieren, also ihn etwa $= 1$ zu setzen.

Die Benutzung der Invarianten der Paraxialstrahlen. Eliminiert man aus der obigen Formelreihe durch sukzessive erfolgendes Einsetzen der Werte die kleinen Winkel, so erhält man aus dem Ausdrucke

$$(s' - r)\left(\frac{s}{r} - \frac{n}{n'}\frac{s - r}{r}\right) = \frac{n}{n'}(s - r)$$

durch Bildung des Wertes von $1/s'$ die *Nullinvariante* der Brechung

$$Q_s = n'\left(\frac{1}{r} - \frac{1}{s'}\right) = n\left(\frac{1}{r} - \frac{1}{s}\right),$$

aus der sich dann leicht die Rechenregel ergibt

$$\frac{n'}{s'} = \frac{n}{s} + \frac{n' - n}{r},$$

in der die kleinen Winkel ganz herausgefallen sind.

Die Benützung dieser rein algebraischen Formel hat bei der gleichzeitigen Rechnung von Null- und trigonometrischen Strahlen den Vorzug, eine gewisse Kontrolle gegen prinzipielle Rechenfehler zu bieten. Diese fehlt bei Anwendung der oben mitgeteilten Formeln, da man bei ihnen wesentlich dieselben Rechenoperationen vornimmt, wie bei der Verfolgung trigonometrischer Strahlen.

2. Der Fall in der Meridianebene verlaufender Strahlen.

A. Die Strahlen mit endlicher Neigung gegen den Hauptstrahl.

Das gewöhnliche Verfahren durch Wiederholung der Rechnung für Strahlen aus Achsenpunkten. Faßt man jeden der im Meridionalschnitte verlaufenden, also die Achse schneidenden Strahlen auf als ausgehend von seinem Schnittpunkte mit der Achse, so erhält man für jeden Strahl am Schlusse der Rechnung die Werte

$$s', \quad u'.$$

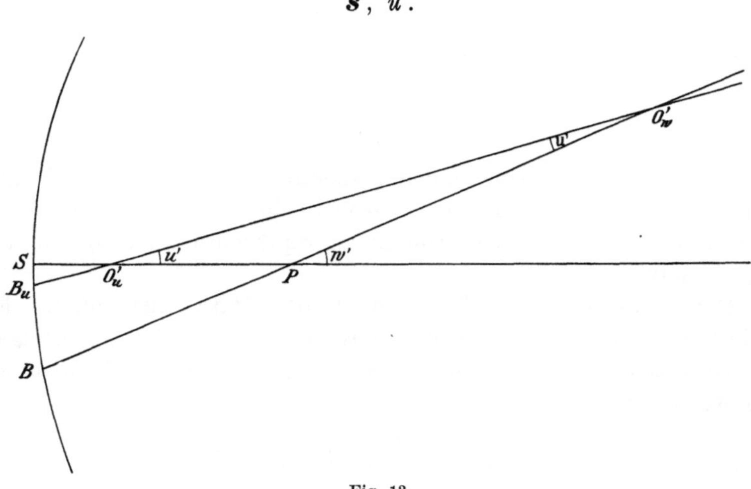

Fig. 13.

$$t' = BO_w'; \quad s' = SO_u'; \quad x' = SP; \quad q' = BP.$$

Zur Durchrechnung eines endlich geöffneten tangentialen Büschels nach dem gewöhnlichen
Verfahren.

Es wird dann im allgemeinen stets darauf ankommen, die Schnittweiten t' aufzusuchen, die der gedachte, nach der Brechung durch s', u', definierte Strahl auf dem durch die Blendenmitte gehenden Hauptstrahle bestimmt. Bezeichnen wir nach unserer früheren Bemerkung die den Hauptstrahl bestimmenden Koordinaten durch x', w', so erhalten wir nach Fig. 13 ohne weiteres

$$\frac{\sin u'}{\sin u'} = \frac{\sin (u' - w')}{\sin u'} = \frac{x' - s'}{q' - t'}$$

wo q' in der angegebenen Weise zu ermitteln ist. Die Größen t', u' wird man darum konsequenterweise auffassen als die Koordinaten des schiefen Strahls bezogen auf den Hauptstrahl.

Hat man mehrere Strahlen durch ein System zentrierter Flächen durchzurechnen, so wird man häufig gezwungen sein, die hier angegebene Nebenrechnung nach jeder Fläche auszuführen, um aus dem Gange der Schnittweiten eine Kontrolle zu gewinnen.

Das direkte Verfahren nach E. ABBE. Hier wird von vornherein die gleiche Annahme gemacht wie vorher, daß es sich darum handele, die Schnittweiten t' und die Öffnungswinkel u' eines will-

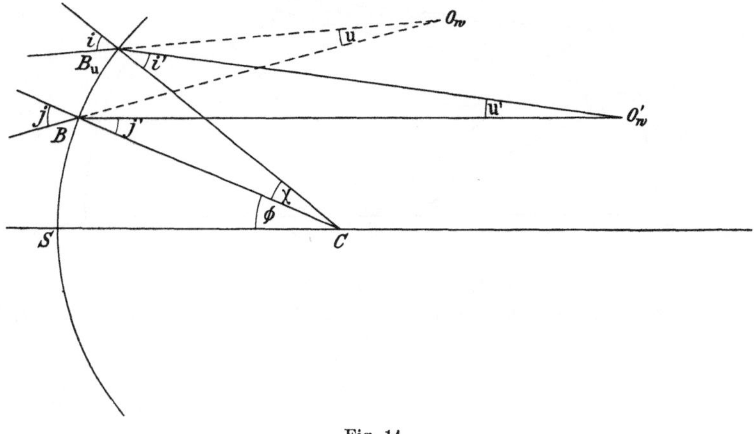

Fig. 14.

$$t = BO_n; \quad t' = BO_n'.$$

Zur Durchrechnung eines endlich geöffneten tangentialen Büschels nach dem ABBEschen Verfahren.

kürlich gewählten schiefen Strahls im Meridionalschnitte auf dem vom Objektpunkte aus durch die Blendenmitte gehenden Hauptstrahle zu bestimmen. Es kann alsdann angenommen werden, daß die Bestimmungsstücke des Hauptstrahls, darunter auch seine Inzidenzwinkel j, j' schon bekannt sind.

Bezeichnet man wie vorher die Öffnungswinkel des schiefen Strahles mit u, u' und den Zuwachs des Kugelwinkels ϕ durch χ, so kann man ohne weiteres aus der Figur 14 entnehmen

$$i + u = j + \chi$$
$$i' + u' = j' + \chi$$
$$\overline{u' = u + (i - i') - (j - j'),}$$

so daß hiermit die Bestimmung des Öffnungswinkels u′ geleistet ist, wenn wir i und i' ermittelt haben.

Zur Bestimmung von t' muß eine neue Beziehung abgeleitet werden. Zu diesem Zwecke vervollständigen wir den in der vorigen Figur nur angedeuteten Kreis, verlängern die Strecke t bis zum zweiten Schnittpunkte D mit der Peripherie, nennen diese Strecke $BD = T$ und verbinden den zweiten Schnittpunkt D mit dem Inzidenzorte B_u durch die Strecke Θ. Alsdann gilt nach Fig. 15

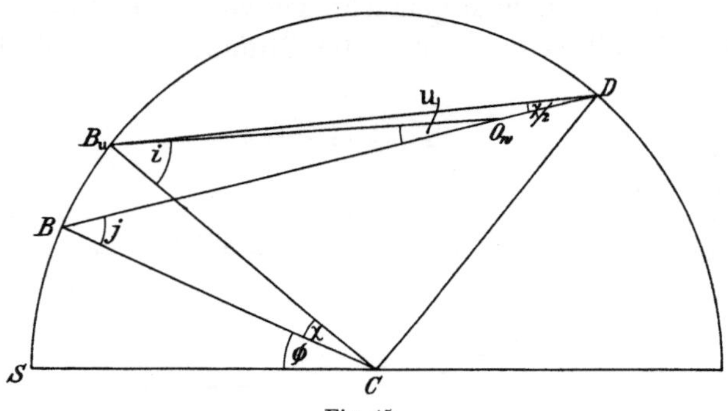

Fig. 15.

$$t = BO_w; \quad T = BD; \quad \Theta = B_\mathrm{u}D.$$

Zur Durchrechnung eines endlich geöffneten tangentialen Büschels nach dem Abbeschen Verfahren.

$$T = 2\,r\,\cos j$$

$$\Theta = 2\,r\,\cos\left(j + \frac{\chi}{2}\right)$$

und

$$\frac{\Theta}{T - t} = \frac{\sin u}{\sin\left(u - \dfrac{\chi}{2}\right)}.$$

Setzt man in diese letzte Gleichung die Werte für Θ und T ein, so erhält man

$$t\sin u = 2\,r\left[\cos j \sin u - \cos\left(j + \frac{\chi}{2}\right)\sin\left(u - \frac{\chi}{2}\right)\right].$$

Jedes der beiden Produkte im Innern der Klammer drückt man mit Hilfe bekannter goniometrischer Formeln durch eine Summe zweier Sinus aus, und es ergibt sich nach Fortfall des mit entgegengesetzten Zeichen vorkommenden Summanden $\sin(j + u)$ der Ausdruck

$$\frac{t \sin u}{r} = \sin i - \sin (j - u),$$

wobei

$$i = j + \chi - u$$

benutzt ist. Eine ganz entsprechende Beziehung gilt für die Größen nach der Brechung. Führen wir nun noch den Hilfswinkel η durch die Definition ein

$$\sin \eta = \frac{t}{r} \sin u,$$

so erhalten wir

$$\sin i = 2 \sin \frac{\eta + j - u}{2} \cos \frac{j - u - \eta}{2}$$

und ferner

$$\sin i' = \frac{n}{n'} \sin i.$$

Damit ist aber nach dem oben erwähnten auch u' bestimmt und wir erhalten nunmehr

$$\frac{t'}{t} = \frac{\sin u}{\sin u'} \, \frac{\sin i' - \sin (j' - u')}{\sin i - \sin (j - u)}$$

$$= \frac{\sin u}{\sin u'} \, \frac{\sin \dfrac{i' + u' - j'}{2} \cos \dfrac{i' + j' - u'}{2}}{\sin \dfrac{i + u - j}{2} \cos \dfrac{i + j - u}{2}}$$

$$= \frac{\sin u}{\sin u'} \, \frac{\cos \dfrac{i' + j' - u'}{2}}{\cos \dfrac{i + j - u}{2}}$$

weil

$$i' + u' - j' = i + u - j = \chi$$

gilt.

B. Die Strahlen in der Nachbarschaft des Hauptstrahls.

Die Spezialisierung der ABBEschen Formeln. Nehmen wir an, daß es sich um so kleine Öffnungswinkel u handele, daß schon ihre zweite Potenz der ersten gegenüber zu vernachlässigen ist, und bezeichnen wir sie in diesem Fall mit du, so lassen sich die für endliche u geltenden Formeln erheblich vereinfachen.

Wir erhalten in diesem Falle

$$i = j + di \quad \text{und} \quad \chi = d\phi$$

und wegen

$$j + di + d\mathrm{u} = j + d\phi$$

$$di + d\mathrm{u} = d\phi$$

$$\text{und} \quad di' + d\mathrm{u}' = d\phi.$$

Ferner wird aus $i + j - \mathrm{u}$: $2j + di - d\mathrm{u}$.

Setzen wir nun die so umgestalteten Größen in die Formel ein, die für die Schnittweite bei endlichen u entwickelt wurde, so erhalten wir, wenn wir uns auf Größen erster Ordnung beschränken, die Beziehung

$$\frac{t'}{t} = \frac{d\mathrm{u}}{d\mathrm{u}'} \frac{\cos j'}{\cos j};$$

wobei wir dem früheren analog die Schnittweiten unendlich benachbarter Strahlen durch t und t' bezeichnen.

Diese Formel wird zur Berechnung von t' geeignet, wenn wir $\dfrac{d\mathrm{u}}{d\mathrm{u}'}$ durch Größen ausdrücken, die vor der Brechung vorkommen oder nur Bestimmungsstücke des Hauptstrahls enthalten.

Da die Gleichung besteht

$$di + d\mathrm{u} = di' + d\mathrm{u}',$$

so ergibt sich nach Differentiation des Brechungsgesetzes

$$d\mathrm{u}' - d\mathrm{u} = di \left(1 - \frac{\operatorname{tg} i'}{\operatorname{tg} i} \right).$$

Ferner geht die oben abgeleitete Beziehung

$$\frac{t}{r} \sin \mathrm{u} = \sin i - \sin (j - \mathrm{u})$$

unter der Beschränkung auf Größen erster Ordnung über in

$$\frac{t\, d\mathrm{u}}{r} = (d\mathrm{u} + di) \cos j$$

also

$$di = \left(\frac{t}{r \cos j} - 1 \right) d\mathrm{u}.$$

Unter Benutzung dieses Wertes erhalten wir schließlich den gewünschten Ausdruck

$$\frac{d\mathrm{u}'}{d\mathrm{u}} = 1 + \left(1 - \frac{\operatorname{tg} j'}{\operatorname{tg} j}\right)\left(\frac{t}{r \cos i} - 1\right)$$

$$= \frac{t}{r \cos j}\left(1 - \frac{\operatorname{tg} j'}{\operatorname{tg} j}\right) + \frac{\operatorname{tg} j'}{\operatorname{tg} j},$$

so daß wir endlich schreiben können

$$\frac{t}{t'} = \frac{\cos j}{\cos j'}\left[\frac{t}{r \cos j}\left(1 - \frac{\operatorname{tg} j'}{\operatorname{tg} j}\right) + \frac{\operatorname{tg} j'}{\operatorname{tg} j}\right].$$

Diese Formel versagt, wenn der Objektpunkt für $t = \infty$ auf dem Hauptstrahle ins Unendliche rückt. Zu gleicher Zeit aber wird $d\mathrm{u} = 0$, und zwar tritt dann an die Stelle der kleinen angularen Öffnung $d\mathrm{u}$ die kleine lineare Größe $t\,d\mathrm{u} = r \cos j\, di$. Bestimmt man nun in

$$t' = \frac{t\,d\mathrm{u}}{d\mathrm{u}'} \cdot \frac{\cos j'}{\cos j}$$

den entsprechenden Wert des ersten Faktors, so wird

$$\left(\frac{t\,d\mathrm{u}}{d\mathrm{u}'}\right)_{d\mathrm{u}=0} = \frac{r \cos j}{1 - \dfrac{\operatorname{tg} j'}{\operatorname{tg} j}} = \frac{n' r \cos j \cos j'}{n' \cos j' - n \cos j}$$

also

$$(t')_{t=\infty} = r\, \frac{n' \cos^2 j'}{n' \cos j' - n \cos j}.$$

Führen wir die Rechnungsoperationen in dem allgemeinen Werte für t/t' aus, so ergibt sich die folgende Formel für die Schnittweiten im Tangentialschnitte

$$\frac{n' \cos^2 j'}{t'} - \frac{n \cos^2 j}{t} = \frac{1}{r}\left(n' \cos j' - n \cos j\right).$$

Die auf der rechten Seite stehende Größe, die *astigmatische Konstante*, läßt noch eine Umformung zu, die sie für die logarithmische Rechnung bequemer macht

$$n' \cos j' - n \cos j = \frac{n}{\sin j'} \sin (j - j') = \frac{n'}{\sin j} \sin (j - j').$$

Der Übergang von t' zum t der nächsten Fläche geschieht unter Benutzung der schiefen Dicken $\boldsymbol{d}$, deren Ausdruck weiter oben entwickelt worden ist

$$t_{\nu+1} = t_\nu' - \boldsymbol{d}_\nu.$$

Ist zu Beginn der Rechnung der Abstand s_1 der achsensenkrechten Objektebene und die Neigung w_1 des Hauptstrahls gegeben, so ermittelt man

$$t_1 = \frac{1}{\cos w_1}\left(s_1 - 2\,r_1 \sin^2 \frac{\phi_1}{2}\right),$$

und man erhält umgekehrt nach der Durchrechnung durch k Flächen die im allgemeinen mit w_1 variierende Abszisse $\overline{s}_k{}'$ des tangentialen, auf dem betrachteten Hauptstrahle liegenden Bildpunktes, gerechnet vom letzten Flächenscheitel, zu

$$\overline{s}_k{}' = t_k{}' \cos w_k{}' + 2\,r_k \sin^2 \frac{\phi_k}{2}.$$

Die Ableitung der WANACHschen Formeln. Aus der oben mitgeteilten Formelreihe für den Verlauf eines von einem Achsenpunkte ausgehenden Strahls bezogen auf die Koordinaten U und u leitet B. WANACH (**1.**) Formeln zur Bestimmung der Schnittweiten enger tangentialer Büschel in der folgenden Weise her. Er bestimmt die Variationen, die in den Strahlenkoordinaten auftreten, wenn außer dem Hauptstrahle W, w noch ein anderer Strahl betrachtet wird, dessen Neigungswinkel gegen die Achse gegeben ist durch den benachbarten Wert $w + d$u. Es stellt sich dann an dem Hauptstrahle der unendlich kleine Öffnungswinkel du ein, und es ergeben sich durch die Differentiation der oben aufgeführten Formelreihe, wenn wir durch die Bezeichnung zum Ausdruck bringen, daß es sich um die Bestimmungsstücke des Hauptstrahls handelt, die folgenden Beziehungen

$$d\mathrm{u}' = d\mathrm{u} + (\operatorname{tg} j - \operatorname{tg} j')\left[\frac{d\,W}{W} - \operatorname{tg} w\,d\mathrm{u}\right]$$

$$d\,W' = W'\left[\frac{d\,W}{W} - \operatorname{tg} w\,d\mathrm{u} + \operatorname{tg} w'\,d\mathrm{u}'\right]$$

für eine beliebige Fläche und beim Übergang von der νten zur $\nu + 1$ten

$$d\mathrm{u}_{\nu+1} = d\mathrm{u}_\nu{}'$$

$$d\,W_{\nu+1} = d\,W_\nu{}' - C_\nu\,\frac{d\mathrm{u}_\nu{}'}{\cos^2 w_\nu{}'}$$

Ist etwa die μte Fläche plan, so treten die Änderungen ein

$$d\,W_\mu = W'_{\mu-1} - C_{\mu-1}\,\frac{d\mathrm{u}'_{\mu-1}}{\cos^2 w'_{\mu-1}}$$

$$C_{\mu-1} = d_{\mu-1} - r_{\mu-1}$$

$$d\,\mathrm{u}_\mu' = \frac{\operatorname{tg} w_\mu'}{\operatorname{tg} w_\mu}\,d\,\mathrm{u}_\mu$$

$$d\,W_\mu' = d\,W_\mu$$

$$d\,W_{\mu+1} = d\,W_\mu' - C_\mu\,\frac{d\,\mathrm{u}_\mu'}{\cos^2 w_\mu'}$$

$$C_\mu = d_\mu + r_\mu.$$

Es ist nun noch nötig, die Anfangswerte $d\,\mathrm{u}_1$ und $d\,W_1$ vor der ersten Brechung mittels der gegebenen Größen zueinander in Beziehung zu setzen. Dabei geht B. Wanach von der Annahme aus, daß der Objektpunkt in einer achsensenkrechten Ebene von der Achsenentfernung s_1 durch den Durchstoßungspunkt des unter w_1 geneigten Hauptstrahls bestimmt sei.

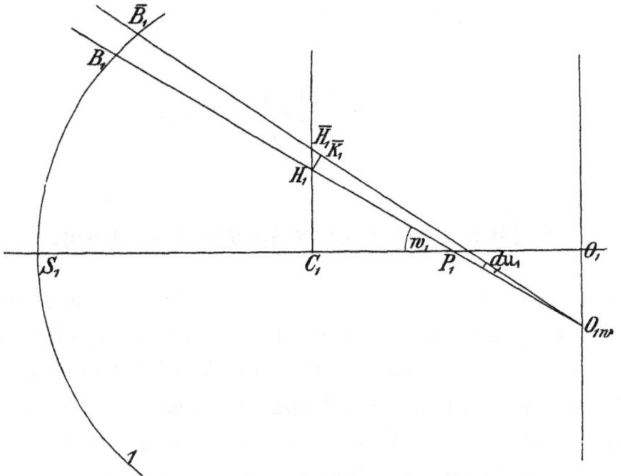

Fig. 16.

$$C_1 H_1 = W_1;\quad H_1\overline{H}_1 = d\,W_1 = \varepsilon;\quad H_1\overline{K}_1 = \mu;\quad H_1 O_{1w} = \tau_1.$$

Zur Durchrechnung eines engen tangentialen Büschels nach den Wanachschen Formeln.

Nehmen wir in Fig. 16 $d\,W_1$ als willkürliche kleine Größe ε an, so ergibt sich zunächst, wenn wir in H_1 auf $H_1 O_{1w}$ die Senkrechte $H_1\overline{K}_1$ errichten:

$$d\,\mathrm{u}_1 = \frac{\mu}{\tau_1}$$

wo Zähler und Nenner nach der Figur auszudrücken sind durch

$$\mu = d\,W_1 \cos w_1 = \varepsilon \cos w_1$$

$$\tau_1 = \frac{s_1 - r_1}{\cos w_1},$$

so daß sich schließlich ergibt

$$d\mathrm{u}_1 = \varepsilon \frac{\cos^2 w_1}{s_1 - r_1}$$

Da beide Größen $d\boldsymbol{W}_1$ sowohl als $d\mathrm{u}_1$ der Größe ε proportional sind, so sind es auch alle später bestimmten Größen $d\boldsymbol{W}_\nu$ und $d\mathrm{u}_\nu$. Wir können mithin an Stelle der kleinen Größe ε ein Multiplum von ihr einführen und setzen $\varepsilon = 1$. Im Falle $t_1 = \infty$ ist nur $d\mathrm{u}_1 = 0$ zu setzen. Nach der Durchrechnung durch die letzte Fläche ist es wieder wünschenswert, die Abszisse des letzten tangentialen Schnittpunktes zu ermitteln. Ganz analog wie bei der ersten Fläche erhalten wir, wenn wir durch diesen Punkt eine achsensenkrechte Ebene gelegt denken,

$$d\mathrm{u}_k{}' = \frac{d\boldsymbol{W}_k{}' \cos^2 w_k{}'}{\overline{s}_k{}' - r_k}$$

mithin

$$\overline{s}_k{}' = r_k + \frac{d\boldsymbol{W}_k{}' \cos^2 w_k{}'}{d\mathrm{u}_k{}'}.$$

3. Der Fall windschiefer Strahlen.

Jede der verschiedenen für die Verfolgung von Strahlen mit endlicher Neigung gegen die Meridianebene angegebenen Methoden zerfällt in zwei Teile, deren einer die Verfolgung des Strahls in seiner Einfallsebene mittels des Sinusgesetzes der Brechung enthält, während der andere den Übergang von den Bestimmungsstücken nach der vorausgegangenen Brechung zu den neuen vor der folgenden Brechung vermittelt.

A. Die Formeln für den Übergang von Fläche zu Fläche und die Berechnung der Anfangswerte.

Beschäftigen wir uns zunächst mit diesem Übergangsteile, so gestaltet sich dieser verschieden je nach der Wahl der Bestimmungsstücke der Strahlen. Es kommen vier voneinander unabhängige Bestimmungsstücke in Betracht, und wir wollen als solche zunächst die Koordinaten der Durchstoßungspunkte des Strahls mit zwei passend gewählten Ebenen annehmen.

Die Festlegung eines geeigneten Koordinatensystems ist nun nicht willkürlich. Eine der Koordinatenachsen wird jedenfalls durch die Achse des optischen Systems gebildet, und ferner bietet sich die mit der Papierebene zusammenfallend angenommene (Vertikal- oder) Meridianebene, in der wir, ohne an Allgemeinheit einzubüßen, den Objektpunkt annehmen können, von selbst als eine der Ebenen dar. Eine auf der Systemachse im Mittelpunkte der gerade betrachteten brechenden Fläche senkrechte Ebene ist die zweite und die die Systemachse enthaltende Horizontalebene die dritte Ebene des Koordinatensystems. Die Systemachse wollen wir als Achse der X, die vertikale (in der Papierebene liegende) als die Achse der Y und die horizontale rechtwinklig zur Papierebene stehende) als die Achse der Z ansehen, wie das Fig. 17 erkennen läßt.

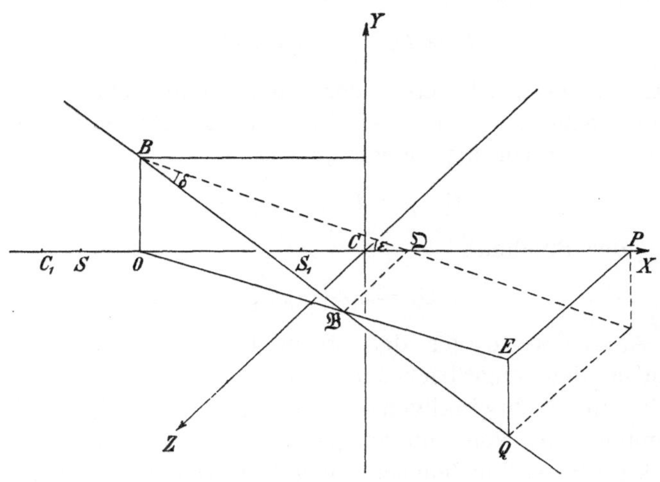

Fig. 17.

$$SO = s'; \quad S\mathfrak{D} = S'; \quad OB = l'; \quad \mathfrak{D}\mathfrak{B} = L'; \quad SC = r; \quad S_1 C_1 = r_1; \quad SS_1 = d.$$

Zum KERBERschen Übergange von einer brechenden Fläche zur folgenden.

Die KERBERschen Übergangsformeln. Die Bestimmungsstücke sind hier die Koordinaten der Durchstoßungspunkte des Strahls mit der Vertikal- und der Horizontalebene. Bezeichnet man die Koordinaten des Punktes der erstgenannten Ebene mit kleinen, die in der anderen mit großen Buchstaben, so sind, wenn s' und S' die axialen Entfernungen dieser Punkte vom Flächenscheitel bedeuten, die Koordinaten für das System (X, Y, Z), dessen Nullpunkt im Kugelmittelpunkte angenommen ist, nach A. KERBER ($8.$):

$$s' - r, \; l', \; 0; \qquad S' - r, \; 0, \; L'.$$

Beim Übergange zur nächsten Fläche r_1 ändern sich nun nur die s, S-Koordinaten, da das ganze Koordinatensystem auf der X-Achse um die zwischen den beiden aufeinander folgenden Kugelzentren liegende Strecke $d - r + r_1$ parallel mit sich selbst verschoben werden muß. Da die Beziehungen gelten

$$s_1 = s' - d; \qquad S_1 = S' - d$$

so wird weiter

$$s_1 - r_1 = s' - r - (d - r + r_1); \qquad S_1 - r_1 = S' - r - (d - r + r_1).$$

Die beiden andern Koordinaten ändern sich, da der Strahl selbst durch diese Verschiebung keine Modifikation erleidet, überhaupt nicht; also gilt

$$l_1 = l', \qquad L_1 = L'.$$

Tritt an die Stelle etwa der μten Kugelfläche eine achsensenkrechte Ebene, so wählen wir diese als YZ-Ebene und erhalten als Verschiebung vor der Brechung

$$C_{\mu-1} = d_{\mu-1} - r_{\mu-1}$$

und nach der Brechung

$$C_\mu = d_\mu + r_{\mu+1}.$$

Als Anfangswerte vor der ersten Brechung sind nun in der Regel außer den ungestrichenen Koordinaten des Objektpunktes $(s_1, l_1, 0)$ die rechtwinkligen Koordinaten m_1, M_1 der Durchstoßungspunkte des von ihm ausgehenden windschiefen Strahls in der objektseitigen Blendenebene gegeben, deren Entfernung vom Scheitel der ersten Kugelfläche x_1 sein mag. In der Figur 17 sei die Mitte der Blendenebene durch P gekennzeichnet, und der Durchstoßungspunkt eines windschiefen Strahles $B\mathfrak{B}$ in Q angenommen. Die Strecken in Fig. 17 erhalten dann die folgenden leicht verständlichen (zum Teil geänderten) Bezeichnungen:

$$SO = s_1; \qquad S\mathfrak{D} = S_1; \qquad OB = l_1; \qquad \mathfrak{D}\mathfrak{B} = L_1$$
$$SP = x_1; \qquad EQ = m_1; \qquad PE = M_1.$$

Wir können dann aus der Proportion

$$OB : EQ = O\mathfrak{B} : E\mathfrak{B} = O\mathfrak{D} : P\mathfrak{D} = OS + S\mathfrak{D} : PS + S\mathfrak{D}$$
$$l_1 : m_1 = \qquad\qquad\qquad = -s_1 + S_1 : -x_1 + S_1$$

den Wert für S_1 ermitteln zu

$$S_1 = \frac{l_1 x_1 - m_1 s_1}{l_1 - m_1}.$$

Die Bestimmung von L_1 ergibt sich aus

$$\mathfrak{DB} : PE = O\mathfrak{D} : OP = OS + S\mathfrak{D} : OS + SP$$

$$L_1 : M_1 = \qquad = -s_1 + S_1 : -s_1 + x_1$$

zu

$$L_1 = M_1 \frac{S_1 - s_1}{x_1 - s_1} = M_1 \frac{l_1}{l_1 - m_1}.$$

Rückt der Objektpunkt ins Unendliche, so wird zwar $l_1 = \infty = s_1$, doch besteht für den angularen Abstand w_1 die Beziehung

$$\operatorname{tg} w_1 = -\frac{l_1}{s_1},$$

und wir erhalten aus

$$S_1 = \frac{x_1 - m_1 \dfrac{s_1}{l_1}}{1 - \dfrac{m_1}{l_1}}$$

durch einen Grenzübergang

$$S_1 = x_1 + m_1 \operatorname{ctg} w_1$$

und ferner in ganz analoger Weise

$$L_1 = M_1.$$

Gehen wir zu den Formeln für endlich entfernte Objekte zurück, so lassen sich ganz entsprechende Formeln angeben, um die Koordinaten der Durchstoßungspunkte mit einer Transversalebene im Achsenabstande $s_\nu{}'$ aufzufinden.

Bezeichnen wir diese Koordinaten mit $h_\nu{}'$, $H_\nu{}'$, so haben wir in den obigen Ausdrücken die Größen x_1, m_1, M_1 je durch $s_\nu{}'$, $h_\nu{}'$, $H_\nu{}'$ zu ersetzen und nach $h_\nu{}'$ und $H_\nu{}'$ aufzulösen. Wir erhalten alsdann

$$h_\nu{}' = l_\nu{}' \frac{s_\nu{}' - S_\nu{}'}{s_\nu{}' - S_\nu{}'}; \qquad H_\nu{}' = L_\nu{}' \frac{s_\nu{}' - s_\nu{}'}{S_\nu{}' - s_\nu{}'}.$$

Es macht keinen wesentlichen Unterschied, wenn wir die Strahlrichtung nicht durch Hinzunahme des Durchstoßungspunktes (S, L) in der Horizontalebene, sondern durch passend gewählte Winkelgrößen bestimmen. Als solche seien hier gewählt der Winkel ε, den die Projektion des Strahles auf die XY-Ebene mit der X-Achse einschließt, und der Neigungswinkel δ des Strahls gegen seine

Projektion. Diese Richtungsgrößen bleiben unberührt von der Parallelverschiebung des Koordinatensystems; ebenso bleibt $l_1 = l'$, und die ganze Änderung beschränkt sich auf

$$s_1 - r_1 = s' - r - (d - r + r_1).$$

Auch bei dieser Wahl der Bestimmungsstücke müssen Formeln für die Anfangswerte angegeben werden, wenn diese die Koordinaten der Öffnungsebene enthalten. Es ergibt sich

$$\operatorname{ctg} \varepsilon_1 = \frac{x_1 - s_1}{l_1 - m_1}$$

und

$$\operatorname{tg} \delta_1 = - \frac{M_1 \cos \varepsilon_1}{x_1 - s_1}.$$

Handelt es sich um die Angabe der Koordinaten der Durchstoßungspunkte einer Transversalebene in einem Achsenabstande s_ν', so finden wir die Ausdrücke

$$h_\nu' = l_\nu' + (s_\nu' - s_\nu') \operatorname{tg} \varepsilon_\nu'$$

und

$$H_\nu' = \frac{\operatorname{tg} \delta_\nu'}{\cos \varepsilon_\nu'} (s_\nu' - s_\nu').$$

Die SEIDELschen Übergangsformeln. Wählt man als bestimmende Ebenen die horizontale und die im Kugelmittelpunkte errichtete Ebene, so sind die Koordinaten der Durchstoßungspunkte

$$S' - r, \; 0, \; L'; \; 0, \; v', \; V'.$$

Durch die Verschiebung des Systems um $C = d - r + r_1$ wird

$$S_1 - r_1 = S' - r - (d - r + r_1),$$

nur $L_1 = L'$ ändert sich nicht, während v_1 und V_1 die neuen Werte

$$v_1 = v' \frac{S_1 - r_1}{S' - r}; \; V_1 = L' + (V' - L') \frac{S_1 - r_1}{S' - r}$$

annehmen. Diese Größen stehen untereinander in dem Verhältnisse, daß die folgende Invariantenbeziehung aufgestellt werden kann:

$$\frac{v_1 L_1}{V_1 - L_1} = \frac{v' L'}{V' - L'}.$$

Diese Übergangsformeln können aber bei dem weiter unten anzugebenden SEIDELschen Rechenschema nicht direkt benutzt werden, weil L. SEIDEL nicht die Koordinaten der Durchstoßungspunkte zu Bestimmungsstücken seines Strahles wählte. Indessen lassen sich die von ihm auf Grund einer geometrischen Betrachtung angegebenen Übergangsformeln auch leicht analytisch ableiten.

Der Durchstoßungspunkt in der ersten Transversalebene ist bei ihm durch die Polarkoordinaten U', ζ' definiert, so daß zwischen diesen und den von uns eingeführten Größen die Beziehungen bestehen

$$v' = U' \cos \zeta'; \quad V' = U' \sin \zeta',$$

wo ζ' den Neigungswinkel gegen die O-Richtung bedeutet.

Die Richtung des Strahls ist bei L. Seidel (**6.**) durch zwei Winkel τ' und π' bestimmt, und zwar ist τ' der Winkel zwischen

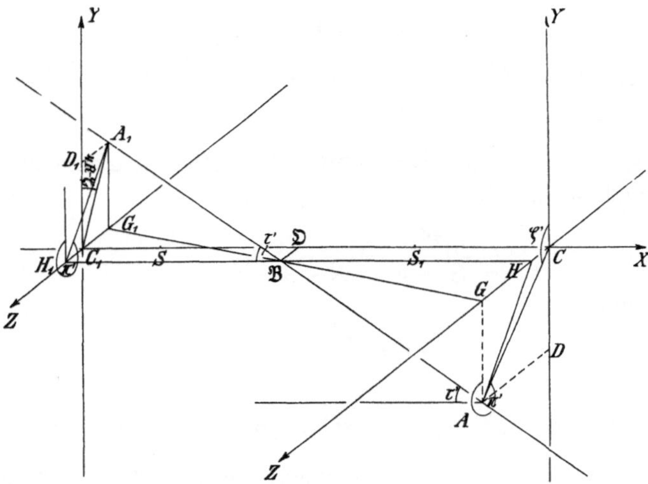

Fig. 18.

$$C\mathfrak{D} = S' - r; \quad \mathfrak{D}\mathfrak{B} = L'; \quad GA = v'; \quad DA = V'; \quad CA = U'; \quad C_1\mathfrak{D} = S_1 - r_1;$$
$$CH = C_1 H_1 = L'; \quad G_1 A_1 = v_1; \quad D_1 A_1 = V_1; \quad C_1 A_1 = U_1.$$

Zum Seidelschen Übergange von einer brechenden Fläche zur folgenden.

der Richtung des Strahls und der der Systemachse, π' dagegen der zwischen der Projektion des Strahles in die Transversalebene und der in dieser festgelegten O-Richtung.

Aus der Figur 18 erhalten wir die Beziehungen

$$\operatorname{tg} \pi' = \frac{V' - L'}{v'}; \quad \operatorname{tg} \tau' = \frac{\sqrt{v'^2 + (V' - L')^2}}{S' - r} = \frac{v'}{S' - r} \frac{1}{\cos \pi'}$$

Gehen wir nun zu der Transversalebene durch das Zentrum der zweiten Kugel r_1 über, so ändert sich die Strahlrichtung, also auch π' und τ', gar nicht, und wir erhalten

$$\operatorname{tg} \pi' = \frac{V_1 - L'}{v_1}; \quad \operatorname{tg} \tau' = \frac{v_1}{S_1 - r_1} \frac{1}{\cos \pi'} = \frac{v_1}{S' - r - C} \frac{1}{\cos \pi'}$$

sowie

$$v_1 = U_1 \cos \zeta_1, \quad V_1 = U_1 \sin \zeta_1.$$

Um nun zu den SEIDELschen Umwandlungsformeln zu kommen, entwickeln wir mit Hilfe von

$$\frac{V' - L'}{v'} = \frac{V_1 - L_1}{v_1}$$

$$\operatorname{tg} \pi' = \frac{V_1 - V'}{v_1 - v'}$$

oder

$$v_1 \sin \pi' - V_1 \cos \pi' = v' \sin \pi' - V' \cos \pi'$$
$$U_1 \cos \zeta_1 \sin \pi' - U_1 \sin \zeta_1 \cos \pi' = U' \cos \zeta' \sin \pi' - U' \sin \zeta' \cos \pi'$$
$$U_1 \sin (\pi' - \zeta_1) = U' \sin (\pi' - \zeta').$$

Es ist das die erste der SEIDELschen Übergangsformeln. Entwickeln wir ferner mit Hilfe von

$$\frac{v'}{S' - r} = \frac{v_1}{S' - r - C}$$

die Beziehung

$$\operatorname{tg} \tau' = \frac{v' - v_1}{C} \frac{1}{\cos \pi'}$$

oder

$$(v_1 - v') \sin^2 \pi' + (v_1 - v') \cos^2 \pi' = - C \operatorname{tg} \tau' \cos \pi'.$$

Benutzen wir nun den oben angegebenen Ausdruck für $\operatorname{tg} \pi'$, so geht dieser Ausdruck über in

$$(V_1 - V') \sin \pi' + (v_1 - v') \cos \pi' = - C \operatorname{tg} \tau'$$

und nach Einsetzung ergibt sich

$$U_1 \sin \zeta_1 \sin \pi' + U_1 \cos \zeta_1 \cos \pi' = U' \sin \zeta' \sin \pi + U' \cos \zeta' \cos \pi'$$
$$- C \operatorname{tg} \tau'$$

oder

$$U_1 \cos (\pi' - \zeta_1) = U' \cos (\pi' - \zeta') - C \operatorname{tg} \tau'.$$

Damit ist aber auch die zweite der SEIDELschen Übergangsformeln abgeleitet.

Handelt es sich um Planflächen, so treten ganz ebenso wie bei dem vorher behandelten Übergange die für $C_{\mu-1}$ und C_μ angegebenen Änderungen ein.

Mit diesem Falle ist aber auch eine der Möglichkeiten erledigt, wie die Anfangswerte gegeben sein können.

Ist etwa die Objektebene vom Achsenabstande s_1 gegeben, in ihr die Koordinaten des Objektpunktes U_0, ξ (in der Regel wird $\xi = 0$ oder $= 180^0$ sein, da der Objektpunkt meistens in der Meridianebene angenommen wird) und ferner die Richtung des einfallenden Strahls durch τ und π bestimmt, so ergeben sich ohne weiteres die Gleichungen für U und ζ in der ersten Transversalebene

$$U \sin (\pi - \zeta) = U_0 \sin (\pi - \xi)$$

$$U \cos (\pi - \zeta) = U_0 \cos (\pi - \xi) - (- s_1 + r_1) \operatorname{tg} \tau.$$

Liegt indessen der Objektpunkt im Unendlichen, so ist zwar $U_0 = \infty = s_1$, doch ist der Winkelabstand von der Achse ganz wie oben durch die Angabe von τ bestimmt, während $\pi = 0$ oder $= 180^0$ ist. Die Durchstoßungsorte der ersten Transversalebene ergeben sich aus den Festsetzungen, die man über die Punkte macht, in denen die Öffnungsebene von den windschiefen Strahlen durchsetzt werden soll. Sind für diese die Werte m_1 und M_1 gegeben, und besteht zwischen ihr und der ersten Transversalebene der Abstand $x_1 - r_1$, so wird diese Tranversalebene von dem unter w_1 geneigten Hauptstrahle in einer Höhe

$$v_1 = (x_1 - r_1) \operatorname{tg} w_1$$

durchsetzt, und wir finden die Koordinaten der von den außeraxialen Strahlen herrührenden Durchstoßungspunkte zu

$$\left. \begin{aligned} v_1 &= U \cos \zeta = v_1 + m_1 \\ V_1 &= U \sin \zeta = \qquad M_1 \end{aligned} \right\}$$

Eine im Abstande s' angenommene Bildebene wird ebenfalls aufgefaßt als eine achsensenkrechte Transversalebene, und wir erhalten dann auf eine ganz analoge Weise wie im Falle des endlichen Objektabstandes die Koordinaten des Durchstoßungspunktes

$$Y = U \cos \xi, \; Z = U \sin \xi$$

aus den Werten U', ζ', τ', π' nach der letzten Brechung mit Hilfe der Beziehungen

$$U \sin (\pi' - \xi) = U' \sin (\pi' - \zeta')$$

$$U \cos (\pi' - \xi) = U' \cos (\pi' - \zeta') - (s' - r_k) \operatorname{tg} \tau'.$$

Bei endlichem Objektabstande wird man aber in der Regel die Anfangswerte τ, π nicht explicite gegeben haben, vielmehr werden gewöhnlich ganz wie im vorigen Falle die Koordinaten des Objektpunktes $(s_1, l_1, 0)$ und die (x_1, m_1, M_1) des Durchstoßungspunktes der Öffnungsebene gegeben sein.

In einem solchen Falle erhält man aus den Seite 55 angegebenen Formeln die Koordinaten S_1 und L_1 und hat dann den Fall vor sich, von dem wir hier ausgegangen waren, daß nämlich die Durchstoßungspunkte in der Horizontal- und einer Transversalebene bekannt seien. Nimmt man nun die (formale) Verschiebung von der Öffnungsebene zum Kugelmittelpunkte vor, so erhält man schließlich die gewünschten Werte für v_1 und V_1

$$v_1 = m_1 \frac{S_1 - r_1}{S_1 - x_1} = \frac{l_1 (x_1 - r_1) - m_1 (s_1 - r_1)}{x_1 - s_1}$$

$$V_1 = - M_1 \frac{s_1 - r_1}{x_1 - s_1}.$$

Alsdann ist man aber im stande, auf Grund der oben entwickelten Formeln π und τ zu bestimmen, und es wird

$$\operatorname{tg} \pi = \frac{M_1}{m_1 - l_1}$$

$$\operatorname{tg} \tau = \frac{\sqrt{(m_1 - l_1)^2 + M_1^2}}{x_1 - s_1}.$$

Die BRUNSschen Übergangsformeln. Eine weitere Möglichkeit, den Strahl festzulegen, besteht darin, daß man seine Durchstoßungspunkte in zwei achsensenkrechten Ebenen angibt. Einer dieser beiden ist wieder die Transversalebene im Kugelmittelpunkte, und wir bezeichnen die Koordinaten in ihr wieder mit v und V. Die andere Ebene enthält, wie wir später sehen werden, den Inzidenzpunkt des Strahls auf der Kugeloberfläche, dessen Koordinaten sein mögen X_1, Y_1, Z_1.*)

Diese Wahl der Bestimmungssücke hat den Vorteil, daß die Richtung des durch beide Punkte gehenden Strahls sich ohne weiteres ergibt, denn die Richtungscosinus werden gefunden durch

$$\mathfrak{m} = \frac{X_1}{R}; \quad \mathfrak{p} = \frac{Y_1 - v}{R}; \quad \mathfrak{q} = \frac{Z_1 - V}{R},$$

---

*) Die meisten der hier folgenden Formeln sind ebenso wie die auf Seite 69—73 einer unveröffentlichten, von E. WANDERSLEB stammenden Darstellung des BRUNSschen Verfahrens entnommen.

wo R definiert ist als

$$R = \left| \sqrt{X_1{}^2 + (Y_1 - v)^2 + (Z_1 - V)^2}. \right|$$

Diese Richtungscosinus können nun offenbar auch mit v, V zusammen zur eindeutigen Bestimmung des Strahles dienen, und diese Form werden wir in dem später zu behandelnden Rechenschema bevorzugen.

Handelt es sich jetzt um die Festellung der Formeln für den Übergang nach einer Brechung zur nächsten Fläche, so seien die Koordinaten in der Transversalebene durch v', V' kenntlich gemacht, und die Aufgabe gestellt, die entsprechenden neuen Koordinaten

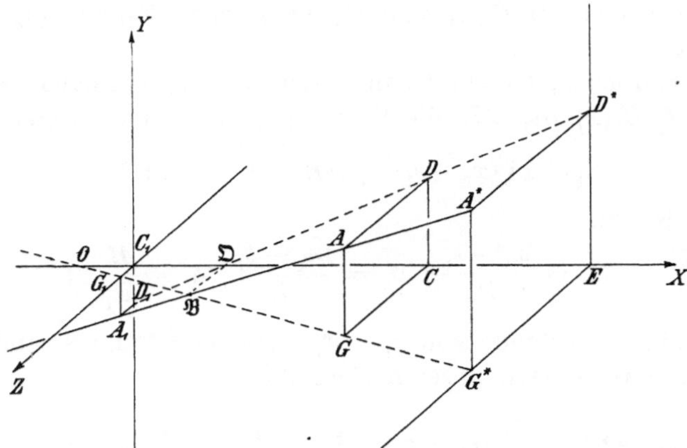

Fig. 19.

$$CE = X_1; \quad ED^* = Y_1; \quad EG^* = Z_1; \quad CD = v'; \quad CG = V'; \quad C_1 D_1 = v_1;$$
$$C_1 G_1 = V_1.$$

Zum Brunsschen Übergange von einer brechenden Fläche zur folgenden.

v_1, V_1 aus $\mathfrak{m}'$, $\mathfrak{p}'$, $\mathfrak{q}'$, v', V' zu bestimmen, wenn eine Verschiebung vom Betrage C vorgenommen ist. Durch eine solche Verschiebung wird an der Richtung des Strahles nichts geändert, und die Größen $\mathfrak{m}'$, $\mathfrak{p}'$, $\mathfrak{q}'$ behalten ihren Wert; dagegen ändern sich die Koordinaten des Durchstoßungspunktes in der neuen Transversalebene, und zwar finden wir die folgenden Beziehungen nach Figur 19:

$$CD : C_1 D_1 = C\mathfrak{D} : C_1\mathfrak{D}; \qquad CG : C_1 G_1 = CO : C_1 O$$

$$v' : v_1 = S' - r : S' - r - C; \quad V' : V_1 = s' - r : s' - r - C$$

$$v_1 = v' - \frac{C v'}{S' - r} \qquad ; \qquad V_1 = V' - \frac{C V'}{s' - r}$$

Unter Benutzung der Fig. 19 erhalten wir

$$\frac{v'}{S'-r}=\frac{Y_1-v'}{-X_1}=-\frac{\mathfrak{p}'}{\mathfrak{m}'}\;;\qquad \frac{V'}{s'-r}=\frac{Z_1-V'}{-X_1}=-\frac{\mathfrak{q}'}{\mathfrak{m}'}$$

also schließlich

$$v_1=v'+\frac{\mathfrak{p}'}{\mathfrak{m}'}C\qquad;\qquad V_1=V'+\frac{\mathfrak{q}'}{\mathfrak{m}'}C.$$

Die Entfernung von einem Kugelzentrum zum andern ist wie früher

$$C=d-r+r_1.$$

Artet die Kugelfläche zu einer achsensenkrechten Ebene aus, so sind die vor und nach ihr nötigen Verschiebungen gegeben durch die schon früher für $C_{\mu-1}$ und C_μ in solchen Fällen aufgeführten Ausdrücke.

Bei endlichem Objektabstande ergeben die normalen Anfangswerte $(s_1, l_1, 0)(x_1, m_1, M_1)$ die Richtungscosinus ohne weiteres, wenn

$$R_1=\left|\,\sqrt{(x_1-s_1)^2+(m_1-l_1)^2+M_1{}^2}\,\right|$$

definiert ist, zu

$$\mathfrak{m}_1=\frac{x_1-s_1}{R_1};\;\;\mathfrak{p}_1=\frac{m_1-l_1}{R_1};\;\;\mathfrak{q}_1=\frac{M}{R_1}$$

und bei einem Abstande von r_1-x_1 zwischen Öffnungs- und Transversalebene wird nach unseren Formeln

$$v_1=m_1+\frac{\mathfrak{p}_1}{\mathfrak{m}_1}(r_1-x_1);\;\;V_1=M_1+\frac{\mathfrak{q}_1}{\mathfrak{m}_1}(r_1-x_1).$$

Ist der Objektpunkt unendlich weit entfernt in der Meridianebene gelegen, und hat er den angularen Abstand w_1, so ist

$$\mathfrak{m}_1=\cos w_1,\;\;\mathfrak{p}_1=\sin w_1;\;\;\mathfrak{q}_1=0$$

und

$$v_1=m_1+(r_1-x_1)\,\mathrm{tg}\,w_1;\;\;V_1=M_1.$$

Die Durchstoßungspunkte in einer achsensenkrechten Ebene vom Abstande s' ergeben sich früheren Überlegungen analog zu

$$Y=v'-\frac{\mathfrak{p}'}{\mathfrak{m}'}(r_k-s');\;\;Z=V'-\frac{\mathfrak{q}'}{\mathfrak{m}'}(r_k-s').$$

B. Die Formeln für den Übergang von einem Medium in das andere.

Die KERBERschen Brechungsformeln. Außer den schon bei den Übergangsformeln benutzten Größen führen wir noch neue ein.

Die Meridian- und die Horizontalebene schneiden die Kugel mit dem Radius r in den beiden größten Kreisen SA und $S\mathfrak{A}$, und zwar sollen die Punkte A und $\mathfrak{A}$ durch die Verbindungslinien von C mit B und $\mathfrak{B}$ ausgeschnitten werden. Wir fassen alsdann AC und $\mathfrak{A}C$ als die *Nebenachsen* der Brechung für die beiden axialen Objektpunkte B und $\mathfrak{B}$, sowie die Öffnungswinkel $v = ABI$ und $V = \mathfrak{A}\mathfrak{B}I$ auf und können dann nach A. Kerbers (8.) Vorgange unmittelbar unsere Seite 37 abgeleiteten Formeln anwenden.

Sind nun die Koordinaten von B durch $(\boldsymbol{s}, \boldsymbol{l}, 0)$ und die von $\mathfrak{B}$ durch $(\boldsymbol{S}, 0, \boldsymbol{L})$ gegeben, so ist unsere Aufgabe die, die Koordinaten der entsprechenden (nicht gezeichneten) Punkte B' und $\mathfrak{B}'$ nach der Brechung zu ermitteln.

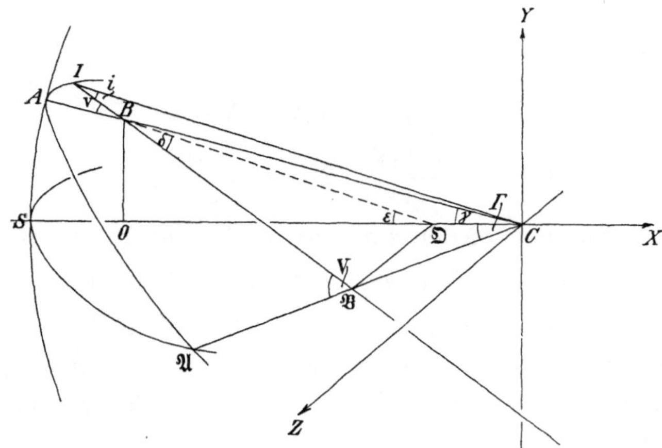

Fig. 20.

$$SO = s; \quad S\mathfrak{O} = S; \quad OB = l; \quad \mathfrak{O}\mathfrak{B} = L; \quad AB = \mathfrak{s}; \quad \mathfrak{A}\mathfrak{B} = \mathfrak{S}.$$

Zu den Kerberschen Übergangsformeln.

Aus der Figur 20 ergibt sich unmittelbar für die schon oben definierten Winkel ε und δ

$$\operatorname{tg}\varepsilon = \frac{OB}{O\mathfrak{O}} = \frac{OB}{OS + S\mathfrak{O}} = \frac{l}{S - s}$$

$$\operatorname{tg}\delta = \frac{\mathfrak{O}\mathfrak{B}}{\mathfrak{O}B} = \frac{\mathfrak{O}\mathfrak{B}\cos\varepsilon}{\mathfrak{O}O} = -\frac{L\cos\varepsilon}{S - s}$$

während sich der Winkel γ und Γ zwischen der Systemachse und den beiden Nebenachsen darstellen lassen durch

$$\operatorname{tg}\gamma = \frac{l}{r - s}; \quad \operatorname{tg}\Gamma = \frac{L}{r - S}.$$

Die beiden Abstände vom Kugelmittelpunkte BC und $\mathfrak{B}C$ ergeben sich zu

$$r - \mathfrak{s} = \frac{r - s}{\cos \gamma}; \quad r - \mathfrak{S} = \frac{r - S}{\cos \Gamma}$$

und die Öffnungswinkel mit den Nebenachsen durch

$$\cos \mathrm{v} = \cos (\varepsilon - \gamma) \cos \delta; \quad \sin \mathrm{V} = \frac{r - \mathfrak{s}}{r - \mathfrak{S}} \sin \mathrm{v}.$$

Hiermit aber haben wir alle Elemente, um die auf S. 37 abgeleiteten Formeln anwenden zu können. Demnach

$$\sin i = \frac{\mathfrak{s} - r}{r} \sin \mathrm{v}$$

$$\sin i' = \frac{n}{n'} \sin i$$

$$\mathrm{v}' = \mathrm{v} + i - i'; \quad \mathrm{V}' = \mathrm{V} + i - i'$$

$$\mathfrak{s}' - r = \frac{r \sin i'}{\sin \mathrm{v}'}; \quad \mathfrak{S}' - r = \frac{r \sin i'}{\sin \mathrm{V}'}.$$

Geht man nun wieder zur Systemachse über, so erhält man

$$r - s' = (r - \mathfrak{s}') \cos \gamma; \quad r - S' = (r - \mathfrak{S}') \cos \Gamma$$

$$l' = (r - s') \operatorname{tg} \gamma; \quad L' = (r - S') \operatorname{tg} \Gamma.$$

Wird ein Radius unendlich, so rückt das Koordinatensystem nach S, und die Nebenachsen werden der Hauptachse parallel; daher erhalten wir

$$l' = l; \quad L' = L$$

und

$$\gamma = o; \quad \Gamma = o$$

$$\cos \mathrm{v} = \cos \varepsilon \cos \delta$$

$$\mathfrak{s} = s; \quad \mathfrak{S} = S; \quad \mathrm{V} = \mathrm{v}$$

$$\sin \mathrm{v}' = \frac{n}{n'} \sin \mathrm{v}$$

$$\mathfrak{s}' = \mathfrak{s} \frac{\operatorname{tg} \mathrm{v}}{\operatorname{tg} \mathrm{v}'}; \quad \mathrm{V}' = \mathrm{v}'; \quad \mathfrak{S}' = \mathfrak{S} \frac{\operatorname{tg} \mathrm{v}}{\operatorname{tg} \mathrm{v}'}$$

$$s' = \mathfrak{s}'; \quad S' = \mathfrak{S}'.$$

Ist der Objektabstand $= \infty$, so hatten wir die Werte von S und L schon S. 55 durch die Anfangsdaten ausgedrückt. Da der Objektpunkt in der Meridianebene anzunehmen ist, so erhalten wir

$$\delta = o; \quad \gamma = \varepsilon$$

$$\operatorname{tg} \Gamma = \frac{L}{r - S}$$

$$\mathfrak{S} = \infty; \quad r - \mathfrak{S} = \frac{r - S}{\cos \Gamma}; \quad \mathrm{v} = o.$$

Aus dem nun bei $\mathfrak{B}$ entstehenden rechtwinkligen sphärischen Dreiecke ergibt sich

$$\cos V = \cos \varepsilon \cos \Gamma$$

und schließlich gilt in dem System mit der Nebenachse $C\mathfrak{B}$

$$\sin i = \frac{\mathfrak{S} - r}{r} \sin V$$

womit die Rechnung in das bekannte Geleise gelangt.

'Handelt es sich um kleine Winkel v, so eignet sich die Bestimmung aus

$$\cos \mathrm{v} = \cos (\varepsilon - \gamma) \cos \delta$$

nicht für die numerische Rechnung, und man erhält eine größere Genauigkeit durch die Bestimmung des bei der Brechung invarianten Winkels η zwischen der Einfallsebene und der Vertikalebene aus

$$\operatorname{tg} \eta = \frac{\operatorname{tg} \delta}{\sin (\varepsilon - \gamma)},$$

wonach man dann

$$\sin \mathrm{v} = \frac{\sin \delta}{\sin \eta}$$

bestimmen kann.

Wählt man im Anschluß an die Kerberschen Formeln als Bestimmungsstücke

$$l, \; s, \; \delta, \; \varepsilon,$$

so kann man die Berechnung von

$$\Gamma, \; \mathfrak{S}, \; V, \; V', \; \mathfrak{S}', \; S', \; L'$$

ganz umgehen und sich auf die Bestimmung der mit kleinen Buchstaben bezeichneten Größen beschränken. Zur Bestimmung von δ' dient dann die aus den soeben für kleine v-Werte angeführten Ersatzformeln abgeleitete Beziehung

$$\sin \delta' = \frac{\sin \mathrm{v}'}{\sin \mathrm{v}} \sin \delta$$

und man erhält ε' aus

$$\cos(\varepsilon' - \gamma) = \frac{\cos \mathrm{v}'}{\cos \delta'}$$

oder aus

$$\sin(\varepsilon' - \gamma) = \frac{\mathrm{tg}\, \delta'}{\mathrm{tg}\, \eta}.$$

Man kann diese Rechnung noch weiter verkürzen, wenn man, ohne erst l_1' zu bestimmen, gleich mit Hilfe der Beziehung

$$l_2 = l_1'$$

bildet

$$\mathrm{tg}\, \gamma_2 = \frac{s_1' - r_1}{s_2 - r_2}\,\mathrm{tg}\, \gamma_1.$$

Nur in dem Falle eines unendlich fernen Objekts muß man auch bei diesem Rechenschema die Bestimmung von Γ zu Hilfe nehmen. Es ist dann

$$\delta = o;\ \gamma = \varepsilon$$

$$\mathrm{tg}\, \Gamma = \frac{M}{r - (x + m\,\mathrm{ctg}\, w_1)}$$

$$\cos \mathrm{V} = \cos \gamma \cos \Gamma$$

$$\sin i = \frac{M}{r \sin \Gamma}\sin \mathrm{V}$$

und natürlich

$$\mathrm{v}' = i - i'.$$

Da vor der Brechung gilt

$$\sin \eta = \frac{\sin \Gamma}{\sin \mathrm{V}},$$

so ergibt sich aus der allgemein gültigen Beziehung

$$\sin \eta = \frac{\sin \delta'}{\sin \mathrm{v}'},$$

$$\sin \delta' = \frac{\sin \Gamma}{\sin \mathrm{V}}\sin(i - i'),$$

womit die Zurückführung auf das gewöhnliche Schema geleistet ist.

Die SEIDELschen Brechungsformeln. Bei unserer Ableitung schließen wir uns in unserer Bezeichnung ganz eng an L. SEIDEL (**6.**) an, soweit von ihm neue Größen eingeführt werden (s. Fig. 21).

Zeichnet man den windschiefen Strahl $\mathfrak{P}\mathfrak{O}$, der in $\mathfrak{P}$ die brechende Kugelfläche durchsetzen möge, so ist unsere nächste Aufgabe die, den Einfallswinkel $i = \mathfrak{Q}\mathfrak{P}\mathfrak{M}$ zu berechnen. Es sei der Winkel $\mathfrak{P}\mathfrak{Q}\mathfrak{M}$ mit λ bezeichnet.

Konstruiert man in der Ecke bei $\mathfrak{Q}$ zu $\mathfrak{Q}$ als Mittelpunkt das sphärische Dreieck $\mathfrak{R}\mathfrak{S}\mathfrak{T}$, so folgt aus dem Cosinussatze

$$\cos(180^0 - \lambda) = \cos \tau \cos 90^0 + \sin \tau \sin 90^0 \cos(\pi - \zeta)$$

$$-\cos \lambda = \sin \tau \cos(\pi - \zeta).$$

Handelt es sich um einen Radius von negativem Zeichen, so tritt an die Stelle von λ sein Supplementwinkel $180^0 - \lambda$, und die Gleichung lautet dann

$$\cos \lambda = \sin \tau \cos(\pi - \zeta).$$

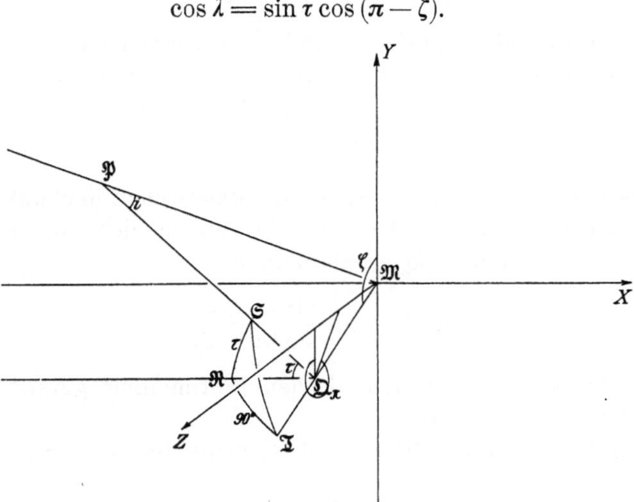

Fig. 21.

$$\not\!\!\prec \mathfrak{S}\mathfrak{R}\mathfrak{T} = \pi - \zeta; \quad \mathfrak{M}\mathfrak{Q} = \boldsymbol{U}.$$

Zu den SEIDELschen Brechungsformeln.

Die Anwendung des Sinussatzes auf das Dreieck $\mathfrak{P}\mathfrak{M}\mathfrak{Q}$ liefert

$$\sin i = \frac{U}{r} \sin \lambda$$

$$\sin i' = \frac{n}{n'} \sin i$$

$$\lambda' = \lambda + (i - i')$$

$$U' = \frac{r \sin i'}{\sin \lambda'} = U \frac{n}{n'} \frac{\sin \lambda}{\sin \lambda'}.$$

Für den Punkt $\mathfrak{Q}'$, der durch den gebrochenen, ebenfalls in der Einfallsebene verlaufenden Strahl $\mathfrak{P}\mathfrak{Q}'$ definiert wird, kann man

5*

ein ganz analoges sphärisches Dreieck $\mathfrak{R}'\mathfrak{S}'\mathfrak{T}'$ konstruieren, das mit $\mathfrak{R}\mathfrak{S}\mathfrak{T}$ in den Winkeln bei $\mathfrak{T}$, $\mathfrak{T}'$ übereinstimmt; denn die beiden, diesen Winkel bildenden Ebenen, die Ebene durch die Achse und $\boldsymbol{U}$, sowie die Einfallsebene sind für die Brechung invariant. Wendet man auf beide sphärische Dreiecke den Sinussatz an, so ergibt sich für $\sin \mathfrak{T}$

$$\frac{\sin \tau \sin (\pi - \zeta)}{\sin \lambda} = \frac{\sin \tau' \sin (\pi' - \zeta)}{\sin \lambda'}$$

und durch die Hinzunahme von

$$- \cos \lambda' = \sin \tau' \cos (\pi' - \zeta)$$

erhalten wir die Möglichkeit, π' und τ' zu berechnen.

Aus denselben sphärischen Dreiecken bestimmt sich $\cos \mathfrak{T}$ zu

$$\frac{\cos \tau}{\sin \lambda} = \frac{\cos \tau'}{\sin \lambda'}\,.$$

Es ist das eine Beziehung, die sich zur numerischen Rechnung wenig eignet. Nimmt man sie aber mit der ersten der obigen beiden Gleichungen zusammen, so erhält man in

$$\operatorname{tg} \tau' = \operatorname{tg} \tau \frac{\sin (\pi - \zeta)}{\sin (\pi' - \zeta)}$$

einen Ausdruck, der zur numerischen Bestimmung gerade kleiner Winkel τ' gut geeignet ist.

Hiermit sind aber die neuen Koordinaten des SEIDELschen Systems

$$\boldsymbol{U}', \ \zeta, \ \pi', \ \tau'$$

sämtlich dargestellt, und man kann nun die oben aufgeführten Übergangsgleichungen anwenden.

L. SEIDEL gibt nun noch eine Reihe von Kontrollformeln an die wir hier ohne Beweis einfach aufführen wollen.

$$\frac{\sin (i - i')}{\sin (\pi - \pi')} = \frac{\sin \lambda \sin \tau'}{\sin (\pi - \zeta)} = \frac{\sin \lambda' \sin \tau}{\sin (\pi' - \zeta)}\,.$$

Definiert man

$$\frac{n}{n'} = \operatorname{tg} \omega,$$

so ist eine weitere Kontrollformel

$$\frac{\sin (i - i') \sin (i + i')}{\sin i \sin i'} = 2 \operatorname{ctg} 2 \omega$$

Schließlich werden die oben angeführten Übergangsformeln noch kontrolliert durch das Gleichungssystem

$$\frac{C \operatorname{tg} \tau'}{\sin(\zeta - \zeta_1)} = \frac{U_1}{\sin(\pi' - \zeta)} = \frac{U'}{\sin(\pi' - \zeta_1)}.$$

Handelt es sich bei der Rechnung um eine Planfläche, so wird diese, wie wir wissen, zur Transversalebene gewählt. Alsdann ist

$$U' = U,$$

und es wird

$$i = -\tau; \quad \tau' = -i'$$

also

$$\sin \tau' = \frac{n}{n'} \sin \tau$$

und ferner

$$\pi' = \pi,$$

weil die Einfallsebene senkrecht zur Planfläche steht und auch nach der Brechung so bleibt.

Die Behandlung eines von einem weit entfernten Objektpunkte ausgehenden windschiefen Strahls macht keine weiteren Schwierigkeiten, da die Berechnung der Strahlenkoordinaten aus den Anfangswerten schon oben auseinandergesetzt wurde.

Die BRUNSschen Brechungsformeln. Ist eine Gerade durch ihre Richtungscosinus $\mathfrak{m}$, $\mathfrak{p}$, $\mathfrak{q}$ und die Koordinaten $\overline{X}$, $\overline{Y}$, $\overline{Z}$ eines in ihr enthaltenen Punktes gegeben, so lauten ihre Gleichungen ganz allgemein

$$\frac{X - \overline{X}}{\mathfrak{m}} = \frac{Y - \overline{Y}}{\mathfrak{p}} = \frac{Z - \overline{Z}}{\mathfrak{q}} = l.$$

In unserem speziellen Falle, wo es sich um die Koordinaten des Durchstoßungspunktes in der YZ-Ebene handelt, lauten diese Gleichungen

$$\frac{X}{\mathfrak{m}} = \frac{Y - v}{\mathfrak{p}} = \frac{Z - V}{\mathfrak{q}} = l.$$

Legen wir nun dem Parameter l von $-\infty$ bis $+\infty$ wachsende Werte bei, so wächst auch der Zähler des ersten Bruches, wenn $\mathfrak{m}$ positiv ist. Eine solche Bestimmung des Vorzeichens von $\mathfrak{m}$ ist aber die notwendige und hinreichende Bedingung dafür, daß man von einer von links nach rechts fortschreitenden Lichtrichtung bei der den Strahl darstellenden Geraden reden kann.

Bestimmen wir nun den Schnittpunkt (X_1, Y_1, Z_1) dieser Geraden mit der um den Mittelpunkt konstruierten Kugel vom Radius r, deren Gleichung lautet

$$X^2 + Y^2 + Z^2 = r^2,$$

so erhalten wir eine Bestimmung von $l = l_1$

$$l_1 = -(\mathfrak{p}v + \mathfrak{q}V) \pm \sqrt{r^2 - (v^2 + V^2) + (\mathfrak{p}v + \mathfrak{q}V)^2},$$

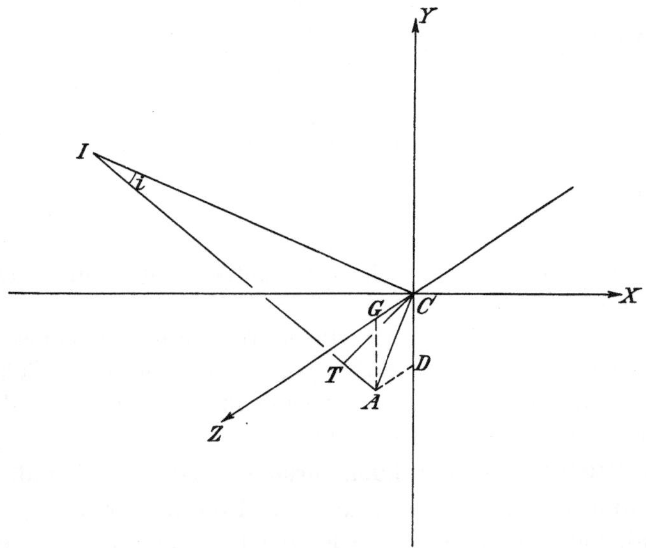

Fig. 22.

$$CG = v; \quad CD = V; \quad CT = T; \quad AI = l_1; \quad IC = r.$$

Zu den BRUNSschen Brechungsformeln.

wodurch zugleich auch die Wertsysteme X_1, Y_1, Z_1 bestimmt sind. Wie man sich leicht überzeugt, hat l_1 die geometrische Bedeutung der Strecke AI (s. Fig. 22).

Bei dem hier vorliegenden optischen Problem ist aber nur ein Zeichen der Wurzel möglich, und zwar bestimmen wir dieses in folgender Weise.

Handelt es sich um eine Kugel von positivem Radius, so wird bei dem festgehaltenen Bewegungssinne des Lichts nur der kleinere l_1-Wert, der den ersten Schnittpunkt definiert, für uns in Frage kommen, da ja dort schon eine Richtungsänderung des Strahles eintritt. Wir haben also bei positivem Vorzeichen des Radius das untere Zeichen der Wurzel zu wählen.

Handelt es sich um eine Kugel mit negativem Zeichen des Radius, so gilt nur der größere l_1-Wert, der den zweiten Schnittpunkt definiert, und wir müssen das obere Zeichen des Wurzelausdruckes wählen.

Fällen wir von C aus ein Lot auf den Strahl LA, so ist dessen Länge $CT = T$ gegeben durch

$$T = \pm \sqrt{(v^2 + V^2) - (\mathfrak{p} v + \mathfrak{q} V)^2}$$

und es ist ferner

$$\sin i = \frac{T}{r}.^{*)}$$

Nach Feststellung dieses Zusammenhanges läßt sich schreiben

$$l_1 = -(\mathfrak{p} v + \mathfrak{q} V) \pm |r| \cos i$$

was unter Berücksichtigung der eben vorgenommenen Zeichenbestimmung auch ausgedrückt werden kann durch

$$l_1 = -(\mathfrak{p} v + \mathfrak{q} V) - r \cos i.$$

Die Richtungscosinus des Einfallslots IC erhalten wir durch

$$\cos (r, X) = -\frac{X_1}{r}; \quad \cos (r, Y) = -\frac{Y_1}{r}; \quad \cos (r, Z) = -\frac{Z_1}{r}$$

$$= -\frac{\mathfrak{m} l_1}{r} \qquad\qquad = -\frac{\mathfrak{p} l_1 + v}{r} \qquad\qquad = -\frac{\mathfrak{q} l_1 + V}{r}.$$

Ferner besteht auf Grund der auf S. 16 gegebenen Entwicklungen das Gleichungssystem

$$n' \mathfrak{m}' - n \mathfrak{m} = A \cos (r, X)$$
$$n' \mathfrak{p}' - n \mathfrak{p} = A \cos (r, Y)$$
$$n' \mathfrak{q}' - n \mathfrak{q} = A \cos (r, Z)$$

wo

$$A = n' \cos i' - n \cos i.$$

Aus dem Bestehen beider Gleichungssysteme folgt schließlich

$$\frac{\mathfrak{m}'}{\mathfrak{m}} = \frac{1}{n'}\left(n - A \frac{l_1}{r}\right)$$

$$\mathfrak{p}' = \frac{\mathfrak{m}'}{\mathfrak{m}} \mathfrak{p} - v \frac{A}{n' r}$$

---

*) Da im folgenden die spitzen Winkel i, i' nur in der Cosinusfunktion auftreten, so brauchen wir in diesem Rechenschema die Zeichenbestimmung von T nicht vorzunehmen.

$$q' = \frac{m'}{m}\, q - V\frac{A}{n'\,r}$$

wobei wir, wie S. 49 gezeigt wurde, auch schreiben können

$$A = \frac{n'}{\sin i}\sin (i - i').$$

Nennen wir μ den bei der Brechung invariant bleibenden Winkel ICA, so gilt

$$\frac{\sin i}{\sin \mu} = \frac{CA}{l_1}$$

also auch

$$\frac{\sin i'}{\sin \mu} = \frac{CA'}{l_1'}$$

mithin

$$\frac{\sin i'}{\sin i} = \frac{n}{n'} = \frac{l_1}{l_1'}\frac{CA'}{CA}.$$

Nun ist aber

$$\frac{CA'}{CA} = \frac{v'}{v} = \frac{V'}{V},$$

und wir finden weiter die Beziehung

$$m'l_1' = m l_1,$$

da die Projektionen von l_1 und l_1' auf die X-Achse gleiche Länge haben.

Das hat zur Folge

$$v' = \frac{n}{n'}\frac{m}{m'}\,v \quad \text{und} \quad V' = \frac{n}{n'}\frac{m}{m'}\,V,$$

und somit sind aus den Größen vor der Brechung

$$m, \; p, \; q, \; v, \; V$$

die entsprechenden

$$m', \; p', \; q', \; v', \; V'$$

nach der Brechung hergeleitet worden.

Ist der Radius unendlich lang, so wird die achsensenkrechte Trennungsebene selbst Transversalebene, und das Einfallslot wird der X-Achse parallel; also

$$n'm' - nm = A; \quad n'p' - np = 0; \quad n'q' - nq = 0.$$

Nun ist weiter

$$m = \cos (-i) \quad \text{und} \quad m' = \cos (-i')$$

während sich ergeben

$$\mathfrak{p}' = \frac{n}{n'}\,\mathfrak{p}; \quad \mathfrak{q}' = \frac{n}{n'}\,\mathfrak{q}.$$

Schließlich ist nur noch zu erwähnen, daß

$$v' = v \quad \text{und} \quad V' = V$$

ist.

C. Die Strahlen mit unendlich kleiner Neigung gegen die Meridianebene.

Die Herleitung der Formeln für die Sagittalstrahlen unter Ausgang vom KERBERschen Verfahren. Handelt es sich um *Sagittalstrahlen* zu einem vorher schon gerechneten Hauptstrahle mit den Koordinaten x, w, so ist dieser in Fig. 20 durch $B\mathfrak{D}$ re-

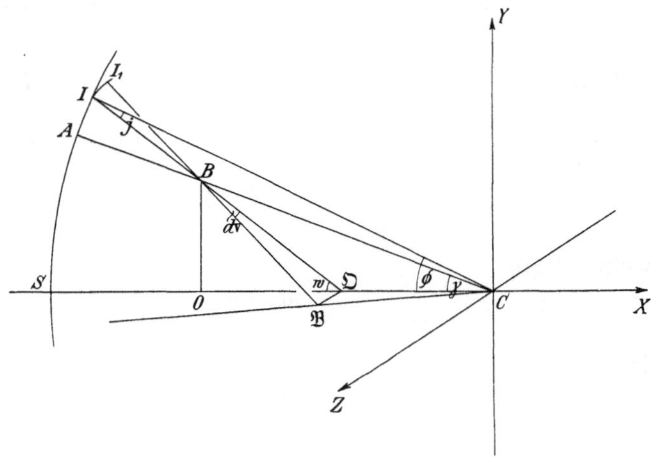

Fig. 23.

$$IB = f; \quad \mathfrak{D}\mathfrak{B} = dL; \quad AB = \mathfrak{s}.$$

Zur Ableitung der Formeln für die Sagittalstrahlen aus dem KERBERschen Verfahren.

präsentiert zu denken, es ergibt sich $\varepsilon = w$, und die Ordinate L wird als kleine Grösse dL angenommen; infolge davon wird auch der Öffnungswinkel v des sagittalen Büschels als eine kleine Größe

$$dv = \delta$$

anzunehmen sein.

Da die beiden Durchstoßungspunkte der Fläche I und I_1 bei der Brechung invariant bleiben, so muss der Ausdruck für den zwischen ihnen liegenden Bogen ebenfalls ungeändert bleiben, wenn man in ihm die ungestrichenen Größen durch die gestrichenen ersetzt. Bezeichnen wir in Fig. 23 den Abstand IB des sagittalen Objektpunktes von dem Durchstoßungspunkte der Kugel mit $\int$, so gilt bei kleinem $d\mathrm{v}$

$$\widehat{II_1} = \int d\mathrm{v} = \int' d\mathrm{v}'.$$

Nach den oben gegebenen Größenbestimmungen ist $\mathrm{v} = d\mathrm{v}$ zu setzen, und es läßt sich die Gleichung für das Verhältnis der Sinus von δ' und δ nun schreiben

$$\frac{d\mathrm{v}'}{d\mathrm{v}} = \frac{\sin v'}{\sin v} = \frac{\sin j'}{\sin j} \frac{\mathfrak{s} - r}{\mathfrak{s}' - r} = \frac{n}{n'} \frac{\mathfrak{s} - r}{\mathfrak{s}' - r}.$$

Wir müssen nun die Größen $\mathfrak{s}$ zu den $\int$ in Beziehung setzen und bemerken dabei, daß die hier in Frage kommenden Strecken alle in der Papierebene liegen. Beachten wir, dass $\measuredangle ICO$ der für die Brechung invariante Kugelwinkel ϕ ist, so finden wir weiter

$$\measuredangle IAB = 90^0 - \frac{\phi - \gamma}{2}; \quad \measuredangle AIB = 90^0 - \frac{\phi - \gamma}{2} - j,$$

so daß die Anwendung des Sinussatzes auf $\triangle IAB$ ergibt

$$\int : \mathfrak{s} = \cos \frac{\phi - \gamma}{2} : \cos \left(\frac{\phi - \gamma}{2} + j \right),$$

woraus weiter folgt

$$\mathfrak{s} = \int \cos j - \int \mathrm{tg} \, \frac{\phi - \gamma}{2} \sin j$$

und analog

$$\mathfrak{s}' = \int' \cos j' - \int' \mathrm{tg} \, \frac{\phi - \gamma}{2} \sin j'.$$

Setzen wir diese Relationen in die oben entwickelte Gleichung ein, die $\dfrac{d\mathrm{v}'}{d\mathrm{v}}$ durch die $\mathfrak{s}$-Werte ausdrückte, so ergibt sich

$$n' d\mathrm{v}' \left(\int' \cos j' - r \right) - \mathrm{tg} \, \frac{\phi - \gamma}{2} n' \sin j' \int' d\mathrm{v}'$$

$$= n d\mathrm{v} \left(\int \cos j - r \right) - \mathrm{tg} \, \frac{\phi - \gamma}{2} n \sin j \int d\mathrm{v}.$$

Die beiden letzten Summanden heben sich rechts und links fort, da, wie oben nachgewiesen,

$$\int' d\mathrm{v}' = \int d\mathrm{v}$$

ist, und wir erhalten schließlich

$$\frac{d\mathrm{v}'}{d\mathrm{v}} = \frac{f}{f'} = \frac{n\,(f\cos j - r)}{n'\,(f'\cos j' - r)}.$$

Eine Umformung ergibt daraus die Formel für die Sagittalschnittweiten gemessen auf dem Hauptstrahle

$$\frac{n'}{f'} = \frac{n}{f} + \frac{n'\cos j' - n\cos j}{r},$$

wo die wieder auftretende astigmatische Konstante in bekannter Weise geschrieben werden kann

$$n'\cos j' - n\cos j = \frac{n}{\sin j'}\sin(j-j') = \frac{n'}{\sin j}\sin(j-j').$$

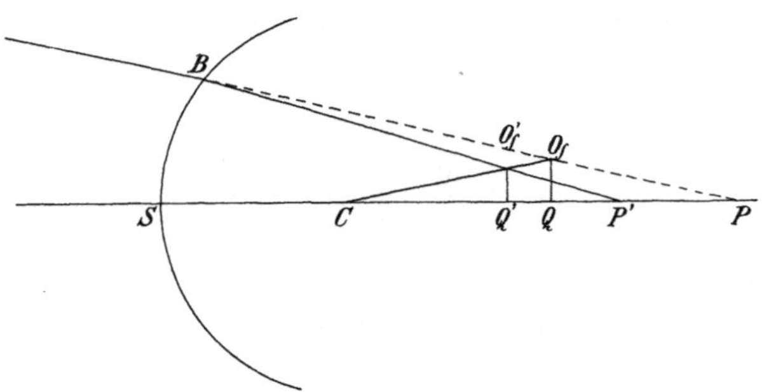

Fig. 24.

$$S C = r;\quad S Q = \overline{\overline{s}};\quad S Q' = \overline{\overline{s}}';\quad S P = x;\quad S P' = x'.$$

Zur direkten Berechnung des Achsenabstandes der bildseitigen Auffangebene.

Irgend welche Schwierigkeiten, wenn der Objektpunkt ins Unendliche rückt, treten hier nicht auf.

Der Übergang von f' zum f der nächsten Fläche geschieht ganz wie bei den Tangentialbüscheln durch Anbringung der schiefen Dicke.

Da man das Objekt als frei von Astigmatismus voraussetzen kann, so ist f_1 gleich dem an jener Stelle S. 50 angegebenen Werte für t_1 zu setzen, und man erhält schließlich ganz analog nach Durchrechnung durch k Flächen die Abszisse des sagittalen, auf dem betrachteten Hauptstrahle liegenden Bildpunktes, gerechnet vom letzten Flächenscheitel zu

$$\overline{\overline{s}}_k' = f_k'\cos w_k' + 2 r_k \sin^2 \frac{\varphi_k}{2}.$$

Man kann auch direkt aus der Achsenentfernung $\overline{\overline{s}}$ der achsensenkrechten, den Objektpunkt enthaltenden Ebene auf die $\overline{\overline{s'}}$ der Auffangebene des Bildes kommen, wenn man von dem im Kap. IV bewiesenen Umstande Gebrauch macht, daß C das perspektivische Zentrum der konjugierten sagittalen Punkte ist.

Drückt man nämlich die Kotangente des bei der Brechung invarianten Winkels O_fCQ einmal durch die gestrichenen und dann durch die ungestrichenen Werte aus, so ist nach Fig. 24

$$\frac{\overline{\overline{s'}} - r}{x' - \overline{\overline{s'}}} \operatorname{ctg} w' = \frac{\overline{\overline{s}} - r}{x - \overline{\overline{s}}} \operatorname{ctg} w$$

oder

$$\frac{x' - r}{x' - \overline{\overline{s'}}} \operatorname{ctg} w' = \frac{x - r}{x - \overline{\overline{s}}} \operatorname{ctg} w + \operatorname{ctg} w' - \operatorname{ctg} w,$$

eine Form, die unter Berücksichtigung von

$$w - w' = -(j - j')$$

übergeht in

$$\frac{x' - r}{x' - \overline{\overline{s'}}} \operatorname{ctg} w' = \frac{x - r}{x - \overline{\overline{s}}} \operatorname{ctg} w - \frac{\sin(j - j')}{\sin w \sin w'}.$$

Es ist ein Vorteil dieser Formel, daß beim Übergange von der νten zur $\nu + 1$ten Fläche die Beziehung

$$x_\nu' - \overline{\overline{s}}_\nu' = x_{\nu+1} - \overline{\overline{s}}_{\nu+1}$$

identisch gilt.

Die Herleitung der WANACHschen Formeln für die Sagittalstrahlen unter Ausgang vom SEIDELschen Verfahren. Handelt es sich um den dem Hauptstrahle (W, w) benachbarten Sagittalstrahl, so sind dessen U, u-Werte den W, w-Werten des Hauptstrahls gleich. Die Werte $d\pi$ und $d\zeta$ des Sagittalstrahls sind aber kleine Größen, die im Verlaufe der Rechnung in folgender Weise zu bestimmen sind.

Die für windschiefe Strahlen ganz allgemeiner Lage abgeleiteten Formeln

$$\operatorname{tg} w' = \frac{\sin(\pi - \zeta)}{\sin(\pi' - \zeta)} \operatorname{tg} w \quad \text{und} \quad W_1 \sin(\pi' - \zeta_1) = W' \sin(\pi' - \zeta)$$

gehen nämlich über in

$$d\pi' - d\zeta = \frac{\operatorname{tg} w}{\operatorname{tg} w'}(d\pi - d\zeta) \quad \text{und} \quad d\pi' - d\zeta_1 = \frac{W'}{W_1}(d\pi' - d\zeta)$$

ist ein Radius gleich ∞, so ist für diese Planfläche

$$d\pi' = d\pi.$$

Es ist nun noch notwendig, die in üblicher Weise angegebenen Anfangs- und Endwerte zu den Größen $d\pi$ und $d\zeta$ in Beziehung zu setzen, die vor der ersten und nach der letzten Brechung auftreten (Fig. 25).

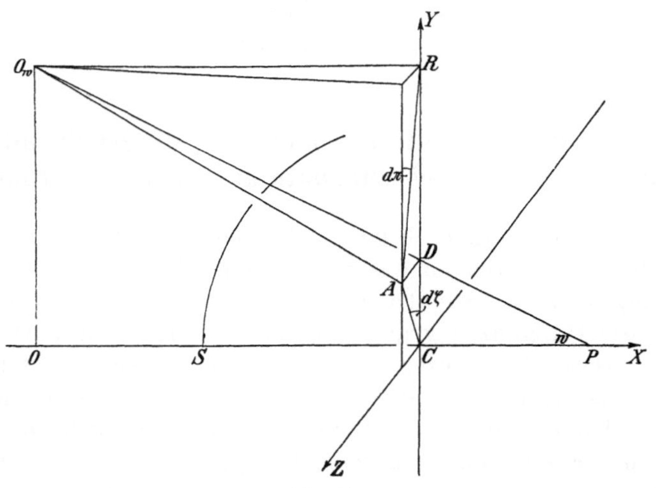

Fig. 25.

$$O\,O_w = l_1; \quad SO = s_1; \quad SC = r_1; \quad SP = x_1; \quad CD = W_1; \quad DA = dL.$$

Zur WANACHschen Ableitung der Formeln für die Sagittalstrahlen nach dem SEIDELschen Verfahren.

Es sei also eine achsensenkrechte Objektebene in der Entfernung s_1 gegeben, die der Hauptstrahl in der Höhe

$$l_1 = (x_1 - s_1)\,\mathrm{tg}\,w_1$$

durchstößt, alsdann drücken wir nach dem Vorgange von B. WANACH die Größe dL in doppelter Weise, nämlich aus den Dreiecken ARD und CAD aus und erhalten unter Benutzung von

$$l_1 - W_1 = (r_1 - s_1)\,\mathrm{tg}\,w_1$$

schließlich die Beziehung:

$$d\pi_1 = -\frac{W_1\,d\zeta_1}{(r_1 - s_1)\,\mathrm{tg}\,w_1}.$$

Infolge dieser Relation sind alle nach obigem Schema bestimmten Differenzen

$$d\pi_\nu' - d\zeta_\nu; \quad d\pi_\nu' - d\zeta_{\nu+1}$$

proportional $d\zeta_1$, das man also durch ein endliches Multiplum ε ersetzen kann.

Für den Fall eines unendlich entfernten Objektpunktes verschwindet $d\pi_1$ wegen $s_1 = \infty$.

Auf ganz analoge Weise bestimmt man den Abstand des letzten sagittalen Bildpunktes vom letzten Flächenscheitel, so daß wir schließlich erhalten

$$\overline{\overline{s}}_k{}' = r_k + \frac{W_k{}'\, d\zeta_k}{\operatorname{tg} w_k{}'\, d\pi_k{}'}$$

4. Die Kerberschen Differenzenformeln für die Schnittweite eines von einem Achsenpunkte ausgehenden Strahls.

Bei allen im Vorhergehenden mitgeteilten Rechenmethoden erhielt man die Koordinaten des Schnitt- oder Durchstoßungspunktes der durchgerechneten Strahlen direkt und konnte dann durch Subtraktion die Differenzen gegen passend gewählte Normalwerte bestimmen. Diese Differenzen sind dann der eigentliche Ausdruck für das, was man als Fehler in der Strahlenvereinigung ansieht, und sie sollen hier nach dem Vorgange von A. Kerber (7.) für die von einem Achsenpunkte ausgehenden Strahlen gebildet werden.

Führt man für die Länge des vom Flächenscheitel S auf die Strahlrichtung gefällten Lots die Bezeichnung e, e' ein, so ergeben sich die später benutzten Beziehungen:

$$e' = s' \sin u'; \quad e = s \sin u.$$

Diese Größen werden für die paraxialen Strahlen, bei denen die Tangenten mit den Sinus vertauscht werden können, einander gleich und gleich der Höhe $h = s\,du = s'\,du'$, in der der paraxiale Strahl die Fläche durchstößt.

Stellt man die Identität auf

$$\sin u' = \sin u + \sin i - \sin i' + D,$$

so ist

$$D = -\sin i + \sin i' - \sin u + \sin u'$$

eine Größe, mit deren Hilfe sich die Differenzenformeln sehr elegant aufstellen lassen. Wir werden weiter unten für sie einen logarithmisch bequem berechenbaren Ausdruck angeben.

Unter Benutzung der auf S. 37 angegebenen Formeln läßt sich leicht ableiten:

$$\frac{1}{s'-r} = \frac{n'\sin u'}{n\sin u}\,\frac{1}{s-r}.$$

Setzt man nun den eben angegebenen Ausdruck für $\sin u'$ ein und beachtet, daß

$$\sin i - \sin i' = \frac{n'-n}{n'}\,\frac{s-r}{r}\,\sin u$$

ist, so erhält man

$$\frac{1}{s'-r} = \frac{n'}{n}\left(\frac{1}{s-r} + \frac{n'-n}{n'}\frac{1}{r} + \frac{D}{(s-r)\sin u}\right).$$

Ferner läßt sich unter Benutzung der für die Schnittweiten der paraxialen Strahlen abgeleiteten Formel zeigen, daß

$$\frac{1}{s'-r} = \frac{n'}{n}\left(\frac{1}{s-r} + \frac{n'-n}{n'}\frac{1}{r}\right)$$

ist. Durch Subtraktion der beiden Gleichungen erhalten wir

$$\frac{\mathfrak{d}s'}{(s'-r)(\boldsymbol{s}'-r)} = \frac{n'}{n}\frac{\mathfrak{d}s}{(s-r)(\boldsymbol{s}-r)} - \frac{n'}{n}\frac{D}{(\boldsymbol{s}-r)\sin u},$$

wobei für die endlichen Differenzen

$$\mathfrak{d}s' = \boldsymbol{s}' - s';\quad \mathfrak{d}s = \boldsymbol{s} - s$$

gesetzt ist.

Führt man nun mittels der soeben benutzten Gleichung

$$n'(\boldsymbol{s}'-r)\sin u' = n(\boldsymbol{s}-r)\sin u$$

die Winkel wieder ein, so ergibt sich schließlich bei Benutzung der auf S. 43 eingeführten Nullinvariante und Einführung der Einfallshöhe h der Paraxialstrahlen

$$n'\mathfrak{d}s'\sin u'\frac{h}{s'} - n\mathfrak{d}s\sin u\frac{h}{s} = -DrhQ_s.$$

Versehen wir jetzt diese Größen mit Indices, um anzudeuten, daß sie sich auf die aufeinanderfolgenden Flächen eines zentrierten Systems beziehen, so erhalten wir das Gleichungssystem

$$n_1'\mathfrak{d}s_1'\sin u_1'\frac{h_1}{s_1'} - n_1\mathfrak{d}s_1\sin u_1\frac{h_1}{s_1} = -D_1 r_1 h_1 Q_{1s}$$

$$n_2'\mathfrak{d}s_2'\sin u_2'\frac{h_2}{s_2'} - n_2\mathfrak{d}s_2\sin u_2\frac{h_2}{s_2} = -D_2 r_2 h_2 Q_{2s}$$

$$\cdots\cdots\cdots\cdots\cdots\cdots\cdots\cdots\cdots$$

$$n_k'\mathfrak{d}s_k'\sin u_k'\frac{h_k}{s_k'} - n_k\mathfrak{d}s_k\sin u_k\frac{h_k}{s_k} = -D_k r_k h_k Q_{ks}.$$

Addieren wir diese ganze Gleichungsfolge, so hebt sich auf der linken Seite das erste Glied jeder Zeile gegen das zweite der folgenden weg, da eine einfache Überlegung lehrt, daß für Paraxialstrahlen

$$\frac{h_\nu}{s_\nu'} = \frac{h_{\nu+1}}{s_{\nu+1}}$$

strenge gilt. Da wir nun vor der ersten Brechung $\mathfrak{d}s_1 = 0$ annehmen können, so bleibt links schließlich nur das erste Glied der letzten Zeile übrig, und wir erhalten

$$\mathfrak{d}s_k' = -\frac{s_k' \sum\limits_{\nu=1}^{k} D_\nu r_\nu h_\nu Q_{\nu s}}{n_k' h_k \sin u_k'} = -\frac{s_k'}{n_k' \sin u_k'} \frac{h_1}{h_k} \sum\limits_{\nu=1}^{k} \left(\frac{h_\nu}{h_1}\right) D_\nu r_\nu Q_{\nu s}.$$

Da es sich bei diesem Ausdrucke nur um kleine Größen handelt, die direkt berechnet werden, so werden wir mit Tafeln von nur geringer Stellenzahl schon sehr genaue Ergebnisse erhalten.

Weiterhin aber bietet diese Darstellung den Vorteil dar, daß in ihr die Anteile getrennt sind, die den einzelnen Flächen im Endresultate zukommen.

Es bleibt jetzt nur noch übrig, den Ausdruck für

$$D = -\sin i + \sin i' - \sin u + \sin u'$$

so umzuwandeln, daß er sich bequem logarithmisch bezeichnen läßt.

Man kann sofort die Differenzen der Sinus in die bekannten Produkte verwandeln und erhält

$$D = -2\cos\frac{i+i'}{2}\sin\frac{i-i'}{2} + 2\cos\frac{u+u'}{2}\sin\frac{u'-u}{2}.$$

Beachtet man nun die Gleichung

$$i - i' = u' - u,$$

so ist weiter

$$D = -2\sin\frac{i-i'}{2}\left(\cos\frac{i+i'}{2} - \cos\frac{u+u'}{2}\right),$$

und wendet man nun noch einmal das gleiche Verfahren auf den Klammerausdruck an, so erhält man schließlich wegen

$$i + i' + u + u' = 2(u+i) = 2\varphi; \quad i + i' - u - u' = 2(i'-u)$$

$$D = 4\sin\frac{i-i'}{2}\sin\frac{i'-u}{2}\sin\frac{\varphi}{2}.$$

Damit ist ein logarithmisch bequem berechenbarer Ausdruck hergestellt, der dazu dienen kann, den Wert von D zu bestimmen.

A. KERBER schlägt indessen einen anderen Ausdruck vor, dessen Herleitung hier auch mitgeteilt sei.

$$\sin\frac{\varphi}{2} = \sin\frac{i+u}{2} = \sin\left(\frac{i-u}{2}+u\right) = \sin\frac{i-u}{2}\cos u + \cos\frac{i-u}{2}\sin u$$

$$= \frac{\dfrac{1}{2}\sin(i-u)\cos u + \cos^2\dfrac{i-u}{2}\sin u}{\cos\dfrac{i-u}{2}}$$

$$\frac{\sin(i-u)\cos u - \sin\dfrac{i-u}{2}\cos\dfrac{i-u}{2}\cos u + \cos(i-u)\sin u + \sin^2\dfrac{i-u}{2}\sin u}{\cos\dfrac{i-u}{2}}$$

$$= \frac{\sin i - \sin\dfrac{i-u}{2}\left(\cos\dfrac{i-u}{2}\cos u - \sin\dfrac{i-u}{2}\sin u\right)}{\cos\dfrac{i-u}{2}}$$

$$= \frac{\sin i + \sin u}{2\cos\dfrac{i-u}{2}}$$

Beachtet man noch, daß

$$\frac{e}{r} = \frac{s-r}{r}\sin u + \sin u = \sin i + \sin u$$

gilt, so ergibt sich der KERBERsche Ausdruck für

$$D = 2\frac{e}{r}\frac{\sin\dfrac{i-i'}{2}\sin\dfrac{i'-u}{2}}{\cos\dfrac{i-u}{2}},$$

wenn man den soeben für $\sin\dfrac{\varphi}{2}$ entwickelten Wert in den vorher für D gegebenen Wert einführt.

Auf jeden Fall läßt sich also D als ein logarithmisch bequem berechenbarer Ausdruck herstellen.

Es müßten nun eigentlich die entsprechenden Differenzenformeln für windschiefe Strahlen angegeben werden, doch ist uns deren Aufstellung nicht gelungen.

L. SEIDEL (*6.*) scheint im Besitze dieser Formeln gewesen zu sein, sie aber nicht veröffentlicht zu haben; wir geben das folgende Zitat:

„Ich muss indessen zum Schlusse noch bemerken, dass ich für „die eigentlich angemessene (d. h. der Natur der Aufgabe am besten „entsprechende) Art, in oder ausser der Axenebene den Gang „des Lichtes durch optische Apparate rechnerisch zu verfolgen, eine „wesentlich andere halte, nach welcher man direct nicht die ganzen „Grössen sucht, welche die Lage eines Strahles nach beliebig viel „Brechungen bestimmen, sondern nur ihre Abweichungen von den„jenigen Werthen, die nach den Näherungsformeln (ersten Grades) „stattfinden würden. Nach diesem Verfahren hat man nur mit „kleinen Grössen zu agiren, die durch wenige Decimalen genau „genug gefunden werden, weil sie unmittelbar Das repräsentiren, „was uns im optischen Bilde als Fehler erscheint. Auch diese Be„handlung der Aufgabe ist eleganter Ausdrücke fähig, welche in „einer ganz analogen Beziehung zu denjenigen der früher von mir „entwickelten Fehler dritter Ordnung (im allgemeinen Falle des „Raumes) stehen, wie die „Gleichungen mit endlichen Differenzen‟ „zu den Differentialformeln. Indessen entfernt sich das angedeutete „Verfahren ziemlich stark von der rechnerischen Gewohnheit der „Optiker, deren practisches Bedürfniss ich bei der gegenwärtigen „Publication zunächst im Auge habe; ich verspare daher das „Nähere für eine andere Gelegenheit.‟

Die Literatur für die Formeln ist bei ihrer Ableitung bereits angegeben worden. Es bleiben uns hier nur noch Mitteilungen über die Orte zu machen übrig, an denen sich numerische Beispiele für die Anwendung der Formeln finden.

Für das SEIDELsche Verfahren sind ausführliche Beispiele bei A. STEINHEIL und E. VOIT (*3.*) veröffentlicht. Beispiele für die von einem Achsenpunkte ausgehenden Strahlen gibt O. LUMMER (*2. 526.*). Solche finden sich auch bei A. GLEICHEN (*4. 430.*), sowie Rechnungen für die astigmatischen Bildpunkte auf endlich geneigten Hauptstrahlen ebenda (*443.*). Man achte auch auf die Winke, die B. WANACH (*1.*) für die numerische Durchrechnung von Objektiven gibt.

Für die Differenzenformel A. KERBERS (*7. 7.*) findet sich an jener Stelle ein numerisches Beispiel.

III. Kapitel.

Die geometrische Theorie der optischen Abbildung nach E. ABBE.

Bearbeiter: **E. Wandersleb.***)

1. Die verschiedenen Standpunkte für die Behandlung des Problems.

Mit dem im ersten Kapitel Gegebenen ist das in der Lehre von der Spiegelung und Brechung des Lichts, was unmittelbares physikalisches Interesse hat, im wesentlichen erschöpft. Der weitere Inhalt unserer Darstellung kann sich nunmehr nur noch auf die Anwendungen dieser Lehre beziehen. Diese begreifen einerseits die Erklärung gewisser — meist meteorischer — Naturerscheinungen in sich, andererseits liefern sie die Prinzipien für die Konstruktion oder das Verständnis der optischen Instrumente.

Wir wenden uns hier den letzteren zu.

Es handelt sich bei ihnen in letzter Linie stets darum, daß durch Vermittelung von Reflexionen oder Brechungen oder von Kombinationen beider an geeignet geformten und zusammengestellten optischen Medien Bilder von Gegenständen oder Bilder solcher Bilder hervorgebracht werden, und zwar besteht das Zustandekommen dieser Bilder stets darin, daß ein Teil der von je einem Punkte A, dem Objektpunkte, ausgehenden Strahlen durch die Reflexionen und Brechungen, die er erfährt, so modifiziert wird, daß er wieder nach einem Punkte A', dem *Bildpunkte* konvergiert.

---

*) Die Bearbeitung hat das II. Kapitel des CZAPSKIschen Buches zur Grundlage. Größere Abweichungen finden sich in der Reduktion der allgemeinen Abbildungsgleichungen und in dem Abschnitte über die Einteilung der Abbildungen, die im wesentlichen nach O. EPPENSTEIN durchgeführt wurde.

Man hat nun die Gesetze, die zwischen den Bildern und ihren Objekten bestehen, bis in die neueste Zeit fast ausnahmslos in der Weise studiert, daß man die besonderen Fälle, in denen eine Wiedervereinigung von homozentrisch divergierenden Strahlenbündeln stattfindet, näher untersuchte, und nur auf Grund solcher spezieller Untersuchungen gelangte man schließlich durch Verallgemeinerung der gewonnenen Resultate zu gewissen allgemeineren Beziehungen. Auch C. F. Gauss, dem der größte und wichtigste Fortschritt auf dem Wege solcher Verallgemeinerung der speziellen Theoreme zu verdanken ist, ging in seinen berühmten dioptrischen Untersuchungen (*3.*) von den besonderen Voraussetzungen zentrierter Kugelflächen, eines fadenförmigen axialen Strahlen- und Abbildungsraumes, und von der Gültigkeit des Brechungsgesetzes selbst aus und ließ nur die bis dahin stets festgehaltene Einschränkung auf den Fall unendlich dünner in Kontakt befindlicher Linsen, d. h. mit den Scheiteln koinzidierender sphärischer Flächen, vollständig fallen. Ihn leitete ausgesprochenermaßen das Bestreben, die Gesetze der Abbildung durch beliebig zusammengesetzte Linsensysteme auf gleich einfache Formen zurückzuführen, wie sie sich bei einer einzigen brechenden Fläche oder einer einzigen Linse verschwindender Dicke ergeben. Wiewohl er nun zeigte, daß in diesen Gesetzen die ursprünglichen Bestimmungsstücke des Systems, die Radien, Dicken, Brechungsindices, eine sehr beiläufige Rolle spielen, daß die Abbildung vielmehr von gewissen Konstanten viel allgemeinerer Art abhängt, so scheint doch auch ihm die Erkenntnis entgangen zu sein, daß alle Annahmen über die besondere Art der Verwirklichung einer optischen Abbildung den Kern der Frage, d. h. die allgemeinen Gesetze der Abbildung, überhaupt nicht berühren.

A. F. Möbius (*2.*) scheint zuerst darauf hingewiesen zu haben, daß die „axiale“ Abbildung durch eine einzelne brechende sphärische Fläche die Verhältnisse der kollinearen Verwandtschaft zum Ausdruck bringt, und daß infolgedessen alle Theoreme über die Wirkung auch beliebig zusammengesetzter Systeme brechender und spiegelnder sphärischer Flächen nichts als die direkte Abfolge dieser durch *eine* Brechung bedingten Beziehung zwischen Objekt und Bild sind. Ihm sind in der Darstellung mehrere gefolgt, so F. Lippich (*1.*), A. Beck (*1.*), H. Hankel (*1.*), seine Theorie unter Zuhilfenahme der Betrachtungen der neueren Geometrie weiter ausbauend und begründend, ohne aber die Voraussetzung aufzugeben, die auch er noch festgehalten hatte:. daß zur Verwirklichung der kollinearen Beziehung eine gewisse Art der dioptrischen Wirkung nötig sei. Hiernach scheinen immer noch die gefundenen Gesetze optischer Abbildungen von den physikalischen Vorgängen abhängig zu sein, durch deren Vermittlung sie entstehen.

Der erste, der bei der Ableitung der Gesetze der optischen Abbildung sich jeder Annahme über die physikalische Verwirklichung ausdrücklich enthielt und eine rein geometrische Theorie aufstellte, ist J. C. MAXWELL (*2.*). Er betrachtet ein hypothetisches, „vollkommenes" Instrument. Dieses definiert er, ohne sich darum zu kümmern, ob und wie es zu verwirklichen ist, nur durch folgende drei Forderungen:

1. Jeder Strahl eines Bündels,*) das von einem einzigen Objektpunkte ausgeht, muß, nach dem Durchgang durch das Instrument, wieder nach einem einzigen Bildpunkte konvergieren.

2. Ist das Objekt eine zur Achse des Instrumentes senkrechte Ebene, so ist das Bild auch eine zur Achse senkrechte Ebene. (Eine *Achse* des Instrumentes, und zwar, wie die folgende Forderung bedingt, eine Symmetrieachse, ist also ausdrücklich angenommen.)

3. Das Bild eines Objekts in dieser Ebene muß dem Objekte ähnlich sein.

Die Maß- und Lagenbeziehungen, die J. C. MAXWELL aus diesen drei rein geometrischen Voraussetzungen folgert, stimmen mit denen überein, die C. F. GAUSS aus den oben angegebenen speziellen physikalischen Voraussetzungen entwickelte.

Den letzten noch übrigbleibenden Schritt tat E. ABBE, indem er, ohne Kenntnis der Arbeiten von A. F. MÖBIUS und J. C. MAXWELL, seit Anfang der 70er Jahre in seinen Universitätsvorlesungen die geometrische Theorie der optischen Abbildung auf die einzige Voraussetzung aufbaute, daß überhaupt eine *optische Abbildung* eines Raumes in einen andern stattfindet, d. h. daß die vierfach unendlich vielen geraden Strahlen des einen Raumes denen des andern ein- eindeutig derart zugeordnet sind, daß jedem Bündel von Strahlen, die durch einen einzigen Punkt des ersten Raumes gehen, ein Bündel von Strahlen entspricht, die durch einen einzigen Punkt des andern Raumes gehen.

Dieses Merkmal ist ausreichend, um den Begriff einer bestimmten Art von Abbildung festzulegen, und es ist zugleich das

---

*) In diesem Kapitel wird der Ausdruck *Bündel* für eine zweifach unendliche Mannigfaltigkeit, der Ausdruck *Büschel* für eine einfach unendliche Mannigfaltigkeit gebraucht, wie von J. THOMAE in seinen Vorlesungen und Veröffentlichungen.

einzige wesentliche Merkmal, durch das die Abbildung charakterisiert wird, die durch Lichtstrahlen unter der Vermittlung spiegelnder oder brechender Flächen überhaupt zustande kommt. Von den speziellen geometrischen und physikalischen Bedingungen der Abbildung hängt nichts weiter ab als erstens die numerischen Werte der Konstanten, die in den allgemeinen Abbildungsgleichungen auftreten, und dort, mangels einer besonderen Voraussetzung, natürlich unbestimmt bleiben müssen, zweitens die geometrische Lokalisierung der ineinander abgebildeten Räume und ihre Lagenbeziehung gegen die Grenzen der angewandten physischen Mittel, und drittens endlich die Bestimmung darüber, in welchem begrenzten Raumgebiet und unter welchen sonstigen Einschränkungen der allgemeine Fall der Abbildung in dem betrachteten Sonderfall verwirklicht ist.

Es scheint aber keineswegs überflüssig, diese Auffassung, d. h. diese Scheidung dessen, was schon aus dem allgemeinen Begriffe der optischen Abbildung folgt, und dessen, was erst Folge der speziellen dioptrischen Voraussetzungen ist, in der Theorie der optischen Instrumente möglichst streng durchzuführen. Denn für jede verständige Anwendung einer Lehre ist die richtige Bestimmung der zureichenden und notwendigen Voraussetzungen ein wesentliches Erfordernis.

2. Die allgemeinen Eigenschaften der optischen Abbildung.

A. Die allgemeine Form der Abbildungsgleichungen.

Wir studieren also rein mathematisch die Abbildung eines Raumes auf einen andern, bei der die vierfach unendlich vielen Strahlen des einen Raumes denen des anderen ein-eindeutig so zugeordnet sind, daß jedem homozentrischen Strahlenbündel in dem einen Raume ein homozentrisches Bündel im andern Raume entspricht. Die Beziehung zwischen den beiden Räumen ist vollständig gleichwertig gegenseitig. Wenn wir trotzdem die Namen *Objektraum* und *Bildraum, Objektstrahl* und *Bildstrahl, Objektpunkt* und *Bildpunkt*, letztere für die *Träger* konjugierter homozentrischer Bündel, festhalten, so geschieht dies nur zur Erleichterung des Ausdruckes.

Auf Grund unserer einzigen Voraussetzung des durchgehenden Entsprechens homozentrischer Strahlenbündel können wir unmittelbar folgende wichtigen Sätze aussprechen:

1. Den Punkten auf einer geraden Linie im einen Raume entsprechen als Bilder Punkte im anderen Raume, die

wieder auf einer Geraden liegen. Denn dem Strahle S, der durch die auf einer geraden Linie gelegenen Punkte $P_1 P_2 P_3$ hindurchgeht, entspricht laut Annahme ein Strahl S' im Bildraum, der nach unserer Grundannahme durch jeden der drei jenen $P_1 P_2 P_3$ konjugierten Punkte $P_1' P_2' P_3'$ hindurchgeht, und da der Strahl geradlinig ist, so liegen $P_1' P_2' P_3'$ auf einer geraden Linie.

2. Einer Ebene E im Objektraum entspricht auch wieder eine Ebene E' im Bildraum. Denn die Ebene ist definiert durch zwei sich schneidende Gerade; zwei solchen a, b im einen Raum entsprechen aber nach 1. zwei ebensolche a', b' im anderen Raum. Jeder weiteren in der ersteren Ebene enthaltenen Geraden c, die also die zuerst angenommenen beiden Geraden schneidet, entspricht nun im Bildraum eine Gerade c', die nach der ursprünglichen Annahme den einen wie den andern der beiden dort gelegenen Strahlen schneiden muß, die also in dieselbe Ebene fällt.

3. Objektebenen, die alle durch eine Gerade gehen, entsprechen Bildebenen, die auch alle durch eine Gerade gehen. Denn dem *Träger* des *Objektebenenbüschels*, d. h. dem Strahle, der in jeder der Objektebenen verläuft, muß ein Bildstrahl entsprechen, der in jeder der Bildebenen verläuft, d. h. *Träger* eines *Bildebenenbüschels* ist.

Die Geometrie bezeichnet die so charakterisierte Verwandtschaft der beiden Räume als *Kollineation* und stellt als analytischen Ausdruck dafür die folgenden Bedingungsgleichungen auf, die man z. B. in dem Lehrbuche von G. Salmon (*1*.) findet:

$$x' = \frac{a_1 x + b_1 y + c_1 z + d_1}{a x + b y + c z + d}$$

$$y' = \frac{a_2 x + b_2 y + c_2 z + d_2}{a x + b y + c z + d} \qquad (1)$$

$$z' = \frac{a_3 x + b_3 y + c_3 z + d_3}{a x + b y + c z + d}$$

Die xyz und $x'y'z'$ sind rechtwinklige Punktkoordinaten im Objekt- und Bildraume.

Die Auflösung der Gleichungen (1) nach den xyz ergibt drei analoge Gleichungen, in denen die rechten Seiten Quotienten zweier in $x'y'z'$ linearer Ausdrücke mit gleichem Nenner sind, also die Gleichungen:

$$x = \frac{a_1' x' + b_1' y' + c_1' z' + d_1'}{a' x' + b' y' + c' z' + d'} \text{ u. s. w.,} \qquad (2)$$

in denen die gestrichelten Konstanten Funktionen der im ersten Gleichungssystem auftretenden ungestrichelten Konstanten sind.

Wie diese Gleichungen besagen, und wie es von vornherein das ein-eindeutige Entsprechen von Objekt- und Bildebenen verlangt, sind endlichen Ebenen im allgemeinen endliche zugeordnet. Nur der Objektebene

$$F = ax + by + cz + d = 0 \qquad (3)$$

entspricht die unendlich ferne Ebene des Bildraums, und der Bildebene

$$F' = a'x' + b'y' + c'z' + d' = 0 \qquad (4)$$

entspricht die unendlich ferne Ebene des Objektraums.

Die Ebenen $F = 0$ und $F' = 0$ wollen wir wegen ihrer eben angegebenen Eigenschaft *Unstetigkeitsebenen* des Objekt- und des Bildraums nennen.

Ist $a = b = c = 0$, dann entspricht jeder endlichen Ebene eine endliche, und die Unstetigkeitsebenen rücken ins Unendliche, so daß die beiden unendlich fernen Ebenen, die man symbolisch durch die Gleichungen $d = 0$ und $d' = 0$ darzustellen pflegt, einander selbst konjugiert sind. Wir bezeichnen diesen singulären Fall als den der *teleskopischen Abbildung*, weil er in den Teleskopen, einer bestimmten Klasse von optischen Instrumenten, verwirklicht ist.

B. Die Reduktion der Abbildungsgleichungen auf die einfachsten Grundformen.

Die analytische Diskussion der Abbildungsgleichungen gibt den Hinweis zu einer bestimmten Wahl der zunächst ja ganz beliebigen Lage der Koordinatensysteme innerhalb der beiden Räume, einer Wahl, bei der die Abbildungsgleichungen sehr einfache Formen annehmen. Auf dem Wege rein geometrischer Betrachtungen kommt man etwas schneller und übersichtlicher zu demselben Ziel; deshalb wählen wir diesen Weg.

Nach der Definition der Unstetigkeitsebenen sind Objektstrahlen, die in der unendlich fernen Objektebene verlaufen, Bildstrahlen zugeordnet, die in der Unstetigkeitsebene $F' = 0$ des Bildraums verlaufen. Demnach ist die unendlich ferne Gerade der Bildebene $F' = 0$ die einzige unendlich ferne Bildgerade, der eine unendlich ferne Objektgerade entspricht. Diese Objektgerade muß, wie die Umkehrung der Betrachtung lehrt, mit der unendlich fernen Geraden der Unstetigkeitsebene $F = 0$ des Objektraums identisch sein. Die unendlich fernen Geraden der beiden Unstetigkeitsebenen bilden also das einzige Paar von konjugierten unendlich fernen Geraden. (Nur bei teleskopischer Abbildung entspricht jeder unendlich fernen Geraden des Objektraums eine unendlich ferne Gerade des Bildraums). Da nun unendlich ferne Gerade die Träger von Parallelebenenbüscheln sind, und da in unserer Abbildung konjugierte Strahlen die Träger konjugierter Ebenenbüschel sind, können wir sofort den Satz aussprechen:

Die beiden Büschel paralleler Ebenen, zu denen die Unstetigkeitsebenen $F = 0$ einerseits und $F' = 0$ andererseits gehören, bilden ein Paar konjugierter Büschel, und zwar das einzige Paar konjugierter Parallelebenenbüschel. Jedem anderen Parallelebenenbüschel des Objektraums ist ein Büschel nicht paralleler Bildebenen konjugiert, dessen endliche Schnittgerade in der Unstetigkeitsebene des Bildraums liegt, und vice versa. (Nur bei teleskopischer Abbildung entspricht jedem Parallelebenenbüschel wieder ein Parallelebenenbüschel.)

Wir wählen — von der teleskopischen Abbildung sehen wir zunächst ab — die Richtung der Normalenbündel der beiden Unstetigkeitsebenen zur x- und x'-Richtung. Dann kann, da nach dem eben ausgesprochenen Satze jeder — zur x-Richtung senkrechten — Ebene $x = $ const. eine — zur x'-Richtung senkrechte — Ebene $x' = $ const. entspricht, x' nicht mehr von y und z, sondern nur noch von x abhängen; also muß in den Gleichungen (1) $b_1 = c_1 = b = c = 0$ sein.

Dem Parallelstrahlenbündel, das die Normalen der Unstetigkeitsebene des Objektraums bilden, und dessen Träger ein unendlich ferner Punkt ist, muß ein homozentrisches Bildstrahlenbündel mit endlichem Träger entsprechen, der in der Unstetigkeitsebene $F' = 0$ des Bildraumes liegt. Nur ein einziger Strahl dieses Bündels ist normal zur Ebene $F' = 0$, mit andern Worten, unter den (zweifach unendlich vielen) Objektstrahlen, die normal zur Unstetigkeitsebene $F = 0$ stehen, gibt es nur einen einzigen, dem ein zur Unstetigkeitsebene $F' = 0$ des Bildraums normaler Bildstrahl entspricht. Diese beiden eindeutig bestimmten Strahlen wählen wir zur x- und x'-Achse. Dann muß für $y = 0$, $z = 0$, auch $y' = 0$, $z' = 0$ sein, d. h. in den Abbildungsgleichungen (1) muß $a_2 = a_3 = d_2 = d_3 = 0$ sein.

Zu einer bestimmten Wahl für die y- und y'-Richtung und die z- und z'-Richtung führt folgende Überlegung:

Dem Objektebenenbüschel, dessen Träger die x-Achse ist, entspricht das Bildebenenbüschel, dessen Träger die x'-Achse ist, da die x- und x'-Achse einander entsprechen. Da unsere Beziehungen den Gesetzen der Kollineation unterworfen sind, gibt es, nach einem bekannten Satze der Geometrie, in dem charakterisierten Objektebenenbüschel stets ein, und im allgemeinen nur ein Paar von aufeinander senkrechten Ebenen, dem ein Paar aufeinander senkrechter Ebenen des entsprechenden Bildebenenbüschels konjugiert ist. Die vier hierdurch bestimmten Ebenen wählen wir zur xy-, xz-, $x'y'$-, $x'z'$-Ebene. Dann muß für $y = 0$ auch $y' = 0$, und für $z = 0$ auch $z' = 0$ sein, d. h. in den Gleichungen (1) müssen die Konstanten $c_2 = b_3 = 0$ sein.

Die Abbildungsgleichungen (1) haben jetzt die Form:

$$x' = \frac{a_1 x + d_1}{ax + d} ; \quad y' = \frac{b_2 y}{ax + d} ; \quad z' = \frac{c_3 z}{ax + d} . \qquad (5)$$

Über die Anfangsebenen $x = 0$ und $x' = 0$ haben wir noch keine Bestimmung getroffen. Hierfür bieten sich uns zwei besonders einfache, charakteristische und für die Anwendung wichtige Festsetzungen dar.

1. Zu Anfangsebenen werden die Unstetigkeitsebenen $F = 0$ und $F' = 0$ gewählt. Dann muß für $x = 0$ $x' = \infty$ werden, und für $x' = 0$ $x = \infty$ werden; es müssen deshalb die Konstanten d und a_1 verschwinden. Setzen wir noch $\frac{d_1}{a} = \mathfrak{a}$, $\frac{b_2}{a} = \mathfrak{b}$, $\frac{c_3}{a} = \mathfrak{c}$, so bekommen wir die Abbildungsgleichungen in der Form:

$$x' = \frac{\mathfrak{a}}{x} ; \quad y' = \frac{\mathfrak{b} y}{x} ; \quad z' = \frac{\mathfrak{c} z}{x} , \qquad (6)$$

2. Zu Nullebenen werden konjugierte Ebenen gewählt. Dann müssen x und x' gleichzeitig Null werden, also muß $d_1 = 0$ sein, und die Abbildungsgleichungen haben die Form:

$$x' = \frac{a_1 x}{ax + d} ; \quad y' = \frac{b_2 y}{ax + d} ; \quad z' = \frac{c_3 z}{ax + d} ; \qquad (7)$$

Hier bleiben noch vier Konstanten willkürlich, über deren eine bei der speziellen Wahl der konjugierten Anfangsebenen verfügt wird.

Den Fall der *teleskopischen Abbildung* $(a = b = c = 0)$, bei der die unendlich fernen Ebenen der beiden Räume einander konjugiert sind, schlossen wir vorhin ausdrücklich von der Betrachtung aus, da auf ihn die eben durchgeführten Überlegungen nicht angewendet werden können. Zur Wahl eines ausgezeichneten Koordinatensystems ziehen wir den geometrischen, leicht zu beweisenden, Satz heran, daß es bei kollinearer Verwandtschaft zweier Räume in jedem homozentrischen Objektstrahlenbündel ein und nur ein Tripel von Strahlen gibt, die eine rechtwinklige Ecke bilden, dem im entsprechenden homozentrischen Bildstrahlenbündel ein Tripel von Strahlen mit der gleichen Eigenschaft konjugiert ist. Die je drei in den beiden Räumen hierdurch ausgezeichneten Richtungen sind nun bei teleskopischer Abbildung stets dieselben, gleichgültig von welchem Paare konjugierter homozentrischer Bündel wir ausgehen (wovon man sich leicht überzeugt, wenn man bedenkt, daß bei teleskopischer Abbildung jedem unendlich fernen Punkte wieder ein unendlich ferner, oder anders ausgedrückt, jedem Parallelstrahlenbündel ein Parallelstrahlenbündel entspricht).

Damit ist der Hinweis zu folgender Wahl des Koordinatensystems gegeben:

Wir machen zunächst zwei konjugierte Punkte zu Anfangspunkten, bestimmen also, daß für $x = y = z = 0$ auch $x' = y' = z' = 0$ wird. In den Gleichungen (1) müssen infolgedessen die Konstanten $d_1 = d_2 = d_3 = 0$ werden. Wir wählen ferner die eindeutig bestimmten konjugierten Kantenrichtungen konjugierter rechtwinkliger Ecken zu entsprechenden Koordinatenachsenrichtungen, dann müssen in den Gleichungen (1) die Konstanten $b_1 c_1$, $c_2 a_2$, $a_3 b_3$ verschwinden. Die Konstanten $a\, b\, c$ sind Null, da wir es mit teleskopischer Abbildung zu tun haben. Also bekommen wir für die teleskopische Abbildung die einfachen Gleichungen:

$$x' = \frac{a_1}{d} \cdot x, \quad y' = \frac{b_2}{d} \cdot y, \quad z' = \frac{c_3}{d} \cdot z \qquad (8)$$

die wir abkürzend schreiben:

$$x' = p \cdot x, \quad y' = q \cdot y, \quad z' = r \cdot z. \qquad (9)$$

Im Resultat erscheinen sie also als Spezialfall $(a = 0)$ der Gleichungen (7).

Der hier behandelte allgemeine Fall der Abbildung ist demnach durch drei Konstanten charakterisiert. Die x-Achse unseres Koordinatensystems stellt sich als eine Hauptachse der Abbildung dar, die y- und z-Achsen als ihre Nebenachsen. Im singulären Fall der teleskopischen Abbildung sind die drei Achsen gleichwertig.

C. Die auf die Unstetigkeitsebenen bezogenen Abbildungsgleichungen.

Unsern weiteren Betrachtungen werden wir zunächst das System (6) der vereinfachten Abbildungsgleichungen zugrunde legen, für das die Anfangspunkte in den Unstetigkeitsebenen liegen. Die aus ihm abgeleiteten Sätze müssen auch in den Gleichungen (7) des zweiten Systems enthalten sein; denn als geometrische Beziehungen können sie nicht von der Wahl der Koordinatensysteme abhängig sein, die ihrer analytischen Formulierung zugrunde liegen.

Die verschiedenen Gattungen von Abbildungen. Im Verlaufe der Überlegungen, die zur Wahl bestimmter Koordinatenachsen führten, bemerkten wir, daß es in jedem homozentrischen Objektstrahlenbündel drei aufeinander senkrecht stehende Strahlen gibt, denen im entsprechenden Bildstrahlenbündel drei Strahlen mit der gleichen Eigenschaft entsprechen. Die beiden rechtwinkligen Ecken, deren Kanten die betreffenden Strahlen sind, sind einander punktweise zugeordnet. Wir greifen zwei konjugierte Oktanten heraus. Für ihre Verwandtschaft sind zwei wesentlich verschiedene Fälle möglich.

Wenn wir nämlich zwei Paare konjugierter Kanten der Oktanten zur Deckung bringen, was stets möglich ist, dann werden die dritten einander konjugierten Kanten entweder auch zusammenfallen und die Oktanten also sich decken, oder nur im Scheitel der Oktanten zusammenstoßen, so daß die eine die Fortsetzung der andern bildet, und die Oktanten sich also nicht decken, sondern nur mit der einen Seitenebene berühren.

Im ersten Falle sind die konjugierten Oktanten und damit auch die konjugierten rechtwinkligen Ecken einander *kongruent*, im zweiten Falle zueinander *symmetrisch*; beide Ausdrücke sind in einer von der üblichen abweichenden Bedeutung benutzt, da wir hier die absoluten Beträge der Verhältnisse konjugierter Kantenstrecken, als nicht wesentlich für eine Einteilung der Abbildungen, außer acht lassen, während sie bei Kongruenz und Symmetrie der Ecken im strengen Sinne alle drei den Wert 1 haben müßten.

Aus der Stetigkeit aller Beziehungen ist sofort zu folgern, daß innerhalb einer Abbildung entweder nur Kongruenz oder nur Symmetrie für alle Paare konjugierter rechtwinkliger Oktanten und damit konjugierter rechtwinkliger Ecken vorhanden sein muß. Nur an den Unstetigkeitsebenen könnte ein Wechsel dieser Beziehung eintreten. Wir weisen nach, daß das nicht geschieht.

Zu diesem Zwecke betrachten wir die beiden Scharen konjugierter rechtwinkliger Ecken, deren Scheitel auf der x- und x'-Achse liegen. Die Kanten müssen — das verlangt die spezielle Wahl unserer Koordinatensysteme — stets den drei Koordinatenachsen parallel sein, und man kann die Abbildungsgleichungen (6) in der Form schreiben:

$$dx' = -\frac{\mathfrak{a}}{x^2} \cdot dx; \quad dy' = \frac{\mathfrak{b}}{x} \cdot dy; \quad dz' = \frac{\mathfrak{c}}{x} \cdot dz, \qquad (10)$$

wo die dx und dx', die dy und dy', die dz und dz' Paare von konjugierten Kantenstrecken sind. Halten wir für alle positiven und negativen Werte von x die Vorzeichen von dx, dy, dz fest, dann behalten, wie die Gleichungen (10) besagen, zunächst für $x > 0$ auch die Kantenstrecken dx', dy', dz' ihre Vorzeichen, d. h. für alle positiven x sind die betrachteten konjugierten rechtwinkligen Ecken entweder sämtlich paarweise kongruent oder sämtlich paarweise symmetrisch gleich (was wir vorhin allgemeiner aus der Stetigkeit folgerten). Beim Übergang von positiven zu negativen Werten von x, d. h. an der Unstetigkeitsebene, wechseln gleichzeitig dy' und dz' ihr Vorzeichen, dx' behält sein Zeichen; infolgedessen kann auch an der Unstetigkeitsebene $x = 0$ die Verwandtschaft konjugierter rechtwinkliger Ecken nicht von der Kongruenz zur Symmetrie übergehen.

Damit ist der Beweis gegeben, daß innerhalb einer ganzen Abbildung konjugierte rechtwinklige Ecken entweder sämtlich kongruent oder sämtlich symmetrisch sind, — die Ausdrücke kongruent und symmetrisch in dem oben ausdrücklich erweiterten Sinne verstanden. Im ersten Falle wird eine rechtsgewundene Schraube in eine rechtsgewundene Schraube abgebildet, und wir wollen von einer *rechtwendigen Abbildung* sprechen. Im zweiten Falle wird eine rechtsgewundene Schraube in eine linksgewundene abgebildet, und wir wollen dann von einer *rückwendigen Abbildung* sprechen.*)

Solange wir die Abbildungen rein mathematisch betrachten und keine bestimmte Lagenbeziehung der beiden Räume voraussetzen, können wir nur diese eine wesentliche Verschiedenheit finden und nach ihr die Einteilung der Abbildungen vornehmen.

Um zu untersuchen, ob und wie sich diese Verschiedenheit in den Vorzeichen der Abbildungskonstanten äußert, müssen wir Bestimmungen über den Richtungssinn treffen, in dem Strecken auf den Koordinatenachsen positiv oder negativ genannt werden sollen. Dazu ist es nötig, die bisher rein geometrische Abbildung zur physischen in Beziehung zu setzen. In dieser wird auf jeder Ge-

---

*) Diese Bezeichnungen sind nach dem Vorgange von O. Eppenstein gewählt; sie finden sich in der neuen Auflage der Theorie der optischen Instrumente von S. Czapski.

raden, als Strahl aufgefaßt, ein Richtungssinn vor dem andern durch die Richtung der Lichtbewegung ausgezeichnet. Insbesondere gilt das von den beiden Hauptachsen.

Wir setzen nun zunächst fest, daß auf beiden Hauptachsen der positive Richtungssinn mit der Fortschreitungsrichtung der Lichtbewegung übereinstimmen soll. Dann ergeben sich die zwei Möglichkeiten, daß das Licht Folgen konjugierter Punkte auf beiden Achsen entweder in gleichem Sinne, oder in entgegengesetztem Sinne durchläuft. Im ersten Falle, wo $\dfrac{dx'}{dx} > 0$, wollen wir die Abbildung der Achsen aufeinander *rechtläufig* nennen, im zweiten Falle, wo $\dfrac{dx'}{dx} < 0$, dagegen *rückläufig*.

Jetzt betrachten wir einen Objektstrahl, der die x-Achse mit positivem x schneidet, und für den — bei vorher beliebig getroffener Wahl der positiven Richtung auf den Nebenachsen des Objektraums — die längs diesen gemessenen Komponenten der Lichtbewegung positiv sind. Das Koordinatensystem des Bildraums bestimmen wir dann durch die Festsetzung, daß auf dem jenem Objektstrahl konjugierten Bildstrahle die Lichtbewegung ebenfalls positive Komponenten auf den Nebenachsen haben soll.

Auch die beiden gegen die Achse geneigten Strahlen können entweder rechtläufig oder rückläufig aufeinander abgebildet sein.

Wegen der Stetigkeit kann innerhalb einer Abbildung entweder nur Rechtläufigkeit oder nur Rückläufigkeit für alle Paare konjugierter Strahlen stattfinden, so daß wir von rechtläufiger und rückläufiger Abbildung schlechthin reden können.

Unsere Festsetzungen über den Richtungssinn auf den Achsen werden durch folgende Ungleichungen ausgedrückt:

1. Bei *rechtläufiger Abbildung* ist

$$\frac{dx'}{dx} > 0 \qquad \frac{dy'}{dy} > 0 \qquad \frac{dz'}{dz} > 0$$

d. h. $\quad \mathfrak{a} < 0 \qquad\qquad \mathfrak{b} > 0 \qquad\qquad \mathfrak{c} > 0$

2. Bei *rückläufiger Abbildung* ist

$$\frac{dx'}{dx} < 0 \qquad \frac{dy'}{dy} < 0 \qquad \frac{dz'}{dz} < 0$$

d. h. $\quad \mathfrak{a} > 0 \qquad\qquad \mathfrak{b} < 0 \qquad\qquad \mathfrak{c} < 0.$

Die Verwendung der gewöhnlichen Mittel der Dioptrik, nämlich brechender und spiegelnder Grenzflächen homogener Medien, führt stets nur zu rechtläufiger Abbildung. Wir lassen deshalb den Fall 2 beiseite und diskutieren nur den Fall der rechtläufigen Abbildung:

$$\mathfrak{a} < 0 \qquad \mathfrak{b} > 0 \qquad \mathfrak{c} > 0 \qquad\qquad (11)$$

Der Unterschied zwischen recht- und rückwendiger Abbildung tritt in den Abbildungskonstanten nicht zutage. Durch unsere Festsetzungen haben wir ihn in die Koordinatensysteme selbst gelegt, indem einem *kanonischen* Objekt-Koordinatensystem*) bei rechtwendiger Abbildung ein kanonisches, bei rückwendiger Abbildung ein akanonisches Bild-Koordinatensystem zugeordnet ist.

Soll sich der Unterschied zwischen beiden Abbildungsarten in den Vorzeichen der Konstanten zeigen, dann dürfen wir nur für zwei Achsenpaare, etwa für die x- und x'-Achse, und die y- und y'-Achse, den positiven Richtungssinn durch die Beziehung zur Lichtrichtung auf zwei geeignet gewählten, konjugierten Strahlen festlegen, die positive z- und z'-Richtung dagegen z. B. durch die Forderung, daß in beiden Räumen die Koordinatensysteme kanonisch sein sollen. Bei dieser Art der Festsetzung ergibt sich neben $\mathfrak{a} < 0$ und $\mathfrak{b} > 0$

für rechtwendige Abbildung $\mathfrak{c} > 0$

für rückwendige Abbildung $\mathfrak{c} < 0$.

Wir werden uns im folgenden an die erste Art der Bestimmung halten, bei der $\mathfrak{b}$ und $\mathfrak{c}$ gleiches Vorzeichen erhalten, um im Falle der zur x-Achse symmetrischen Abbildungen, für die $\mathfrak{b} = \mathfrak{c}$ wird, und auf die wir uns nachher beschränken werden, weitläufige Vorzeichenerörterungen zu sparen.

Wir fassen die Resultate der eben beendeten Überlegungen noch einmal kurz zusammen:

Rein geometrisch gibt es nur zwei Arten wesentlich verschiedener Abbildungen,

    1. die rechtwendige,

    2. die rückwendige.

Physikalisch läßt sich, aus der Beziehung zur Fortpflanzungsrichtung der Lichtbewegung auf einem Strahl, zunächst noch eine zweite Einteilung denken, die in

    1. rechtläufige und

    2. rückläufige Abbildungen.

---

*) Läßt man die positive x-Richtung nach Süden, die positive y-Richtung nach Osten zeigen, dann zeigt die positive z-Richtung bei einem kanonischen System nach dem Zenith, bei einem akanonischen nach dem Nadir.

Die rückläufigen Abbildungen sind mit den gewöhnlichen Mitteln der Dioptrik nicht zu verwirklichen; wir lassen sie deshalb beiseite.

Die Vorzeichen der Koordinatenachsen bestimmen wir so, daß für alle rechtläufigen Abbildungen die Ungleichungen gelten:

$$\mathfrak{a} < 0 \qquad \mathfrak{b} > 0 \qquad \mathfrak{c} > 0,$$

und daß deshalb — im Objektraum ein kanonisches Koordinatensystem vorausgesetzt — im Bildraum bei rechtwendiger Abbildung ein kanonisches, bei rückwendiger Abbildung ein akanonisches Koordinatensystem statt hat.

Bei S. Czapski (*3. 35.*) finden sich in dem Abschnitte über die „Charakteristik der verschiedenen Gattungen von Abbildung resp. von abbildenden Systemen" zwei Irrtümer.

Erstens ist dort angegeben, daß die „rückläufige" Abbildung in der „katoptrischen" Abbildung, d. h. durch Brechungen in Verbindung mit einer ungeraden Zahl von Spiegelungen, verwirklicht werde,

zweitens, daß sich ohne Annahme einer bestimmten Lagenbeziehung zwischen den beiden Abbildungsräumen eine Gliederung der abbildenden Systeme in „kollektive" und „dispansive" vornehmen lasse.

Auf den ersten Irrtum machte gleich nach dem Erscheinen des ersten Teils C. Runge aufmerksam, so daß noch eine Schlußberichtigung (*287.*) aufgenommen werden konnte.

Den zweiten Irrtum beseitigte O. Eppenstein in der Neubearbeitung des Czapskischen Buches.

Die Vergrößerungen und die Beschränkung auf die zur Hauptachse symmetrischen Abbildungen. Das Verhältnis konjugierter Strecken in den beiden Räumen heißt die *Vergrößerung*. Im besonderen heißt das Verhältnis von konjugierten Strecken, die auf der Hauptachse liegen, die *Longitudinal-, Axial-* oder *Tiefenvergrößerung*.

Halten wir uns an die auf die Unstetigkeitsebenen bezogenen Abbildungsgleichungen (6) auf Seite 90, so ist das Verhältnis unendlich kleiner konjugierter Strecken

$$\frac{dx'}{dx} = \alpha = -\frac{\mathfrak{a}}{x^2} = -\frac{x'^2}{\mathfrak{a}} . \qquad (12)$$

Es variiert, wie man sieht, mit x und x' selber.

Für endliche axiale Strecken ist

$$\frac{x_2' - x_1'}{x_2 - x_1} = -\frac{\mathfrak{a}}{x_1 x_2} = -\frac{x_1' x_2'}{\mathfrak{a}} .$$

Das Verhältnis von Strecken senkrecht zur x-Achse heißt die *Lateralvergrößerung*, oder auch die *Vergrößerung* schlechthin. Es variiert in dem allgemeinen Falle der dreiachsigen Abbildung von Azimut zu Azimut. In der praktischen Anwendung haben wir es fast ausschließlich mit dem Sonderfalle einer um die x-Achse symmetrischen Abbildung zu tun. Wir wollen uns daher weiterhin mit diesem allein beschäftigen, und zum Hinweis auf diese Beschränkung für die lateinischen Buchstaben x, y, z, x', y', z' die deutschen Buchstaben $\mathfrak{x}$, $\mathfrak{y}$, $\mathfrak{z}$, $\mathfrak{x}'$, $\mathfrak{y}'$, $\mathfrak{z}'$ einführen.

Wir haben jetzt $\mathfrak{b} = \mathfrak{c}$ zu setzen, und zwischen $\mathfrak{y}$ und $\mathfrak{z}$ nicht weiter zu unterscheiden. Jedes Paar zueinander senkrechter Meridianebenen wird in ein Paar ebenfalls zueinander senkrechter Meridianebenen abgebildet, und die Wahl der Nebenachsen wird unbestimmt. Die Eindeutigkeit unserer Formeln bleibt trotzdem bestehen, da wir auch weiter die Bestimmung festhalten, daß die $\mathfrak{x}\mathfrak{y}$-Ebene der $\mathfrak{x}'\mathfrak{y}'$-Ebene, die $\mathfrak{x}\mathfrak{z}$-Ebene der $\mathfrak{x}'\mathfrak{z}'$-Ebene entspricht.

Die Lateralvergrößerung, die wir mit β bezeichnen wollen, ist jetzt für jede zur $\mathfrak{x}$-Achse senkrechte Ebene konstant

$$\beta = \frac{d\mathfrak{y}'}{d\mathfrak{y}} = \frac{\mathfrak{y}'}{\mathfrak{y}} = \frac{\mathfrak{b}}{\mathfrak{x}} = \frac{\mathfrak{b}}{\mathfrak{a}} \cdot \mathfrak{x}', \qquad (13)$$

unabhängig von $\mathfrak{y}$ und $\mathfrak{y}'$ selber.

Zur $\mathfrak{x}$-Achse senkrechte ebene Figuren werden also in ähnliche abgebildet.

Die Vergleichung von (12) und (13) zeigt, daß

$$\alpha = -\frac{\mathfrak{a}}{\mathfrak{b}^2} \cdot \beta^2. \qquad (14)$$

Die Tiefenvergrößerung ist an jeder Stelle proportional dem Quadrat der Lateralvergrößerung, was schon A. TÖPLER (*1.*) für die dioptrische Abbildung bemerkte, und es ist das Verhältnis

$$\frac{\beta^2}{\alpha} = -\frac{\mathfrak{b}^2}{\mathfrak{a}}, \qquad (15)$$

also bei einer gegebenen Abbildung für jede Stelle des Raums konstant.

Die Tiefenvergrößerung ist dem Quadrat des Abstandes zwischen dem Objekt und der F-Ebene umgekehrt, dem Quadrat des Abstandes zwischen dem Bilde und der F'-Ebene direkt proportional. Sie kann hier nur die Werte von 0 bis $+\infty$ durchlaufen, da wir uns auf die rechtläufige Abbildung beschränken.

Die Lateralvergrößerung ist dem Abstande des Objekts von der F-Ebene umgekehrt, dem Abstande des Bildes von der F'-Ebene direkt proportional und kann alle Werte von $-\infty$ bis $+\infty$ durchlaufen.

Den Zusammenhang der Lateralvergrößerung und Axialvergrößerung untereinander und mit den Werten von $\mathfrak{x}$ und $\mathfrak{x}'$ veranschaulicht man sich am besten durch folgende graphische Konstruktion:

Man errichte im Objektraume (Fig. 26) in äquidistanten Punkten der $\mathfrak{x}$-Achse gleich große $\mathfrak{y}$- und $\mathfrak{z}$-Koordinaten, deren Endpunkte also auf Geraden liegen, deren eine in der $\mathfrak{x}\mathfrak{y}$-Ebene, deren andere in der $\mathfrak{x}\mathfrak{z}$-Ebene verläuft, und die der $\mathfrak{x}$-Achse parallel sind. Die

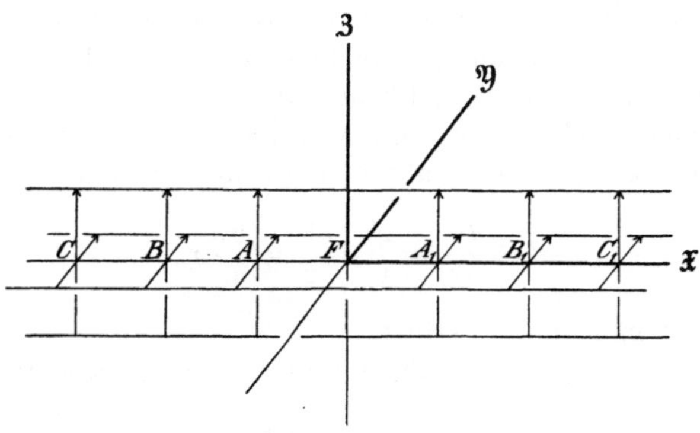

Fig. 26.
Die Vergrößerungen und die Bedeutung der Brennebenen und der Symmetrieachsen.

Endpunkte der zugehörigen Koordinaten im Bildraume (Fig. 27 u. 28) liegen auf Geraden, die in der $\mathfrak{x}'\mathfrak{y}'$-Ebene und der $\mathfrak{x}'\mathfrak{z}'$-Ebene verlaufen und die $\mathfrak{x}'$-Achse im Punkte $\mathfrak{x}' = 0$ der Unstetigkeitsebene schneiden; die Fußpunkte auf der $\mathfrak{x}'$-Achse liegen einander um so näher, je näher sie der Unstetigkeitsebene liegen.

Die Punkte $A'B'C'\ A_1'B_1'C_1'$ in den Figuren 27 und 28 sind die Bilder der Punkte $ABC\ A_1B_1C_1$ in Fig. 26. Die Pfeile in den Figuren geben die Vorzeichenbeziehungen zwischen den konjugierten ·Strecken an. Da stets $\mathfrak{a} < 0$ und $\mathfrak{b} = \mathfrak{c} > 0$, entsprechen nach den Abbildungsgleichungen (6) auf S. 90

positiven Werten von $\mathfrak{y}$ und $\mathfrak{z}$ mit positivem $\mathfrak{x}$
stets positive Werte von $\mathfrak{y}'$ und $\mathfrak{z}'$ mit negativem $\mathfrak{x}'$,

und   positiven Werten von $\mathfrak{y}$ und $\mathfrak{z}$ mit negativem $\mathfrak{x}$

stets negative Werte von $\mathfrak{y}'$ und $\mathfrak{z}'$ mit positivem $\mathfrak{x}'$.

Die Abbildung von Fig. 26 auf Fig. 27 ist rechtwendig — die Koordinatensysteme beider Räume sind kanonisch —, die Abbildung von Fig. 26 auf Fig. 28 ist rückwendig — das Koordinatensystem in Fig. 28 ist akanonisch.

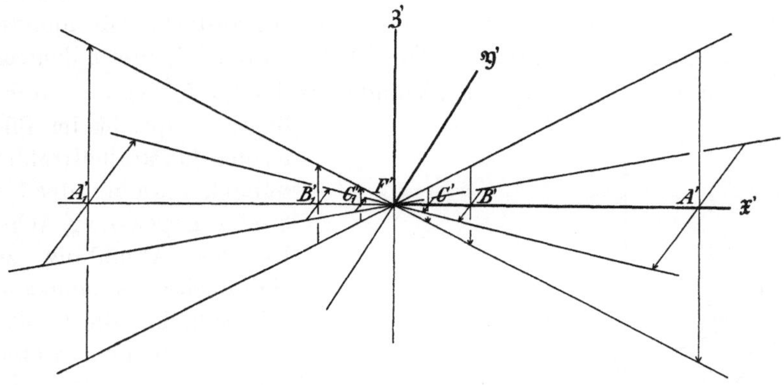

Fig. 27.
Die Vergrößerungen und die Bedeutung der Brennebenen und der Symmetrieachsen.

Einer Schar von äquidistanten $\mathfrak{y}'$ und $\mathfrak{z}'$, deren Spitzen auf vier Geraden liegen, die unter einem gewissen Winkel gegen die $\mathfrak{x}'$-Achse geneigt sind und durch F' gehen, würden im Objektraume

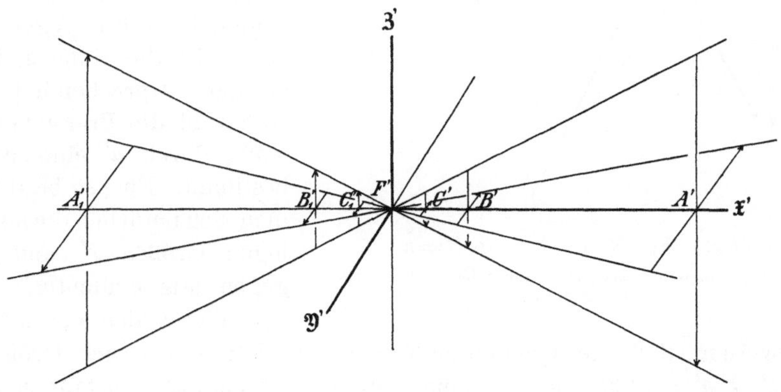

Fig. 28.
Die Vergrößerungen und die Bedeutung der Brennebenen und der Symmetrieachsen.

gleich große $\mathfrak{y}$ und $\mathfrak{z}$ entsprechen, die desto näher aneinander stehen, je näher sie der Ebene F sind.

Das Hervorstechendste und Wichtigste bei solchen Konstruktionen ist der anschauliche Hinweis auf die Bedeutung der Brennebenen.

Sie teilen die betreffenden Räume in zwei symmetrische Hälften, die auf gleichartige Weise abgebildet werden, d. h. einander paarweise entsprechen.

Das gegenseitige Entsprechen von Geraden und Bündeln. Den Punkten der Unstetigkeitsebene des Objektraums sind die Punkte der unendlich fernen Bildebene zugeordnet, mit anderen Worten, einem homozentrischen Objektstrahlenbündel, dessen Zentrum in der Brennebene, etwa im Abstande $h = \sqrt{h_1{}^2 + h_2{}^2}$ von der Achse liegt, entspricht im Bildraume ein Parallelstrahlenbündel, etwa mit der Neigung u' gegen die $\mathfrak{x}'$-Achse. Da die Abbildung zur Hauptachse symmetrisch sein soll, hat die Größe h für alle Azimute denselben Wert, wenn das entsprechende Parallelstrahlenbündel im Bildraum denselben Winkel u' mit der Achse bildet. Wenn also ein beliebiger Bildstrahl mit der Neigung u' gegen die Achse gegeben ist, so ist die Höhe h, in der der entsprechende Objektstrahl die Brennebene trifft, durch u' eindeutig bestimmt. Ebenso bestimmen sich natürlich die analogen Größen h' und u gegenseitig eindeutig.

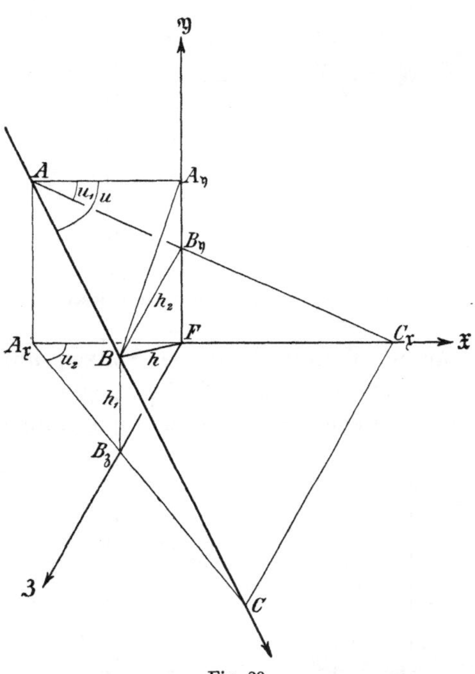

Fig. 29.

$$FB = h; \quad B_\mathfrak{z}B = h_1; \quad B_\mathfrak{y}B = h_2.$$

Die Bestimmungsstücke eines zur Ache windschiefen Strahls.

Wir wollen jetzt noch beweisen, daß die Quotienten $h/\mathrm{tg}\,u'$ und $h'/\mathrm{tg}\,u$ von den Größen h, h', u, u' unabhängig, für eine gegebene Abbildung konstant sind.

Es sei ein beliebiger zu der $\mathfrak{x}$-Achse windschiefer Strahl AC durch seine Projektionen auf die $\mathfrak{x}\mathfrak{y}$- und $\mathfrak{x}\mathfrak{z}$-Ebene gegeben. Die Gleichung der einen Projektion $AC_\mathfrak{x}$ sei $\mathfrak{y} = h_1 - \mathfrak{x}\cdot\mathrm{tg}\,u_1$, die der anderen $A_\mathfrak{x}C$ sei $\mathfrak{z} = h_2 - \mathfrak{x}\cdot\mathrm{tg}\,u_2$; u_1 und u_2 sind die Winkel zwischen den Projektionen und der $\mathfrak{x}$-Achse; h_1 und h_2 die Höhen, in denen diese Projektionen die Unstetigkeitsebene F schneiden (Fig. 29).

Der Strahl selbst schneidet dann die Unstetigkeitsebene in der Entfernung $h = \sqrt{h_1{}^2 + h_2{}^2}$ von der $\mathfrak{x}$-Achse und bildet mit der $\mathfrak{x}$-Achse einen Winkel u, der durch die Gleichung $\mathrm{tg}^2\, u = \mathrm{tg}^2\, u_1 + \mathrm{tg}^2\, u_2$ bestimmt ist.

Den Winkel u_1 bestimmen wir eindeutig durch folgende Festsetzung: Sein absoluter Betrag soll kleiner als π sein, und der Winkel ist positiv, wenn die Drehung, durch die die Lichtrichtung in dem Strahl auf kürzestem Wege in die positive $\mathfrak{x}$-Richtung übergeführt wird, gleichsinnig ist mit der, durch die die positive $\mathfrak{x}$-Richtung auf kürzestem Wege in die positive $\mathfrak{y}$-Richtung übergeführt wird. Der Winkel u_2 in der $\mathfrak{x}\mathfrak{z}$-Ebene ist analog eindeutig zu bestimmen.

Die Bestimmung der Winkelvorzeichen ist hier nach Seite 37 so getroffen, wie es in der analytischen Geometrie nicht üblich ist. Man könnte ebensogut die dort übliche Bestimmung treffen. Hier kommt es nur auf den Beweis der Möglichkeit einer eindeutigen Bestimmung an.

Dem Winkel u, dessen Ebene keiner der Koordinatenebenen parallel ist, können wir ein Vorzeichen schlechthin nicht geben; er ist aber eindeutig bestimmt durch seine Projektionen u_1 und u_2 (in der Zeichnung $u_1 > 0$, $u_2 < 0$). Winkel im Bildraume werden natürlich nach der entsprechenden Regel bestimmt.

Das Bild des betrachteten Objektstrahls AC, der dem einfallenden konjugierte Strahl, sei durch die Gleichungen seiner Projektionen auf die $\mathfrak{x}'\mathfrak{y}'$- und die $\mathfrak{x}'\mathfrak{z}'$-Ebene bestimmt. Alsdann sind diese Spuren des Strahls im Bildraume auch selbst wieder die Bilder der Spuren des Strahls im Objektraume. Ihre Gleichungen

$$\mathfrak{y}' = h_1' - \mathfrak{x}' \cdot \mathrm{tg}\, u_1',$$

$$\mathfrak{z}' = h_2' - \mathfrak{x}' \cdot \mathrm{tg}\, u_2',$$

in denen h_1', h_2' und u_1', u_2' analoge Bedeutung haben, wie oben, reduzieren sich daher vermöge der Abbildungsgleichungen auf

$$\mathfrak{y}' = \frac{\mathfrak{b}}{\mathfrak{x}} \cdot (h_1 - \mathfrak{x} \cdot \mathrm{tg}\, u_1) = -\,\mathfrak{b} \cdot \mathrm{tg}\, u_1 + \frac{\mathfrak{b}}{\mathfrak{a}} \cdot h_1 \cdot \mathfrak{x}'$$

und

$$\mathfrak{z}' = \frac{\mathfrak{b}}{\mathfrak{x}} \cdot (h_2 - \mathfrak{x} \cdot \mathrm{tg}\, u_2) = -\,\mathfrak{b} \cdot \mathrm{tg}\, u_2 + \frac{\mathfrak{b}}{\mathfrak{a}} \cdot h_2 \cdot \mathfrak{x}'.$$

Der Vergleich mit den voranstehenden ergibt, daß

$$h_1' = -\,\mathfrak{b} \cdot \mathrm{tg}\, u_1; \quad h_2' = -\,\mathfrak{b} \cdot \mathrm{tg}\, u_2; \tag{16}$$

$$\operatorname{tg} u_1' = -\frac{\mathfrak{b}}{\mathfrak{a}} \cdot h_1 ; \quad \operatorname{tg} u_2' = -\frac{\mathfrak{b}}{\mathfrak{a}} \cdot h_2 \qquad (16)$$

ist. Der Neigungswinkel u', den der Bildstrahl mit der $\mathfrak{x}'$-Achse einschließt, und die Entfernung von der $\mathfrak{x}'$-Achse, in der er die F'-Ebene $\mathfrak{x}'=0$ schneidet, sind nun bestimmt durch die Gleichungen

$$\operatorname{tg}^2 u' = \operatorname{tg}^2 u_1' + \operatorname{tg}^2 u_2' \quad \text{und}$$

$$h'^2 = h_1'^2 + h_2'^2.$$

Setzt man die für h_1', h_2', $\operatorname{tg} u_1'$, $\operatorname{tg} u_2'$ sich ergebenden Werte ein, so bekommt man

$$\operatorname{tg}^2 u' = \left(\frac{\mathfrak{b}}{\mathfrak{a}}\right)^2 (h_1{}^2 + h_2{}^2) = \left(\frac{\mathfrak{b}}{\mathfrak{a}} \cdot h\right)^2$$

$$h'^2 = \mathfrak{b}^2 (\operatorname{tg}^2 u_1 + \operatorname{tg}^2 u_2) = (\mathfrak{b} \cdot \operatorname{tg} u)^2$$

oder anders geschrieben:

$$\pm \frac{h}{\operatorname{tg} u'} = \frac{\mathfrak{a}}{\mathfrak{b}}; \quad \pm \frac{h'}{\operatorname{tg} u} = \mathfrak{b}. \qquad (17)$$

Die Zweideutigkeit des Vorzeichens ist durch die in der Rechnung auftretenden Quadratwurzeln eingeführt. Wiederholt man die Rechnung für konjugierte Strahlen, die in den Achsenebenen verlaufen, z. B. für die konjugierten Projektionen der vorhin betrachteten Strahlen, so treten keine Wurzelgrößen auf, und man bekommt aus den Gleichungen (16)

$$-\frac{h_1}{\operatorname{tg} u_1'} = \frac{\mathfrak{a}}{\mathfrak{b}}, \qquad -\frac{h_2}{\operatorname{tg} u_2'} = \frac{\mathfrak{a}}{\mathfrak{b}}$$

$$-\frac{h_1'}{\operatorname{tg} u_1} = \mathfrak{b}, \qquad -\frac{h_2'}{\operatorname{tg} u_2} = \mathfrak{b}.$$

Man braucht deshalb auch in den allgemeinen Formeln nur das negative Vorzeichen zu berücksichtigen.

Die Brennweiten. Durch die Beziehungen (17) erhalten die Abbildungskonstanten eine weitere Bedeutung. Es ist $-\mathfrak{b} = h'/\operatorname{tg} u$ das Verhältnis der Höhe, in der ein Strahl im Bildraume dessen Unstetigkeitsebene schneidet, zur trigonometrischen Tangente des Neigungswinkels, den sein konjugierter Strahl im Objektraume mit dessen Hauptachse einschließt. $-\mathfrak{a}/\mathfrak{b} = h/\operatorname{tg} u'$ ist das Verhältnis der Höhe, in der ein Strahl im Objektraume die Unstetigkeitsebene schneidet, zur trigonometrischen Tangente des Winkels, unter dem sein konjugierter Strahl im Bildraume gegen dessen Hauptachse geneigt ist.

Es sind also, wie hieraus ebenso wie schon aus den Abbildungsgleichungen selbst geschlossen werden muß, die Konstanten $\mathfrak{a}$ und $\mathfrak{b}$ nicht gleichwertig, sondern $\mathfrak{b}$ ist eine Länge, $\mathfrak{a}$ das Quadrat einer Länge. Es ist daher vorteilhaft, diese ungleichartigen Konstanten durch die gleichartigen $\mathfrak{b}$ und $\mathfrak{a}/\mathfrak{b}$ zu ersetzen. Wir wollen $\mathfrak{b} = f$; $\mathfrak{a}/\mathfrak{b} = f'$ setzen. Die Größen f und f', die in der Theorie der optischen Instrumente als charakteristisch für die Abbildungsweise angenommen sind, heißen die *Brennweiten*, die Unstetigkeitsebenen heißen die *Brennebenen* des Objekt- und Bildraums, aus Gründen, die sich aus dem historischen Entwicklungsgange der geometrischen Optik ergaben, mit dem Wesen der Sache aber nicht sehr nahe zusammenhängen. Die Definition der Brennweiten ergibt sich sachgemäß nur aus den Gleichungen

$$f = -\frac{h'}{\operatorname{tg} u}; \quad f' = -\frac{h}{\operatorname{tg} u'}, \tag{18}$$

ihr Zusammenhang mit den Eigenschaften der durch sie charakterisierten Abbildung aus den Gleichungen, die nunmehr an die Stelle der früheren treten, nämlich

$$\mathfrak{x}' = \frac{f \cdot f'}{\mathfrak{x}} \tag{19}$$

oder

$$\mathfrak{x}\mathfrak{x}' = f \cdot f',$$

$$\mathfrak{y}' = \frac{f}{\mathfrak{x}} \cdot \mathfrak{y} = \frac{\mathfrak{x}'}{f'} \cdot \mathfrak{y}$$

oder

$$\beta = \frac{\mathfrak{y}'}{\mathfrak{y}} = \frac{f}{\mathfrak{x}} = \frac{\mathfrak{x}'}{f'}. \tag{20}$$

Der Anschauung am nächsten kommt die den obigen Bestimmungsgleichungen (18) abgesehen vom Vorzeichen entsprechende Definition der Brennweiten, die bei Linsensystemen schon C. F. Gauss (*3.*) für die einzig zweckmäßige erklärt:

Die erste Brennweite, die des Objektraums, ist das Verhältnis der linearen Größe eines in der Brennebene des Bildraums gelegenen Bildes zur scheinbaren (angularen) Größe seines unendlich entfernten Objekts; die zweite Brennweite, die des Bildraums, ist gleich dem Verhältnis der linearen Größe eines in der Brennebene des Objektraums gelegenen Objekts zur scheinbaren Größe seines unendlich entfernten Bildes.

Da wir hier nur rechtläufige Abbildungen betrachten, für die die Ungleichungen (11) auf S. 95 gelten, können wir über die Vorzeichen von f und f' noch aussagen, daß stets

$$f > 0 \qquad f' < 0.$$

Das Konvergenzverhältnis. Wir betrachten noch einmal die Abbildung einer Geraden in eine andere und zwar für den Fall, daß die Gerade in einer Meridianebene liegt, also die Achse schneidet. Ihr Bild liegt in einer Meridianebene des Bildraums. Nennen wir dann wieder u und u' die Winkel, unter denen die Achse im Objekt- und Bildraume geschnitten wird, h und h' die Schnitthöhen in den Brennebenen, dann ist, wie man aus Fig. 29 ersieht,

$$h = \mathfrak{x} \cdot \operatorname{tg} u \qquad h' = \mathfrak{x}' \cdot \operatorname{tg} u'.$$

Es war aber

$$h = -f' \cdot \operatorname{tg} u' \qquad h' = -f \cdot \operatorname{tg} u.$$

Es folgt hieraus das Verhältnis

$$\gamma = \frac{\operatorname{tg} u'}{\operatorname{tg} u} = -\frac{\mathfrak{x}}{f'} = -\frac{f}{\mathfrak{x}'}, \tag{21}$$

also unabhängig von den Winkeln u und u', unter denen die beiden konjugierten Strahlen die Achsen schneiden, daher konstant für das Paar konjugierter Achsenschnittpunkte, deren Abszissen $\mathfrak{x}$ und $\mathfrak{x}'$ sind.

Wir bezeichnen dieses für die Theorie der optischen Systeme ebenfalls sehr wichtige Verhältnis als das *Konvergenzverhältnis* oder die *Angularvergrößerung*.

Beziehungen zwischen den drei Vergrößerungen. Die Vergleichung der Formeln, die wir für β und γ hergeleitet haben, zeigt sofort den einfachen Zusammenhang, der zwischen diesen beiden Größen besteht, nämlich

$$\beta \cdot \gamma = -\frac{f}{f'}. \tag{22}$$

Das Produkt des Vergrößerungsverhältnisses in zwei konjugierten Ebenen und des Konvergenzverhältnisses der Strahlen in den Achsenpunkten dieser Ebenen ist konstant für eine gegebene Abbildung.

Die bisher abgeleiteten, auf die Unstetigkeitsebenen in beiden Räumen bezogenen Formeln stellen wir kurz zusammen:

Für die Brennpunktabstände konjugierter Achsenpunkte

$$\mathfrak{x}\cdot\mathfrak{x}'=f\cdot f',$$

für die Tiefenvergrößerung

$$\alpha=\frac{d\mathfrak{x}'}{d\mathfrak{x}}=-\frac{f\cdot f'}{\mathfrak{x}^2}=-\frac{\mathfrak{x}'}{\mathfrak{x}},$$

für die Lateralvergrößerung

$$\beta=\frac{\mathfrak{y}'}{\mathfrak{y}}=\frac{f}{\mathfrak{x}}=\frac{\mathfrak{x}'}{f'},$$

für das Konvergenzverhältnis

$$\gamma=\frac{\operatorname{tg} u'}{\operatorname{tg} u}=-\frac{\mathfrak{x}}{f'}=-\frac{f}{\mathfrak{x}'}.$$

Durch geeignete Kombination erhalten wir daraus:

$$\frac{\alpha}{\beta^2}=-\frac{f'}{f},\qquad \frac{\alpha}{\beta}=-\frac{f'}{f}\cdot\beta=\frac{1}{\gamma}$$

$$\beta\cdot\gamma=-\frac{f}{f'},\qquad \frac{\beta}{\gamma}=\alpha=-\frac{f}{f'}\frac{1}{\gamma^2}$$

$$(23)$$

und schließlich

$$\frac{\alpha\cdot\gamma}{\beta}=1.$$

Dieses sind die Beziehungen, die für jede durch geradlinige Strahlen vermittelte Abbildung zweier Räume ineinander gelten, wenn jedem homozentrischen Strahlenbündel im Objektraume ein homozentrisches Bündel im Bildraume entspricht, und wenn die Abbildung eine Symmetrieachse besitzt.

Die Kardinalpunkte eines optischen Systems. Wie die Formeln (19) (20) (21) aufs einfachste zeigen, können die Größen β und γ jeden Wert zwischen $+\infty$ und $-\infty$ annehmen, wenn $\mathfrak{x}$ und $\mathfrak{x}'$ beliebig variiert werden dürfen. Die Größe α kann nur die Werte zwischen 0 und $+\infty$ durchlaufen, da wir uns auf die rechtläufigen Abbildungen beschränken.

Einige von diesen Werten sind von Bedeutung, zum Teil für die Vereinfachung von später abzuleitenden Formeln, zum Teil auch für die praktische Anwendung; besonders interessieren die Punkte der Achse, für die

1. die *Tiefenvergrößerung* $\alpha=+1$ ist, d. h. die Punkte, für die einer unendlich kleinen Verschiebung des Objekts auf der Achse

eine gleich große Verschiebung des Bildes entspricht; ihrer gibt
es innerhalb jeder Abbildung zwei Paare, da die Formel für die
Tiefenvergrößerung $\alpha = -\dfrac{f \cdot f'}{\mathfrak{x}^2}$ in $\mathfrak{x}$ quadratisch ist;

2. die *Lateralvergrößerung* $\beta = +1$ oder $\beta = -1$ ist, d. h. die
Punkte, für die achsensenkrechte Objekte und Bilder gleich groß
sind und, bezogen auf die positiven Seitenachsen, gleich oder verkehrt liegen;

3. das *Konvergenzverhältnis* $\gamma = +1$ oder $\gamma = -1$ ist, d. h. die
Punkte von der Beschaffenheit, daß einem Strahle, der im Objektraume von dem einen ausgeht, im Bildraume ein Strahl entspricht,
der unter gleichem oder entgegengesetzt gleichem Winkel gegen
die Achse vom konjugierten Punkte ausgeht.

In der folgenden Tabelle sind die zusammengehörigen Werte
von α, β, γ, $\mathfrak{x}$ und $\mathfrak{x}'$ aufgeführt. Sie zeigt unter anderm, daß die
Punkte $\beta = 1$ die Stellen der Achse sind, in denen $\alpha = \beta$ ist, d. h.
in denen eine zur Achse senkrechte dünne Schicht in allen drei
Dimensionen ähnlich abgebildet wird, und daß in den Punkten, wo
$\alpha = +1$ ist, $\beta = \gamma$ ist.

α	β	γ	$\mathfrak{x}$	$\mathfrak{x}'$
$+1$	$\pm\sqrt{-\dfrac{f}{f'}}$	$\pm\sqrt{-\dfrac{f}{f'}}$	$\pm\sqrt{-f\cdot f'}$	$\mp\sqrt{-f\cdot f'}$
$-\dfrac{f'}{f}$	$+1$	$-\dfrac{f}{f'}$	$+f$	$+f'$
$-\dfrac{f'}{f}$	-1	$+\dfrac{f}{f'}$	$-f$	$-f'$
$-\dfrac{f}{f'}$	$-\dfrac{f}{f'}$	$+1$	$-f'$	$-f$
$-\dfrac{f}{f'}$	$+\dfrac{f}{f'}$	-1	$+f'$	$+f$

$$(24)$$

Für den Fall von Linsen und Linsensystemen wurden die
Punkte $\beta = +1$ von C. F. Gauss (*3.*) *Hauptpunkte*, die durch sie
gehenden achsensenkrechten Ebenen *Hauptebenen*, die Punkte $\gamma = +1$
von J. B. Listing (*1.*) *Knotenpunkte* genannt. Analog dazu nannte
A. Töpler (*1.*) die Punkte $\beta = -1$ *negative Hauptpunkte*, die
durch sie gehenden achsensenkrechten Ebenen *negative Hauptebenen*,
und die Punkte $\gamma = -1$ *negative Knotenpunkte*. Wir werden dieselben Namen hier für die allgemeine optische Abbildung benutzen.

Neben ihnen existieren noch einige weitere Namen für dieselben Punkte, auch sind noch weitere Paare teils konjugierter, teils nur analog gelegener Punkte eingeführt worden, die in besonderen Fällen Wert haben können, hier aber, in der allgemeinen Abbildungstheorie, nur die ohne sie bestehende Übersichtlichkeit stören würden. Wir beschränken uns deshalb darauf, auf die Arbeiten hinzuweisen, die für das Studium der Kardinalpunkte optischer Systeme von Interesse sind. Das sind außer den schon erwähnten Arbeiten von C. F. Gauss (*3.*), J. B. Listing (*1.*), und A. Töpler (*1.*) zunächst noch zwei weitere Arbeiten von J. B. Listing (*3. 5.*), ferner die diesen Gegenstand behandelnden Arbeiten von J. B. Biot (*1. 3.*), L. Moser (*1.*), A. Bravais (*2.*), C. Neumann (*1.*), J. A. Grunert (*2.*), F. Lippich (*1.*), F. Casorati (*1.*), L. Mathiessen (*2. 3. 9. 11.*), E. Hoppe (*1.*), A. Guébhard (*1.*), K. Hällstén (*1.*), F. Monoyer (*1.*), F. Kessler (*3.*), G. Govi (*1. 2.*), Chr. Drews (*1.*), E. Schmidt (*1.*), H. Hederich (*1.*), R. Henke (*1.*), P. Lefebvre (*2. 3.*).

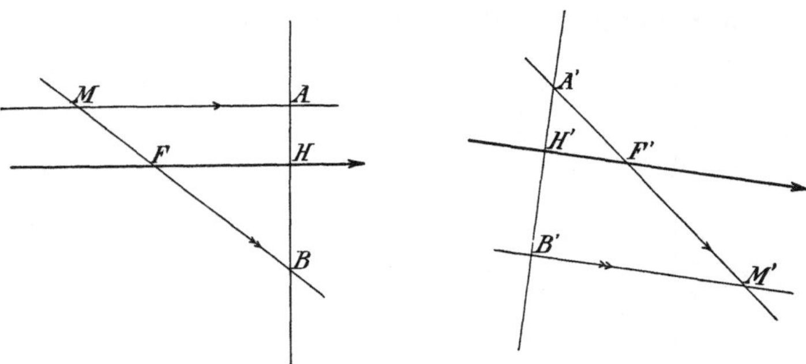

Fig. 30.

$$FH = f; \quad F'H' = f'; \quad HA = H'A' = h; \quad HB = H'B' = h'.$$

Die Konstruktion des zu einem Objektpunkte M gehörenden Bildpunktes M' mit Hilfe der Brennpunkte und Hauptebenen.

Graphische Konstruktionen. Ein System, das eine achsensymmetrische Abbildung vermittelt, ist, wie wir sahen, durch vier Bestimmungsstücke, nämlich durch die Orte der Brennebenen und die Werte der Brennweiten vollständig bestimmt. Es wird auch durch zwei von den oben angeführten Paaren von Kardinalpunkten oder durch eins von ihnen in Verbindung mit einem Paar der soeben genannten Elemente eindeutig bestimmt, wie wir noch sehen werden. Die sogenannten Kardinalpunkte ermöglichen es, auf graphischem Wege in sehr einfacher Weise zu einem Punkte oder Strahle den konjugierten Punkt oder Strahl zu ermitteln.

Wir behandeln hier nur die eine Aufgabe: Zu einem Objektpunkte M den Bildpunkt M' zu konstruieren, wenn die Brennpunkte F und F', und die Brennweiten f und f' gegeben sind.

Mit den Brennpunkten und Brennweiten sind nach der Tabelle (24) auf Seite 106 auch die Hauptpunkte H und H' gegeben (Fig. 30). Man erhält sie, wenn man von F aus im Sinne der wachsenden $\mathfrak{x}$, d. h. nach rechts, die Strecke f, von F' aus im Sinne der abnehmenden $\mathfrak{x}'$, d. h. nach links, die Strecke $-f'$, auf der Achse abträgt. In H und H' errichten wir die auf den Achsen senkrecht stehenden Ebenen, die Hauptebenen. Jetzt lassen wir vom Punkte M einen Strahl parallel zur $\mathfrak{x}$-Achse ausgehen; er schneide die Hauptebene H in der Höhe $h = HA$. Der konjugierte Strahl schneidet dann die Hauptebene H' in derselben Höhe $H'A'$ und geht durch den zweiten Brennpunkt F', ist also völlig bestimmt. Ein zweiter Strahl gehe von M durch F und schneide H in der Höhe $h' = HB$. Der konjugierte Strahl schneidet H' in gleicher Höhe $H'B'$ und ist der $\mathfrak{x}'$-Achse parallel, also ebenfalls bestimmt. M' liegt im Schnittpunkte dieser beiden Strahlen.

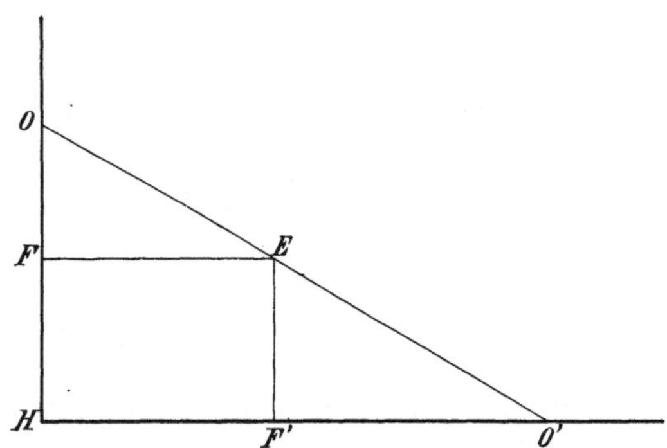

Fig. 31.

$$HF' = f; \quad HF = f'; \quad FO = \mathfrak{x}; \quad F'O' = \mathfrak{x}'.$$

Eine Konstruktion des Abstandes zwischen Bildpunkt und Bildbrennebene, wenn neben den Brennweiten der Abstand zwischen Objektpunkt und Objektbrennebene gegeben ist.

Diese Konstruktion versagt, wenn der Objektpunkt auf der Objektachse, also auch der Bildpunkt auf der Bildachse liegt. In diesem Falle findet man den Abstand $\mathfrak{x}'$ des Bildpunktes von der Bildbrennebene z. B. durch die in der Fig. 31 angegebene Hilfskonstruktion.

$HF'EF$ ist ein Rechteck mit den Seiten $HF' = f$ und $HF = f'$. FO ist gleich dem Abstande $\mathfrak{x}$ des Objektpunktes von der Objektbrennebene. Dann ist $O'F'$ gleich dem Abstande $\mathfrak{x}'$ des Bildpunktes von der Bildbrennebene.

Beweis: $$F'O' : FE = F'E : FO,$$

$$\mathfrak{x}' : f = f' : \mathfrak{x}$$

Ähnlich wie die eben behandelte, löst man die analogen Aufgaben. Sie sind zum Teil geometrisch sehr interessant, haben aber für uns wenig Bedeutung. Wir verweisen deshalb auf die einschlägige Literatur.

Außer den schon genannten Arbeiten, die sich mit der GAUSSschen Theorie, besonders mit den Kardinalpunkten beschäftigen, kommen hier in Betracht die Arbeiten von J. GAVARRET (*1.*), E. REUSCH (*5.*), J. A. LISSAJOUS (*1.*), AD. MARTIN (*1.*), C. BENDER (*1.*), E. LEBOURG (*1.*), G. FERRARIS (*1.*), C. M. GARIEL (*1.*), E. KOBALD (*1.*), M. D'OCAGNE (*1.*), P. LEFEBVRE (*1.*), N. SCHILLER (*1.*), L. MATTHIESSEN (*12.*), R. S. COLE (*1.*), E. H. BARTON (*1.*).

D. Die auf konjugierte Ebenen bezogenen Abbildungsgleichungen.

Wir haben uns bisher ausdrücklich auf die Diskussion der Gleichungen (6) beschränkt, in denen die Abszissen beider Räume von den Unstetigkeitsebenen an gemessen sind. Um den singulären Fall der teleskopischen Abbildung behandeln zu können, und auch aus anderen praktischen Gründen, wollen wir die bisher gewonnenen Resultate auch auf die Form (7) der Abbildungsgleichungen anwenden, in denen die Abszissen von einem Paare konjugierter Punkte aus gemessen sind.

Die allgemeine, nicht teleskopische Abbildung. Um nicht alle Betrachtungen der letzten Abschnitte in nur wenig veränderter Form bei den Gleichungen (7) wiederholen zu müssen, gehen wir vielmehr von den schon eingeführten Beziehungen und Gleichungen aus und verschieben nur die Koordinatensysteme entsprechend in der Richtung der Achse. Seien die Abszissen eines Paares konjugierter Punkte — der neuen Anfangspunkte — auf die Brennebenen bezogen, $\mathfrak{x}_0$ und $\mathfrak{x}_0'$, die eines beliebigen anderen Paares, auf dieselben Ebenen bezogen, $\mathfrak{x}$ und $\mathfrak{x}'$, dann sind die Abszissen der letzteren, auf die ersteren als Anfangspunkte bezogen, $\mathfrak{A} = \mathfrak{x} - \mathfrak{x}_0$ und $\mathfrak{A}' = \mathfrak{x}' - \mathfrak{x}_0'$, und wir haben zwischen diesen Größen und den Brennweiten die Beziehungen:

$$\mathfrak{x}_0 \cdot \mathfrak{x}_0' = f \cdot f'$$

und
$$\mathfrak{x} \cdot \mathfrak{x}' = f \cdot f'$$

oder
$$(\mathfrak{x}_0 + \mathfrak{A}) \cdot (\mathfrak{x}_0' + \mathfrak{A}') = f \cdot f',$$

durch deren Kombination man erhält:
$$\mathfrak{x}_0' \mathfrak{A} + \mathfrak{x}_0 \mathfrak{A}' + \mathfrak{A} \mathfrak{A}' = 0$$

oder
$$\frac{\mathfrak{x}_0'}{\mathfrak{A}'} + \frac{\mathfrak{x}_0}{\mathfrak{A}} + 1 = 0. \tag{25}$$

Diese Gleichung drückt die Abszissen der konjugierten Punkte, auf ein Grundpaar konjugierter Punkte bezogen, durch den Abstand der Grundpunkte von den Brennebenen aus; (bei HELMHOLTZ (*1. 49. 2. 69. 5. 2. 94.*) und andern umgekehrt durch den Abstand der Brennebenen von den Grundpunkten; daher die Verschiedenheit der Vorzeichen in dem konstanten Gliede hier und bei jenen).

Für die Vergrößerung ergibt sich ohne weiteres aus der früher abgeleiteten Gleichung:
$$\beta = \frac{\mathfrak{y}'}{\mathfrak{y}} = \frac{\mathfrak{x}_0' + \mathfrak{A}'}{f'} = \frac{f}{\mathfrak{x}_0 + \mathfrak{A}}, \tag{26}$$

für des Konvergenzverhältnis die Gleichung:
$$\gamma = \frac{\operatorname{tg} u'}{\operatorname{tg} u} = -\frac{\mathfrak{x}_0 + \mathfrak{A}}{f'} = -\frac{f}{\mathfrak{x}_0' + \mathfrak{A}'}. \tag{27}$$

Um von den Abszissen $-\mathfrak{x}_0$ und $-\mathfrak{x}_0'$ der Brennebenen in Bezug auf die neuen Koordinatenanfangspunkte ganz unabhängig zu werden, können wir an ihrer Statt die Brennweiten f und f' und die in den Grundpunkten $\mathfrak{A} = 0$ und $\mathfrak{A}' = 0$ bestehende Vergrößerung $\beta_0 = \dfrac{\mathfrak{x}_0'}{f'} = \dfrac{f}{\mathfrak{x}_0}$ einführen.

Dann wird die Abszissengleichung:
$$\frac{f'}{\mathfrak{A}'} \beta_0 + \frac{f}{\mathfrak{A}} \frac{1}{\beta_0} + 1 = 0,$$

die Ordinatengleichung:
$$\beta = \frac{\mathfrak{y}'}{\mathfrak{y}} = \frac{f' \beta_0 + \mathfrak{A}'}{f'} = \frac{f \beta_0}{f + \mathfrak{A} \beta_0} \tag{28}$$

die Gleichung für das Konvergenzverhältnis:
$$\gamma = \frac{\operatorname{tg} u'}{\operatorname{tg} u} = -\frac{f + \mathfrak{A} \beta_0}{f' \beta_0} = -\frac{f}{f' \beta_0 + \mathfrak{A}'}.$$

Diese Gleichungen erhalten eine besonders einfache Form, wenn man als Grundpunkte solche wählt, in denen β_0 einen geeigneten Wert hat. Die einfachste und wichtigste ist die auf die Hauptpunkte bezogene, in denen $\beta_0 = +1$ ist; nämlich es wird dann

$$\frac{f'}{\mathfrak{X}'} + \frac{f}{\mathfrak{X}} + 1 = 0,$$

$$\beta = \frac{\mathfrak{y}'}{\mathfrak{y}} = \frac{f}{f + \mathfrak{X}} = \frac{f' + \mathfrak{X}'}{f'} = -\frac{f}{f'}\frac{\mathfrak{X}'}{\mathfrak{X}}, \qquad (29)$$

$$\gamma = \frac{\operatorname{tg} u'}{\operatorname{tg} u} = -\frac{f}{f' + \mathfrak{X}'} = -\frac{f + \mathfrak{X}}{f'} = \frac{\mathfrak{X}}{\mathfrak{X}'}.$$

Um Verwechslungen mit den von anderen Autoren, z. B. HELMHOLTZ abgeleiteten Gleichungen zu vermeiden, sei nochmals daran erinnert, daß hier die Abszissen in beiden Räumen von den betreffenden Punkten aus in der Richtung der Lichtbewegung als positiv gerechnet sind.

Bezieht man die Abszissen auf die negativen Hauptebenen, in denen $\beta_0 = -1$ ist, so erhält man entsprechend

$$\frac{f'}{\mathfrak{X}'} + \frac{f}{\mathfrak{X}} - 1 = 0$$

und

$$\beta = \frac{\mathfrak{y}'}{\mathfrak{y}} = \frac{f}{f - \mathfrak{X}} = \frac{\mathfrak{X}' - f'}{f'} \ \text{etc.,}$$

also gleiche Ausdrücke wie HELMHOLTZ für die positiven Hauptebenen erhält, indem er $\mathfrak{X}'$ entgegengesetzt mißt wie $\mathfrak{X}$ und die Vorzeichen der Brennweiten umgekehrt bestimmt, wie wir es taten.

Ähnlich könnte man γ_0 statt β_0 einführen und einfache Gleichungen herleiten, die auf die Knotenpunkte bezogen sind, in denen $\gamma_0 = \pm 1$ ist. Doch haben solche Gleichungen nur in speziellen Fällen Wert.

Die teleskopische Abbildung. Die im letzten Abschnitte hergeleiteten Gleichungen behalten ihre Anwendbarkeit auch in dem Falle der teleskopischen Abbildung; denn wir haben gezeigt, daß die für sie geltenden Abbildungsgleichungen sich als Sonderfall $(a = 0)$ der auf konjugierte Punkte bezogenen allgemeinen Abbildungsgleichungen ergeben. Das Charakteristische der teleskopischen Abbildung, durch die neuen Konstanten f und f' ausgedrückt, ist, wie die Einführungsgleichungen (18) lehren, dies, daß die Brennweiten beide unendlich groß werden; aber sie behalten konstantes, endliches Verhältnis m, wie die folgende Überlegung ergibt.

Bringt man durch Division mit f und f' die Gleichungen (28) auf eine Form, in der teils f'/f, teils f oder f' allein als Faktoren oder **Divisoren** auftreten, und setzt dann f und $f' = \infty$, so wird die Abszissengleichung

$$\frac{\mathfrak{A}'}{\mathfrak{A}} = -\beta_0{}^2 \frac{f'}{f} = p, \qquad (30)$$

ferner

$$\beta = \frac{\mathfrak{y}'}{\mathfrak{y}} = \beta_0 = q, \qquad (31)$$

entsprechend den früher für diesen Fall abgeleiteten Gleichungen (9) auf S. 91; das Konvergenzverhältnis wird

$$\gamma = -\frac{f}{f'} \frac{1}{\beta_0} \qquad (32)$$

also ebenfalls konstant. Es hat hier, bei der teleskopischen Abbildung, eine besondere praktische Bedeutung; denn bei der Abbildung eines unendlich entfernten Objekts in ein unendlich entferntes Bild kann man ja, wenn man von Vergrößerung redet, nur noch von der ·Angularvergrößerung γ reden.

Durch den Wert der Angularvergrößerung ausgedrückt wird das Verhältnis konjugierter Abszissen, von einem Paare konjugierter Punkte aus gemessen,

$$\frac{d\mathfrak{A}'}{d\mathfrak{A}} = \alpha_0 = \frac{\mathfrak{A}'}{\mathfrak{A}} = -\frac{f}{f'} \frac{1}{\gamma_0{}^2} \qquad (33)$$

und das Verhältnis konjugierter Ordinaten

$$\beta_0 = \frac{\mathfrak{y}'}{\mathfrak{y}} = -\frac{f}{f'} \frac{1}{\gamma_0}. \qquad (34)$$

Durch die Verbindung der drei Größen α, β, γ erhalten wir noch

$$\frac{\alpha\gamma}{\beta} = 1$$

eine Gleichung, die wir für die nicht teleskopische Abbildung schon oben aufgestellt haben.

3. Die Gesetze der Zusammensetzung von Abbildungen.

Der Bildraum einer gegebenen ersten Abbildung kann Objektraum einer zweiten sein u. s. f. Den Effekt dieser zwei (oder mehr) sukzessiven Abbildungen kann man als eine einzige Abbildung auffassen, deren Bestimmungsstücke der Lage, Richtung und Größe nach von den Bestimmungsstücken der einzelnen Abbildungen und deren gegenseitiger Lage abhängen. Dies ist ein praktisch sehr wichtiges Moment. Denn physisch wird eine Abbildung fast stets durch eine Reihe von Einzelabbildungen vermittelt.

Wenn wir also gefunden haben, wie die Abbildung des Gesamtsystems sich aus den Abbildungskonstanten und der gegenseitigen Lage der Partialsysteme berechnet, so wird es weiterhin genügen, die speziellen Abbildungen der Elementarsysteme zu studieren, um mit Hilfe jener Gesetze die Wirkung eines beliebig zusammengesetzten Systems vollständig berechnen zu können.

A. Die Zusammensetzung zweier Abbildungen.

Die Zusammensetzung zweier endlicher Abbildungen zu einer endlichen. Wir machen die beschränkende, in praxi aber meistens erfüllte Annahme, daß die Achse des Bildraums des ersten Systems zusammenfalle mit der Achse des Objektraums des zweiten Systems. Für das Studium der Fälle, die dieser Annahme nicht unterliegen, verweisen wir auf die Arbeiten von F. NEESEN (*1.*), F. CASORATI (*1.*), A. BECK (*1.*), A. SCHWARZ (*1.*).

F_1, F_1' seien die Brennebenen, f_1, f_1' die Brennweiten des ersten Systems; F_2, F_2', f_2, f_2' ebenso die Brennebenen und Brennweiten des zweiten Systems, wobei Ebene $F_2 \parallel F_1'$, und endlich sei die Lage gegeneinander gegeben durch den im Sinne der Lichtbewegung gemessenen Abstand der Objektbrennebene des zweiten Systems von der Bildbrennebene des ersten, also durch die Strecke $F_1'F_2 = \triangle$.

Die Abbildung des ganzen aus den Systemen I und II zusammengesetzten Systems ist bestimmt, wenn die Lage seiner Brennebenen F, F' und die Größe seiner Brennweiten f, f' ermittelt ist.

Aus den gemachten Annahmen geht zunächst hervor, daß die Brennebene F zu F_1 parallel ist, und daß die Brennebene F' zu F_2' parallel ist; denn den zur Ebene F_1 parallelen Ebenen entsprechen im Bildraume von I Ebenen, die zu F_1' parallel sind, also laut Annahme auch zu F_2; diesen wieder entsprechen Ebenen, die zu F_2' parallel sind, also schließlich den zu F_1 parallelen Ebenen solche, die zu F_2' parallel sind. Wir sahen aber auf S. 89, daß es im allgemeinen bei jeder optischen Abbildung nur eine einzige Schar von parallelen Ebenen im einen Raume gibt, der eine ebensolche im anderen entspricht, und daß zu diesen Scharen die Unstetigkeitsebenen der betreffenden Räume gehören.

Weiter ist die Objektachse des ersten Systems Objektachse, die Bildachse des zweiten Systems Bildachse des Gesamtsystems;

denn diese Achsen sind Bilder voneinander, und nach unsern allgemeinen Betrachtungen gibt es nur ein einziges Paar zu den Brennebenen senkrechter, zueinander konjugierter Geraden, nämlich die, die wir zu Hauptachsen der Abbildung gewählt haben.

Die Orte der Brennebenen F und F' ergeben sich aus der Überlegung, daß F', die der unendlich fernen Ebene des Objektraums in bezug auf das ganze System konjugierte Ebene, der Ebene F_1' in bezug auf das System II konjugiert sein muß. Bezeichnen wir den — wieder im Sinne der Lichtbewegung gemessenen — Abstand der Ebene F' von F_2' mit σ', so ist σ' der

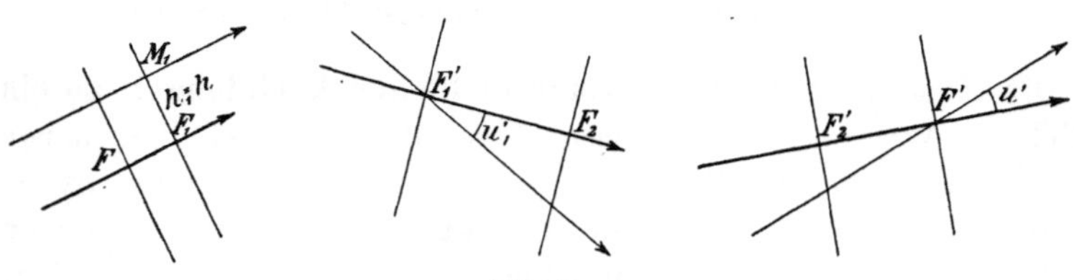

Fig. 32.

$$F_1'F_2 = \triangle; \quad F_1F = \sigma; \quad F_2'F' = \sigma'; \quad F_1M_1 = h_1 = h.$$

Die Zusammensetzung zweier endlicher Abbildungen zu einer endlichen.

in bezug auf II der Strecke $F_2F_1' = -\triangle$ konjugierte Brennpunktsabstand, also

$$\sigma' = -\frac{f_2 \cdot f_2'}{\triangle}. \tag{35}$$

Analog erhält man

$$\sigma = +\frac{f_1 f_1'}{\triangle}, \tag{36}$$

den Abstand der Ebene F von F_1, im gleichen Sinne gemessen, wenn F als die in bezug auf System I zu F_2 konjugierte Ebene betrachtet wird.

Um die Größen der Brennweiten zu finden, gehen wir zurück auf ihre Definitionsgleichungen

$$f = -\frac{h'}{\operatorname{tg} u} \qquad f' = -\frac{h}{\operatorname{tg} u'}.$$

Ein parallel zur Objektachse des ersten, also auch des ganzen Systems in der Höhe $h = h_1$ über dieser Achse einfallender Strahl schneidet nach Durchsetzung des Systems I die Gerade, die die Bildachse des ersten Systems und Objektachse des zweiten Systems bildet, im Punkte F_1' unter einem Winkel u_1', der sich aus der

Definitionsgleichung $f_1' = -\dfrac{h_1}{\text{tg}\,u_1'}$, bestimmt. Unterliegt dieser Strahl nunmehr der Abbildung durch das zweite System, so wissen wir bereits, daß er dessen Bildachse in F' schneidet, in der vorhin angegebenen Entfernung σ' von F_2' unter einem Winkel u', der sich aus der Gleichung für das Konvergenzverhältnis in konjugierten Achsenpunkten bestimmt, nämlich aus

$$\frac{\text{tg}\,u'}{\text{tg}\,u_1'} = -\frac{\mathfrak{x}_2}{f_2'} = +\frac{\triangle}{f_2'}.$$

Diese Gleichung, mit der für u_1' kombiniert, ergibt

$$f' = -\frac{h}{\text{tg}\,u'} = +\frac{f_1'\cdot f_2'}{\triangle}. \qquad (37)$$

Ganz ebenso erhält man durch Verfolgung eines zur Bildachse des zweiten und ganzen Systems parallel austretenden Strahls nach rückwärts

$$f = -\frac{h'}{\text{tg}\,u} = -\frac{f_1\cdot f_2}{\triangle}. \qquad (38)$$

Durch die 4 Größen σ, σ', f, f', und die festgesetzte Lagenbeziehung ist die Abbildung des ganzen Systems vollständig definiert.

Die angegebenen Formeln gestatten, in sehr einfacher Weise zu übersehen, wie die Lagen der resultierenden Brennebenen und die Größen und Vorzeichen der resultierenden Brennweiten von den Brennweiten der Partialsysteme und der Größe $\triangle$, dem *optischen Intervall* der Partialsysteme, abhängen. Indem wir diese Diskussion für später aufsparen, wo wir sie an konkrete Fälle anknüpfen können, weisen wir hier nur auf die durch die Variabilität von $\triangle$ gegebene große Variabilität der Endgrößen bei gegebenen f_1, f_2, f_1', f_2' hin.

Die Zusammensetzung zweier endlicher Abbildungen zu einer teleskopischen. Im besonderen kann der Fall eintreten, daß $\triangle = 0$ ist, d. h. der vordere Brennpunkt des zweiten Systems mit dem hinteren Brennpunkte des ersten zusammenfällt. Alsdann wird $f = \infty$ und auch $f' = \infty$, also die Abbildung eine teleskopische. Das Verhältnis von f zu f' jedoch bleibt ein endliches, wie schon daraus hervorgeht, daß gemäß den obigen Formeln

$$\frac{f'}{f} = m = -\frac{f_1'\cdot f_2'}{f_1\cdot f_2} \text{ ist.}$$

Um in diesem Falle die Konstanten der Abbildung aus denen der Partialsysteme zu berechnen, genügt die einfache Betrachtung, daß ein parallel zur Achse eintretender Strahl durch den gemeinsamen Brennpunkt beider Partialsysteme gehen und parallel der Achse aus dem zweiten wieder austreten muß. Das Vergrößerungsverhältnis $\dfrac{\eta'}{\eta} = \dfrac{h_2'}{h_1} = \beta$, das für alle Punkte der Achse konstant ist,

ist nun $= \dfrac{h_2'}{\operatorname{tg} u_2} : \dfrac{h_1}{\operatorname{tg} u_1'}$, wenn $u_2 = u_1'$ den Winkel bezeichnet, unter

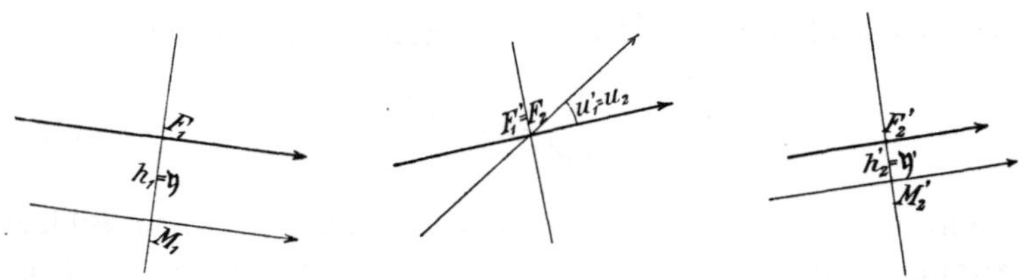

Fig. 33.

$$F_1 M_1 = h_1 = \eta; \quad F_2' M_2' = h_2' = \eta'.$$

Die Zusammensetzung zweier endlicher Abbildungen zu einer teleskopischen.

dem ein in der Höhe h_1 parallel zur Achse einfallender Strahl zwischen beiden Systemen die Achse schneidet.   Also ist

$$\frac{\eta'}{\eta} = \beta_0 = \frac{f_2}{f_1'}. \tag{39}$$

Hiernach ist die Angularvergrößerung

$$\gamma = \frac{\operatorname{tg} u'}{\operatorname{tg} u} = \gamma_0 = -\frac{1}{m\beta_0} = +\frac{f_1}{f_2'} \tag{40}$$

und das Verhältnis konjugierter Abszissen in unserer früheren Bezeichnung

$$\frac{\mathfrak{X}'}{\mathfrak{X}} = -m\beta_0^2 = +\frac{f_2 \cdot f_2'}{f_1 f_1'}. \tag{41}$$

Die Lage eines Paars konjugierter Punkte muß besonders bestimmt werden. Ein solches Paar sind aber offenbar hier wie immer der vordere Brennpunkt des ersten Systems und der hintere des zweiten.

Die Zusammensetzung einer teleskopischen und einer endlichen Abbildung. Das erste System sei ein teleskopisches und durch den Wert von β_1 oder γ_1, sowie durch die Lage der zwei konjugierten Punkte O_1, O_1' und das Verhältnis $f_1' : f_1 = m_1$ bestimmt.   Das zweite sei durch F_2, F_2', f_2, f_2' bestimmt, und die gegenseitige Lage der beiden Systeme durch den Abstand von F_2 vom Punkte O_1', $O_1' F_2 = \delta$. Die Bildachse des vorderen Systems falle wieder mit der Objektachse des hinteren zusammen. Dann ist der hintere Brennpunkt des zweiten Systems auch der des ganzen Systems, da parallel zur Achse einfallende Strahlen zwischen beiden Systemen parallel zur Achse verlaufen, also auch ebenso auf das zweite System auffallen. Der vordere Brennpunkt des ganzen Systems ist leicht zu berechnen als der in bezug auf das vordere, teleskopische

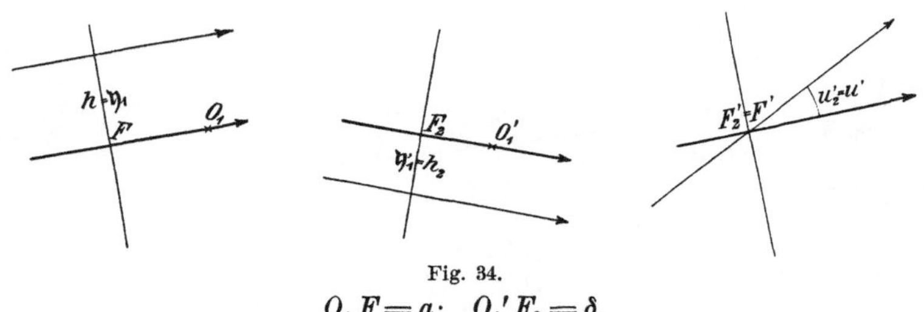

Fig. 34.

$$O_1 F = a; \quad O_1' F_2 = \delta.$$

Die Zusammensetzung einer teleskopischen und einer endlichen Abbildung.

System dem vorderen Brennpunkte des zweiten Systems konjugierte. Sein Abstand a von O_1 berechnet sich nach (33) und (34) auf S. 112.

$$a = -\frac{\delta}{m_1 \beta_1^2} \quad \text{oder} \quad a = -m_1 \delta \gamma_1^2. \tag{42}$$

Die Brennweite des Bildraums ist

$$f' = -\frac{h}{\operatorname{tg} u'} = -\frac{\mathfrak{y}_1}{\mathfrak{y}_1'} \cdot \frac{h_2}{\operatorname{tg} u'} = \frac{1}{\beta_1} \cdot f_2' = -m_1 \gamma_1 f_2', \tag{43}$$

die des Objektraums

$$f = -\frac{h'}{\operatorname{tg} u} = -\frac{h'}{\operatorname{tg} u_2} \cdot \frac{\operatorname{tg} u_1'}{\operatorname{tg} u} = f_2 \cdot \gamma_1 = -\frac{1}{m_1 \beta_1} \cdot f_2. \tag{44}$$

Die Bedeutung der hier benützten Zwischengrößen $\mathfrak{y}_1$, $\mathfrak{y}_1' = h_2$, $u_2 = u_1'$ ist aus ihrer Bezeichnung ohne weiteres zu ersehen.

Ganz analog ist die Betrachtung, wenn die vordere Abbildung endlich, die hintere teleskopisch ist.

Die Zusammensetzung zweier teleskopischer Abbildungen. Jede sei durch die Werte von β oder γ, durch die Verhältnisse $m_1 = f_1'/f_1$; $m_2 = f_2'/f_2$ und durch die Lage eines Paars konjugierter Punkte O_1, O_1'; O_2, O_2' gegeben, die gegenseitige Lage durch den Abstand $O_1' O_2 = \delta$.

Die resultierende Abbildung ist, wie leicht einzusehen, ebenfalls teleskopisch. Ihr Vergrößerungsverhältnis β ebenso wie ihr Konvergenzverhältnis γ ist je gleich dem Produkt der betreffenden Verhältnisse der Einzelsysteme. Denn

$$\beta = \frac{\eta'}{\eta} = \frac{\eta'}{\eta_1} \cdot \frac{\eta_1}{\eta} = \beta_2 \cdot \beta_1 \qquad (45)$$

ebenso

$$\gamma = \frac{\operatorname{tg} u'}{\operatorname{tg} u} = \frac{\operatorname{tg} u'}{\operatorname{tg} u_2} \cdot \frac{\operatorname{tg} u_1'}{\operatorname{tg} u} = \gamma_2 \cdot \gamma_1. \qquad (46)$$

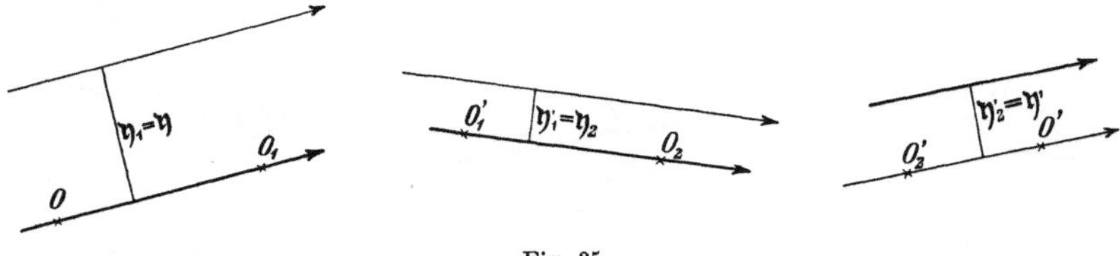

Fig. 35.

$$O_1' O_2 = \delta.$$

Die Zusammensetzung zweier teleskopischer Abbildungen.

Die Lage eines, und sogar zweier Paare konjugierter Punkte ist ebenfalls leicht ermittelt; denn der zu O_1' in bezug auf System II konjugierte Punkt O' liegt von O_2' in der Entfernung

$$a' = m_2 \, \delta \, \beta_2{}^2 \qquad (47)$$

und ist in bezug auf das ganze System konjugiert zu O_1. Ebenso ist der zu O_2 in bezug auf System I konjugierte Punkt O von O_1 um eine Strecke a entfernt (im Sinne der Lichtrichtung), die gegeben ist durch

$$a = -\frac{\delta}{m_1 \beta_1{}^2}. \qquad (48)$$

Wir haben also im ganzen das Resultat: Durch Kombination zweier endlicher Systeme entsteht im allgemeinen eine endliche, nur in einem Falle eine teleskopische Abbildung. Durch Zusammensetzung zweier teleskopischer Abbildungen entsteht immer eine teleskopische; durch Zusammentritt einer endlichen und einer teleskopischen Abbildung immer eine endliche.

Umgekehrt läßt sich nach denselben Betrachtungen und Formeln eine gegebene endliche Abbildung immer in zwei endliche Abbildungen oder in eine endliche und eine teleskopische Abbildung zerlegen; eine gegebene teleskopische Abbildung entweder auch in zwei endliche, deren zugewandte Brennebenen zusammenfallen, oder in zwei teleskopische. —

Unsere Formeln gestatten ohne weiteres die Ausdehnung auf beliebig viele Systeme, bei der wir uns auf den Fall lauter endlicher Systeme beschränken wollen.

B. Die Zusammensetzung beliebig vieler endlicher Abbildungen.

Der Abstand der vorderen Brennebene des Gesamtsystems von der vorderen des ersten Systems sei wieder mit σ, der Abstand der hinteren Brennebene des Gesamtsystems von der des letzten Einzelsystems mit σ' bezeichnet; die Brennweiten der Einzelsysteme mit f_1, f_1'; f_2, $f_2' \ldots f_k \cdot f_k'$, die des ganzen mit f und f'.

Für die Richtung der Brennebenen und die Lage der Hauptachsen des ganzen Systems gelten dieselben Betrachtungen wie vorher: sie fallen zusammen mit der Objektbrennebene und Objektachse des ersten, sowie der Bildbrennebene und der Bildachse des letzten Einzelsystems.

Um die Lage der Brennebenen und die Größe der Brennweiten des Gesamtsystems aus denen der einzelnen Systeme zu berechnen, seien die Abstände der einander zugewandten Brennpunkte je zweier aufeinander folgender Systeme

$$F_1' F_2 = \triangle_1, \quad F_2' F_3 = \triangle_2, \quad F'_{k-1} F_k = \triangle_{k-1}.$$

Die hintere Brennebene des Gesamtsystems ist das Bild der hinteren Brennebene des ersten Systems, das sukzessive von den darauffolgenden Systemen entworfen wird. Bezeichnet man den Abstand der hinteren Brennebene des aus den p ersten Systemen gebildeten Systems von der des $p$ten mit σ_p', so hat man zur Bestimmung von $\sigma' = \sigma_k'$ folgendes System von Gleichungen:

$$\sigma_2' = -\frac{f_2 \cdot f_2'}{\triangle_1}; \quad \sigma_3' = -\frac{f_3 \cdot f_3'}{\triangle_2 - \sigma_2'} \text{ etc.;}$$

$$\text{allgemein } \sigma_p' = -\frac{f_p \cdot f_p'}{\triangle_{p-1} - \sigma'_{p-1}}.$$

Hieraus ergibt sich σ' zunächst in der Form eines Kettenbruchs

$$\sigma' = -\cfrac{f_k \cdot f_k'}{\triangle_{k-1} + \cfrac{f_{k-1} \cdot f'_{k-1}}{\triangle_{k-2} + \cdot}} \tag{49}$$

$$\cdot$$

$$\cdot$$

$$\triangle_2 + \frac{f_2 f_2'}{\triangle_1}.$$

Ganz ebenso erhält man

$$\sigma = + \cfrac{f_1 \cdot f_1'}{\triangle_1 + \cfrac{f_2 f_2'}{\triangle_2 + \cfrac{}{\ddots \; \triangle_{k-2} + \cfrac{f_{k-1} f'_{k-1}}{\triangle_{k-1}}}}} \tag{50}$$

Um die Brennweiten des Gesamtsystems zu finden, haben wir ganz ebenso wie bei der Zusammensetzung zweier Systeme sukzessive das Konvergenzverhältnis in den Punkten zu suchen, in die F_1' der Reihe nach abgebildet wird und alle diese Verhältnisse miteinander und mit f_1' zu multiplizieren. Das Resultat ist

$$-\frac{h}{\operatorname{tg} u_1'} \cdot \frac{\operatorname{tg} u_1'}{\operatorname{tg} u_2'} \cdot \frac{\operatorname{tg} u_2'}{\operatorname{tg} u_3'} \cdots \frac{\operatorname{tg} u'_{k-1}}{\operatorname{tg} u_k'} = -\frac{h}{\operatorname{tg} u'} = f'. \tag{51}$$

Wir erhalten auf diese Weise, wenn wir die Brennweite des aus den ersten p Systemen gebildeten mit $f'_{1,p}$ bezeichnen, sukzessive

$$f'_{1,2} = \frac{f_1' \cdot f_2'}{\triangle_1}; \; f'_{1,3} = \frac{f'_{1,2} \cdot f_3'}{\triangle_2 - \sigma_2'}; \; \ldots \; f'_{1,k} = f' = \frac{f'_{1,k-1} \cdot f_k'}{\triangle_{k-1} - \sigma'_{k-1}}.$$

Also

$$f' = \frac{f_1' \cdot f_2' \cdot f_3' \cdots f_k'}{\triangle_1 (\triangle_2 - \sigma_2') \cdot (\triangle_3 - \sigma_3') \cdots (\triangle_{k-1} - \sigma'_{k-1})}. \tag{52}$$

Der Nenner dieses Ausdrucks ist nach den oben für σ_p' aufgestellten Formeln ohne weiteres zu berechnen. Bezeichnen wir ihn mit N_k, so ist aus obiger Herleitung zu ersehen, daß N_k mit den vorangehenden Werten N_{k-1}, N_{k-2} u. s. w. in der Weise zusammenhängt, daß

$$N_k = \frac{\triangle_{k-1} N_{k-1} + f_{k-1} \cdot f'_{k-1}}{N_{k-1}} \tag{53}$$

ist u. s. f. Mit Hilfe dieser Beziehung ist N_k noch leichter zu berechnen. Man kann das Resultat dieser Rechnung auch unmittelbar in Kettenbruchform angeben oder andere Schemata zu Hilfe nehmen. Doch wollen wir diese rein formelle Seite der Frage hier nicht weiter erörtern, sondern verweisen auf die Arbeiten von A. F. Möbius (*2.*), F. W. Bessel (*1.*), L. Matthiessen (*2. 8.*), F. Casorati (*1.*), S. Günther (*1. § 27.*), G. Ferraris (*2.*), F. Monoyer (*1.*).

Man erhält analog

$$f = (-1)^{k-1} \frac{f_1 \cdot f_2 \cdot f_3 \cdots f_k}{N_k},\qquad (54)$$

wo N_k dieselbe Größe ist, wie in dem Ausdrucke für f'.

Wenn statt der Brennpunkte und Brennweiten und statt der Brennpunktsabstände $\triangle$ andere Größen zur Bestimmung der Einzelabbildungen und der gegenseitigen Lage der Einzelsysteme gegeben sind, so erhält man durch analoge Methoden, wie wir sie oben angewendet haben, die entsprechenden für das zusammengesetzte System. Wir unterlassen die Ausführung dieser Rechnung hier unter Verweisung auf die vorhin angegebene Literatur.

Für uns ist es genügend, überhaupt festgestellt zu haben, daß und in welcher Weise etwa sich die wesentlichen Bestimmungsstücke einer zusammengesetzten Abbildung aus denen der sie erzeugenden Einzelabbildungen berechnen lassen.

4. Eine bestimmte Lagenbeziehung der Abbildungsräume.

Bisher haben wir über die gegenseitige Lage des Objekt- und Bildraums keine Annahmen gemacht. Das tun wir jetzt, und zwar wählen wir den Fall, der bei fast allen den optischen Systemen vorliegt, durch die achsensymmetrische Abbildungen verwirklicht werden. Diese Systeme sind selbst symmetrisch zu einer Achse, derart, daß sie durch Rotation eines ihrer Meridianschnitte, d. h. eines die Achse enthaltenden Schnittes, um die Achse erzeugt werden können. Infolge dieser Symmetrieeigenschaft fallen zunächst die Hauptachsen des Objekt- und Bildraums in dieselbe Gerade, die Achse des Systems, und ferner muß jeder Strahl, der im Objektraume in einer Meridianebene verläuft, während des Durchgangs durch das System und nach dem Austritte in dieser Meridianebene bleiben. Deshalb muß jede Meridianebene des Objektraums mit der ihr konjugierten des Bildraums zusammenfallen, also auch die $\mathfrak{x}\mathfrak{y}$-Ebene mit der $\mathfrak{x}'\mathfrak{y}'$-Ebene und die $\mathfrak{x}\mathfrak{z}$-Ebene mit der $\mathfrak{x}'\mathfrak{z}'$-Ebene. Die $\mathfrak{y}\mathfrak{z}$-Ebene und die $\mathfrak{y}'\mathfrak{z}'$-Ebene legen wir in die zugehörigen Brennebenen, so daß die Abbildungsgleichungen die Form (6) erhalten.

Die $\mathfrak{y}$-Achse ist jetzt der $\mathfrak{y}'$-Achse, die $\mathfrak{z}$-Achse der $\mathfrak{z}'$-Achse parallel. Für die Vorzeichenbeziehung zwischen diesen konjugierten Nebenachsen sind nur folgende zwei Fälle möglich:

1. Die positive $\mathfrak{y}$-Richtung fällt mit der positiven $\mathfrak{y}'$-Richtung und gleichzeitig die positive $\mathfrak{z}$-Richtung mit der positiven $\mathfrak{z}'$-Richtung auch dem Sinne nach zusammen.

2. Die positive $\mathfrak{y}'$-Richtung fällt mit der negativen $\mathfrak{y}$-Richtung und gleichzeitig die positive $\mathfrak{z}'$-Richtung mit der negativen $\mathfrak{z}'$-Richtung zusammen.

Der Fall, daß für das eine Paar von entsprechenden Nebenachsen der Richtungssinn im Objekt und Bild gleich, für das andere Paar im Objekt und Bild entgegengesetzt ist, kann wegen der Achsensymmetrie des abbildenden Systems nicht eintreten.

Im Falle 1 wird die Hälfte des Objektraums, für die $\mathfrak{x} > 0$ ist, aufrecht abgebildet, die Hälfte, für die $\mathfrak{x} < 0$ ist, verkehrt. Wir nennen das abbildende System ein *kollektives*.

Im Falle 2 wird die Hälfte des Objektraums, für die $\mathfrak{x} > 0$ ist, verkehrt abgebildet, die Hälfte, für die $\mathfrak{x} < 0$ ist, aufrecht. Wir nennen das abbildende System ein *dispansives*.

In beiden Fällen kann die Abbildung selbst rechtwendig oder rückwendig sein. Wie wir auf S. 95 sahen, müssen im Falle der rechtwendigen Abbildung die Koordinatensysteme des Objekt- und Bildraums gleichartig sein, beide kanonisch oder akanonisch, im Falle der rückwendigen Abbildung ungleichartig. Soll deshalb bei unserer besonderen Lagenbeziehung die Abbildung

a) rechtwendig sein, dann muß, bei kollektiven wie bei dispansiven Systemen, die positive $\mathfrak{x}$-Richtung mit der positiven $\mathfrak{x}'$-Richtung auch dem Sinne nach zusammenfallen; soll die Abbildung

b) rückwendig sein, dann muß die positive $\mathfrak{x}$-Richtung der positiven $\mathfrak{x}'$-Richtung entgegengesetzt sein.

Wir erinnern noch einmal daran, daß die Konstanten der Abbildungsgleichungen (6) in jedem Falle den Ungleichungen $a < 0$, $b = c > 0$ genügen müssen, weil wir die Vorzeichen der konjugierten Koordinatenachsen mittels der Lichtrichtung bestimmt haben. Ist die Abbildung rechtwendig und durch ein kollektives System vermittelt, dann und nur dann fallen die Koordinatenrichtungen des Objektraums mit den konjugierten des Bildraums auch dem Sinne nach zusammen, und der Übergang vom Objekt- zum Bildkoordinatensystem besteht lediglich in einer Verschiebung des Nullpunkts der Abszissen.

Es liegt nahe, diesen einfachen Übergang auch für die drei andern Fälle vorzuschreiben, also die Vorzeichen der Achsen, statt durch die Lichtrichtung, durch die Festsetzung zu bestimmen, daß jede Koordinatenachse des Objektraums mit der ihr konjugierten des Bildraums außer der Richtung auch dem Sinne nach zusammenfällt. Dies vorausgesetzt, sind die Abbildungskonstanten folgenden Ungleichungen unterworfen:

1. Für *kollektive* Systeme ist $\mathfrak{b} = \mathfrak{c} > 0$;
2. für *dispansive* Systeme ist $\mathfrak{b} = \mathfrak{c} < 0$

$$\text{und neben diesen ist} \qquad\qquad (55)$$

    a) bei rechtwendiger Abbildung $\mathfrak{a} < 0$;
    b) bei rückwendiger Abbildung $\mathfrak{a} > 0$.

Da nun nach der Definition der Brennweiten auf S. 103 $\mathfrak{a} = f \cdot f'$, $\mathfrak{b} = \mathfrak{c} = f$ ist, so ergeben sich für die Vorzeichen der Brennweiten die Regeln:

1. Für *kollektive* Systeme ist bei
    a) *rechtwendiger* Abbildung $f > 0$; $f' < 0$,
    b) *rückwendiger* Abbildung $f > 0$; $f' > 0$.

2. Für *dispansive* Systeme ist bei
    a) *rechtwendiger* Abbildung $f < 0$; $f' > 0$,
    b) *rückwendiger* Abbildung $f < 0$; $f' < 0$.

$$(56)$$

Die Namen kollektiv und dispansiv sind der Lehre von den Systemen zentrierter Kugelflächen entnommen, wo sie neben den deutschen Namen *sammelnd* und *zerstreuend* gebraucht werden.

Tritt in solchen Systemen neben beliebig vielen brechenden Flächen eine gerade Anzahl spiegelnder Flächen auf, dann ist die erzeugte Abbildung rechtwendig; ist dagegen die Zahl der spiegelnden Flächen ungerade, dann ist die erzeugte Abbildung rückwendig, was wir hier vorgreifend bemerken.

Literatur.

Die Theorie der optischen Abbildung ist, wie oben schon erwähnt, bis in die neueste Zeit ausschließlich unter speziellen Voraussetzungen behandelt worden. Außer den zahlreichen im Texte schon angeführten Arbeiten sind für die Entwickelung dieser Lehre die folgenden von Interesse:

Aus der Zeit vor dem Jahre 1841, in dem die dioptrischen Untersuchungen von C. F. Gauss erschienen, die Arbeiten von J. Kepler (*1.*), R. Cotes (*1.*), L. Euler (*2.*), J. Harris (*1.*), J. L. de Lagrange (*1*), G. Piola (*1.*), A. F. Möbius (*1.*).

Aus der Zeit nach dem Jahre 1841 die Arbeiten von J. B. Biot (*2.*), J. Fr. Encke (*1.*), L. Seidel (*2.*), O. F. Mossotti (*1.*), C. Albrich (*1.*), V. von Lang (*1.*), P. Zech (*1. 2.*), P. A. Hansen (*1.*), J. Hirschberg (*1.*), F. Parow (*1.*), F. Giraud-Teulon (*1.*), O. Röthig (*2.*), A. Battelli (*1.*), J. B. de Mesquita (*1.*), Ch. Pendlebury (*1.*), H. Brockmann (*1.*), C. M. Gariel (*1.*), F. J. van den Berg (*1.*), L. Isely (*1.*), A. Sampson (*1.*), L. Pfaundler (*1.*), R. Sissingh (*1.*).

IV. Kapitel.

Die Realisierung der optischen Abbildung.

Bearbeiter: **P. Culmann.***)

---

1. Der Fall dünner Büschel nahe der Achse zentrierter Kugelflächen.
(Fundamentaleigenschaften der Linsen und Linsensysteme.)

Wir haben bisher nur angenommen, daß eine „optische Abbildung" zustande komme, ohne uns darum zu kümmern oder Voraussetzungen darüber zu machen, in welcher Weise des näheren dies geschehe. Wir nahmen als Tatsache an, daß optische Abbildungen vorkommen, und untersuchten daraufhin zunächst die allgemeinen Gesetze, denen eine jede solche Abbildung, kraft ihrer Entstehung durch punktweise Vereinigung geradliniger Strahlen, notwendig unterliegen muß, auf welche Weise sie auch immer zustande gekommen sein mag.

In dem folgenden sollen einige besonders wichtige Verwirklichungsarten von Abbildungen näher untersucht werden. Es soll gezeigt werden — und dies ist, wie wir früher bereits ausführten, nunmehr das einzige, was zu zeigen noch übrig bleibt — unter welchen physischen Bedingungen eine Abbildung zustande kommt,

---

*) Dieses Kapitel ist im wesentlichen als eine zweite Auflage des entsprechenden Kapitels in CZAPSKIS Theorie der optischen Instrumente zu betrachten. Ganze Seiten sind wörtlich aus diesem Werke übernommen, andere mehr oder weniger verändert. Neu sind folgende Paragraphen: die Nullinvariante, zwei von L. SEIDEL herrührende Formeln, der COTESsche Satz, die Spezialfälle astigmatischer Brechung, die Abschnitte, welche die doppelt gekrümmten Flächen betreffen, die anamorphotische Abbildung und die historischen Notizen.

welchen Beschränkungen dieselbe gegenüber der vorher von uns angenommenen unendlicher Räume durch beliebig weit geöffnete Strahlenbündel in praxi immer unterliegt, und wie die Brennweiten und die Lagen der Brennebenen sich aus den gewöhnlich gegebenen Daten berechnen lassen.

Da wir nach dem letzten Abschnitt eine wie auch immer zusammengesetzte Abbildung stets zerlegen können in die kombinierte Wirkung aufeinander folgender Teilabbildungen, so können wir uns hier darauf beschränken, die einfachsten möglichen Fälle von Abbildungen zu untersuchen, d. h. die Abbildung durch Spiegelung oder Brechung von Lichtstrahlen an einer einzelnen, zwei verschiedene Medien trennenden Fläche. Wir beginnen mit der Kugelfläche.

A. Die Brechung an einer Kugelfläche.

Graphisch läßt sich der gebrochene Strahl am einfachsten durch folgende wohl zuerst von YOUNG*) (*3.73.*) angegebene Konstruktion ermitteln (Fig. 36).

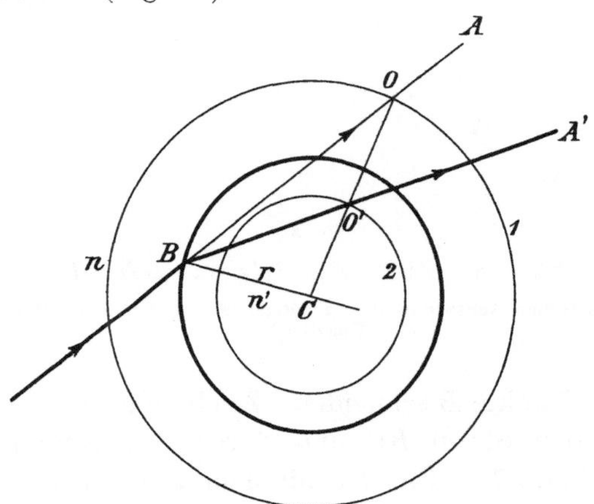

Fig. 36.
Graphische Konstruktion des gebrochenen Strahles.

Man beschreibe um C Kreise resp. Kugeln mit den Radien $r_1 = \dfrac{n'}{n} r$ und $r_2 = \dfrac{n}{n'} r$. Den Punkt O, wo der erste Kreis von dem auffallenden Strahle zum zweiten Male getroffen wird, verbinde man

---

*) Später 1858 ist sie unabhängig von WEIERSTRASS gefunden worden, wie das SCHELLBACH (*1.*) angibt. 1877 stellt sie LIPPICH (*2.*) wieder auf, ohne von seinen Vorgängern zu wissen.

mit C, und O', den Schnittpunkt von OC und dem Kreise 2, mit B. Dann ist BO' der gebrochene Strahl. Denn da nach der Konstruktion $CO' : CB = CB : CO$, so ist $\triangle CBO' \sim \triangle COB$; daher $\angle BOC = \angle O'BC$. In $\triangle COB$ ist aber $\sin CBO : \sin BOC = CO : CB = n' : n$. Folglich ist $\angle CBO'$ der zu $\angle CBO$ gehörige Brechungswinkel i'.

Die trigonometrische Verfolgung eines Lichtstrahls.*) Ein nach dem Punkte O zielendes oder von diesem Punkte ausgehendes Lichtbüschel falle auf die zwei Medien mit den Brechungsexponenten n, n' trennende Kugel, deren Zentrum im Punkte C liegt. Wir verfolgen zunächst nur einen Strahl dieses Büschels. Er möge die

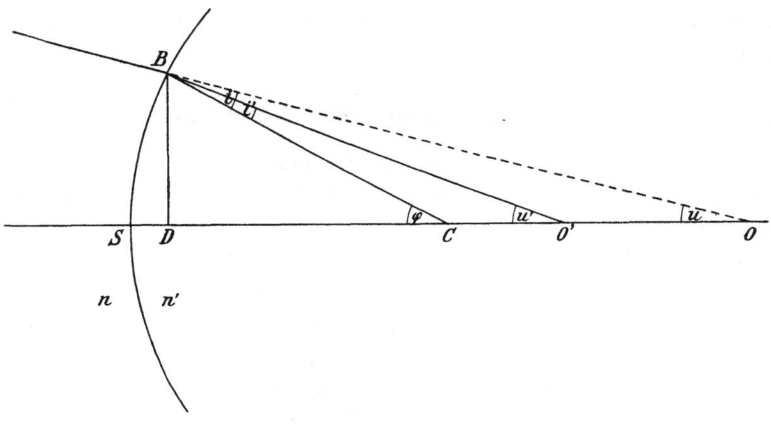

Fig. 37.

$$SO = s; \quad SO' = s'; \quad SC = r; \quad DB = h.$$

Zur Brechung eines zum Achsenpunkte O gehörigen Strahls endlicher Öffnung u an einer Kugelfläche.

Kugelfläche im Punkte B schneiden. Zeichnungsebene sei die Ebene, welche durch den Strahl BO und durch den Kugelmittelpunkt C hindurchgeht (Fig. 37). Da BC mit dem Einfallslot zusammenfällt, so ist die Ebene BOC die Einfallsebene des Strahles BO und dieser Strahl tritt bei der Brechung nicht aus derselben heraus. Wir verbinden C mit O und bezeichnen diese Gerade als Zentrale oder Achse,

---

*) Der Anfang dieses Paragraphen wiederholt die schon auf Seite 37 bis 40 behandelte Durchrechnung eines die Achse schneidenden Lichtstrahles. Er war geschrieben, als beschlossen wurde, das die Durchrechnung optischer Systeme behandelnde Kapitel der Abbildung vorangehen zu lassen. Ich glaubte nun, die nicht sehr langen Wiederholungen in der Annahme stehen lassen zu können, daß es manchem Leser willkommen sein möchte, das zum Verständnis der Abbildung Nötige hier beieinander zu finden.

den Punkt, in welchem sie die Kugelfläche schneidet, als Scheitel S der brechenden Fläche.

Unsere Aufgabe ist, aus den Bestimmungsstücken des einfallenden Strahles die Bestimmungsstücke des gebrochenen Strahles zu berechnen.

Die Strahlen werden durch die Lage ihrer Schnittpunkte mit der Achse und durch die Winkel bestimmt, welche sie in diesen Schnittpunkten mit der Achse einschließen. Dabei möge folgende Bezeichnung gelten: s, c und p seien die Abstände des Punktes O vom Scheitel S, vom Zentrum C und vom Einfallspunkte B. Diese Abstände werden als Abszissen betrachtet, können also positiv oder negativ sein. Positive Richtung ist für uns die Richtung des einfallenden Lichtes. In den Zeichnungen wird immer angenommen, diese Richtung gehe von links nach rechts, s, c und p sind also positiv, wenn O rechts von S, C oder B liegt, wie dies in Fig. 37 der Fall ist.

Den Radius der Kugel r betrachten wir als die Abszisse des Mittelpunktes C in bezug auf den Scheitel. r ist also positiv, wenn die Kugelfläche dem Lichte ihre konvexe Seite zukehrt.

Der senkrechte Abstand des Einfallpunktes B von der Achse heißt Einfallshöhe h und wird nach oben positiv gerechnet. Den Winkel BOS, welchen der einfallende Strahl mit der Achse bildet, bezeichnen wir als Achsenwinkel des Strahles und nennen ihn u. u hat das Zeichen des Quotienten $\dfrac{h}{s}$.*)

Der Kugelwinkel $BCS = \varphi$ hat das Zeichen von $\dfrac{h}{r}$.

Die auf den gebrochenen Strahl bezüglichen Bestimmungsstücke werden durch einen oben angehängten Index unserschieden. O' ist der Punkt, in welchen der gebrochene Strahl die Achse schneidet. s', c', p' sind die Abszissen von O' in bezug auf S, C und B, u' ist der Winkel, welchen der gebrochene Strahl mit der Achse bildet. Der Einfallswinkel heißt i, der Brechungswinkel i', die Ablenkung δ. Das Zeichen dieser drei Winkel ergibt sich aus den Formeln, welche zu ihrer Berechnung dienen.

Gegeben sind die Brechungsindices n und n' der Medien vor und hinter der brechenden Fläche, der Kugelradius r, die Schnitt-

---

*) Dieses von den Bearbeitern anderer Kapitel gewünschte Zeichen von u weicht von dem von CZAPSKI gewählten ab, stimmt aber mit dem von den neueren deutschen Bearbeitern der Rechenmethoden gewählten überein (S. 37).

weite s und der Achsenwinkel u des einfallenden Strahles. Zu bestimmen sind s' und u'. Dazu dienen die folgenden Formeln, welche mit Ausnahme der dritten Formel, die das Brechungsgesetz darstellt, unmittelbar aus der Figur abgelesen werden können.

$$c = s - r$$

$$\frac{c}{r} = \frac{\sin i}{\sin u}$$

$$n \sin i = n' \sin i'$$

$$\delta = i - i'$$

$$u' = u + \delta$$

$$\frac{c'}{r} = \frac{\sin i'}{\sin u'}$$

$$s' = c' + r.$$

Die erste Gleichung gibt den Mittelpunktsabstand c, die zweite den Einfallswinkel i, die dritte den Brechungswinkel i', die vierte die Ablenkung δ, die fünfte den Achsenwinkel des gebrochenen Strahles u', die sechste seinen Mittelpunktsabstand c' und endlich die siebente seinen Scheitelabstand.

Die Figur liefert ferner die folgenden Formeln

$$\varphi = i + u = i' + u'$$

$$h = r \sin \varphi$$

und aus dem Dreieck BOO'

$$\frac{p'}{p} = \frac{\sin u}{\sin u'}$$

oder mit Benutzung der 2ten, 3ten und 6ten der obigen Gleichungen

$$\frac{p'}{p} = \frac{n' \, c'}{n \, c}$$

oder

$$n' \frac{s' - r}{p'} = n \frac{s - r}{p}.$$

Die für die Reflexion geltenden Gleichungen erhält man unmittelbar aus den oben angegebenen, indem man $\frac{n'}{n} = -1$ setzt:

$$c = s - r$$

$$\frac{c}{r} = \frac{\sin i}{\sin u}$$

$$i = -i'$$

$$\delta = 2\,i$$

$$u' = u + 2\,i$$

$$\frac{c'}{r} = -\frac{\sin i}{\sin (u + 2\,i)}$$

$$s' = c' + r.$$

Für diese Gleichungen ist immer noch die Richtung des einfallenden Lichtes als positive Richtung betrachtet. Die Achsenwinkel geben nur die Lage, nicht die Richtung des gebrochenen Strahles an.

Die Formeln für die Berechnung des gebrochenen Strahles reichen für den Fall beliebig vieler aufeinander folgender Brechungen nur dann aus, wenn alle Einfallsebenen zusammenfallen, d. h. wenn die Mittelpunkte aller Kugeln auf einer Geraden liegen, die selbst in der ersten Einfallsebene liegt, die also bei genügender Verlängerung den einfallenden Strahl schneidet. Man nennt in diesem Falle die Kugeln zentriert. Man hat dann stets $s_k = s'_{k-1} - d_{k-1}$ und $u_k = u'_{k-1}$, wenn d_{k-1} die Entfernung des $k$ten Kugelscheitels vom $k-1$ten bedeutet, und s_k, s'_{k-1}, u_k, u'_{k-1} für die $k-1$te resp. $k$te Fläche dieselbe Bedeutung haben, wie die gleichen Buchstaben ohne Zeiger für die oben allein betrachtete Fläche.

Kommen Brechungen und Reflexionen vor, so wird für die auf die erste Reflexion folgende Brechung die Richtung des Lichts, die für alle Zeichen maßgebend ist, von rechts nach links gehen. Man zeichnet dann am besten eine neue Figur, in welcher das Licht wieder von links nach rechts fortschreitet, und gibt allen vorkommenden Abständen und Winkeln neue der umgekehrten Lichtrichtung angemessene Zeichen. In dem vorliegenden Kapitel werden wir aber immer die Richtung des auf die erste Fläche des Systems fallenden Lichtes als die positive ansehen, die positive Richtung der Koordinatenachsen also unverändert lassen.

Sind die Flächen nicht zentriert, oder ist ihre gemeinsame Zentrale, die Achse des Systems, windschief gegen den einfallenden Strahl, so genügen die angegebenen Formeln nicht mehr. Es sei dafür auf Seite 52—73 verwiesen.

B. Das normal einfallende endliche Büschel.
Die sphärische Aberration.

Ein Strahlenbüschel, welches nach dem ganz beliebigen Punkte O hinzielt (oder von diesem Punkte ausgeht), falle auf eine Kugelfläche, deren Zentrum C sei. Verbinden wir C mit O durch eine Gerade, so genügt es, um den Verlauf aller Strahlen des Büschels O zu erhalten, alle in einer Ebene E durch CO enthaltenen Strahlen des Büschels O ins Auge zu fassen. Denn man kann sich das ganze Büschel durch Rotation der in dieser Ebene E gelegenen Strahlen um die Achse CO entstanden denken. Die ganze Erscheinung ist symmetrisch in bezug auf die Achse CO.

Ist g ein beliebiger Strahl des in E liegenden Büschels O, so liegt der zugehörige gebrochene Strahl g' ebenfalls in E. Läßt man beide Strahlen mit der Ebene E um die Achse CO rotieren, so erzeugt jeder von ihnen einen Kegel. Die Spitze des Kegels der einfallenden Strahlen ist O, die Spitze des Kegels der gebrochenen Strahlen ist der Punkt O', in welchem g' die Achse CO schneidet. Die Lage dieses Punktes O' wird durch die Formeln Seite **128** bestimmt, hängt also im allgemeinen vom Achsenwinkel u des einfallenden Strahles g ab. Denken wir uns die Gesamtheit aller von O ausgehenden Strahlen in eine Reihe solcher Kegel mit gemeinsamer Spitze O zusammengefaßt, so entsprechen denselben nach der Brechung wieder eine Reihe von Kegeln mit gleicher Achse, aber im allgemeinen verschiedener Spitze. Strahlen, welche die Achse unter gleichem Winkel u treffen, werden nach der Brechung streng in einem Punkte vereinigt, Strahlen, welche die Achse unter verschiedenem Winkel schneiden, im allgemeinen nicht.

Um diese Tatsache und die Beziehung zwischen u und s' noch deutlicher hervortreten zu lassen, beachten wir, daß in der Formel

$$\frac{n'(s'-r)}{p'} = \frac{n(s-r)}{p}$$

$$p^2 = (s-r)^2 + r^2 + 2\,r\,(s-r)\cos\varphi$$

ist und ebenso

$$p'^2 = (s'-r)^2 + r^2 + 2\,r\,(s'-r)\cos\varphi.$$

Hieraus ist ersichtlich, daß zu gleichen Werten von s verschiedene Werte von s' gehören, je nach der Größe von φ, dem Öffnungswinkel der Strahlen g. Diese Verschiedenheit der Lage der Spitzen der Kegel der gebrochenen Strahlen bezeichnet man als „sphärische

Aberration" oder „Kugelabweichung" (s. das nächste Kapitel). Wie wir bereits früher gesehen haben, kann man Flächen anderer Gestalt angeben, welche die Eigenschaft haben, ein homozentrisches Büschel von gegebener Lage und beliebiger Öffnung durch Brechung wieder in ein homozentrisches überzuführen („cartesische Flächen" s. S. 23). Die Kugel gehört zu ihnen, insofern sie Büschel von bestimmter Lage ebenfalls homozentrisch vereinigt.

C. Das normal einfallende Elementarbüschel. Achsenpunkte.

Entwickelt man $\cos \varphi$ nach Potenzen von φ, so sieht man weiterhin, daß für solche Werte von φ, deren Quadrate und höhere Potenzen vernachlässigt werden können gegen 1, $p = s$ und $p' = s'$ wird; also unter Berücksichtigung der oben (S. 43) eingeführten Bezeichnungsweise:

$$\frac{n\,(s - r)}{s} = \frac{n'\,(s' - r)}{s'}.$$

Innerhalb eines Strahlenkegels von dem angegebenen Öffnungswinkel findet also eine eindeutige Beziehung zwischen s und s' statt, d. h. homozentrische Vereinigung der gebrochenen Strahlen und damit zunächst wenigstens für die auf der Achse gelegenen Punkte eine „Abbildung" in dem von uns früher gebrauchten Sinne.

Die Strahlenvereinigung bei der Brechung eines normal einfallenden Büschels an einer Kugelfläche ist von „zweiter Ordnung", wie man sagen kann, um auszudrücken, daß es die zweite Potenz von φ (oder u) ist, welche man vernachlässigen muß, um die Eindeutigkeit der Beziehungen zu erhalten. Da übrigens unter Vernachlässigung der Größen dieser Ordnung die Kugel zusammenfällt mit jeder sie im Scheitel berührenden Rotationsfläche anderer Gestalt, so gilt das gefundene Resultat mit gleicher Annäherung auch für solche, und es bedeutet dann in den Formeln r den Krümmungshalbmesser der betreffenden Fläche im Scheitel.

Nebenbei mag darauf hingewiesen werden, daß die Gleichung $\dfrac{p'}{p} = \dfrac{n'\,c'}{u\,c}$, welche ja für jedes Paar entsprechender Punkte auf der Achse gilt, für zwei solche Paare $O_1 O_1'$ und $O_2 O_2'$ geschrieben werden kann in den Formen

$$\frac{c_1'}{c_1} : \frac{s_1'}{s_1} = \frac{n}{n'}$$

$$\frac{c_2'}{c_2} : \frac{s_2'}{s_2} = \frac{n}{n'},$$

wenn man beachtet, daß für Strahlen, welche der Achse nahe liegen $p = s$, $p' = s'$ ist. Diese Gleichungen besagen aber, daß $O_1 S C O_1'$ und $O_2 S C O_2'$ gleiches Doppelverhältnis haben, also projektivisch sind, ebenso ist $O_1 S C O_1'$ projektivisch zu $O_3 S C O_3'$ u. s. w. Auf Grund dieser Beziehung lassen sich die Gesetze der Abbildung durch Brechung enger Büschel an zentrierten Kugelflächen in sehr eleganter Form entwickeln, wenn man sich auf die ersten Elemente der projektivischen Geometrie stützt. Das ist der von MÖBIUS (*4.*), LIPPICH (*1.*), BECK (*1.*) und HANKEL (*1. 146.*) eingeschlagene Weg.

Die Gleichung $n' \dfrac{s' - r}{p'} = n \dfrac{s - r}{p}$, welche die Beziehung zwischen konjugierten Punkten auf der Achse darstellt, kann leicht auf die „optische Invariante" I zurückgeführt werden. Man versteht unter der optischen Invariante den Wert

$$I = n \sin i = n' \sin i',$$

welcher bei der Brechung unverändert bleibt. Für unendlich kleine Winkel wird dieser Ausdruck

$$n\, i = n'\, i'.$$

Nun ist aber $i = \varphi - u$, $i' = \varphi - u'$ und, weil die Winkel unendlich klein sind:

$$\varphi = \frac{h}{r} \qquad u = \frac{h}{s} \qquad u' = \frac{h}{s'}.$$

Setzt man diese Werte in $n\, i = n'\, i'$ ein, so erhält man, wenn man die Gleichung noch beiderseits durch h dividiert, wie auf S. 43:

$$n \left(\frac{1}{r} - \frac{1}{s} \right) = n' \left(\frac{1}{r} - \frac{1}{s'} \right). \tag{1}$$

Diese Gleichung unterscheidet sich von der obigen, da für die hier betrachteten Strahlen $p = s$ und $p' = s'$ ist, nur durch den Faktor $\dfrac{1}{r}$. Man kann sie auch auf die Form

$$\frac{n'}{s'} - \frac{n}{s} = \frac{n' - n}{r} \tag{1a}$$

bringen, welche, wenn man die Differenz der Werte eines Ausdrucks nach und vor der Brechung durch ein vorgesetztes $\varDelta$ bezeichnet, kürzer geschrieben werden kann:

$$\varDelta \left(\frac{n}{s} \right) = \frac{1}{r} \varDelta n.$$

D. Die Nullinvariante.

Wir nennen den Ausdruck $n\left(\dfrac{1}{r}-\dfrac{1}{s}\right)=n'\left(\dfrac{1}{r}-\dfrac{1}{s'}\right)$ die Nullinvariante und bezeichnen ihn mit Q_s. Er wird in der Theorie der Aberration vielfach gebraucht. Einige dort zu benutzende, auf ihn bezügliche Formeln*) mögen gleich hier abgeleitet werden.

Es ist $Q_s=n\left(\dfrac{1}{r}-\dfrac{1}{s}\right)=n'\left(\dfrac{1}{r}-\dfrac{1}{s'}\right)$ also:

$$\frac{1}{s'}=\frac{1}{r}-\frac{Q_s}{n'}$$

$$\frac{1}{s}=\frac{1}{r}-\frac{Q_s}{n}\,.$$

Subtrahiert man die zweite Gleichung von der ersten, so erhält man unter Benutzung des Zeichens $\varDelta$:

$$\varDelta\frac{1}{s}=-Q_s\varDelta\frac{1}{n}$$

oder

$$Q_s=-\frac{\varDelta\left(\dfrac{1}{s}\right)}{\varDelta\left(\dfrac{1}{n}\right)}\,.$$

Dividiert man die erste Gleichung durch n', die zweite durch n und subtrahiert dann die zweite von der ersten, so findet man:

$$\varDelta\frac{1}{n\,s}=\frac{1}{r}\varDelta\left(\frac{1}{n}\right)-Q_s\varDelta\left(\frac{1}{n^2}\right)\,.$$

Quadriert man endlich jede der beiden Gleichungen und subtrahiert dann wieder die zweite von der ersten, so kommt:

$$\varDelta\frac{1}{s^2}=-\frac{2\,Q_s}{r}\varDelta\frac{1}{n}+Q_s{}^2\varDelta\frac{1}{n^2}$$

oder, indem man nach $Q_s{}^2\varDelta\dfrac{1}{n^2}$ auflöst und für $Q_s\varDelta\dfrac{1}{n}$ den Wert $-\varDelta\dfrac{1}{s}$ einsetzt

---

*) Diese Formeln sind mir von den Herren A. König und M. von Rohr mitgeteilt worden, auf deren Wunsch sie an diesem Orte bewiesen werden.

$$Q_s^2\, \varDelta\, \frac{1}{n^2} = -\frac{2}{r}\, \varDelta\, \frac{1}{s} + \varDelta\, \frac{1}{s^2}$$

oder mit Benutzung der Gleichungen $\varDelta\, \dfrac{1}{n\,s} = \dfrac{1}{r}\, \varDelta\, \dfrac{1}{n} - Q_s\, \varDelta\, \dfrac{1}{n^2}$ und

$Q_s\, \varDelta\, \dfrac{1}{n} = -\, \varDelta\left(\dfrac{1}{s}\right)$ endlich:

$$Q_s\, \varDelta\, \frac{1}{n\,s} = \frac{1}{r}\, \varDelta\, \frac{1}{s} - \varDelta\, \frac{1}{s^2}.$$

E. Die Abbildung von außeraxialen Punkten und Flächen durch genau normal einfallende Elementarbüschel.

Die Abbildung, welche wir bisher untersucht haben, betrifft nur die Punkte je einer Kugelzentralen. Die betreffenden Beziehungen gelten nun aber für jede solche Zentrale mit gleichem Rechte und

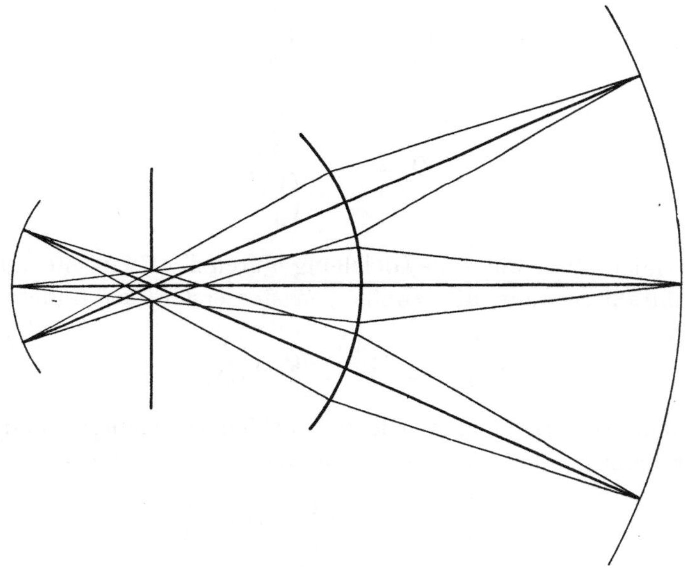

Fig. 38.
Abbildung durch normal einfallende Elementarbüschel.

in gleicher Weise. Führt man also — sei es in Gedanken, sei es tatsächlich — eine solche Beschränkung der wirksamen Strahlenkegel ein (Fig. 38), daß deren Achsen sämtlich durch C gehen und ihre Öffnungen sehr klein sind, so würde durch Brechung an einer einzigen Kugelfläche mit der angegebenen Näherung eine Abbildung des ganzen Raumes vom Index n vor der Kugel in den, teils hinter der brechenden Fläche vorhandenen, teils vor ihr liegenden virtuellen Raum vom Index n' gegeben sein.

Aus der Nullinvariante ergibt sich leicht, daß um C im Objektraum beschriebenen Kugeln ebenfalls um C beschriebene Kugeln im Bildraum entsprechen. Entsprechende Figuren auf diesen Kugeln sind ähnlich und perspektivisch mit C als perspektivischem Zentrum, denn die entsprechenden Punkte liegen auf Strahlen durch C. Den unendlich fernen Elementen entsprechen die Elemente einer um C als Zentrum beschriebenen Kugel. Einer Ebene entspricht, wie leicht zu beweisen ist, eine Rotationsfläche zweiten Grades. Eine Abbildungsachse ist nicht vorhanden, da alle Zentralen gleichberechtigt sind.

Diese Sätze zeigen, daß die betrachtete Abbildung nicht zu den im vorigen Kapitel betrachteten kollinearen Abbildungen gehört. Es treffen aber auch die dort gemachten Voraussetzungen hier nicht alle zu. Zwar entspricht einem Punkte O ein einziger Punkt O', aber Strahlen, welche mit der Zentralen durch O einen endlichen Winkel einschließen, gehen im allgemeinen infolge der sphärischen Aberration nicht durch den O entsprechenden Punkt O' hindurch. Für diese Strahlen kann also auch die Kollineation nicht bestehen.

Die vorliegende Abbildung zerfällt vielmehr, wie wir nunmehr zeigen wollen, in ein Aggregat von unendlich vielen einzelnen Abbildungen (mit den Zentralen als Hauptachsen), von welchen jede die Bedingungen der Kollinearität in einem der Achse unendlich benachbarten Raume erfüllt.

F. Die Beschränkung auf den Fall paraxialer Punkte.
Die kollineare Abbildung.

Betrachtet man eine dieser Zentralen OC, so werden, wie wir oben sahen, alle auf dieser Zentralen selbst gelegene Punkte O in Punkte O' derselben Zentralen abgebildet, wenn man sich auf Strahlen beschränkt, welche mit der Achse OC unendlich kleine Winkel bilden. Gehen wir nun zu einem Punkte O_1 (Fig. 39) über, welcher zwar außerhalb der Achse, dieser aber noch unendlich nahe liegt, so wird auch er durch Strahlen, welche der Achse OC unendlich nahe liegen, in einem Punkte O_1' abgebildet, weil alle diese Strahlen auch seiner eigenen Zentralen O_1C noch unendlich nahe liegen.

Wir können uns also um die Achse OC herum einen unendlich dünnen fadenförmigen Raum abgegrenzt denken, in welchem alle Bedingungen der Kollinearität erfüllt sind: jedem Punkte des einen Raumes entspricht ein und nur ein Punkt des anderen Raumes, einem Strahl, welcher durch drei Punkte des Objektraumes hindurchgeht, entspricht ein Strahl, welcher durch die entsprechenden Punkte des Bildraumes hindurchgeht. Das letzte gilt indessen nur insoweit, als dieser Strahl mit der ursprünglichen Abbildungsachse

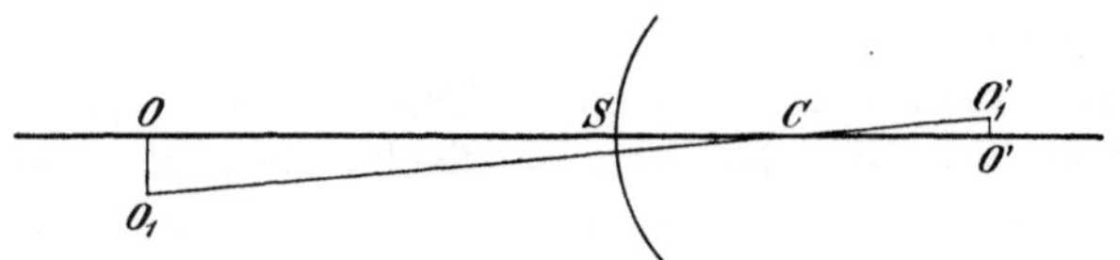

Fig. 39.
Abbildung paraxialer Punkte.

einen unendlich kleinen Winkel einschließt, so daß er den Zentralen, welche von jedem dieser drei Punkte ausgehen, unendlich nahe liegt.

Beschränken wir uns auf Punkte und Strahlen der gedachten Art, welche wir **paraxiale** Punkte und Strahlen nennen wollen, so gelten für dieselben alle im vorigen Kapitel abgeleiteten Gesetze. Es erübrigt nur noch, dieselben auf den speziellen hier vorliegenden Fall anzuwenden.

Wir haben absichtlich oben diesem Fall der paraxialen kollinearen Abbildung eine nicht kollineare, wenn auch weniger beschränkte Abbildung vorangeschickt, um an diesem Beispiele zu zeigen, wann die im vorigen Kapitel abgeleiteten allgemeinen Gesetze Anwendung finden und wie ihr Geltungsbereich zu bestimmen ist.

G. Die Grundfaktoren der Abbildung durch eine brechende Kugelfläche.

Die Achsen des Objekt- und des Bildraumes fallen hier zusammen mit der Kugelzentralen, welcher alle betrachteten Punkte und Strahlen benachbart sein sollen. Denn erstens erfüllt diese Zentrale die Bedingung, sich selbst konjugiert zu sein (ein senkrecht auf die Kugelfläche fallender Strahl geht ungebrochen weiter). Zweitens werden Ebenen senkrecht zu dieser Linie abgebildet in ebensolche. In der Tat haben wir ja gesehen, daß bei der nicht kollinearen Abbildung durch beliebige „zentrale" Büschel (S. 134), um den Kugelmittelpunkt konzentrische Kugelflächen abgebildet werden in ebensolche. Für den einer Achse unendlich nahen Raum sind nun beide Abbildungsweisen, die oben und die zuletzt betrachtete, dem Abbildungsvorgange und daher auch dem Resultate nach identisch. In diesem beschränkten Gebiete aber kann die zur Achse normale Kugelfläche identifiziert werden mit dem zu ihr senkrechten Ebenenelement.

Jeder Punkt des Abbildungsraumes (des Raumes nahe der Achse) kann angesehen werden als Punkt des Objekt- wie des Bildraumes — ein Verhältnis, welches wohl im ideellen Falle, aber durchaus nicht bei jeder Verwirklichungsweise optischer Abbildung besteht. Je nach seiner Lage zur brechenden Fläche ist jeder Punkt aber „reeller" oder „virtueller" Brennpunkt eines Büschels, und zwar enthält beim Falle der Brechung der Raum vor der brechenden Fläche die reellen Objektpunkte, der Raum hinter ihr die reellen Bildpunkte; im Falle der Spiegelung liegen für Objekt und Bildraum die reellen Punkte vor, die virtuellen hinter der Fläche.

Auf Grund dieser Überlegung und der schon abgeleiteten Beziehung für konjugierte Abszissen lassen sich nunmehr auf induktivem Wege für die betrachtete Art der Abbildung an einer Fläche sowohl als an beliebig vielen die allgemeinen Abbildungsgesetze ableiten, welche wir im vorigen Abschnitt deduktiv hergeleitet haben. Dies ist der von Gauss und Helmholtz und seitdem von der überwiegenden Mehrzahl der Autoren eingeschlagene Weg. Wir unsererseits sind bereits im Besitze der allgemeinen Resultate und wenden dieselben nur durch Spezialisierung auf den vorliegenden Fall an.

Die Brennebenen sind nach unserer Definition die Bilder der unendlich entfernten Ebenen. Ihre Lage zum Scheitel der brechenden Fläche finden wir, indem wir in dem Ausdrucke (1a) das eine Mal s', das andere Mal $s = \infty$ setzen. Man erhält demnach:

Scheitelabstände der Brennpunkte F und F' einer Kugelfläche vom Radius r:

$$SF = -\frac{n\,r}{n' - n} \qquad SF' = +\frac{n'\,r}{n' - n}.$$

Ferner ist nach der Seite 103 gegebenen Definition der Brennweiten

$$f = -\frac{h'}{\operatorname{tg} u} \qquad f' = -\frac{h}{\operatorname{tg} u'}.$$

Ist nun B der Einfallspunkt eines in dem Abstande h von der Achse zu ihr parallel einfallenden Strahles, und fällen wir von B ein Perpendikel auf die Achse, so fällt, weil der Öffnungswinkel des Strahles unendlich klein sein soll, der Fußpunkt dieses Perpendikels mit dem Scheitel S zusammen und es ist $\dfrac{SB}{SF'} = \operatorname{tg} u'$, also $f' = -SF'$.

Ebenso findet man $f = -SF$. Die Brennweite des Objekt-raumes ist gleich dem negativ genommenen Scheitelab-stand des Objektbrennpunktes, die des Bildraumes gleich dem ebenfalls negativ genommenen Scheitelabstand des Bildbrennpunktes. (Dieser Umstand erklärt die Einführung des Wortes „Brennweite" für eine Konstante, die sich uns als das Ver-hältnis zweier Größen darbot.)

Es ist also

$$f = \frac{n\,r}{n' - n} \qquad f' = -\frac{n'\,r}{n' - n}$$

somit:
$$f : f' = -\,n : n'.$$

Diese Gleichung zeigt, daß bei der dioptrischen Abbildung die Brennweiten stets entgegengesetztes Vorzeichen besitzen und daß ihr Verhältnis — von dem wir bereits wissen, daß es konstant ist — gleich dem Verhältnis der Indices der Medien ist, auf welche sie sich beziehen. Die erste Folgerung reiht die hier betrachtete, dioptrische Abbildung in die früher unterschiedene Hauptgattung der rechtwendigen (s. S. 93 und 123).

Ferner ergibt sich aus den Ausdrücken für f, in welchen Fällen die Abbildung durch eine Fläche eine „kollektive", in welchen sie eine „dispansive" in dem früher gebrauchten Sinne ist. Nämlich die Abbildung durch eine einfache Brechung ist, wenn

$$\left.\begin{array}{l} n' > n \ \text{und}\ r > 0 \\ n' < n \ \text{und}\ r < 0 \end{array}\right\} \text{eine kollektive,}$$

umgekehrt, wenn

$$\left.\begin{array}{l} n' > n \ \text{und}\ r < 0 \\ n' < n \ \text{und}\ r > 0 \end{array}\right\} \text{eine dispansive.}$$

Die Ausdrücke „kollektiv" und „dispansiv" finden ihre an-schaulichste Begründung in der Modifikation, die jedes einzelne Strahlenbüschel in dem einen oder anderen Falle erleidet. Denn wie man sich leicht überzeugt, wird ein Strahlenbüschel durch Brechung an einer kollektiven Fläche stets konvergenter, durch die an einer dispansiven stets divergenter.

Nennen wir nämlich mit HELMHOLTZ $n'u'$ und nu die optische Konvergenz vor und nach der Brechung, so ist, da $i = \varphi - u$, $i' = \varphi - u'$ und für unendlich kleine Winkel $n'i' = ni$ ist:

$$n'u' - nu = (n' - n)\,\varphi,$$

die Änderung der optischen Konvergenz ist also — unabhängig

von der Entfernung des leuchtenden Punktes — der vom Strahl in Anspruch genommenen Öffnung φ der Kugel proportional. $\varphi = \dfrac{h}{r}$ hat dasselbe Zeichen wie r (wir nehmen hier an, h sei immer positiv) die optische Konvergenz nimmt also zu, wenn $n' > n$ und $r > 0$ oder wenn $n' < n$ und $r < 0$ ist, d. h. wenn das stärker brechende Medium an der konkaven Seite der Kugel liegt. (Dabei kann der Achsenwinkel, welcher auch wohl als Maß für die Konvergenz angesehen wird, zu- oder abnehmen.)

Alle anderen Maßbestimmungen der Abbildung durch eine einfache Brechung ließen sich zwar aus den gemachten Annahmen speziell für den vorliegenden Fall ableiten, sie folgen für uns aber, wie gesagt, unmittelbar aus den allgemeinen Abbildungsgleichungen, die hier ohne weiteres anwendbar sind. Man hat für f und f' die oben gefundenen Werte einzutragen und die Lagen von F und F' zu berücksichtigen.

Man sieht dann u. a., daß im Scheitel der brechenden Fläche beide Hauptpunkte zusammenfallen, im Mittelpunkte beide Knotenpunkte.

Weil die Hauptpunkte mit dem Scheitel zusammenfallen, also $\mathfrak{A} = s$ und $\mathfrak{A}' = s'$ wird, so nehmen die Gleichungen (29) auf Seite 111 unter Benutzung der Gleichung $f : f' = -n : n'$, jetzt folgende Gestalt an:

$$\frac{f'}{s'} + \frac{f}{s} + 1 = 0, \quad \beta = \frac{n s'}{n' s}, \quad \gamma = \frac{s}{s'}.$$

Die Diskussion der Abbildung durch einfache Brechung hat insofern ein besonderes Interesse, als für GAUSS, wie wir bereits an einer anderen Stelle bemerkten, bei Aufstellung seiner Theorie ersichtlich und ausgesprochenermaßen das Bestreben leitend war, die Abbildung durch ein beliebiges System von brechenden und spiegelnden Flächen möglichst vergleichbar zu machen und durch ähnliche Ausdrücke darzustellen, wie die durch eine einzige solche Fläche.

H. Die Brechung an einer Ebene.

Die für die Ebene gültigen Formeln können sehr leicht direkt abgeleitet werden, wir wollen sie hier aus den für die Kugel gewonnenen Ausdrücken herleiten, indem wir $r = \infty$ setzen. Die Brennpunkte fallen dann ins Unendliche, die Brennweiten werden unendlich groß; die Abbildung wird also eine teleskopische. Das

Verhältnis der beiden Brennweiten bleibt aber endlich, es ist immer noch $f : f' = - n : n'$.

Gleichung (1a) auf S. 132 gibt:

$$\frac{n'}{s'} = \frac{n}{s} \quad \text{oder} \quad \frac{s'}{s} = \frac{n'}{n}.$$

Die von der Fläche aus gemessenen Bild- und Objektabstände sind proportional für alle Werte dieser Abstände. Bild und Objekt liegen auf gleicher Seite der Fläche, da n'/n für die Brechung stets positiv ist. Nach den obigen Gleichungen wird die Lateralvergrößerung $\beta = 1$ und das Konvergenzverhältnis $\gamma = \dfrac{n}{n'}$.

I. Die Reflexion an einer sphärischen Fläche.

Die Formeln für die Reflexion erhält man aus den für die Brechung gültigen, indem man $\dfrac{n'}{n} = - 1$ setzt. Es wird dann:

$$SF = SF' = \frac{r}{2}$$

$$f = f' = - \frac{r}{2}.$$

Beide Brennpunkte fallen im Halbierungspunkte des nach dem Scheitel gerichteten Radiusvektor zusammen. Die beiden Brennweiten sind gleich groß (und zwar $= - r/2$). Dabei ist angenommen, daß die positive Richtung auf der Achse immer von links nach rechts geht, also im Bildraum nicht mit der Lichtrichtung zusammenfällt. Die Koordinatensysteme des Objekt- und Bildraumes fallen vollständig zusammen, es liegt also der am Schlusse des vorigen Kapitels S. 123 behandelte Fall vor, daß die Achsen beider Räume parallel laufen, und die Abbildung ist rückwendig, weil die Brennweiten gleiches Zeichen haben.

Da f und r entgegengesetztes Zeichen haben, so ist die Abbildung eine kollektive für negatives r, d. h. für Spiegel, welche dem Licht ihre konkave Seite zukehren. Die Abbildung ist eine dispansive, wenn der Spiegel dem Lichte seine konvexe Seite zuwendet.

Die Gleichung für die optische Konvergenz wird

$$u' + u = 2\,\varphi.$$

Bei der Deutung dieser Gleichung ist aber zu bedenken, daß der Winkel u' nur die Lage des reflektierten Strahles und nicht seine Richtung angibt. Berücksichtigt man, daß sich die Richtung des Lichtes bei der Spiegelung umkehrt, so sieht man, daß bei positivem u' die Strahlen vom Spiegel aus divergieren, während positives u Konvergenz, negatives Divergenz bedeutet. Schreibt man daher die obige Gleichung $u' - (-u) = 2\varphi$, so sagt sie, daß die optische Divergenz der Strahlen bei der Reflexion um 2φ zunimmt. Für den Konvexspiegel ist φ positiv, er vermehrt die Divergenz, für den Konkavspiegel ist φ negativ, er vermindert die Divergenz.

Da die Brennpunkte für Bild- und Objektraum zusammenfallen und die Brennweiten für beide Räume gleich groß sind, so entspricht einem gegebenen Punkte O immer derselbe Punkt, gleichviel, ob er als Punkt des Objekt- oder als Punkt des Bildraumes betrachtet wird. Objekt und Bildraum liegen involutorisch, wie man in der Geometrie der Lage zu sagen pflegt.

Die Gleichung für die Scheitelabstände wird für die Spiegelung:

$$\frac{1}{s'} + \frac{1}{s} = -\frac{1}{f} = \frac{2}{r}.$$

Die Lateralvergrößerung: $\beta = -\dfrac{s'}{s}.$

Das Konvergenzverhältnis: $\gamma = \dfrac{s}{s'}.$

J. Die Reflexion an einer Ebene.

Um zur Ebene überzugehen, haben wir wiederum $r = \infty$ zu setzen, es wird dann

$$s = -s', \qquad \beta = +1, \qquad \gamma = -1.$$

Objekt und Bild liegen symmetrisch zur spiegelnden Ebene und sind gleich groß.

Bei der Reflexion an der Ebene ist, wie eine ganz einfache Betrachtung lehrt, die Abbildung weder in bezug auf das Gebiet noch in bezug auf die wirksamen Strahlen auf den fadenförmigen Raum beschränkt, der um je eine zur Fläche senkrechte Gerade herum gelegen ist, sondern sie findet in jeder beliebigen Ausdehnung in gleicher Weise statt und wird durch beliebig weite Strahlenbüschel in aller Strenge verwirklicht. Es ist dies der einzige Fall, in welchem eine Abbildung in solcher Ausdehnung stattfindet.   Da er aber für die Abstufung der Lage- und Maßbeziehungen der beiden Abbildungsräume gar keinen Spielraum offen läßt, so ist er natürlich nur von beschränktem Nutzen für den Zweck, welchem die „optischen Instrumente" überhaupt dienen. Die Spiegelung an einer (oder mehreren) Ebenen ist ein Mittel, um ein Objekt oder ein von anderen optischen Systemen entworfenes Bild in unveränderter Gestalt an eine andere Stelle des Raumes zu versetzen.   Das von einer ungeraden Anzahl ebener Spiegel gelieferte Bild ist dabei symmetrisch gleich, das von einer geraden Anzahl gelieferte kongruent dem Objekt, wie sich aus dem obigen von selbst ergibt.*)

K. Viele brechende Flächen (das zentrierte optische System).

Die Abbildung durch Brechung oder Spiegelung zentraler Elementarbüschel an einer beliebigen Zahl von sphärischen Flächen, welche die Grenzen von Medien verschiedener Brechungsexponenten sind, folgt aus der durch je eine solche Fläche bewirkten und unseren allgemeinen Gesetzen der kollinearen Abbildung und Kombination von solchen Abbildungen.   Wenn auf die betrachtete erste Fläche eine zweite folgt, deren Mittelpunkt innerhalb des fadenförmigen Raumes liegt, in welchem allein jene eine kollineare Abbildung zustande bringt, so kann der Bildraum der ersten Fläche angesehen werden als Objektraum der zweiten, denn die Achsen und Strahlen aller einfallenden Büschel bilden dann sehr kleine Winkel auch mit den Zentralen dieser Fläche u. s. f. für beliebig viele aufeinander folgende Flächen.   Wenn die Mittelpunkte dieser Flächen nicht nur innerhalb des für die erste Fläche in Betracht kommenden fadenförmigen Raumes liegen, sondern sämtlich auf d e r s e l b e n Geraden, so nennt man die Flächen z e n t r i e r t.   Die betreffende Gerade ist dann, wie aus den früheren Betrachtungen ohne weiteres folgt, selbst die Hauptachse der Abbildung, auch Achse des Systems genannt.

Die Lage der Brennpunkte eines solchen Systems läßt sich unschwer berechnen, sei es durch sukzessives Anwenden einer der Formeln 1 oder 1a, sei es, indem man diese in Form eines Ketten-

---

*) Näheres über die durch m e h r f a c h e Spiegelung (sogen. Winkelspiegel) entworfenen Bilder siehe in den Lehrbüchern der geometrischen Optik von LLOYD (*1.*), PARKINSON (*1.*), MEISEL (*1.*), HEATH (*1. 2. 3.*) u. a.   Die spezielle Literatur zitiert H. MAURER (*1.*), gelegentlich der Diskussion einiger besonders interessanter Fragen, die sich an dieses Instrument knüpfen.

bruches bringt, sei es endlich, indem man von den Determinanten Gebrauch macht. Gleiches gilt für die Berechnung der Brennweiten f und f' des zusammengesetzten Systems. Wir wollen uns hierbei nicht länger aufhalten, da wir diese Aufgabe im Prinzip schon im vorigen Abschnitt (S. 119) gelöst haben, und verweisen hier nochmals auf die daselbst zitierte Literatur, welche das betreffende Problem mehr unter dem speziellen Gesichtspunkte behandelt, unter welchem es sich uns hier darbietet, als unter dem allgemeineren, von dem aus wir es damals betrachteten.

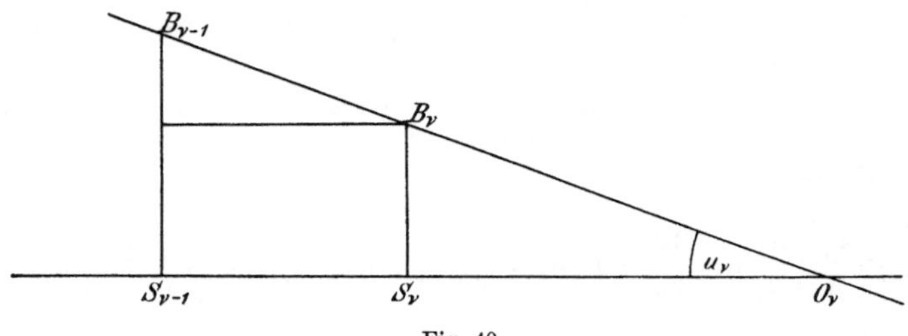

Fig. 40.

$$S_{\nu-1}\,B_{\nu-1} = h_{\nu-1}; \quad S_\nu\,B_\nu = h_\nu; \quad S_{\nu-1}\,O_\nu = s'_{\nu-1}; \quad S_\nu\,O_\nu = s_\nu.$$

Zur Berechnung der Brennweite.

Es möge hier nur im Vorbeigehen angegeben werden, wie man aus den im vorigen Kapitel berechneten Schnittweiten die Brennweite erhalten kann. Bezeichnen wir, wie dort, mit s_ν und s_ν' die Schnittweiten vor und nach der Brechung an der νten Fläche, mit h_ν die Höhe, in welcher der Strahl die νte Fläche schneidet, und geben der letzten Fläche des Systems den Index k, so wird nach der Definition der Brennweite

$$f' = -\frac{h_1}{\operatorname{tg} u_k'} = -\frac{h_1}{h_2}\frac{h_2}{h_3}\frac{h_3}{h_4} \cdots \frac{h_k}{\operatorname{tg} u_k'}.$$

Nun ist aber nach Fig. 40:

$$\frac{h_{\nu-1}}{h_\nu} = \frac{s'_{\nu-1}}{s_\nu}$$

und für die letzte Fläche

$$h_k = s_k'\,\operatorname{tg} u_k',$$

demnach wird

$$f' = -\frac{s_1'\,s_2'\,s_3' \cdots s_k'}{s_2\,s_3 \cdots s_k}.$$

Um die Objektbrennweite zu bestimmen, hat man nur einen parallel zur Achse in umgekehrter Richtung auf das System fallenden Strahl zu verfolgen. Natürlich sind dann die Zeichen der neuen Lichtrichtung gemäß zu wählen und im Resultat müssen die Zeichen wieder geändert werden, wenn man zur ursprünglichen Lichtrichtung zurückkehrt. Die Gleichung $f:f'=-n:n'$, welche, wie wir gleich zeigen werden, auch für zusammengesetzte Systeme gilt, kann als Probe dienen.

Die Lateralvergrößerung und das Konvergenzverhältnis lassen sich ebenfalls durch die Schnittweiten der Paraxialstrahlen ausdrücken. Wir erhalten mit Benutzung der Gleichungen auf S. 139

$$\beta=\frac{n\,s'}{n'\,s};\qquad \gamma=\frac{s}{s'}$$

ohne weiteres

$$\beta=\frac{\mathfrak{y}_k{}'}{\mathfrak{y}_1}=\frac{\mathfrak{y}_1{}'}{\mathfrak{y}_1}\cdot\frac{\mathfrak{y}_2{}'}{\mathfrak{y}_2}\cdots\frac{\mathfrak{y}_k{}'}{\mathfrak{y}_k}=\beta_1\beta_2\cdots\beta_k=\frac{n_1 s_1{}'}{n_1{}' s_1}\cdot\frac{n_2 s_2{}'}{n_2{}' s_2}\cdots\frac{n_k s_k{}'}{n_k{}' s_k}=\frac{n_1}{n_k{}'}\frac{s_1{}' s_2{}'\cdots s_k{}'}{s_1 s_2\cdots s_k}$$

und ganz ähnlich

$$\gamma=\gamma_1\gamma_2\cdots\gamma_k=\frac{s_1 s_2\cdots s_k}{s_1{}' s_2{}'\cdots s_k{}'}.$$

L. Zwei von L. SEIDEL herrührende Formeln.

An dieser Stelle mögen zwei von SEIDEL (*2.*) aufgestellte Formeln Platz finden, welche zwei dasselbe optische System durchlaufende paraxiale Strahlen in Beziehung zueinander setzen. Diese an sich interessanten Ausdrücke werden bei der Theorie der sphärischen Aberration noch gebraucht werden.

Wir verfolgen je einen, von zwei verschiedenen Achsenpunkten O_1 und P_1 ausgehenden paraxialen Strahl durch das ganze optische System. (Gewöhnlich ist O_1 der Punkt, in welchem die Achse die Objektebene und P_1 der Punkt, in dem sie die Eintrittspupille schneidet.) Vor, respektive nach der Brechung durch die νte Fläche möge der von O_1 ausgehende Strahl die Achse in O_ν resp. $O_\nu{}'$ schneiden, während der von P_1 ausgehende sie in P_ν resp. $P_\nu{}'$ treffen möge. s_ν und $s_\nu{}'$ seien in bezug auf den Scheitel S_ν der νten Fläche die Koordinaten von O_ν und $O_\nu{}'$, x_ν und $x_\nu{}'$ die von P_ν und $P_\nu{}'$. Der von O_1 ausgehende Strahl durchstoße die νte Fläche in der Höhe h_ν, der von P_1 ausgehende in der Höhe y_ν; d_ν bezeichne, wie immer, den Abstand $S_\nu S_{\nu+1}$. Dann ist nach

Seite 43 u. 133, wenn wir die auf O resp. P bezüglichen Nullinvarianten der νten Fläche durch die Indices s und x unterscheiden:

$$Q_{\nu\,x} = n_{\nu}'\left(\frac{1}{r_{\nu}} - \frac{1}{x_{\nu}'}\right) = n_{\nu}\left(\frac{1}{r_{\nu}} - \frac{1}{x_{\nu}}\right)$$

$$Q_{\nu\,s} = n_{\nu}'\left(\frac{1}{r_{\nu}} - \frac{1}{s_{\nu}'}\right) = n_{\nu}\left(\frac{1}{r_{\nu}} - \frac{1}{s_{\nu}}\right)$$

also:

$$Q_{\nu\,x} - Q_{\nu\,s} = n_{\nu}'\left(\frac{1}{s_{\nu}'} - \frac{1}{x_{\nu}'}\right) = n_{\nu}\left(\frac{1}{s_{\nu}} - \frac{1}{x_{\nu}}\right)$$

oder, da

$$s_{\nu} = s_{\nu-1}' - d_{\nu-1}, \quad x_{\nu} = x_{\nu-1}' - d_{\nu-1} \quad \text{und} \quad n_{\nu} = n_{\nu-1}'$$

$$Q_{\nu\,x} - Q_{\nu\,s} = n_{\nu-1}'\left(\frac{1}{s_{\nu-1}' - d_{\nu-1}} - \frac{1}{x_{\nu-1}' - d_{\nu-1}}\right)$$

$$= \frac{n_{\nu-1}'\, s_{\nu-1}'\, x_{\nu-1}'\, (x_{\nu-1}' - s_{\nu-1}')}{s_{\nu-1}'\, x_{\nu-1}'\, s_{\nu}\, x_{\nu}}$$

$$= n_{\nu-1}'\left(\frac{1}{s_{\nu-1}'} - \frac{1}{x_{\nu-1}'}\right)\frac{s_{\nu-1}'\, x_{\nu-1}'}{s_{\nu}\, x_{\nu}} = \frac{s_{\nu-1}'\, x_{\nu-1}'}{s_{\nu}\, x_{\nu}}\left(Q_{\nu-1,x} - Q_{\nu-1,s}\right).$$

Statt der Verhältnisse der s und x kann man auch die Verhältnisse der h und y einführen, denn es ist:

$$\frac{s_{\nu-1}'}{s_{\nu}} = \frac{h_{\nu-1}}{h_{\nu}} \quad \text{und} \quad \frac{x_{\nu-1}'}{x_{\nu}} = \frac{y_{\nu-1}}{y_{\nu}}$$

also:

$$Q_{\nu\,x} - Q_{\nu\,s} = \frac{h_{\nu-1}\,y_{\nu-1}}{h_{\nu}\,y_{\nu}}\left(Q_{\nu-1,x} - Q_{\nu-1,s}\right)$$

Geht man mit Hilfe dieser Rekursionsformel, von der letzten $k$ten Fläche auf die $k-1$te, von dieser auf die $k-2$te u. s. w. zurück, so erhält man schließlich:

$$Q_{k\,x} - Q_{k\,s} = \frac{h_1\,y_1}{h_k\,y_k}\left(Q_{1\,x} - Q_{1\,s}\right) \qquad (2)$$

Ferner ist, wie aus Fig. 40 folgt:

$$\frac{h_{\nu-1} - h_{\nu}}{h_{\nu-1}} = \frac{d_{\nu-1}}{s_{\nu-1}'}$$

und ebenso:

$$\frac{y_{\nu-1} - y_{\nu}}{y_{\nu-1}} = \frac{d_{\nu-1}}{x_{\nu-1}'}.$$

Optik.   10

Subtrahiert man die erste Gleichung von der zweiten, so erhält man:

$$\frac{h_\nu}{h_{\nu-1}} - \frac{y_\nu}{y_{\nu-1}} = d_{\nu-1}\left(\frac{1}{x'_{\nu-1}} - \frac{1}{s'_{\nu-1}}\right)$$

oder mit $\dfrac{y_{\nu-1}}{h_\nu}$ multipliziert:

$$\frac{y_{\nu-1}}{h_{\nu-1}} - \frac{y_\nu}{h_\nu} = d_{\nu-1}\frac{y_{\nu-1}}{h_\nu}\left(\frac{1}{x'_{\nu-1}} - \frac{1}{s'_{\nu-1}}\right)$$

$$= - d_{\nu-1}\frac{y_{\nu-1}}{h_\nu}(Q_{\nu-1,x} - Q_{\nu-1,s})\frac{1}{n'_{\nu-1}}$$

oder mit Benutzung der Gleichung (2):

$$\frac{y_\nu}{h_\nu} = \frac{y_{\nu-1}}{h_{\nu-1}} + h_1 y_1 (Q_{1x} - Q_{1s})\frac{d_{\nu-1}}{h_{\nu-1} h_\nu n_\nu}.$$

Denkt man sich diese Gleichung für $\nu = k$, $\nu = k-1 \ldots \nu = 2$ angeschrieben und dann sämtliche Gleichungen addiert, so erhält man, wenn man noch beide Seiten mit $\dfrac{h_k}{y_1}$ multipliziert:

$$\frac{y_k}{y_1} = \frac{h_k}{h_1} + h_1 h_k (Q_{1x} - Q_{1s})\sum_{\nu=2}^{k}\frac{d_{\nu-1}}{n_\nu h_{\nu-1} h_\nu} \qquad (3)$$

Wenn wir die Brechungsexponenten, Radien und Dicken als gegeben betrachten, so bestimmen die νte Nullinvariante und die νte Schnitthöhe eines Strahles seine Lage vor und hinter der νten Fläche, denn aus den Nullinvarianten ergeben sich unmittelbar die Schnittweiten, wie umgekehrt die Schnittweiten die Nullinvariante zu berechnen gestatten. Ist nun der Verlauf eines Strahles bekannt — wir wollen annehmen, es sei etwa der von O ausgehende Strahl durch seine $Q_{\nu s}$ und h_ν gegeben —: so kann man mit Hilfe dieses Normalstrahles für jeden beliebigen anderen Strahl aus den Anfangswerten y_1 und Q_{1x} unter Anwendung der Formel (3) zuerst y_k und dann mit der Formel (2) Q_{kx} berechnen. Man kann also die Endlage des zweiten Strahles aus seiner Anfangslage ableiten.

Seidel (2.) benutzt die Formeln zur Ableitung der dioptrischen Grundformel, worauf wir hier nur verweisen können.

M. Die Helmholtzsche Gleichung.

Wir wenden uns nunmehr zum Beweise des folgenden, oben schon erwähnten wichtigen Satzes:

In jedem optischen Systeme verhalten sich die absoluten Werte der Brennweiten f und f' des Objekt- und Bildraumes, wie die Brechungsexponenten n und n' dieser beiden Räume. Die absoluten Werte der Brennweiten sind also gleich, wenn erstes und letztes Medium gleichen Index haben.

Die beiden Brennweiten haben entgegengesetztes Zeichen, wenn nur Brechungen vorkommen oder die Zahl der Spiegelungen eine gerade ist, sie haben gleiches Zeichen, wenn eine ungerade Zahl von Spiegelungen vorkommt.

Zum Beweise des Satzes benutzen wir die für die Zusammensetzung optischer Systeme S. 120 gegebenen Formeln; wir fanden dort:

$$f = (-1)^{k-1} \frac{f_1 f_2 \cdots f_k}{N_k}$$

$$f' = \frac{f_1' f_2' \cdots f_k'}{N_k}$$

also
$$\frac{f}{f'} = (-1)^{k-1} \frac{f_1 f_2 \cdots f_k}{f_1' f_2' \cdots f_k'},$$

nun ist aber nach Seite 138 $\frac{f_\nu}{f_\nu'} = -\frac{n_\nu}{n_\nu'}$, also:

$$\frac{f}{f'} = (-1)^{2k-1} \frac{n_1 n_2 \cdots n_k}{n_1' n_2' \cdots n_k'} = -\frac{n_1 n_2 \cdots n_k}{n_1' n_2' \cdots , n_k'}.$$

Sind nur Brechungen vorhanden, so ist $n_\nu' = n_{\nu+1}$, also

$$\frac{f}{f'} = -\frac{n_1}{n_k'} = -\frac{n}{n'},$$

wenn $n = n_1$ den Brechungsindex vor und $n' = n_k'$ den Brechungsindex nach dem ganzen System bezeichnet.

Ist die νte Fläche eine spiegelnde, so ist $\frac{n_\nu}{n_\nu'} = -1$ $n_{\nu-1}' = n_{\nu+1}$; wir erhalten also jetzt:

$$\frac{f}{f'} = \frac{n}{n'}.$$

Jede Spiegelung bedingt einen Zeichenwechsel. Die Zusammensetzung muß man sich hier so durchgeführt denken, daß immer die ursprüngliche Lichtrichtung als positive Richtung beibehalten wird, selbst wenn infolge der Spiegelung das Licht die umgekehrte Richtung eingeschlagen hat. Wir denken uns die Einzelbrennweiten sämtlicher Flächen für die ursprüngliche Lichtrichtung z. B. die

10*

Richtung von links nach rechts bestimmt und nennen vordere bezüglich hintere Brennweite die dieser Lichtrichtung entsprechende Objekt- bezüglich Bildbrennweite. Haben wir nun infolge der Spiegelung eine Fläche von rechts nach links zu durchlaufen, so wird die hintere Brennweite Objekt-, die vordere Bildbrennweite, sie behalten aber ihre früheren Zeichen.

Seite 104 zeigten wir, daß das Produkt der Lateralvergrößerung und des Konvergenzverhältnisses stets gleich $-\dfrac{f}{f'}$ ist. Setzen wir in diese Gleichung den oben für das Verhältnis der Brennweiten gefundenen Wert $\dfrac{f}{f'} = \mp \dfrac{n}{n'}$ ein, so erhalten wir

$$\beta \cdot \gamma = \pm \frac{n}{n'}$$

oder

$$n'\,\mathfrak{y}'\,u' = \pm\, n\,\mathfrak{y}\,u. \tag{4}$$

Das positive Zeichen gilt, wenn nur Brechungen oder eine gerade Zahl von Spiegelungen, das untere, wenn eine ungerade Anzahl von Spiegelungen vorkommt.

Man pflegt die Gleichung (4) als die HELMHOLTZ-LAGRANGEsche zu bezeichnen. Sie sollte richtiger die SMITH-HELMHOLTZsche oder einfach die HELMHOLTZsche Gleichung heißen.

Wenn nur Brechungen vorkommen und $n = n'$, also $f' = -f$ ist, so fallen die Hauptpunkte mit den Knotenpunkten zusammen. Spricht man in diesem Falle vom Zeichen der Brennweite, ohne näher zu bestimmen, von welcher Brennweite die Rede ist, so ist stets das Zeichen von f gemeint.

Die einfache geometrische Bedeutung, welche die „Brennweiten" im Falle der Brechung an einer einzelnen Fläche — und auch im Falle der Brechung an mehreren Flächen, wenn diese nach verschwindenden Zwischenräumen aufeinander folgen — hat, nämlich gleich dem negativen Abstand des Brennpunktes von der betreffenden brechenden Fläche zu sein, geht bei einem System von Flächen mit endlichen Zwischenräumen verloren. Die Brennpunkte und alle anderen früher betrachteten Kardinalpunkte können dann gegen die brechenden Flächen und gegeneinander selbst jede Lage einnehmen, unter Wahrung der früher hergeleiteten allgemeinen Gesetzmäßigkeiten.*)

---

*) Man sehe u. a. die Diskussionen von MATTHIESSEN (9.) und BROCKMANN (1.).

N. Linsen endlicher Dicke.

Von besonderer praktischer Wichtigkeit ist der Fall eines aus zwei brechenden Flächen bestehenden Systemes, welches beiderseits an ein Medium von gleichem Index (den wir gleich 1 setzen können) grenzt; denn die künstlich hergestellten optischen Instrumente bestehen fast durchgängig aus solchen binären Systemen, und auch alle anderen lassen sich in Gedanken immer in solche zerlegen. Man nennt dieselben bekanntlich Linsen.

Je nach der Krümmung der die Linse begrenzenden Flächen nach außen unterscheidet man dieselben als bikonvexe, bikonkave, plankonvexe, plankonkave und konkav-konvexe. Oft wird bei der Bezeichnung auch die Stellung der Linse zu den einfallenden Strahlen mit angedeutet, indem die Bezeichnung der Krümmung der ersten Fläche in dem Namen vorangestellt, also zwischen plankonvexen und konvexplanen, konkav-konvexen und konvex-konkaven Linsen unterschieden wird.

Bezeichnen wir die erste und zweite Fläche mit den Indices 1 und 2, so ist, wenn wir den relativen Brechungsexponenten der Linsensubstanz gegen das äußere Medium mit n, den Scheitelabstand der beiden Linsenflächen mit d („Dicke“ der Linse) bezeichnen:

$$f_1 = \frac{r_1}{n-1} \qquad f_1' = -\frac{n\,r_1}{n-1}$$

$$f_2 = -\frac{n\,r_2}{n-1} \qquad f_2' = \frac{r_2}{n-1}$$

Die Abstände der Brennpunkte der einzelnen Flächen von denselben sind gleich den negativ genommenen bezüglichen Brennweiten. Die Größe $\triangle = F_1' F_2$ in den Formeln für die Zusammensetzung zweier koaxialer Abbildungen (der Abstand des vorderen Brennpunkts des zweiten Systems vom hinteren des ersten) wird daher im vorliegenden Fall

$$\triangle = F_1' S_1 + S_1 S_2 + S_2 F_2 = f_1' + d - f_2$$

oder nach Einsetzung der obigen Werte für f_1' und f_2

$$\triangle = \frac{R}{n-1},$$

wenn zur Abkürzung

$$R = n\,(r_2 - r_1) + d\,(n-1)$$

gesetzt wird. Trägt man diesen Wert von $\triangle$ und die Werte von f_1, f_1', f_2 und f_2' in die S. 115 gegebenen Formeln ein, so erhält man für die Brennweite der Linse die Werte

$$f = \frac{n\,r_1\,r_2}{(n-1)\,R} \qquad f' = -\frac{n\,r_1\,r_2}{(n-1)\,R} = -f \qquad (5)$$

und für die Abstände der Brennpunkte der Linse von dem vorderen Brennpunkt der ersten, bezüglich von dem hinteren der zweiten Fläche

$$\sigma = F_1\,F = -\frac{n\,r_1{}^2}{(n-1)\,R} \qquad \sigma' = F_2'\,F' = -\frac{n\,r_2{}^2}{(n-1)\,R},$$

Aus σ und σ' berechnet man dann die Abstände der Linsenbrennpunkte von den zugehörigen Flächenscheiteln:

$$\left.\begin{aligned}
s_F &= S_1\,F = S_1\,F_1 + F_1\,F = \frac{-r_1}{n-1} - \frac{n\,r_1{}^2}{(n-1)\,R} = -\frac{r_1\,(n\,r_1 + R)}{(n-1)\,R} \\
s_{F'} &= S_2\,F' = S_2\,F_2' + F_2'\,F' = \frac{-r_2}{n-1} + \frac{n\,r_2{}^2}{(n-1)\,R} = \frac{r_2\,(n\,r_2 - R)}{(n-1)\,R}
\end{aligned}\right\} \quad (6)$$

Haupt- und Knotenpunkte fallen, weil $n = n'$ ist, zusammen. Ihre Koordinaten inbezug auf die Linsenbrennpunkte F und F' sind f und f', ihre Abstände von dem Linsenscheitel also:

$$\left.\begin{aligned}
s_H &= S_1\,H = S_1\,F + f = -\frac{r_1\,d}{R} \\
s_{H'} &= S_2\,H' = S_2\,F' + f' = -\frac{r_2\,d}{R}
\end{aligned}\right\} \quad (7)$$

Oft hat man es, wie wir später sehen werden, mit dem Reziproken der Objektbrennweite, der sogenannten Stärke der Linse $\frac{1}{f} = \varphi$ zu tun; diese drückt sich durch die Reziproken der Radien, die Krümmungen $\frac{1}{r_1} = \varrho_1$ und $\frac{1}{r_2} = \varrho_2$, nach obigem, wie folgt aus:

$$\varphi = (n-1)\,(\varrho_1 - \varrho_2) + \frac{(n-1)^2}{n}\,d\,\varrho_1\,\varrho_2 \qquad (8)$$

RAYLEIGH (*2. § 5.*) leitet eine Formel für die Brennweite einer Konvexlinse, als Funktion ihrer freien Öffnung, Dicke und des Brechungsexponenten direkt aus dem Prinzip der gleichen optischen Längen her. Wenn die ebene Welle RPQ mit gleicher Phase nach F' übergeführt werden soll, so muß (Fig. 41) der Lichtweg $[PDF'] = [RAF']$ sein, nun ist:

Lichtweg $[PDF'] = DF' + n \cdot PD = DF' + nd = PC + CF' + (n-1)\,d.$

CF' aber ist bei einer dünnen Linse stets sehr nahe $=f$, also

$$\text{Lichtweg } [PDF'] = PC + f + (n-1)\,d.$$

Setzt man die halbe Öffnung der Linse gleich y, so ist anderseits der Weg des den scharfen Rand der Linse passierenden Strahles:

$$[RAF'] = RA + AF' = PC + \sqrt{f^2 + y^2} = PC + f\left(1 + \frac{1}{2}\frac{y^2}{f^2} + \ldots\right).$$

Also, wenn höhere Potenzen von $\frac{y}{f}$ als die zweite vernachlässigt werden:

$$[RAF'] = PC + f + \frac{1}{2}\frac{y^2}{f}.$$

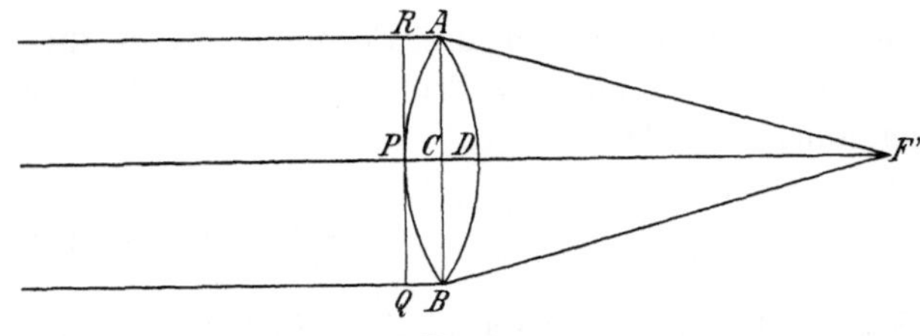

Fig. 41.

$$PD = d; \quad CA = y.$$

Zu RAYLEIGHS Berechnung der Brennweite.

Damit

$$[RAF'] = [PDF'] \text{ sei, muß somit}$$

$$(n-1)\,d = \frac{1}{2}\frac{f}{y^2} \text{ sein, daher}$$

$$f = \frac{1}{2}\frac{y^2}{(n-1)\,d}.$$

Bei Glas vom Index $n = 1{,}5$ ist dann die halbe Öffnung der Linse die mittlere Proportionale zwischen Dicke und Brennweite — eine bekannte Regel der älteren Optik.

Endigt die Linse nicht in einem scharfen Rand, so ist für d die Differenz der Linsendicken am Rand und in der Mitte zu setzen.

Das Vorzeichen vor f bezw. φ hängt nicht nur von den Radien ab, sondern auch von der Dicke. Bei einer bikonvexen Linse ist z. B. $r_1 > 0$, $r_2 < 0$, also f_1 und f_2 beide > 0; daher $f = -\dfrac{f_1 f_2}{\triangle}$ positiv, wenn $\triangle$ negativ ist, das ist, da $\triangle = d + \dfrac{n}{n-1}(r_2 - r_1)$ der Fall, so lange:

$$d < \frac{n\,(r_1 - r_2)}{n-1}.$$

Wenn d diesen Grenzwert überschreitet, ist $f < 0$, die Linse wird dispansiv, trotzdem sie aus zwei kollektiven Systemen zusammengesetzt ist. Wenn $d = \dfrac{n\,(r_1 - r_2)}{n - 1}$, also $\triangle = 0$ und $f = \infty$ ist, so bildet die Linse ein teleskopisches System.

In ähnlicher Weise kann man die Werte und Vorzeichen studieren, welche die Brennweite einer einfachen Linse bei anderen Formen annimmt.

P. Dünne Linsen.

Besonders einfach werden die Formeln, wenn die Dicke der Linse sehr klein ist gegen ihre Brennweite, so daß man sie gleich Null setzen darf. Alsdann ist

$$f = \frac{r_1\,r_2}{(n - 1)\,(r_2 - r_1)}; \qquad \varphi = (n - 1)\,(\varrho_1 - \varrho_2) \qquad (9)$$

Die Stärke der Linse ist dann also einerseits proportional dem um 1 verminderten Brechungsindex, anderseits der Differenz der beiden dem einfallenden Lichte zugewandten Krümmungen. Letztere allein bestimmen das Vorzeichen von f und φ. Je nachdem die nach außen gerichtete Konvex- oder Konkavkrümmung der Linse die stärkere ist, wirkt die Linse als kollektives oder dispansives System.

Da in manchen Fällen für eine vorläufige, ungefähre Veranschlagung der Wirkungen eines optischen Systems die Linsen desselben in erster Näherung als verschwindend dünn betrachtet werden können, so wollen wir auf die Theorie derselben auch hier kurz eingehen.

Die Brennweiten einer solchen Linse sind, wie man aus der Vergleichung der Formeln (7) S. 150 sofort sieht, wenn man $d = 0$ setzt, gleich den negativ genommenen Abständen der Brennpunkte von der Linse. Die Theorie der verschwindend dünnen Linsen wird hierdurch sehr ähnlich der einer einzelnen brechenden Fläche. Nur sind die Brennweiten für die Linsen dem absoluten Werte nach gleich. Die Brennpunkte liegen daher symmetrisch zur Linse und die Haupt- und Knotenpunkte fallen im Linsenscheitel zusammen.

Für die Entfernungen s und s' konjugierter Punkte vom Linsenscheitel ergibt sich aus der S. 111 abgeleiteten Formel, weil $f' = -f$, $\mathfrak{A} = s$ und $\mathfrak{A}' = s'$ ist:

$$\frac{1}{s'} - \frac{1}{s} = \frac{1}{f} \quad \text{oder} \quad f = \frac{s\,s'}{s - s'} \qquad (10)$$

s und s' sind wie immer, so auch hier im Sinne der Lichtbewegung positiv zu rechnen.

Für die Lateralvergrößerung und das Konvergenzverhältnis gelten nach S. 144 ähnliche Formeln wie früher

$$\beta = \frac{\mathfrak{y}'}{\mathfrak{y}} = \frac{s'}{s} \qquad \gamma = \frac{u'}{u} = \frac{s}{s'} \tag{11}$$

Haben wir 2 verschwindend dünne Linsen, die durch einen endlichen Abstand d voneinander getrennt sind, so berechnet sich ihr optisches Intervall $\triangle$ ähnlich wie das zweier Flächen zu

$$\triangle = -f_1 - f_2 + d,$$

wenn wir mit f_1 und f_2 die Objektbrennweiten der beiden Linsen bezeichnen. Die Brennweite f des aus diesen 2 Linsen zusammengesetzten Systems wird daher

$$f = \frac{f_1 f_2}{f_1 + f_2 - d} \tag{12}$$

und die Stärke φ des Systems:

$$\varphi = \frac{1}{f} = \frac{1}{f_1} + \frac{1}{f_2} - \frac{d}{f_1 f_2} = \varphi_1 + \varphi_2 - d\varphi_1\varphi_2 \tag{12a}$$

Bei der Diskussion dieser Gleichung unterscheiden wir drei Fälle, nämlich:

1. f_1 und f_2 beide > 0, also beide Linsen kollektiv. Dann hat die Brennweite des zusammengesetzten Systems ihren kleinsten positiven Wert, das System ist also am stärksten, wenn $d = 0$ ist, die Linsen sich berühren. Mit wachsendem d nimmt f zu und es wird $= \infty$, wenn $d = f_1 + f_2$; das System ist dann ein teleskopisches. Bei noch größerem d erhält f einen großen negativen Wert und dieser nimmt mit weiter wachsendem d unbegrenzt ab.

2. f_1 und f_2 beide < 0, also beide Linsen dispansiv. In diesem Fall hat f für $d = 0$ seinen größten und zwar negativen Wert. Bei wachsendem d nimmt f an Größe ab, bleibt aber stets negativ.

3. Die eine Linse ist kollektiv, die andere dispansiv, z. B. $f_1 > 0$, $f_2 < 0$. Dann ist für $d = 0$ die Brennweite des zusammengesetzten Systems positiv oder negativ, je nachdem f_1 dem absoluten Werte nach kleiner oder größer als f_2 ist.

a) Wenn $|f_1| > |f_2|$, also $f_1 + f_2 > 0$ ist, so nimmt mit wachsendem d f wachsende negative Werte an und wird für $d = f_1 + f_2$

unendlich, d. h. das System wird **teleskopisch**. Bei noch weiterer Steigerung von d durchläuft f abnehmende positive Werte.

b) Wenn $|f_1| < |f_2|$, also $f_1 + f_2 < 0$ ist, so hat f im Fall des Kontakts beider Linsen seinen größten positiven Wert. Bei wachsendem d wird f kleiner, bleibt aber stets positiv.

Jedesmal, wenn in einem dieser Fälle $d = f_1 + f_2$ wird, fällt der vordere Brennpunkt der zweiten Linse mit dem hinteren der ersten zusammen, f wird $= \infty$ und die Abbildung ist eine teleskopische. Die Maßverhältnisse dieser teleskopischen Abbildung sind, wie wir früher (S. 116) fanden, gegeben durch die Beziehungen

$$\beta = \frac{\mathfrak{y}'}{\mathfrak{y}} = -\frac{f_2}{f_1} \qquad \gamma = \frac{u'}{u} = -\frac{f_1}{f_2}.$$

Wenn der Abstand d der beiden Linsen gleich 0 wird, so wird die Stärke des Systems gleich der Summe der Stärke der zwei Linsen

$$\varphi = \varphi_1 + \varphi_2, \text{ oder } \frac{1}{f} = \frac{1}{f_1} + \frac{1}{f_2}.$$

Dieses Resultat läßt sich auf weitere verschwindend dünne Linsen anwenden, welche sich berühren, wenn man die Gesamtdicke des Systems gegen seine Brennweite vernachlässigen kann. Haben wir k solcher Linsen, deren Brennweiten f_1, f_2, $\ldots f_k$ sind, so ist die Stärke φ des Gesamtsystems gleich der algebraischen Summe der Stärken der einzelnen Linsen

$$\varphi = \varphi_1 + \varphi_2 + \ldots \varphi_k \tag{13}$$

$$\frac{1}{f} = \frac{1}{f_1} + \frac{1}{f_2} + \ldots \frac{1}{f_k} \tag{13a}$$

oder durch die Radien und Krümmungen ausgedrückt

$$\varphi = (n_1 - 1)\left(\frac{1}{r_1} - \frac{1}{r_1'}\right) + (n_2 - 1)\left(\frac{1}{r_2} - \frac{1}{r_2'}\right) + \ldots$$

$$\varphi = \sum_{\nu=1}^{k} (n_\nu - 1)(\varrho_\nu - \varrho_\nu') \tag{13b}$$

wenn erste und zweite Fläche jeder Linse durch hochgestellten, die Linsen selbst durch den unteren Index unterschieden werden.

P. Der COTESsche Satz.

Seines historischen Interesses und seiner eleganten Form wegen möge hier noch der COTESsche Satz über unendlich dünne Linsen einen Platz finden. Er bezieht sich auf die scheinbare Entfernung eines durch mehrere unendlich dünne Linsen hindurch betrachteten Gegenstandes. COTES versteht unter der scheinbaren Entfernung des Objekts die Entfernung, in welcher es sich befinden müßte, um dem freien Auge unter demselben Gesichtswinkel zu erscheinen, unter welchem es durch das optische System hindurch gesehen wird.

Das Objekt OM (Fig. 42) werde durch drei unendlich dünne Linsen L_1, L_2 und L_3 (Scheitel S_1, S_2, S_3) von dem in Punkt Q_4 befindlichen Auge betrachtet. Der vom äußersten Punkte M des Objekts ins Auge gelangende Strahl treffe die Linsen in den Punkten P_1, P_2 und P_3. Man ziehe durch M, P_1 und P_2 Parallele zur Achse und verlängere sie, bis sie den Strahl $P_3 Q_4$ in den Punkten R, R_1 und R_2 schneiden, fälle von diesen Punkten auf die Achse Perpendikel nach G, G_1 und G_2, dann ist $G_2 Q_4$ die scheinbare Entfernung des durch die Linse L_3 betrachteten Objekts $S_2 P_2$; $G_1 Q_4$ die scheinbare Entfernung des durch die Linsen L_2 und L_3 betrachteten Objekts $S_1 P_1$ und endlich $G Q_4$ die gesuchte scheinbare Entfernung des durch die drei Linsen L_1, L_2 und L_3 betrachteten Gegenstandes OM. Wir bestimmen sukzessive $G_2 Q_4$, $G_1 Q_4$ und $G Q_4$ und setzen:

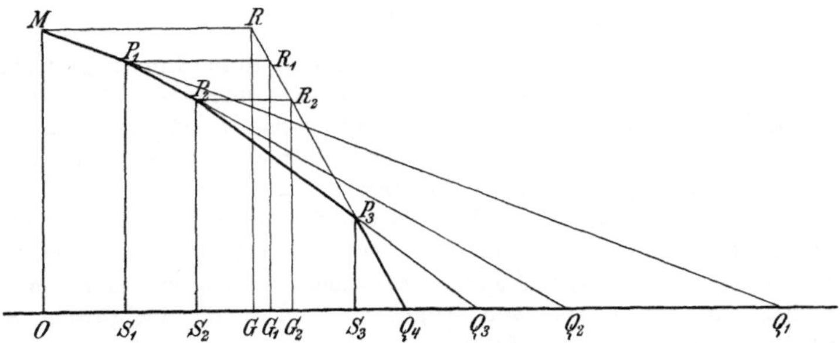

Fig. 42.

$$OM = h; \quad S_1 P_1 = h_1; \quad S_2 P_2 = h_2; \quad S_3 P_3 = h_3.$$

Zum Beweis des COTESschen Satzes.

$$S_3 P_3 = h_3; \qquad S_2 P_2 = G_2 R_2 = h_2; \qquad S_1 P_1 = G_1 R_1 = h_1; \qquad OM = GR = h,$$

dann ist nach der Figur:

$$h_2 : h_3 = G_2 Q_4 : S_3 Q_4 = S_2 Q_3 : S_3 Q_3;$$

$$G_2 Q_4 = S_3 Q_4 \cdot \frac{S_2 Q_3}{S_3 Q_3} = S_3 Q_4 \cdot \frac{S_2 S_3 + S_3 Q_3}{S_3 Q_3} = S_3 Q_4 \left(1 + \frac{S_2 S_3}{S_3 Q_3}\right),$$

ferner nach Formel 10, wenn wir die Brennweiten der Linsen L_1, L_2 und L_3 mit f_1, f_2 und f_3 bezeichnen:

$$\frac{1}{S_3 Q_3} = \frac{1}{S_3 Q_4} - \frac{1}{f_3}.$$

Setzen wir diesen Wert in die vorige Gleichung ein, so erhalten wir

$$G_2 Q_4 = S_3 Q_4 + S_2 S_3 - \frac{S_3 Q_4 \cdot S_2 S_3}{f_3} = S_2 Q_4 - \frac{S_2 S_3 \cdot S_3 Q_4}{f_3}.$$

Ganz ebenso:

$$G_1 Q_4 = G_2 Q_4 \left(1 + \frac{S_1 S_2}{S_2 Q_2}\right)$$

$$\frac{1}{S_2 Q_2} = \frac{1}{S_2 Q_3} - \frac{1}{f_2} = \frac{S_3 Q_4}{G_2 Q_4 \cdot S_3 Q_3} - \frac{1}{f_2} = \frac{1}{G_2 Q_4}\left(1 - \frac{S_3 Q_4}{f_3}\right) - \frac{1}{f_2}.$$

$$G_1 Q_4 = G_2 Q_4 + S_1 S_2 - \frac{S_1 S_2 \cdot S_3 Q_4}{f_3} - \frac{G_2 Q_4 \cdot S_1 S_2}{f_2}.$$

Setzt man hierin für $G_2 Q_4$ den früher gefundenen Wert ein, so erhält man

$$G_1 Q_4 = S_1 Q_4 - \frac{S_1 S_2 \cdot S_2 Q_4}{f_2} - \frac{S_1 S_3 \cdot S_3 Q_4}{f_3} + \frac{S_1 S_2 \cdot S_2 S_3 \cdot S_3 Q_4}{f_2 f_3}.$$

In gleicher Weise schreitet man von $G_1 Q_4$ zu $G Q_4$ fort und bekommt:

$$G Q_4 = O Q_4 - \frac{O S_1 \cdot S_1 Q_4}{f_1} - \frac{O S_2 \cdot S_2 Q_4}{f_2} - \frac{O S_3 \cdot S_3 Q_4}{f_3}$$

$$+ \frac{O S_1 \cdot S_1 S_2 \cdot S_2 Q_4}{f_1 f_2} + \frac{O S_1 \cdot S_1 S_3 \cdot S_3 Q_4}{f_1 f_3} + \frac{O S_2 \cdot S_2 S_3 \cdot S_3 Q_4}{f_2 f_3}$$

$$- \frac{O S_1 \cdot S_1 S_2 \cdot S_2 S_3 \cdot S_3 Q_4}{f_1 f_2 f_3}.$$

Man kann diesen für beliebig viele unendlich dünne Linsen gültigen Satz [siehe den allgemeinen Beweis bei LAGRANGE (*1.*)] folgendermaßen in Worte fassen: Die Strecke zwischen Objekt und Auge werde in jeder möglichen Weise durch die Linsen in 1, 2, 3 … oder mehr Teilstrecken geteilt, man bilde die Produkte der zusammengehörigen Teilstrecken und dividiere sie durch die Brennweiten oder Produkte der Brennweiten der teilenden Linsen, betrachte diese Quotienten als positiv, wenn ihre Nenner eine gerade, als negativ, wenn dieselben eine ungerade Anzahl Faktoren zählen: dann erhält man die scheinbare Entfernung des Objekts vom Auge, wenn man die algebraische Summe dieser Quotienten zur wahren Entfernung des Objekts addiert.

Der COTESsche Satz ist einer der ersten allgemeinen Sätze über Linsensysteme und ist durch die von SMITH aus ihm gezogenen, zuerst nicht genügend gewürdigten Folgerungen historisch wichtig.

Die wichtigsten Werke der außerordentlich umfangreichen für den Gegenstand dieses Abschnittes vorhandenen Literatur sind schon in den vorangehenden Kapiteln namhaft gemacht worden. Eine Zusammenstellung, die jedoch bei weitem nicht erschöpfend ist, hat MATTHIESSEN (*2. 272.*) versucht.

2. Der Fall schief auf Kugelflächen fallender Elementarbüschel.

Der vorher betrachtete Fall der Brechung von Elementarbüscheln, deren Achsen der gemeinsamen Zentralen der Kugelflächen unendlich nahe liegen, ist nicht der einzige, in welchem kollineare Abbildung zustande kommt. Von Bedeutung für die Theorie der optischen Instrumente ist noch der andere Fall, daß die abbildenden Büschel zwar auch unendlich eng, elementar, ihre

Achsen aber nicht der gemeinsamen Zentralen, sondern einem anderen das System durchsetzenden mit der Achse endliche Winkel einschließenden Strahle unendlich nahe liegen. Allerdings wird die Preisgabe der einen Beschränkung hier durch andere neu einzuführende kompensiert; aber es bleibt, wie wir zeigen wollen, dennoch eine Abbildung bestehen, welche in ihrem engen Bereich den Bedingungen unser allgemein behandelten genügt und infolgedessen auch ihren Gesetzen unterworfen ist.

A. Die Brechung eines gegen eine einzelne Kugelfläche schief einfallenden Elementarbüschels.

Auf die schönen geometrischen Entwickelungen, durch welche REUSCH (*1. 3.*) und besonders LIPPICH (*2.*) die Theorie dieses Problems ausgebaut haben, können wir hier leider nur hinweisen; um die uns in erster Linie interessierenden Maßbestimmungen zu erhalten, beschränken wir uns auf die mehr analytische Beweisführung.

Auf Seite 29/30 ist gezeigt worden, daß ein unendlich dünnes ursprünglich homozentrisches Strahlenbüschel nach der Brechung an einer beliebig gestalteten Fläche im allgemeinen astigmatisch wird, d. h. sämtliche Strahlen des Büschels gehen nach der Brechung in erster Annäherung durch zwei zueinander und zu einem mittleren Hauptstrahl senkrechte getrennte gerade Linien, die STURMschen Brenn- oder Bildlinien, hindurch. Denkt man sich in einem beliebigen Punkt B des gebrochenen Hauptstrahls die Wellenfläche der gebrochenen Strahlen konstruiert, so liegen die Brennlinien in den dem Punkte B zugehörigen Hauptkrümmungsebenen dieser Wellenfläche.

Fällt nun das Büschel schief auf eine Kugelfläche, so läßt sich die Lage einer der Krümmungsebenen leicht angeben. Denken wir uns den leuchtenden Punkt O durch eine Gerade mit dem Kugelzentrum C verbunden, so sind einfallende Wellenfläche und brechende Kugelfläche und infolgedessen aus Symmetriegründen auch die gebrochene Wellenfläche Rotationsflächen mit OC als Achse. Die Meridianschnitte einer Rotationsfläche sind Hauptkrümmungsebenen: die Einfallsebene des Hauptstrahls ist ein Meridianschnitt der gebrochenen Wellenfläche, also ist sie auch eine Hauptkrümmungsebene derselben. Die eine Brennlinie muß daher in ihr liegen. Die andere Brennlinie liegt in der zweiten Krümmungsebene, welche durch den Hauptstrahl geht (als Lichtstrahl ist dieser eine Normale der Wellenfläche) und auf der Einfallsebene senkrecht steht. Da nun überdies die Brennlinien auf dem Hauptstrahl senkrecht stehen, sind ihre Richtungen vollständig bestimmt. Sie hängen, wie man sieht, nur von der Lage des Hauptstrahls, nicht von der Lage des Punktes O ab. Die ersten respektive zweiten Brennlinien aller auf dem Hauptstrahl gelegenen Punkte laufen daher unter sich parallel.

Nachdem wir so die Richtung der Brennlinien ermittelt haben, müssen wir noch ihre Lage durch Angabe der Punkte, in welchen sie den Hauptstrahl schneiden, bestimmen. Diese Punkte sind nach Kapitel I die Vereinigungspunkte der in den Hauptkrümmungsebenen der gebrochenen Wellenfläche gelegenen Strahlen. Um ihre Lage aus der Lage des Scheitels des einfallenden Büschels abzuleiten, müssen wir zunächst sehen, welche Strahlen dieses Büschels den Strahlen der Hauptkrümmungsebenen entsprechen. Wir bezeichnen die Einfallsebene im folgenden als Tangential-, Meridional-, oder ersten Hauptschnitt des einfallenden und gebrochenen Büschels. Die zu ihr senkrechten Ebenen durch die Hauptachsen der beiden Büschel als Sagittal-, Äquatoreal-, oder zweite Hauptschnitte dieser Büschel. Die auf Tangential- resp. Sagittalschnitte bezüglichen Größen sollen, wenn nicht besondere Zeichen für sie eingeführt werden, durch die Indices t und f unterschieden werden. Die Hauptschnitte des gebrochenen Büschels sind offenbar mit der oben betrachteten Hauptkrümmungsebene identisch, wir haben also die Strahlen zu finden, welche im ersten Medium den in den Hauptschnitten des gebrochenen Büschels gelegenen Strahlen entsprechen. Das sind aber, wie leicht zu sehen ist, die in den Hauptschnitten des ersten Mediums gelegenen Strahlen. Die Strahlen des Tangentialschnittes entsprechen sich streng, weil sie in der Einfallsebene liegen. Die des Sagittalschnitts entsprechen sich unter Vernachlässigung der Größen dritter Ordnung, denn die Ebenen des Sagittalschnitts berühren die Kreiskegel, welche durch Rotation des einfallenden und gebrochenen Strahls um OC als Achse entstehen, und die Strahlen dieser Kegel sind einander, nach dem S. 130 Gesagten, in ihrer ganzen Ausdehnung konjugiert. Hieraus folgt nun bereits, daß die im Sagittalschnitt gelegenen von O_f (als Punkt des Sagittalschnitts wird O jetzt mit dem Index f versehen) ausgehenden Strahlen unseres unendlich dünnen Bündels sich in dem Punkte O_f' schneiden, in welchem der gebrochene Strahl die Gerade $O_f C$ trifft. Wir nennen diesen Punkt den zu O_f konjugierten „sagittalen“ Bildpunkt O_f'. Er wird auch zweiter Bildpunkt des gebrochenen Büschels genannt im Gegensatz zu dem Vereinigungspunkt der Tangentialstrahlen als erstem Bildpunkte. (Dies wohl die bei weitem häufigere Bezeichnungsweise; umgekehrt bei LIPPICH.)

Die Strahlenvereinigung in O'_f ist nach dem Vorhergehenden eine solche von zweiter Ordnung. Dies ergibt sich auch daraus, daß in dem Sagittalschnitt inbezug auf die Einfallsebene Symmetrie vorhanden ist, also Strahlen, die unter gleichem Winkel gegen diese Ebene diesseits und jenseits derselben von O_f ausfahren, streng im gebrochenen Strahl miteinander vereinigt werden.

Für die Bezeichnungen im folgenden verweisen wir auf die Figuren 43 und 44 und auf die Seiten 40, 74 und 48.

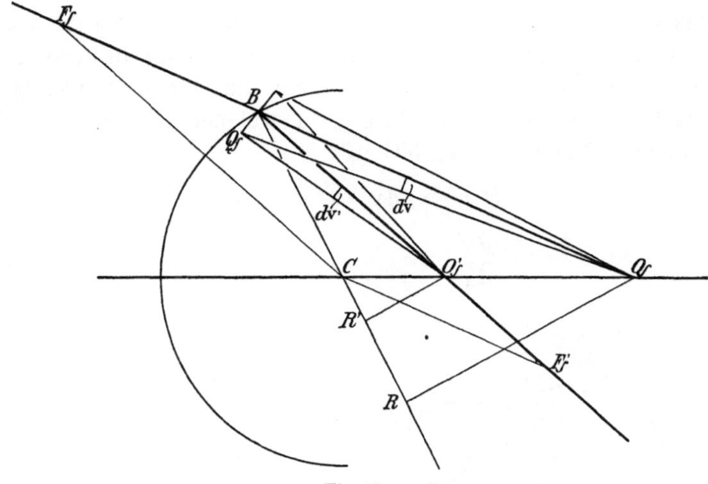

Fig. 43.

$$BC = r;\quad BO_f = f;\quad BO'_f = f';\quad \sphericalangle\, O_f BC = j;\quad \sphericalangle\, O'_f BC = j'.$$

Zur Brechung im Sagittalschnitt. (Die Gerade BQ_f steht senkrecht auf der Zeichnungsebene).

Sagittalschnitt. Um die Beziehungen zwischen konjugierten Punkten des Hauptstrahls im einfallenden und gebrochenen Sagittalbüschel zu erhalten, fälle man von O_f und O'_f (Fig. 43) auf den nach dem Einfallspunkt B gerichteten Radiusvektor CB Senkrechte, nach R und R'.

Dann ist
$$O'_f R' : O_f R = CR' : CR$$

$$f' \sin j' : f \sin j = (f' \cos j' - r) : (f \cos j - r),$$

woraus unter Anwendung der Grundgleichung $n' \sin j' = n \sin j$ wird

$$\frac{n \cos j}{r} - \frac{n}{f} = \frac{n' \cos j'}{r} - \frac{n'}{f'}$$

oder
$$\frac{n'}{f'} - \frac{n}{f} = \frac{n' \cos j' - n \cos j}{r} \qquad (14)$$

oder
$$\frac{n'}{f'} - \frac{n}{f} = \frac{n' \sin (j - j')}{r \sin j} = \frac{n \sin (j - j')}{r \sin j'} \qquad (14\,\mathrm{a})$$

oder in unserer früher eingeführten Bezeichnungsweise

$$\Delta \left(\frac{n}{f} \right) = \frac{1}{r} \Delta \left(n \cos j \right) \qquad (14\,\mathrm{b})$$

Dies ist die gesuchte Beziehung zwischen konjugierten Schnittweiten des Sagittalschnitts.

Das Verhältnis konjugierter Neigungswinkel von Strahlen gegen die Achse des Büschels — das Konvergenzverhältnis in konjugierten Punkten — ergibt sich einfach, indem für einen Punkt Q_f der Sagittalschnittlinie (d. h. der Linie, in welcher der Sagittalschnitt die brechende Fläche schneidet) gilt

$$B Q_f = f \, d\mathrm{v} = f' \, d\mathrm{v}'; \quad \text{also}$$

$$\frac{d\mathrm{v}'}{d\mathrm{v}} = \frac{f}{f'}. \qquad (15)$$

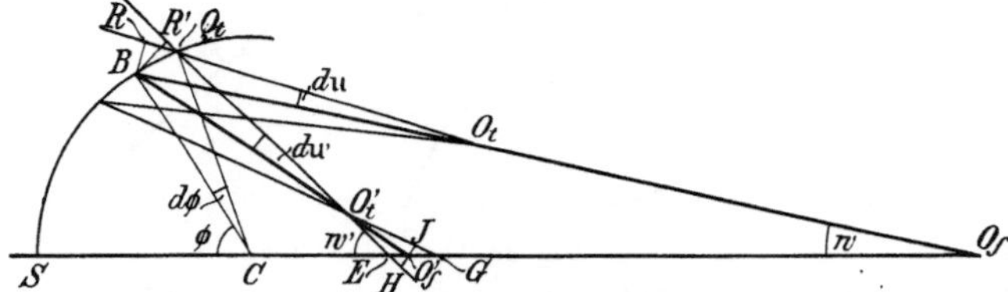

Fig. 44.

$$BC = r; \quad BO_t = t; \quad BO_t' = t'; \quad \sphericalangle\, O_t BC = j; \quad \sphericalangle\, O_t' BC = j'.$$

Zur Brechung im Tangentialschnitt.

Tangentialschnitt. Es sei wieder B der Einfallspunkt des Hauptstrahls, Q_t (Fig. 44) ein dem Punkte B unmittelbar benachbarter Punkt der Kugel im Tangentialschnitte. Die Zunahmen, welche der Kugelwinkel ϕ, der Einfallswinkel j und der Brechungswinkel j' und die Neigungswinkel w, w' erfahren, wenn wir von dem bei B einfallenden Strahl zu dem bei Q einfallenden übergehen, seien $d\phi$, dj, dj', du und du'.

Um die Beziehungen zwischen den Bestimmungsstücken der Scheitel O_t und O_t' des einfallenden und gebrochenen Tangentialbüschels abzuleiten, gehen wir von der Invariante $n \sin j = n' \sin j'$

aus, welche für alle Strahlen des Büschels gilt. Für den bei Q_t einfallenden Strahl lautet sie

$$n \sin (j + dj) = n' \sin (j' + dj')$$

oder entwickelt nach Vernachlässigung der Glieder von der zweiten Ordnung und Weglassung des Gliedes $n \sin j = n' \sin j'$:

$$n \cos j \, dj = n' \cos j' \, dj'.$$

Nun ist

$$j = \phi - w, \qquad j' = \phi - w',$$

also

$$dj = d\phi - du, \qquad dj' = d\phi - du'.$$

Fällt man ferner von B Senkrechte auf $O_t Q_t$ und $O_t' Q_t$ nach R und R', so ist, wegen der Kleinheit des Bogens BQ_t, der als geradlinig betrachtet werden kann, $RB = BQ_t \cos RBQ_t = r \, d\phi \cos j$ und anderseits $RB = t \, du$, also $t \, du = r \, d\phi \cos j$. Daher ist immer unter Vernachlässigung der Größen von der zweiten Ordnung

$$dj = d\phi \left(1 - \frac{r \cos j}{t} \right)$$

und ganz ebenso

$$dj' = d\phi \left(1 - \frac{r \cos j'}{t'} \right).$$

Tragen wir diese Ausdrücke in die obige Gleichung ein, so wird diese, nach Division durch $d\phi$:

$$n \cos j \left(1 - \frac{r \cos j}{t} \right) = n' \cos j' \left(1 - \frac{r \cos j'}{t'} \right).$$

Oder

$$\Delta \left[n \cos j \left(1 - \frac{r \cos j}{t} \right) \right] = 0.$$

Hätten wir noch die Glieder von der Ordnung $d\phi^2$ beibehalten, so wäre nach Division durch $d\phi$ ein Glied von der Ordnung $d\phi$ stehen geblieben: die Gleichung gilt also nur unter Vernachlässigung der Größen dieser Ordnung.*)

---

*) Hätte man bei der Entwickelung erst die Glieder von der Ordnung $d\phi^3$ vernachlässigt, so würde man die folgende Gleichung erhalten haben:

$$\Delta \left[n \cos j \left(1 - \frac{r \cos j}{t} \right) \right] = \frac{3}{2} r \, J d\phi \Delta \left[\frac{r \cos^2 j}{t^2} - \frac{\cos j}{t} \right]$$

CZAPSKI (3. 73.) gibt einen etwas anderen Ausdruck an, er hat aber nicht berücksichtigt, daß bei der Berechnung von $\dfrac{dj}{d\phi}$ die Glieder von der Ordnung $d\phi$

Sie gestattet t' aus t zu berechnen, wenn der Hauptstrahl trigonometrisch durchgerechnet worden ist, j und j' also bekannt sind. Da aber die Gleichung nur unter Vernachlässigung von $d\varphi$ gilt, so entsprechen unter verschiedenen Winkeln von O_t ausfahrenden Strahlen Werte von t', welche sich um Größen von der Ordnung des abgeschnittenen Bogenelementes $r\,d\varphi$ unterscheiden: die Strahlenvereinigung in O_t' ist nur eine solche von der ersten Ordnung.

Wir können die Gleichung auch in folgenden Formen schreiben:

$$\Delta\left(\frac{n\cos^2 j}{t}\right) = \frac{1}{r}\,\Delta\,(n\cos j),$$

oder

$$\frac{n'\cos^2 j'}{t'} - \frac{n\cos^2 j}{t} = \frac{n'\cos j' - n\cos j}{r} \tag{16}$$

oder

$$\frac{n'\cos^2 j'}{t'} - \frac{n\cos^2 j}{t} = \frac{n'\sin(j-j')}{r\sin j} = \frac{n\sin(j-j')}{r\sin j'} \tag{16a}$$

Das Konvergenzverhältnis im Tangentialschnitt erhalten wir aus der schon oben benutzten Gleichung

$$t\,du = r\,d\varphi\cos j \quad\text{oder}\quad du = \frac{r\,d\varphi\cos j}{t}$$

und der analogen für den gebrochenen Strahl gültigen

$$du' = \frac{r\,d\varphi\cos j'}{t'} \quad\text{zu:}$$

$$\gamma_t = \frac{du'}{du} = \frac{\cos j'}{t'}\,\frac{t}{\cos j} \tag{17}$$

Im Sagittalschnitt sind die Abszissen der Hauptbrennpunkte vom Einfallspunkte B aus gemessen nach den Gleichungen (14) und (14a):

$$\left.\begin{aligned}
f_F &= S = -\frac{nr}{n'\cos j' - n\cos j} = -\frac{r\sin j'}{\sin(j-j')} \\[2mm]
f_{F'} &= S' = \frac{n'r}{n'\cos j' - n\cos j} = \frac{r\sin j}{\sin(j-j')}
\end{aligned}\right\} \tag{18}$$

Im Tangentialschnitt nach (16) und (16a):

---

mitgenommen werden mußten. An einer andern Stelle (3. *116*.) steht der richtige Ausdruck auch bei CZAPSKI.

RAYLEIGH (2. § 7.) erhält diese Gleichung in sehr einfacher Weise mit Hilfe des Prinzips vom kürzesten Lichtwege.

$$t_F = T = -\frac{nr\cos^2 j}{n'\cos j' - n\cos j} = -\frac{r\sin j'\cos^2 j}{\sin(j-j')} \left.\vphantom{\frac{1}{1}}\right\}$$

$$t_F' = T' = \frac{n'r\cos^2 j'}{n'\cos j' - n\cos j} = \frac{r\sin j\cos^2 j'}{\sin(j-j')} \left.\vphantom{\frac{1}{1}}\right\} \quad (19)$$

Unter Benützung dieser Größe können wir die Gleichungen (14) und (16) in der Form schreiben:

$$\frac{S'}{f'} + \frac{S}{f} = 1 \qquad (20)$$

$$\frac{T'}{t'} + \frac{T}{t} = 1 \qquad (21)$$

Nach einem leicht abzuleitenden geometrischen Satze*) gehen aber die Verbindungslinien zweier Punkte O_f und O_f' (bezw. O_t und O_t'), die auf je einer Geraden liegen und deren Abszissen, f, f' (bezw. t, t') einer Gleichung von dieser Form genügen, sämtlich durch einen Punkt, dessen Koordinaten bezogen auf die Hauptstrahlen, BO_f, BO_f' (bezw. BO_t, BO_t'), als Achsen die Größen S, S' (bezw. T, T') sind und umgekehrt. Wir nennen diese Punkte nach dem Sprachgebrauch der Geometrie der Lage die perspektivischen Zentren der Punktreihen O_f, O_f' (bezw. O_t, O_t').

Für den Sagittalschnitt kennen wir das perspektivische Zentrum bereits: es ist der Kugelmittelpunkt C.

Das perspektivische Zentrum K entsprechender Punkte des Tangentialschnitts erhalten wir, indem wir zwei entsprechende Punktpaare $O_t O_t'$ und $Q_t Q_t'$ aufsuchen. Die Verbindungsgeraden $O_t O_t'$ und $Q_t Q_t'$ schneiden sich in K. Beschreiben wir (Fig. 45) um C wie bei der YOUNGschen Konstruktion (S. 125) zwei Kreise mit den Radien $r\,\dfrac{n'}{n}$ und $r\,\dfrac{n}{n'}$, so entsprechen sich die aplanatischen Punkte O_t und O_t', in welchen der einfallende und gebrochene Strahl diese Kreise schneiden (es kann auch leicht gezeigt werden, daß die diesen Punkten zugehörigen Werte t und t' der Gleichung (16) genügen). Das perspektivische Zentrum liegt also auf der Geraden $O_t O_t'$.

Ein zweites Punktpaar Q_t, Q_t' erhalten wir, indem wir vom Zentrum C aus Perpendikel CQ_t und CQ_t' auf den einfallenden und gebrochenen Strahl fällen. Die Fußpunkte Q_t und Q_t' dieser

---

*) Der Beweis dieses Satzes wird in den Lehrbüchern der analytischen Geometrie bei der Aufstellung der für schiefwinkelige Koordinaten gültigen Gleichung der Geraden gegeben und darf daher hier wohl wegbleiben.

Perpendikel entsprechen sich, denn ihre Koordinaten $t = r\cos j$ und $t' = r\cos j'$ genügen der Gleichung (16). Die Gerade $Q_t Q_t'$ geht also ebenfalls durch das perspektivische Zentrum K hindurch.

Die Geraden $O_t O_t'$ und $Q_t Q_t'$ stehen senkrecht aufeinander. Denn beschreiben wir über BC als Durchmesser einen Halbkreis, so geht er durch Q_t und Q_t', und es gelten folgende Gleichungen

$$\sphericalangle\, KQ_t C = \sphericalangle\, Q_t' BC = j'$$
$$\sphericalangle\, KQ_t' C = \sphericalangle\, Q_t BC = j.$$

Bei Gelegenheit der YOUNGschen Konstruktion wurde aber bereits bewiesen, daß der Winkel $BO_t C = j'$ und $\sphericalangle\, BO_t' C = j$ ist. Daher ist

$$\sphericalangle\, Q_t K O_t = 180^0 - \sphericalangle\, KQ_t O_t - \sphericalangle\, Q_t O_t K$$
$$= 180^0 - (90^0 - j') - j' = 90^0.$$

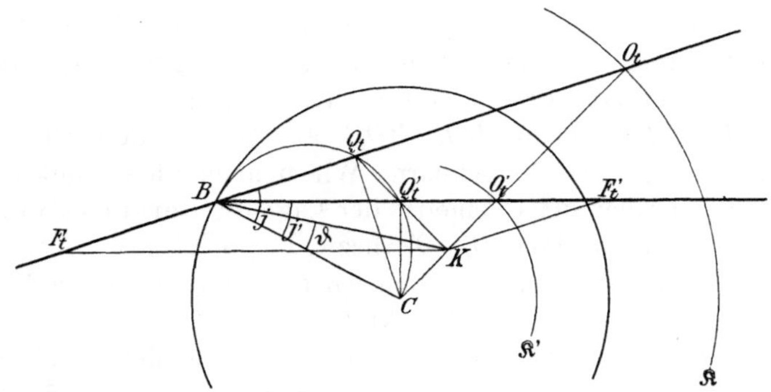

Fig. 45.

$$BC = r; \quad O_t C = \frac{rn'}{n}; \quad O_t' C = \frac{rn}{n'}.$$

Zur Konstruktion des perspektivischen Zentrums und der Brennpunkte des Tangentialschnitts.

Man erhält also für die Konstruktion des perspektivischen Zentrums K der Tangentialstrahlen folgende von YOUNG zuerst an-gegebene Konstruktion: Man fälle vom Mittelpunkte der brechenden Kugel C Perpendikel CQ_t und CQ_t' auf den einfallenden und ge-brochenen Strahl, verbinde ihre Fußpunkte Q_t, Q_t' durch eine Gerade und fälle von C aus ein drittes Perpendikel CK auf diese Ver-bindungsgerade: dann ist der Fußpunkt K dieses Perpendikels das perspektivische Zentrum der Tangentialstrahlen.

Der Abstand der beiden perspektivischen Zentren C und K kann aus dem Dreieck $KQ_t C$ erhalten werden. Er ist

$$CK = CQ_t \sin j' = r\sin j \sin j'. \tag{22}$$

Zieht man BK, so ist, wenn der Winkel KBC mit ϑ bezeichnet wird

$$\operatorname{tg}\vartheta = \frac{CK \sin(j+j')}{r + CK\cos(j+j')} = \frac{\sin j \sin j' \sin(j+j')}{1 + \sin j \sin j' \cos(j+j')}. \qquad (23)$$

Der Winkel ϑ ist somit von r unabhängig. Er hängt, wenn die Brechungsexponenten n und n' gegeben sind, nur vom Einfallswinkel j ab.

Mittels der perspektivischen Zentren C und K ist es sehr leicht, zu jedem Punkte auf dem einen oder anderen Hauptstrahl den inbezug auf Sagittal- oder Tangentialstrahlen konjugierten zu finden. Man hat diesen Punkt nun mit C resp. K zu verbinden und diese Verbindungsgerade bis zum Schnitt mit der anderen Achse zu verlängern. Der Schnittpunkt ist der gesuchte konjugierte Punkt.

Insbesondere erhält man auf diese Weise F_f, F_f' bezw. F_t und F_t', die Brennpunkte des Sagittal- bezw. Tangentialschnitts, durch Parallele zu den beiden Hauptstrahlen durch C resp. K als die den unendlich fernen Punkten der beiden Achsen entsprechenden Punkte.

Astigmatismus. Einem und demselben Objektpunkt O entsprechen inbezug auf Sagittal- und Tangentialschnitt zwei verschiedene konjugierte Punkte O_t', O_f'. Die Strecke dazwischen, die Bildstrecke, ist die zentrale Projektion der Strecke CK von O aus auf den gebrochenen Hauptstrahl. Dieselbe wird offenbar gleich Null, wenn der Punkt O auf der Geraden CK liegt. Diese Gerade ist die Verbindungsgerade der früher betrachteten aplanatischen Punkte der Kugel.

Es ist indessen nicht die Länge der Bildstrecke, welche als Maß für den Astigmatismus dient, sondern der Wert des Ausdrucks $n'\left(\dfrac{1}{t'} - \dfrac{1}{f'}\right)$. Um die Änderung dieses Wertes bei einer einfachen Brechung zu bestimmen, schreiben wir in der Gleichung (16) statt $\cos^2 x$, $1 - \sin^2 x$:

$$\frac{n'}{t'} - \frac{n'\sin^2 j'}{t'} - \frac{n}{t} + \frac{n\sin^2 j}{t} = \frac{n'\cos j' - n\cos j}{r}$$

und ziehen dann von derselben die Gleichung (14):

$$\frac{n'}{f'} - \frac{n}{f} = \frac{n'\cos j' - n\cos j}{r}$$

ab, wir erhalten:

$$n'\left(\frac{1}{t'} - \frac{1}{f'}\right) - n\left(\frac{1}{t} - \frac{1}{f}\right) = \frac{n'\sin^2 j'}{t'} - \frac{n\sin^2 j}{t}$$

oder in der früher eingeführten Bezeichnungsweise

$$\varDelta\, n \left(\frac{1}{t} - \frac{1}{f}\right) = J^2\, \varDelta \left(\frac{1}{nt}\right). \tag{24}$$

Diese Gleichung gibt die Änderung des Astigmatismus an, gleichviel, ob schon — etwa durch frühere Brechungen erzeugt — Astigmatismus vorhanden war, also f nicht gleich t war, oder ob das einfallende Büschel ein homozentrisches $(f = t)$ war.

Der Astigmatismus erfährt keine Änderung: einem homozentrischen einfallenden Büschel entspricht ein homozentrisches gebrochenes Büschel, wenn $n't' = nt$ ist.

Diese Bedingungsgleichung führt nach Gleichung (16) auf den Wert $t = r \cos j + r\, \dfrac{n'}{n}\, \cos j'$, d. h. auf den einen der beiden aplanatischen Punkte. Der andere entspricht dem zugehörigen Wert t'.

Die astigmatischen Bildlinien. Unsere beiden oben abgeleiteten Gleichungen (14) und (16) bestimmen also die Lagen der Punkte O_f' und O_t' im Sagittal- und Tangentialschnitt. Haben wir nun (Fig. 44) ein räumliches, durch vorangehende Brechungen astigmatisch gewordenes Büschel vor uns (das homozentrische Büschel kann als ein Spezialfall des astigmatischen betrachtet werden), so können wir die Strahlen dieses Büschels in doppelter Weise als ebene Büschel zusammenfassen: einmal als Tangentialbüschel, deren Achsen sämtlich durch O_f gehen; das andere Mal als Sagittalbüschel, deren Achsen durch O_t gehen. Die Achsen der Tangentialbüschel werden nach der Brechung durch O_f' hindurch gehen, denn diese Achsen sind ja identisch mit den Strahlen des sagittalen Hauptbüschels O_f. Die Achsen der Sagittalbüschel sind die Strahlen des Tangentialschnitts durch den Hauptstrahl und schneiden sich als solche nach der Brechung in O_t'. Die Vereinigungspunkte aller ebenen Tangentialbüschel werden die durch O_t' gehende erste Brennlinie des gebrochenen Büschels bilden; die der ebenen Sagittalbüschel die durch L_f' gehende zweite Brennlinie. Wie oben, S. 157, gezeigt wurde, liegt die eine, zweite, Brennlinie in der Einfallsebene, die andere, erste, steht auf der Einfallsebene senkrecht. Im ersten Kapitel, S. 30, wurde bewiesen, daß man überdies, wenn man bei der unendlich kleinen Größe zweiter Ordnung stehen bleibt, annehmen kann, daß beide Brennlinien auf dem Hauptstrahl senkrecht stehen.

Als zweite Bildlinie, welche in der Einfallsebene liegt und durch O_f' geht, bietet sich hier allerdings zunächst nicht eine zum Hauptstrahl $O_f'B$ senkrechte Gerade HJ dar, sondern das Stück EG der Zentrale (Fig. 44), welches die beiden äußersten Strahlen des tangentialen Hauptbüschels aus ihr herausschneiden. Durch dieses Stück gehen alle Strahlen des Büschels hindurch, denn wenn wir die Fig. 44 um die Zentrale CO'_f um kleine Winkel aus der Zeichenebene heraus nach vorn oder hinten drehen, so bestreichen wir die Gesamtheit aller Strahlen des ganzen Büschels, während EG der Größe und Lage nach ungeändert, also gemeinsam ist. Aber die Gerade HJ, welche zu BO'_f senkrecht steht, erfüllt, wie wir früher gezeigt haben, die Bedingung, daß alle gebrochenen Strahlen ihr bis auf Abweichungen von der zweiten Ordnung nahe bleiben, und ist für die meisten Entwicklungen bequemer.

Daß die Strahlenvereinigung in EG eine vollkommenere ist, hat für unsere Zwecke keinen Wert, da ja die Vereinigung in den ersten Brennpunkten O'_t, wie gezeigt, nur von der ersten Ordnung ist. (Vergleiche BOUASSE (**1.**) und die im historischen Teil besprochenen Arbeiten von SCHULTÉN.)

B. Die Abbildung ausgedehnter Objekte durch astigmatische Büschel.

Durch Brechung schiefer Büschel wird also im allgemeinen keine homozentrische Strahlenvereinigung herbeigeführt, als Bild eines Punktes kann man die zwei STURMschen Brennlinien betrachten. Die manchmal aufgeworfene Frage*): welche von diesen beiden Linien vom Auge als das eigentliche Bild aufgefaßt werde, kann wohl nicht allgemein beantwortet werden. Unter gewissen Umständen werden wir jedoch in der Tat veranlaßt, der einen oder anderen Linie den Vorzug zu geben. Denn denken wir uns als Objekt eine kleine zu einem mittleren schief einfallenden Hauptstrahle h senkrechte gerade Linie g, von deren Punkten Strahlen ausgehen, die jenem mittleren Hauptstrahle sämtlich sehr nahe sind (etwa alle die brechende Fläche innerhalb desselben kleinen Elementes treffen, so daß der Einfallspunkt B des mittleren Hauptstrahls auch der Einfallspunkt aller anderen Hauptstrahlen ist), so wird für alle Punkte von g annähernd dasselbe gelten wie für den Punkt, welcher auf h liegt. Die Hauptstrahlen der zu den einzelnen Punkten von g gehörigen Büschel werden zwar mit der Normale des abbildenden Kugelsegments in B etwas verschiedene Winkel bilden, der Astigmatismus der gebrochenen Büschel daher auch etwas verschieden stark sein, doch werden die Bildlinien erster und die zweiter Art doch unter sich angenähert parallel sein. Jeder Punkt der leuchten-

---

*) Sehr gründlich erörtert LEROY (**1.**) diese Frage in einer Arbeit, welche ich leider erst vor kurzem studieren konnte, so daß sie im Texte nicht berücksichtigt worden ist. Er untersucht die Abbildung ausgedehnter Objekte durch doppelt gekrümmte Flächen bei beliebigem Einfall des Hauptstrahls.

Einen Spezialfall behandelt GARTENSCHLÄGER (**1.**).

den Geraden erscheint also im Bilde in eine Linie ausgezogen ganz gleich, ob wir ihn in der ersten oder der zweiten Bildebene betrachten; das Bild als ganzes muß daher in beiden Ebenen einen undeutlichen verschwommenen Eindruck machen.

Wenn jedoch die leuchtende Gerade g im Tangential- oder Sagittalschnitt liegt, verhält sich die Sache anders. Betrachten wir, um einen bestimmten Fall im Auge zu haben, den ersten Fall: die leuchtende Gerade g liegt in der Einfallsebene. Alle von ihr ausgehenden Hauptstrahlen liegen dann auch in der Einfallsebene. Die den Punkten der Geraden g entsprechenden Bildpunkte O_t' und O_f' bilden zwei Linien in der Einfallsebene, welche wir l_t' und l_f' nennen wollen. Die ersten Bildlinien b_1 der Punkte von g gehen durch die Punkte von l_t' und stehen auf der Einfallsebene senkrecht. Ihre Gesamtheit bildet also eine auf der Einfallsebene senkrechte Fläche f_1. Die zweiten Bildlinien b_2 gehen durch die Punkte von l_f' hindurch und liegen in der Einfallsebene. Ihre Gesamtheit bildet eine in der Einfallsebene liegende Fläche f_2. Ein auf dem Hauptstrahl senkrecht stehender Schirm, welcher am Orte der ersten Bildlinien steht, wird durch die mit dem Hauptstrahl unendlich kleine Winkel bildenden Strahlen des Büschels (welche nach f_1 zielen) in einer Fläche geschnitten. Wird der Schirm aber an den Ort der zweiten Bildlinien gebracht, so schneiden ihn die nach f_2 zielenden Strahlen in einer Linie.

Liegt das Auge auf dem Hauptstrahl, und akkommodiert es auf die Linien b_1, so sieht es eine Fläche, akkommodiert es auf b_2, so sieht es dagegen eine Linie, weil die Verlängerung von f_2 durch das Auge hindurchgeht.

Liegt die leuchtende Gerade g im Sagittalschnitt, so erscheint umgekehrt am Orte der ersten Bildlinien ein scharfes, am Orte der zweiten ein verschwommenes Bild.

Besteht das Objekt aus einem rechtwinkeligen Kreuz oder noch besser aus einem Kreuzgitter, dessen Linien parallel und senkrecht zur Einfallsebene des mittleren Hauptstrahls liegen, so werden die erstgenannten Linien im Bildpunkt der Sagittalstrahlen, die zuletzt genannten im Bildpunkt der Tangentialstrahlen scharf erscheinen und manchmal sogar allein sichtbar sein, und diese Erscheinung ist umgekehrt das charakteristische Merkmal und Erkennungszeichen von vorhandenem Astigmatismus, wie das von OERTLING (*1.*) hervorgehoben wurde.

Wie empfindlich dasselbe ist, mag an dem Beispiel der Reflexiou an einer Kugelfläche gezeigt werden. Für diese gilt im Sagittalschnitt $\left(\dfrac{n'}{n}=-1\right.$ gesetzt. Siehe unter 2. E.).

und im Tangentialschnitt

$$\frac{1}{f'}+\frac{1}{f}=\frac{2\cos j}{r}$$

$$\frac{1}{t'}+\frac{1}{t}=\frac{2}{r\cos j},$$

daher für $f=t$

$$\frac{1}{t'}-\frac{1}{f'}=\frac{2}{r\cos j}-\frac{2\cos j}{r}$$

$$\frac{f'-t'}{f't'}=\frac{de}{e^2}=\frac{2}{r}\sin j\,\mathrm{tg}\,j,$$

wenn e die mittlere Distanz der Bildpunkte vom Spiegel bezeichnet.

Man sieht in letzterem Ausdruck am deutlichsten, in welchem Maße der Astigmatismus caet. par. mit dem Einfallswinkel wächst; und zwar ist dies in so hohem Grade der Fall, daß man nach einer Bemerkung von H. SCHROEDER (*1. 7.*) mit geeigneten Mitteln an einem Flüssigkeitsniveau, etwa einem Quecksilberspiegel, den durch die Krümmung der Erde verursachten Astigmatismus der an ihm reflektierten Büschel noch bemerken könnte. In der Tat setzen wir den Erdradius

$$r=6\,370\,000 \text{ m und } j=80^0, \text{ so wird } \frac{de}{e^2}=0{,}00000175 \text{ m}^{-1}.$$

Beobachten wir die Erscheinung mit einem Fernrohr, dessen Objektiv 7,5 m Brennweite (ca. 50 cm Öffnung) hat, also Dimensionen, die für unsere Zeit nicht mehr ungewöhnliche sind, so gilt für die Abbildung durch dieses System nach S. 105, falls wir vom Vorzeichen absehen,

$$d\xi'=\frac{d\xi}{\xi^2}f^2.$$

Wenn der vordere Brennpunkt des Objektivs etwa im Spiegel liegt, so daß e gleich ξ wird, so können wir setzen $d\xi/\xi^2 =$ unserem obigen de/e^2 $=0{,}00000175$ m^{-1}, also $d\xi'=0{,}1$ mm ca.

Eine Verschiebung des Bildortes von 0,1 mm würde man aber bei den angenommenen Dimensionen des Fernrohrs sehr wohl wahrnehmen können. Mit einem der modernen Riesenfernrohre, etwa dem der Licksternwarte in Kalifornien, würde die Differenz der Bildebenen 0,7 mm betragen, also sehr auffallend sein. Natürlich müßte das Quecksilberniveau entsprechend groß und völlig ruhig sein.

C. Der Bereich der kollinearen Abbildung bei schiefer Brechung.

Als Kennzeichen der kollinearen optischen Abbildung hatten wir früher, S. 86, hingestellt: daß jedem homozentrischen Strahlenbüschel in dem einen Raum ein homozentrisches Strahlenbüschel in dem andern Raum entspreche. Damit kollineare Abbildung stattfinde, ist also notwendig, daß sämtliche von einem Punkte O des Objektraumes ausgehende Strahlen sich nach der Brechung in ein- und demselben Punkte des Bildraumes schneiden. Das ist bei einem unter endlichem Winkel gebrochenen räumlichen Elementarbüschel aber nicht der Fall, die einem homozentrischen Objektbündel entsprechenden Strahlen des Bildraumes schneiden sich nicht in einem Punkte, sondern, wie wir oben sahen, in zwei zum Hauptstrahle senkrechten geraden Linien, den Bildlinien. Es findet also auch nicht einmal für die unendlich nahe um einen einfallenden und den entsprechenden gebrochenen Strahl gelegenen fadenförmigen Raumgebiete die Beziehung der Kollinearität statt.

Unsere Betrachtungen zeigen uns aber zugleich, wie wir das Abbildungsgebiet zu beschränken haben, um auch hier zwischen konjugierten Punkten eine eindeutige Beziehung zu erhalten. Gemäß denselben werden die im ersten Hauptschnitte (in der Einfallsebene) unendlich nahe an einem mittleren einfallenden Strahl l gelegenen Punkte $A_1 B_1 C_1$ durch Strahlen, die in demselben Hauptschnitte verlaufen und unendlich kleine Winkel mit l bilden, eindeutig abgebildet in Punkte $A_1' B_1' C_1'$, welche dem zu l konjugierten Strahle l' ganz nahe und ebenfalls im ersten Hauptschnitte liegen.

Anderseits werden die im zweiten Hauptschnitte (senkrecht zur Einfallsebene) nahe an l gelegenen Punkte $A_2 B_2 C_2 \ldots$ durch die in diesem Hauptschnitt einfallenden Strahlen eindeutig abgebildet im Punkte $A_2' B_2' C_2' \ldots$, welche in dem senkrecht zur Einfallsebene durch l' gelegten Schnitt ganz nahe an l' liegen. In dem so definierten, unendlich schmalen Flächenstreifen findet also jeweilig die Beziehung der Kollineation, d. h. eine „optische Abbildung" in unserem Sinne statt.

Der Objektraum der einen Abbildung durchdringt den der anderen im einfallenden Hauptstrahl l, der Bildraum der einen den der anderen im gebrochenen l'. Im übrigen aber sind diese beiden Abbildungen sowohl räumlich getrennt, als auch in ihren Maßverhältnissen verschieden, daher auch gesondert zu behandeln.

Genau genommen erstreckt sich auch ihr Bereich senkrecht zu den Achsen nicht gleich weit. Denn während die Strahlenvereinigung von sagittalen Büscheln, ebenso wie von paraxialen, von zweiter Ordnung ist, fanden wir die der tangentialen nur von erster Ordnung. Während wir also das Gebiet der Abbildung durch erstere soweit abgrenzen können, daß nur die Quadrate der Büschelöffnungen oder der linearen Büscheldurchmesser nahe der brechenden Kugel gegen die Schnittweiten der Büschel verschwinden, müssen wir es im anderen Falle so beschränken, daß schon jene Durchmesser selbst die gleiche relative Kleinheit besitzen, wenn wir beidemal gleich vollkommene Strahlenvereinigung verlangen.

Der angenommene mittlere Strahl ist — jeweilig vor oder nach der Brechung — die Achse der Abbildung, d. h. Linienelemente senkrecht zum einfallenden Strahl l werden durch die eine wie die andere Art von Büscheln in Linienelemente senkrecht zum gebrochenen Strahl l' abgebildet. Für Gerade im zweiten Hauptschnitt — senkrecht zur Einfallsebene — folgt die Richtigkeit der Behauptung aus Symmetriegründen; das Bild einer zu l senkrechten Geraden kann nur eine Kurve sein, deren Krümmungsmittelpunkt in l' liegt, welche also bis auf Abweichungen von der zweiten Ordnung mit einer zu l' senkrechten Geraden zusammenfällt. Das Bild einer in der Einfallsebene zu l senkrechten Geraden g kann — und wird im allgemeinen — eine Kurve c sein, die mit l' einen endlichen Winkel bildet,*) wenn wir dieses Bild Punkt für Punkt nach den oben abgeleiteten Gesetzen konstruieren. Errichten wir aber in dem auf l' liegenden Punkte der Kurve c eine in der Einfallsebene gelegene zu l' senkrechte Gerade g', so können wir g', unter Vernachlässigung der unendlich kleinen Größen zweiter Ordnung, als das Bild von g betrachten. Die Vernachlässigung der Größen zweiter Ordnung ist aber hier durchaus rationell, weil die Größen dieser Ordnung schon oben vernachlässigt werden mußten, um überhaupt im Tangentialschnitt die von einem Punkte ausgehenden Strahlen wieder in einem Punkte zu vereinigen. Daß die vernachlässigten Größen wirklich zweiter Ordnung sind, erkennt man leicht: das nach einem Punkte von c hinzielende unendlich schmale tangentiale Büschel schneidet aus g' eine Strecke heraus, welche unendlich klein von der zweiten Ordnung ist, denn die Öffnung des Büschels und der Abstand seines Querschnitts von seiner Spitze sind beide unendlich klein von der ersten Ordnung. Der Querschnitt kann also als Punkt betrachtet werden und die Bildstrahlen vereinigen sich, wenn man unendlich kleine Größen zweiter Ordnung vernachlässigt, in diesem auf g' liegenden Punkte, welcher an die Stelle des auf c liegenden wahren Bildpunktes treten kann.

Als Bestimmungsstücke der Abbildungen im Tangential- und Sagittalschnitt haben wir die Örter der Brennpunkte und die Werte der Brennweiten zu betrachten. Die ersteren haben wir bereits früher gefunden — Gleichung (18) und (19) — die letzteren wollen wir nunmehr aufsuchen.

---

*) Siehe LIPPICH (**2.**).

Bei der Brechung paraxialer Büschel an einer einzigen Fläche stimmen die Brennweiten dem absoluten Werte nach mit den Brennpunktsabständen überein, woraus aber nicht folgt, daß sie es hier auch tun müssen, wie manchmal stillschweigend angenommen worden ist. Nehmen wir als Definition der Brennweiten die, daß sie gleich seien der Höhe eines parallel zu der Achse des einen Raums einfallenden bezw. ausfahrenden Strahlen, dividiert durch die negativ genommene trigonometrische Tangente des Winkels, unter welchem dieser Strahl nach der Brechung die Achse des anderen Raums schneidet, so sieht man, daß für Büschel der ersten Art (Fig. 46), wenn wir beachten, daß die trigonometrische Tangente des kleinen Winkels du dem Bogen du gleich ist.

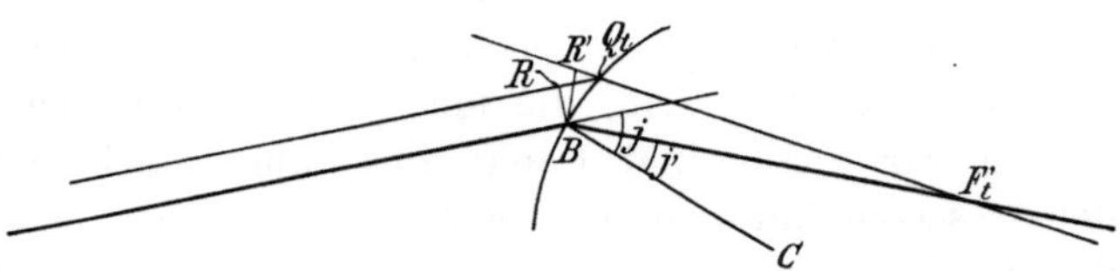

Fig. 46.

$BR = \mathrm{h}_t; \quad BR' = \mathrm{h}_t'; \quad \sphericalangle\, BF_t'Q_t = d\mathrm{u}'; \quad BF_t' = t_{F'}.$

Zur Ableitung der Brennweiten im Tangentialschnitt.

$$\mathrm{h}_t = BR = BQ_t \cos j; \qquad d\mathrm{u}' = BQ_t \frac{\cos j'}{BF_t'};$$

ebenso

$$\mathrm{h}_t' = BR' = BQ_t \cos j'; \qquad d\mathrm{u} = BQ_t \frac{\cos j}{BF_t};$$

daher nach (19):

$$\left.\begin{aligned}
f_t &= -BF_t \frac{\cos j'}{\cos j} = \frac{nr \cos j \cos j'}{n' \cos j' - n \cos j} = \frac{r}{2} \frac{\cos j \sin 2j'}{\sin(j-j')} \\[2mm]
f_t' &= -BF_t' \frac{\cos j}{\cos j'} = -\frac{n'r \cos j \cos j'}{n' \cos j' - n \cos j} = -\frac{r}{2} \frac{\cos j' \sin 2j}{\sin(j-j')}
\end{aligned}\right\} \quad (25)$$

und

die Tangentialbrennweiten sind also nicht gleich den negativ genommenen Brennpunktsabständen; aber wie bei der paraxialen Abbildung gilt auch für sie die Gleichung:

$$\frac{f_t}{f_t'} = -\frac{n}{n'}.$$

Für Büschel der zweiten Art wird, ganz wie bei der paraxialen Abbildung

$$f_f = -BF_f = \frac{n\,r}{n'\cos j' - n\cos j} = \frac{r\sin j'}{\sin(j-j')} \left.\vphantom{\frac{n'r}{n'\cos j'}}\right\}$$

$$f'_f = -BF'_f = -\frac{n'\,r}{n'\cos j' - n\cos j} = -\frac{r\sin j}{\sin(j-j')} \left.\vphantom{\frac{n'r}{n'\cos j'}}\right\} \quad (26)$$

also auch hier

$$\frac{f_f}{f'_f} = -\frac{n}{n'}.$$

Mit diesen speziellen Werten der Konstanten sind auf die eine wie die andere Abbildung alle Gesetze zur Anwendung zu bringen, welche wir für kollineare Abbildung als allgemeingiltig erwiesen hatten; insbesondere finden also dieselben Beziehungen zwischen den Größen α, β und γ einerseits und f, f' anderseits hier statt wie dort.

D. Die kollineare Abbildung bei schiefer Brechung eines die Achse schneidenden Elementarbüschels.

Die für die Brechung an einer Kugelfläche gefundenen Gesetze lassen sich nicht unmittelbar auf ein beliebiges System solcher Flächen übertragen, weil im allgemeinen die Hauptschnitte im Bildraum der νten Fläche nicht mit den Hauptschnitten im Objektraum der $\nu + 1$ten Fläche übereinstimmen. Dieser die ganze Behandlung außerordentlich erschwerende Umstand wird vermieden, wenn das System zentriert ist und die Achse des einfallenden Büschels die Systemachse schneidet. Wir wollen uns hier auf diesen einfachen Fall beschränken. Die Einfallsebene fällt dann bei sämtlichen Brechungen mit der Ebene zusammen, welche den einfallenden Hauptstrahl mit der Systemachse verbindet. Welches auch die Lage des leuchtenden Punktes auf dem einfallenden Hauptstrahl sei, immer ist die Einfallsebene dieses Strahls eine Symmetrieebene der einfallenden Wellenflächen und aller brechenden Kugeln; somit auch aller gebrochenen Wellenflächen. Infolgedessen ist diese Ebene auch eine Hauptkrümmungsebene der gebrochenen Wellenfläche und die eine STURMsche Bildlinie liegt in ihr, die andere fällt in den zugehörigen Sagittalschnitt, und da beide auf dem Hauptstrahl senkrecht stehen, ist ihre Lage somit vollständig bestimmt.

Die für die Zusammensetzung der Abbildungen gegebenen Gesetze lassen sich unmittelbar auf die Abbildungen in den Tangential- und Sagittalschnitten anwenden, weil jetzt die Bildebene der νten mit der Objektebene der $\nu + 1$ten Fläche übereinstimmt. Man erhält auf diese Weise Brennpunktskoordinaten und Brennweiten des zusammengesetzten Systems aus den Konstanten der Einzelsysteme.

Nimmt man als Objektpunkt im ersten Medium den unendlich fernen Punkt des Hauptstrahls und bestimmt für denselben nach den auf S. 49 und 75 angegebenen Formeln sämtliche t_ν und f_ν, um die Brennpunkte F_t' und F_f' zu ermitteln, so kann man ohne auf die Zusammensetzungsformel zurückzugreifen, unmittelbar die Bildbrennweiten erhalten.

Die Bildbrennweite des Sagittalschnitts f_f' ergibt sich genau in derselben Weise, wie die Bildbrennweite der Paraxialstrahlen: nach der Definition der Brennweite $f_f' = - \dfrac{h_{1f}}{d\,\mathrm{v}_k'}$

$$f_f' = - \frac{f_1' f_2' \cdots f_k'}{f_2 \cdots f_k}. \tag{27}$$

Um die Bildbrennweite im Tangentialschnitt zu erhalten, erinnern wir uns, daß nach S. 172 für diesen Schnitt

$$\frac{h_t}{h_t'} = \frac{\cos j}{\cos j'}$$

ist. Somit wird

$$f_t' = - \frac{h_{1t}}{d\,\mathrm{u}_k'} = - \frac{h_{1t}}{h_{1t}'} \frac{h_{1t}'}{h_{2t}} \frac{h_{2t}}{h_{2t}'} \frac{h_{2t}'}{h_{3t}} \cdots \frac{h_{kt}}{h_{kt}'} \frac{h_{kt}'}{d\,\mathrm{u}_k'}$$

$$= - \frac{\cos j_1}{\cos j_1'} \frac{\cos j_2}{\cos j_2'} \cdots \frac{\cos j_k}{\cos j_k'} \frac{t_1' t_2' t_3' \cdots t_k'}{t_2\, t_3 \cdots t_k}.$$

Um die Objektbrennpunkte und Objektbrennweiten zu erhalten, müßte man einen zum ausfahrenden Hauptstrahl parallelen Strahl in beiden Schnitten in umgekehrter Richtung durch das System hindurch verfolgen. Die Objektbrennweiten können auch aus den für beliebig viele Flächen gültigen Formeln

$$f_f : f_f' = - n : n' \quad \text{und} \quad f_t : f_t' = - n : n'$$

entnommen werden.

E. Spezialfälle.

Die Ebene. Wir können die Ebene als eine Kugel von unendlich großem Radius betrachten. Setzen wir $r = \infty$, so werden die Abszissen der Hauptbrennpunkte — Formeln (18) und (19) — und die Brennweiten in beiden Schnitten unendlich groß, die Abbildungen werden teleskopisch. Das Verhältnis der beiden Brennweiten bleibt endlich, es ist immer noch:

$$f_s : f_s' = f_t : f_t' = -n : n'.$$

Gleichung (14) gibt für den Sagittalschnitt:

$$f' = \frac{n'}{n} f.$$

Gleichung (16) für den Tangentialschnitt:

$$t' = \frac{n' \cos^2 j'}{n \cos^2 j} t.$$

Das Konvergenzverhältnis im Sagittalschnitt wird nach (15)

$$\gamma_s = \frac{d\mathrm{v}'}{d\mathrm{v}} = \frac{f}{f'} = \frac{n}{n'}.$$

Aus den Konvergenzverhältnissen erhält man nach der allgemeinen Abbildungsgleichung (22) auf S. 104 die Vergrößerung im Sagittalschnitt β_s

$$\beta_s = -\frac{f_s}{f_s'} \cdot \frac{1}{\gamma_s} = 1,$$

weil $f_s / f_s' = -n/n'$ gilt.

Im Tangentialschnitt wird das Konvergenzverhältnis nach (17):

$$\gamma_t = \frac{\cos j'}{\cos j} \frac{t}{t'} = \frac{n \cos j}{n' \cos j'},$$

also

$$\beta_t = -\frac{f_t}{f_t'} \cdot \frac{1}{\gamma_t} = \frac{\cos j'}{\cos j}.$$

Die Vergrößerung ist also in den beiden Hauptschnitten verschieden.

Das perspektivische Zentrum im Sagittalschnitt ist das Zentrum der unendlich großen Kugel, d. h. die Richtung der Normalen auf die brechende Ebene.

Das perspektivische Zentrum K des Tangentialschnitts liegt ebenfalls im Unendlichen, was schon daraus hervorgeht, daß beide Brennpunkte im Unendlichen liegen. Um seine Richtung zu bestimmen, erinnern wir uns, daß der Winkel ϑ, welchen die vom Einfallspunkt nach dem Kugelmittelpunkt und nach dem perspektivischen Zentrum K gezogenen Strahlen BC und BK miteinander einschließen, vom Radius der brechenden Kugel unabhängig ist. Der früher — Formel (23) — für diesen Winkel gegebene Wert

$$\operatorname{tg}\vartheta = \frac{\sin j \,\sin j' \,\sin(j+j')}{1 + \sin j \,\sin j' \,\cos(j+j')}$$

gilt also auch für die Ebene. Er bestimmt den Winkel, welchen die Richtung nach dem perspektivischen Zentrum der Tangentialstrahlen mit der Normalen zur brechenden Ebene einschließt.

Konstruktiv ermittelt man (Fig. 47, das dichtere Medium ist hier links gedacht) die Richtung des Zentrums, indem man wie LIPPICH (*2. 179.*) im Tangentialschnitt einen Kreis zeichnet, welcher die brechende Ebene im Einfallspunkt B des Hauptstrahls berührt und für diesen Kreis das perspektivische Zentrum K nach der S. 164 gegebenen YOUNGschen Konstruktion bestimmt. Die Richtung der vom Einfallspunkt B nach diesem Zentrum gezogenen Geraden ist das perspektivische Zentrum des Tangentialschnitts unserer Geraden.

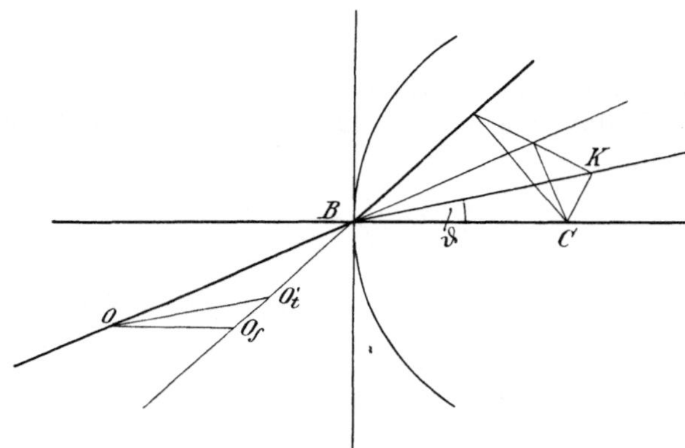

Fig. 47.

Zur astigmatischen Brechung an der Ebene. Konstruktion des perspektivischen Zentrums der Tangentialstrahlen.

Entsprechende Punkte OO_f' des Sagittalschnitts liegen auf Normalen zur brechenden Ebene; entsprechende Punkte des Tangentialschnitts OO_t' auf Parallelen zur Geraden BK.

Die planparallele Platte. Es sei n der Brechungsindex der Platte inbezug auf das sie umgebende Medium, also $\dfrac{n_1'}{n_1}=\dfrac{n_2}{n_2'}=n.$ Die Dicke der Platte sei d. Dann ist in unserer gewohnten Bezeichnungsweise, da $j_2 = j_1'$, $j_2' = j_1$ ist:

Im Sagittalschnitt:

$$f_1' = n f_1$$

$$\int_2 = \int_1' - \frac{d}{\cos j_1'}$$

$$\int_2' = \frac{1}{n}\int_2$$

$$\int_2' = \int_1 - \frac{d}{n \cos j_1'}.$$

Im Tangentialschnitt ähnlich:

$$t_2' = t_1 - \frac{d}{n}\,\frac{\cos^2 j_1}{\cos^3 j_1'}.$$

Der Abstand der beiden Bildpunkte ist:

$$t_2' - \int_2' = t_1 - \int_1 + \frac{d}{n}\,\frac{1}{\cos j_1'}\left(1 - \frac{\cos^2 j_1}{\cos^2 j_1'}\right).$$

Ist $t_1 = \int_1$ der Abstand des leuchtenden Punktes von der Platte, so wird der Abstand der Bildpunkte

$$t_2' - \int_2' = \frac{d}{n \cos j_1'}\left(1 - \frac{\cos^2 j_1}{\cos^2 j_1'}\right).$$

Diese astigmatische Differenz der Bildpunkte ist von dem Abstand des Objektpunkts von der Platte unabhängig, bleibt also endlich, wenn dieser Abstand unendlich groß wird. Für einen unendlich fernen Punkt ist die astigmatische Differenz daher zu vernachlässigen.

Ist die Platte dichter als das umgebende Medium, also $j_1' < j_1$, so ist $\cos j_1' > \cos j_1$, die astigmatische Differenz wird positiv. Bei positivem t_2' und $\int_2'$ ist der tangentiale Schnittpunkt weiter von der Platte entfernt als der sagittale.

Konvergenzverhältnis und Vergrößerung erleiden beim Durchgang des Lichts durch die Platte keine Veränderung.

Ein unter endlicher Neigung durch den Mittelpunkt einer unendlich dünnen Linse hindurchgehendes Büschel.*) Wir setzen $n_1 = n_2' = n$ und $n_1' = n_2 = n'$, ferner, da der durch den Mittelpunkt der unendlich dünnen Linse hindurchgehende Hauptstrahl seine Richtung beim Durchgang durch die Linse nicht ändert:

$$j_1 = j_2' = j; \qquad j_1' = j_2 = j'$$

---

*) Für den allgemeineren Fall, in welchem der Hauptstrahl des Büschels *exzentrisch* durch eine dicke Linse hindurchgeht, gibt HERMANN (**2.** I. *451*; III. *293*.) Formeln. Er behandelt in diesem Aufsatz auch geschichtete Linsen und kommt zu dem Ergebnis, daß die nach dem Zentrum hin zunehmende optische Dichte der Kristalllinse der Periskopie günstig ist.

und schreiben noch zur Abkürzung

$$N = n' \cos j' - n \cos j.$$

Dann ist nach (18):

$$S_1 = - \frac{n\,r_1}{N}; \qquad S_1' = \frac{n'\,r_1}{N}; \qquad S_2 = \frac{n'\,r_2}{N}; \qquad S_2' = - \frac{n\,r_2}{N}:$$

also nach (20):

$$\frac{n'}{f_1'} - \frac{n}{f_1} = \frac{N}{r_1}$$

$$-\frac{n}{f_2'} + \frac{n'}{f_2} = \frac{N}{r_2}.$$

Die zweite Gleichung von der ersten subtrahiert gibt:

$$\frac{n}{f_2'} - \frac{n}{f_1} = N\left(\frac{1}{r_1} - \frac{1}{r_2}\right),$$

also:

$$\frac{1}{f_2'} - \frac{1}{f_1} = \frac{n' \cos j' - n \cos j}{n}\left(\frac{1}{r_1} - \frac{1}{r_2}\right).$$

Ganz ähnlich erhält man für den Tangentialschnitt:

$$\frac{1}{t_2'} - \frac{1}{t_1} = \frac{n' \cos j' - n \cos j}{n \cos^2 j}\left(\frac{1}{r_1} - \frac{1}{r_2}\right).$$

Die Brennweite f_f' ist nach (27): $-\dfrac{f_1' f_2'}{f_2}$. Nun ist aber, weil die Linse unendlich dünn ist, $f_1' = f_2$, also ist f_f' einfach gleich dem Werte, welchen $-f_2'$ für $f_1 = \infty$ annimmt, d. h.

$$f_f' = - \frac{n}{n' \cos j' - n \cos j} \cdot \frac{r_1 r_2}{r_2 - r_1}.$$

Da $f_f : f_f' = - n_1 : n_2' = -1$, so ist dann:

$$f_f = \frac{n}{n' \cos j' - n \cos j} \cdot \frac{r_1 r_2}{r_2 - r_1}.$$

Im Tangentialschnitt wird:

$$f_t' = - \frac{\cos j_1}{\cos j_1'}\frac{\cos j_2}{\cos j_2'}\frac{t_1' t_2'}{t_2} = - \frac{\cos j \cos j'}{\cos j' \cos j} t_2' = - t_2',$$

also

$$f_t = - f_t' = \frac{n \cos^2 j}{n' \cos j' - n \cos j} \cdot \frac{r_1 r_2}{r_2 - r_1}.$$

In beiden Schnitten sind die Brennweiten gleich den negativ genommenen Brennpunktsabständen. Es gelten also im Sagittal- und Tangentialschnitt für ein unendlich dünnes Büschel, welches schief auf den Mittelpunkt einer unendlich dünnen Linse fällt, ganz dieselben Formeln

$$\frac{1}{f_2'} - \frac{1}{f_1} = \frac{1}{f_f}$$

$$\frac{1}{t_2'} - \frac{1}{t_1} = \frac{1}{f_t}$$

wie für ein senkrecht einfallendes Büschel — Formel (10) — nur hängen jetzt die Brennweiten von dem Einfallswinkel des Hauptstrahls ab, und sind überdies in den beiden Schnitten verschieden groß.

Diese letztere Eigenschaft ist vor der Konstruktion der Zylinderlinsen zur Korrektion des Astigmatismus der Augen benutzt worden. f_t ist gleich $f_f \cos^2 j$, die Brennweite ist also im Tangentialschnitt kleiner, die Linse in diesem Azimut stärker als im Sagittalschnitt.

Die Reflexion an einer sphärischen Fläche. Wenn wir als positive Koordinatenrichtung immer die Richtung des einfallenden Lichts betrachten, so erhalten wir die für die Reflexion gültigen Gleichungen aus den für die Brechung abgeleiteten, indem wir einfach $n = -1$ setzen, es wird dann nach (18) und (19), da $j' = -j$ ist:

$$S = S' = \frac{r}{2\cos j}; \qquad T = T' = \frac{r\cos j}{2},$$

und die Gleichungen (20) und (21) werden

$$\frac{1}{f} + \frac{1}{f'} = \frac{2\cos j}{r}$$

$$\frac{1}{t} + \frac{1}{t'} = \frac{2}{r\cos j},$$

oder, da nach (25) und (26):

$$f_f = f_f' = -\frac{r}{2\cos j}$$

$$f_t = f_t' = -\frac{r\cos j}{2}$$

$$\frac{1}{f} + \frac{1}{f'} = -\frac{1}{f_f}$$

$$\frac{1}{t} + \frac{1}{t'} = -\frac{1}{f_t}.$$

Ganz wie für das senkrecht einfallende Büschel, S. 141, nur daß wiederum die beiden Brennweiten verschieden sind und vom Werte des Einfallswinkels abhängen.

Im Sagittalschnitt wird nach (15) das Konvergenzverhältnis:

$$\gamma_f = \frac{f}{f'},$$

und somit die Vergrößerung, da nach S. 173 die HELMHOLTZsche Gleichung (4) auch hier gilt:

$$\beta_f = -\frac{f'}{f}.$$

Im Tangentialschnitt das Konvergenzverhältnis nach (17):

$$\gamma_t = \frac{t}{t'},$$

die Vergrößerung nach (4):

$$\beta_t = -\frac{t'}{t}.$$

Alle diese Gleichungen könnten natürlich auch leicht direkt abgeleitet werden.

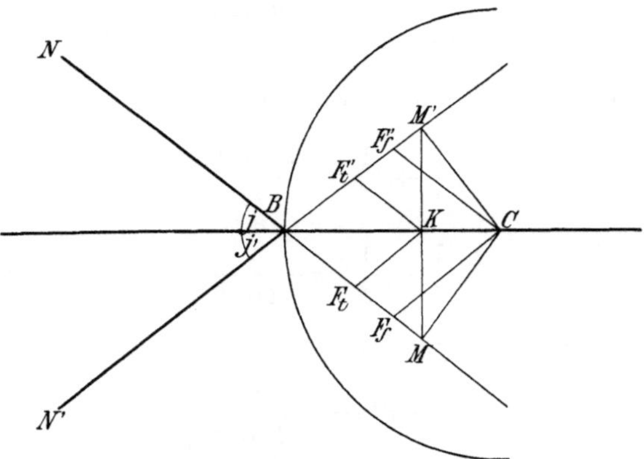

Fig. 48.

Zur Reflexion eines schief einfallenden Elementarbüschels. Konstruktion der perspektivischen
Zentren und der Brennpunkte.

Das perspektivische Zentrum für den Sagittalschnitt ist wie immer das Kugelzentrum. Das perspektivische Zentrum für den

Tangentialschnitt wird nach der YOUNGschen Konstruktion erhalten
(Fig. 48), indem man vom Zentrum Perpendikel CM und CM' auf
den einfallenden und gebrochenen Strahl fällt, die Fußpunkte dieser
Perpendikel miteinander verbindet und vom Zentrum C auf diese
Verbindungsgerade ein drittes Perpendikel fällt. Der Fußpunkt K
dieses Perpendikels ist das perspektivische Zentrum der Tangentialstrahlen, welches wegen der Symmetrie der ganzen Erscheinung
inbezug auf CB auf diesem Strahle liegen muß.

Durch Parallele zum einfallenden und reflektierten Strahl durch
C und K erhält man die Brennpunkte, deren Abszissen, wie leicht
aus der Figur zu sehen ist, die oben angegebenen Werte S, S', T, T'
verifizieren.

Wird die Kugel zur Ebene, so ist:

$$f = -f'; \qquad t = -t'; \qquad \gamma_f = \gamma_t = -1; \qquad \beta_f = \beta_t = +1.$$

Diese Gleichungen bestätigen das früher, S. 141, Gesagte.

3. Der Fall doppelt gekrümmter brechender Flächen.

Wenn ein unendlich dünnes Büschel auf eine doppelt gekrümmte Fläche fällt, so wird es, selbst wenn seine Hauptachse
auf der Fläche normal steht, astigmatisch, wie wir gleich des
näheren sehen werden.

Wir wollen uns für doppelt gekrümmte Flächen auf den Fall
beschränken, in welchem die Einfallsebene des Hauptstrahls a ein
Hauptschnitt der Fläche ist. Der allgemeine Fall hat bis jetzt für
den praktischen Optiker keine Bedeutung gehabt, es wird daher
genügen, für denselben auf das Lehrbuch von HEATH (*3.* art. *158*)
und auf die Originalarbeiten von STURM (*1. 2. 1238.*), MAXWELL (*4.*),
C. NEUMANN (*2.*) und MATTHIESSEN (*10.*) zu verweisen.*)

---

*) Die Aufgabe, welche die im Texte genannten Autoren sich stellen, lautet
folgendermaßen: Ein unendlich dünnes reguläres Strahlenbündel, d. h. ein
unendlich dünnes Büschel, welches ein System von Orthogonalflächen besitzt,
sei durch die Lage des Hauptstrahls und der beiden Brennlinien bestimmt,
es werde durch eine gegebene doppelt gekrümmte Fläche gebrochen, es soll
die Lage des gebrochenen Hauptstrahls und seiner beiden Brennlinien gefunden werden oder, wie STURM sich ausdrückt: Die Krümmungsradien der
Hauptschnitte der einfallenden Wellenfläche sind gegeben, es sollen die Krümmungsradien der gebrochenen Wellenfläche berechnet werden. STURM bestimmt
übrigens nicht nur die Länge der Krümmungsradien, sondern auch die Lage
der Hauptschnitte. Die Gleichungen, zu welchen er gelangt, sind identisch
mit denen von MAXWELL und NEUMANN, welche seine Abhandlung wohl nicht

Derjenige Hauptschnitt der Fläche, welcher den Hauptstrahl a enthält, möge Tangentialschnitt heißen, während die auf diesem Schnitte senkrechte Ebene durch a, welche im allgemeinen kein Hauptschnitt der Fläche sein wird, als Sagittalschnitt bezeichnet sein möge.

Für den Tangential- und Sagittalschnitt der doppelt gekrümmten Flächen gelten ganz dieselben Formeln und Gesetze, wie für die gleichnamigen Schnitte der Kugel, nur daß an Stelle des Kugelradius die Krümmungsradien der Fläche in den zugehörigen Hauptkrümmungslinien treten.

Betrachten wir zunächst den Tangentialschnitt. Da er mit der Einfallsebene zusammenfällt, so treten die in ihm liegenden Strahlen bei der Brechung nicht aus ihm heraus: die Brechung findet in einer Ebene statt. Diese unendlich schmale Ebene schneidet die Fläche in einer Hauptkrümmungslinie. Denken wir uns längs dieser Kurve die Normalen an die Fläche errichtet, so gehen dieselben, wenn wir uns auf ein unendlich kleines Kurvenstück beschränken, sämtlich durch den Krümmungsmittelpunkt der Kurve im Einfallspunkt B. Das unendlich kleine Kurvenstück, welches die Brechung unseres Büschels vermittelt, fällt mit einem um diesen Krümmungsmittelpunkt durch B gezogenen Kreis zusammen. Die Brechung im Tangentialschnitt unterscheidet sich also nicht von der Brechung im analogen Schnitt einer Kugel, deren Krümmung mit der Krümmung der Fläche im Tangentialschnitt übereinstimmt.

Ähnlich liegen die Verhältnisse für den Sagittalschnitt. Diese Ebene schneidet die Fläche in der auf dem Tangentialschnitt senkrecht stehenden Hauptkrümmungslinie. Denken wir uns um den zum Punkt B gehörigen Krümmungsmittelpunkt dieser Kurve eine

---

gesehen hatten. STURMS Beweise sind etwas weitschweifig, zumal er außer dem uns hier interessierenden Satz noch andere ableitet. MAXWELL und NEUMANN gelangen rascher zum Ziele. MAXWELL benutzt die Eigenschaften der HAMILTONschen charakteristischen Funktion; seinem Beweise folgt HEATH, welcher in seinem Lehrbuche auch die übrigen interessanten MAXWELLschen Arbeiten (**1. 5. 6.**) berücksichtigt hat. Die MAXWELLschen Konstruktionen fehlen indessen bei HEATH. NEUMANN stützt seinen Beweis auf das Prinzip der schnellsten Ankunft, seine Formeln sind sehr übersichtlich. Während die bisher genannten Autoren — wie auch wir es immer getan haben — annehmen, daß die Brennlinien auf dem Hauptstrahl senkrecht stehen, was erlaubt ist, wenn man bei den unendlich kleinen Größen zweiter Ordnung stehen bleibt, macht MATTHIESSEN diese Voraussetzung nicht. Er gibt für das einfallende Büschel die Neigung der Brennlinien gegen den Hauptstrahl und berechnet sie für das gebrochene Büschel. Siehe auch LEROY (**1.**).

Kugel durch B beschrieben, so wird diese Kugel vom Sagittalschnitt in einem Kreise geschnitten, welcher sich innerhalb des unendlich schmalen Büschels mit der Krümmungslinie deckt. Die Normalen an der brechenden Fläche und an der Kugel fallen längs dieser Kurve zusammen. Die Brechung im Sagittalschnitt der Fläche ist identisch mit der Brechung im Sagittalschnitt einer Kugel der betrachteten Art.

Im Tangential- und Sagittalschnitt der Fläche findet demnach eine Abbildung ganz derselben Art wie für die Kugel statt, und die für die Kugel abgeleiteten Formeln gelten auch hier.

Wir denken uns nun ein unendlich dünnes räumliches Büschel, dessen Scheitel O auf der Hauptachse a liegt. Für dieses Büschel gilt wie für jedes unendlich dünne Büschel der STURMsche Satz, d. h. man kann unter Vernachlässigung der unendlich kleinen Größen dritter Ordnung annehmen, daß alle Strahlen des Büschels nach der Brechung durch die zwei STURMschen Brennlinien hindurchgehen. Von jeder dieser Linien kennen wir bereits einen Punkt. Die erste Brennlinie geht durch den tangentialen Bildpunkt O_t' des Büschelscheitels O hindurch, die zweite durch den sagittalen Bildpunkt O_f' desselben Punktes. Die Brennlinien liegen nach dem STURMschen Satz in den Hauptkrümmungsebenen der gebrochenen Wellenfläche. Die eine dieser Ebenen fällt nun aber mit dem Tangentialschnitt zusammen, weil Lichtbüschel und brechende Fläche in der Umgebung des Einfallspunktes B inbezug auf diesen Schnitt symmetrisch sind. Da die Hauptkrümmungsebenen aufeinander senkrecht stehen, ist der Sagittalschnitt die andere dieser Ebenen.

Die erste Brennlinie steht somit in O_t' auf dem Tangentialschnitt, die zweite in O_f' auf dem Sagittalschnitt senkrecht. Die ersten Brennlinien aller Punkte auf der Hauptachse sind untereinander parallel, ebenso die zweiten Brennlinien.

Betrachten wir nun die Gesamtheit der Strahlen, welche dem Hauptstrahl a, a' unendlich nahe liegen, so werden die Richtungen der Brennlinien dieser Strahlen nur unendlich wenig von den Richtungen der Brennlinien des Hauptstrahls abweichen. Die ersten Brennlinien aller dieser Strahlen werden angenähert auf dem Tangentialschnitt des Hauptstrahls a' senkrecht stehen, die zweiten auf seinem Sagittalschnitt. Hieraus läßt sich folgender von LIPPICH (*2. 176.*) für die Kugel aufgestellte Satz ableiten:

Projiziert man zwei konjugierte Strahlen g, g', welche einem (in einem Hauptschnitt der Fläche verlaufenden) Hauptstrahl a, a' unendlich nahe liegen, auf die Tangential- resp. Sagittalschnitte dieses Hauptstrahls, so entsprechen sich auch die Projektionen g_1, g_1 resp. g_2, g_2' dieser Strahlen.

H_1 sei der Tangentialschnitt des Strahles a, a'; H_2 und H_2' seine Sagittalschnitte. Wir beweisen den Satz zunächst für die Projektionen g_1, g_1' auf den Tangentialschnitt. Da H_1 ein Hauptschnitt der Fläche ist und g_1 a unendlich nahe liegt, so fällt der eine der zwei durch den Einfallspunkt von g_1 gehenden Hauptschnitte mit H_1 zusammen und es gelten für diesen Strahl g_1 die im vorigen bewiesenen Sätze. g liegt im Sagittalschnitt von g_1, also g' im Sagittalschnitt des g_1 entsprechenden Strahls g_1'. Dieser Sagittalschnitt steht aber auf dem Tangentialschnitt H_1 senkrecht: g_1' ist also die Projektion von g' auf H_1.

Für die Projektionen auf die Sagittalschnitte ist der Beweis schwieriger, weil die Projektion des Strahls g auf diesen Schnitt nicht in einem Hauptschnitte der Fläche liegt. Es sei k_1 (Fig. 49) die im Tangentialschnitt von a liegende Hauptkrümmungslinie der Fläche, k_2 die im Sagittalschnitt liegende.

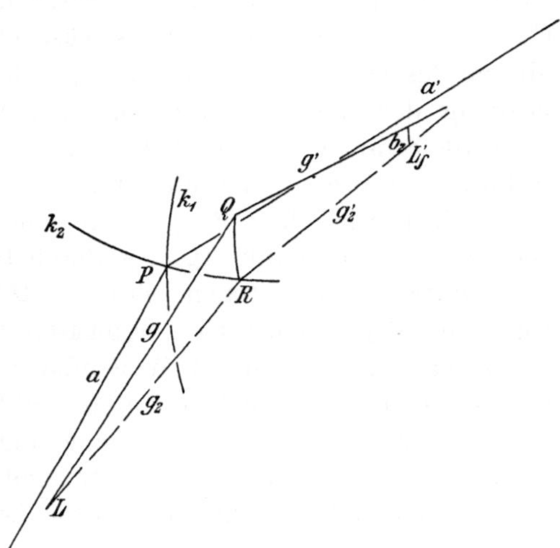

Fig. 49.
Zum Beweis des Lippichschen Satzes.

Durch den Punkt Q, in welchem g die Fläche schneidet, ziehe man die zu k_1 parallele Hauptkrümmungslinie und verlängere sie, bis sie k_2 in R schneide: L sei der Punkt, in welchem g den Sagittalschnitt H_2 schneidet; verbindet man L mit R, so fällt die Gerade LR mit der Projektion g_2 von g auf H_2 zusammen, wenn wir unendlich kleine Größen der zweiten Ordnung vernachlässigen. Fällt man nämlich, um g_2 zu erhalten, von Q auf H_2 ein Perpendikel QQ', so läuft (Fig. 50) RQ' parallel mit a, weil die Ebene $QQ'R$ dem Hauptschnitt H_1 parallel ist, der Winkel $LQ'R$ ist also unendlich klein und, da RQ' auch unendlich klein ist, so ist das Perpendikel RR' von R auf LQ' unendlich klein von der zweiten Ordnung. LR fällt mit g_2 zusammen. Da nun aber g_2 in H_2 liegt, so liegt der zugehörige gebrochene

Strahl g_2' in H_2', und verbinden wir g_2' mit Q durch eine Ebene, so steht diese Ebene auf H_2' senkrecht, weil g_2', unter Vernachlässigung unendlich kleiner Größen der zweiten Ordnung, durch den Fußpunkt Q'' des Perpendikels von Q auf H_2 hindurchgeht. Die Ebene Qg_2' enthält aber den g entsprechenden Strahl g', denn g' geht erstens durch Q und zweitens, als Strahl des Büschels L, durch die in einem Punkte von g_2' auf H_2' senkrecht stehende zweite Bildlinie b_2 des Punktes L hindurch, liegt also in der auf H_2' senkrechten Ebene Qg_2': also ist g_2' die Projektion von g' auf H_2'. Die Projektionen entsprechender Geraden des Büschels auf die Hauptschnitte entsprechen sich.

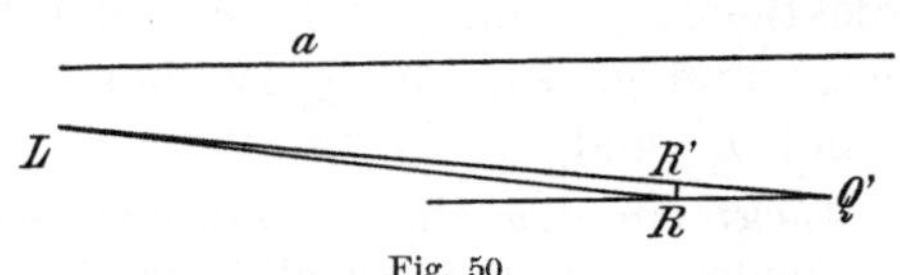

Fig. 50.
Zum Beweis des Lippichschen Satzes.

Mit Hilfe des Lippichschen Satzes kann zu jedem Strahl g, welcher dem Hauptstrahl a unendlich nahe liegt, der entsprechende g' gefunden werden, wenn die Abbildungskonstanten in den Schnitten H_1 und $H_2 H_2'$ bekannt sind. Man hat bloß zu g die Projektionen g_1 und g_2 zu bestimmen und im Tangentialschnitt H_1 und den Sagittalschnitten H_2 und H_2' zu g_1 resp. g_2 die entsprechenden Strahlen g_1' und g_2' zu bestimmen. g_1' und g_2' sind die Projektion von g'. Wie die Abbildungskonstanten zu bestimmen sind, folgt aus dem am Anfang dieses Paragraphen Gesagten.

Wenn der gebrochene Hauptstrahl a' auf eine zweite brechende Fläche fällt und in einem der Hauptschnitte des Einfallspunktes liegt, so findet auch an dieser Fläche im Tangential- und Sagittalschnitt Abbildung statt, aber die Hauptschnitte des Bildraums der ersten Fläche stimmen im allgemeinen nicht mit den Hauptschnitten des Objektraums der zweiten Fläche überein, so daß kein direkter Übergang vom ersten zum letzten Medium möglich ist. Wir beschränken uns auf die Betrachtung zweier Spezialfälle.

A. Die Abbildung durch doppelt gekrümmte Flächen, welche sämtlich auf dem Hauptstrahle senkrecht stehen, und deren Hauptschnitte zusammenfallen.

In diesem Falle ist ein direkter Übergang vom ersten zum letzten Medium möglich. Beide (allen Medien gemeinsame) Hauptschnitte sind Tangentialschnitte. Wir unterscheiden sie willkürlich als ersten und zweiten Hauptschnitt. Nach dem oben Gesagten können die Kurven, in welchen die Hauptschnitte die Flächen schneiden,

als Kreise betrachtet werden, deren Radien gleich den Krümmungsradien der Flächen sind, im allgemeinen also in den beiden Hauptschnitten verschieden groß sein werden. Die durch diese Kreise
in jedem der beiden Hauptschnitte erzeugten Abbildungen können
nach den allgemeinen Zusammensetzungsformeln zu einer Abbildung,
welche direkt vom ersten zum letzten Medium hinüberführt, zusammengesetzt werden. Denken wir uns diese Zusammensetzung
ausgeführt, so können wir dann zu einem beliebigen Strahl g den
entsprechenden g' im letzten Medium finden, indem wir zu seinen
Projektionen g_1 und g_2 auf die beiden Hauptschnitte die entsprechenden $g_1{}'$ und $g_2{}'$ suchen. g' ist dann der Strahl, dessen Projektionen
$g_1{}'$ und $g_2{}'$ sind.

Liegt ein von einem Punkte O ausstrahlendes Lichtbüschel vor,
und denken wir uns für alle Strahlen g durch O die Projektion g_1
und g_2, sowie die diesen Strahlen im ersten und zweiten Hauptschnitt entsprechenden Strahlen $g_1{}'$ und $g_2{}'$ konstruiert, so gehen
alle Strahlen g_1 durch die Projektion O_1 von O auf den ersten
Hauptschnitt; die entsprechenden Strahlen $g_1{}'$ durch das Bild $O_1{}'$
von O_1 im ersten Hauptschnitt, d h. alle Strahlen g' gehen durch
die im Punkte $O_1{}'$ auf dem ersten Hauptschnitt senkrecht stehende
Gerade. Ebenso gehen alle Strahlen $g_2{}'$ durch das Bild $O_2{}'$ der
Projektion O_2 von O auf den zweiten Hauptschnitt, die Strahlen g'
also durch die im Punkte $O_2{}'$ auf dem zweiten Hauptschnitt senkrecht stehende Gerade. Die in den Punkten $O_1{}'$ resp. $O_2{}'$ auf dem
ersten resp. zweiten Hauptschnitt senkrecht stehenden Geraden sind
die STURMschen Brennlinien des von O ausfahrenden Büschels nach
seiner Brechung durch sämtliche Flächen. Im allgemeinen liegen
$O_1{}'$ und $O_2{}'$ in zwei verschiedenen Normalebenen zur Achse, das
Büschel ist astigmatisch. Es wird homozentrisch, wenn $O_1{}'$ und
$O_2{}'$ in derselben Normalebene zur Hauptachse liegen, denn dann
schneiden sich die beiden in $O_1{}'$ und $O_2{}'$ auf den beiden Hauptschnitten senkrecht stehenden Geraden und alle Strahlen des Büschels
müssen durch den Schnittpunkt hindurchgehen, um beide Geraden
zu schneiden.

Ein besonderer Fall dieser Art Brechung ist die Brechung eines
senkrecht auf eine oder mehrere Zylinderflächen auffallenden Büschels,
wenn die Erzeugenden der Zylinderflächen in zwei durch die Achse
gehenden und aufeinander senkrecht stehenden Ebenen — den
Hauptschnitten der vorigen Entwicklung — liegen. Setzen wir
voraus, die Zylinderflächen seien gerade Kreiszylinder, so ist der
Krümmungsradius jeweilen in dem einen Hauptschnitt unendlich

groß, während er in dem andern gleich dem Radius des Zylinders ist. Man hat also nur in jedem Hauptschnitt ein System von Geraden und Kreisen zusammenzusetzen, um die Wirkung des ganzen Systems in jedem der beiden Hauptschnitte zu übersehen. Durch den LIPPICHschen Satz wird die Brechung einer beliebigen Geraden auf die Brechung ihrer Projektionen auf die Hauptschnitte zurückgeführt.

Viel verwickelter werden die Verhältnisse, wenn der Hauptstrahl die verschiedenen Flächen zwar noch senkrecht schneidet, die Hauptschnitte der aufeinander folgenden Flächen aber nicht mehr zusammenfallen. Wir behandeln, wie unsere Vorgänger, nur den Fall unendlich dünner Systeme.

B. Die Zusammensetzung
zweier unendlich dünner Systeme doppelter Krümmung, deren Hauptschnitte nicht zusammenfallen.*)

Wir setzen voraus, daß die Hauptachse auf sämtlichen brechenden Flächen senkrecht steht und daß die Scheitel aller Flächen sich unendlich nahe liegen. Die Flächen des ersten Systems sollen alle unter sich dieselben Hauptschnitte haben, ebenso die Flächen des zweiten Systems; es seien aber die Hauptschnitte des ersten Systems von denen des zweiten verschieden. Wir denken uns in jedem der beiden Hauptschnitte, sowohl des ersten als des zweiten Systems, die Zusammensetzung aller Einzelabbildungen zu einer Abbildung ausgeführt, so daß schließlich nur zwei unendlich dünne Systeme ohne Abstand vorliegen, welche zusammenzusetzen sind, wenn diese Zusammensetzung möglich ist. $f_1 f_1'$ seien die Brennweiten des ersten Systems in dem einen willkürlich als ersten bezeichneten Hauptschnitte; g_1, g_1' in dem zweiten. Weil die Scheitel aller Flächen zusammenfallen, fallen auch ihre Hauptpunkte zusammen. Die Koordinaten der Brennpunkte inbezug auf den gemeinsamen Scheitel sind also gleich den negativ genommenen Brennweiten. Die auf der Hauptachse im gemeinsamen Scheitel S sämtlicher Flächen senkrechte Ebene wollen wir die Hauptebene nennen. Ihre Punkte sind den Objekt- und Bildräumen beider Systeme gemeinsam.

Wir führen drei Koordinatensysteme ein, deren x-Achsen sämtlich mit der Hauptachse des Büschels zusammenfallen, während die y- und z-Achsen verschieden orientiert sind. Koordinatenursprung ist

---

*) Literatur: R. STRAUBEL (*1.*); S. P. THOMPSON (*1.*); I. D. VAN DER PLAATS (*1.*); R. I. SOWTER (*1.*).

für alle Systeme der Scheitel S. Ein erstes System X, Y, Z dient als Grundsystem, auf welches die andern Systeme bezogen werden. Die beiden andern Koordinatensysteme sind den beiden optischen Systemen eigentümlich, indem ihre xy- und xz-Ebenen mit den Hauptschnitten dieser Systeme zusammenfallen. Diese Hilfssysteme mögen, wie die optischen Systeme, die Indices 1 und 2 tragen. Ein Lichtstrahl wird im Grundsystem bestimmt durch die Koordinaten Y, Z des Punktes, in welchem er die Hauptebene schneidet, und durch die unendlich kleinen Winkel U, V, welche seine Projektionen auf die XY- und XZ-Ebenen mit der X-Achse einschließen. y_1, z_1, u_1, v_1 mögen für das erste Hilfssystem entsprechende Bedeutung haben und es sei α_1 der Winkel, welcher

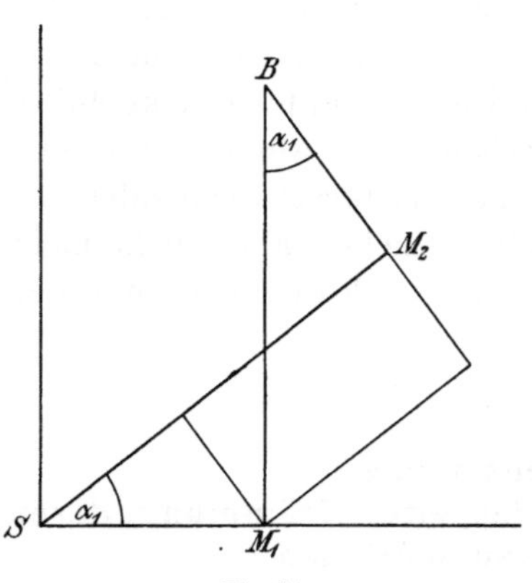

Fig. 51.

$$SM_1 = Y; \quad M_1B = Z; \quad SM_2 = y_1;$$
$$M_2B = z_1.$$

Zur Ableitung der Transformationsformeln.

die x_1y_1-Ebene (die Ebene des ersten Hauptschnitts des ersten Systems) mit der Grundebene XY einschließt. Dann gelten die folgenden Transformationsformeln, welche in bekannter Weise unmittelbar aus der obenstehenden Fig. 51 abzulesen sind:

$$\left.\begin{aligned} y_1 &= \quad\;\; Y\cos\alpha_1 + Z\sin\alpha_1 \\ z_1 &= -\,Y\sin\alpha_1 + Z\cos\alpha_1 \end{aligned}\right\} \tag{29}$$

$$\left.\begin{aligned} Y &= y_1\cos\alpha_1 - z_1\sin\alpha_1 \\ Z &= y_1\sin\alpha_1 + z_1\cos\alpha_1 \end{aligned}\right\} \tag{30}$$

Ganz ähnliche Formeln bestehen auch für die Winkel U, V, u_1, v_1, weil diese Winkel nach Voraussetzung unendlich klein sind. Beschreiben wir, um dies einzusehen, um den Ursprung eine Kugel mit dem Radius 1 und ziehen durch ihren Mittelpunkt S eine Parallele zum Lichtstrahl. Es sei A der Punkt, in welchem diese Parallele die Kugel schneidet. Das Stück der Kugel, auf welchem alle Punkte A liegen, kann als eine zur x-Achse senkrechte Ebene betrachtet werden, weil der Punkt A der x-Achse unendlich nahe liegen muß. U, V resp. u_1, v_1 sind daher die rechtwinkeligen Koordinaten des Punktes A inbezug auf ein ebenes Koordinatensystem, dessen Ursprung in dem Punkte liegt, in welchem die x-Achse die Kugel schneidet und dessen Achsen der Y, Z- resp. $y_1 z_1$-Achse parallel laufen: es gelten somit für die Winkel U, V, u_1, v_1 den Gleichungen (29) und (30) ganz analoge Formeln:

$$\left.\begin{array}{l} u_1 = U_1 \cos \alpha_1 + V_1 \sin \alpha_1 \\ v_1 = - U_1 \sin \alpha_1 + V_1 \cos \alpha_1 \end{array}\right\} \tag{31}$$

$$\left.\begin{array}{l} U_1 = u_1 \cos \alpha_1 - v_1 \sin \alpha_1 \\ V_1 = u_1 \sin \alpha_1 + v_1 \cos \alpha_1 \end{array}\right\} \tag{32}$$

In diesen Gleichungen sind die Werte, welche den Winkeln U und V vor der Brechung an der ersten Fläche zukommen, mit U_1, V_1 bezeichnet.

Da die $x_1 y_1$- und $x_1 z_1$-Ebene Hauptschnitte des ersten Systems sind, so gelten für die Projektionen des Lichtstrahls auf diese Ebenen die allgemeinen Abbildungsgesetze. Es seien $\mathrm{x}_1 \mathrm{x}_1{}'$ die x-Koordinaten des Punktes, in welchem die Projektion des Lichtstrahls auf die $x_1 y_1$-Ebene vor resp. nach der Brechung durch das erste System die x-Achse schneidet: dann ist nach Formel (29) S. 111, weil beide Hauptpunkte mit dem Koordinaten-Ursprung zusammenfallen:

$$\frac{f_1}{\mathrm{x}_1} + \frac{f_1{}'}{\mathrm{x}_1{}'} + 1 = 0.$$

Es ist aber

$$u_1 = \frac{y_1}{\mathrm{x}_1}; \qquad u_1{}' = \frac{y_1}{\mathrm{x}_1{}'},$$

also:

$$f_1 u_1 + f_1{}' u_1{}' + y_1 = 0,$$

oder, da

$$f_1 : f_1{}' = - n_1 : n_1{}',$$

$$n_1{}' u_1{}' = n_1 u_1 + n_1 \frac{y_1}{f_1}.$$

Für den zweiten Hauptschnitt erhält man in ähnlicher Weise:

$$n_1{}' v_1{}' = n_1 v_1 + n_1 \frac{z_1}{g_1}.$$

Wir müssen nun wieder zum Koordinatensystem X, Y, Z zurückkehren. Die Koordinaten Y, Z des in der Hauptebene gelegenen Durchstoßpunktes ändern sich bei der Brechung nicht, es handelt sich daher nur darum, die Winkel $U_1{}' V_1{}'$ des gebrochenen Strahls aus $u_1{}' v_1{}'$ abzuleiten. Für diese Winkel gelten den Gleichungen (32) analoge Transformationsformeln:

$$\left.\begin{aligned}
U_1' &= u_1' \cos \alpha_1 - v_1' \sin \alpha_1 \\
V_1' &= u_1' \sin \alpha_1 + v_1' \cos \alpha_1
\end{aligned}\right\} \quad (33)$$

Setzen wir in diese Gleichungen die eben gefundenen Werte
für u_1' und v_1' ein und führen mittels der Gleichungen (31) und (29)
für u_1, v_1, y_1 und z_1 die Größen U_1, V_1, Y, Z ein, so erhalten wir:

$$\left.\begin{aligned}
U_1' &= \frac{n_1}{n_1'}\left[U_1 + Y\left(\frac{\cos^2\alpha_1}{f_1} + \frac{\sin^2\alpha_1}{g_1}\right) + Z\sin\alpha_1\cos\alpha_1\left(\frac{1}{f_1} - \frac{1}{g_1}\right)\right] \\
V_1' &= \frac{n_1}{n_1'}\left[V_1 + Y\sin\alpha_1\cos\alpha_1\left(\frac{1}{f_1} - \frac{1}{g_1}\right) + Z\left(\frac{\sin^2\alpha_1}{f_1} + \frac{\cos^2\alpha_1}{g_1}\right)\right]
\end{aligned}\right\} \quad (34)$$

Durch diese Gleichungen und die Koordinaten Y, Z seines Durchstoßpunktes ist der aus dem System 1 ausfahrende Lichtstrahl vollständig bestimmt.

Für den Durchgang durch das zweite optische System haben
wir bei analoger Bezeichnungsweise folgende Formeln:

$$\left.\begin{aligned}
U_2' &= \frac{n_2}{n_2'}\left[U_2 + Y\left(\frac{\cos^2\alpha_2}{f_2} + \frac{\sin^2\alpha_2}{g_2}\right) + Z\sin\alpha_2\cos\alpha_2\left(\frac{1}{f_2} - \frac{1}{g_2}\right)\right] \\
V_2' &= \frac{n_2}{n_2'}\left[V_2 + Y\sin\alpha_2\cos\alpha_2\left(\frac{1}{f_2} - \frac{1}{g_2}\right) + Z\left(\frac{\sin^2\alpha_2}{f_2} + \frac{\cos^2\alpha_2}{g_2}\right)\right]
\end{aligned}\right\} \quad (35)$$

Geht ein Lichtstrahl nacheinander durch beide Systeme hindurch, so ist $U_2 = U_1'$, $V_2 = V_1'$; setzen wir demgemäß in die vorigen
Gleichungen die für U_1' und V_1' bestimmten Werte aus (34) ein, so
erhalten wir:

$$\left.\begin{aligned}
U_2' &= \frac{n_1}{n_2'}U_1 + \frac{n_1}{n_2'}Y\left(\frac{\cos^2\alpha_1}{f_1} + \frac{\sin^2\alpha_1}{g_1}\right) + \frac{n_1}{n_2'}Z\sin\alpha_1\cos\alpha_1\left(\frac{1}{f_1} - \frac{1}{g_1}\right) \\
&\quad + \frac{n_2}{n_2'}Y\left(\frac{\cos^2\alpha_2}{f_2} + \frac{\sin^2\alpha_2}{g_2}\right) + \frac{n_2}{n_2'}Z\sin\alpha_2\cos\alpha_2\left(\frac{1}{f_2} - \frac{1}{g_2}\right) \\
V_2' &= \frac{n_1}{n_2'}V_1 + \frac{n_1}{n_2'}Y\sin\alpha_1\cos\alpha_1\left(\frac{1}{f_1} - \frac{1}{g_1}\right) + \frac{n_1}{n_2'}Z\left(\frac{\sin^2\alpha_1}{f_1} + \frac{\cos^2\alpha_1}{g_1}\right) \\
&\quad + \frac{n_2}{n_2'}Y\sin\alpha_2\cos\alpha_2\left(\frac{1}{f_2} - \frac{1}{g_2}\right) + \frac{n_2}{n_2'}Z\left(\frac{\sin^2\alpha_2}{f_2} + \frac{\cos^2\alpha_2}{g_2}\right)
\end{aligned}\right\} \quad (36)$$

Man kann sich nun fragen, ob es nicht möglich wäre, ein unendlich dünnes System zwischen die Medien n_1 und n_2' einzuschalten,
welches für alle Lichtstrahlen, d. h. für alle Werte von Y, Z, U_1, V_1
dieselbe Wirkung hätte, wie die beiden Systeme 1 und 2. Es seien
f und g die ersten Brennweiten dieses hypothetischen Systems, α der

Winkel, welchen sein erster Hauptschnitt mit der XY-Ebene einschließt. Für dieses System würden die Gleichungen gelten:

$$\left.\begin{aligned}
U_2' &= \frac{n_1}{n_2'}\left[U_1 + Y\left(\frac{\cos^2\alpha}{f} + \frac{\sin^2\alpha}{g}\right) + Z\sin\alpha\cos\alpha\left(\frac{1}{f} - \frac{1}{g}\right)\right]\\
V_2' &= \frac{n_1}{n_2'}\left[V_1 + Y\sin\alpha\cos\alpha\left(\frac{1}{f} - \frac{1}{g}\right) + Z\left(\frac{\sin^2\alpha}{f} + \frac{\cos^2\alpha}{g}\right)\right]
\end{aligned}\right\} \quad (37)$$

und es müßten für alle Werte von U_1, V_1, Y, Z die Gleichungssysteme (36) und (37) dieselben Werte ergeben. Das wird der Fall sein, wenn die folgenden drei Gleichungen erfüllt sind:

$$n_1\left(\frac{\cos^2\alpha_1}{f_1} + \frac{\sin^2\alpha_1}{g_1}\right) + n_2\left(\frac{\cos^2\alpha_2}{f_2} + \frac{\sin^2\alpha_2}{g_2}\right) = n_1\left(\frac{\cos^2\alpha}{f} + \frac{\sin^2\alpha}{g}\right) \quad (38)$$

$$n_1\sin\alpha_1\cos\alpha_1\left(\frac{1}{f_1} - \frac{1}{g_1}\right) + n_2\sin\alpha_2\cos\alpha_2\left(\frac{1}{f_2} - \frac{1}{g_2}\right)$$
$$= n_1\sin\alpha\cos\alpha\left(\frac{1}{f} - \frac{1}{g}\right) \quad (39)$$

$$n_1\left(\frac{\sin^2\alpha_1}{f_1} + \frac{\cos^2\alpha_2}{g_1}\right) + n_2\left(\frac{\sin^2\alpha_2}{f_2} + \frac{\cos^2\alpha_2}{g_2}\right) = n_1\left(\frac{\sin^2\alpha}{f} + \frac{\cos^2\alpha}{g}\right) \quad (40)$$

Das sind drei Gleichungen zur Bestimmung der drei Unbekannten α, f und g. Die Lösung wird also im allgemeinen möglich sein.

Wir setzen zur Abkürzung

$$\frac{n_1}{f_1} = \varphi_1, \quad \frac{n_1}{g_1} = \psi_1; \quad \frac{n_2}{f_2} = \varphi_2, \quad \frac{n_2}{g_2} = \psi_2; \quad \frac{n_1}{f} = \varphi, \quad \frac{n_1}{g} = \psi$$

und bezeichnen diese Größen als die Stärken der Systeme in den betreffenden Hauptschnitten. Wenn das erste Medium der drei Systeme Luft ist, fällt diese Definition mit der für die Linsen gebräuchlichen zusammen.

Durch Addition von (38) und (40) erhält man:

$$\varphi_1 + \psi_1 + \varphi_2 + \psi_2 = \varphi + \psi. \quad (41)$$

Durch Subtraktion derselben Gleichungen:

$$(\varphi_1 - \psi_1)\cos 2\alpha_1 + (\varphi_2 - \psi_2)\cos 2\alpha_2 = (\varphi - \psi)\cos 2\alpha. \quad (42)$$

Diese Gleichung kombinieren wir mit der Gleichung (39), welche wir in folgender Form schreiben:

$$(\varphi_1 - \psi_1)\sin 2\alpha_1 + (\varphi_2 - \psi_2)\sin 2\alpha_2 = (\varphi - \psi)\sin 2\alpha,$$

indem wir jede der beiden Gleichungen quadrieren und die Quadrate addieren:

$$(\varphi_1-\psi_1)^2+(\varphi_2-\psi_2)^2+2(\varphi_1-\psi_1)(\varphi_2-\psi_2)\cos 2(\alpha_1-\alpha_2)=R^2=(\varphi-\psi)^2.$$

Da die linke Seite durch Summation zweier Quadrate entstanden ist, ist sie stets positiv; wir erhalten also für $\varphi-\psi$ stets einen reellen Wert $\pm R$. Aus $\varphi-\psi$ und $\varphi+\psi$ ergeben sich unmittelbar φ und ψ und, wenn diese Größen bekannt sind, 2α, nämlich:

$$\varphi=(\varphi_1+\psi_1+\varphi_2+\psi_2+R):2 \qquad (43)$$

$$\psi=(\varphi_1+\psi_1+\varphi_2+\psi_2-R):2 \qquad (44)$$

$$\sin 2\alpha=\frac{1}{R}\left[(\varphi_1-\psi_1)\sin 2\alpha_1+(\varphi_2-\psi_2)\sin 2\alpha_2\right] \quad (45)$$

$$\cos 2\alpha=\frac{1}{R}\left[(\varphi_1-\psi_1)\cos 2\alpha_1+(\varphi_2-\psi_2)\cos 2\alpha_2\right] \quad (46)$$

wo

$$R^2=(\varphi_1-\psi_1)^2+(\varphi_2-\psi_2)^2+2(\varphi_1-\psi_1)(\varphi_2-\psi_2)\cos 2(\alpha_1-\alpha_2) \quad (47)$$

ist.

Setzen wir $-R$ für R, so nimmt φ den vorher für ψ gültigen Wert an, und zugleich ändert sich α um 90^0. Es wird also einfach der vorher erste Hauptschnitt zum zweiten und umgekehrt, wir erhalten keine neue Lösung.

R und α lassen sich auch leicht geometrisch konstruieren (Fig. 52). Man zeichne in der YZ-Ebene eine Strecke, welche mit der Y-Achse den Winkel $2\alpha_1$ bildet, und trage auf derselben $(\varphi_1-\psi_1)$ ab. Im Endpunkt dieser Strecke zeichne man eine zweite Strecke $(\varphi_2-\psi_2)$, welche mit der Y-Achse den Winkel $2\alpha_2$ bildet. Verbindet man den Ursprung mit dem Endpunkt dieser zweiten Strecke, so ist die Länge der Verbindungsgeraden gleich R und der Winkel, welchen sie mit der Y-Achse einschließt, ist gleich 2α.

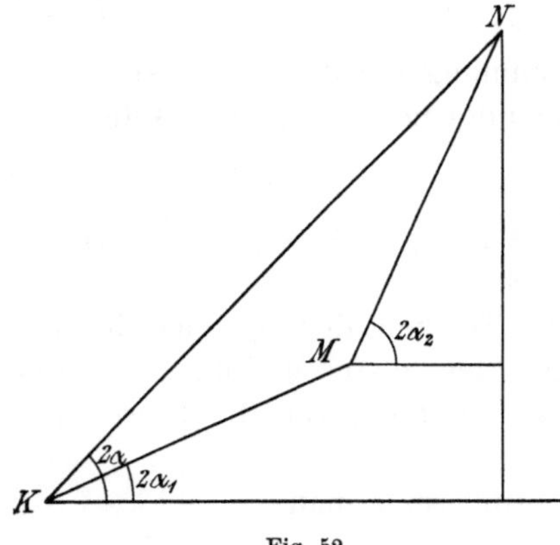

Fig. 52.

$KM=\varphi_1-\psi_1$; $MN=\varphi_2-\psi_2$; $KN=R$.

Zur Konstruktion der Zylinderkomponente und des Winkels, welchen dieselbe mit der Y-Achse einschließt.

Wie man zwei Systeme auf diese Weise zu einem resultierenden zusammensetzen kann, so kann man umgekehrt auch ein gegebenes System in zwei zerlegen und zwar natürlich auf unendlich mannigfache Weise. Wir wollen, um die Bedeutung der Größe R hervortreten zu lassen, das resultierende System φ, ψ in eine Kugel und eine Zylinderfläche zerlegen, was, wie der Erfolg zeigen wird, möglich ist. Die Kugelfläche habe die Stärke $\varphi_1 = \psi_1 = \varkappa$. Die Stärke der Zylinderfläche sei in dem einen Hauptschnitt Null, in dem andern ζ. Diesen letzteren Schnitt betrachten wir als den ersten Hauptschnitt, er bilde mit der XY-Ebene den Winkel β. Setzen wir diese Werte in die Gleichungen (43)—(47) ein, so erhalten wir, mit R beginnend:

$$R = +\zeta; \qquad \alpha = \beta; \qquad \varphi = \varkappa + \zeta; \qquad \psi = \varkappa. \qquad (48)$$

(Die Lösung $R = -\zeta$ ist wieder nur formell verschieden.)

Unser R ist also nichts anderes als die Stärke der Zylinderfläche. α ist der Winkel, welchen der zu den Erzeugenden senkrechte Hauptschnitt der Zylinderfläche mit der XY-Ebene bildet. R könnte also die Zylinderkomponente des optischen Systems genannt werden, α ihr Winkel mit der Y-Achse und ψ die Kugelkomponente.

Zur Erklärung der vorigen Formeln möge die STOKESsche Linse kurz behandelt werden. Diese Linse besteht aus zwei gleich starken einerseits planen, anderseits gekrümmten Zylinderlinsen von entgegengesetztem Vorzeichen, welche mit ihren ebenen Seiten aufeinandergelegt werden. Die optische Achse denken wir uns senkrecht auf allen Flächen des Systems, sie schneide also die geometrischen Achsen der Zylinderflächen rechtwinkelig. Die Zylinderlinsen können um die optische Achse gegeneinander gedreht werden; γ sei der Winkel, welchen die auf den Erzeugenden senkrechten Hauptschnitte in einer beliebigen Lage miteinander bilden. Wir betrachten beide Linsen als unendlich dünn und nehmen an, ihr Abstand sei verschwindend klein. φ_1 sei die Stärke der positiven, $\varphi_2 = -\varphi_1$ die der negativen Linse. ψ_1 und ψ_2 sind gleich Null. Wir legen die XY-Ebene, so daß sie den Winkel γ halbiert, dann ist

$$\alpha_1 = \frac{\gamma}{2}, \qquad \alpha_2 = -\frac{\gamma}{2}.$$

Die Zusammensetzung der beiden Linsen nach den Formeln (43)—(46) ergibt:

$$R = \pm 2\,\varphi_1 \sin\gamma, \qquad \alpha = \pm 45^0.$$

Ferner wird nach (48):

$$\varkappa = \mp\, \varphi_1 \sin\gamma.$$

Die Stokessche Linse ist also einer Linse äquivalent, welche
eine sphärische Fläche von der Stärke $\mp \varphi_1 \sin \gamma$ und eine Zylinderfläche von der Stärke $\pm 2\,\varphi_1 \sin \gamma$ besitzt. Das Azimut des Zylinderanteils ist $\pm 45^0$ gegen die Gerade geneigt, welche die Winkel der
beiden Hauptschnitte der Zylinderlinsen halbiert, ändert sich also
nicht — entgegen einer Behauptung von S. P. Thompson (*1. 324.*) —
wenn die Halbierungslinie der Hauptschnitte im Raum fest bleibt.
Fallen die Hauptschnitte zusammen, so sind γ, R und $\varkappa$ gleich Null,
mit wachsendem γ wächst der absolute Wert des Zylinderanteils,
zugleich aber auch der des Kugelanteils.

4. Die anamorphotische Abbildung.

Unter einer anamorphotischen Abbildung versteht man eine
Abbildung, bei welcher die Vergrößerung je nach der Richtung, in
welcher sie gemessen wird, verschiedene Werte hat.

Abbe (*7.*) hat eine Reihe auf diese Abbildung bezügliche Sätze
aufgestellt, von welchen wir hier einige — freilich nicht in der
Allgemeinheit, welche ihnen Abbe gegeben hat — beweisen wollen.
Während nämlich nach Abbe die folgenden Sätze ebenso allgemein
gültig sind, wie die Sturmschen Sätze, macht unser Beweis folgende beschränkende Voraussetzungen:

Alle Strahlen, welche bei der Abbildung mitwirken, sollen
einem Strahle a unendlich nahe liegen. Dieser Strahl möge, nachdem er alle Flächen des Systemes durchlaufen hat, mit a' bezeichnet
werden. Dann setzen wir voraus, daß zwei aufeinander senkrecht
stehende Ebenen durch a auf zwei aufeinander senkrechte Ebenen
durch a' nach dem im ersten Kapitel statuierten Gesetzen abgebildet
werden. Wir setzen ferner voraus, daß die Projektionen entsprechender
Strahlen auf diese Ebenen selbst entsprechende Strahlen sind.

Diese Voraussetzungen sind, wie wir auf S. 182/183 gezeigt
haben, erfüllt, wenn bei der Brechung an einer doppelt gekrümmten
Fläche der Strahl a in einem der beiden seinem Einfallspunkt zugeordneten Hauptschnitte der Fläche liegt. Geht der Strahl a durch
mehrere Flächen hindurch, so wird unsere Voraussetzung erfüllt,
wenn er immer in einer Ebene bleibt und diese Ebene ein Tangentialschnitt sämtlicher Flächen ist. (Tangentialschnitt im Sinne
der auf Seite 182 gegebenen Definition.) Tangential- und Sagittalschnitt im ersten Medium werden dann sukzessive durch alle Flächen
schließlich auf Tangential- und Sagittalschnitt des letzten Mediums
abgebildet.

Wir bezeichnen die beiden zueinander rechtwinkeligen Ebenen, für welche Abbildung stattfindet, als Hauptschnitte und unterscheiden sie durch die Indices 1 und 2. Das erste Medium heißt Objekt-, das letzte Bildraum. Die auf den Bildraum bezüglichen Buchstaben werden mit Akzenten belegt.

O sei der Scheitel eines Strahlenbüschels des Objektraumes. O_1 und O_2 seien die Projektionen von O auf die beiden Hauptschnitte. O_1' und O_2' seien die Bilder dieser Projektionen. Im Bildraum gehen die ersten Projektionen aller Strahlen des Büschels durch O_1', die zweiten durch O_2'. Alle Strahlen des Büschels gehen also durch zwei auf den Hauptschnitten in O_1' resp. O_2' senkrechte Gerade — die STURMschen Brennlinien — hindurch. Im allgemeinen liegen O_1' und O_2' und somit auch die beiden Brennlinien in zwei verschiedenen Normalebenen zu a', das Büschel ist im Bildraum astigmatisch. Es wird homozentrisch oder „stigmatisch", wenn die beiden Punkte O_1' und O_2' in derselben Normalebene zu a' liegen, so daß sie als die Projektionen eines Punktes O' angesehen werden können. In diesem Fall, und nur in diesem Fall wird der Punkt O scharf im Punkte O' abgebildet. O und O' bilden ein Paar stigmatischer Punkte.

Es ist leicht zu sehen, daß, wenn O und O' stigmatische Punkte sind, alle Punkte welche in einer Normalebene zu a durch O liegen, ebenfalls stigmatisch auf eine Normalebene zu a' durch O' abgebildet werden. Die stigmatischen Punkte liegen also in Normalebenen zur Achse. Diese stigmatischen Ebenen allein werden scharf abgebildet. Wenn wir uns also nur mit scharfen anamorphotischen Abbildungen beschäftigen wollen — und das wollen wir hier in der Tat tun — haben wir zunächst die stigmatischen Ebenen aufzusuchen, denn nur in diesen kann eine solche Abbildung stattfinden. Es genügt hierzu die stigmatischen Punkte auf den Achsen a und a' zu bestimmen.

A, A' sei ein Paar solcher Punkte. Es seien F_1 und F_1' Objekt- und Bildbrennpunkt im ersten, F_2 und F_2' im zweiten Hauptschnitt. f_1, f_1', f_2, f_2' seien die entsprechenden Brennweiten. Wir setzen:

$$F_1 F_2 = \mathrm{d} \qquad F_1' F_2' = \mathrm{d}'$$
$$F_1 A = \mathfrak{x}_1 \qquad F_1' A' = \mathfrak{x}_1'$$
$$F_2 A = \mathfrak{x}_2 \qquad F_2' A' = \mathfrak{x}_2'$$

dann ist:

$$\mathfrak{x}_2 = \mathfrak{x}_1 - \mathrm{d}$$
$$\mathfrak{x}_2' = \mathfrak{x}_1' - \mathrm{d}'$$

13*

und nach den Abbildungsgesetzen:

$$\mathfrak{x}_1\mathfrak{x}_1' = f_1 f_1'$$

$$\mathfrak{x}_2\mathfrak{x}_2' = f_2 f_2'.$$

Wenn nicht gleichzeitig d und d' verschwinden oder die eine oder beide Abbildungen teleskopisch werden, so bestimmen diese vier Gleichungen die 4 Unbekannten $\mathfrak{x}_1$, $\mathfrak{x}_1'$, $\mathfrak{x}_2$, $\mathfrak{x}_2'$, und man erhält:

$$\mathfrak{x}_1 = \frac{d}{2}(A \pm \sqrt{C})$$

$$\mathfrak{x}_1' = \frac{d'}{2}(A \mp \sqrt{C})$$

$$\mathfrak{x}_2 = \frac{d}{2}(B \pm \sqrt{C})$$

$$\mathfrak{x}_2' = \frac{d'}{2}(B \mp \sqrt{C})$$

wo zur Abkürzung gesetzt ist:

$$A = m_1 - m_2 + 1$$

$$B = m_1 - m_2 - 1$$

$$C = (m_1 - m_2 + 1)^2 - 4m_1 \equiv (m_1 - m_2 - 1)^2 - 4m_2$$

$$m_1 = \frac{f_1 f_1'}{d\,d'}$$

$$m_2 = \frac{f_2 f_2'}{d\,d'}.$$

Je nachdem C positiv, null oder negativ ist, erhält man zwei, einen oder keinen stigmatischen Punkt. Es bleibt noch der vorher ausgeschlossene Fall d = d' = 0 zu untersuchen. (Die Fälle d = 0 oder d' = 0 sowie die teleskopische Abbildung lassen sich auf den allgemeinen Fall zurückführen). Ist d = d' = 0, so wird

$$\mathfrak{x}_2 = \mathfrak{x}_1 \qquad \mathfrak{x}_2' = \mathfrak{x}_1'$$

also

$$\mathfrak{x}_2\mathfrak{x}_2' = \mathfrak{x}_1\mathfrak{x}_1'.$$

Da nun aber $\mathfrak{x}_1\mathfrak{x}_1' = f_1 f_1'$ und $\mathfrak{x}_2\mathfrak{x}_2' = f_2 f_2'$ ist, so können in diesem Fall stigmatische Punkte nur vorhanden sein, wenn $f_1 f_1' = f_2 f_2'$ ist. Ist diese Bedingung erfüllt, so sind aber alle Punkte stigmatische Punkte. Der Fall $f_1 f_1' \gtrless f_2 f_2'$ führt auf den schon oben aufgezählten Fall, daß keine stigmatischen Punkte existieren; als neuer vierter Fall kommt also nur noch der hinzu, daß alle Punkte der Achse und somit des ganzen betrachteten (fadenförmigen) Raumes stigmatische Punkte sind.

Für die scharfe Abbildung sind nur die drei Fälle stigmatischer Abbildung von Bedeutung. Wir wollen sehen, ob in diesen Fällen anamorphotische Abbildung vorkommen kann. Es seien β_1 und β_2 die Vergrößerungen für ein stigmatisches Punktpaar im ersten resp. zweiten Hauptschnitt. Wir bezeichnen nach ABBE als Distortionskoeffizienten μ das Verhältnis $\dfrac{\beta_2}{\beta_1}$ dieser Vergrößerungen. Nach den allgemeinen Abbildungsgesetzen ist:

$$\beta_2 = \frac{f_2}{\mathfrak{x}_2}, \quad \beta_1 = \frac{f_1}{\mathfrak{x}_1},$$

also

$$\mu = \frac{\beta_2}{\beta_1} = \frac{f_2}{f_1} \frac{\mathfrak{x}_1}{\mathfrak{x}_2}.$$

In dem Fall $d = d' = 0$, $f_1 f_1' = f_2 f_2'$ wird, da immer $f_1 : f_1' = f_2 : f_2' = -n : n'$,

$$f_1^2 = f_2^2,$$

somit $f_1 = \pm f_2$, und da überdies $\mathfrak{x}_1 = \mathfrak{x}_2$ ist:

$$\mu = \pm 1.$$

Es ist **keine** Verzerrung vorhanden; die Vergrößerung ist nach allen Richtungen dieselbe. Dieser Fall entspricht der gewöhnlichen Abbildung durch sphärische Flächen, welche auf der Achse senkrecht stehen.

Wenn d und d' nicht gleichzeitig verschwinden, so gelten die oben für $\mathfrak{x}_1$, $\mathfrak{x}_1'$, $\mathfrak{x}_2$, $\mathfrak{x}_2'$ abgeleiteten Werte, wir haben zwei stigmatische Punkte. (Für $C = 0$ fallen die Punkte in einen zusammen. C negativ wird nicht weiter betrachtet, weil es keine stigmatische Abbildung zuläßt.) Für das eine Punktpaar gilt das obere Zeichen von $\sqrt{C}$, für das andere das untere. μ_1 sei der Distortionskoeffizient für das erste, μ_2 für das zweite Paar, dann ist:

$$\mu_1 = \frac{f_2}{f_1} \frac{A + \sqrt{C}}{B + \sqrt{C}} \qquad \mu_2 = \frac{f_2}{f_1} \frac{A - \sqrt{C}}{B - \sqrt{C}},$$

also:

$$\mu_1 \mu_2 = \frac{f_2^2}{f_1^2} \frac{A^2 - C}{B^2 - C} = \frac{f_2^2}{f_1^2} \frac{4\,m_1}{4\,m_2} = \frac{f_1 f_1' f_2^2}{f_1^2 f_2 f_2'};$$

dieser Wert ist aber $+1$, weil $\dfrac{f_1 f_1'}{f_2 f_2'} = \dfrac{f_1^2}{f_2^2}$ ist. Die beiden Distortionskoeffizienten sind also reziprok. Wenn für das eine stigmatische Punktepaar die Vergrößerung nach der Richtung des ersten Hauptschnittes ν mal größer ist als nach der Richtung des zweiten Hauptschnittes, so ist sie für das andere Paar im ersten Hauptschnitt ν mal kleiner als im zweiten Hauptschnitt.

Wenn $C = 0$ ist, so wird $\mu_1 = \mu_2$: Wenn nur ein stigmatisches Punktepaar vorhanden ist, ist die Vergrößerung in demselben nach den zwei Hauptrichtungen und somit nach allen Richtungen dieselbe.

Umgekehrt ist $\mu_1 = \mu_2$, so existieren nicht 2, sondern nur 1 stigmatisches Punktepaar (wenn nicht $\mathrm{d} = \mathrm{d}' = 0$ ist und unendlich viele stigmatische Punkte existieren). Denn die Bedingung $\mu_1 = \mu_2$ gibt vereinfacht:

$$2\,A\,\sqrt{C} = 2\,B\,\sqrt{C}.$$

Da nun A nicht gleich B ist, kann diese Bedingung nur durch $C = 0$ erfüllt werden ($C = \infty$ der Fall der teleskopischen Systeme läßt sich auf den allgemeinen Fall zurückführen, er muß mit den für diese Systeme gültigen Abbildungsgleichungen untersucht werden, worauf wir hier nicht näher eingehen können, wir wollen nur noch bemerken, daß als der Distortionskoeffizient für ein stigmatisches Punktepaar, dessen Bildpunkt im Unendlichen liegt, das Verhältnis $\dfrac{\operatorname{tg} u_2'}{\operatorname{tg} u_1'} = \dfrac{f_1'}{f_2'} = \dfrac{f_1}{f_2}$ anzusehen ist). Wird $C = 0$, so ist aber nur ein stigmatisches Punktepaar vorhanden.

Zusammenfassend können wir also sagen: Stigmatische Abbildung findet entweder im ganzen (fadenförmigen) Raum oder nur für ein oder zwei diskrete Ebenenpaare statt. In den zwei ersten Fällen ist die Vergrößerung nach allen Richtungen dieselbe. Im letzten Fall ist immer Distortion vorhanden. Ist der Distortionskoeffizient für das eine stigmatische Punktepaar ν, so ist er für das andere $1/\nu$.

5. Historische Notizen.

A. Über die HELMHOLTZsche Gleichung.

SMITH (*1. 1. 111. 3. 1. 338.*) kam, wie RAYLEIGH (*3.*) hervorhebt, zuerst auf einen Spezialfall der HELMHOLTZschen Gleichung. Er leitet ihn aus dem S. 154 wiedergegebenen COTESschen Satz ab. Aus der in bezug auf Objekt und Auge symmetrischen Form dieses Satzes folgt unmittelbar, daß die scheinbare

Entfernung des Objektes vom Auge dieselbe bleibt, wenn Objekt und Auge ihre Plätze vertauschen. Aus diesem ersten Korollar leitet dann SMITH mit Hilfe einiger Proportionen das folgende zweite Korollar des COTESschen Satzes ab: Wenn ein Objekt durch beliebig viele Linsen betrachtet wird, so verhält sich die Breite des Axialbüschels, wenn es auf das Auge fällt zu der Öffnung des Objektglases, wie die scheinbare Distanz des Objektes (vom Auge) zu seiner wahren Distanz vom Objektglas; also in Fernrohren, wie die wahre Größe des Objektes zu der scheinbaren.

Axialbüschel (principal pencil) ist das Büschel, welches von dem auf der Achse liegenden Punkte des Objektes ausgehend das ganze Objektiv erfüllt. Die wahre Größe des Objektes ist der Sehwinkel, unter welchem das Objekt dem freien Auge erscheint, die scheinbare Größe der Winkel, unter welchem es durch das Instrument hindurch gesehen wird.

Der zweite Teil des Korollars ist identisch mit dem Satze LAGRANGES, welcher HELMHOLTZ veranlaßt hat, sein Gesetz nach LAGRANGE zu benennen. LAGRANGE (*1. 2.*) hat zwei Abhandlungen über den in Frage stehenden Gegenstand verfaßt. Die erste im Jahre 1778, die zweite 1803. Die erste wird ausdrücklich geschrieben, um den von SMITH überlieferten COTESschen Satz mit andern von EULER abgeleiteten Sätzen in Zusammenhang zu bringen. Damals hatte LAGRANGE wohl die SMITHsche Optik in Händen, er zitiert Buch und Kapitel. 25 Jahre später aber schloß er offenbar unmittelbar an seine frühere Abhandlung an und baute auf derselben weiter, ohne sich zu erinnern, daß SMITH die von ihm, LAGRANGE, jetzt gezogenen Folgerungen auch schon gefunden hatte. SMITH gebührt also unzweifelhaft die Priorität. Sie gebührt ihm um so mehr, als, wie RAYLEIGH weiter ausführt, SMITH die Folgerungen aus dem Korollar vollständiger gezogen hat, als LAGRANGE. Denn während LAGRANGE geradezu behauptet, die Helligkeit des Fernrohrs sei immer der des freien Auges gleich, hatte SMITH schon gesehen, daß, wenn die Pupille des Auges größer ist als die Austrittspupille des Instrumentes, die Helligkeit des Fernrohrs sich zu der des freien Auges verhält, wie die Größe der Austrittspupille zur Größe der Augenpupille. Man muß also die Gleichung $nu\mathfrak{y} = n'u'\mathfrak{y}'$ entweder die SMITH-HELMHOLTZsche Gleichung oder kurzweg die HELMHOLTZsche Gleichung nennen. Das letztere scheint mir berechtigt, weil erst HELMHOLTZ dem Satze die jetzt allgemein gebräuchliche Form gegeben hat. Er bewies ihn überdies für ein beliebiges Paar konjugierter Punkte, während bei SMITH und LAGRANGE der Satz auf bestimmte Punkte beschränkt blieb.

Über weitere Verallgemeinerung des HELMHOLTZschen Satzes berichtet RAYLEIGH in der zitierten Abhandlung.

B. Über den Astigmatismus.

Schon BARROW (*2. V. u. XIII.*) betrachtet schief auf die Ebene und die Kugel fallende Strahlen, bestimmt durch Konstruktion die entsprechenden gebrochenen Strahlen und sucht die Bildpunkte, welche den auf den einfallenden Strahlen gelegenen Objektpunkten entsprechen. Seine ganze Betrachtung beschränkt sich auf die in der Einfallsebene verlaufenden Strahlen, für diese wird aber die Aufgabe schon vollständig gelöst. Interessant ist die Art, wie BARROW den Bildpunkt findet. Bei der Brechung eines Lichtbüschels an der Ebene nimmt er an, der Mittelpunkt des Auges liege auf einem bestimmten gebrochenen Strahl, wir wollen ihn den Hauptstrahl nennen, und die Pu-

pille stehe auf diesem Strahle senkrecht. Er untersucht dann, wo die diesseits und jenseits des Hauptstrahls die Pupille treffenden Strahlen des gebrochenen Büschels den Hauptstrahl schneiden, und findet, daß sie es innerhalb
zweier Strecken tun, die diesseits und jenseits eines Punktes Z liegen, welchen
er zu konstruieren lehrt.

Der Kleinheit der Pupille wegen könne dieser Punkt Z, in dessen Nähe
alle ins Auge gelangenden Strahlen den Hauptstrahl schneiden, als Bildpunkt
angesehen werden. Der Bildpunkt falle nicht mit dem Punkte K zusammen,
welchen der senkrecht auf die Ebene fallende Strahl aus den Hauptstrahl
herausschneide. Es sei aber gar kein Grund vorhanden, diesen Punkt K, wie
man es bisher getan, als Bildpunkt anzusehen, denn von ihm und von seiner
Umgebung gelange, wenn das Auge nicht gerade auf dem senkrecht einfallenden Strahl liege, nur ein einziger Strahl, nämlich der Hauptstrahl selbst ins
Auge, während alle anderen wirklich ins Auge gelangenden Strahlen von der
Umgebung des Punktes Z ausgingen. — Bei der Behandlung des Kreises wird
der Bildpunkt Z schon als Schnittpunkt zweier vor der Brechung unendlich
naher Strahlen gefunden (duorum incidentium sibi quam proximorum concipiantur refracti etc.). Die Regel, welche Barrow zur Bestimmung dieses
Schnittpunktes gibt, liefert in unsere Zeichen übersetzt eine mit (16) auf S. 162
äquivalente Gleichung. Neben dieser Regel gibt Barrow noch zwei Konstruktionen des Bildpunktes, deren eine ihm von einem Freunde — wahrscheinlich Newton, welcher ihm bei der Herausgabe seiner Optik behilflich war —
angegeben wurde. Ich glaubte etwas länger bei Barrow verweilen zu müssen,
weil eben dieser Autor beispielsweise von E. Wilde (*1.*) nicht nach Gebühr
gewürdigt worden ist. Die Art, wie er, unbeirrt um die bestehende durch
Alhazens Autorität gestützte Ansicht, nur die wirklich in das Auge gelangenden Strahlen zur Bestimmung des Bildes heranzieht, zeigt, daß er ein selbständig denkender Kopf war. Doch wenden wir uns nunmehr zu seinem
großen Schüler.

Newton gebührt neben so vielen anderen größeren Entdeckungen wohl
auch das nicht geringe Verdienst, den Astigmatismus aufgefunden zu haben.*)
Er betrachtet (*2.* Prop. VIII) für die Ebene, (XXXII) für die Kugel schief einfallende, unendlich dünne räumliche Strahlenbündel und zeigt, daß außer
den in der Einfallsebene gelegenen Strahlen nur noch die auf dem Seite 130
definierten Kegel gelegenen Strahlen sich in einem Punkte des gebrochenen
Hauptstrahles schneiden. Alle übrigen Strahlen nähern sich dem Hauptstrahl
irgendwo zwischen diesen beiden Grenzpunkten. Mit Hilfe einer Hypothese,
auf welche übrigens Newton selbst kein großes Gewicht legt, wird dann
untersucht, welcher Punkt der Bildstrecke als Ort des Bildes zu betrachten sei.

Um die Brennkurven aufzusuchen, bestimmt l'Hospital (*1. 106.* u. *133.*) die
Lage der Bildpunkte im Tangentialschnitt für die Reflexion und für die
Brechung. Die für die Brechung gegebene Formel entspricht unserer Gleichung (16). Da, wie wir oben bemerkten, diese Formel schon implicite in der
von Barrow zur Bestimmung der Bildpunkte aufgestellten Regel enthalten
war, kann die Aufstellung der Formel nicht als etwas wesentlich Neues be-

---

*) Professor Tscherning in Paris hatte die Freundlichkeit mich auf
Youngs und Newtons Verdienste um den Astigmatismus aufmerksam zu
machen.

trachtet werden, ihr Beweis ist aber durch Einführung der Differentialrechnung viel einfacher geworden.

Smith behandelt die schief einfallenden Strahlen in einem besonderen Kapitel (*1. 1. 160* ff. *3. 1. 415* ff.). Im Text beschränkt er sich auf die Einfallsebene. Der Astigmatismus wird, wie eine Art Kuriosität, in eine Anmerkung verwiesen (*1. 2. 82. 3. 1. 447.*), in welcher der auf die Ebene bezügliche Newtonsche Passus mit der Bemerkung wiedergegeben wird, für die Kugel verhalte sich die Sache ähnlich. In der Einfallsebene bringt aber die Smithsche Behandlung einen wesentlichen Fortschritt. Smith bestimmt Objekt und Bildbrennpunkt bei der schiefen Brechung an einer und mehreren Flächen und zeigt, daß das Produkt $\xi \xi'$ (natürlich mit anderen Zeichen) der Brennpunktsabstände des Objekt- und Bildpunktes auch bei der Brechung durch mehrere Flächen konstant sei.

Das Verfahren, welches er zur Bestimmung des Wertes dieses Produktes einschlägt, ist im Grunde genommen mit der Seite 113 gegebenen Zusammensetzung zweier optischer Systeme identisch. Smith verfolgt nämlich einen in einem mittleren Medium m parallel zum Hauptstrahl verlaufenden Strahl vor- und rückwärts bis in die äußersten Medien. Er erhält so die äußeren Brennpunkte F_1 und F_2' zweier Systeme, welche im Medium m zusammenstoßen. Nennen wir F und F' die vorher von ihm ermittelten Brennpunkte des Gesamtsystems und O und O' ein Paar entsprechender Punkte, so zeigt Smith, daß das Produkt $FO \cdot F'O'$ dem Produkte $FF_1 \cdot F'F_2'$ gleich ist. $FF_1 \cdot F'F_2'$ oder $\sigma \sigma'$ ist aber gleich ff' S. 114/115. Smith zeigt also, daß für das Gesamtsystem $\xi \xi' = ff'$ ist, wobei die Faktoren des Produktes ff' freilich bei ihm andere sind als bei uns, was aber, solange nur Punkte auf dem Hauptstrahl betrachtet werden, unwesentlich ist.

Der Nachweis, daß die Newtonsche Formel $\xi \xi' = ff'$ auch bei schiefer Brechung an mehreren Flächen gültig bleibt, muß als ein wichtiger Fortschritt betrachtet werden, wenn auch die Gültigkeit einstweilen auf die Einfallsebene beschränkt bleibt.

Young beschäftigt sich zweimal mit schief auf die Kugel fallenden Büscheln. 1801 (*1. 27* ff.)*) betont er die Wichtigkeit der Newtonschen Entdeckung des Astigmatismus, zeichnet eine Reihe Querschnitte durch ein schief gebrochenes, ursprünglich zylindrisches Büschel, gibt die von l'Hospital aufgestellte Formel zur Berechnung der tangentialen Schnittweite t', bestimmt die Lage des tangentialen und sagittalen Brennpunktes F_t' und F_s', entdeckt die perspektivischen Zentren K und C des Tangential- und Sagittalschnitts und beschreibt zum ersten Male den Astigmatismus des Auges. Das tangentiale Zentrum wird bereits durch die im Texte angeführte Konstruktion gefunden, welche später von Cornu (*1.*) 1863 und Lippich (*2. 171*) 1878 wieder aufgefunden wurde.

1807 ergänzt Young (*3.*) die Formeln durch Angabe der sagittalen Schnittweite s', wendet, wie dies zum Teil auch schon 1801 geschehen war, die gefundenen Formeln auf verschiedene Spezialfälle, insbesondere unendlich dünne

---

*) Diese erste Abhandlung ist durch Tschernings Übersetzung ins Französische bequem zugänglich geworden. Tscherning gibt neben der Übersetzung des Originals die Formeln in der jetzt gebräuchlichen Zeichensprache und erläutert den oft schwer verständlichen Text Youngs durch zahlreiche Anmerkungen.

Linsen an, berechnet sogar für die gleichseitige bikonvexe Linse die axiale Krümmung der Bildflächen, welche einem unendlich entfernten Objekt im Tangential- und Sagittalschnitt entsprechen. Ferner weist er, wohl als erster, die Existenz der beiden Brennlinien nach. Bezeichnet man als Achse den Strahl, welcher den leuchtenden Punkt mit dem Kugelzentrum verbindet, so ist die erste Brennlinie der Kreis, welchen der tangentiale Schnittpunkt O_t' bei der Drehung um die Achse beschreibt, während die zweite Brennlinie mit der Achse zusammenfällt. YOUNG weiß auch schon, daß gewisse Linien am Orte der ersten, andere am Orte der zweiten Brennlinie am deutlichsten erscheinen, die Bezeichnung dieser Linien läßt aber an Deutlichkeit zu wünschen übrig. Endlich kennt YOUNG die aplanatischen Punkte des Kreises, er erwähnt sie in der ersten Abhandlung und sagt in der zweiten, daß sie auf dem mit dem Radius $\dfrac{n'}{n}\,r$ um das Zentrum beschriebenen Kreis liegen.

Durch die Entdeckung des Astigmatismus des Auges war die Lehre vom Astigmatismus, welche vor YOUNG mehr als eine Art Kuriosität galt, in die praktische Optik eingetreten.

Einen weiteren wichtigen Schritt in dieser Richtung machte der Astronom AIRY. Nachdem er (**2.**) an dem einen seiner Augen, ohne von YOUNGS Entdeckung etwas zu wissen, Astigmatismus konstatiert hatte, beschäftigte er sich eingehend mit diesem Fehler. Er ließ für sein, zugleich kurzsichtiges Auge eine sphärisch zylindrische Linse schleifen, welche den Fehler vollständig beseitigte; er (**3.**) untersuchte dann theoretisch, wie sich die verschiedenen Okulartypen und ein für eine Camera obscura verwandtes Objektiv in bezug auf den Astigmatismus verhalten. Als er seine Abhandlung schrieb, war er wohl mit YOUNGS Arbeiten noch nicht bekannt, er entwickelt Formeln, in welche die trigonometrischen Funktionen nicht eingehen, indem direkt nach steigenden Potenzen der Öffnung entwickelt wird. AIRY gibt für die verschiedenen Okulartypen neben der Distorsion den Betrag des Astigmatismus und der Krümmung an und erörtert an der Hand numerischer Beispiele die Vor- und Nachteile der verschiedenen Typen. Seine Formeln sind wenig übersichtlich, seine Arbeit war aber lange Zeit das Beste, was über Okulare vorlag.

Auf YOUNG und AIRYS Studien gründet sich CODDINGTONS Darstellung in seinem berühmten Lehrbuch (**1.**), AIRYS Arbeiten sind indes viel vollständiger wiedergegeben als die von YOUNG und SMITH. CODDINGTONS Hauptverdienst ist eine übersichtliche Darstellung, die durch eine durchsichtige Bezeichnungsweise und sehr schönen Druck unterstützt wird. Von CODDINGTON ging dann die Lehre vom Astigmatismus in die größeren englischen Lehrbücher über, blieb aber auf dem Kontinent so gut wie unbeachtet. Mit AIRY endigt, wie mir scheint, eine erste Periode in der Geschichte des Astigmatismus, welche sich im wesentlichen auf das Studium der an der Kugel gebrochenen oder reflektierten Büschel beschränkte. Ich habe diesen Abschnitt etwas ausführlicher behandelt, für die Folgezeit werde ich mich auf eine kurze Übersicht über die Literatur beschränken, weil es mir nicht möglich war, alle in diesen Zeitraum fallenden Schriften so genau zu studieren, wie es ihre gerechte Würdigung erfordert hätte.

Eine zweite Gruppe von Schriften beginnt schon vor AIRY mit MALUS (**1.**) 1808 und (**2.**) 1811. Ich rechne zu ihr die Arbeiten von HAMILTON (**1.—4.**) 1824—1837, SCHULTÉN (**1.—4.**) 1830—1838, STURM (**1.**) 1838 und (**2.**) 1845 und KUMMER (**1.**) 1860 und betrachte als das charakteristische Merkmal dieser Gruppe die große Allgemeinheit der Betrachtungen. Es werden an beliebig vielen, beliebig gestalteten Flächen gebrochene oder noch allgemeiner, nur durch analytische Gesetze definierte Büschel betrachtet und die Gesetze, denen sie unterliegen, untersucht. Das mathematische Interesse überwiegt das optische· Die Resultate dieser Arbeiten sind im ersten Kapitel behandelt worden. Einige derselben beziehen sich nicht direkt auf den Astigmatismus, sind aber doch für sein richtiges Verständnis von Bedeutung. Besonders wichtig wurde für die Folge die im Ausdruck sehr klare Beschreibung der Konstitution allgemeiner unendlich dünner Büschel, welche STURM (*2. 554.*) gab. Sie ging in alle größeren Lehrbücher über, während die weitergehenden, aber schwer zugänglichen Untersuchungen HAMILTONs, und die verdienstvollen Schriften SCHULTÉNs nur wenig Beachtung fanden.

An diese Schriften schließen sich in der zweiten Hälfte des Jahrhunderts die folgenden an:

1857—1867 HELMHOLTZ (*1. 238.*). Allgemeine Sätze insbesondere über die optische Länge mit Anwendungen auf das Prisma.

1857 und 1867 REUSCH (*1.*) und (*3.*). Klare Darstellung der wichtigsten Eigenschaften schiefer Büschel.

1862 QUINCKE (*1.*). Experimentelle Verifikation der Sätze von KUMMER an einer einfachen Linse.

1862 MÖBIUS (*5.*). Geometrische Ableitung der KUMMERschen Sätze über unendlich dünne Strahlenbündel.

1863 CORNU (*1.*). Einfacher Beweis der von ihm wiederentdeckten YOUNGschen Sätze über die perspektivischen Zentren.

1868 REUSCH (*4.*). Anschauliche Theorie der Zylinderlinsen, welche durch Figuren in horizontaler und vertikaler Projektion unterstützt wird.

1873 und 1874 MAXWELL (*4.*) und (*6.*). Siehe Anm. S. 181/182.

1874 und 1878—1882 HERMANN (*1.*) und (*2.*) s. S. 177.

1877 LIPPICH (*2.*) wichtige Abhandlung, in welcher nachgewiesen wird, daß im Tangential- und Sagittalschnitt schief an der Kugel gebrochener Büschel kollineare Abbildung stattfindet. Die Haupteigenschaften dieser Büschel werden aus den Gesetzen der Kollinearität abgeleitet, wie MÖBIUS (*4.*) 1855 die Gesetze zentraler Büschel mit Hilfe der Kollinearverwandtschaft entwickelt hatte.

Etwa gleichzeitig mit LIPPICH machte auch ABBE die im Tangential- und Sagittalschnitt stattfindende Abbildung zur Grundlage seiner Theorie der schiefen Büschel. Seine Theorie (seit den 70er Jahren in den Universitätsvorlesungen gegeben, dann von CZAPSKI (*3.*) publiziert) wird aber durch die Annahme, daß die Nebenachsen der Abbildung auf der Hauptachse senkrecht stehen (s. S. 171), bedeutend vereinfacht.

1879 LIPPICH (*3.*). Elegante Sätze über in das Innere einer Kugel eingedrungene und an ihrer Oberfläche mehrfach reflektierte unendlich dünne Büschel, mit Anwendungen auf den Regenbogen.

1880 NEUMANN (*2.*). Siehe Anm. S. 181/182.

1880 LEROY (*1.*) gründet die Brechung an doppelt gekrümmten Flächen auf die Brechung an Kugelflächen. Untersucht, welche Punkte des Raumes durch ein unendlich kleines Element ein er solchen Fläche stigmatisch abgebildet werden. Alle Punkte, welche außerhalb der Hauptschnitte des Flächenelements (genauer seines Mittelpunktes) liegen, geben immer astigmatische Bilder. Nur in den Hauptschnitten können stigmatische Punkte vorkommen. Die Bedingung welche sie zu erfüllen haben, wird aufgestellt. — Die astigmatische Abbildung von Kurven, die in Normalebenen zum Hauptstrahl liegen, wird eingehend erörtert, insbesondere der Fall der Geraden näher untersucht — Anwendung auf das Auge.

1883—1888 MATTHIESSEN (*4. 5. 6. 7. 9. 10.*). Über den Inhalt geben die im Literaturverzeichnis wiedergegebenen Titel genügenden Aufschluß. Zu (*10.*) s. Anm. S. 181/182.

1886 ANDERSON (*1.*). Nicht gesehen.

1887 HEATH (*1.* bis *3.*). Gibt die Theorie der dünnen Büschel nach KUMMER und MAXWELL. (Ich sah nur die 2. Auflage HEATH (*3.*)).

1888 GARTENSCHLÄGER (*1.*). Siehe S. 167.

1888? FRÄNKEL (*1.*). 8 stereoskopische Bilder zur Veranschaulichung des Strahlenganges im astigmatischen Auge.

1888 GLEICHEN (*1.*). Brechung eines das SNELLIUS-Gesetz nicht befolgenden ebenen Büschels an einer Kurve.

1889 GLEICHEN (*2.*). Hübsche Darstellung der schiefen Brechung an der Kugel und Ebene mit Anwendungen auf planparallele Platten und unendlich dünne Linsen.

1891 CZAPSKI (*2.*). Verteidigt die von MATTHIESSEN (*5.*) und (*10.*) angegriffenen, auf dem Hauptstrahl senkrechten STURMschen Brennlinien.

1893 CZAPSKI (*3. 69—81.*). Theorie der astigmatischen Brechung nach ABBE.

1895 FOUSSEREAU (*1.*). Bestimmt die tangentiale und sagittale Schnittweite für ein unter endlicher Neigung durch den Mittelpunkt einer unendlich dünnen Linse hindurchgehendes Büschel, sucht die Gleichungen der einer achsensenkrechten Ebene entsprechenden tangentialen und sagittalen Bildflächen und bestimmt ihre Krümmungen auf der Hauptachse.

1898 STRAUBEL (*1.*). Löst folgende Aufgabe: Ein unendlich kleines Stück einer doppelt gekrümmten Wellenfläche fällt auf zwei unendlich dünne Zylinderlinsen: es wird die Lage und Gestalt der Wellenfläche nach dem Durchgang durch die Linsen gesucht. Vorausgesetzt ist, daß die Hauptnormale der einfallenden Wellenfläche mit den optischen Achsen der Zylinderlinsen in eine Gerade zusammenfallen. An Hand der gefundenen Resultate wird untersucht: 1. Unter welchen Umständen sind die Hauptkrümmungsebenen der Wellenflächen vor und nach dem Durchtritt durch die Zylinderlinsen einander parallel? 2. Welche Bedingungen sind zu erfüllen, um die austretende Wellenfläche axial symmetrisch zu erhalten? Zum Schluß wird gezeigt, wie ein System zweier Zylinderlinsen zur Untersuchung regelmäßig reflektierender Flächen verwendet werden kann.

1900 THOMPSON (*1.*). Zusammensetzung zweier schief gekreuzten Zylinderlinsen zu einem einzigen optischen System mit einfacher graphischer Konstruktion.

1901 VAN DER PLAATS (*1.*). Experimentelle und theoretische Untersuchung über das von einer Zylinderlinse entworfene Bild einer auf der optischen Achse senkrechten Geraden. Bewegung des Bildes, wenn Objekt oder Linse um die optische Achse gedreht werden. Zusammensetzung schief gekreuzter Zylinderlinsen.

1901 SOWTER (*1.*). Neuer Beweis für die Zusammensetzung gekreuzter Zylinderlinsen.

1902 BOUASSE (*1.*). Man kann sagen, daß die sämtlichen Strahlen eines unendlich dünnen, ursprünglich homozentrischen Büschels (bei Vernachlässigung der unendlich kleinen Größen zweiter Ordnung) durch die zwei STURMschen (auf den Hauptstrahl senkrechten) Brennlinien hindurchgehen. Es existieren aber unendlich viele Gerade, welche dieselbe Eigenschaft haben. Richtiger ist es, sich folgendermaßen auszudrücken: In jedem der beiden Hauptschnitte π_1 und π_2 des Büschels existiert ein unendlich kleines Flächenelement, durch welches alle Strahlen des Büschels hindurchgehen. Das in π_1 gelegene Flächenelement umgibt den Brennpunkt F_2 der in π_2 gelegenen Strahlen, das in π_1 gelegene den Brennpunkt F_1 der in π_1 liegenden Strahlen des Büschels.

Wie wir weiter unten sehen werden, hatte schon SCHULTÉN die Konstitution unendlich dünner Büschel so beschrieben.

Die vorliegende Übersicht über die den Astigmatismus betreffende Literatur gibt nur einen unvollständigen Begriff von der in der zweiten Hälfte des 19. Jahrhunderts auf diesem Gebiete geleisteten Arbeit, weil sie die Anwendungen nicht oder nur beiläufig berücksichtigt. Es waren vor allen das Auge und die photographische Linse, welche zu diesen Anwendungen Anlaß boten. Diese beiden Apparate nehmen unter bedeutenden Winkeln gegen die Achse einfallende Hauptstrahlen auf, müssen also, wenn nicht besondere Vorsichtsmaßregeln getroffen sind, Astigmatismus aufweisen. Die das Auge betreffenden Schriften findet man in dem reichhaltigen Literaturverzeichnis, welches ARTHUR KÖNIG für die zweite Auflage von HELMHOLTZS Physiologischer Optik zusammengestellt hat. Referiert hat seit 1879 über dieselbe, nach CZAPSKI (*3. 81.*), MATTHIESSEN in den Jahresberichten über die Fortschritte der Ophthalmologie von MICHEL (Tübingen). Die Literatur über das photographische Objektiv ist eingehend behandelt von M. VON ROHR (*3.*).

C. Über scharfe anamorphotische Abbildung.

In einer größeren Arbeit über Brechung an doppelt gekrümmten Flächen hatte SCHULTÉN (*4.*) den Fall besonders ins Auge gefaßt, bei welchem alle Flächen auf der Büschelachse senkrecht stehen und so orientiert sind, daß ihre Hauptschnitte parallel laufen. Er hatte untersucht (§ VIII), wann unter diesen Umständen von einem Punkte ausgehende Strahlen homozentrisch vereinigt werden, und war zu folgender Bedingungsgleichung gelangt:

$$(A - Be)(G - He) - (C - De)(E - Fe) = 0.$$

$A, B \ldots H$ sind von der Lage und Krümmung der Flächen abhängige Konstanten. e ist die Entfernung der auf der Achse senkrechten Objektebene vom Ursprung der Koordinaten.

SCHULTÉN hatte dann für diesen Fall stigmatischer Abbildung die Vergrößerungen nach den zwei Hauptrichtungen berechnet und hatte gefunden, daß sie im allgemeinen verschiedene Werte haben.

Sind alle Flächen sphärisch, so wird die Bedingungsgleichung für alle Werte von e erfüllt. Die Vergrößerungen nach den beiden Hauptrichtungen sind in diesem Falle einander gleich. Das ist indessen nicht der einzige Fall, in welchem die Bedingungsgleichung für alle Werte von e erfüllt wird. Überdies kann die Bedingungsgleichung für bestimmte Werte von e erfüllt sein; dann erhält man nur für bestimmte Lagen der Objektebene scharfe Bilder.

Aber, sagt dann SCHULTÉN weiter, diese Fälle sind zu speziell, um uns hier näher zu beschäftigen.

Man sieht, SCHULTÉN war den ABBEschen Sätzen schon ganz nahe.

1862 nahm L. FARRENC (*1.*) ein Patent für einen aus zwei senkrecht gekreuzten achsensenkrechten Zylinderlinsen bestehenden Anamorphoten, ohne tiefer in seine Theorie einzudringen. LIPPICH (*5.*) verwendete diesen von ihm und später von RUDOLPH neu aufgefundenen Anamorphoten 1884 als Okular in einem Spektralapparat, wobei er betonte, daß die von einem derartigen Systeme entworfenen Bilder im allgemeinen anazentrisch sind und nur für zwei Ebenen stigmatisch werden. Eine andere mit Prismen zusammengesetzte Form eines Anamorphoten empfahl J. ANDERTON (*1.*) 1889. Näheres über diese Anamorphoten bei M. VON ROHR (*3. 393.*).

ABBES Theorie (*7.*) wurde 1897 veröffentlicht. Ich bemerke ausdrücklich, daß der Inhalt dieser Schrift im Texte nur teilweise wiedergegeben ist. Außer der Patentschrift lag mir noch ein Blatt von ABBE herrührender Formeln vor.

D. Über SCHULTÉNs die Konstitution unendlich dünner Büschel behandelnde Arbeiten.

Da vor kurzem von BOUASSE (*1.*) die Aufmerksamkeit wieder auf die Konstitution unendlich dünner Büschel gelenkt worden ist, möge es gestattet sein, an dieser Stelle kurz auf die bezüglichen Arbeiten SCHULTÉNS hinzuweisen, welcher einer der ersten war, der sich mit dieser Frage beschäftigte.

In einer ersten Abhandlung, welche 1823 der Petersburger Akademie vorgelegt, aber erst 1830 publiziert wurde (der erste Teil von HAMILTONS großem Werke (*1.*), welcher sich auch schon mit dieser Frage befaßt, ist 1824 in der Dubliner Akademie gelesen und schon (!) 1828 gedruckt worden), betrachtet SCHULTÉN (*1.*) ein unendlich dünnes Büschel, welches durch mehrere beliebig gestaltete Flächen gebrochen oder reflektiert worden ist. 3 beliebige Strahlen des Büschels, welche im ersten Medium durch denselben Punkt hindurchgingen, werden im letzten Medium durch eine Ebene geschnitten. Der Inhalt des Dreiecks, welches die 3 Durchstoßpunkte bilden, wird berechnet. SCHULTÉN zeigt, daß, wenn die Schnittebene durch zwei gewisse Punkte der Hauptachse des Büschels hindurchgeht, der Inhalt des Dreiecks verschwindet. Ein beliebiger Querschnitt des Büschels hat in diesen zwei Punkten statt zwei nur eine Dimension. SCHULTÉN erwähnt, daß die betreffenden Punkte diejenigen Punkte sind, in welchen der Hauptstrahl von seinen Nachbarstrahlen geschnitten wird.

Die ausgezeichneten Punkte sind also die Brennpunkte des Büschels. Der auf eine Dimension reduzierte Querschnitt des Büschels entspricht den STURMschen (schon vor STURM von HAMILTON erwähnten) Brennlinien. SCHULTÉN nimmt aber nicht, wie später STURM es tut, an, daß die Schnittebenen senkrecht auf der Büschelachse steht; er zeigt, daß der Querschnitt sich auf eine Linie reduziert, welches auch die Neigung der Schnittebene gegen die Achse sein möge.

In der folgenden Abhandlung (*2.*), vorgelegt 1836, erschienen 1845, wird ein durch ein beliebiges analytisches Gesetz definiertes unendlich dünnes Büschel untersucht. Diejenigen Strahlen des Büschels, welche die Hauptachse schneiden, liegen in zwei Ebenen, welche SCHULTÉN die Fokalebenen des

Büschels nennt. Alle übrigen Strahlen des Büschels schneiden jede der beiden Fokalebenen in einem unendlich kleinen Flächenelement, welches den Brennpunkt des Büschels umgibt, dessen Strahlen die andere Fokalebene bilden. Der Winkel der beiden Fokalebenen wird berechnet: er wird gleich 90^0, wenn die Strahlen des Büschels regulär sind, d. h. ein System von Orthogonalflächen zulassen.

In einem Nachtrag (**3.**) endlich wird gezeigt, daß das Büschel in unendlich viele ebene Partialbüschel zerfällt werden kann, welche von den Punkten der oben erwähnten Flächenelemente ausgehen.

Die unendlich kleinen, die Brennpunkte umgebenden Flächenelemente sind die aires d'amincissement von BOUASSE (**1.**). Man sieht, die SCHULTÉNsche Darstellung deckt sich in allen wesentlichen Punkten mit der von BOUASSE gegebenen. Sie zeigt, daß man den Brennlinien jede beliebige endliche Neigung gegen die Hauptachse geben kann, so lange man bei den unendlich kleinen Größen zweiter Ordnung stehen bleibt. Das Bequemste ist dann natürlich anzunehmen, daß die Brennlinien auf der Hauptachse senkrecht stehen, wie wir es im Texte immer getan haben.

V. Kapitel.

Die Theorie der sphärischen Aberrationen.

Bearbeiter: **A. König** und **M. von Rohr.**

___

1. Die Theorie der SEIDELschen Abbildung.
(Die Definition der Aufgabe).

Die für einen fadenförmigen Raum um die Achse gültige Theorie der GAUSSschen Abbildung war unter der Annahme entwickelt worden, daß nur die erste Potenz der Kugelwinkel zu berücksichtigen sei.

Wir gehen nun in der Berücksichtigung der Potenzen der Kugelwinkel einen Schritt weiter.

Es sei zu diesem Zwecke ein zentriertes System $S_1 .. S_k$ sphärischer Flächen angenommen, und an einem bestimmten Orte O der Achse die achsensenkrechte Ebene I oder die Objektebene angenommen, in der sich der Objektpunkt O_w befinden möge. Wir können dann, ohne an Allgemeinheit aufzugeben, die Meridianebene (Papierebene) durch diesen Punkt gehen lassen und wissen, daß die beiden rechtwinkeligen Koordinaten des Punkts O_w in der Objektebene, die tangentiale und die sagittale, gegeben sind durch l, $L = 0$, denen in der Bildebene in O' im allgemeinen die Koordinaten l', L' entsprechen werden.

Um nun einen beliebigen, von O_w ausgehenden Strahl $O_w Q$ eindeutig zu charakterisieren, brauchen wir noch zwei Bestimmungsstücke, zu denen wir entweder die rechtwinkeligen Koordinaten m, M des Durchstoßungspunkts Q mit einer weiteren achsensenkrechten Ebene II oder die entsprechenden Öffnungswinkel u, v des Strahlenbüschels wählen. Nicht notwendigerweise, aber doch in der Regel, lassen wir diese Ebene die Achse in P, nämlich da schneiden, wo von einem am Orte des Objekts befindlichen Auge die Mitte der am engsten scheinenden Blende wahrgenommen wird. Die Entfernung $S_1 P$ wird durch x bezeichnet. Wir bezeichnen diese Ebene II darum als die *objektseitige Öffnungsebene*, weil ja die Größe der Öffnungswinkel u, v unmittelbar von der Lage des Punktes Q abhängig ist. Mit Hilfe der Gausschen Formeln können wir dann

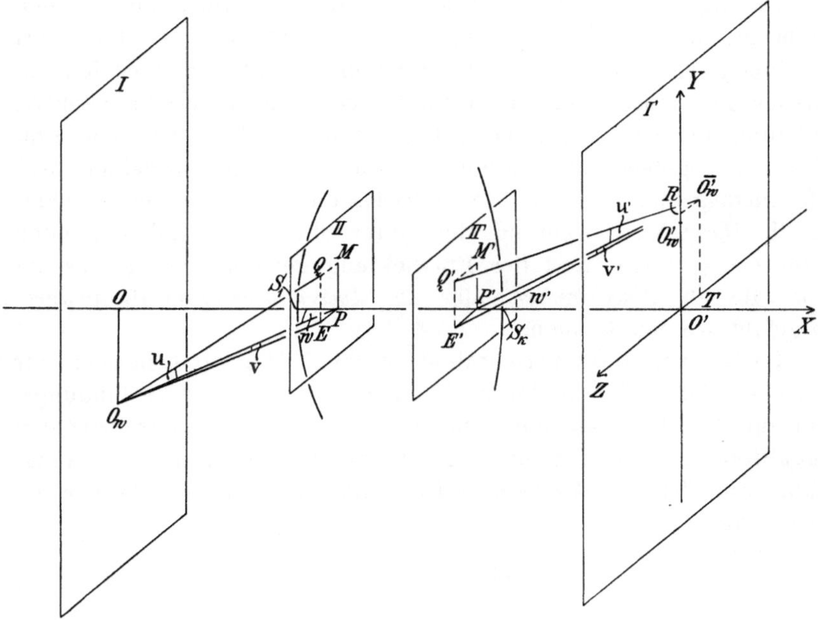

Fig. 53.

$$OO_w = l; \quad PM = m; \quad PE = M; \quad O'O_w' = l'; \quad P'M' = m'; \quad P'E' = M';$$
$$S_1 O = s; \quad S_k O' = s'; \quad S_1 P = x; \quad S_k P = x'; \quad O_w' R = a_l'; \quad O'T = a_f'.$$

I Objektebene; I′ Gaussche Bildebene; II objektseitige, II′ bildseitige Öffnungsebene.
Die Bogen in den Winkeln u und u′ sind bis zu den Strahlen nach E und von E' durchzuziehen.
Zur Wahl der Bestimmungsstücke eines windschiefen Strahls $O_w Q \ldots Q' \overline{O_w}'$.

zu der Objektebene die konjugierte Gausssche Bildebene O' mit dem Achsenabstande $s' = S_k O'$ und auch die zu II konjugierte Ebene II′ mit dem um $S_k P' = x'$ von S_k entfernten Achsenorte P' auffinden, die meistens mit der *bildseitigen Öffnungsebene* als identisch angesehen werden kann.

Da bei einem optischen System zu einem beliebigen Strahle im Objektraume ein und nur ein Strahl im Bildraume gehört, so muß jedes der vier Bestimmungsstücke des bildseitigen Strahls

$$l',\ L',\ \begin{Bmatrix} m' & M' \\ u' & v' \end{Bmatrix}$$

eine eindeutige Funktion sein von den vier Bestimmungsstücken auf der Objektseite:

$$l,\ 0,\ \begin{Bmatrix} m & M \\ u & v \end{Bmatrix}.$$

Da die gestrichenen Größen offenbar sämtlich ihr Zeichen wechseln, wenn alle ungestrichenen den entgegengesetzten Wert annehmen, so können wir noch hinzufügen, daß bei einer Reihenentwicklung diese eindeutigen Funktionen nur ungerade Potenzen enthalten können, deren erste Glieder durch die Gausssche Entwicklung gegeben sind. In diesem Zusammenhange erscheinen diese (die niedrigsten Potenzen der Entwicklung enthaltenden) Glieder als die *Hauptwerte*, während der durch die 3., 5. und folgenden Potenzen gebildete Rest der Entwicklung gewisse *Zusatzgrößen* abgibt, die als *Abweichungen* oder als *Aberrationen* vom Hauptwerte aufgefaßt werden können.

Stellen wir diese Verhältnisse graphisch dar, so bemerken wir zunächst, daß wir die in der Meridianebene verlaufende Verbindungslinie des Objektpunkts mit dem Achsenorte der Öffnungsebene den *Hauptstrahl* $O_w P$ nennen und den Winkel w, den er mit der Achse bildet, den *Hauptstrahlneigungswinkel*. Alsdann besteht offenbar die Beziehung

$$\operatorname{tg} w = \frac{l}{x - s},$$

und bei kleinen Winkeln w werden wir bis auf Größen 3. Ordnung genau direkt setzen können:

$$w = \frac{l}{x - s}.$$

Ganz analog bestehen für kleine Öffnungswinkel u und v die Beziehungen

$$u = \frac{m}{s - x};\qquad v = \frac{M}{s - x},$$

da es bei kleinen l-Werten offenbar gleichgültig ist, ob der Winkel bei O_w oder bei O bestimmt wird.

Es verläßt nun der zu $\begin{Bmatrix} m \\ u \end{Bmatrix}$ und $\begin{Bmatrix} M \\ v \end{Bmatrix}$ gehörende Objektstrahl das System als Bildstrahl mit den Konstanten $\begin{Bmatrix} m' \\ u' \end{Bmatrix}$ und $\begin{Bmatrix} M' \\ v' \end{Bmatrix}$ und durchstößt die Gausssche Bildebene im Punkte $\overline{O}'_w$, während der nach der Gaussschen Theorie gefundene Hauptwert des Achsenabstandes in der Meridianebene l' und der zugehörige Bildpunkt O'_w sein mag. Alsdann müssen, wie aus der Fig. 53 ersichtlich, an diesen Gaussschen Koordinaten l', $L' = 0$ noch gewisse Zusatzgrößen a_t' und a_f' angebracht werden, die von O_w auf $\overline{O}'_w$ führen, und die wir als die *tangentiale* und die *sagittale Abweichung in der Gaussschen Bildebene* bezeichnen.

Diese Zusatzgrößen a_t' und a_f' sind sicher von ungeradem Grade in den Koordinaten der Durchstoßungspunkte der beiden objektseitigen Ebenen, und wir wollen nach J. Petzvals Vorgange die niedrigste Gradzahl, die als Koeffizient in diesen Ausdrücken vorkommt, als die *Ordnungszahl* des *Bildes* bezeichnen. Wir fassen bei dieser Ausdrucksweise den um O'_w entstehenden, aus der Gesamtheit aller Punkte $\overline{O}'_w$ gebildeten Fleck auf als ein Bild des Punkts O_w von der 3. 5. .... $2\nu + 1$ten Ordnung, und wir sehen dann ein, daß man eine Erhöhung der Bildgüte bis auf die 5. 7. ... $2\nu + 1$te Ordnung erzielt, wenn man die Abweichungsgrößen bis zum 3. 5. .... $2\nu + 1$ten Grade sämtlich zum Verschwinden bringt.

Für uns handelt es sich hier um Bilder von der 5. Ordnung der Güte, mithin um die Aufstellung und Vernichtung der Abweichungsgrößen 3. Grades. Nach L. Seidel (*3.*), der zuerst die Entwicklung dieser Ausdrücke in aller Vollständigkeit veröffentlicht hat, werden wir diese Theorie einführen als die Seidelsche Abbildung und diese Bezeichnung brauchen, um sie von der Gaussschen Abbildung zu unterscheiden.

Die Entwicklung dieser Ausdrücke hat man auch wohl die *Theorie der sphärischen Aberrationen 1. Ordnung* genannt und ihr die *der sphärischen Aberrationen 2., 3. .... und höherer Ordnung* gegenübergestellt, wir ziehen vor, von ihr als von der *Theorie der sphärischen Aberrationen* schlechthin zu sprechen, der dann die *Theorie der primären, sekundären und höheren Zonenglieder* an die Seite zu stellen wäre.

Nach dem Vorhergegangenen sind in unserem Falle überhaupt nur folgende zehn Abweichungsglieder möglich:

$$m^3,\ m^2M,\ mM^2,\ M^3,$$
$$lm^2,\ lmM,\ lM^2,$$
$$l^2m,\ l^2M,$$
$$l^3.$$

und wir werden sie auch tatsächlich alle in den im Nachstehenden entwickelten Ausdrücken vorfinden.

Diese Entwicklung werden wir nun auf eine zwiefache Art leisten; zunächst einmal werden wir die einzelnen Bezirke des Gesichtsfeldes behandeln, wie sie durch die vier verschiedenen hier vorkommenden Potenzen von l definiert werden, und dabei werden wir uns durchgehends der *Invariantenmethode von* E. ABBE bedienen. Während die am Schlusse dieses Kapitels vorgetragene SEIDELsche Theorie die gesamte Bildverschlechterung für einen außeraxialen Objektpunkt angibt, deren einzelne Teile durch eine Sonderuntersuchung gedeutet werden müssen, ist man bei der ABBEschen Methode gezwungen, sich über die Natur der einzelnen Bildfehler klar zu werden, um überhaupt die Ableitung der analytischen Fehlerausdrücke leisten zu können. Außerdem aber kann man bei dieser Art der Behandlung die Beschränkung auf kleine Hauptstrahlneigungen aufgeben.

Der Schluß des Kapitels soll gebildet werden von der nach A. KERBERS Vorgange abgeänderten SEIDELschen Ableitung der fünf SEIDELschen Bildfehler. Diese elegante, rein analytische Entwicklung bestätigt so die Vollständigkeit der vorangehenden Ergebnisse.

2. Die sphärische Aberration von Achsenpunkten.
(Die Einführung in die ABBEsche Invariantenmethode.)

Die Abweichungen in der Strahlenvereinigung, wie sie sich unter der vorläufig festgehaltenen Voraussetzung homogenen Lichts und sphärischer Flächen ergeben, bezeichnet man nach dem Vorhergehenden ganz allgemein als sphärische Aberrationen. Darunter bietet den einfachsten Fall die Annahme dar, daß der leuchtende Objektpunkt auf der Achse des zentrierten Systems sphärischer Flächen liege. Man spricht alsdann von der *sphärischen Aberration von Achsenpunkten* oder von *sphärischer Aberration im engeren Sinne*, ja braucht häufig auch dafür schlechthin die Bezeichnung *sphärische Aberration*.

A. Die Längsaberration von Achsenpunkten.

Es ist früher gezeigt worden, wie der Weg eines von einem Achsenpunkte ausgehenden Strahls analytisch zu bestimmen ist. Wir nehmen nun, um ein bestimmtes Beispiel zu haben, den Fall einer sammelnden Brechung an und lassen Strahlen verschiedener

Einfallshöhe in Erscheinung treten. Alsdann ist ihre Vereinigungsweite nicht konstant, es findet überhaupt keine punktmäßige Vereinigung der vom Objektpunkte ausgegangenen Strahlen mehr statt, und in diesem Sinne ist man berechtigt, von *Längsaberration* zu reden.

Die Längsaberration eines Ebenensystems für endliche Öffnung.
Wohl nur in einem Falle ist es möglich, diese Längsaberration für

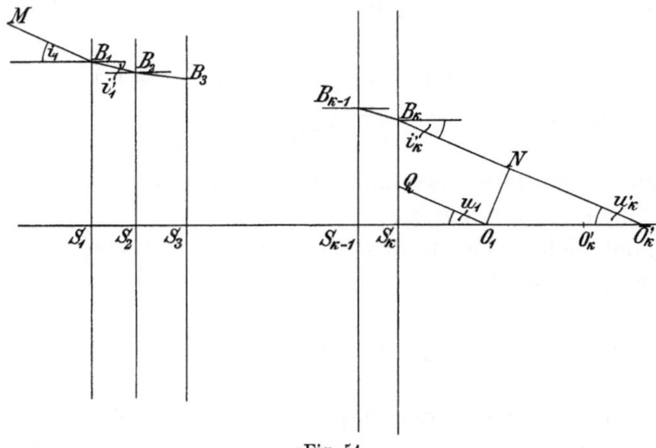

Fig. 54.

$$S_1 B_1 = h_1; \quad S_2 B_2 = h_2; \quad S_3 B_3 = h_3 \ldots S_{k-1} B_{k-1} = h_{k-1}; \quad S_k B_k = h_k;$$
$$S_1 S_2 = d_1; \quad S_2 S_3 = d_2 \ldots S_{k-1} S_k = d_{k-1}; \quad M B_1 \ldots Q O_1 \text{ einfallender,}$$
$B_k \overline{O}_k'$ austretender Strahl. $O_1 \overline{O}_k' = b; \quad O_1 O_k' = b; \quad O_1 N = c_k; \quad S_1 O_1 = s_1;$
$$S_k \overline{O}_k' = s_k'.$$

Zur Längsaberration eines Ebenensystems für endliche Öffnung.

Büschel von beliebig großem Öffnungswinkel zu behandeln, dann nämlich, wenn bei einem zentrierten System die Krümmungsradien alle unendlich werden.

Bei einem solchen System achsensenkrechter, paralleler Ebenen gehen wir von der Identität*) aus

$$h_k = h_1 + \sum_{\nu=1}^{k-1} (h_{\nu-1} - h_\nu),$$

die wir, da bei Planflächen ganz allgemein gilt $u_\nu = -i_\nu$, unter Benutzung der Brechungswinkel umschreiben in

---

*) Dabei sind nach Analogie unserer früher eingeführten Bezeichnungsweise die nur hier auftretenden endlichen Einfallshöhen durch h_ν dargestellt worden.

$$s_k{}'\,\mathrm{tg}\,i_k{}' = s_1\,\mathrm{tg}\,i_1 - \sum_{\nu=1}^{k-1} d_\nu\,\mathrm{tg}\,i_\nu{}'.$$

Nehmen wir nun noch die weitere Identität hinzu, wo $\boldsymbol{b}$ die Verschiebung des Schnittpunktes auf der Achse bedeuten möge,

$$s_1 = s_k{}' - \boldsymbol{b} + \sum_{\nu=1}^{k-1} d_\nu,$$

so erhalten wir als Schlußresultat:

$$\boldsymbol{b} = \frac{-\sum_{\nu=1}^{k-1} d_\nu\,(\mathrm{tg}\,i_\nu{}' - \mathrm{tg}\,i_k{}') + s_1\,(\mathrm{tg}\,i_1 - \mathrm{tg}\,i_k{}')}{\mathrm{tg}\,i_k{}'}$$

und sehen, daß diese Verschiebung im allgemeinen abhängig ist von der Objektentfernung s_1.

Befindet sich indessen das Ebenensystem in einem und demselben Mittel, so wird $i_1 = i_k{}'$, und wir erhalten in

$$\boldsymbol{b} = \sum_{\nu=1}^{k-1} d_\nu\left(1 - \frac{\mathrm{tg}\,i_\nu{}'}{\mathrm{tg}\,i_1}\right)$$

einen Ausdruck, der von der Objektentfernung unabhängig ist.

Führen wir nun noch die Parallelverschiebung c_k der zu i_1 gehörigen Strahlen ein, so ist nach der Figur

$$\boldsymbol{b} = \frac{c_k}{\sin i_k{}'} = \frac{c_k}{\sin i_1},$$

und es ergibt sich

$$c_k = \sum_{\nu=1}^{k-1} d_\nu\,\frac{\sin\,(i_1 - i_\nu{}')}{\cos i_\nu{}'}.$$

Um nun die sphärische Längsaberration zu finden, müssen wir noch die Verlängerung auch der paraxialen Schnittweiten berücksichtigen, die durch das Ebenensystem hervorgebracht wird: diese ist nach dem früheren gegeben durch

$$b = \sum_{\nu=1}^{k-1} \frac{n_\nu{}' - 1}{n_\nu{}'}\,d_\nu = \sum_{\nu=1}^{k-1} d_\nu\left(1 - \frac{\sin i_\nu{}'}{\sin i_1}\right).$$

Bilden wir nun als Ausdruck für die Längsaberration $\boldsymbol{b} - b$, so erhalten wir

$$\boldsymbol{b} - b = \sum_{\nu=1}^{k-1} d_\nu\,\frac{\sin i_\nu{}'}{\sin i_1}\left(1 - \frac{\cos i_1}{\cos i_\nu{}'}\right) = \sum_{\nu=1}^{k-1} \frac{d_\nu}{n_\nu{}'}\left(1 - \frac{\cos i_1}{\cos i_\nu{}'}\right)$$

und da bei einem in Luft befindlichen Ebenensystem aus optisch dichteren Medien

$$|i_\nu'| < |i_1|, \text{ also } \cos i_\nu' > \cos i_1,$$

so gilt auch, mögen die Winkel i_1, i_ν' positiv oder negativ sein,

$$b - b > 0,$$

d. h. die Schnittweiten der unter endlichen Neigungswinkeln austretenden Strahlen werden mit wachsender Neigung größer.

Die Darstellung der Schnittweite s in der Form $s = s + \alpha u^2$. Wir erwähnen als eine Erfahrungstatsache, daß bei sammelnden Kugelflächen die Schnittweiten s' in der Regel mit wachsenden Einfallshöhen oder Kugelwinkeln abnehmen. Aus der Anschauung ergibt sich unmittelbar die Unabhängigkeit der Schnittweiten s, s' von dem Vorzeichen der Einfallshöhe oder des Kugelwinkels, und der analytische Ausdruck dieser Erkenntnis ist der, daß in einer Reihenentwicklung der Schnittweiten s, s' nach diesen Elementen nur gerade Potenzen vorkommen. Nach welcher Variabeln die Entwicklung schließlich geleistet wird, ist an sich gleichgültig, im vorliegenden Falle werden wir die Öffnungswinkel u, u' zwischen Achse und schiefem Strahle wählen und demnach, wenn wir die Entwicklung für die νte Fläche eines Systems gemacht denken, Reihen von der Form erhalten:

$$s_\nu = s_\nu + \mathfrak{a}_\nu u_\nu^2 + \mathfrak{b}_\nu u_\nu^4 + \ldots$$
$$s_\nu' = s_\nu' + \mathfrak{a}_\nu u_\nu'^2 + \mathfrak{b}_\nu' u_\nu'^4 + \ldots$$

Dabei nehmen wir von vornherein als den allgemeinen Fall an, daß bereits das einfallende Büschel mit sphärischer Aberration behaftet sei. Auch bei einem aus mehreren Flächen zusammengesetzten, zentrierten System wird diese Form der Darstellung erhalten bleiben. Wie wir S. 39 gesehen haben, führen die linearen Substitutionen

$$u_\nu' = u_{\nu+1}; \quad s_\nu' - d_\nu = s_{\nu+1}$$

von den Elementen nach der Brechung an einer Fläche zu den entsprechenden Elementen vor der Brechung an der folgenden Fläche. Wir erhalten mithin ohne weiteres

$$s_{\nu+1} = s_{\nu+1} + \mathfrak{a}_{\nu+1} u_{\nu+1}^2 + \mathfrak{b}_{\nu+1} u_{\nu+1}^4 + \ldots$$

wo

$$s_{\nu+1} = s_\nu' - d_\nu; \quad \mathfrak{a}_{\nu+1} = \mathfrak{a}_\nu'; \quad \mathfrak{b}_{\nu+1} = \mathfrak{b}_\nu'$$

gesetzt ist. Nach der letzten Brechung in dem aus k Flächen bestehenden System lautet die Entwicklung für die Schnittweite:

$$s_k{}' = s_k{}' + \mathfrak{a}_k{}' u_k{}'^2 + \mathfrak{b}_k{}' u_k{}'^4 + \cdots$$

Berücksichtigen wir von der ganzen unendlichen Reihe neben dem ersten, konstanten nur noch das zweite, die unabhängige Variable im Quadrat enthaltende Glied, so können wir von einer Behandlung der sphärischen Längsaberration von Achsenpunkten in erster Annäherung sprechen.

Unsere Reihen nehmen alsdann die einfache Gestalt an:

$$s_\nu = s_\nu + \mathfrak{a}_\nu \, u_\nu{}^2$$
$$s_\nu{}' = s_\nu{}' + \mathfrak{a}_\nu{}' u_\nu{}'^2.$$

Die Größen $\mathfrak{a}_\nu$, $\mathfrak{a}_\nu{}'$ sind Längen, und zwar ergeben sie sich als Differenzen zwischen der Schnittweite des Achsenstrahls und der des Einheitswinkels:

$$\mathfrak{a}_\nu = \left[s_\nu\right]_{u=1} - s_\nu$$
$$\mathfrak{a}_\nu{}' = \left[s_\nu{}'\right]_{u'=1} - s_\nu{}'.$$

Ihre Größe ist ausschlaggebend für den Betrag der Längsaberration $s_\nu - s_\nu$, $s_\nu{}' - s_\nu{}'$, der nach der Definitionsgleichung dem Quadrat des Öffnungswinkels proportional ist. Ihr Vorzeichen läßt erkennen, ob mit wachsendem u_ν, $u_\nu{}'$ (oder wachsender Einfallshöhe) die Schnittweite s_ν, $s_\nu{}'$ ab- oder zunimmt. Die Bezeichnung eines Systems von k Flächen als *sphärisch korrigiert* ist bei $\mathfrak{a}_k{}' = 0$ zu wählen, weil dann die Schnittweite $s_k{}'$ von $u_k{}'$ unabhängig ist. Ist sphärische Korrektion nicht vorhanden, so finden wir die Ausdrücke *unterkorrigiert* bei $\mathfrak{a}_k{}' < 0$ und *überkorrigiert* bei $\mathfrak{a}_k{}' > 0$ vielfach im Gebrauche. Sie erklären sich aus der Bemerkung, daß einfache, dünne Sammellinsen, an denen zuerst Verbesserungsversuche gemacht wurden, für weit entfernte Objektpunkte stets Aberrationen eines bestimmten Charakters aufwiesen. Wurden nun bei dem Versuche, diese Aberrationen aufzuheben, oder mit anderen Worten eine Korrektion herbeizuführen, Abweichungen entgegengesetzten Charakters erzielt, so erhielten diese passend die Bezeichnung *Aberrationen im Sinne der Überkorrektion*; das zog aber die Bezeichnung *Aberrationen im Sinne der Unterkorrektion* für die Abweichungen nach sich, die bei unkorrigierten Sammellinsen an weit entfernten Objektpunkten bemerkt wurden.

Betrachtet man die zu den verschiedenen u_ν, $u_\nu{}'$ gehörenden Schnittweiten s_ν, $s_\nu{}'$, so entspricht bei unserer ständigen Annahme einer Lichtbewegung von links nach rechts negativen Werten von $\mathfrak{a}_\nu$, $\mathfrak{a}_\nu{}'$ (also unterkorrigierten Systemen) eine von rechts nach links, positiven $\mathfrak{a}_\nu$, $\mathfrak{a}_\nu{}'$-Werten (also überkorrigierten Systemen) eine von links nach rechts fortschreitende Punktreihe.

Die Entwicklung des Koeffizienten $\mathfrak{a}_k{}'$ nach der ABBEschen Invariantenmethode für ein System zentrierter Flächen. Gehen wir nun auf den S. 128 entwickelten Ausdruck für die optische Invariante bei der Brechung an einer Fläche und beliebiger Neigung des Strahls zurück und dividieren beide Seiten durch r, um Übereinstimmung mit der S. 43 entwickelten Invariante der Nullstrahlen zu erhalten, so ist, wenn wir den Flächenindex vorläufig unterdrücken

$$Q_s = \frac{n(s-r)}{pr} = \frac{n'(s'-r)}{p'r}.$$

Diese Invariante könnten wir ohne weiteres nach einer der obengenannten Variabeln entwickeln, doch wählen wir im vorliegenden Falle dazu zunächst den Kugelwinkel φ. Alsdann müssen die Koeffizienten gleicher Potenzen von φ, in unserem Falle also die konstanten Glieder und die Koeffizienten von φ^2, einander gleich sein.

$$Q_s = Q_s + q_s\,\varphi^2 = Q_s{}' + q_s{}'\,\varphi^2$$
$$Q_s = Q_s{}'; \quad q_s = q_s{}'.$$

Aus der Form von Q_s ist ohne weiteres ersichtlich, daß Q_s und $Q_s{}'$, q_s und $q_s{}'$ sich nur dadurch unterscheiden werden, daß in Q_s und q_s die Elemente des Strahls vor, in $Q_s{}'$ und $q_s{}'$ die nach der Brechung auftreten werden. Q_s und $Q_s{}'$ sind, wie schon erwähnt, identisch mit der früher auf dem gleichen Wege gefundenen Nullinvariante.

Schreiben wir Q_s in der für die Rechnung bequemeren Form:

$$Q_s = n\,\frac{s}{p}\left(\frac{1}{r} - \frac{1}{s}\right) = n'\,\frac{s'}{p'}\left(\frac{1}{r} - \frac{1}{s'}\right)$$

so ist zunächst die Entwicklung von p, p' nach Potenzen von φ zu leisten. Zu diesem Zwecke gehen wir auf S. 130 zurück und erhalten, immer unter Beschränkung auf die Glieder mit φ^2, den Ausdruck:

$$p = s\left(1 - \frac{1}{2}\frac{r^2}{ns}\,Q_s\,\varphi^2\right)$$

mithin

$$\frac{s}{p} = 1 + \frac{1}{2}\frac{r^2}{ns}\,Q_s\,\varphi^2$$

und

$$\frac{s'}{p'} = 1 + \frac{1}{2}\frac{r^2}{n's'}\,Q_s\,\varphi^2.$$

Für $\boldsymbol{s}$ und $\boldsymbol{s}'$ bestehen die oben aufgestellten Gleichungen

$$\boldsymbol{s} = s + \mathfrak{a}\, u^2; \quad \boldsymbol{s}' = s' + \mathfrak{a}'\, u'^2,$$

in denen nun noch die Variabeln u^2, u'^2 durch φ^2 auszudrücken sind. Ganz allgemein folgt nach S. 40

$$\sin u = \frac{r}{p}\sin\varphi; \quad \sin u' = \frac{r}{p'}\sin\varphi$$

und unter Vernachlässigung der dritten Potenzen der Sinusreihe

$$u = \frac{r}{p}\,\varphi; \quad u' = \frac{r}{p'}\,\varphi'$$

sowie, wenn weiterhin alle Glieder mit Exponenten über 2 unterdrückt werden,

$$u^2 = \frac{r^2}{s^2}\,\varphi^2; \quad u'^2 = \frac{r^2}{s'^2}\,\varphi^2$$

mithin

$$\boldsymbol{s} = s + \mathfrak{a}\,\frac{r^2}{s^2}\,\varphi^2 = s\left(1 + \mathfrak{a}\,\frac{r^2}{s^3}\,\varphi^2\right); \quad \boldsymbol{s}' = s'\left(1 + \frac{\mathfrak{a}'}{s'^3}\,r^2\,\varphi^2\right)$$

und

$$\frac{1}{\boldsymbol{s}} = \frac{1}{s} - \mathfrak{a}\,\frac{r^2}{s^4}\,\varphi^2; \quad \frac{1}{\boldsymbol{s}'} = \frac{1}{s'} - \mathfrak{a}'\,\frac{r^2}{s'^4}\,\varphi^2.$$

Setzt man die soeben für $\dfrac{\boldsymbol{s}}{\boldsymbol{p}}$, $\dfrac{\boldsymbol{s}'}{\boldsymbol{p}'}$ und $\dfrac{1}{\boldsymbol{s}}$, $\dfrac{1}{\boldsymbol{s}'}$ entwickelten Werte in den letzten Ausdruck für $\boldsymbol{Q}_s$ ein, so erhält man nach einigen Reduktionen die Formen

$$\boldsymbol{Q}_s = n\left(\frac{1}{r} - \frac{1}{s}\right) + \left[\frac{1}{2}\,\frac{Q_s^{\,2}}{n}\,\frac{r^2}{s} + n\mathfrak{a}\,\frac{r^2}{s^4}\right]\varphi^2$$

$$\boldsymbol{Q}_s = n'\left(\frac{1}{r} - \frac{1}{s'}\right) + \left[\frac{1}{2}\,\frac{Q_s^{\,2}}{n'}\,\frac{r^2}{s'} + n'\mathfrak{a}'\,\frac{r^2}{s'^4}\right]\varphi^2$$

und daraus folgt, da ja $q_s = q_s{}'$ erkannt war,

$$\frac{2\,n\mathfrak{a}}{s^4} + \frac{Q_s^{\,2}}{n\,s} = \frac{2\,n'\mathfrak{a}'}{s'^4} + \frac{Q_s^{\,2}}{n'\,s'},$$

oder in der früher benutzten Schreibweise, wo wir nun wieder den Flächenindex in Erscheinung treten lassen,

$$\mathop{\Delta}_{\nu} \frac{2\,n\mathfrak{a}}{s^4} = -\,Q_{\nu s}^2\,\mathop{\Delta}_{\nu}\frac{1}{n\,s}.$$

Liegt nur eine Fläche vor, so haben wir hiermit die Aufgabe gelöst, aus der gegebenen sphärischen Aberration (d. h. ihrem Koeffizienten a_ν) und den Elementen der Achsenstrahlrechnung die sphärische Aberration des austretenden Strahls (d. h. ihren Koeffizienten a_ν') zu berechnen.

Handelt es sich aber um eine Reihe von k Flächen, so haben wir eine Rekursionsformel erhalten, mit deren Hilfe es uns möglich ist, den Aberrationskoeffizienten a_ν' nach der Brechung an einer beliebigen νten Fläche auszudrücken durch die Achsenstrahlelemente dieser Fläche und den Aberrationskoeffizienten a_ν vor der Brechung. Bedenken wir nun weiter, daß infolge der früher angestellten Überlegungen allgemein $a_\nu = a'_{\nu-1}$ gilt, so wird es klar, daß wir im stande sind, den Aberrationskoeffizienten a_k' nach der letzten Fläche auszudrücken durch die Achsenstrahlelemente und den Aberrationskoeffizienten a_1 vor der ersten. In der Tat erhalten wir diese Formel in

$$a_k' = -\frac{s_k'^4}{2\,n_k'} \sum_{\nu=1}^{k} \left(\frac{h_\nu}{h_k}\right)^4 Q_{\nu s}^2 \, \underset{\nu}{\varDelta} \, \frac{1}{ns} + \left(\frac{h_1}{h_k}\right)^4 \frac{n_1}{n_k'} \left(\frac{s_k'}{s_1}\right)^4 a_1.$$

Der unter dem Summenzeichen stehende Ausdruck $\dfrac{h_\nu}{h_k}$ läßt sich leicht berechnen, denn wenn wir von der auf S. 80 benutzten Beziehung

$$h_\nu : h_{\nu+1} = s_\nu' : s_{\nu+1}$$

Gebrauch machen, so ergibt sich

$$\frac{h_\nu}{h_k} = \frac{s_\nu'}{s_{\nu+1}} \frac{s'_{\nu+1}}{s_{\nu+2}} \cdot \cdot \frac{s'_{k-1}}{s_k}.$$

Im allgemeinen wird das letzte Glied dieser Formel wegen $a_1 = 0$ verschwinden, da in der Regel das Strahlenbüschel vor Eintritt in die erste Fläche des optischen Systems nicht mit sphärischer Aberration behaftet sein wird.

Der Spezialfall eines Ebenensystems. Handelt es sich im speziellen Falle um ein Ebenensystem, so erfährt diese Formel eine weitere Vereinfachung; denn da in diesem Falle die Gleichung besteht

$$Q_{\nu s} = \frac{n_\nu}{s_\nu} = \frac{n_\nu'}{s_\nu'},$$

so ergibt sich — wenn man, wie das später in der Regel geschehen wird, $\left(\dfrac{h_1}{h_k}\right)^4$ vor die Summe setzt — das allgemeine Glied der Summe zu

$$\left(\frac{h_\nu}{h_1}\right)^4 Q_{\nu s}^2 \, \mathop{\Delta}_\nu \frac{1}{ns} = \left(\frac{h_\nu}{h_1}\right)^4 \left(\frac{n_\nu{}'}{s_\nu{}'^3} - \frac{n_\nu}{s_\nu{}^3}\right).$$

Nehmen wir nun den zweiten Teil dieses Gliedes mit dem ersten des vorhergehenden zusammen, so wird wegen

$$n_\nu = n'_{\nu-1}:$$

$$\left(\frac{h_{\nu-1}}{h_1}\right)^4 \frac{n'_{\nu-1}}{s'_{\nu-1}{}^3} - \left(\frac{h_\nu}{h_1}\right)^4 \frac{n_\nu}{s_\nu{}^3} = n'_{\nu-1}\left(\frac{h_{\nu-1}}{h_1}\right)^4 \left(\frac{1}{s'_{\nu-1}{}^3} - \left(\frac{h_\nu}{h_{\nu-1}}\right)^4 \frac{1}{s_\nu{}^3}\right)$$

und ferner unter Benutzung der Beziehung

$$\frac{h_\nu}{h_{\nu-1}} = \frac{s_\nu}{s'_{\nu-1}}$$

$$n'_{\nu-1}\left(\frac{h_{\nu-1}}{h_1}\right)^4 \left(\frac{1}{s'_{\nu-1}{}^3} - \frac{s'_{\nu-1} - d_{\nu-1}}{s'_{\nu-1}{}^4}\right) = n'_{\nu-1}\left(\frac{h_{\nu-1}}{h_1}\right)^4 \frac{d_{\nu-1}}{s'_{\nu-1}{}^4}.$$

Beachten wir nun noch die aus der Konstanz der Invariante I_ν durch das ganze Ebenensystem folgende Relation

$$\frac{n'_{\nu-1} h_{\nu-1}}{s'_{\nu-1}} = \frac{n_1 h_1}{s_1},$$

so erhalten wir für die ganze Summe den Ausdruck

$$\sum_{\nu=1}^{k} \left(\frac{h_\nu}{h_1}\right)^4 Q_{\nu s}^2 \, \mathop{\Delta}_\nu \frac{1}{ns} = \left(\frac{h_k}{h_1}\right)^4 \frac{n_k{}'}{s_k{}'^3} - \frac{n_1}{s_1{}^3} + \frac{n_1{}^4}{s_1{}^4} \sum_{\nu=1}^{k-1} \frac{d_\nu}{n_\nu{}'^3}$$

$$= \frac{n_1{}^4}{s_1{}^4} \left(\frac{s_k{}'}{n_k{}'^3} - \frac{s_1}{n_1{}^3} + \sum_{\nu=1}^{k-1} \frac{d_\nu}{n_\nu{}'^3}\right),$$

der sich durch die Beziehung

$$\frac{s_k{}'}{n_k{}'} = \frac{s_1}{n_1} - \sum_{\nu=1}^{k-1} \frac{d_\nu}{n_\nu{}'}$$

noch weiter vereinfachen läßt in

$$\sum_{\nu=1}^{k} \left(\frac{h_\nu}{h_1}\right)^4 Q_{\nu s}^2 \, \mathop{\Delta}_\nu \frac{1}{ns} = \frac{n_1{}^3}{s_1{}^3}\left(\frac{1}{n_k{}'^2} - \frac{1}{n_1{}^2}\right) + \frac{n_1{}^4}{s_1{}^4} \sum_{\nu=1}^{k-1} \frac{d_\nu}{n_\nu{}'}\left(\frac{1}{n_\nu{}'^2} - \frac{1}{n_k{}'^2}\right).$$

Auch verschwindet das erste Glied dieses Ausdruckes, wenn sich das Ebenensystem in einem und demselben Medium befindet.

Wir erhalten dann für $n_1 = 1$ in

$$\sum_{\nu=1}^{k} \left(\frac{h_\nu}{h_1}\right)^4 Q_{\nu s}^2 \, \mathop{\Delta}_\nu \frac{1}{ns} = \frac{1}{s_1{}^4} \sum_{\nu=1}^{k-1} \frac{d_\nu}{n_\nu{}'}\left(\frac{1}{n_\nu{}'^2} - 1\right)$$

eine wesentlich negative Größe, da alle nicht verschwindenden Summanden wegen $n_\nu' \geqq 1$ negativ sind.

Mithin wird für einen Objektpunkt, der durch ein in Luft befindliches Ebenensystem abgebildet wird, $\mathfrak{a}_k'$ zu einer wesentlich positiven Größe; die durch ein solches Ebenensystem für kleine Winkel u_1 hervorgebrachte Längsaberration hat also stets den Charakter der Überkorrektion, was mit dem für endliche Winkel u_1 auf S. 215 abgeleiteten Resultat übereinstimmt.

B. Der Zerstreuungskreis der sphärischen Aberration.

Wenn es sich jetzt darum handelt, die *tangentiale Abweichung* l_k' in der Gaussschen Bildebene zu bestimmen, die durch die sphärische Aberration eines Strahls vom bildseitigen Öffnungs-

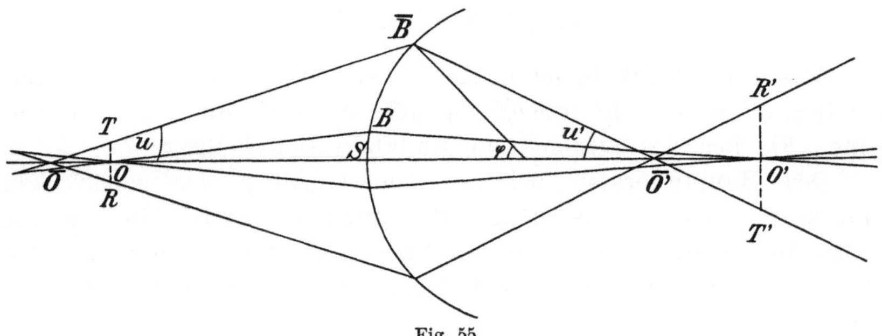

Fig. 55.

$$SO = s; \quad S\overline{O} = s; \quad SO' = s'; \quad S\overline{O}' = s'; \quad O'T' = l'.$$

Zum Zerstreuungskreise der sphärischen Aberration eines Achsenpunkts.

winkel u_k' bedingt ist, so erhalten wir sie nach der Figur 55, wenn wir nur die ersten Winkelpotenzen berücksichtigen, dadurch, daß wir den Betrag der sphärischen Längsaberration $s_k' - s_k'$ mit dem Öffnungswinkel multiplizieren

$$l_k' = (s_k' - s_k') u_k' = \mathfrak{a}_k' u_k'^3.$$

Diese tangentiale Zerstreuungslinie wird auch als der *Radius des Zerstreuungskreises* für die sphärische Aberration eines Achsenpunkts angesehen, und wir werden uns dieses Ausdrucks im folgenden auch bedienen.

Für den Durchmesser des Zerstreuungskreises, der manchmal eingeführt wird, ergibt sich natürlich das Doppelte des von uns für den Radius angegebenen Wertes.

Setzen wir nun für a_k' seinen oben ermittelten Wert und berücksichtigen dabei nur den Fall, daß das in das System eintretende Büschel von Aberration frei war, so erhalten wir

$$l_k' = - \frac{s_k'^4}{2\,n_k'}\,u_k'^3 \sum_{\nu=1}^{k} \left(\frac{h_\nu}{h_k}\right)^4 Q_{\nu s}^2\, \underset{\nu}{\varDelta}\, \frac{1}{n\,s}$$

nun ist aber offenbar

$$\frac{h_\nu}{h_k} = \frac{h_1}{h_k}\,\frac{h_\nu}{h_1}$$

also

$$l_k' = - \frac{s_k'^4}{2\,n_k'}\,u_k'^3 \left(\frac{h_1}{h_k}\right)^4 \sum_{\nu=1}^{k} \left(\frac{h_\nu}{h_1}\right)^4 Q_{\nu s}^2\, \underset{\nu}{\varDelta}\, \frac{1}{n\,s}\,.$$

Soll das System von k Flächen sphärisch korrigiert sein, so muß die Summe verschwinden:

$$\sum_{\nu=1}^{k} \left(\frac{h_\nu}{h_1}\right)^4 Q_{\nu s}^2\, \underset{\nu}{\varDelta}\, \frac{1}{n\,s} = 0\,.$$

Dieser Ausdruck bietet große Vorteile für die Übersichtlichkeit der Rechnung, weil in ihm die Anteile getrennt sind, die die einzelnen Flächen des Systems zur Endaberration beitragen.

Das Hauptinteresse bei der Untersuchung der sphärischen Aberration eines Systems ist nun aber nicht so sehr auf die absolute Größe des Zerstreuungskreises im Bilde gerichtet, sondern auf den Einfluß, den die Aberration auf das Erkennen der Einzelheiten des Objekts ausübt.

Wir erhalten ein objektives Maß für die dadurch bewirkte Undeutlichkeit, wenn wir nach der Größe des Objektteils fragen, dessen Bild nach der Wirkung derselben k brechenden Flächen gerade gleich dem Radius des Zerstreuungskreises ist.

Für Achsenstrahlen gilt nach dem Smith-Helmholtzschen Satze*)

$$n'\,u'\,\mathfrak{y}' = n\,u\,\mathfrak{y}$$

und zwar ganz allgemein für beliebig viele Brechungen, wenn n, u, $\mathfrak{y}$ sich auf das Büschel vor der ersten und n', u', $\mathfrak{y}'$ auf das Büschel nach der letzten Brechung beziehen. Auf unsere Seitenaberration oder den Radius des Zerstreuungskreises angewandt, heißt das

$$n_k'\,u_k'\,l_k' = n_1\,u_1\,l^{(k)}\,,$$

wo der Index (k) die Anzahl der Flächen des Systems charakterisieren soll.

---

*) Siehe Seite 148 und 199.

Wir erhalten also den Radius $l^{(k)}$ des in das Objekt projizierten Zerstreuungskreises, wenn wir allgemein, was bei unserer Beschränkung statthaft ist, $h_\nu = s_\nu u_\nu = s_\nu' u_\nu'$ setzen, zu:

$$l^{(k)} = \frac{n_k' u_k' l_k'}{n_1 u_1} = -\frac{s_1{}^4}{2\,n_1{}^4}\,(n_1 u_1)^3 \sum_{\nu=1}^{k} \left(\frac{h_\nu}{h_1}\right)^4 Q_{\nu s}^2\, \underset{\nu}{\varDelta}\,\frac{1}{n s}.$$

Diesem Ausdrucke können wir noch eine andere Form geben, indem wir durch

$$u_1 = \frac{m_1}{s_1 - x_1}$$

die Öffnungskoordinaten einführen. Wir erhalten dann in

$$\frac{n_1\, l^{(k)}}{s_1} = \frac{m_1{}^3 s_1{}^3}{2\,(x_1 - s_1)^3} \sum_{\nu=1}^{k} \left(\frac{h_\nu}{h_1}\right)^4 Q_{\nu s}^2\, \underset{\nu}{\varDelta}\,\frac{1}{n s}$$

einen Ausdruck, den wir mit einer später auftretenden Form, die auf einem andern Wege abgeleitet worden ist, leicht werden identifizieren können.

Wenn wir hier vorausschickend bemerken, daß E. Abbe die in der Theorie der optischen Instrumente sehr wichtige Größe $n \sin u$, nämlich das Produkt aus dem Brechungsexponenten und dem Sinus des zugehörigen halben Öffnungswinkels mit dem Ausdrucke der *numerischen Apertur* belegt hat, so ist es einleuchtend, daß für kleine Winkel u zwischen Strahl und Achse der Ausdruck der numerischen Apertur A gegeben wird durch

$$A = n u.$$

Nach Einsetzung dieses Wertes ergibt sich schließlich der Halbmesser des Zerstreuungskreises zu

$$l^{(k)} = -\frac{s_1{}^4}{2\,n_1{}^4}\,A_1{}^3 \sum_{\nu=1}^{k} \left(\frac{h_\nu}{h_1}\right)^4 Q_{\nu s}^2\, \underset{\nu}{\varDelta}\,\frac{1}{n s}.$$

Aus der Form von $l^{(k)}$ geht ohne weiteres hervor, daß der Einfluß der sphärischen Aberration auf die Deutlichkeit der Abbildung mit der dritten Potenz der numerischen Apertur des einfallenden Büschels wächst.

Bei unendlich fernen Objekten kann man offenbar die Bildverschlechterung nicht in linearem Maße angeben, sondern muß zu angularem greifen. Der angulare Wert des Radius des Zerstreuungskreises ist

$$\lambda^{(k)} = \frac{l^{(k)}}{s_1},$$

und wenn man nun noch beachtet, daß für $s_1 = \infty$ $u_1 s_1 = h_1$ wird, und daß in diesem Falle stets $n_1 = 1$ zu setzen ist, so ergibt sich

$$\lambda^{(k)} = -\frac{h_1{}^3}{2} \sum_{\nu=1}^{k} \left(\frac{h_\nu}{h_1}\right)^4 Q_{\nu s}^2 \underset{\nu}{\Delta} \frac{1}{ns}.$$

Der Einfluß der sphärischen Aberration ist also bei teleskopischem Sehen in erster Annäherung dem Kubus der linearen Öffnung des Systems proportional.

Die auf der rechten Seite des Ausdrucks für $\lambda^{(k)}$ stehende Summe ist dem Kubus der Brennweite des Systems*) umgekehrt proportional. Bezeichnen wir nun den Wert dieser Summe für die Brennweite $f = 1$ mit K, so erhalten wir:

$$\lambda^{(k)} = -\frac{1}{2}\left(\frac{h_1}{f}\right)^3 K = -\frac{1}{16}\frac{K}{k^3}.$$

Bezeichnet man mit $\dfrac{2h_1}{f} = \dfrac{1}{k}$ die *relative Öffnung* eines für große Objektabstände benutzten Systems, so sagt diese Gleichung: Die vom ersten Gliede der sphärischen Aberration abhängige Verundeutlichung eines unendlich entfernten Objekts ist proportional der dritten Potenz der relativen Öffnung des Systems. Der Faktor K hängt von der Zusammensetzung des Systems ab, d. h. von den besonderen Werten der Krümmungen, Brechungsverhältnisse und Abstände der einzelnen Flächen. Der Winkelwert $\lambda^{(k)}$ ist aber, wie das auch sein muß, bei gegebenem Konstruktionstypus K und Öffnungsverhältnis $\dfrac{1}{k} = \dfrac{2h_1}{f}$ unabhängig von der Größe der Brennweite selbst.

C. Die sphärische Aberration in einfachen Sonderfällen.

Die sphärische Aberration einer Fläche. Der soeben betrachtete Ausdruck wird dann

$$l^{(k)} = -\frac{s^4}{2n^4} A^3 n^2 \left(\frac{1}{r} - \frac{1}{s}\right)^2 \left(\frac{1}{n's'} - \frac{1}{ns}\right);$$

nur in drei Fällen kann er verschwinden und damit die sphärische Aberration von der Öffnung des Büschels unabhängig machen;

---

*) Vorausgesetzt, daß es sich nicht um teleskopische Systeme selbst handelt; dagegen ist diese Überlegung auf Teile solcher, wie etwa das Objektivsystem eines Fernrohrs, sehr wohl anwendbar.

a) $s = 0$, d. h. der betrachtete Objektpunkt fällt mit seinem Bilde im Flächenscheitel zusammen.

b) $s = r$, d. h. der Objektpunkt fällt mit seinem Bilde im Flächenmittelpunkte zusammen.

c) $n's' = ns$. Diese Beziehung ist gleichbedeutend mit

$$s = r + \frac{n'}{n}r; \quad s' = r + \frac{n}{n'}r;$$

d. h. Objektpunkt und Bild fallen mit je einem der aplanatischen Punkte der Fläche zusammen.

In allen anderen Fällen hat der Koeffizient der sphärischen Aberration

$$A = n^2 \left(\frac{1}{r} - \frac{1}{s}\right)^2 \left(\frac{1}{n's'} - \frac{1}{ns}\right)$$

einen endlichen, von Null verschiedenen Wert, dessen Vorzeichen durch das des letzten Faktors bestimmt wird. Wie aus der Umformung

$$\frac{1}{n's'} - \frac{1}{ns} = \frac{n'-n}{n'^2}\left(\frac{1}{r} - \frac{n'+n}{n}\frac{1}{s}\right)$$

ersichtlich ist, hängt dies Vorzeichen im allgemeinen mit von dem s-Werte ab, nur für $s = \infty$ wird es durch das der Größe $\frac{n'-n}{r}$ bestimmt.

Ist hier $\frac{n'-n}{r} > 0$, handelt es sich also um eine sammelnd wirkende Fläche, so ist $A > 0$ also $\alpha' < 0$, d. h. es ist Unterkorrektion vorhanden, während bei einer zerstreuend wirkenden Fläche mit $\frac{n'-n}{r} < 0$ umgekehrt für ein fernes Objekt stets Überkorrektion auftritt.

Die sphärische Aberration einer einfachen, dünnen Linse. Der sich nun zunächst darbietende Fall ist der zweier unmittelbar aufeinander folgender Flächen, bei denen erstes und letztes Medium gleich sind. Wir nehmen es als Luft an und setzen entsprechend $n_1 = n_2' = 1$ und $n_1' = n_2 = n$.

Wir erhalten dann wiederum den Ausdruck:

$$l^{(k)} = -\frac{s_1^4}{2}A^3 A.$$

Da der Fall weiter kein Interesse bietet, daß der Zerstreuungskreis der sphärischen Aberration dadurch verschwindet, daß der Objektpunkt und mit ihm der Bildpunkt in den Scheitel der Linse rückt, so wenden wir uns allein zu der Betrachtung des Koeffizienten

$$A = \left(\frac{1}{r_1} - \frac{1}{s_1}\right)^2 \left(\frac{1}{n\,s_1{}'} - \frac{1}{s_1}\right) + \left(\frac{1}{r_2} - \frac{1}{s_2{}'}\right)^2 \left(\frac{1}{s_2{}'} - \frac{1}{n\,s_2}\right)$$

wobei wir bemerken, daß im Falle einer unendlich dünnen Linse ohne weiteres $h_2 = h_1$ zu setzen ist.

Die in dem Ausdrucke für A enthaltenen, überzähligen Variabeln werden durch die sich sofort ergebenden Beziehungen:

$$\frac{1}{r_1} - \frac{1}{r_2} = \frac{1}{n-1}\,\frac{1}{f}\,; \quad \frac{1}{s_2{}'} = \frac{1}{s_1} + \frac{1}{f}\,; \quad \frac{1}{n\,s_1{}'} = \frac{1}{n^2\,s_1} + \frac{n-1}{n^2}\,\frac{1}{r_1}$$

eliminiert und zu gleicher Zeit die neuen Bezeichnungen

$$\frac{1}{r_1} = \varrho\,; \quad \frac{1}{s_1} = \sigma\,; \quad \frac{1}{f} = \varphi$$

eingeführt. Es sei dabei bemerkt, daß infolge der ersten dieser Substitutionen die Krümmung ϱ der Vorderfläche beliebig gewählt werden kann, ohne daß sich die Stärke φ der Linse ändert, da ja die Krümmung der Hinterfläche dementsprechend modifiziert wird. Eine solche Veränderung der Krümmungen beider Flächen bezeichnet man als *Durchbiegen* einer Linse von der Stärke φ.

Der Koeffizient A erhält also folgende Form:

$$A = \left(\frac{n}{n-1}\right)^2 \varphi^3 + \frac{3\,n+1}{n-1}\,\sigma\varphi^2 + \frac{3\,n+2}{n}\,\sigma^2\varphi - \frac{2\,n+1}{n-1}\,\varrho\varphi^2$$

$$- \frac{4\,(n+1)}{n}\,\varrho\,\sigma\varphi + \frac{n+2}{n}\,\varrho^2\varphi\,.$$

Fassen wir diesen Ausdruck zunächst als Funktion der Hauptvariabeln ϱ auf, so läßt er sich auf die Form bringen:

$$A = A_0 - A_1\varrho + A_2\varrho^2.$$

Für das Minimum dieser Funktion inbezug auf ϱ besteht

$$\frac{\partial A}{\partial \varrho} = -A_1 + 2\,A_2\varrho = 0,$$

also

$$\overline{\varrho} = \frac{A_1}{2\,A_2} = \frac{(2\,n+1)\,n}{2\,(n-1)\,(n+2)}\,\varphi + \frac{2\,(n+1)}{n+2}\,\sigma$$

und dazu gehört

$$\overline{A} = A_{min} = A_0 - \frac{A_1{}^2}{4\,A_2} = \frac{(4\,n-1)\,n}{4\,(n-1)^2\,(n+2)}\,\varphi^3 - \frac{n}{n+2}\,\sigma\varphi\,(\sigma+\varphi).$$

Mit Hilfe des so ermittelten Minimalwertes des Aberrationskoeffizienten läßt sich die Darstellung geben:

$$\frac{A}{\varphi^3} = \frac{\overline{A}}{\varphi^3} + \frac{n+2}{n}\,\mathrm{P}^2; \quad \mathrm{P} = \frac{\varrho}{\varphi} - \frac{\overline{\varrho}}{\varphi},$$

und dabei hängt der Minimalwert $\dfrac{\overline{A}}{\varphi^3}$ sowohl, wie $\dfrac{\overline{\varrho}}{\varphi}$ allein von $\dfrac{\sigma}{\varphi}$ ab. Ferner ist aus der Form ersichtlich, daß man nur für negative A eine Aufhebung der sphärischen Aberration wird erzielen können, dann aber stets für zwei verschiedene Werte P_1, P_2 der Durchbiegung.

Läßt man durch $\overline{A} = -a$ den negativen Wert von $\overline{A}$ in Erscheinung treten, so entsprechen den beiden durch die Auflösung der $\overline{A}$ enthaltenden, quadratischen Gleichung gefundenen Werten von $\dfrac{\sigma}{\varphi}$ nämlich

$$\frac{\sigma}{\varphi} = -\frac{1}{2} \pm \sqrt{\frac{n+2}{n}\left(\frac{a}{\varphi^3} + \frac{n^2}{4\,(n-1)^2}\right)}$$

natürlich auch zwei Werte von $\dfrac{\overline{\varrho}}{\varphi}$:

$$\frac{\overline{\varrho}}{\varphi} = \frac{1}{2\,(n-1)} \pm \frac{2\,(n+1)}{n+2} \sqrt{\frac{n+2}{n}\left(\frac{a}{\varphi^3} + \frac{n^2}{4\,(n-1)^2}\right)}.$$

Aus diesen Formen geht aber hervor, daß

$$\sigma_I + \sigma_{II} = -\varphi; \qquad \overline{\varrho}_I + \overline{\varrho}_{II} = \frac{1}{n-1}\,\varphi,$$

da nun aber gleichzeitig allgemein

$$\sigma_I{}' - \sigma_I = \varphi; \qquad \overline{\varrho}_I - \varrho_2 = \frac{1}{n-1}\,\varphi,$$

so ist auch

$$\sigma_{II} = -\sigma_I{}'; \qquad \overline{\varrho}_{II} = -\varrho_2,$$

d. h. der zweite Fall, für den $\overline{A}$ einen vorgeschriebenen Wert $-a$ erhält, reduziert sich auf den ersten, wenn man die Linse umkehrt und gleichzeitig Objekt und Bild vertauscht. Schließt man dies als selbstverständlich aus, so kann man sagen, bei jeder dünnen Linse gibt es einen und nur einen Objektabstand σ und eine dazugehörige Durchbiegung $\overline{\varrho}$, für die $\overline{A}$ einen vorgeschriebenen Wert $-a$ annimmt. Damit es sich um reelle Werte von σ handele, kann a jeden beliebigen positiven Wert, dagegen von negativen nur solche erhalten, daß $-a \leqq \dfrac{n^2 \varphi^3}{4(n-1)^2}$ ist. Anders ausgedrückt heißt das:

Bei passender Wahl von σ und ϱ kann man dem Minimalwerte A der sphärischen Aberration beliebig große $\left\{\begin{array}{c}\text{negative}\\\text{positive}\end{array}\right\}$ Werte erteilen, je nachdem die Brennweite der betrachteten Linse von $\left\{\begin{array}{c}\text{positivem}\\\text{negativem}\end{array}\right\}$ Zeichen ist. Dagegen gilt als Grenze nach der andern Seite der Wert $\dfrac{n^2 \varphi^3}{4(n-1)^2}$, der für $\sigma = -\dfrac{\varphi}{2}$ und $\overline{\varrho} = \dfrac{\varphi}{2(n-1)}$ erreicht wird.

Größere Anschaulichkeit wird noch erreicht, wenn man den Wert $\dfrac{A}{\varphi^3}$ des Koeffizienten der sphärischen Aberration als Funktion der beiden Variabeln $\dfrac{\sigma}{\varphi}$ und $\dfrac{\varrho}{\varphi}$ darstellt. $\dfrac{A}{\varphi^3}$ dient dann als Parameter für die Gleichung:

$$a_{11}\left(\frac{\varrho}{\varphi}\right)^2 + 2\,a_{12}\left(\frac{\varrho}{\varphi}\right)\left(\frac{\sigma}{\varphi}\right) + a_{22}\left(\frac{\sigma}{\varphi}\right)^2 + 2\,a_{13}\left(\frac{\varrho}{\varphi}\right) + 2\,a_{23}\left(\frac{\sigma}{\varphi}\right)$$

$$+ \left(\frac{n}{n-1}\right)^2 - \frac{A}{\varphi^3} = 0,$$

wo die $a_{\nu k}$ unmittelbar aus dem oben angegebenen Ausdruck für A entnommen werden können.

Man kann unter Benutzung der Methoden der analytischen Geometrie leicht zeigen, daß für einen beliebigen A-Wert die durch die Gleichung dargestellte Kurve stets eine Hyperbel mit gemeinsamem Asymptotenpaar ist, die in dem speziellen Falle von $\dfrac{A}{\varphi^3} = \dfrac{n^2}{4(n-1)^2}$ in ein Geradenpaar, die gemeinsamen Asymptoten nämlich, degeneriert.

Die parallele Verschiebung des Koordinatensystems ist gegeben durch

$$\frac{\varrho}{\varphi} = \left(\frac{\varrho'}{\varphi}\right) + \frac{1}{2(n-1)}; \qquad \frac{\sigma}{\varphi} = \left(\frac{\sigma'}{\varphi}\right) - \frac{1}{2}$$

und der Drehungswinkel α definiert durch

$$\operatorname{tg} 2\alpha = \frac{2(n+1)}{n},$$

während die ganze Gleichung bezogen auf zwei zueinander senkrechte Durchmesser die Form annimmt:

$$\lambda_1 \mathfrak{r}^2 - \lambda_2 \mathfrak{s}^2 = \frac{A}{\varphi^3} - \frac{n^2}{4(n-1)^2}; \qquad \lambda_{1,2} = \frac{2n + 2 \pm \sqrt{4(n+1)^2 + n^2}}{n}.$$

Faßt man $\dfrac{A}{\varphi^3}$ als dritte räumliche Koordinate auf, so stellt
die Gleichung ein hyperbolisches Paraboloid dar.

Der oben unter A angegebene, allgemeine Ausdruck für den
Koeffizienten der sphärischen Aberration einer Linse läßt sich ohne
weiteres auch anders zusammenfassen, nämlich:

$$A = \mathfrak{A}_0 + \mathfrak{A}_1 \sigma + \mathfrak{A}_2 \sigma^2,$$

es ergibt sich daraus, daß eine Linse, die für einen bestimmten
Objektabstand sphärisch korrigiert ist, dies im allgemeinen auch noch
für einen zweiten σ-Wert ist. Es läßt sich leicht einsehen, daß sich
diese Anzahl auch bei einem System aus beliebig vielen dünnen
Linsen nicht steigert.

Lassen wir nämlich die Ordnungszahl der Linse erkennbar
werden, so ergibt sich für den Koeffizienten der Gesamtaberration
eines Systems von k dünnen, eng aneinander befindlichen Linsen
die Form

$$A = \sum_{\nu=1}^{k} A^{(\nu)} = \sum_{\nu=1}^{k} \mathfrak{A}_{0\nu} + \sum_{\nu=1}^{k} \mathfrak{A}_{1\nu}\sigma_\nu + \sum_{\nu=1}^{k} \mathfrak{A}_{2\nu}\sigma_\nu{}^2.$$

Da bei dünnen Linsen stets

$$\sigma_\nu = \sigma_1 + \sum_{\lambda=1}^{\nu-1} \varphi_\lambda$$

gesetzt werden kann, so ergibt sich schließlich:

$$A = \sum_{\nu=1}^{k} A^{(\nu)} = \sum_{\nu=1}^{k} \left(\mathfrak{A}_{0\nu} + \mathfrak{A}_{1\nu} \sum_{\lambda=1}^{\nu-1} \varphi_\lambda + \mathfrak{A}_{2\nu} \left[\sum_{\lambda=1}^{\nu-1} \varphi_\lambda \right]^2 \right)$$
$$+ \sigma_1 \sum_{\nu=1}^{k} \left(\mathfrak{A}_{1\nu} + 2 \mathfrak{A}_{2\nu} \sum_{\lambda=1}^{\nu-1} \varphi_\lambda \right) + \sigma_1{}^2 \sum_{\nu=1}^{k} \mathfrak{A}_{2\nu},$$

und daraus ist ersichtlich, daß im allgemeinen, d. h. wenn nicht
jeder Koeffizient für sich verschwindet, auch bei einem aus beliebig
vielen dünnen Linsen zusammengesetzten System die sphärische

Aberration nur für zwei, oder für einen, oder schließlich für gar keinen reellen Objektabstand gehoben sein kann.

Es wird sich empfehlen, hier noch auf einige ganz spezielle Fälle einzugehen, in denen die sphärische Aberration bei zwei und mehreren Linsen gehoben werden kann.

Sphärisch korrigierte Systeme aus einer positiven und einer negativen Linse. Im Falle zweier dünner, benachbarter Linsen hat der Koeffizient der sphärischen Aberration, wenn wir die eben behandelten Minimalwerte $\overline{A}$ durch A bezeichnen, die folgende Form:

$$A = A^{(1)} + A^{(2)} = \mathrm{A}^{(1)} + \frac{n_1 + 2}{n_1}\, \varphi_1 \mathrm{P}_1{}^2 + \mathrm{A}^{(2)} + \frac{n_2 + 2}{n_2}\, \varphi_2 \mathrm{P}_3{}^2$$

und es sind die Größen $\mathrm{A}^{(1)}$ und $\mathrm{A}^{(2)}$ aus der oben angegebenen Formel leicht zu berechnen, indem $\sigma_2 = \sigma_1 + \varphi_1$ gesetzt wird.

Der einfachste Fall, in dem A zum Verschwinden gebracht wird, ist der, wo φ_1 und φ_2 entgegengesetztes Zeichen haben. Es seien die Brennweiten ihrem absoluten Betrage nach beliebig, aber φ_1 positiv und φ_2 negativ, alsdann ist der Wert von $\mathrm{A}^{(1)} + \mathrm{A}^{(2)}$ bestimmend für das Maß der zulässigen Durchbiegung einer der beiden Linsen. Ist nämlich $\mathrm{A}^{(1)} + \mathrm{A}^{(2)} =$ dem wesentlich positiven Werte $\alpha^2 \dfrac{n_2 + 2}{n_2}\,|\varphi_2|$, so muß, damit für reelle P_1 A verschwinden könne, $|\mathrm{P}_3| \geqq |\alpha|$ sein; ist aber $\mathrm{A}^{(1)} + \mathrm{A}^{(2)} =$ dem wesentlich negativen Werte $-\beta^2 \dfrac{n_1 + 2}{n_1}\,|\varphi_1|$, so muß, damit für reelle P_3 A verschwinden könne, $|\mathrm{P}_1| \geqq |\beta|$ sein.

Sind diese Grenzbedingungen erfüllt, so gehören zu jedem beliebigen Werte $\left\{ \begin{array}{c} \mathrm{P}_3 \\ \mathrm{P}_1 \end{array} \right\}$ zwei reelle Werte $\left\{ \begin{array}{c} \mathrm{P}_{11},\ \mathrm{P}_{12} \\ \mathrm{P}_{31},\ \mathrm{P}_{32} \end{array} \right\}$.

Wir sind also imstande, bei völliger Freiheit betreffs der Brennweiten der beiden Linsen noch die Erfüllung einer weiteren Bedingung für die Krümmungsradien zu fordern. Als solche bietet sich hier zwanglos die allgemein als HERSCHELsche Bedingung[*]) bezeichnete Forderung dar, der Wert von A solle nicht nur für den Abstand σ selbst, sondern auch für den benachbarten Objektabstand verschwinden. Mithin

$$A^{(1)} + A^{(2)} = 0 \quad \text{und} \quad \frac{dA^{(1)}}{d\sigma_1} + \frac{dA^{(2)}}{d\sigma_2} \cdot \frac{d\sigma_2}{d\sigma_1} = 0.$$

---

[*]) Weiteres über diese Bedingung s. unter 6. B.

Unter Zuhilfenahme der Gleichung $\sigma_2 = \sigma_1 + \varphi_1$ ergibt sich sofort

$$\frac{d A^{(1)}}{d\sigma_1} + \frac{d A^{(2)}}{d\sigma_2} = 0,$$

und das führt, wenn $\sigma_2 = \sigma_1 + \varphi_1$ benutzt wird, zu der Beziehung

$$2\sigma_1 \left(\frac{3n_1 + 2}{n_1} \varphi_1 + \frac{3n_2 + 2}{n_2} \varphi_2 \right) = 4 \left(\frac{n_1 + 1}{n_1} \varrho_1 \varphi_1 + \frac{n_2 + 1}{n_2} \varrho_3 \varphi_2 \right)$$

$$- \frac{3n_1 + 1}{n_1 - 1} \varphi_1{}^2 - \frac{3n_2 + 1}{n_2 - 1} \varphi_2{}^2 - 2 \frac{3n_2 + 2}{n_2} \varphi_1 \varphi_2.$$

Wir erhalten mithin einen linearen Zusammenhang zwischen ϱ_1 und ϱ_3, der mit der quadratischen Gleichung $A^{(1)} + A^{(2)} = 0$ verbunden auf eine Doppellösung führt.

Stellt man nun noch die weitere Bedingung, daß der Wert von A völlig unabhängig von der Objektentfernung werde, so muß, analog dem früheren sein

$$\frac{d^2 A^{(1)}}{d\sigma_1{}^2} + \frac{d^2 A^{(2)}}{d\sigma_2{}^2} = 0.$$

Nach Ausführung der Differenziation ergibt sich

$$\frac{3n_1 + 2}{n_1} \varphi_1 + \frac{3n_2 + 2}{n_2} \varphi_2 = 0.$$

Die Erfüllung dieser Bedingung gemeinsam mit den beiden erstaufgeführten bringt uns also auf ein aus einer Sammel- und einer Zerstreuungslinse gebildetes System, das für beliebige Objektabstände sphärisch korrigiert ist. Bei den Werten von n indessen, die in den Brechungsexponenten der vorhandenen Gläser verfügbar sind, würde es ganz außerordentlich starke Krümmungen erhalten müssen.

Sphärisch korrigierte Systeme aus Linsen von gleichem Zeichen der Brennweite. Es hat ein gewisses Interesse, zu untersuchen, ob denn der Bedingung $A = 0$ nicht auch durch eine Kombination dünner Linsen genügt werden könne, deren Brennweiten alle gleiches Vorzeichen haben. In diesem Falle ist offenbar der kleinste Wert, der erreicht werden kann, der, daß $\sum_{\nu=1}^{k} A^{(\nu)}$ ein Minimum wird.

Bei der sich zunächst darbietenden Kombination nur zweier Linsen soll die Verminderung D des Minimalwerts der sphärischen Aberration bestimmt werden, die dadurch herbeigeführt wird, daß an Stelle der Linse φ zwei Linsen φ_1 und φ_2 gleichen Zeichens und Materials gesetzt werden, die zusammen die gleiche Stärke wie φ haben: $\varphi = \varphi_1 + \varphi_2$. Dann ist offenbar

$$D = \mathrm{A} - (\mathrm{A}^{(1)} + \mathrm{A}^{(2)}) = \frac{(4n-1)n}{4(n-1)^2(n+2)}(\varphi_1 + \varphi_2)^3$$

$$- \frac{n}{n+2}\sigma(\varphi_1 + \varphi_2)(\sigma + \varphi_1 + \varphi_2) - \frac{(4n-1)n}{4(n-1)^2(n+2)}(\varphi_1{}^3 + \varphi_2{}^3)$$

$$+ \frac{n}{n+2}\sigma\varphi_1(\sigma + \varphi_1) + \frac{n}{n+2}(\sigma + \varphi_1)\,\varphi_2\,(\sigma + \varphi_1 + \varphi_2)$$

$$= \frac{(2n+1)^2 n}{4(n-1)^2(n+2)}\varphi\varphi_1\varphi_2.$$

Würden wir φ_1 und φ_2 verschiedene Zeichen erteilen, so ließe sich D beliebig groß und von entgegengesetztem Zeichen wie φ machen, doch dieser Fall ist in der Überschrift bereits ausgeschlossen. Der Wert von D hat nun, wie leicht zu sehen ist, sein Maximum gleichzeitig mit dem Minimum für $\mathrm{A}^{(1)} + \mathrm{A}^{(2)}$, wenn $\varphi_1 = \varphi_2 = \dfrac{\varphi}{2}$ ist. Dieses Minimum

$$\mathrm{A}^{(1)} + \mathrm{A}^{(2)} = \frac{(4n-1)n}{4(n-1)^2(n+2)}\frac{\varphi^3}{4} - \frac{n}{n+2}\varphi\left\{\sigma(\sigma + \varphi) + \frac{\varphi^2}{4}\right\}$$

läßt, mit A verglichen,

$$\mathrm{A} = \frac{(4n-1)n}{4(n-1)^2(n+2)}\varphi^3 - \frac{n}{n+2}\sigma\varphi(\sigma + \varphi)$$

erkennen, daß der positive Teil erheblich verringert, der negative sogar noch vermehrt wurde. Hierauf läßt sich der Schluß begründen, man würde durch fortgesetzte Vermehrung der Zahl und proportionale Verringerung der Stärke der einzelnen Linsen auch für $\sigma = 0$, wo sonst stets ein Aberrationskoeffizient vom Zeichen von φ vorhanden ist, sphärische Korrektion herbeiführen können. Die Richtigkeit dieses Schlusses ergibt sich am einfachsten aus der folgenden Zusammenstellung:

Minimalaberration $\sum\limits_{\nu=1}^{k} A^{(\nu)}$ für

eine Linse	zwei Linsen	drei Linsen	vier Linsen
(φ)	$\left(\text{je } \dfrac{\varphi}{2}\right)$	$\left(\text{je } \dfrac{\varphi}{3}\right)$	$\left(\text{je } \dfrac{\varphi}{4}\right)$

$$\varphi^3 \frac{(4n-1)n}{4(n-1)^2(n+2)};\quad \frac{\varphi^3}{4}\frac{n(12n-4n^2-5)}{4(n-1)^2(n+2)};\quad \frac{\varphi^3}{27}\frac{n(76n-32n^2-35)}{4(n-1)^2(n+2)};\quad \frac{\varphi^3}{16}\frac{n(44n-20n^2-21)}{4(n-1)^2(n+2)}$$

oder umgeformt

$$A;\quad \frac{(2n-5)(3-6n)}{2^2(4n-1)}\frac{A}{3};\quad \frac{(4n-7)(5-8n)}{3^2(4n-1)}\frac{A}{3};\quad \frac{(6n-9)(7-10n)}{4^2(4n-1)}\frac{A}{3}$$

also

bei $n=1{,}5$

$2{,}143\,\varphi^3$;	$0{,}429\,\varphi^3$;	$0{,}111\,\varphi^3$;	0

bei $n=1{,}75$

$1{,}245\,\varphi^3$;	$0{,}194\,\varphi^3$;	0	negativ. φ^3

bei $n=2{,}5$

$0{,}555\,\varphi^3$;	0	negativ. φ^3	negativ. φ^3

D. Das primäre Zonenglied der sphärischen Aberration.

Berücksichtigen wir von der oben angesetzten Reihenentwicklung

$$s_k = s_k + \mathfrak{a}_k u^2 + \mathfrak{b}_k u^4 + \cdots$$

auch noch das dritte Glied, das die unabhängige Variable u in der vierten Potenz enthält, so haben unsere Reihen, wenn wir hier den Flächenindex unterdrücken, die Form

$$s = s + \mathfrak{a} u^2 + \mathfrak{b} u^4.$$

Der allgemeine Charakter der Abweichungen. Die Größen $\mathfrak{a}$ und $\mathfrak{b}$ sind Längen, und ihre Vorzeichen und Beträge sind ausschlaggebend für den Charakter der Längsaberration. Soll für einen bestimmten Öffnungswinkel $u=\bar{u}$ sphärische Korrektion bestehen, so muß offenbar gelten:

$$\bar{u}^2(\mathfrak{a} + \mathfrak{b}\bar{u}^2) = 0;$$

$\mathfrak{a}$ und $\mathfrak{b}$ müssen also verschiedenes Zeichen haben oder einzeln verschwinden, wenn für einen von Null verschiedenen Öffnungswinkel dieselbe Schnittweite $s=s_{\bar{u}}$ erreicht werden soll, wie sie für den Achsenstrahl gilt. Ist das der Fall, so bezeichnet man das System als *sphärisch korrigiert für diesen Öffnungswinkel* $u=\bar{u}$. Man sieht aus der Form von s unmittelbar, daß nur dann auch für alle Winkel $u<\bar{u}$ sphärische Korrektion besteht, wenn $\mathfrak{a}=0=\mathfrak{b}$ gilt,

d. h. wenn beide Koeffizienten einzeln verschwinden. Solche Systeme würde man als *frei von sphärischer Aberration für eine bestimmte Öffnung* $u = \bar{u}$ bezeichnen. Sind aber $\mathfrak{a}$ und $\mathfrak{b}$ von Null verschieden, so liefert uns — wenn u^2 für den Augenblick mit v bezeichnet wird —

$$\frac{ds}{dv} = \mathfrak{a} + 2\,\mathfrak{b}\,u^2 \quad \text{und} \quad \frac{d^2s}{dv^2} = 2\,\mathfrak{b}$$

Aufschluß über das Verhalten der Funktion s. Offenbar entspricht dem Werte $\bar{\bar{u}}^2 = -\dfrac{\mathfrak{a}}{2\,\mathfrak{b}}$ ein Extremwert der Funktion s, und das

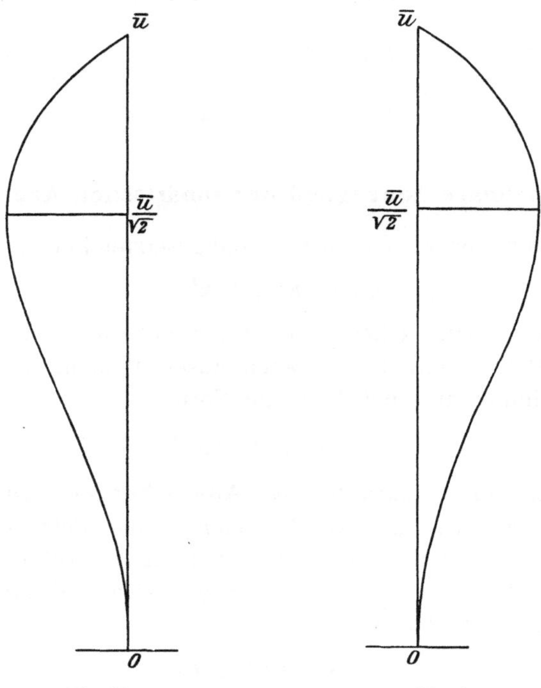

Fig. 56.   Fig. 57.

Die beiden Typen der bei sphärisch korrigierten Systemen möglichen Zonen.

$$s - s = -\,\mathfrak{a}\,u^2 + \mathfrak{b}\,u^4. \qquad s - s = \mathfrak{a}\,u^2 - \mathfrak{b}\,u^4.$$

(Gewöhnlicher Zonencharakter.)   (Ungewöhnlicher Zonencharakter.)

ist, wie man aus dem zweiten Differentialquotienten erkennt, ein Minimum für $\mathfrak{b} > 0$ und ein Maximum für $\mathfrak{b} < 0$. Der Wert s ist für $u = \bar{\bar{u}}$

$$s_{\overline{\overline{u}}} = s - \frac{\mathfrak{a}^2}{4\,\mathfrak{b}},$$

und diese Form bestätigt das eben ausgesprochene Resultat.

Wir können also ganz allgemein über den Charakter der sphärischen Aberration, soweit er durch eine Reihenentwicklung der vorliegenden Form mit nicht verschwindenden Werten $\mathfrak{a}$, $\mathfrak{b}$ dargestellt wird, die folgende Aussage machen: Eine Korrektion der sphärischen Abweichung ist nur möglich, wenn die beiden Aberrationskoeffizienten endlich sind und verschiedenes Vorzeichen haben. Ist das der Fall, so gibt $\overline{\overline{u}} = \sqrt{-\dfrac{\mathfrak{a}}{2\,\mathfrak{b}}}$ die Stelle an, wo die größte Abweichung von dem s-Werte besteht, während sich der Betrag dieser Abweichung bei kleinen Variationen des Öffnungswinkels gar nicht ändert. Für $\overline{u} = \sqrt{-\dfrac{\mathfrak{a}}{\mathfrak{b}}} = \sqrt{2} \cdot \overline{\overline{u}}$ ist dann der Anfangswert s wieder erreicht, also die sphärische Aberration aufgehoben. Die beiden möglichen Typen des Verlaufs der Funktion $s - s$ seien hier nebenbei angegeben, und zwar sind als Abszissen die Werte von $s - s$ und als Ordinaten die u-Werte aufgetragen worden.

Dem Gebrauche der Optiker folgend wollen wir bei sphärisch korrigierten Systemen die endliche Abweichung von dem $s = s_{\overline{u}}$-Werte, deren Maximalwert durch $\dfrac{\mathfrak{a}^2}{4\,\mathfrak{b}}$ gekennzeichnet ist, als primäre *Zonen* einführen, wobei *negative* und *positive* primäre Zonen unterschieden werden können. Nach dem Vorhergehenden sind wir berechtigt, von dem Zusatzgliede $\mathfrak{b}u^4$ als dem ersten *Zonengliede* zu sprechen.

Die Entwicklung des Koeffizienten $\mathfrak{b}'$ nach der ABBEschen Invariantenmethode. Gehen wir nun zum Zwecke der analytischen Entwicklung des Zonenglieds auf die früher aufgestellte Invariante der Brechung an einer Fläche

$$Q_s = \frac{n\,(s - r)}{p\,r} = \frac{n'\,(s' - r)}{p'\,r}$$

zurück, so müssen wir jetzt schreiben:

$$Q_s = Q_s + q_{1s}\varphi^2 + q_{2s}\varphi^4 = Q_s' + q_{1s}'\varphi^2 + q_{2s}'\varphi^4,$$

und es ist daraus $q_{2s} = q_{2s}'$ zu folgern.

Ganz der früheren Herleitung entsprechend schreiben wir

$$Q_s = \frac{ns}{p}\left(\frac{1}{r} - \frac{1}{s}\right) = \frac{n's'}{p'}\left(\frac{1}{r} - \frac{1}{s'}\right)$$

und haben dann die einzelnen Faktoren für sich bis zu den vierten Potenzen von φ zu entwickeln.

Aus der auf S. 130 aufgestellten Gleichung ergibt sich unter Beschränkung auf die Glieder mit φ^4:

$$\frac{s}{p} = 1 + \left(\frac{r}{2s} - \frac{r^2}{2s^2}\right)\varphi^2 - \left(\frac{1}{3}\frac{r^2}{ns}Q_s - \frac{3}{4}\frac{r^4}{n^2s^2}Q_s^2\right)\frac{\varphi^4}{8};$$

da es sich um den Koeffizienten von φ^2 handelt, so brauchen wir in der Entwicklung von $\frac{1}{s}$ offenbar unbeschadet der Strenge nur bis zu den Gliedern mit φ^2 zu gehen, und schreiben in diesem Koeffizienten ohne weiteres $\frac{1}{s} = \frac{1}{s} - \frac{ar^2}{s^4}\varphi^2$ nach S. 218.

$$\frac{s}{p} = 1 + \frac{r^2}{2ns}Q_s\varphi^2 - \left(\frac{1}{2}\frac{r^2}{ns^4}Q_s - \frac{1}{2}\frac{r^2}{s^5}\right)ar^2\varphi^4 - \left(\frac{1}{3}\frac{r^2}{ns}Q_s - \frac{3}{4}\frac{r^4}{n^2s^2}Q_s^2\right)\frac{\varphi^4}{8}.$$

Aus

$$\sin u = \frac{r}{p}\sin\varphi$$

und

$$s = s + au^2 + bu^4$$

folgt

$$u^2 = \frac{r^2\varphi^2}{s^2}\left\{1 - \varphi^2\left(\frac{r^2}{3n^2}Q_s^2 - \frac{r^2 Q_s}{3ns} + a\frac{r^2}{s^3}\right)\right\}$$

und

$$\frac{1}{s} = \frac{1}{s} - \frac{ar^2\varphi^2}{s^4} + \left\{\frac{ar^2}{s^4}\left(\frac{r^2}{3n^2}Q_s^2 - \frac{r^2}{3ns}Q_s\right) + \frac{3a^2r^4}{s^7} - \frac{br^4}{s^6}\right\}\varphi^4,$$

mithin

$$Q_s = \frac{s}{p}\left[Q_s + \frac{nar^2}{s^4}\varphi^2 - \left\{\frac{nar^2}{s^4}\left(\frac{r^2}{3n^2}Q_s^2 - \frac{r^2}{3ns}Q_s\right) + \frac{3na^2r^4}{s^7} - \frac{nbr^4}{s^6}\right\}\varphi^4\right].$$

Nach Ausführung der Multiplikation und Vornahme einiger Reduktionen ergibt sich:

$$Q_s = Q_s + \frac{r^2\varphi^2}{2}\left\{\frac{2na}{s^4} + \frac{Q_s^2}{ns}\right\}$$

$$- \frac{r^2\varphi^4}{24}\left\{\frac{20ar^2Q_s^2}{ns^4} - \frac{32ar^2Q_s}{s^5} + \frac{72na^2r^2}{s^7} - \frac{24nbr^2}{s^6} + \frac{Q_s^2}{ns} - \frac{9r^2Q_s^3}{n^2s^2}\right\}.$$

Die ersten beiden Glieder sind uns schon aus der früheren Entwicklung bekannt, dagegen erhalten wir aus

$$q_{2s} = q'_{2s}$$

unter Anwendung der gewohnten Schreibweise:

$$\varDelta \frac{n\mathfrak{b}}{s^6} = 3\,\varDelta \frac{n\mathfrak{a}^2}{s^7} + \frac{5}{6}\,Q_s{}^2 \varDelta \frac{\mathfrak{a}}{ns^4} - \frac{4}{3}\,Q_s \varDelta \frac{\mathfrak{a}}{s^5} - \frac{3}{8}\,Q_s{}^3 \varDelta \frac{1}{n^2 s^2} + \frac{1}{24}\frac{Q_s{}^2}{r^2} \varDelta \frac{1}{ns}.$$

Hieraus würde sich leicht eine Rekursionsformel für $\mathfrak{b}_k{}'$ entwickeln lassen, die dann Glieder mit $\mathfrak{a}'^2$, $\mathfrak{a}'$, $\mathfrak{a}^2$, $\mathfrak{a}$ enthalten müßte. Um die Rechnung zu erleichtern, empfiehlt sich die Einführung der neuen Variabeln $\omega = \dfrac{s'}{s}$, mit deren Hilfe sich die Ausdrücke bilden lassen:

$$\frac{1}{r} = \frac{n'}{n'-n}\frac{1}{s'}\left(1 - \frac{n}{n'}\,\omega\right)$$

$$Q_s = \frac{nn'}{n'-n}\frac{1}{s'}(1-\omega)$$

$$2n'\mathfrak{a}' - 2n\mathfrak{a}\,\omega^4 = s'\frac{nn'^2}{(n'-n)^2}(\omega-1)^2\left(\omega - \frac{n}{n'}\right).$$

Setzen wir nunmehr diese Werte in die für $\varDelta \dfrac{n\mathfrak{b}}{s^6}$ bestehende Gleichung ein und multiplizieren beide Seiten mit s^6, so erhalten wir schließlich die vereinfachte Beziehung

$$24\,(n'\mathfrak{b}' - n\mathfrak{b}\,\omega^6) = 72\,\frac{n}{n'}\mathfrak{a}^2\,\omega^7\frac{n-n'}{r} + 72\,\frac{n^2 n'\mathfrak{a}}{(n'-n)^2}\omega^4 f_2(\omega)$$

$$+ 18\,\frac{n^2 n'^3}{(n'-n)^4}s'(\omega-1)^2\left(\omega - \frac{n}{n'}\right)f_3(\omega),$$

wobei $f_2(\omega)$ und $f_3(\omega)$ folgendermaßen definiert sind:

$$f_2(\omega) = \omega^2 - \left(\frac{13}{9}N - \frac{8}{9}\right)\omega + \left(\frac{5}{9}N - \frac{1}{9}\right)$$

$$f_3(\omega) = \omega^3 - \left(N + \frac{1}{2}\right)\omega^2 + N\omega - \left(\frac{1}{9}N + \frac{5}{18}\right)$$

$$N = \frac{(n+n')^2}{2nn'}.$$

Durch diese Beziehungen ist man in den Stand gesetzt, für eine jede Fläche die zu gegebenen s', s, $\mathfrak{a}$, $\mathfrak{b}$-Werten gehörenden

$\mathfrak{a}'$ und $\mathfrak{b}'$-Werte zu finden, die dann für die nächste Fläche wieder als Anfangswerte zu dienen haben.

Zu den Koeffizienten $f_2(\omega)$ und $f_3(\omega)$ mag bemerkt werden, daß sie für n und n' symmetrisch sind, mithin bei der Vertauschung dieser Werte ihren Betrag nicht ändern. $f_3(\omega)$ hat ferner in dem für $\dfrac{n}{n'}$ in Betracht kommenden Bereiche von 1 bis 1,65 drei reelle Wurzeln, für die die nachstehende Tabelle angegeben sei.

Tabelle für die Wurzeln von $f_3(\omega)$.

$\dfrac{n}{n'}$	ω_1	ω_2	ω_3
1,1	0,497512	0,971682	1,035350
1,2	0,491059	0,951210	1,074398
1,25	0,486835	0,943120	1,095046
1,3	0,482100	0,936212	1,116302
1,4	0,471733	0,925071	1,160338
1,5	0,460672	0,916593	1,206067
1,6	0,449402	0,910238	1,252860
1,64	0,444944	0,908051	1,271887

Aus der Form des Ausdrucks für $\mathfrak{b}'$ geht hervor, daß in dem Spezialfalle eines aberrationsfreien Objektpunkts und einer einzigen abbildenden Fläche das Zonenglied für dieselben drei Entfernungen verschwindet, für die auch das erste Glied der sphärischen Aberration zu Null wurde. Es sind dies für $\omega = 1$ der Flächenscheitel und der Flächenmittelpunkt sowie für $\omega = n/n'$ die aplanatischen Punkte der Fläche. Von diesen Punkten abgesehen verschwindet in unserem Spezialfalle das Zonenglied allein noch für die drei reellen Werte ω, die durch die Gleichung $f_3(\omega) = 0$ definiert sind. Für die den obigen ω-Werten entsprechenden Objektentfernungen besteht dann nur sphärische Aberration von der ersten Ordnung, solange man die Glieder von fünfter und höherer Ordnung vernachlässigen kann.

Die Bedeutung des Paars aplanatischer Punkte und des Kugelmittelpunkts tritt also, wie es auch sein muß, bei dem Zonengliede zutage.

Wir können von diesen beiden Punkten eine Anwendung machen, um eine aplanatische Sammellinse endlicher Dicke zu konstruieren, die durch Büschel beliebiger Öffnung von einem Objektpunkte ein virtuelles, aberrationsfreies Bild entwirft. Linsen dieser Art werden bei starken Mikroskopobjektiven verwandt.

Mit dem Objektabstande $s_1 = r_1$ wird um den Objektpunkt eine Kugelfläche beschrieben, die das objektseitige Büschel in Luft aberrationsfrei in das Medium n überführt. Nach Anbringung der Dicke d ist $s_2 = r_1 - d$, und wir haben nun nur die auf S. 225 unter c) aufgeführte Gleichung zu lösen, die in unserem Falle wird

$$r_1 - d = \frac{n+1}{n}\, r_2 \,,$$

und daraus ergibt sich dann

$$r_2 = \frac{n\,(r_1 - d)}{n+1}; \quad s_2' = n\,(r_1 - d)\,.$$

Nach S. 144 finden wir noch ohne weiteres

$$\beta = n.$$

3. Die allein von der Hauptstrahlneigung abhängige Aberration außeraxialer Punkte.
(Die Verzeichnung).

Beachten wir, nachdem die Abweichungen axialer Punkte, bei denen nur die Öffnung u der abbildenden Büschel in Betracht kam, im voraus behandelt sind, nunmehr ebenso ausschließlich die Abweichungen, die die Hauptstrahlen betreffen. Wir beschränken uns dann darauf, unendlich wenig geöffnete Büschel durch das System zu verfolgen und machen zu diesem Zwecke die Festsetzung, daß nur die Mitte P der Öffnungsebene den Durchtritt von Strahlen gestatte.

A. Die Abhängigkeit der Verzeichnung von der sphärischen Aberration der Blendenmitte und von der Hauptstrahlneigung.

Um den allgemeinsten Fall zu erhalten, nehmen wir an, daß das System aus einer Vorder- und einer Hinterkombination bestehe, die zwischen sich die in unserem Falle ganz eng angenommene Blende I einschließen. Alsdann gehören zu einem beliebigen Innenwinkel $\overline{w}$ die beiden ihm je hinsichtlich der Teilkombinationen und einander hinsichtlich des ganzen Systems konjugierten Neigungswinkel w und w'. Um die Schwierigkeit zu vermeiden, zu einem, im voraus gegebenen außeraxialen Objektpunkte die Neigung w des zugehörigen Hauptstrahls zu finden, der nach der Brechung durch die vorgeschriebene Blendenmitte geht, nehmen wir in der Objektebene den Punkt O_w mit der Achsenentfernung l da an, wo der unter w geneigte Hauptstrahl die Objektebene durchstößt, dann wird der konjugierte, zu l' gehörige Bildpunkt $\overline{O}'_w$ auch bei einem endlichen Neigungswinkel w durch den Durchstoßungspunkt des Hauptstrahls in der GAUSSschen Bildebene definiert.

Die Bedingung dafür, daß keine Abweichung von dem durch die GAUSSsche Abbildung gegebenen Maßstabe $\gamma = l'/l$, oder wie wir auch sagen können, keine *Verzeichnung*, *Verzerrung*, *Distortion* auftrete, ist nun offenbar

$$\frac{l'}{l} = \frac{l'}{l} = \beta.$$

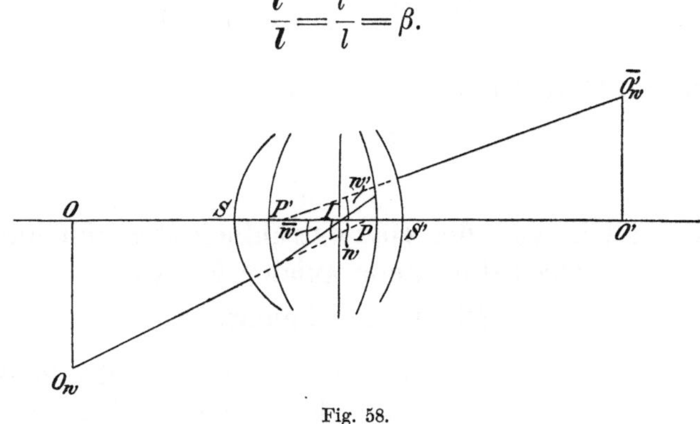

Fig. 58.

$$O\,O_w = l; \quad O'\,\overline{O}_w{}' = l'.$$

Zur Abhängigkeit der Verzeichnung von der sphärischen Aberration der Blendenmitte und von der Hauptstrahlneigung.

Drücken wir nun die Werte l' und l durch die Achsenabstände und Neigungswinkel aus, so erhalten wir:

$$\frac{l'}{l} = \frac{O'P'}{OP}\frac{\operatorname{tg} w'}{\operatorname{tg} w} = \frac{P'O'}{PO}\frac{\operatorname{tg} w'}{\operatorname{tg} w} = \frac{P'S'+S'O'}{PS+SO}\frac{\operatorname{tg} w'}{\operatorname{tg} w} = \frac{-x'+s'}{-x+s}\frac{\operatorname{tg} w'}{\operatorname{tg} w},$$

und wir sehen, daß die Verzeichnung im allgemeinen von zwei Faktoren abhängt, einmal vom Tangentenverhältnis $\operatorname{tg} w' : \operatorname{tg} w$ und dann von den Aberrationen $\delta x' = x' - x'$ und $\delta x = x - x$, die in die Bilder P, P' der Blendenmitte I durch die Teilkombinationen eingeführt werden.

Wird der Objekt- oder der Bildabstand unendlich, so muß an Stelle der wirklichen die angulare Objekt- oder Bildgröße $\dfrac{l}{s-x} = \dfrac{l}{s-x}$ oder $\dfrac{l'}{s'-x'} = \dfrac{l'}{s'-x'}$ treten, und dann spielt die endliche Blendenaberration $\delta x'$ oder δx auf der Objekt- oder Bildseite keine Rolle mehr.

Im Falle eines astronomischen Fernrohrs, wo Objekt- und Bildabstand beide gleichzeitig unendlich werden, erhalten wir mithin die als die AIRYsche Tangentenbedingung bekannte Beziehung:

$$\frac{l'}{s'-x'} : \frac{l}{s-x} = \frac{\operatorname{tg} w'}{\operatorname{tg} w} = \text{const.}$$

Die Variabilität des Tangentenverhältnisses mit w entscheidet in diesem Falle allein über Grad und Art der Verzeichnung, und die Bedingung der Aufhebung der Verzeichnung fällt hier mit der Forderung der Konstanz dieses Verhältnisses oder der Erfüllung der AIRYschen Tangentenbedingung zusammen.

Dies gilt auch dann, wenn etwa durch Fortfall der hinteren Teilkombination identisch $x' = x'$ wird, und gleichzeitig das Objekt in das Unendliche rückt; denn dann ist offenbar auf der rechten Seite von

$$l' : \frac{l}{s-x} = (s'-x')\frac{\operatorname{tg} w'}{\operatorname{tg} w}$$

$\dfrac{\operatorname{tg} w'}{\operatorname{tg} w}$ allein das Bestimmende. Dieser Fall ist bei photographischen Objektiven mit Hinterblende verwirklicht. Eine analoge Lage ist gegeben, wenn δx identisch verschwindet und das Bild in das Unendliche rückt, eine Möglichkeit, die sich in der Praxis bei einem Okular finden kann, das für ein auf Unendlich akkommodiertes Auge eingestellt ist.

Tritt keiner dieser Sonderfälle ein, so muß, wenn die Verzeichnung durch das Tangentenverhältnis allein bestimmt werden soll, die sphärische Korrektion der Blendenmitte für die Teilkombination gefordert werden, eine Forderung, die als die Bow-SUTTONsche Bedingung bezeichnet wird.

Die für alle Objektabstände gültige Korrektion der Verzeichnung läßt sich durch die gleichzeitige Erfüllung der AIRYschen und der Bow-SUTTONschen Bedingung in der Tat erreichen.

Es seien hier zwei Systeme als Beispiele angeführt: Zunächst nennen wir die völlig konzentrischen Systeme wie die SUTTONsche *panoramic lens* und die Kugellupen von H. SCHROEDER und A. STEINHEIL. Sodann aber gehört hierher ein im allgemeinen Falle hemisymmetrisches System, bei dem die Blendenmitte durch die mindestens aus je einer aplanatischen Sammellinse der S. 238 beschriebenen Art bestehenden Systemteile aplanatisch nach der Objekt- und nach der Bildseite abgebildet wird.

B. Der Ausdruck für die Zerstreuungslinie der Verzeichnung bei kleinen Hauptstrahlneigungen.

Wenden wir uns nun zur Behandlung der Verzeichnung in erster Annäherung, so ist es einleuchtend, daß wir jetzt bis zu der dritten Potenz der Koordinate l gehen können, und daß ferner, da jedes Element des Hauptstrahlenbüschels in einer Meridianebene verläuft, einzig und allein tangentiale Abweichungen vorkommen können.

Wenn wir uns daran erinnern, daß infolge der GAUSSschen Abbildung galt $l'/l = \beta$, so erhalten wir jetzt, da vor Eintritt in das System keine Verzeichnung vorhanden ist, wegen $l' = l' + \delta l'$

$$\frac{l'}{l} = \beta + \frac{\delta l'}{l} = \beta + \delta \beta;$$

mit anderen Worten heißt das: Fassen wir den Ort des Objektpunkts auf als den Durchstoßungspunkt des Hauptstrahls in der GAUSSschen Bildebene, so ist bei einem Hauptstrahlneigungswinkel w, dessen fünfte und höhere Potenzen vernachlässigt werden, eine tangentiale Abweichung möglich, die sich in einer Änderung des Maßstabes β kenntlich macht.

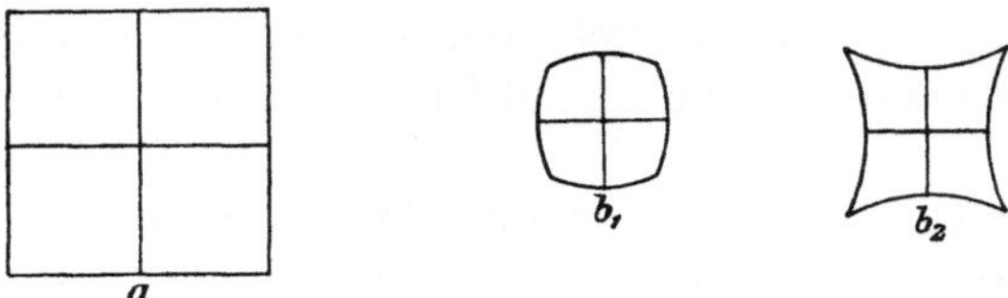

Fig. 59.

a Objekt, b_1 Bild mit tonnenförmiger Verzeichnung, b_2 Bild mit kissenförmiger Verzeichnung.

Wird der Abbildungsmaßstab größer (ist $\delta\beta > 0$), so zeigt sich die Verzeichnung bei einem quadratischen Objekt in der Mitte des Gesichtsfeldes durch eine gegen die Mitte konvexe Krümmung der Seiten, nach dem englischen Ausdrucke *cushion shaped distortion*: *kissenförmige* Verzeichnung genannt. Wird der Abbildungsmaßstab kleiner $(\delta\beta < 0)$, so wenden im Bilde des Quadrats die Seiten ihre Konkavität gegen die Mitte, ein Zustand, der nach dem englischen Fachausdrucke *barrel shaped distortion* als *tonnenförmige* Verzeichnung beschrieben wird.

Gehen wir nun dazu über, die Verzeichnung an der einzelnen Fläche zu behandeln, so durchstoße der unter w geneigte Hauptstrahl die zugehörige Kugelfläche in P und die Objektebene in $\overline{O}_w$. Es gilt dann

$$HB : O\overline{O}_w = HP : OP$$

$$= HS + SP : OS + SP$$

$$r \sin \phi : \mathfrak{l} = -2\, r \sin^2 \frac{\phi}{2} + \mathfrak{x} : -s + x;$$

oder man erhält unter Vernachlässigung der fünften und höheren Potenzen, wenn man noch schreibt:

$$\mathfrak{l} = l\phi - \mathfrak{l}\frac{\phi^3}{6} \quad \text{und} \quad \mathfrak{x} = x + \frac{e\,r^2}{x^2}\,\phi,$$

wo e für x und ϕ dieselbe Rolle spielt, wie $\mathfrak{a}$ für s und φ:

$$\frac{l}{r}\left[1 - \frac{\phi^2}{6}\left(\frac{\mathfrak{l}}{l}-1\right)\right] = \frac{x-s}{x}\left[1 + \phi^2\left(\frac{e\,r^2}{x^2(x-s)} - \frac{e\,r^2}{x^3} + \frac{r}{2x}\right)\right].$$

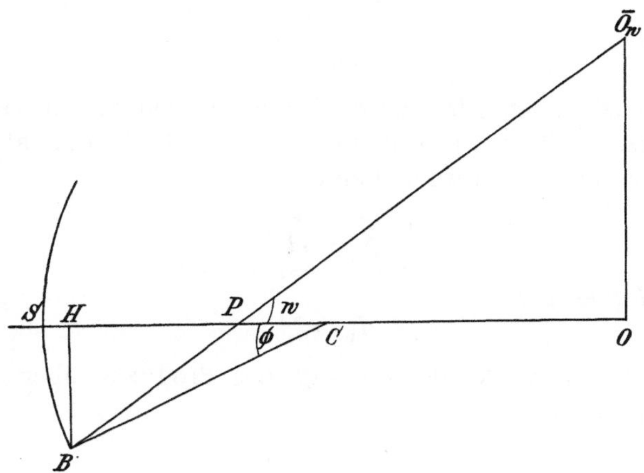

Fig. 60.

$$SC = r; \quad SO = s; \quad SP = x; \quad O\,\overline{O}_w = \mathfrak{l}.$$

Zur Ableitung der tangentialen, infolge der Verzeichnung auftretenden Abweichung.

Aus dieser Definitionsgleichung für die Werte l und $\mathfrak{l}$ fließen die Bestimmungen:

$$l = \frac{x-s}{x}\,r$$

$$\mathfrak{l} = \frac{x-s}{x}\,r^3\left(\frac{1}{r^2} - \frac{6\,e\,s}{x^3(x-s)} - \frac{3}{r\,x}\right),$$

mithin

16*

$$\frac{n\,l}{s} = (Q_x - Q_s)\,r\,\phi\left[1 - \frac{r^2\,\phi^2}{6}\left(\frac{1}{r^2} - \frac{6\,n\,e}{x^4\,(Q_x - Q_s)} - \frac{6}{r\,x}\right)\right]$$

$$\frac{n'\,l'}{s'} = (Q_x - Q_s)\,r\,\phi\left[1 - \frac{r^2\,\phi^2}{6}\left(\frac{1}{r^2} - \frac{6\,n'\,e'}{x'^4\,(Q_x - Q_s)} - \frac{6}{r\,x'}\right)\right]$$

$$\frac{n'\,l'\,s}{n\,l\,s'} = 1 + \frac{r^2\,\phi^2}{2}\left(\frac{1}{Q_x - Q_s}\,\varDelta\,\frac{2\,n\,e}{x^4} + \frac{1}{r}\,\varDelta\,\frac{1}{x}\right).$$

Ersetzen wir die in der Klammer stehenden Ausdrücke durch ihre S. 218 und S. 133 abgeleiteten Werte, so erhalten wir

$$\frac{n'\,l'\,s}{n\,l\,s'} = 1 - \frac{r^2\,\phi^2}{2}\left(\frac{Q_x{}^2}{Q_x - Q_s}\,\varDelta\,\frac{1}{n\,x} + Q_x\,\frac{1}{r}\,\varDelta\,\frac{1}{n}\right).$$

Wir lassen nun den Flächenindex heraustreten und beachten, daß

$$l_\nu' = l_{\nu+1}$$

ebenso wie

$$r_\nu\,\phi_\nu = y_\nu$$

gilt. Berücksichtigen wir weiter, daß nach dem SMITH-HELMHOLTZ-schen Satze und unter Beachtung des auf S. 144 abgeleiteten γ-Werts geschrieben werden kann

$$\frac{n_k'\,l_k'}{n_1\,l_1} = \overset{k}{\underset{\nu=1}{II}}\,\frac{s_\nu'}{s_\nu},$$

und daß ferner gilt

$$l_1 = l_1,$$

so erhalten wir nach der Bildung des Produkts über alle Ausdrücke $\dfrac{n_\nu'\,l_\nu'\,s_\nu}{n_\nu\,l_\nu\,s_\nu'}$:

$$\frac{n_k'\,l_k'}{n_1\,l_1}\,\overset{k}{\underset{\nu=1}{II}}\,\frac{s_\nu}{s_\nu'} = \frac{l_k'}{l_k'} = 1 - \frac{r_1{}^2\,\phi_1{}^2}{2}\,\overset{k}{\underset{\nu=1}{\sum}}\left(\frac{y_\nu}{y_1}\right)^2\left(\frac{Q_{\nu x}^2}{Q_{\nu x} - Q_{\nu s}}\,\underset{\nu}{\varDelta}\,\frac{1}{n\,x} + Q_{\nu x}\,\frac{1}{r_\nu}\,\underset{\nu}{\varDelta}\,\frac{1}{n}\right),$$

und es ergibt sich für die tangentiale Abweichung

$$l_{0k}' = l_k' - l_k'$$

auf der Bildseite die Gleichung:

$$\frac{l_{0k}'}{l_k'} = -\frac{y_1{}^2}{2}\,\overset{k}{\underset{\nu=1}{\sum}}\left(\frac{y_\nu}{y_1}\right)^2\left(\frac{Q_{\nu x}^2}{Q_{\nu x} - Q_{\nu s}}\,\underset{\nu}{\varDelta}\,\frac{1}{n\,x} + Q_{\nu x}\,\frac{1}{r_\nu}\,\underset{\nu}{\varDelta}\,\frac{1}{n}\right).$$

Projizieren wir die Abweichung l_{0k}' durch tangentiale Büschel in das Objekt zurück, so erhalten wir nach dem SMITH-HELM-HOLTZschen Satze

$$n_k'\,u_k'\,l_{0k}' = n_1\,u_1\,l_0^{(k)}.$$

Nehmen wir noch hinzu, daß die Lateralvergrößerung gegeben ist durch

$$\frac{l_1}{l_k'} = \frac{n_k'}{n_1}\frac{u_k'}{u_1},$$

so bekommen wir als Ausdruck für die in das Objekt zurückprojizierte Verzeichnung:

$$\frac{l_{0k}'}{l_k'} = \frac{l_0^{(k)}}{l_1} = -\frac{y_1^2}{2}\sum_{\nu=1}^{k}\left(\frac{y_\nu}{y_1}\right)^2\left(\frac{Q_{\nu x}^2}{Q_{\nu x}-Q_{\nu s}}\underset{\nu}{\varDelta}\frac{1}{nx} + Q_{\nu x}\frac{1}{r_\nu}\underset{\nu}{\varDelta}\frac{1}{n}\right).$$

Die Bedingung dafür, daß unabhängig von y_1, $l_0^{(k)}$ verschwinde, oder daß die Verzeichnung aufgehoben sei, ist:

$$\sum_{\nu=1}^{k}\left(\frac{y_\nu}{y_1}\right)^2\left(\frac{Q_{\nu x}^2}{Q_{\nu x}-Q_{\nu s}}\underset{\nu}{\varDelta}\frac{1}{nx} + Q_{\nu x}\frac{1}{r_\nu}\underset{\nu}{\varDelta}\frac{1}{n}\right) = 0.$$

Diese Form läßt sich noch derart umgestalten, daß wir unter dem Summenzeichen nicht $\varDelta\dfrac{1}{nx}$, sondern $\varDelta\dfrac{1}{ns}$ erhalten. Der so umgeänderte Ausdruck für die Verzeichnung wird sich dann später als Resultat einer ganz anderen Ableitung wiederfinden.

Wir gehen auf die S. 145 unter (2) entwickelte Beziehung für $Q_{\nu x}-Q_{\nu s}$ zurück und führen diesen Wert in die Summe ein, so daß wir erhalten:

$$\frac{l_0^{(k)}}{l_1} = -\frac{y_1^2}{2}\frac{1}{Q_{1x}-Q_{1s}}\sum_{\nu=1}^{k}\frac{h_\nu}{h_1}\left(\frac{y_\nu}{y_1}\right)^3\left[Q_{\nu x}^2\underset{\nu}{\varDelta}\frac{1}{nx} + Q_{\nu x}(Q_{\nu x}-Q_{\nu s})\frac{1}{r_\nu}\underset{\nu}{\varDelta}\frac{1}{n}\right].$$

Der in der Klammer stehende Ausdruck wird nach Heraushebung von $\dfrac{Q_{\nu x}}{Q_{\nu s}}$, Einsetzung von $\underset{\nu}{\varDelta}\dfrac{1}{nx} = \dfrac{1}{r_\nu}\underset{\nu}{\varDelta}\dfrac{1}{n} - Q_{\nu x}\underset{\nu}{\varDelta}\dfrac{1}{n^2}$ und nach Addition und Subtraktion von $\dfrac{1}{r_\nu}Q_{\nu x}^2\underset{\nu}{\varDelta}\dfrac{1}{n}$ zu

$$\frac{Q_{\nu x}}{Q_{\nu s}}\left[Q_{\nu x}^2\left(\frac{1}{r_\nu}\underset{\nu}{\varDelta}\frac{1}{n} - Q_{\nu s}\underset{\nu}{\varDelta}\frac{1}{n^2}\right) - (Q_{\nu x}-Q_{\nu s})^2\frac{1}{r_\nu}\underset{\nu}{\varDelta}\frac{1}{n}\right].$$

Ersetzen wir nun den ersten Ausdruck nach S. 133 durch den ihm gleichen, so erhalten wir als Formel für die auf das Objekt bezogene Verzeichnung:

$$\frac{l_0^{(k)}}{l_1} = -\frac{y_1^2}{2}\frac{1}{Q_{1x}-Q_{1s}}\sum_{\nu=1}^{k}\frac{h_\nu}{h_1}\left(\frac{y_\nu}{y_1}\right)^3\left[\frac{Q_{\nu x}^3}{Q_{\nu s}}\underset{\nu}{\varDelta}\frac{1}{ns} - \frac{Q_{\nu x}}{Q_{\nu s}}(Q_{\nu x}-Q_{\nu s})^2\frac{1}{r_\nu}\underset{\nu}{\varDelta}\frac{1}{n}\right].$$

Hier führen wir nun noch die Identitäten ein

$$y_1 = \frac{x_1 l_1}{x_1 - s_1} \quad \text{und} \quad \frac{1}{Q_{1x} - Q_{1s}} = \frac{s_1 x_1}{n_1 (x_1 - s_1)}$$

und finden als endgültige Form:

$$\frac{n_1 l_0^{(k)}}{s_1} = -\frac{1}{2} \frac{x_1^3 l_1^3}{(x_1 - s_1)^3} \sum_{\nu=1}^{k} \frac{h_\nu}{h_1} \left(\frac{y_\nu}{y_1}\right)^3 \left[\frac{Q_{\nu x}^3}{Q_{\nu s}} \underset{\nu}{\Delta} \frac{1}{ns} - \frac{Q_{\nu x}}{Q_{\nu s}} (Q_{\nu x} - Q_{\nu s})^2 \frac{1}{r_\nu} \underset{\nu}{\Delta} \frac{1}{n}\right].$$

Man ersieht daraus, daß die tangentiale Abweichung in der Tat allein von der objektseitigen Koordinate l_1 und, wie es auch sein muß, von ihrer 3. Potenz abhängt.

C. Die Verzeichnung in einfachen Sonderfällen.

Bei der Behandlung der Verzeichnung in einfachen Sonderfällen gehen wir von dem Ausdrucke aus:

$$l_0^{(k)} = -\frac{1}{2} \frac{s_1}{n_1} x_1^3 w_1^3 \sum_{\nu=1}^{k} \frac{h_\nu}{h_1} \left(\frac{y_\nu}{y_1}\right)^3 \left\{Q_{\nu x}^2 \underset{\nu}{\Delta} \frac{1}{nx} + Q_{\nu x}(Q_{\nu x} - Q_{\nu s}) \frac{1}{r_\nu} \underset{\nu}{\Delta} \frac{1}{n}\right\}.$$

der mit der zuletzt angegebenen Form identisch ist.

Die Verzeichnung einer Fläche. In diesem Falle nimmt der Ausdruck für den durch die Verzeichnung hervorgerufenen Bildfehler die Form an

$$l_0^{(k)} = -\frac{1}{2} \frac{1}{n} w^3 x \, Q_x x^2 s \left\{ Q_x \Delta \frac{1}{nx} + (Q_x - Q_s) \frac{1}{r} \Delta \frac{1}{n}\right\}.$$

Man sieht ohne weiteres ein, daß dieser Ausdruck nur in zwei Fällen verschwinden kann, wenn nämlich einer der beiden ihn bildenden Faktoren verschwindet.

a) $x Q_x = 0$ oder $x = r$, d. h. der Blendenort fällt mit seinem Bilde im Flächenmittelpunkte zusammen, dann ist die Lage des Objektpunkts gleichgültig.

b) $\qquad x^2 s V = x^2 s \left(Q_x \Delta \frac{1}{nx} + (Q_x - Q_s) \frac{1}{r} \Delta \frac{1}{n}\right) = 0.$

Soll diese Beziehung bestehen, so können s und x nicht unabhängig voneinander sein. Der Ausdruck läßt sich auf die folgende Form bringen

$$\frac{n'^2 V}{n' - n} = (n' + n) \xi^2 - 2 n \xi \varrho + n \varrho^2 - n' \sigma \varrho,$$

und man erkennt daraus leicht, daß bei gegebenem Blendenabstande x stets ein und nur ein Wert für s gefunden werden kann,
der außerdem stets reell ist, nämlich aus

$$\sigma = \frac{1}{\varrho}\left[\xi^2 + \frac{n}{n'}(\xi - \varrho)^2\right],$$

für den V verschwindet.

Ist dagegen der Objektabstand s gegeben, so erhalten wir als
Beziehung

$$\xi = \frac{n\varrho \pm \sqrt{n'^2\varrho\sigma + nn'\varrho\sigma - nn'\varrho^2}}{n' + n},$$

d. h. es ist ein doppelter, ein oder kein Blendenabstand möglich,
für den V verschwindet, je nachdem eben

$$\varrho\sigma \gtreqless \frac{n\varrho^2}{n' + n}.$$

Sollen wir also einen reellen Blendenabstand haben, so muß σ
dasselbe Zeichen haben wie ϱ, und $\dfrac{\sigma}{\varrho} > \dfrac{n}{n' + n}$ sein. Liegt der Objektpunkt im aplanatischen Punkte, d. h. ist

$$\sigma = \frac{n\varrho}{n' + n},$$

so ist die Verzeichnung durch $V = 0$ nicht zu heben, da der dann
erforderliche Wert $\xi = \dfrac{n\varrho}{n' + n}$ bei der angenommenen Lage des Objektpunktes keinen Sinn hat.

Tritt keiner der hier aufgezählten Fälle ein, so besteht Verzeichnung, deren Ausdruck wir in der folgenden Form schreiben:

$$\frac{n\,l_0^{(k)}}{s} = -\frac{1}{2}w^3x^2\,n\,\frac{n' - n}{n'^2}(x\varrho - 1)(n'\xi^2 + n(\xi - \varrho)^2 - n'\sigma\varrho).$$

Das Vorzeichen dieses Ausdrucks hängt dann von den Werten von
σ und ξ ab. Betrachten wir hier ebenso wie bei der sphärischen
Aberration den Sonderfall eines unendlich entfernten Objekts, so
werden die Verhältnisse wesentlich übersichtlicher, und es ergibt
sich die Regel, daß bei Annahme einer beweglichen Blende die
Verzeichnung in der Hauptbrennebene ihr Zeichen ändert, sobald
die Blende durch den Flächenmittelpunkt tritt.

Die Verzeichnung einer einfachen, dünnen Linse. Stellen wir für diesen Fall den allgemeinen Ausdruck für den Koeffizienten V der Verzeichnung auf, so können wir mit Hilfe der einfachen Beziehungen auf S. 152 r_2, x_2', s_2' durch $r = r_1$, s_1, x_1 ausdrücken und erhalten dann

$$V = V_0 - V_1 \varrho + V_2 \varrho^2,$$

wo

$$V_0 = \frac{n^2}{(n-1)^2}\, \varphi^3 + \frac{1}{n-1}\, \varphi^2 \sigma + \frac{3n}{n-1}\, \varphi^2 \xi + \frac{1}{n}\, \varphi \sigma \xi + \frac{3n+1}{n}\, \varphi \xi^2$$

$$V_1 = \frac{2n+1}{n-1}\, \varphi^2 + \frac{n+1}{n}\, \varphi \sigma + \frac{3n+3}{n}\, \varphi \xi$$

$$V_2 = \frac{n+2}{n}\, \varphi.$$

Die hier gewählte Form, die Verzeichnung der einfachen, dünnen Linse als Funktion des ersten Radius auszudrücken, hat insofern praktisches Interesse, als es sich bei der Konstruktion von Linsensystemen mit Rücksicht auf die Verzeichnung in der Regel darum handeln wird, die Durchbiegung so zu wählen, daß die Verzeichnung einen bestimmten, vorgeschriebenen Wert annimmt.

Die oben angegebene Form wird nun in folgender Weise umgeändert: Bestimmen wir nämlich für $V_{\min} = \overline{V}$ aus

$$\frac{\partial V}{\partial \varrho} = 0$$

$$\overline{\varrho} = \frac{V_1}{2 V_2} = \frac{3(n+1)}{2(n+2)} \xi + \frac{n+1}{2(n+2)} \sigma + \frac{(2n+1)n}{2(n+2)(n-1)} \varphi$$

und weiter

$$\overline{V} = V_0 - \frac{V_1^2}{4 V_2},$$

so wird allgemein für

$$\varrho = \delta + \overline{\varrho}$$

$$V = \overline{V} + V_2 \delta^2 = \overline{V} + \frac{n+2}{n}\, \varphi (\varrho - \overline{\varrho})^2.$$

Benutzen wir jetzt die Abkürzungen

$$\frac{\sigma}{\varphi} = \Sigma; \quad \frac{\xi}{\varphi} = \Xi; \quad \frac{\overline{\varrho}}{\varphi} = \overline{P}; \quad \frac{\overline{V}}{\varphi^3} = \overline{Y},$$

so besteht für $\overline{Y}$ die Beziehung

$$-\frac{(n+1)^2}{4n(n+2)}\, \Sigma^2 - \frac{3n^2+4n-1}{2n(n+2)}\, \Sigma\, \varXi + \frac{3n^2+10n-1}{4n(n+2)}\, \varXi^2 - \frac{2n+3}{2(n+2)}\, \Sigma$$

$$+\frac{3}{2(n+2)}\, \varXi + \frac{(4n-1)n}{4(n-1)^2(n+2)} - \overline{Y} = 0$$

und ferner nach dem obigen

$$\overline{P} = \frac{n+1}{2(n+2)}\, \Sigma + \frac{3(n+1)}{2(n+2)}\, \varXi + \frac{(2n+1)n}{2(n+2)(n-1)},$$

sowie

$$Y = \overline{Y} + \frac{n+2}{n}\, (P - \overline{P})^2.$$

Wir brauchen nun nur noch $\overline{Y}$ und $\overline{P}$ als Funktionen von $\varXi$ und Σ darzustellen, um eine gute Übersicht über den Verlauf beider Funktionen zu erhalten. Wir können dann für jeden gegebenen Wert P sofort den zugehörigen Wert von Y berechnen. Die umgekehrte Aufgabe, die Durchbiegung P zu finden, die auf einen vorgeschriebenen Wert Y führt, läßt sich nur dann durch reelle P lösen, wenn $Y \geqq \overline{Y}$ ist.

Die Abhängigkeit des $\overline{Y}$-Wertes von Σ und $\varXi$ wird leichter übersichtlich, wenn wir durch die bekannten Koordinatentransformationen jene Gleichung auf die Normalform bringen.

Es ergibt sich die Verschiebung des Koordinatenanfangs aus den Beziehungen

$$\Sigma = (\Sigma) - \frac{1}{2}; \quad \varXi = (\varXi) - \frac{1}{2}$$

und der Drehungswinkel α aus

$$\operatorname{tg} 2\alpha = -\frac{3n^2+4n-1}{2n(n+3)}.$$

Das Schlußresultat der Substitutionen ist

$$\lambda_1\, \mathfrak{s}^2 + \lambda_2\, \mathfrak{x}^2 = \overline{Y} - \frac{n^2}{4(n-1)^2},$$

wobei die Werte $\lambda_{1,2}$ gegeben sind durch

$$\lambda_{1,2} = \frac{n^2+4n-1 \pm \sqrt{(n^2+4n-1)^2 + 4n^2(3n^2+10n+8)}}{4n(n+2)},$$

und daraus geht hervor, daß die zu beliebigen Werten von $\overline{Y}$ gehörigen Werte von Σ und $\varXi$ Hyperbeln mit gemeinsamem Mittelpunkt definieren, die für $\overline{Y} = \dfrac{n^2}{4\,(n-1)^2}$ in das gemeinsame Asymptotenpaar übergehen.

Zu beliebigen Beträgen von $\overline{P}$ gehörige Σ, Ξ-Werte definieren eine Gerade aus einer parallelen Geradenschar.

4. Die von der ersten Potenz des Öffnungswinkels (u, v) abhängigen Aberrationen außeraxialer Punkte.

(Die Bildfeldkrümmung der tangentialen und sagittalen Strahlen; der Astigmatismus.)

Aus der S. 160 und 162 gegebenen Ableitung der Invarianten der schiefen Brechung

$$Q_t = \frac{n \cos j}{r} - \frac{n \cos^2 j}{t}\,; \qquad Q_f = \frac{n \cos j}{r} - \frac{n}{f}$$

ist die Vorstellung geläufig, daß schief auffallende, unendlich dünne Büschel astigmatisch deformiert werden. Man wird sich mithin die Vorstellung bilden müssen, daß bei einem zentrierten System zu einem auf einer Rotationsfläche um die Systemachse liegenden Objekt zwei Rotationsflächen als Bilder gehören; und zwar enthält die eine alle durch die *tangentialen (meridionalen)* Büschel definierten Bildpunkte, die andere alle die Punkte, die den *sagittalen (äquatorealen)* Büscheln ihre Entstehung verdanken. Man nennt daher diese Rotationsflächen auch die *tangentialen* und *sagittalen Bildflächen*.

A. Die Lage der astigmatischen Bildpunkte bei endlicher Hauptstrahlneigung.

Denken wir uns nun, ganz ebenso wie das bei der sphärischen Aberration eines Achsenpunkts geschah, im Schnittpunkte O' der Achsenstrahlen die GAUSSsche Bildebene errichtet, so werden wir in ihr an Stelle des außeraxialen Bildpunkts zwei Zerstreuungslinien, nämlich die der tangentialen und der sagittalen Büschel finden.

Es sei in den bei den Figuren 61 und 62 der zu dem außeraxialen Objektpunkte gehörige, die Öffnungsebene in der Blendenmitte P' durchsetzende Hauptstrahl $P'\overline{O}'_w$ mit der endlichen Neigung w' angegeben. Auf ihm liegen die durch ganz wenig geöffnete Büschel (u' und v' klein von der ersten Ordnung) definierten Bildpunkte, nämlich S'_t für die tangentialen und S'_f für die sagittalen

Büschel. Die Entfernungen dieser Punkte von der Durchstoßungsstelle $\overline{O}'_w$ des Hauptstrahls mögen bezeichnet sein mit

$$S_t'\,\overline{O}_w' = \delta_t\,; \qquad S_f'\,\overline{O}_w' = \delta_f\,;$$

ferner mögen die bei $\overline{O}_w'$ erscheinenden Zerstreuungslinien genannt werden l_{1k}' für das tangentiale Büschel mit der Öffnung u' und L_{1k}' für das sagittale Büschel mit der Öffnung v'.

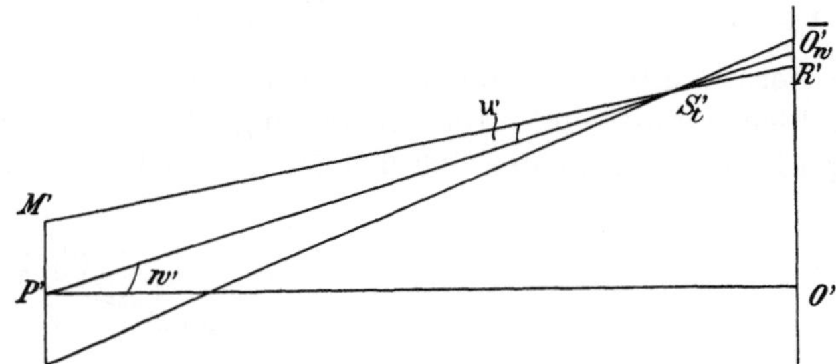

Fig. 61.

$$P'M' = m'\,; \quad P'O' = s' - x'\,; \quad \overline{O}_w'R' = l_{1k}'.$$

Die in der GAUSSschen Bildebene entstehende Zerstreuungslinie der tangentialen Bildkrümmung.

Es lassen sich dann nach den Figuren unmittelbar die Proportionen aufstellen:

$$l_{1k}' : m' = -\,\delta_t \cos w' : s' - x' - \delta_t \cos w'\,;$$

$$L_{1k}' : M' = -\,\delta_f \cos w' : s' - x' - \delta_f \cos w'\,,$$

woraus dann weiter folgt:

$$l_{1k}' = -\,\frac{m'\,\delta_t \cos w'}{s' - x' - \delta_t \cos w'}\,; \qquad L_{1k}' = -\,\frac{M'\,\delta_f \cos w'}{s' - x' - \delta_f \cos w'}\,.$$

Wir heben noch besonders hervor, daß die durch den Astigmatismus schiefer Büschel hervorgebrachten Zerstreuungslinien linear sind in den Öffnungskoordinaten m' und M'. Durch diese beiden Glieder sind demnach auch alle in der Zusammenstellung auf S. 211 enthaltenen, linear von der Öffnung abhängigen Abweichungen angegeben.

Was die Abhängigkeit von w' angeht, so sind l_{1k}' und L_{1k}' offenbar *gerade* Funktionen dieser Größe, und sie beginnen mit der zweiten Potenz, da sie für $w' = 0$ jedenfalls verschwinden.

Führt man die Abkürzung ein

$$\frac{g_{\nu+1}}{g_\nu} = \frac{x_{\nu+1} - r_{\nu+1}}{x_\nu' - r_\nu}\,,$$

so kann man aus der auf S. 76 angegebenen Formel für die Abszissen der Auffangebenen auf die Rekursionsformel

$$\frac{x_{\nu+1}-r_{\nu+1}}{x_{\nu+1}-s_{\nu+1}}\,\mathrm{ctg}\,w_{\nu+1}=\frac{g_{\nu+1}}{g_\nu}\frac{x_\nu-r_\nu}{x_\nu-s_\nu}\,\mathrm{ctg}\,w_\nu-\frac{g_{\nu+1}}{g_\nu}\frac{\sin(j_\nu-j_\nu')}{\sin w_\nu\sin w_\nu'}$$

kommen, und ihre Anwendung ergibt ohne weiteres

$$\frac{x_k'-r_k}{x_k'-s_k'}=\frac{g_k}{g_1}\frac{x_1-r_1}{x_1-s_1}\,\mathrm{ctg}\,w_1-\sum_{\nu=1}^{k}\frac{g_k}{g_\nu}\frac{\sin(j_\nu-j_\nu')}{\sin w_\nu\sin w_\nu'}.$$

Diese Formel gilt für Systeme mit endlichen Dicken und bei endlichem Blendenabstande. Die Aufstellung der entsprechenden Beziehung für die tangentialen Büschel ist uns nicht gelungen.

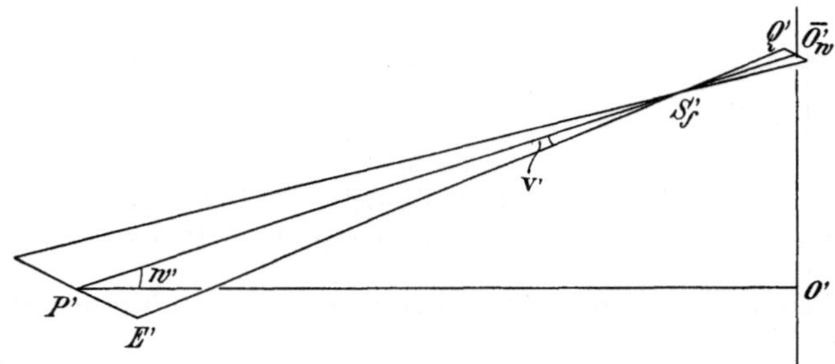

Fig. 62.
$$P'E'=M';\quad P'O'=s'-x';\quad \overline{O_n'}Q'=L_{1\,k}'.$$

Die in der GAUSSschen Bildebene entstehende Zerstreuungslinie der sagittalen Bildkrümmung.

Der Fall eines Ebenensystems. Nur in ganz wenigen besonderen Fällen gelingt die allgemeine Behandlung des Astigmatismus auch für endliche Neigungswinkel w. Wir behandeln hier zunächst ein System von k achsensenkrechten, parallelen Ebenen und stellen die Ausdrücke für die Abstände t_k', f_k' der Bildpunkte auf den unter w_k' geneigten Hauptstrahlen fest.

Es gilt für konjugierte Abstände bei der ν-ten Brechung

$$t_\nu'=\frac{n_\nu'}{n_\nu}\,\frac{\cos^2 j_\nu'}{\cos^2 j_\nu}\,t_\nu$$

und wegen

$$t_\nu=t_{\nu-1}'-\frac{d_{\nu-1}'}{\cos j_{\nu-1}'}$$

auch

$$t_\nu'=\frac{n_\nu'}{n_\nu}\,\frac{\cos^2 j_\nu'}{\cos^2 j_\nu}\,t_{\nu-1}'-\frac{n_\nu'}{n_{\nu-1}'}\,\frac{\cos^2 j_\nu'\,d_{\nu-1}}{\cos^3 j_{\nu-1}'}$$

unter Berücksichtigung der Beziehung

$$\cos j_{\nu-1}' = \cos j_\nu .$$

Es folgt leicht weiter

$$t_\nu' = \frac{n_\nu'}{n_{\nu-2}} \frac{\cos^2 j_\nu'}{\cos^2 j_{\nu-2}} t_{\nu-2} - \frac{n_\nu'}{n_{\nu-2}'} \frac{\cos^2 j_\nu' d_{\nu-2}}{\cos^3 j_{\nu-2}'} - \frac{n_\nu' \cos^2 j_\nu' d_{\nu-1}}{n_{\nu-1}' \cos^3 j_{\nu-1}'}$$

$$\cdot \qquad \cdot \qquad \qquad \cdot \qquad \qquad \cdot$$

$$t_k' = \frac{n_k' \cos^2 j_k'}{n_1 \cos^2 j_1} t_1 - n_k' \cos^2 j_k' \sum_{\nu=1}^{k-1} \frac{d_\nu}{n_\nu' \cos^3 j_\nu'} .$$

In einer ganz entsprechenden Weise erhalten wir für den Sagittalschnitt

$$f_k' = \frac{n_k'}{n_1} f_1 - n_k' \sum_{\nu=1}^{k-1} \frac{d_\nu}{n_\nu' \cos j_\nu'} .$$

Es macht nunmehr keine Schwierigkeit, die oben entwickelten Ausdrücke für die durch den Astigmatismus hervorgerufene Bildverschlechterung bei endlicher Hauptstrahlneigung zu bestimmen. Dabei ist die Abszisse x' des dem Blendenorte auf der Bildseite konjugierten Punktes aus der Formel zu entnehmen, die auf S. 214 für die sphärische Aberration eines Ebenensystems gegeben ist.

Zwischen der Größe t_k' und den anderen, in der für die Bildlinie des Astigmatismus geltenden Formel enthaltenen Größen besteht die Beziehung

$$\frac{s_k'}{\cos w_k'} - \delta_t = t_k' ,$$

also

$$\delta_t \cos w_k' = s_k' - t_k' \cos w_k'$$

und demnach

$$l_{1k}' = -m' \frac{s_k' - t_k' \cos w_k'}{t_k' \cos w_k' - x'} .$$

Ganz analog ergibt sich natürlich

$$L_{1k}' = -M' \frac{s_k' - f_k' \cos w_k'}{f_k' \cos w_k' - x'} .$$

Für die Differenz zwischen tangentialer und sagittaler Schnittweite läßt sich eine einfache Beziehung in der folgenden Weise ableiten.

Machen wir nämlich die Annahme, daß das erste und das letzte Medium des Ebenensystems gleich seien, so wird

$$n_k' = n_1; \; j_k' = j_1,$$

und das erste Glied in den beiden Ausdrücken für t_k' und $\mathcal{f}_k'$ lautet t_1 und $\mathcal{f}_1$. Setzen wir nun weiter voraus, daß es sich um einen aberrationsfreien Objektpunkt handle, bei dem $\mathcal{f}_1 = t_1$ ist, so sehen wir, daß die astigmatische Differenz $\mathcal{f}_k' - t_k'$ unabhängig wird von dem Objektabstande, denn wir erhalten für sie den Ausdruck

$$\mathcal{f}_k' - t_k' = n_k' \sum_{\nu=1}^{k-1} \frac{d_\nu}{n_\nu' \cos j_\nu'} \left(\frac{\cos^2 j_k'}{\cos^2 j_\nu'} - 1 \right).$$

Der unter dem Summenzeichen stehende Faktor läßt sich noch in folgender Weise umgestalten:

$$\frac{\cos^2 j_k' - \cos^2 j_\nu'}{\cos^2 j_\nu'} = \frac{\sin^2 j_\nu' - \sin^2 j_k'}{\cos^2 j_\nu'}$$

$$= \frac{\sin^2 j_k'}{\cos^2 j_\nu'} \left(\frac{n_k'^2}{n_\nu'^2} - 1 \right),$$

also erhalten wir schließlich:

$$\mathcal{f}_k' - t_k' = n_1^2 \sin^2 j_1 \sum_{\nu=1}^{k-1} \frac{n_k' d_\nu}{n_\nu' \cos^3 j_\nu'} \left(\frac{1}{n_\nu'^2} - \frac{1}{n_k'^2} \right),$$

eine Formel, in der wir auch wegen $j_\nu + w_\nu = \phi_\nu \equiv 0$ überall j_ν durch w_ν ersetzen können, da es sich nur um gerade Winkelfunktionen handelt.

Der Fall eines Systems dünner Linsen. Noch in einem andern Falle gelingt die Behandlung des Astigmatismus auch bei endlichen Hauptstrahlneigungen w, nämlich dann, wenn es sich um ein dünnes Linsensystem handelt, bei dem die Blende in dem gemeinsamen Flächenscheitel steht. H. HARTING (**7.**) hat diese Aufgabe zuerst behandelt, und ihm schließen wir uns hier an.

In diesem speziellen Falle, wo überall

$$\phi_\nu = 0 \; (\nu = 1 .. k)$$

gilt, ersehen wir aus der Gleichung

$$j_\nu + w_\nu = \phi_\nu = j_\nu' + w_\nu' \; (\nu = 1 .. k),$$

daß der Inzidenzwinkel j_ν an jeder Fläche mit dem Hauptstrahlneigungswinkel w_ν von gleichem absoluten Betrage ist. In den Formeln der schiefen Brechung, wo die Inzidenzwinkel j_ν, j_ν' nur in der Kosinusfunktion vorkommen, können wir also ohne weiteres w_ν an die Stelle von j_ν treten lassen. Die verschiedenen Werte von w_ν ergeben sich aus der Beziehung

$$n_\nu{}' \sin w_\nu{}' = n_\nu \sin w_\nu \,(\nu = 1 .. k),$$

da nun von selbst

$$n_\nu{}' = n_{\nu+1}$$

und bei einem zentrierten Linsensystem auch

$$w_\nu{}' = w_{\nu+1} \,(\nu = 1 .. k-1)$$

gilt, so ist

$$n_{\nu+1} \sin w_{\nu+1} = n_\nu \sin w_\nu \,(\nu = 1 .. k-1).$$

Für die Schnittweiten der schiefen Büschel ergibt sich aus den allgemeinen Formeln:

$$\frac{n_{k+1} \cos^2 w_k{}'}{t_k{}'} = \frac{n_1 \cos^2 w_1}{t_1} + \sum_{\nu=1}^{k} \frac{n_{\nu+1} \cos w_{\nu+1} - n_\nu \cos w_\nu}{r_\nu}$$

$$\frac{n_{k+1}}{f_k{}'} = \frac{n_1}{f_1} + \sum_{\nu=1}^{k} \frac{n_{\nu+1} \cos w_{\nu+1} - n_\nu \cos w_\nu}{r_\nu}.$$

Nimmt man nun weiter an, daß sich das Linsensystem in Luft befinde, so wird wegen

$$n_{k+1} = n_1 = 1$$

auch

$$w_k{}' = w_1,$$

und man kann, wenn man in der Summe das erste und das letzte Glied absondert, die übrig bleibenden anders zusammenfassen:

$$\frac{1}{t_k{}'} = \frac{1}{t_1} + \frac{1}{\cos^2 w_1}\left\{\cos w_1\left(\frac{1}{r_k} - \frac{1}{r_1}\right) + \sum_{\nu=1}^{k-1} \frac{n_{\nu+1} \cos w_{\nu+1}}{n_{\nu+1} - 1}\,\varphi_\nu\right\}$$

$$\frac{1}{f_k{}'} = \frac{1}{f_1} + \cos w_1\left(\frac{1}{r_k} - \frac{1}{r_1}\right) + \sum_{\nu=1}^{k-1} \frac{n_{\nu+1} \cos w_{\nu+1}}{n_{\nu+1} - 1}\,\varphi_\nu.$$

Beachten wir nun noch die Beziehung

$$\frac{1}{r_k} - \frac{1}{r_1} = -\sum_{\nu=1}^{k-1} \frac{\varphi_\nu}{n_{\nu+1} - 1},$$

so können wir schreiben

$$\frac{1}{t_k{}'} = \frac{1}{t_1} + \frac{1}{U \cos w_1}\,; \qquad \frac{1}{f_k{}'} = \frac{1}{f_1} + \frac{\cos w_1}{U},$$

wo unter $1:U$ das folgende verstanden ist:

$$\frac{1}{U} = \sum_{\nu=1}^{k-1} \frac{\dfrac{n_{\nu+1} \cos w_{\nu+1}}{\cos w_1} - 1}{n_{\nu+1} - 1}\,\varphi_\nu.$$

Wir bemerken gleich hier, daß nach dieser Gleichung U nur von der Stärke der Linsen und nicht von ihrer Durchbiegung abhängig ist.

Interessieren uns die beiden Abszissen $\overline{s}_k{}'$ und $\overline{\overline{s}}_k{}'$ von S. 50 und 75, so erhalten wir diese Größen sehr einfach aus $t_k{}'$ und $f_k{}'$, da ja $\varphi = 0$ ist, zu

$$\overline{s}_k{}' = t_k{}' \cos w_1 ; \qquad \overline{\overline{s}}_k{}' = f_k{}' \cos w_1 ,$$

und daraus folgt

$$\frac{1}{\overline{s}_k{}'} = \frac{1}{t_1 \cos w_1} + \frac{1}{U \cos^2 w_1} ; \qquad \frac{1}{\overline{\overline{s}}_k{}'} = \frac{1}{f_1 \cos w_1} + \frac{1}{U} .$$

Handelt es sich um ein von Astigmatismus freies Objekt, bei dem also

$$t_1 = f_1$$

ist, so wird

$$\frac{1}{\overline{s}_k{}'} - \frac{1}{\overline{\overline{s}}_k{}'} = \frac{\operatorname{tg}^2 w_1}{U} .$$

Die Reziproken der Abszissen auf der Achse haben bei einem in Luft befindlichen dünnen Linsensystem, dessen Blende im gemeinsamen Flächenscheitel steht, auch bei endlichen Neigungswinkeln eine Differenz, die von der Durchbiegung der Komponenten unabhängig ist.

Im besondern wird für ein unendlich entferntes Objekt wegen

$$t_1 = f_1 = \infty$$

und

$$\overline{s}_k{}' = U \cos^2 w_1 ; \qquad \overline{\overline{s}}_k{}' = U$$

schließlich

$$\overline{\overline{s}}_k{}' - \overline{s}_k{}' = U \sin^2 w_1 ,$$

so daß hier die oben angeführte Regel für die Differenz der Schnittweiten selbst gilt.

B. Der Ausdruck für die Zerstreuungslinien bei kleinen Hauptstrahlneigungen.

Unsere Aufgabe besteht zunächst darin, unter Beschränkung der Neigung w des Hauptstrahls auf Glieder höchstens der zweiten Ordnung eine algebraische Beziehung zwischen den Konstanten des Systems, den Anfangs- und den Endwerten der Krümmung beider Bildflächen herzuleiten.

Wir gehen dabei ganz ebenso vor, wie es bei der Behandlung der sphärischen Aberration eines Achsenpunkts geschah, und entwickeln die in den Invarianten der schiefen Brechung vorkommenden Größen nach Potenzen von ϕ.

Es komme vor der Brechung an der beliebigen Kugelfläche S (mit dem Radius r) der die Blendenmitte P unter dem Neigungswinkel w durchsetzende Hauptstrahl YP von der Bildfläche O (mit dem Radius der Bildkrümmung R), so ist der Abschnitt $\mathfrak{d}$ auf diesem Hauptstrahle nach Potenzen von ϕ zu entwickeln.

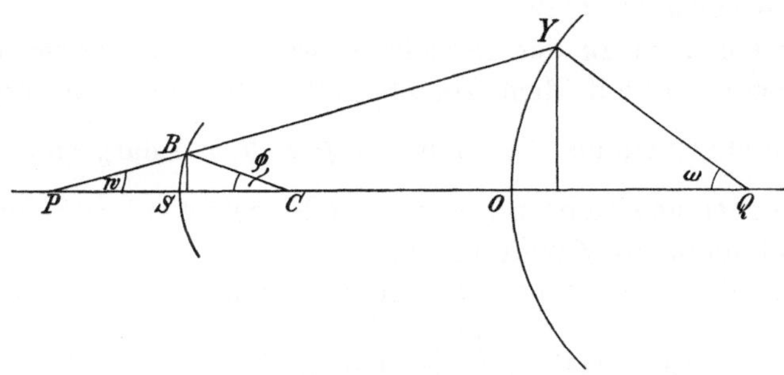

Fig. 63.

$$SC = r; \quad OQ = R; \quad BY = \mathfrak{d}; \quad SO = s; \quad SP = x.$$

Zur Ableitung der Bildkrümmungsformeln.

Dies geschieht durch die Einzelentwickelung der Abschnitte BP und YP nach Potenzen je von ϕ und ω

$$BP = q = x\left\{1 - \frac{r^2\,\phi^2}{2x}\left[\frac{1}{r} - \frac{1}{x}\right]\right\}$$

$$YP = q - \mathfrak{d} = (x - s)\left\{1 - \frac{R^2\,\omega^2}{2(x-s)}\left[\frac{1}{R} - \frac{1}{x-s}\right]\right\}.$$

Benutzt man ferner noch die Beziehung

$$R\omega = r\phi\,\frac{x-s}{x},$$

so ergibt sich schließlich nach Subtraktion beider Gleichungen und Übergang zum reziproken Werte:

$$\frac{1}{\mathfrak{d}} = \frac{1}{s} + \frac{A\,\phi^2}{2}$$

$$A = \frac{r^2}{s^2}\left\{\frac{1}{r} - \frac{s}{x^2} - \frac{s^2}{R}\left(\frac{1}{s} - \frac{1}{x}\right)^2\right\}$$

und es sei gleichzeitig bemerkt, daß

$$\cos j = 1 - \frac{\phi^2}{2}\left(1 - \frac{r}{x}\right)^2$$

gesetzt werden muß.

Bis jetzt ist die vor der Brechung schon vorhandene Bildfeldkrümmung ganz allgemein durch ihren Radius R gekennzeichnet worden. Erinnern wir uns nun, daß es zwei verschiedene Bildflächen gibt, je nachdem es sich um die tangentialen oder die sagittalen Büschel handelt, so werden wir diese beiden Radien als R_t und R_f auseinander halten.

Wir gelangen zu den gesuchten Beziehungen, indem wir den Objektabstand $\mathfrak{d}$ auf dem Hauptstrahle, dessen reziproker Wert $\frac{1}{\mathfrak{d}}$ soeben allgemein als Funktion von ϕ, r, R, x, s dargestellt worden ist, in die oben angeführten Invarianten der schiefen Brechung einmal als t- und dann als f-Wert einführen.

Ganz ebenso wie oben können wir dann hier schreiben:

$$Q_t = Q + q_t\,\frac{\phi^2}{2} = Q' + q_t'\,\frac{\phi^2}{2}\,;\; q_t = q_t'$$

$$Q_f = Q + q_f\,\frac{\phi^2}{2} = Q' + q_f'\,\frac{\phi^2}{2}\,;\; q_f = q_f'\,.$$

Zur Herleitung von q_t und q_f ist die Benutzung einiger einfacher Invariantenbeziehungen nötig, und es ergibt sich dann, wenn wir die Entwickelung hier nur für den etwas einfacheren Fall der Sagittalstrahlen leisten:

$$q_f = r^2(Q_x - Q_s)^2\left(\frac{1}{nR_f} - \frac{1}{nr}\right) + \frac{r^2}{ns}\,Q_x{}^2 + Q_s - 2Q_x$$

$$q_f' = r^2(Q_x - Q_s)^2\left(\frac{1}{n'R_f'} - \frac{1}{n'r}\right) + \frac{r^2}{n's'}\,Q_x{}^2 + Q_s - 2Q_x$$

$$0 = (Q_x - Q_s)^2\left\{\frac{1}{n'R_f'} - \frac{1}{nR_f} - \frac{1}{r}\left(\frac{1}{n'} - \frac{1}{n}\right)\right\} + Q_x{}^2\left(\frac{1}{n's'} - \frac{1}{ns}\right)$$

oder in unserer gewohnten Schreibweise

$$\varDelta\frac{1}{nR_f} = \frac{1}{r}\,\varDelta\frac{1}{n} - \frac{Q_x{}^2}{(Q_x - Q_s)^2}\,\varDelta\frac{1}{ns}\,.$$

Ganz analog erhalten wir für die Krümmung im Tangentialschnitte nach der entsprechenden Entwickelung von $q_t - q_t'$:

$$\Delta \frac{1}{nR_t} = \frac{1}{r}\,\Delta\,\frac{1}{n} - \frac{3\,Q_x{}^2}{(Q_x - Q_s)^2}\,\Delta\,\frac{1}{ns}\;.$$

Summieren wir diese Änderungen der Bildkrümmung über alle k-Flächen, so erhalten wir, da auf der linken Seite nur das letzte und das erste Glied übrig bleibt:

$$\frac{1}{n_k{}' R_{tk}{}'} - \frac{1}{n_1 R_{t1}} = \sum_{\nu=1}^{k} \frac{1}{r_\nu}\,\Delta_\nu\,\frac{1}{n} - 3 \sum_{\nu=1}^{k} \frac{Q_{\nu x}^2}{(Q_{\nu x} - Q_{\nu s})^2}\,\Delta_\nu\,\frac{1}{ns}$$

$$\frac{1}{n_k{}' R_{/k}{}'} - \frac{1}{n_1 R_{/1}} = \sum_{\nu=1}^{k} \frac{1}{r_\nu}\,\Delta_\nu\,\frac{1}{n} - \sum_{\nu=1}^{k} \frac{Q_{\nu x}^2}{(Q_{\nu x} - Q_{\nu s})^2}\,\Delta_\nu\,\frac{1}{ns}\;.$$

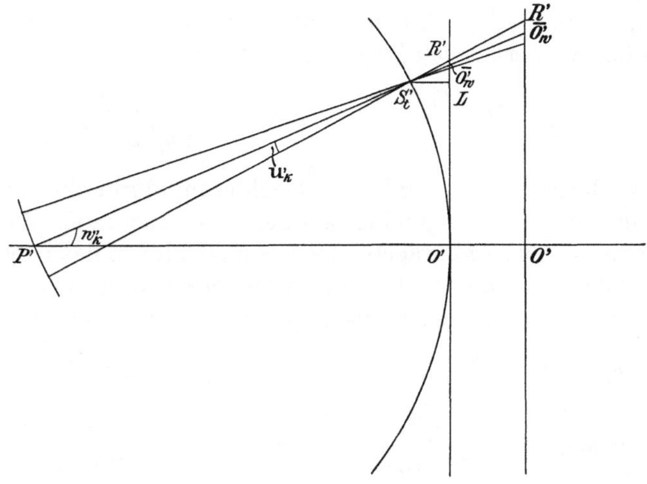

Fig. 64.

$$S_t'L = a_t;\quad \overline{O}_n{}'R' = l_1{}'_k;\quad O'L = l_k{}';\quad O'O' = e;\quad O_n{}'R' = \tau_k{}'.$$

Die tangentiale Zerstreuungslinie in der Gaußsschen Bildebene und in einer ihr parallelen Ebene.

Setzt man, wie das in der Regel der Fall sein wird, ein von Astigmatismus freies, ebenes Objekt voraus, so verschwindet wegen

$$R_{t1} = R_{/1} = \infty$$

auf beiden linken Seiten je das zweite Glied.

Gehen wir nun dazu über, im Anschlusse an das Vorhergehende einen Ausdruck für die mit der Bildkrümmung verbundene Bildverschlechterung in der Gaußsschen Bildebene zu gewinnen, so führen wir die Öffnungswinkel $u_k{}'$, $v_k{}'$ des schiefen Büschels ein. Wir erhalten dann die beiden zueinander senkrechten, im allgemeinen verschieden langen Geradenstücke $l_{k1}{}'$ und $L_{1k}{}'$, und zwar ergibt sich, wenn $a_{t,/}$ der senkrechte Abstand von der Gaußsschen Ebene ist,

17*

$$l_{1k}' = \frac{a_t u_k'}{\cos^2 w_k'} \; ; \qquad L_{1k}' = \frac{a_f v_k'}{\cos^2 w_k'} \, .$$

Berücksichtigen wir nun nur Hauptstrahlneigungen zweiten Grades, so können wir setzen

$$a_t = \frac{l_k'^2}{2 R_{tk}'} \; ; \qquad a_f = \frac{l_k'^2}{2 R_{fk}'} \, ,$$

wobei l_k' den Achsenabstand des Durchstoßungspunkts in der GAUSSschen Ebene bedeutet.

Da also a_t, a_f bereits eine Größe von der zweiten Ordnung ist, so brauchen wir zur Einhaltung unserer Genauigkeitsgrenze von dem in l_{1k}' und L_{1k}' als Nenner auftretenden $\cos^2 w_k'$ nur das konstante Glied zu berücksichtigen und erhalten schließlich

$$l_{1k}' = \frac{n_k' u_k' l_k'^2}{2 n_k' R_{tk}'} \; ; \qquad L_{1k}' = \frac{n_k' v_k' l_k'^2}{2 n_k' R_{fk}'} \, .$$

Ganz ebenso wie die Bildverschlechterung durch die sphärische Aberration eines Achsenpunkts können wir auch die durch die Bildkrümmung hervorgebrachte Zerstreuungslinie in das Objekt projizieren, indem wir die nach dem SMITH-HELMHOLTZschen Gesetze auf das Objekt bezogenen Größen $l_1^{(k)}$ und $L_1^{(k)}$ einführen:

$$n_1 u_1 l_1^{(k)} = n_k' u_k' l_{1k}' \; ; \qquad n_1 v_1 L_1^{(k)} = n_k' v_k' L_{1k}'$$

mithin

$$n_1 u_1 l_1^{(k)} = \frac{n_k'^2 u_k'^2 l_k'^2}{2 n_k' R_{tk}'} \; ; \qquad n_1 v_1 L_1^{(k)} = \frac{n_k'^2 v_k'^2 l_k'^2}{2 n_k' R_{fk}'} \, .$$

Es ist ferner einleuchtend, daß innerhalb des hier betrachteten Bereiches sich dieses Gesetz auch auf die konjugierten Achsenabstände l_k' und l_1 anwenden lassen wird:

$$n_1 u_1 l_1^{(k)} = \frac{n_1^2 u_1^2 l_1^2}{2 n_k' R_{tk}'} \; ; \qquad n_1 v_1 L_1^{(k)} = \frac{n_1^2 v_1^2 l_1^2}{2 n_k' R_{fk}'}$$

und schließlich:

$$l_1^{(k)} = \frac{n_1 u_1 l_1^2}{2} \left\{ \sum_{\nu=1}^{k} \frac{1}{r_\nu} \, \varDelta \, \frac{1}{n} - 3 \sum_{k=1}^{k} \frac{Q_{\nu x}^2}{(Q_{\nu x} - Q_{\nu s})^2} \, \varDelta \, \frac{1}{ns} \right\}$$

$$L_1^{(k)} = \frac{n_1 v_1 l_1^2}{2} \left\{ \sum_{\nu=1}^{k} \frac{1}{r_\nu} \, \varDelta \, \frac{1}{n} - \sum_{\nu=1}^{k} \frac{Q_{\nu x}^2}{(Q_{\nu x} - Q_{\nu s})^2} \, \varDelta \, \frac{1}{ns} \right\} \, .$$

Diesen Formeln kann dadurch noch eine andere Gestalt gegeben werden, daß die Beziehung von S. 145 benutzt wird:

$$Q_{\nu x} - Q_{\nu s} = \frac{h_1}{h_\nu} \frac{y_1}{y_\nu} (Q_{1x} - Q_{1s})$$

$$l_1^{(k)} = \frac{n_1 \mathrm{u}_1 l_1^{\,2}}{2(Q_{1x} - Q_{1s})^2} \left\{ (Q_{1x} - Q_{1s})^2 \sum_{\nu=1}^{x} \frac{1}{r_\nu} \varDelta_\nu \frac{1}{n} \right.$$

$$\left. - 3 \sum_{\nu=1}^{k} \left(\frac{h_\nu}{h_1}\right)^2 \left(\frac{y_\nu}{y_1}\right)^2 Q_{\nu x}^2 \, \varDelta_\nu \frac{1}{ns} \right\}$$

$$L_1^{(k)} = \frac{n_1 \mathrm{v}_1 l_1^{\,2}}{2(Q_{1x} - Q_{1s})^2} \left\{ (Q_{1x} - Q_{1s})^2 \sum_{\nu=1}^{k} \frac{1}{r_\nu} \varDelta_\nu \frac{1}{n} \right.$$

$$\left. - \sum_{\nu=1}^{k} \left(\frac{h_\nu}{h_1}\right)^2 \left(\frac{y_\nu}{y_1}\right)^2 Q_{\nu x}^2 \, \varDelta_\nu \frac{1}{ns} \right\}.$$

Beachtet man nun noch, daß

$$\frac{n_1}{(Q_{1x} - Q_{1s})^2} = \frac{s_1^{\,2} x_1^{\,2}}{n_1 (x_1 - s_1)^2}$$

und setzt man

$$\mathrm{u}_1 = \frac{m_1}{s_1 - x_1} \; ; \qquad \mathrm{v}_1 = \frac{M_1}{s_1 - x_1} \, ,$$

so ergibt sich nach einer einfachen Umstellung als eine zweite, später zu identifizierende Form:

$$\frac{n_1 l_1^{(k)}}{s_1} = \frac{m_1 l_1^{\,2} s_1 x_1^{\,2}}{2(x_1 - s_1)^3} \sum_{\nu=1}^{k} \left(\frac{h_\nu}{h_1}\right)^2 \left(\frac{y_\nu}{y_1}\right)^2 \left\{ 3 Q_{\nu x}^2 \, \varDelta_\nu \frac{1}{ns} - (Q_{\nu x} - Q_{\nu s})^2 \frac{1}{r_\nu} \varDelta_\nu \frac{1}{n} \right\}$$

$$\frac{n_1 L_1^{(k)}}{s_1} = \frac{M_1 l_1^{\,2} s_1 x_1^{\,2}}{2(x_1 - s_1)^3} \sum_{\nu=1}^{k} \left(\frac{h_\nu}{h_1}\right)^2 \left(\frac{y_\nu}{y_1}\right)^2 \left\{ Q_{\nu x}^2 \, \varDelta_\nu \frac{1}{ns} - (Q_{\nu x} - Q_{\nu s})^2 \frac{1}{r_\nu} \varDelta_\nu \frac{1}{n} \right\}.$$

C. Der Astigmatismus.

Nehmen wir nun an, daß die Auffangebene zwar achsensenkrecht, aber von der Gaußschen Bildebene verschieden sei und zwar den Abstand e von ihr habe, so erhalten wir nach Fig. 64 in der neuen Auffangebene die Zerstreuungslinien

$$\tau_k' = e \mathrm{u}_k' + \frac{\mathrm{u}_k' l_k'^{\,2}}{2 R_{tk}} \; ; \qquad \sigma_k' = e \mathrm{v}_k' + \frac{\mathrm{v}_k' l_k'^{\,2}}{2 R_{sk}} \, .$$

Es gibt daher eine ausgezeichnete Lage der Auffangebene, für die τ_k' und σ_k' für gleiche Öffnungswinkel $\mathrm{u}_k' = \mathrm{v}_k'$ entgegengesetzt gleich werden, und zwar ist sie bestimmt durch den Wert

$$e = - \frac{n_k' l_k'^{\,2}}{2} \left\{ \sum_{\nu=1}^{k} \frac{1}{r_\nu} \varDelta_\nu \frac{1}{n} - 2 \sum_{\nu=1}^{k} \frac{Q_{\nu x}^2}{(Q_{\nu x} - Q_{\nu s})^2} \varDelta_\nu \frac{1}{ns} \right\} ,$$

und wir erhalten durch Einsetzung

$$-\tau_k' = \sigma_k' = \frac{n_k'\,\mathrm{u}_k'\,l_k'^2}{2} \sum_{\nu=1}^{k} \frac{Q_{\nu x}^2}{(Q_{\nu x}-Q_{\nu s})^2}\, \underset{\nu}{\Delta}\, \frac{1}{ns}\,.$$

Der Ausdruck für diese Zerstreuungslinie enthält also nur die Differenz der beiden Bildkrümmungsformeln, und man kann ihn daher auch auffassen als einen Ausdruck für den Astigmatismus. Projiziert man diese Zerstreuungslinie in das Objekt zurück, so erscheint sie der vorhergehenden Entwickelung gemäß unter den beiden Formen:

und

$$-\tau_1^{(k)} = \sigma_1^{(k)} = \frac{n_1\,\mathrm{u}_1\,l_1^2}{2} \sum_{k=1}^{k} \frac{Q_{\nu x}^2}{(Q_{\nu x}-Q_{\nu s})^2}\, \underset{\nu}{\Delta}\, \frac{1}{ns}$$

$$-\tau_1^{(k)} = \sigma_1^{(k)} = \frac{\mathrm{u}_1\,l_1^2\,x_1^2\,s_1^2}{2\,n_1\,(x_1-s_1)^2} \sum_{\nu=1}^{k} \left(\frac{h_\nu}{h_1}\right)^2 \left(\frac{y_\nu}{y_1}\right)^2 Q_{\nu x}^2\, \underset{\nu}{\Delta}\, \frac{1}{ns}$$

Benutzt man schließlich noch die beiden Beziehungen:

$$\frac{l_1}{x_1-s_1} = \frac{y_1}{x_1}\,; \qquad h_1 = s_1\,\mathrm{u}_1\,,$$

so geht die letzte Form über in

$$c = -\tau_1^{(k)} = \sigma_1^{(k)} = \frac{h_1^2\,y_1^2}{2\,n_1\,\mathrm{u}_1} \sum_{\nu=1}^{k} \left(\frac{h_\nu}{h_1}\right)^2 \left(\frac{y_\nu}{y_1}\right)^2 Q_{\nu x}^2\, \underset{\nu}{\Delta}\, \frac{1}{ns}\,.$$

Das Verschwinden der Summe liefert die Bedingung für die Aufhebung des Astigmatismus in einem beliebigen System. Auch diese Form bietet dieselbe Annehmlichkeit für die Übersichtlichkeit der Rechnung, die oben bei der Formel für die sphärische Aberration eines Achsenpunkts hervorgehoben wurde; auch hier sind wieder die Anteile getrennt, mit denen die einzelnen Flächen an der Gesamtaberration beteiligt sind.

D. Die Bildfeldkrümmung in anastigmatischen Systemen.

Der noch übrigbleibende, beiden Bildkrümmungsformeln gemeinsame Teil ist der folgende

$$\frac{1}{R} = \sum_{\nu=1}^{k} \frac{1}{r_\nu}\, \underset{\nu}{\Delta}\, \frac{1}{n}\,.$$

Er gibt die Krümmung der beiden bei gehobenem Astigmatismus zusammenfallenden Bildflächen an und ist unter dem Namen der Petzvalschen Gleichung für die Bildkrümmung bekannt. Er hat, wie namentlich von L. SEIDEL (**3.**) hervorgehoben wurde, nur dann einen Sinn, wenn vorher der Astigmatismus für geringe Hauptstrahlneigungen gehoben worden ist. Solche Systeme nennt man mit einem nicht gerade glücklich gebildeten Ausdrucke *anastigmatisch*, während in England der besser gebildete Ausdruck *stigmatic* üblich geworden ist.

Der Ausdruck läßt sich leicht auf die folgende Form bringen

$$\sum_{\nu=1}^{k} \frac{1}{r_\nu} \Delta_\nu \frac{1}{n} = \sum_{\nu=1}^{k} \left\{ \frac{1}{r_\nu}\left(\frac{1}{n_{\nu+1}}-1\right) - \frac{1}{r_\nu}\left(\frac{1}{n_\nu}-1\right)\right\} = \sum_{\nu=1}^{k}\left\{\frac{1}{r_\nu}\left(\frac{1-n_{\nu+1}}{n_{\nu+1}}\right)\right.$$

$$\left. - \frac{1}{r_\nu}\left(\frac{1-n_\nu}{n_\nu}\right)\right\} = \frac{1-n_{k+1}}{n_{k+1}\,r_k} - \sum_{\nu=1}^{k-1}\frac{1}{n_{\nu+1}\,f_\nu} - \frac{1-n_1}{n_1\,r_1}.$$

wobei dann f_ν als die Brennweite der mit den Radien r_ν und $r_{\nu+1}$ versehenen, dünnen Linse aus dem Glasmaterial $n_{\nu+1}$ definiert ist.

Befindet sich das System in Luft, so ist also $n_{k+1}=n_1=1$, und es fallen die äußern Glieder der rechten Seite fort, so daß man erhält

$$\frac{1}{R} = -\sum_{\mu=1}^{l}\frac{1}{n_\mu f_\mu},$$

wenn nunmehr n_μ und f_μ als Brechungsindex und Brennweite der μten Linse angesehen werden, und l die Anzahl der Linsen angibt.

E. Der Astigmatismus in einfachen Sonderfällen.

Bei der Behandlung des Astigmatismus gehen wir von der für $\sigma_1^{(k)}$ angegebenen Formel aus. Es ist zunächst zu behandeln

Der Astigmatismus einer Fläche. Hier wird $\sigma_1^{(1)}$ unter Berücksichtigung der S. 225 für $\Delta\dfrac{1}{n\,s}$ abgeleiteten Beziehung, wenn man auch noch

$$\frac{y}{x} = w$$

setzt zu,

$$\sigma_1^{(1)} = \frac{h^2 w^2}{2\,\mathfrak{u}\,r^2}\,\frac{n\,(n'-n)}{n'^2}\,(x-r)^2\left(\frac{1}{r} - \frac{n'+n}{n}\frac{1}{s}\right).$$

Der Astigmatismus kann mithin, wenn wir den Fall $s=0=h$ nicht weiter behandeln, nur in einem der beiden Fälle verschwinden, daß

a) für $x = r$ die Blende in den Krümmungsmittelpunkt der Fläche rückt, oder daß

b) für $s = \dfrac{n' + n}{n} r$ Objekt und Bild mit dem aplanatischen Punktepaare zusammenfallen.

In dem Falle von $s = \infty$ ist das Zeichen von $\dfrac{n' - n}{r}$ für den Charakter des dann auftretenden Astigmatismus entscheidend, während der Blendenort darauf keinen Einfluß hat.

Der Astigmatismus einer einfachen, dünnen Linse. Berechnen wir für diesen Fall die im Fehlerausdrucke des Astigmatismus auftretende Summe, so ist sie, wenn wir wiederum alle Unbekannten durch ξ, σ, ϱ ausdrücken, gegeben durch

$$L = L_0 - L_1 \varrho + L_2 \varrho^2,$$

wobei

$$L_0 = \frac{n^2}{(n-1)^2} \varphi^3 + \frac{n+1}{n-1} \varphi^2 \sigma + \frac{2n}{n-1} \varphi^2 \xi + 2 \frac{n+1}{n} \varphi \sigma \xi + \varphi \xi^2$$

$$L_1 = \frac{2n+1}{n-1} \varphi^2 + 2 \frac{n+1}{n} \varphi (\xi + \sigma)$$

$$L_2 = \frac{n+2}{n} \varphi$$

bedeuten. Gehen wir ganz wie bei der Verzeichnung vor, so erhalten wir für den Minimalwert $\overline{A} = A_{min}$, der für

$$\overline{P} = \frac{n+1}{n+2} (\Sigma + \Xi) + \frac{(2n+1)n}{2(n-1)(n+2)}$$

erreicht wird, nach einigen Zusammenfassungen die Gleichung

$$\overline{A} = \frac{n^2}{4(n-1)^2} - \frac{1}{n(n+2)} \left((n+1) \Sigma - \Xi + \frac{n}{2} \right)^2.$$

Es ist das eine die Koordinaten Σ und Ξ sowie den Parameter $\overline{A}$ enthaltende Gleichung eines parallelen Geradenpaars, das für $\overline{A} = \dfrac{n^2}{4(n-1)^2}$ zu einer doppelt zu zählenden Geraden wird.

Für $\overline{A} > \dfrac{n^2}{4(n-1)^2}$ wird es imaginär.

Jedem Werte von $\overline{P}$ entspricht in der $\Sigma \Xi$-Ebene, wie im Falle der Verzeichnung, eine Gerade einer parallelen Geradenschar.

Der zu einer beliebigen Krümmung P gehörige Astigmatismus Λ läßt sich mit den Minimalwerten sehr einfach ausdrücken durch

$$\Lambda = \overline{\Lambda} + \frac{n+2}{n}(P - \overline{P})^2.$$

5. Die von der zweiten Potenz des Öffnungswinkels abhängigen Aberrationen außeraxialer Punkte.
(Die drei Fehler der Koma im weiteren Sinne.)

Bei der Behandlung des Astigmatismus hatten wir gesehen, daß die bei endlicher Hauptstrahlneigung auftretenden Zerstreuungslinien von der ersten Potenz der Öffnungskoordinaten m und M abhingen. Jetzt handelt es sich um die Frage, welche Bedingungen sind dafür aufzustellen, daß zunächst bei endlicher Hauptstrahlneigung weiter geöffnete Büschel, wie sie durch die zweite Potenz der Öffnungskoordinaten charakterisiert werden, beim Zustandekommen eines scharfen Bildes mitwirken?

Um nun ganz sicher zu sein, keine der möglichen Abweichungen zu übergehen, wollen wir alle Glieder zweiten Grades, die aus den beiden Öffnungskoordinaten gebildet werden können, für beide ebene Büschel aufstellen. Wir erhalten dann

für die tangentialen Abweichungen Glieder mit m^2 $\ m M$ $\ M^2$
„ „ sagittalen . „ „ „ M^2 Mm m^2

Diese Zahl von sechs schwindet aber erheblich zusammen infolge der allgemein gültigen Überlegung, daß die in der GAUSSschen Ebene erscheinende Zerstreuungsfigur auf jeden Fall symmetrisch sein muß zu der durch den Objektpunkt gelegten Meridianebene, wenn die Öffnung ebenfalls symmetrisch zu ihr begrenzt ist.

Der Durchstoßungspunkt zweier symmetrisch verlaufender, d. h. zu zwei M-Werten von absolut gleichem Betrage, aber verschiedenem Zeichen gehörender, windschiefer Strahlen mit dieser Meridianebene kann nicht von dem Zeichen von M abhängen, da sich beide Strahlen ja in der Meridianebene schneiden müssen. Eine unmittelbare Folge davon ist, daß die gemeinsame tangentiale Koordinate der beiden Durchstoßungspunkte der GAUSSschen Bildebene nicht von dem Zeichen von M abhängen kann. Mithin sind auch in den Ausdrücken für die tangentialen Abweichungen nur Glieder mit geraden Potenzen von M möglich, und das sind innerhalb der hier festgehaltenen Beschränkung nur solche von der nullten und der zweiten Potenz: Für die tangentialen Abweichungen kommen also nur Glieder mit m^2 und M^2 in Betracht.

Hinsichtlich der sagittalen Abweichungen gilt gerade umgekehrt die Bemerkung, daß sie bei einem Zeichenwechsel von M ebenfalls ihr Zeichen ändern müssen. In den sie darstellenden Ausdrücken können also nur ungerade Potenzen von M vorkommen, in unserem beschränkten Bereiche ist das allein die erste Potenz: Für die sagittalen Abweichungen kommt also nur das Glied mit Mm in Betracht.

Wenden wir uns nun dazu, die Ausdrücke für diese drei Glieder aufzustellen, die in den Öffnungskoordinaten von der zweiten Ordnung sind, so behandeln wir zunächst das Glied mit m^2.

A. Die Koma im engeren Sinne.

Die Unsymmetrie in tangentialen Büscheln erweiterter Öffnung. Stellen wir uns nach der nebenstehenden Figur 65 ein auf eine sphärische Fläche fallendes Bündel achsenparalleler Strahlen vor, und sei dieses Büschel durch die konzentrische Blende P_1P_2 (in der Zeichnung der Einfachheit wegen im Flächenscheitel S an-

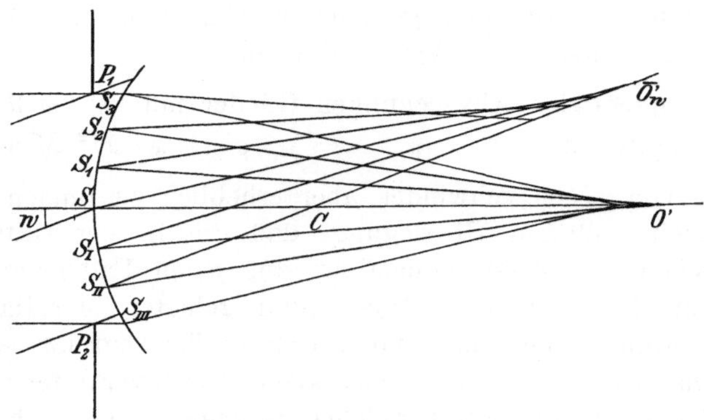

Fig. 65.

Die Unsymmetrie des Strahlenverlaufs in einem tangentialen Büschel von endlicher Öffnung und
von der Hauptstrahlneigung w.

genommen) begrenzt, so wird es nach der Brechung, die hier sammelnd vorausgesetzt sei, die vorher untersuchte Erscheinung der sphärischen Aberration zeigen. Dabei wird, wenn wir uns hier auf das Gebiet beschränken, in dem die mit den ersten beiden Gliedern abgebrochene Entwicklung noch gültig ist, die Längsaberration den Quadraten der Kugelwinkel entsprechend zunehmen.

Eine Darstellung dieser Verhältnisse mit Hilfe sechs äquidistanter Punkte S_3 bis S_{III} der Kreisperipherie finden wir in der Nähe von O'.

Eine ganz andere Erscheinung tritt ein, wenn wir durch die Blendenmitte S einen unter dem endlichen Winkel w geneigten Hauptstrahl einfallen lassen und ihn als Mittelstrahl eines zylindrischen, durch den Blendenrand begrenzten Bündels annehmen. Schließen wir den nicht zur schiefen Brechung gehörigen Fall aus, daß die Blende im Krümmungsmittelpunkte der Fläche stehe, so läßt sich doch eine zu den Bündelelementen parallele Gerade finden, die durch C hindurchgeht, und die hier als die *Hilfsachse* bezeichnet

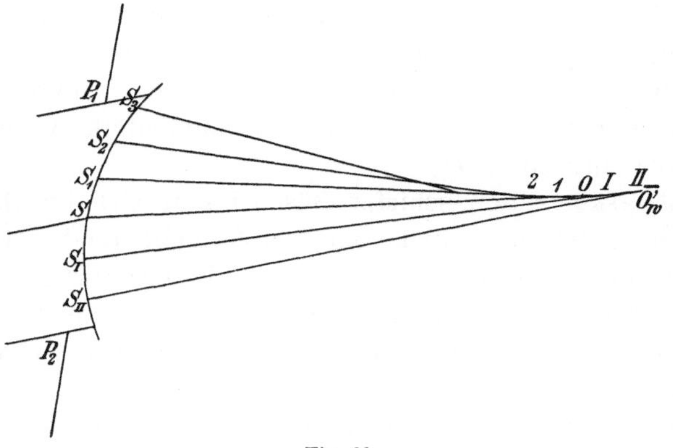

Fig. 66.

Die Längsaberration eines endlich geöffneten tangentialen Büschels von endlicher Hauptstrahlneigung.

sei. Sie kann ebensowohl innerhalb als außerhalb der Blendenbegrenzung liegen; in unserem Falle ist die erste Möglichkeit verwirklicht, und zwar ist der Einfachheit wegen angenommen, daß sie gerade durch S_{II} gehe. Diese Hilfsachse dient nun für das geneigte Büschel in gleicher Weise als Achse, wie die Hauptachse für das achsenparallele, und wir führen für sie die entsprechende Konstruktion der sphärischen Längsaberration an den sechs repräsentierenden Strahlen durch.

Es fällt nun auf, daß wir von der Hilfsachse aus auf der oberen Seite bedeutend weiter zu gehen haben, als auf der unteren. Diese Unsymmetrie läßt sich auch in der nach demselben Prinzip wie in der Hauptachse entworfenen Strahlenzeichnung bei $\overline{O}'_w$ mit großer Deutlichkeit erkennen. Diese für die Längsaberration auf der Hilfsachse dann notwendig eintretende Unsymmetrie, wenn der Hauptstrahl nicht durch die besondere Lage der Blende mit der Hilfsachse zusammenfällt, ist aber nicht der einzige Unterschied, der zwischen der geraden und der schiefen Brechung besteht.

Wiederholen wir in Fig. 66 den oberen Teil der vorhergehenden Zeichnung, heben aber jetzt den S passierenden Hauptstrahl in seiner Wichtigkeit als optische Schwerlinie des Büschels hervor und suchen die Schnittpunkte der vier nächstliegenden Repräsentanten auf ihm auf, so finden wir, wenn mit 0 der Schnittpunkt der benachbarten Tangentialstrahlen bezeichnet ist, die Punktreihe 2, 1, 0, I, II; oder mit anderen Worten, die Schnittpunkte folgen in derselben Richtung aufeinander, wenn man, vom Hauptstrahle aus gerechnet, von positiven Einfallshöhen durch Null zu negativen übergeht. Dieser Fall muß stets eintreten, sobald man als Repräsentanten dem Hauptstrahle genügend benachbarte Strahlen wählt, weil, wie wir oben hervorgehoben haben, der Hauptstrahl unter keinen Umständen mit der Hilfsachse zusammenfällt, wenn wir von schiefer Brechung sprechen.

Die Längsaberration schiefer Büschel läßt sich graphisch ähnlich darstellen, wie es bei dem primären Zonengliede der sphärischen Längsaberration vorgeschlagen wurde. Nach dem Vorhergegangenen darf man sich hier allerdings nicht auf positive Winkel beschränken.

Derartige Kurven scheinen indessen noch nicht veröffentlicht worden zu sein.

Der hier zur Erzielung größerer Anschaulichkeit geometrisch behandelte Fall der Unsymmetrie des Strahlenverlaufs in einem tangentialen Büschel nicht verschwindender Öffnung läßt sich auch analytisch darstellen.

Wir wissen aus der Behandlung der sphärischen Aberration von Achsenpunkten, daß die Darstellung gilt

$$s' = s' + \mathfrak{a}' u'^2.$$

Wählen wir nun zwei unter u_1' und u_2' geneigte Strahlen aus, so erhalten wir ohne weiteres

$$s_1' - s_2' = \mathfrak{a}' (u_1'^2 - u_2'^2)$$

und für den Abschnitt $\delta t'$ auf dem unter u_1' geneigten Strahle unter Berücksichtigung des Zeichens nach Fig. 67

$$\frac{\delta t'}{s_1' - s_2'} = - \frac{\sin u_2'}{\sin (u_2' - u_1')}.$$

Diese Größe $\delta t'$ ist nun für unseren Zweck ausreichend, da wir an ihr die Variation der Schnittweiten auf dem unter u_1' geneigten Hauptstrahle in ihrer Abhängigkeit von dem Öffnungswinkel $u' = u_1' - u_2'$ des schiefen Büschels untersuchen können.

Setzen wir also für $s_1' - s_2'$ seinen Wert, führen für u_2' ein

$$u_2' = u_1' - (u_1' - u_2') = u_1' - \mathrm{u}'$$

und entwickeln die trigonometrischen Funktionen bis zur zweiten Potenz, so erhalten wir schließlich

$$\delta t' = \mathfrak{a}' \left[2\, u_1'^{\,2} - 3\, u_1'\mathrm{u}' + \mathrm{u}'^{\,2} \right].$$

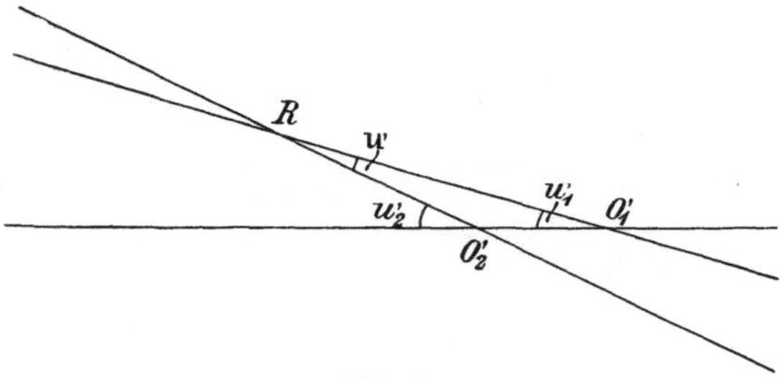

Fig. 67.

$$O_2' O_1' = s_1' - s_2'; \quad R\,O_1' = \delta t'.$$

Zur analytischen Behandlung der Längsaberration eines schief auffallenden Tangentialbüschels.

Aus dieser Form ersehen wir, daß $\delta t'$ für genügend kleine Öffnungswinkel u' von der ersten Potenz von u' abhängt. Die Längsaberration erweist sich also auch nach dieser Behandlung als abhängig von dem Zeichen des Öffnungswinkels.

Der Ausdruck für die Zerstreuungslinie. Die oben charakterisierte, für symmetrisch einfallende Strahlen einseitig fortschreitende Punktreihe, wie sie der Longitudinalaberration auf dem Hauptstrahle entspricht, erhält nun ihre Darstellung durch eine Funktion, in der jedenfalls für die Nachbarschaft des Hauptstrahls die ungeraden Glieder überwiegen. Beschränken wir uns, wozu wir auch durch die analytische Entwicklung berechtigt sind, auf das Glied ersten Grades, so erhalten wir für die Schnittweite eines tangentialen Büschels von einer Öffnung u, die klein ist von der ersten Ordnung, die Form

$$t = t + \mathfrak{r}\,\mathrm{u}.$$

Der gesamte Strahlenkomplex zieht sich auf einer Seite des Hauptstrahls (in unserem Falle der unteren) am engsten zusammen, und es entsteht dort eine in die Meridianebene fallende Abweichung, die auf die Unsymmetrie des Strahlenverlaufs zurückzuführen ist und mit der Bezeichnung der *Koma im engeren Sinne* belegt sei.

Ursprünglich ist die Bezeichnung Koma für die gesamten, auch in sagittaler Richtung sich erstreckenden Schärfenabweichungen eines schiefen Büschels angewandt worden, weil die Gesamterscheinung einem Kometenschweife ähnelt. Wir haben von der Gesamtheit dieser Abweichungen als von der *Koma im weiteren Sinne* gesprochen.

Behufs der mathematischen Behandlung vereinfachen wir die Darstellung. Wir nehmen in der nebenstehenden Figur 68 zwei Elemente des ebenen Büschels an, den Hauptstrahl BD und den

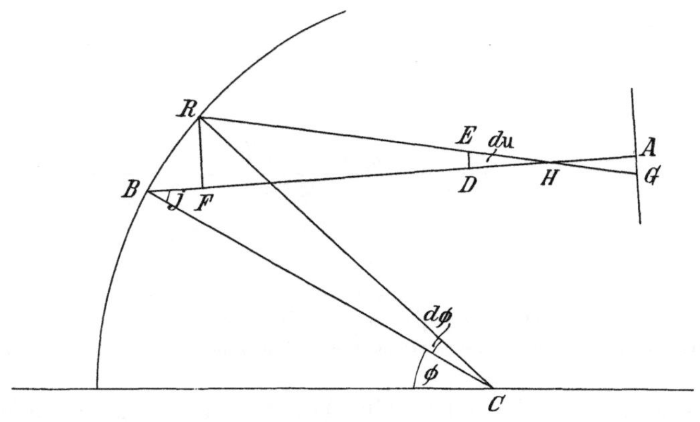

Fig. 68.

$$BA = t; \quad RE = t + dt.$$

Zur Ableitung des Ausdrucks für die erste tangentiale Zerstreuungslinie.

mit ihm den Winkel du einschließenden Nachbarstrahl RE. Das Symbol du bezeichnet, ebenso wie vorher u, eine kleine Größe erster Ordnung und ist überhaupt nur darum gewählt, weil wir bei der Ableitung mit Differentiationen zu tun haben werden. Es sei A der tangentiale Bildpunkt, definiert durch unmittelbar benachbarte Büschelelemente, wie er nach Seite 49 und 162 zu berechnen ist. In ihm sei senkrecht zum Hauptstrahle die Einstellebene errichtet; auf ihr schneidet der um du abstehende Strahl RE den Punkt G aus, und wir haben alsdann die Abweichung AG zu bestimmen. Der Nachbarstrahl RE habe seinen tangentialen Bildpunkt in E, alsdann wird man bezeichnen müssen

$$BA = t; \quad RE = t + dt.$$

Die Variation dt der tangentialen Schnittweite t mit du kann man in zwei Teile zerlegen, von denen einer von der Änderung der Koordinaten des Auffallspunkts R abhängt, während der andere der uns namentlich interessiert, die von du abhängige *Verschiebung des tangentialen Bildpunkts* E angibt, die wir fortan mit $d\tau$ bezeichnen wollen. Projizieren wir noch die Punkte R und E durch Kreisbogen um H auf BA, so erhalten wir die Punkte F und D, und es ist, wenn wir $d\tau = AD$ setzen,

$$DA = BA - BF - FD$$

$$-d\tau = t - rd\,\phi\sin j - t - dt$$

oder

$$dt = d\tau - rd\,\phi\sin j.$$

Den Wert von dt erhalten wir durch Variation der Invariante der Tangentialstrahlen

$$Q_t = \frac{n\cos j}{r} - \frac{n\cos^2 j}{t}$$

nach ϕ. Erinnern wir uns dabei daran, daß

$$\frac{dj}{d\phi} = 1 - \frac{d\mathrm{u}}{d\phi}; \quad \frac{d\mathrm{u}}{d\phi} = \frac{r\cos j}{t}; \quad J = n\sin j$$

und beachten wir, daß

$$\frac{dt}{d\phi} = \frac{d\tau}{d\mathrm{u}} \cdot \frac{d\mathrm{u}}{d\phi} - r\sin j = \frac{r\cos j}{t}\frac{d\tau}{d\mathrm{u}} - r\sin j,$$

so ergibt sich nach einer einfachen Zusammenziehung:

$$\frac{1}{r}\frac{dQ_t}{d\phi} = -\frac{J}{r^2} + \frac{3JQ_t}{nt} + \frac{n\cos^3 j}{t^3}\frac{d\tau}{d\mathrm{u}}$$

und ebenso:

$$\frac{1}{r}\frac{dQ_t}{d\phi} = -\frac{J}{r^2} + \frac{3JQ_t}{n't'} + \frac{n'\cos^3 j'}{t'^3}\frac{d\tau'}{d\mathrm{u}'}$$

$$\Delta\frac{n\cos^3 j}{t^3}\frac{d\tau}{d\mathrm{u}} = -3JQ_t\,\Delta\frac{1}{nt}$$

Es wird ohne weiteres möglich sein, in diese Formel die Verhältnisse

$$\frac{d\mathrm{u}'}{d\mathrm{u}} = \frac{t}{t'} \cdot \frac{\cos j'}{\cos j}$$

einzuführen, obwohl es sich hier um eine größere Öffnung handelt, weil die Korrektionsglieder Abweichungen von einer höheren Ordnungszahl ergeben würden. Es gilt natürlich

$$\frac{d\tau_{\nu+1}}{d\mathrm{u}_{\nu+1}} = \frac{d\tau_\nu'}{d\mathrm{u}_\nu'}$$

und daher liefert uns die eben entwickelte Rekursionsformel beim Vorhandensein von k Flächen die folgende Beziehung:

$$\frac{n_k' \cos^3 j_k'}{t_k'^3} \frac{d\tau_k'}{d u_k'} = n_1 \left(\frac{\mathrm{h}_{1t}}{\mathrm{h}_{kt'}}\right)^3 \frac{\cos^3 j_1}{t_1^3} \frac{d\tau_1}{d u_1} - 3 \left(\frac{\mathrm{h}_{1t}}{\mathrm{h}_{kt'}}\right)^3 \sum_{\nu=1}^{k} \left(\frac{\mathrm{h}_{\nu t}}{\mathrm{h}_{1t'}}\right)^3 J_\nu Q_{t\nu} \mathop{\Delta}_\nu \frac{1}{nt},$$

wobei ähnlich wie auf S. 174 die Beziehung gilt:

$$\frac{\mathrm{h}_{\nu t}}{\mathrm{h}_{1t}} = \frac{t_\nu}{t'_{\nu-1}} \cdot \frac{t_{\nu-1}}{t'_{\nu-2}} \cdots \frac{t_2}{t'_1} \cdot \frac{\cos j''_{\nu-1}}{\cos j_\nu} \cdot \frac{\cos j''_{\nu-2}}{\cos j_{\nu-1}} \cdots \frac{\cos j_1'}{\cos j_2}.$$

Nimmt man ferner an, daß das einfallende Büschel noch nicht mit Aberration behaftet war, so fällt das erste Glied fort, und wir schreiben

$$\frac{n_k' \cos^3 j_k'}{t_k'^3} \frac{d\tau_k'}{d u_k'} = - 3 \left(\frac{\mathrm{h}_{1t}}{\mathrm{h}_{kt'}}\right)^3 \sum_{\nu=1}^{k} \left(\frac{\mathrm{h}_{\nu t}}{\mathrm{h}_{1t'}}\right)^3 J_\nu Q_{t\nu} \mathop{\Delta}_\nu \frac{1}{nt}.$$

Gehen wir nun dazu über, die Zerstreuungslinie zu bestimmen, so müssen wir AH in bekannten Größen ausdrücken.

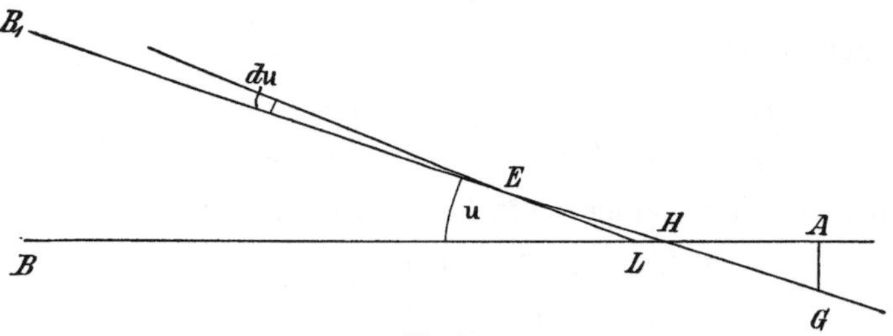

Fig. 69.
Zur Ableitung der Krümmung der kaustischen Kurve.

Erinnern wir uns der Gleichung

$$t = t + \mathrm{r}\mathrm{u}$$

bei der man sich auf kleine Größen u zu beschränken hatte, die vom Hauptstrahle BA aus zu zählen waren, so ergibt sich für die Schnittweite des unter u geneigten Strahls

$$BH = t = t + \mathrm{r}\mathrm{u},$$

und wir können in Fig. 69 setzen

$$AH = \mathrm{r}\mathrm{u},$$

Auf dem unter u geneigten Nebenstrahle $B_1 H$ nehmen wir nun ein ganz wenig (auf $d u$) geöffnetes tangentiales Büschel an, wie es auf diesem Strahle $B_1 H$ den tangentialen Bildpunkt E definiert.

Verlängert möge dieser Strahl den Hauptstrahl BA in L schneiden, dann ist offenbar

$$HL = dt = \mathfrak{r}\,du,$$

und wir erhalten aus dem Dreiecke EHL nach Anwendung des Sinussatzes die Gleichung

$$\frac{HL}{HE} = \frac{\mathfrak{r}\,du}{HE} = \frac{du}{u + du}.$$

Hieraus leitet sich, wenn man du gegen u vernachlässigt, ab

$$HE = \mathfrak{r}u$$

und man erhält nun als Variation $d\tau$ des tangentialen Schnittpunktes mit u

$$d\tau = AH + HE = 2\,\mathfrak{r}u,$$

d. h. wenn wir nun wieder für u die Bezeichnung du eintreten lassen:

$$d\tau = 2\,AH = 2\,HE = 2\,\mathfrak{r}\,du.$$

Es hat also der Koeffizient der Reihenentwicklung $\mathfrak{r} = \dfrac{d\tau}{2\,du}$ die geometrische Bedeutung des Krümmungsradius der kaustischen Kurve.

Die auf einer in A zu BA senkrechten Einstellungsebene erscheinende tangentiale Zerstreuungslinie $AG = l_2$ ist, wenn wir nun wieder den kleinen Winkel statt mit du mit u bezeichnen, durch den Ausdruck gegeben:

$$l_2 = AH \cdot u = (\mathfrak{r}u) \cdot u = \frac{d\tau}{2} \cdot u.$$

Projizieren wir nun wie schon öfter diese Zerstreuungslinie durch tangentiale Büschel wieder in das Objekt zurück, so ist nach dem SMITH-HELMHOLTZschen Satze, wenn wir den Flächenindex hervortreten lassen:

$$n_k'\,l_{2k}'\,\mathfrak{u}_k' = n_1\,l_2^{(k)}\,\mathfrak{u}_1.$$

Mit Bezug auf die letzte Form des Ausdrucks für $d\tau_k'$ ersieht man leicht, daß

$$\frac{n_k'\cos^3 j_k'}{t_k'^3}\,\frac{d\tau_k'}{\mathfrak{u}_k'} = 2\,\frac{n_k'\,l_{2k}'\,\mathfrak{u}_k'\cos^3 j_k'}{t_k'^3\,\mathfrak{u}_k'^3} = 2\,\frac{n_k'\,l_{2k}'\,\mathfrak{u}_k'}{\left(\dfrac{\mathfrak{h}_{kt}}{\mathfrak{h}_{1t}}\right)^3\left(\dfrac{t_1}{\cos j_1}\right)^3\mathfrak{u}_1^3}$$

mithin wird schließlich

$$l_2^{(k)} = -\frac{3}{2}\,(n_1\,\mathfrak{u}_1)^2\left(\frac{t_1}{n_1\cos j_1}\right)^3\sum_{\nu=1}^{k}\left(\frac{\mathfrak{h}_{\nu t}}{\mathfrak{h}_{1t}}\right)^3 J_\nu\,Q_{t\nu}\,\underset{\nu}{\varDelta}\,\frac{1}{nt}.$$

Liegt im speziellen Falle ein Ebenensystem vor, so läßt sich die Summe wesentlich einfacher schreiben.

Zunächst ist zu bemerken, daß die Invariante J_ν in diesem Falle zu einer Konstanten in bezug auf den Summationsindex wird. Ferner erhalten wir

$$\frac{1}{n' t_\nu'} - \frac{1}{n_\nu t_\nu} = \frac{1}{n_\nu t_\nu}\left(\frac{n_\nu{}^2\cos^2 j_\nu - n_\nu'{}^2\cos^2 j_\nu'}{n_\nu'{}^2\cos^2 j_\nu'}\right)$$

$$= \frac{n_\nu{}^2 - n_\nu'{}^2}{n_\nu n_\nu'{}^2\cos^2 j_\nu'}\frac{1}{t_\nu},$$

in unserem Falle wird ferner

$$Q_{\nu t}\,\underset{\nu}{\varDelta}\,\frac{1}{n t} = \frac{n_\nu'\cos^2 j_\nu'}{t_\nu'}\,\underset{\nu}{\varDelta}\,\frac{1}{n t} = \frac{n_\nu{}^2 - n_\nu'{}^2}{n_\nu n_\nu'}\frac{1}{t_\nu t_\nu'} = \frac{n_\nu n_\nu'}{t_\nu t_\nu'}\,\underset{\nu}{\varDelta}\,\frac{1}{n^2},$$

womit die Vereinfachung geleistet ist.

Gehen wir nun endlich zu Neigungen w des Hauptstrahls über, die klein von erster Ordnung sind, so treten folgende Vereinfachungen ein:

$$t = s;\quad \cos j_1 = 1;\quad \frac{\mathrm{h}_{\nu t}}{\mathrm{h}_{1 t}} = \frac{h_\nu}{h_1};\quad J_\nu = y_\nu Q_{\nu x};\quad Q_{t\nu} = Q_{\nu s}.$$

Für die im tangentialen Bildpunkte senkrecht zum Hauptstrahle angebrachte Einstellungsebene erhalten wir also den folgenden die tangentiale Zerstreuungslinie darstellenden Ausdruck:

$$l_2^{(k)} = -\frac{3}{2}(n_1 \mathrm{u}_1)^2\left(\frac{s_1}{n_1}\right)^3 y_1 \sum_{\nu=1}^{k}\left(\frac{h_\nu}{h_1}\right)^3\frac{y_\nu}{y_1}Q_{\nu x}Q_{\nu s}\,\underset{\nu}{\varDelta}\,\frac{1}{n s}.$$

Bei der Ableitung des Ausdrucks für die Zerstreuungslinie AG hatten wir angenommen, daß die Einstellungsebene sich in A befinde und senkrecht zu BA sei. Erteilen wir dieser Ebene eine Parallelverschiebung $A\overline{A}$, so wird die neue Zerstreuungslinie (siehe Fig. 70)

$$\overline{AG} = AG + AG\,\frac{A\overline{A}}{HA}.$$

Ist nun $A\overline{A}$ klein von einer höheren Ordnung als HA, so ändert sich die Größe der Zerstreuungslinie überhaupt nicht, da $\overline{AG} = AG$ wird.

Dieser Fall tritt ein, sobald es sich um die Gausssche Bildebene bei kleinen Hauptstrahlneigungen w handelt. Die Komaentwicklung gilt für die erste Potenz der Objektkoordinate l_1, während die Entfernung der tangentialen Bildfläche (die Pfeilhöhe $A\overline{A}$ der tangentialen Bildfläche) der zweiten Potenz von l_1 proportional ist. Mithin ist HA als Größe erster Ordnung $A\overline{A}$ gegenüber von niedrigerer Ordnungszahl.

Um schließlich noch die Zerstreuungslinie in der zur Hauptachse senkrechten GAUSSschen Bildebene zu erhalten, muß $AG\cos w$ gebildet werden; in unserem Falle unterscheidet sich aber $\cos w$ nur um eine Größe zweiter Ordnung von der Einheit und kann deswegen unbeachtet bleiben.

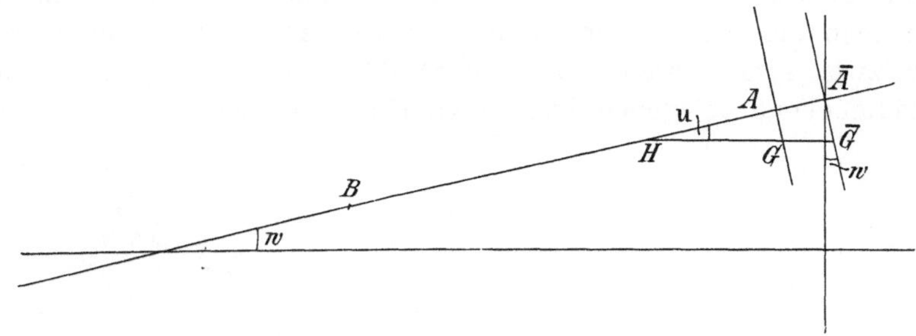

Fig. 70.

Die Beziehung der ersten tangentialen Zerstreuungslinie auf die GAUSSsche Bildebene bei kleiner Hauptstrahlneigung w.

Da wir uns auf Abbildungsfehler dritter Ordnung beschränken, so ist die für $l_2^{(k)}$ gegebene Form auch der Ausdruck für die tangentiale, die zweite Potenz von m enthaltende Abweichung in der GAUSSschen Bildebene, und das Verschwinden des Summenausdrucks ist die Bedingung für die Aufhebung dieses Schärfenfehlers oder für die Korrektion der Koma im engeren Sinne.

Unter Berücksichtigung der S. 210 angegebenen Ersatzgrößen, mittels derer die Winkelgrößen durch die Linienkoordinaten des Strahls ersetzt werden, erhalten wir auch

$$\frac{n_1 l_2^{(k)}}{s_1} = -\frac{3}{2}\frac{m_1^2 l_1}{(x_1 - s_1)^3} s_1^2 x_1 \sum_{\nu=1}^{k}\left(\frac{h_\nu}{h_1}\right)^3 \frac{y_\nu}{y_1} Q_{\nu s} Q_{\nu x} \underset{\nu}{\Delta}\frac{1}{ns}.$$

B. Der Rinnenfehler.

Die tangentiale Abweichung in sagittalen Büscheln erweiterter Öffnung. Bei der Ableitung der Schnittweite f wenig geöffneter sagittaler Büschel waren diese als ebene Büschel aufgefaßt worden; das war für die nächste Nachbarschaft des Hauptstrahls auch insofern gültig, als die den Hauptstrahl von der Neigung w enthal-

18*

tende, auf der Hauptebene (Papierebene) senkrechte Ebene den
vollständigen Kegel aller unter w geneigter Strahlen wirklich berührte. Erweitern wir nun die Öffnung der sagittalen Büschel, so
können wir nicht mehr erwarten, daß der durch die benachbarten
Strahlen auf dem Hauptstrahle definierte Schnittpunkt auch noch
der Vereinigungspunkt dieser weiter geöffneten Büschel bleibe. Wir
werden im allgemeinen sogar gar nicht mehr annehmen können,
daß diese weiter geöffneten Strahlen nach der Brechung den Hauptstrahl überhaupt noch schneiden, sie werden ihn vielmehr im allgemeinen nur kreuzen; indessen können wir mit Bestimmtheit sagen,
daß zwei symmetrische sagittale Strahlen sich in einem in der
Meridianebene gelegenen Punkte schneiden werden.

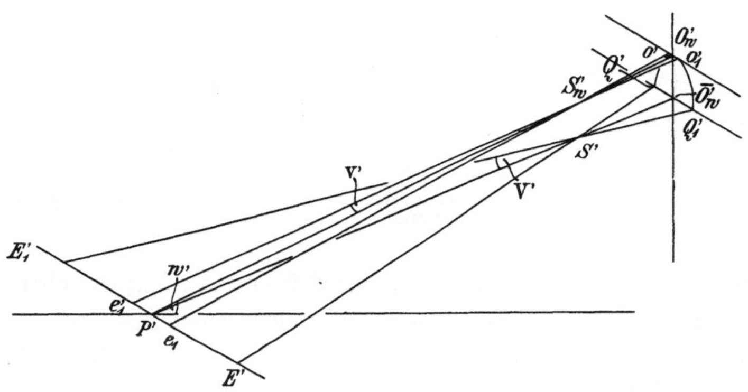

Fig. 71.
Die rinnenförmige Deformation eines Sagittalbüschels erweiterter Öffnung.

Die obenstehende Abbildung (Fig. 71) läßt erkennen, welchen
Einfluß diese Annahme einer solchen tangentialen Abweichung weiter
geöffneter sagittaler Büschel auf die Gestaltung der Zerstreuungsfigur haben muß. In der Figur ist der Fall angenommen, der
Hauptstrahl verlasse die Mitte der Öffnungsebene mit einer endlichen
Neigung w' gegen die Achse; man erkennt dann, daß eine Einstellung der Auffangebene auf einen jenseits von S_w', dem Schnittpunkte der benachbarten Strahlen, gelegenen Punkt eine in den
Grenzen der von uns erstrebten Genauigkeit parabelförmige Aus-
buchtung erkennen lassen muß, deren einzelne Punkte sukzessive den
Elementen der Geraden $E_1'P'E'$ entsprechen. Das ganze Büschel ist
rinnenförmig deformiert, und diese Eigenschaft ist für die Bezeichnung dieser Abweichung als *Rinnenfehler* maßgebend gewesen.

Bei dieser Lage der Einstellungsebene würde die Rinnentiefe $\overline{O'_w O'_w}$ die tangentiale Abweichung des weiter geöffneten sagittalen Büschels sein. Bei Annäherung der Einstellungsebene an die Öffnungsebene würde sich diese Dimension der Abweichung zunächst wenig ändern, während schon bei Einstellung auf S' die $E_1' E'$ entsprechende Breitenerstreckung vollständig verschwunden wäre, ohne daß der Natur der Sache nach das $o' o_1'$ entsprechende Stück eine irgendwie beträchtliche Breite hätte erhalten können. In diesem Falle würde sich die Abweichung allein in einer durch S' gehenden, tangential verlaufenden Linie kenntlich machen.

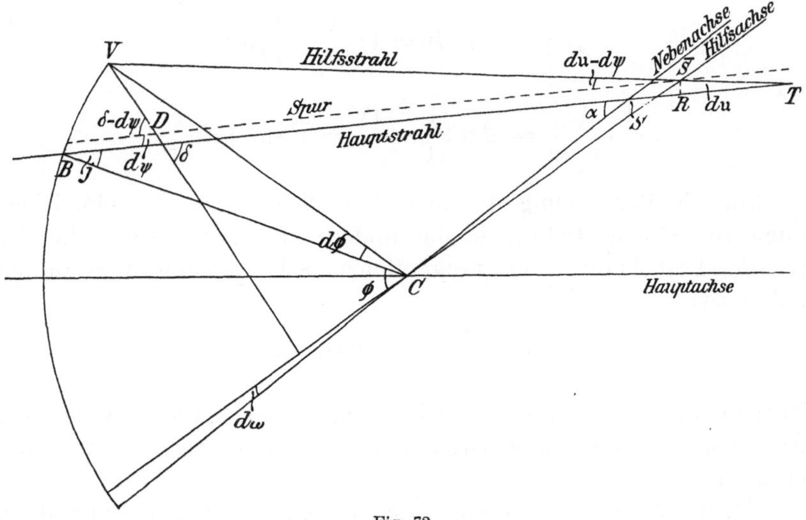

Fig. 72.

$$BC = r; \quad R\overline{S} = l_{II}; \quad DV = D; \quad BT = t; \quad \delta = 90^0 - \alpha - d\omega.$$

Zur Herleitung der tangentialen Zerstreuungslinie in Sagittalbüscheln erweiterter Öffnung.

Der Ausdruck für die Zerstreuungslinie. Stellen wir nun zur mathematischen Bestimmung der soeben beschriebenen Abweichung diese Verhältnisse an einer einzelnen Fläche dar, so sei zunächst der Hauptstrahl des sagittalen Büschels mit dem durch die unmittelbar benachbarten Sagittalstrahlen definierten Punkte S gegeben, dessen Verbindungslinie CS mit dem Flächenmittelpunkte C die Nebenachse der Fläche bildet. Ein unter dem Winkel dv gegen die Hauptebene (Papierebene) geneigter windschiefer Strahl durchstoße diese Ebene im Punkte $\overline{S}$, durch den natürlich auch seine Projektion oder Spur geht, die mit dem Hauptstrahle den Winkel $d\psi$ einschließen möge. Die Verbindungslinie von $\overline{S}$ mit dem Krümmungsmittelpunkte C liefert die *Hilfsachse* des Systems. Läßt man nun den windschiefen Strahl um die Hilfsachse rotieren, so schneidet der so entstehende Kegel die Papierebene im *Hilfsstrahle*, der natürlich auch durch $\overline{S}$ geht und den Hauptstrahl in T unter dem Winkel $d\mathfrak{u}$ schneiden möge.

Bei einem unendlich wenig geöffneten Büschel bezeichnen S und $\overline{S}$ benachbarte Punkte, und das Stück $S\overline{S}$ ist der Entfernung ST gegenüber eine kleine Größe, denn ST, die astigmatische Differenz eines Büschels endlicher Neigung, hat eine endliche Länge. Wir können also ohne weiteres setzen, wenn $BT = \mathfrak{t}$ eingeführt wird,

$$l_{II} = (\mathfrak{t} - f)\, d\mathfrak{u} = \mathfrak{t} f \left(\frac{1}{f} - \frac{1}{\mathfrak{t}} \right) d\mathfrak{u}$$

und

$$- \varDelta\, \frac{n l_{II}}{\mathfrak{t} f\, d\mathfrak{u}} = \varDelta\, n \left(\frac{1}{\mathfrak{t}} - \frac{1}{f} \right) = n^2 \sin^2 j\, \varDelta\, \frac{1}{n\mathfrak{t}}.$$

Für die Berechnung der neu eingeführten Größe $\mathfrak{t}$ beim Übergange von einem Medium in das andere gilt eine Formel, die der für die Berechnung der tangentialen Schnittweiten verwandten analog ist:

$$\varDelta\, \frac{n \cos^2 j}{\mathfrak{t}} = \frac{1}{r}\, \varDelta\, n \cos j,$$

während weiter unten eine Formel angegeben werden wird, die den Übergang für diese Größen von einer Fläche zur anderen vermittelt.

Für die Winkel $d\mathfrak{u}$, $d\mathfrak{u}'$ gilt nach Analogie der Tangentialstrahlen

$$d\mathfrak{u}' = \frac{\mathfrak{t}\, \cos j'}{\mathfrak{t}'\, \cos j}\, d\mathfrak{u},$$

und benutzen wir diese Beziehung, so geht jene Differenz über in

$$- \varDelta\, \frac{n l_{II}}{f \cos j} = J^2\, \frac{\mathfrak{t}\, d\mathfrak{u}}{\cos j}\, \varDelta\, \frac{1}{n\mathfrak{t}}.$$

Wir müssen jetzt $d\mathfrak{u}$ durch $d\mathfrak{v}$ ausdrücken. Der von dem windschiefen Strahle um die Hilfsachse beschriebene Kegel schneidet aus der Kugelfläche einen Kreis aus, dessen Ebene zur Hilfsachse und zur Papierebene senkrecht steht, und dessen Peripherie den Einfallspunkt des windschiefen Strahls enthält. Die Pfeilhöhe D in der Papierebene gehört zu der Höhe H des Einfallspunkts über der Papierebene, unter der dieser Kreis durchstoßen wird, und wir erhalten, wenn wir den Radius dieses Kreises vorläufig mit $\Re$ bezeichnen:

$$D = \frac{H^2}{2\,\Re};$$

man kann nun ohne weiteres $H = f \cdot d\mathrm{v}$ setzen, da, wie wir oben sahen, die kleine Größe $S\overline{S}$ der endlichen Strecke $D\overline{S}\,\text{app} = BS$ gegenüber verschwindet, und $\Re$ ist offenbar gegeben durch:

$$\Re = r\sin(\varphi + d\varphi + d\omega) = r\sin\varphi;$$

mithin erhalten wir

$$D = \frac{f^2}{2\,r\sin\varphi}\,d\mathrm{v}^2.$$

Unter weiterer Vernachlässigung kleiner Größen endlichen gegenüber ergiebt sich:

$$d\mathfrak{u} - d\psi = \frac{D}{f}\sin(90^0 - \alpha - d\omega - d\psi) = \frac{D\cos\alpha}{f};$$

da nun ferner gilt

$$CS = \frac{f - r\cos j}{\cos\alpha} = \frac{f\sin j}{\sin\varphi},$$

so ist

$$d\mathfrak{u} - d\psi = \frac{D\,(f - r\cos j)}{f^2\sin j}\sin\varphi = \frac{d\mathrm{v}^2}{2\,r}\frac{f - r\cos j}{\sin j}$$

und

$$d\mathrm{v}' = \frac{f}{f'}\,d\mathrm{v}.$$

Führen wir nun den Flächenindex ν ein, so erhalten wir nach dem Durchgange durch die νte und vor der Brechung an der $\nu + 1$ten Fläche:

$$d\mathfrak{u}_\nu' - d\psi_\nu' = \frac{d\mathrm{v}_\nu'^2}{2}\frac{f_\nu' - r_\nu\cos j_\nu'}{r_\nu\sin j_\nu'};$$

$$d\mathfrak{u}_{\nu+1} - d\psi_{\nu+1} = \frac{d\mathrm{v}^2_{\nu+1}}{2}\frac{f_{\nu+1} - r_{\nu+1}\cos j_{\nu+1}}{r_{\nu+1}\sin j_{\nu+1}}$$

und, da

$$d\psi_\nu' = d\psi_{\nu+1};\quad d\mathrm{v}_\nu' = d\mathrm{v}_{\nu+1},$$

so ergibt die Subtraktion beider Gleichungen die folgende wichtige Beziehung zwischen den beiden aufeinander folgenden $d\mathfrak{u}$-Werten:

$$d\mathfrak{u}_{\nu+1} = \frac{d\mathrm{v}^2_{\nu+1}}{2}\left[\frac{f_{\nu+1} - r_{\nu+1}\cos j_{\nu+1}}{r_{\nu+1}\sin j_{\nu+1}} - \frac{f_\nu' - r_\nu\cos j_\nu'}{r_\nu\sin j_\nu'}\right] + d\mathfrak{u}_\nu'.$$

Ferner ist ohne weiteres

$$l_{II,\nu+1} = l'_{II\nu},$$

und wir erhalten aus

$$l_{II,\nu+1} = (t_{\nu+1} - f_{\nu+1})\, du_{\nu+1}$$

$$t_{\nu+1} = f_{\nu+1} + \frac{l_{II,\nu+1}}{du_{\nu+1}}.$$

Da die Formeln zu unübersichtlich werden würden, so empfiehlt es sich nicht, die ganze Formelfolge durch Einführung der Definitionswerte für f und t in einen Ausdruck zusammenzuziehen, solange man an der Voraussetzung eines Büschels mit endlicher Hauptstrahlneigung festhält.

In dem besonderen Falle eines Ebenensystems kann indessen ein Endausdruck gefunden werden.

Da hier alle Radien $= \infty$ werden, so erhalten wir für die du die Gleichungen

$$du_{\nu+1} = \frac{d\mathrm{v}^2_{\nu+1}}{2}\left[\operatorname{ctg} j_\nu' - \operatorname{ctg} j_{\nu+1}\right] + du_\nu'$$

und

$$du_\nu' = \frac{n_\nu \cos j_\nu}{n_\nu' \cos j_\nu'}\, du_\nu.$$

Beachtet man, daß hier wegen

$$j_{\nu+1} = j_\nu'$$

die erste Gleichung übergeht in

$$du_{\nu+1} = du_\nu',$$

so folgt unter Benutzung dieser Beziehungen aus der zweiten Gleichung

$$n_\nu' \cos j_\nu'\, du_\nu' = n_\nu \cos j_\nu\, du_\nu$$

schließlich

$$du_\nu = \frac{n_1 \cos j_1}{n'_{\nu-1} \cos j'_{\nu-1}}\, du_1 = \frac{n_1 \cos j_1}{n_\nu \cos j_\nu}\, du_1.$$

Weiter ergibt sich für

$$t_\nu \underset{\nu}{\varDelta} \frac{1}{nt} = - \frac{\underset{\nu}{\varDelta} n^2}{n_\nu\, (n_\nu' \cos j_\nu')^2},$$

so daß wir endlich erhalten:

$$\underset{\nu}{\varDelta} \frac{nl_{II}}{f \cos j} = - J^2 \underset{\nu}{\varDelta} \frac{t_\nu \underset{\nu}{\varDelta} \frac{1}{nt}}{\cos j_\nu}\, du_\nu = J^2 \frac{n_1 \cos j_1}{(n_\nu \cos j_\nu\, n_\nu' \cos j_\nu')^2}\, \underset{\nu}{\varDelta} n^2\, du_1.$$

Bildet man nun unter Voraussetzung eines aberrationsfreien Objekts mittels dieser Rekursionsformel das letzte Glied, so erhält man:

$$\frac{n_k+1\,l'_{IIk}}{f_k'\cos j_k'} = J^2\,n_1\cos j_1\,d\mathfrak{u}_1\,\frac{h_{1f}}{h_{kf}}\sum_{\nu=1}^{k}\frac{h_{\nu f}}{h_{1f}}\,\frac{\underset{\nu}{\varDelta}\,n^2}{\left(n_\nu\cos j_\nu\,n_\nu'\cos j_\nu'\right)^2}\,,$$

wobei gesetzt ist

$$\frac{h_{kf}}{h_{1f}} = \frac{f_k}{f'_{k-1}}\cdot\frac{f_{k-1}}{f'_{k-1}}\cdots\frac{f_2}{f_1}.$$

Schreibt man jetzt, da bei einem einfallenden ebenen Büschel $d\psi_1$ verschwindet,

$$d\mathfrak{u}_1 = -\frac{d\,\mathrm{v}_1{}^2}{2}\,\mathrm{ctg}\,j_1$$

und beachtet die Beziehung

$$f_k'\,\mathrm{v}_k' = -\frac{h_{kf}}{h_{1f}}f_1\,\mathrm{v}_1\,,$$

so erhält man, wenn man auch für $d\mathrm{v}_1$ wieder v_1 schreibt,

$$l'_{IIk} = -\frac{n_1{}^3}{n_k+1}\cos j_k'\cos^2 j_1\sin j_1\frac{\mathrm{v}_1{}^3}{\mathrm{v}_k'}\sum_{\nu=1}^{k}\frac{h_{\nu f}}{h_{1f}}\,\frac{\underset{\nu}{\varDelta}\,n^2}{\left(n_\nu\cos j_\nu\,n_\nu'\cos j_\nu'\right)^2}.$$

Wenn wir die Zerstreuungslinie in das Objekt zurückprojizieren und in dem Koeffizienten der Summe die j durch die w ersetzen, so ergibt sich:

$$l_{II}{}^{(k)} = n_1{}^2\,\mathrm{v}_1{}^2\sin w_1\cos w_k'\cos^2 w_1\sum_{\nu=1}^{k}\frac{h_{\nu f}}{h_{1f}}\,\frac{\underset{\nu}{\varDelta}\,n^2}{\left(n_\nu\cos j_\nu\,n_\nu'\cos j_\nu'\right)^2}.$$

Im allgemeinen Falle endlicher Radien kommen wir erst dann zu einem geschlossenen Endausdrucke, wenn wir zu verschwindenden Hauptstrahlneigungen übergehen, denn dann wird:

$$f = s = \mathfrak{t};\quad \cos j = 1;\quad J = n\sin j = y\,Q_x;$$

sowie

$$\frac{\mathrm{h}_{\nu f}}{\mathrm{h}_{1f}} = \frac{h_\nu}{h_1}\,;$$

und wir schreiben gleichzeitig $\mathfrak{u}_\nu$ für $d\mathfrak{u}_\nu$ und v_ν für $d\mathrm{v}_\nu$ mithin

$$-\,l'_{II\nu} = -\frac{n_\nu\,s_\nu'}{n_\nu'\,s_\nu}\,l_{II\nu} + y_\nu{}^2\,\frac{Q_{\nu x}{}^2}{n_\nu'}\,s_\nu'{}^2\,\underset{\nu}{\varDelta}\,\frac{1}{n\,s}\,\mathfrak{u}_\nu'.$$

Aus dieser Formel muß zunächst $\mathfrak{u}_\nu'$ entfernt werden.

$$s_{\nu}'\mathfrak{u}_{\nu}' = s_{\nu}\mathfrak{u}_{\nu} = \frac{s_{\nu}\mathrm{v}_{\nu}^2}{2}\left[\frac{s_{\nu}-r_{\nu}}{r_{\nu}\sin j_{\nu}} - \frac{s_{\nu-1}'-r_{\nu-1}}{r_{\nu-1}\sin j_{\nu-1}'}\right] + s_{\nu}\mathfrak{u}_{\nu-1}'$$

$$= \frac{s_{\nu}^2\mathrm{v}_{\nu}^2}{2}\left[\frac{Q_{\nu s}}{y_{\nu}Q_{\nu x}} - \frac{s_{\nu-1}'}{s_{\nu}}\frac{Q_{\nu-1,s}}{y_{\nu-1}Q_{\nu-1,x}}\right] + \frac{s_{\nu}}{s_{\nu-1}'}s_{\nu-1}\mathfrak{u}_{\nu-1}.$$

Beachtet man nun, daß gilt

$$s_{\nu}s_{\nu-1}'\mathrm{v}_{\nu}^2 = \frac{s_{\nu}s_{\nu-1}'^2\mathrm{v}_{\nu-1}'^2}{s_{\nu-1}'} = \frac{s_{\nu}}{s_{\nu-1}'}s_{\nu-1}^2\mathrm{v}_{\nu-1}^2,$$

so geht aus der letzten Gleichung hervor

$$s_{\nu}\mathfrak{u}_{\nu} - \frac{s_{\nu}^2\mathrm{v}_{\nu}^2}{2}\frac{Q_{\nu s}}{y_{\nu}Q_{\nu x}} = \frac{s_{\nu}}{s_{\nu-1}'}\left[s_{\nu-1}\mathfrak{u}_{\nu-1} - \frac{s_{\nu-1}^2\mathrm{v}_{\nu-1}^2}{2}\frac{Q_{\nu-1,s}}{y_{\nu-1}Q_{\nu-1,x}}\right],$$

mithin schließlich

$$s_{\nu}\mathfrak{u}_{\nu} - \frac{s_{\nu}^2\mathrm{v}_{\nu}^2}{2}\frac{Q_{\nu s}}{y_{\nu}Q_{\nu x}} = \frac{s_{\nu}}{s_{\nu-1}'}\cdot\frac{s_{\nu-1}}{s_{\nu-2}'}\cdots\frac{s_2}{s_1'}\left[s_1\mathfrak{u}_1 - \frac{s_1^2\mathrm{v}_1^2 Q_{1s}}{2y_1 Q_{1x}}\right].$$

Da nun bei einem einfallenden ebenen Büschel wegen $\psi_1 = 0$ die allgemeine Beziehung

$$\mathfrak{u}_1 - \psi_1 = \frac{s_1\mathrm{v}_1^2 Q_{1s}}{2y_1 Q_{1x}}$$

übergeht in

$$\mathfrak{u}_1 = \frac{s_1\mathrm{v}_1^2 Q_{1s}}{2y_1 Q_{1x}},$$

so erhalten wir

$$s_{\nu}\mathfrak{u}_{\nu} = \frac{s_{\nu}^2\mathrm{v}_{\nu}^2}{2}\frac{Q_{\nu s}}{y_{\nu}Q_{\nu x}}.$$

Führen wir diesen Ausdruck in die für $l_{II\nu}'$ entwickelte Beziehung ein, so lautet sie:

$$-l_{II\nu}' = -\frac{n_{\nu}s_{\nu}'}{n_{\nu}'s_{\nu}}l_{II\nu} + \frac{s_{\nu}'}{n_{\nu}'}\frac{s_{\nu}^2\mathrm{v}_{\nu}^2}{2}y_{\nu}Q_{\nu x}Q_{\nu s}\underset{\nu}{\varDelta}\frac{1}{ns}.$$

Dieser Ausdruck liefert uns wiederum eine Rekursionsformel, die für k Flächen zu dem Ergebnis führt:

$$-l_{IIk}' = \frac{s_k'}{2n_k'}\frac{h_1}{h_k}s_1^2\mathrm{v}_1^2 y_1 \sum_{\nu=1}^{k}\left(\frac{h_{\nu}}{h_1}\right)^3\frac{y_{\nu}}{y_1}Q_{\nu x}Q_{\nu s}\underset{\nu}{\varDelta}\frac{1}{ns},$$

dabei mußte, da das Büschel vor der ersten Fläche als eben angenommen war, das bei der Entwicklung auftretende l_{II1} als Null angesetzt werden.

Projizieren wir nun wieder mittels sagittaler Büschel die Zerstreuungslinie l'_{IIk} in das Objekt zurück, so ist nach dem oft benutzten SMITH-HELMHOLTZschen Satze:

$$n_k{}'\, l'_{IIk} \mathrm{v}_k{}' = n_1 l_{II}^{(k)} \mathrm{v}_1 ,$$

mithin

$$l'_{IIk} = \frac{n_1}{n_k{}'}\,\frac{\mathrm{v}_1}{\mathrm{v}_k{}'}\, l_{II}^{(k)} = \frac{n_1}{n_k{}'}\,\frac{s_k{}'}{s_1}\,\frac{h_1}{h_k}\, l_{II}^{(k)}$$

und nach erfolgter Einsetzung:

$$l_{II}^{(k)} = -\frac{1}{2}\,(n_1 \mathrm{v}_1)^2 \left(\frac{s_1}{n_1}\right)^3 y_1 \sum_{\nu=1}^{k} \left(\frac{h_\nu}{h_1}\right)^3 \frac{y_\nu}{y_1} Q_{\nu x}\, Q_{\nu s} \underset{\nu}{\varDelta}\, \frac{1}{n s} .$$

Die Einstellung war zunächst auf den Schnittpunkt der benachbarten sagittalen Strahlen erfolgt; denkt man sich die Einstellungsebene vorerst parallel verschoben und zwar aus dem sagittalen Schnittpunkte in den Achsenort der GAUSSschen Bildebene, so handelt es sich dabei analog Fig. 64 um die Entfernung $S'_f L = \dfrac{l^2}{2 R_f}$, wo l klein von erster Ordnung ist. Es wird mithin die Änderung, die l'_{IIk} und entsprechend $l_{II}^{(k)}$ erfährt, von einer höheren Ordnung als der dritter sein, auf die wir uns hier beschränken.

In derselben Weise wie auf S. 275 stellt es sich heraus, daß wir auch die um den kleinen Winkel w erfolgende Drehung der parallel verschobenen Einstellungsebene im Achsenbildpunkte hier nicht weiter zu berücksichtigen brauchen. Unsere für $l_{II}^{(k)}$ gegebene Entwicklung stellt also auch die tangentiale Zerstreuungslinie in der GAUSSschen Bildebene in das Objekt projiziert dar.

Fassen wir nun die beiden, und wie wir oben sahen, einzigen tangentialen Abweichungen in einen Ausdruck zusammen und ersetzen gleichzeitig die Öffnungswinkel durch die entsprechenden Ausdrücke in den Strahlenkoordinaten, so erhalten wir:

$$\frac{n_1}{s_1}\left(l_2^{(k)} + l_{II}^{(k)}\right) = -\frac{(3 m_1{}^2 + M_1{}^2)\, l_1}{2 (x_1 - s_1)^3}\, s_1{}^2 x_1 \sum_{\nu=1}^{k} \left(\frac{h_\nu}{h_1}\right)^3 \frac{y_\nu}{y_1} Q_{\nu s} Q_{\nu x} \underset{\nu}{\varDelta}\, \frac{1}{n s} .$$

Es ergibt sich also die bemerkenswerte Tatsache, daß die beiden tangentialen Abweichungen etwas weiter geöffneter tangentialer und sagittaler Büschel für Hauptstrahlneigungen, die klein von erster Ordnung sind, denselben Koeffizienten haben und dementsprechend beide verschwinden, wenn einer von ihnen vernichtet wird. Die Bedingung dafür ist durch die Gleichung gegeben:

$$\sum_{\nu=1}^{k} \left(\frac{h_\nu}{h_1}\right)^3 \frac{y_\nu}{y_1} Q_{\nu s} Q_{\nu x} \underset{\nu}{\varDelta}\, \frac{1}{n s} = 0 .$$

C. Der Dreiecksfehler.

Die tangentiale Differenz der sagittalen Schnittweiten. Wenden wir uns nun zu der letzten Abweichung, so wissen wir, daß sie in die sagittale Richtung fällt und von dem Produkt $M'm'$ abhängt. Erteilen wir zunächst dem Faktor m verschiedene Werte: m' und $\overline{m}'$, so liegen auf den verschiedenen in der Meridianebene verlaufenden Mittelstrahlen, wie sie zu verschiedenen u-Werten gehören, je verschiedene sagittale Schnittweiten, deren Endpunkte mit S' und $\overline{S}'$ bezeichnet sein mögen.

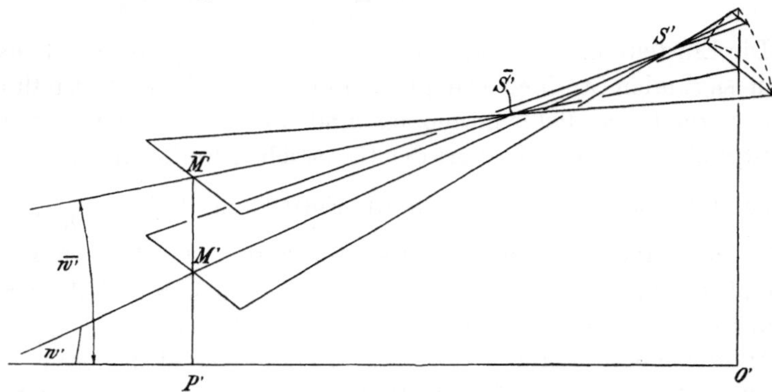

Fig. 73.

$$P'M' = m'; \quad P'\overline{M}' = \overline{m}'.$$

Der Schnittpunkt von $M'S'$ mit der im O' errichteten Senkrechten ist mit O_w', der von $\overline{M}'\overline{S}'$ mit ihr ist mit $\overline{O_w}'$ bezeichnet zu denken.

Zur Entstehung des Dreiecksfehlers.

Die Zerstreuungslinien L_2' und $\overline{L}_2'$, die den Bildpunkten S' und $\overline{S}'$ in der in O' auf der Achse errichteten Ebene entsprechen, sind nun nach Fig. 73, wenn die Durchstoßungspunkte in dieser Ebene mit O_w' und $\overline{O_w}'$ bezeichnet werden für ein Büschel von der Öffnung v

$$L_2' = O_w'S' \cdot \mathrm{v}$$

$$\overline{L}_2' = \overline{O_w}'\overline{S}' \cdot \mathrm{v}.$$

Die Länge der Zerstreuungslinie ist also proportional dem Abstande des Bildpunkts von der Zerstreuungslinie, der in der ersten Annäherung, die für uns hier allein in Betracht kommt, linear von der Öffnungskoordinate m' abhängt.

Dieser Überlegung zufolge können wir für eine rechteckige Begrenzung der Öffnungsebene die Zerstreuungsfigur mittels der punktierten Umführungslinie charakterisieren, und man erkennt sofort, daß die Umgrenzung der Abweichungsfigur die Gestalt eines Dreiecks hat. Seine Spitze wird durch den Schnitt mit dem sagittalen Büschel geliefert, auf das die Gausssche Bildebene zufällig eingestellt ist, seine der Spitze gegenüberliegende Seite zeigt die uns hier nicht interessierende Rinnendeformation; die beiden andern Seiten endlich sind Geraden (sie sind in der Figur versehentlich schwach gekrümmt gezeichnet worden). Die Dreiecksbegrenzung ist für die Bezeichnung dieses Fehlers als des *Dreiecksfehlers* bestimmend gewesen.

Der Ausdruck für die Zerstreuungslinie. Gehen wir nun dazu über, diese Abweichung an der einzelnen Fläche zu studieren, so haben wir der obigen Betrachtung entsprechend zunächst die Variation der sagittalen Schnittweite mit u (aus bekannten Gründen auch du genannt) zu bestimmen.

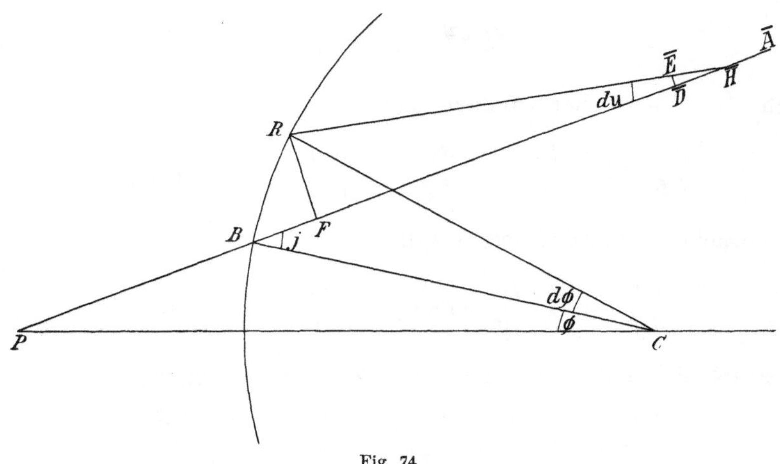

Fig. 74.

$$B\overline{A} = f; \quad R\overline{E} = f + df.$$

Zur Ableitung des Ausdrucks für die sagittale Zerstreuungslinie.

In der obenstehenden Fig. 74 heben wir zwei Elemente des tangentialen Büschels heraus, den Hauptstrahl $P\overline{A}$ und den mit ihm den Winkel du einschließenden Nachbarstrahl $R\overline{E}$. Es sei $\overline{A}$ der sagittale Bildpunkt definiert durch unmittelbar benachbarte Sagittalstrahlen. Der Nachbarstrahl $R\overline{E}$ habe seinen sagittalen Bildpunkt in $\overline{E}$. Wir führen analog dem früheren die Bezeichnung ein:

$$B\overline{A} = f; \quad R\overline{E} = f + df.$$

Die Variation df der sagittalen Schnittweite f mit $d\mathrm{u}$ setzt sich aber aus zwei Teilen zusammen, von denen der erste, aus dem früheren bekannte von der Änderung der Koordinaten des Auffallspunkts R abhängt, während der andere die von $d\mathrm{u}$ abhängige *Verschiebung des sagittalen Bildpunkts* $\overline{E}$ angibt, die wir mit $d\varsigma$ bezeichnen wollen. Projizieren wir noch die Punkte R und $\overline{E}$ durch Kreisbogen um $\overline{H}$ auf $B\overline{A}$, so erhalten wir die Punkte F und $\overline{D}$, und es ist, wenn wir $d\varsigma = \overline{AD}$ setzen:

$$\overline{DA} = B\overline{A} - BF - F\overline{D}$$

$$-d\varsigma = f - r\,d\phi\,\sin j - f - df$$

oder

$$df = d\varsigma - r\,d\phi\,\sin j.$$

Den Wert von df erhalten wir durch Variation der Invariante der Sagittalstrahlen:

$$Q_f = \frac{n\cos j}{r} - \frac{n}{f}$$

nach ϕ. Wie vorher ist auch jetzt

$$\frac{dj}{d\phi} = 1 - \frac{d\mathrm{u}}{d\phi}; \qquad \frac{d\mathrm{u}}{d\phi} = \frac{r\cos j}{t}; \qquad J = n\sin j,$$

und beachten wir, daß ferner gilt

$$\frac{df}{d\phi} = \frac{d\varsigma}{d\mathrm{u}} \cdot \frac{d\mathrm{u}}{d\phi} - r\sin j = \frac{r\cos j}{t}\frac{d\varsigma}{d\mathrm{u}} - r\sin j,$$

so ergibt sich nach einer einfachen Zusammenziehung:

$$\frac{1}{r}\frac{dQ_f}{d\phi} = -\frac{J}{r^2} + \frac{J\cos j}{rt} - \frac{J}{f^2} + \frac{n}{f^2}\frac{\cos j}{t}\frac{d\varsigma}{d\mathrm{u}}$$

und ebenso

$$\frac{1}{r}\frac{dQ_f}{d\phi} = -\frac{J}{r^2} + \frac{J\cos j'}{rt'} - \frac{J}{f'^2} + \frac{n'}{f'^2}\frac{\cos j'}{t'}\frac{d\varsigma'}{d\mathrm{u}'}$$

$$\varDelta\frac{n\cos j}{f^2 t}\frac{d\varsigma}{d\mathrm{u}} = J\varDelta\left[\frac{1}{f^2} - \frac{\cos j}{rt}\right].$$

In diese Ausdrücke können wir offenbar die Verhältnisse

$$\frac{d\mathrm{u}'}{d\mathrm{u}} = \frac{t}{t'}\frac{\cos j'}{\cos j}$$

mit derselben Berechtigung wie früher in ähnlichen Fällen einführen und erhalten mithin, wenn wir gleich annehmen, daß das Büschel vor Eintritt in das Linsensystem aberrationsfrei war, d. h. daß

$$d\varsigma_1 = 0$$

galt, die folgenden Schlußausdruck:

$$\frac{n_k{}' \cos j_k{}' d\varsigma_k{}'}{f_k{}'^2 t_k{}' d\mathrm{u}_k{}'} = \frac{\mathrm{h}_{1t}}{\mathrm{h}_{kt}} \left(\frac{\mathrm{h}_{1f}}{\mathrm{h}_{kf}}\right)^2 \sum_{\nu=1}^{k} \frac{\mathrm{h}_{\nu t}}{\mathrm{h}_{1t}} \left(\frac{\mathrm{h}_{\nu f}}{\mathrm{h}_{1f}}\right)^2 J_\nu \mathop{\Delta}_\nu \left(\frac{1}{f^2} - \frac{\cos j}{rt}\right).$$

Die hier auftretenden Größen $\dfrac{\mathrm{h}_{kt}}{\mathrm{h}_{1t}}$ und $\dfrac{\mathrm{h}_{kf}}{\mathrm{h}_{1f}}$ sind schon früher auf S. 272 und S. 281 definiert worden.

Beachten wir noch die Beziehungen

$$f_k{}' \mathrm{v}_k{}' = \frac{\mathrm{h}_{kf}}{\mathrm{h}_{1f}} f_1 \mathrm{v}_1; \qquad t_k{}' \frac{d\mathrm{u}_k{}'}{\cos j_k{}'} = \frac{\mathrm{h}_{kt}}{\mathrm{h}_{1t}} \frac{t_1}{\cos j_1} d\mathrm{u}_1,$$

so können wir nach Erweiterung der linken Seite des Schlußausdrucks mit $\mathrm{v}_k{}'^2$ schreiben

$$\frac{n_k{}' \mathrm{v}_k{}'^2 d\varsigma_k{}' \cos j_k{}'}{f_k{}'^2 t_k{}' \mathrm{v}_k{}'^2 d\mathrm{u}_k{}'} = \frac{n_k{}' \mathrm{v}_k{}'^2 d\varsigma_k{}'}{\left(\dfrac{\mathrm{h}_{kf}}{\mathrm{h}_{1f}}\right)^2 f_1{}^2 \mathrm{v}_1{}^2 \dfrac{\mathrm{h}_{kt}}{\mathrm{h}_{1t}} \dfrac{t_1 d\mathrm{u}_1}{\cos j_1}},$$

eine Umgestaltung, mittels derer wir leicht zu dem Ausdrucke für die auf die Objektseite projizierte sagittale Abweichung kommen werden.

Wir schreiben jetzt, wie auch früher, u für du, halten aber daran fest, daß diese Winkel klein sind von der ersten Ordnung.

Erinnern wir uns jetzt, daß bei der Ableitung gesetzt war,

$$d\varsigma = \overline{A}\,\overline{D},$$

so erhalten wir offenbar für eine in $\overline{A}$ zu $B\overline{A}$ senkrechte Einstellungsebene und unter Berücksichtigung der einleitenden Bemerkungen als Ausdruck für die sagittale Zerstreuungslinie L_{2k}':

$$L_{2k}' = d\varsigma_k{}' \mathrm{v}_k{}'.$$

Diese Länge projizieren wir nach dem SMITH-HELMHOLTZschen Satze durch sagittale Büschel in das Objekt zurück und schreiben:

$$n_k{}' \mathrm{v}_k{}' L_{2k}' = n_1 \mathrm{v}_1 L_2^{(k)}.$$

Unter Berücksichtigung von

$$n_1 \mathrm{v}_1 L_2^{(k)} = n_k \mathrm{v}_k{}'^2 d\varsigma_k{}'$$

erhalten wir für unsere sagittale Abweichung den Ausdruck:

$$L_2^{(k)} = \frac{f_1^{\,2} t_1}{n^3 \cos j_1}\,(n_1 \mathrm{v}_1)\,(n_1 \mathrm{u}_1) \sum_{\nu=1}^{k} \frac{\mathrm{h}_{\nu t}}{\mathrm{h}_{1t}} \left(\frac{\mathrm{h}_{\nu f}}{\mathrm{h}_{1f}}\right)^2 J_\nu \underset{\nu}{\varDelta} \left(\frac{1}{f^2} - \frac{\cos j}{rt}\right).$$

In ganz ähnlicher Weise wie bei der Koma im Tangentialschnitte läßt sich im Falle eines Ebenensystems auch die für den Dreiecksfehler angegebene Formel vereinfachen, und zwar wird in dem allgemeinen Gliede

$$\underset{\nu}{\varDelta}\,\frac{1}{f^2} = \left(\frac{n_\nu^{\,2}}{n_\nu^{\,\prime 2}} - 1\right)\frac{1}{f_\nu^2} = \frac{n_\nu^{\,2} - n_\nu^{\,\prime 2}}{n_\nu\,n_\nu^{\,\prime}}\,\frac{1}{f_\nu f_\nu^{\,\prime}} = \frac{n_\nu\,n_\nu^{\,\prime}}{f_\nu f_\nu^{\,\prime}}\,\underset{\nu}{\varDelta}\,\frac{1}{n^2}\,.$$

Es ergibt sich also eine Form, die der für den Komafehler im Tangentialschnitte sehr ähnlich ist.

Wenden wir uns nun zu kleinen Hauptstrahlneigungen w, so wird von selbst

$$t = f = s;\quad \cos j_1 = 1;\quad J_\nu = y_\nu Q_{\nu x},$$

sowie

$$\frac{\mathrm{h}_{\nu t}}{\mathrm{h}_{1t}} = \frac{\mathrm{h}_{\nu f}}{\mathrm{h}_{1f}} = \frac{h_\nu}{h_1}\,;\quad \underset{\nu}{\varDelta}\left(\frac{1}{f^2} - \frac{\cos j}{rt}\right) = -\,Q_{\nu s}\,\underset{\nu}{\varDelta}\,\frac{1}{ns}\,.$$

Aus dem früheren (Seite 275) wissen wir, daß wir jetzt unbeschadet der von uns innegehaltenen Genauigkeit annehmen können, daß die Gaussche Ebene durch $\overline{A}$ selbst geht und auf dem wenig geneigten Hauptstrahle senkrecht steht. Es gibt uns also unser Ausdruck

$$L_2^{(k)} = -\,(n_1 \mathrm{v}_1)\,(n_1 \mathrm{u}_1)\left(\frac{s_1}{n_1}\right)^3 y_1 \sum_{\nu=1}^{k} \left(\frac{h_\nu}{h_1}\right)^3 \frac{y_\nu}{y_1}\,Q_{\nu x} Q_{\nu s}\,\underset{\nu}{\varDelta}\,\frac{1}{ns}$$

die Größe der sagittalen Zerstreuungslinie in der Gaussschen Bildebene.

Führen wir auch hier an Stelle der Öffnungswinkel u und v die entsprechenden Ausdrücke in den Strahlenkoordinaten ein, so erhalten wir die obige Beziehung in der nachstehenden Form:

$$\frac{n_1 L_2^{(k)}}{s_1} = -\,\frac{M_1 m_1 l_1}{(x_1 - s_1)^3}\,s_1^{\,2} x_1 \sum_{\nu=1}^{k}\left(\frac{h_\nu}{h_1}\right)^3 \frac{y_\nu}{y_1}\,Q_{\nu s} Q_{\nu x}\,\underset{\nu}{\varDelta}\,\frac{1}{ns}\,.$$

Wir gelangen also zu dem wichtigen Ergebnisse, daß die drei Schärfenfehler, die für endliche Hauptstrahlneigungen durch ganz verschiedene Funktionen, seien sie nun explizite oder implizite gegeben, dargestellt waren, für Neigungen w, die von erster Ordnung unendlich klein sind, einen gemeinsamen Koeffizienten erhalten, der ihre Abhängigkeit von den Bestimmungsstücken des Systems ausdrückt.

Sie lassen sich mithin nicht einzeln zum Verschwinden bringen, sondern sind gleichzeitig Null oder von Null verschieden, je nachdem durch die Systemkonstanten die Gleichung

$$\sum_{\nu=1}^{k}\left(\frac{h_\nu}{h_1}\right)^3 \frac{y_\nu}{y_1}\, Q_{\nu s} Q_{\nu x}\, \underset{\nu}{\varDelta}\, \frac{1}{n\,s} = 0$$

erfüllt ist oder nicht. Mit anderen Worten heißt das: Der Wert dieser Summe ist dafür maßgebend, ob die Koma im weiteren Sinne für ein von der ersten Ordnung kleines Bildfeld aufgehoben ist oder nicht.

Handelt es sich hier um ein Ebenensystem, so lautet das allgemeine Glied in der den drei Komaausdrücken gemeinsamen Summe nach Vornahme der hier eintretenden Vereinfachungen

$$\left(\frac{h_\nu}{h_1}\right)^3 \frac{y_\nu}{y_1}\left(\frac{n_\nu{}'}{s_\nu{}'^2 x_\nu{}'} - \frac{n_\nu}{s_\nu{}^2 x_\nu}\right).$$

Wir können diesen Ausdruck leicht so transformieren, daß er bis auf eine Konstante zum allgemeinen Gliede der sphärischen Aberration auf der Achse wird.

Benutzt man nämlich die Konstanz der Invarianten I_ν und J_ν an allen Flächen des Ebenensystems, so lassen sich durch Division die folgenden beiden Beziehungen ableiten:

$$\frac{y_\nu s_\nu{}' h_1 x_1}{h_\nu x_\nu{}' y_1 s_1} = 1\,; \quad \frac{y_\nu s_\nu h_1 x_1}{h_\nu x_\nu y_1 s_1} = 1.$$

Unter Benutzung dieser Gleichungen nimmt das allgemeine Glied die Form an

$$\frac{s_1}{x_1}\left(\frac{h_\nu}{h_1}\right)^4\left(\frac{n_\nu{}'}{s_\nu{}'^3} - \frac{n_\nu}{s_\nu{}^3}\right),$$

so daß wir nun den bei der sphärischen Aberration auf S. 220 entwickelten Endausdruk nur mit $\dfrac{s_1}{x_1}$ zu multiplizieren haben, um die Schlußform der Komasumme zu erhalten:

$$\sum_{\nu=1}^{k}\left(\frac{h_\nu}{h_1}\right)^3 \frac{y_\nu}{y_1}\left(\frac{n_\nu{}'}{s_\nu{}'^2 x_\nu{}'} - \frac{n_\nu}{s_\nu{}^2 x_\nu}\right) = \frac{n_1{}^3}{s_1{}^2 x_1}\left(\frac{1}{n_k{}'^2} - \frac{1}{n_1{}^2}\right)$$

$$+ \frac{n_1{}^4}{s_1{}^3 x_1}\sum_{\nu=1}^{k-1}\frac{d_\nu}{n_\nu{}'}\left(\frac{1}{n_\nu{}'^2} - \frac{1}{n_k{}'^2}\right).$$

D. Die Koma in einfachen Sonderfällen.

Die Koma einer einfachen Fläche. Bei kleinen Hauptstrahlneigungen hatte der Komakoeffizient abgesehen von einem in den drei verschiedenen Fällen abweichenden Zahlenfaktor für eine einzelne Fläche die folgende Form:

$$s \, s \, Q_s \, x \, \overset{\text{\tiny .}}{Q}_x \, s \, \varDelta \, \frac{1}{n \, s}.$$

Außer dem nicht weiter interessierenden Falle $s = 0$ sind drei Fälle möglich, für die diese Größe verschwinden kann:

a) $s = r$; d. h. der Objektpunkt liegt mit seinem Bilde im Flächenzentrum.

b) $x = r$; d. h. der Blendenpunkt liegt mit seinem Bilde im Flächenzentrum.

c) $n's' = ns$; d. h. Objekt- und Bildpunkt fallen mit dem aplanatischen Punktepaare zusammen.

In allen anderen Fällen ist der Komakoeffizient von Null verschieden. Eine besondere einfache Behandlung gestattet auch hier wieder der Fall, daß der Objektpunkt in unendlicher Entfernung liegt; stellen wir uns die Blende beweglich vor, so wechselt im Falle einer einzelnen Fläche der Komakoeffizient sein Zeichen, sobald die Blende durch den Flächenmittelpunkt tritt.

Die Koma einer einfachen dünnen Linse. Stellen wir für diesen Fall den allgemeinen Ausdruck für den Koeffizienten der Größe $\dfrac{n \, l_2^{(k)}}{s_1}$ dar, so ergibt sich nach Elimination der Größen r_2, $s_2{}'$, $x_2{}'$ durch ϱ, σ, ξ:

$$C = C_0 - C_1 \varrho + C_2 \varrho^2,$$

wo

$$C_0 = \frac{n^2}{(n-1)^2} \, \varphi^3 + \frac{2\,n+1}{n-1} \, \varphi^2 \sigma + \frac{n}{n-1} \, \varphi^2 \xi + \frac{n+1}{n} \, \varphi \sigma^2 + \frac{2\,n+1}{n} \, \varphi \sigma \xi$$

$$C_1 = \frac{2\,n+1}{n-1} \, \varphi^2 + \frac{3\,n+3}{n} \, \varrho \sigma + \frac{n+1}{n} \, \varphi \xi$$

$$C_2 = \frac{n+2}{n} \, \varphi$$

ist. Ganz wie bei der Behandlung der Verzeichnung einer einfachen Linse erhalten wir für den Minimalwert $\overline{\varGamma} = \varGamma_{\min}$, der für

$$\overline{P} = \frac{3n+3}{2(n+2)}\,\Sigma + \frac{n+1}{2(n+2)}\,\Xi + \frac{n(2n+1)}{2(n-1)(n+2)}$$

erreicht wird, die Gleichung

$$\frac{5n^2+6n+1}{4n(n+2)}\,\Sigma^2 - \frac{n^2+4n+1}{2n(n+2)}\,\Sigma\Xi + \frac{(n+1)^2}{4n(n+2)}\,\Xi^2 + \frac{2n+1}{2(n+2)}\,\Sigma$$

$$- \frac{1}{2(n+2)}\,\Xi - \frac{(4n-1)n}{4(n-1)^2(n+2)} + \overline{\Gamma} = 0.$$

Aus den Werten $\overline{\Gamma}$ und $\overline{P}$ läßt sich für jeden beliebigen Wert P das zugehörige Γ finden durch

$$\Gamma = \overline{\Gamma} + \frac{n+2}{n}\,(P - \overline{P})^2,$$

aber man kommt bei einem gegebenen Komawerte Γ auf imaginäre Durchbiegungen P, wenn $\Gamma < \overline{\Gamma}$ ist.

Die Abhängigkeit des $\overline{\Gamma}$-Wertes von Σ und Ξ wird leichter übersichtlich, wenn wir durch die bekannten Koordinatentransformationen jene Gleichung auf die Normalform bringen.

Es ergibt sich die Verschiebung des Koordinatenanfangs nach den Beziehungen

$$\Sigma = (\Sigma) - \frac{1}{2}; \quad \Xi = (\Xi) - \frac{1}{2}$$

als identisch mit der bei der Verzeichnung vorhandenen, aber der Drehungswinkel α folgt hier aus

$$\operatorname{tg} 2\alpha = \frac{n^2+4n+1}{2n(n+1)}.$$

Das Schlußresultat der Substitution ist

$$\lambda_1\,\mathfrak{s}^2 + \lambda_2\,\mathfrak{r}^2 = \frac{n^2}{4(n-1)^2} - \overline{\Gamma},$$

wobei die Werte $\lambda_{1,2}$ gegeben sind durch

$$\lambda_{1,2} = \frac{(n+1)(3n+1) \pm \sqrt{(n+1)^2(3n+1)^2 - 4n^3(n+2)}}{4n(n+2)},$$

und daraus geht hervor, daß es sich bei Werten $\overline{\Gamma} < \dfrac{n^2}{4(n-1)^2}$ um Ellipsen handelt, da sowohl λ_1 als λ_2 stets reelle, positive Größen sind. Für $\overline{\varGamma} = \dfrac{n^2}{4(n-1)^2}$ schrumpft die Ellipse zum Koordinatenanfangspunkte zusammen und für $\overline{\varGamma} > \dfrac{n^2}{4(n-1)^2}$ wird sie imaginär.

Zu beliebigen Beträgen von $\overline{P}$ gehörige $\varSigma\varXi$-Werte definieren auf der $\varSigma\varXi$-Ebene eine Gerade aus einer parallelen Geradenschar.

6. Die Bedingung für die Aberrationsfreiheit eines Büschels von endlicher Öffnung und kleiner Hauptstrahlneigung.

(Die Sinusbedingung.)

A. Der Beweis für die Sinusbedingung.

Es handele sich bei einem sphärisch für die Achsenpunkte O und O' korrigierten, zentrierten System S um die deutliche Abbildung eines Ebenenelements dq senkrecht zur Achse; dabei sollen Büschel in betracht kommen von einer endlichen Öffnung, die durch eine kreisförmige Blende so beschränkt ist, daß die eintretenden Strahlen Winkel $u \leqq U$, die austretenden $u' \leqq U'$ mit der

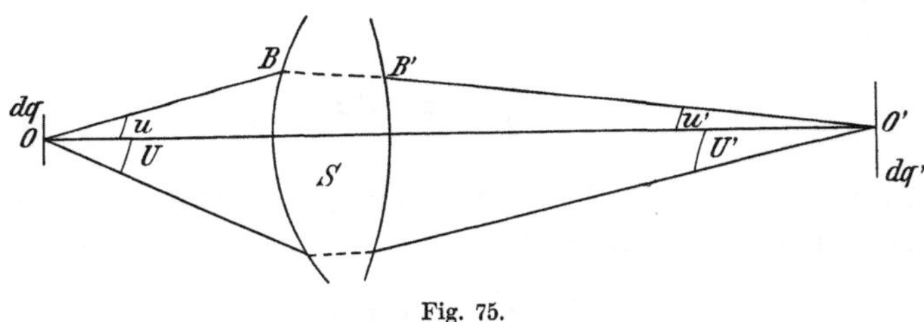

Fig. 75.

$$BO = p; \quad B'O' = p'.$$

Die scharfe Abbildung von achsensenkrechten Flächenelementen durch Büschel endlicher Öffnung.

Achse bilden (Fig. 75). Dann ist die Forderung deutlicher Abbildung gleichbedeutend mit der Forderung, daß jedes vom Achsenpunkte O ausgehende radiale Linienelement $d\mathfrak{y}$ in dq bis auf Abweichungen, die von höherer Ordnung klein sind als $d\mathfrak{y}'$, durch die ebenen Partialbüschel von beliebiger, innerhalb der Winkelgrenzen liegender Neigung in derselben Größe

$$d\mathfrak{y}' = \beta\, d\mathfrak{y}$$

abgebildet werde, in der es durch die Paraxialstrahlen entworfen wird.

Für jeden Öffnungswinkel u gelten nun, wie wir aus dem früheren wissen, die Formeln der kollinearen Abbildung in zwei ebenen, unendlich wenig ausgedehnten Raumgebieten, die wir als tangentiales und sagittales Gebiet unterschieden haben. Namentlich muß also für jeden der beiden Räume die Beziehung

$$\beta\gamma = \frac{n}{n'}$$

gelten.

Die Abbildung radialer Linienelemente durch tangentiale Büschel. Zeichnen wir im tangentialen Gebiete eines unter $u \leqq U$ geneigten Hauptstrahls OB einen benachbarten Strahl $O_1 B_1$, der gegen ihn unendlich wenig geneigt ist, so tritt dieser aus dem System als ein Strahl $B_1' O_1'$ aus, der wiederum gegen $B'O'$ un-

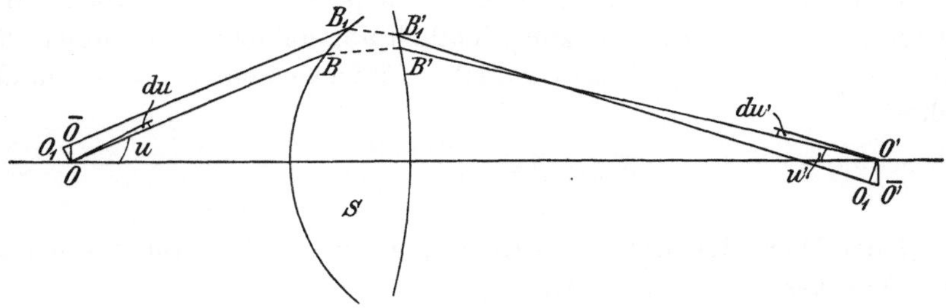

Fig. 76.

$$OO_1 = d\eta; \quad O'O_1' = d\eta'; \quad O\overline{O} = d\mathfrak{y}; \quad O'\overline{O'} = d\mathfrak{y}'.$$

Auf der rechten Seite ist O_1' statt O_1 zu lesen.
Die Abbildung radialer Linienelemente durch tangentiale Partialbüschel.

endlich wenig geneigt ist. Für beide Strahlen gelten die Entwicklungen des Kapitels III. Errichten wir also in O und O' Senkrechte auf OB und $B'O'$, die den benachbarten Strahl in O_1 und O_1' schneiden, so muß, wenn du und du' die unendlich kleinen Öffnungswinkel bei O und O' sind (s. Fig. 76), das Verhältnis dieser Senkrechten $d\eta$, $d\eta'$ sich darstellen lassen durch

$$\beta_{tu} = \left(\frac{d\eta'}{d\eta}\right)_u = \frac{n\,du}{n'\,du'}.$$

Errichten wir weiter in O und O' achsensenkrechte Ebenen, so werden diese von den benachbarten Strahlen $O_1 B_1$ und $B_1' O_1'$ in den Punkten $\overline{O}$ und $\overline{O'}$ durchstoßen, die eine Achsenentfernung $d\mathfrak{y}$ und $d\mathfrak{y}'$ haben; $d\mathfrak{y}$ ist alsdann ein radiales Linienelement von dq. Es können ferner die Dreiecke $OO_1\overline{O}$ und $O'O_1'\overline{O'}$ als rechtwinklige mit den rechten Winkeln in O_1 und $O_1{}'$ angesehen werden, da die benachbarten Strahlen nur geringe, gegen $\dfrac{\pi}{2}$ zu vernachlässigende Richtungsunterschiede gegen die Neigung der Hauptstrahlen haben.

Wir erhalten also die geometrischen Beziehungen

$$d\eta = d\mathfrak{y}\cos u; \quad d\eta' = d\mathfrak{y}'\cos u'$$

und daraus

$$\beta_{t\,u} = \left(\frac{d\mathfrak{y}'}{d\mathfrak{y}}\right)_u = \frac{n\cos u\,du}{n'\cos u'\,du'} = \frac{n\,d\sin u}{n'\,d\sin u'}.$$

Das bedeutet, daß die Vergrößerung zweier achsensenkrechter Linienelemente an den Punkten O und O', an denen ein das System durchsetzender Strahl die Achse schneidet, von u abhängig ist, wie der Quotient der Variationen der Sinus der Öffnungswinkel.

Soll β_{tu} für alle Neigungen u denselben Wert haben, in unserem Falle also $d\mathfrak{y}'$ ein zum deutlich abgebildeten, konjugierten Ebenenelement dq' gehöriges radiales Linienelement sein, so muß gelten

$$\beta_{t\,u} = \beta = \frac{n\,d\sin u}{n'\,d\sin u'},$$

wo β der Wert der Lateralvergrößerung für die Paraxialstrahlen s ist. Aus der Integration von

$$n'\beta\,d\sin u' = n\,d\sin u$$

folgt aber

$$n'\beta\sin u' = n\sin u,$$

denn die Integrationskonstante ist $=0$, weil u' gleichzeitig mit u verschwindet.

Wir erhalten also als Bedingung dafür, daß die Vergrößerung β_{tu} durch alle tangentialen Partialbüschel, welche Neigung u auch die zugehörigen, von O ausgehenden und in O' vereinigten Hauptstrahlen haben mögen, konstant sei, in der Form

$$\frac{\sin u}{\sin u'} = \frac{n'\beta}{n}.$$

Die Abbildung radialer Linienelemente durch sagittale Büschel.
Denken wir uns, daß Fig. 75 um einen verschwindenden Winkel um die Achse des Systems gedreht sei, so beschreiben die Strecken p und p' kleine Teile von Kegelmänteln, und es mögen die beiden Endrichtungen miteinander die kleinen Winkel dv und dv' bilden. Dies sind dann die Öffnungswinkel der sagittalen Partialbüschel,

die ein im Sagittalschnitte liegendes, also zur Papierebene senkrechtes Linienelement von dq abbilden.

Auf Grund der Formeln, die für das Konvergenzverhältnis in Sagittalbüscheln abgeleitet worden sind, können wir schreiben

$$\gamma_{f1} = \frac{d\mathrm{v}_1{}'}{d\mathrm{v}} = \frac{f}{f_1{}'} = \frac{p}{p_1{}'}.$$

Dieses letzte Verhältnis läßt sich aber nach S. 40 ausdrücken durch

$$\frac{p}{p_1{}'} = \frac{\sin u_1{}'}{\sin u},$$

so daß wir schreiben können

$$\gamma_{f1} = \frac{d\mathrm{v}_1{}'}{d\mathrm{v}} = \frac{\sin u_1{}'}{\sin u}.$$

Bildet man nun dieses Verhältnis sukzessive für die andern Flächen, so erhält man, da für ein zentriertes System gilt

$$u_2 = u_1{}'; \quad d\mathrm{v}_2 = d\mathrm{v}_1{}'$$

durch Multiplikation aller Partialverhältnisse

$$\gamma_f = \frac{d\mathrm{v}'}{d\mathrm{v}} = \frac{\sin u'}{\sin u}$$

mithin

$$\beta_{fu} = \frac{d\mathfrak{y}'}{d\mathfrak{y}} = \frac{n \sin u}{n' \sin u'}.$$

Man sieht hier ohne weiteres, daß auch jetzt wieder gelten muß

$$\beta_{fu} = \beta,$$

wenn von deutlicher Abbildung eines radialen Linienelements durch Sagittalbüschel beliebiger endlicher Neigung die Rede sein soll. Es ergibt sich also

$$\frac{\sin u}{\sin u'} = \frac{n'\beta}{n}$$

als Bedingung dafür, daß auch die durch die sagittalen Partialbüschel beliebiger Hauptstrahlneigung herbeigeführte Vergrößerung eines achsensenkrechten Linienelements übereinstimme mit der durch die Paraxialstrahlen herbeigeführten Vergrößerung.

Durch die beiden hier mitgeteilten Beweise werden bei einem achsennahen Objektpunkte alle Strahlen eines Büschels betroffen, das wohl in der Meridianebene den Öffnungswinkel U, in sagittaler Richtung aber nur die verschwindende Öffnung $d\mathrm{v}$ hat. Um den

Beweis der scharfen Abbildung eines solchen achsennahen Punkts auch für ein endliches Büschel zu führen, das in jeder Richtung die Öffnung U hat, gehen wir in folgender Weise vor:

Von einem in der Objektebene durch O gelegenen, der Achse benachbarten Punkte $\overline{O}$ gehe ein windschiefer Strahl beliebiger Richtung aus. Alsdann verbinden wir den Auffallspunkt auf der ersten Linsenfläche mit dem Objektachsenpunkte O und fassen diesen Strahl als Hauptstrahl auf. Der oben betrachtete windschiefe Strahl ist dann diesem Hauptstrahle benachbart, und wir können für seine Projektionen auf die Hauptebenen des Hauptstrahls die Ergebnisse von S. 185 benutzen. Die Bedingung dafür, daß der konjugierte windschiefe Strahl durch den Bildpunkt $\overline{O}'$ gehe, wird durch die beiden Bedingungen ersetzt, daß seine bildseitigen Projektionen durch die Projektionen des Bildpunkts gehen, was im Vorhergehenden bewiesen worden ist.

Hiermit ist der Beweis für die scharfe Abbildung durch ein endlich geöffnetes räumliches Büschel vervollständigt.

Dieses soeben bewiesene Gesetz ist als ABBEsche *Sinusbedingung* bekannt; es sagt aus, daß das Verhältnis der Sinus konjugierter Öffnungswinkel konstant und zwar gleich der mit dem Quotienten der Grenzexponenten multiplizierten Lateralvergrößerung par-axialer Büschel sein muß innerhalb der ganzen Öffnung, für die sphärische Aberration erreicht ist, wenn von deutlicher Abbildung eines achsensenkrechten Flächenelements die Rede sein soll.

Liegt der Objektpunkt in unendlicher Entfernung, so ist sein Abstand χ vom zugewandten Brennpunkte gleich der Entfernung s von der ersten Fläche des Systems zu setzen, wenn man für $s = \infty$ zur Grenze übergeht. Somit erhalten wir, wenn wir für β nach (20) auf S. 103 seinen Wert setzen

$$\left[\frac{\sin u}{\sin u'}\right]_{u=0} = \left[\frac{n'\,f}{n\,s}\right]_{s=\infty};$$

und beachten wir, daß sich die Einfallshöhe h für den weit entfernten Objektpunkt ausdrückt durch

$$h = \left[s \sin u\right]_{\substack{s=\infty \\ u=0}},$$

so können wir die Sinusbedingung in der Form schreiben

$$\frac{h}{\sin u'} = \frac{n'\,f}{n} = -f',$$

wo f und f' die Brennweiten der Paraxialstrahlen im Bildraume sind.

Ganz analog ergibt sich natürlich auch für einen unendlich weit entfernten Bildpunkt

$$\frac{h'}{\sin u} = -f.$$

Man kann hiernach leicht die Werte bestimmen, die die Brennweiten in den schiefen Partialbüscheln annehmen, indem man von der Fundamentalformel (18) auf S. 103

$$f' = -\frac{h}{\operatorname{tg} u'},$$

sowohl für den Tangential- als den Sagittalschnitt Gebrauch macht.

Für Tangentialstrahlen ist nämlich

$$f'_{tu} = -\frac{\mathrm{h}_t}{d\mathrm{u}'} = -\left[\frac{t\,d\mathrm{u}}{d\mathrm{u}'}\right]_{\substack{t=\infty \\ d\mathrm{u}=0}}.$$

Setzt man nun den für Tangentialstrahlen allgemein gültigen Wert

$$\frac{d\mathrm{u}}{d\mathrm{u}'} = \beta_{tu}\frac{n'\cos u'}{n\cos u}$$

und beachtet, daß im Falle der Erfüllung der Sinusbedingung $\beta_{tu} = \beta$ zu setzen ist, und daß nach Voraussetzung $u = 0$ gilt, so erhält man, da entsprechend in unserem Falle zu setzen ist

$$t = \infty = s$$

und wie oben

$$\beta = \frac{f}{s}$$

schließlich

$$f'_{tu} = -\left[s\beta\frac{n'\cos u'}{n}\right]_{s=\infty} = -f\frac{n'}{n}\cos u' = f'\cos u'.$$

In ganz analoger Weise ergibt sich für die Sagittalstrahlen

$$f'_{su} = -\frac{\mathrm{h}_s}{d\mathrm{v}'} = -\left[\frac{s\,d\mathrm{v}}{d\mathrm{v}'}\right]_{\substack{s=\infty \\ d\mathrm{v}=0}},$$

was wegen

$$\frac{d\mathrm{v}}{d\mathrm{v}'} = \frac{n'\beta}{n}$$

übergeht in

$$f'_{su} = -\left[s\beta\frac{n'}{n}\right]_{s=\infty} = -f\frac{n'}{n} = f'.$$

Analoge Beziehungen gelten für die Brennweiten im Objektraume, wenn der aplanatische Bildpunkt in das Unendliche rückt.

E. Abbe (*2.420.*) hat 1873 den Sinussatz als Bedingung für die Identität der Vergrößerung durch verschiedene Teile der Öffnung aufgestellt, und er hat sich später dahin ausgesprochen, daß man passend den Begriff konjugierter *aplanatischer Punktepaare* nicht, wie es sonst wohl üblich war, auf Punkte bezöge, in denen allein die sphärische Aberration aufgehoben sei, sondern auf solche beschränke, in denen außerdem noch die Sinusbedingung erfüllt wäre; denn dann und nur dann habe ein Linsensystem die Fähigkeit, von einem zweidimensionalen, wenn auch nur wenig ausgedehnten Flächen- element durch Strahlenkegel von endlichem Divergenzwinkel ein deutliches Bild zu entwerfen.

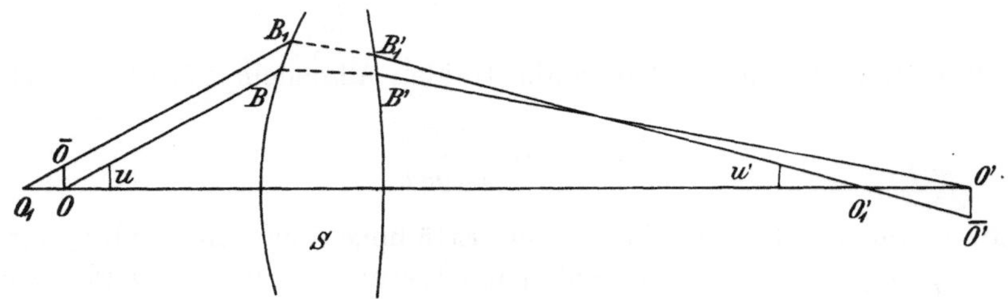

Fig. 77.

$$O\overline{O} = d\mathfrak{y}; \quad O'\overline{O'} = d\mathfrak{y}'; \quad OO_1 = d\mathfrak{x}; \quad O'O_1' = d\mathfrak{x}'.$$

Die sphärische Längsaberration in der Nachbarschaft eines aplanatischen Punktepaars.

In diesem Sinne tragen die aplanatischen Punktepaare der Kugel (der sich selbst konjugierte Mittelpunkt und die in der Ent- fernung von $\dfrac{n'}{n}r$ und $\dfrac{n}{n'}r$ von ihm liegenden konjugierten Punkte) diesen Namen zu Recht, während beispielsweise im Falle der Reflexion die Brennpunkte des Ellipsoids sowie der unendlich ferne Punkt und der Brennpunkt des Paraboloids nicht als aplanatische Punktepaare zu bezeichnen sind.

Die große praktische Bedeutung der Erfüllung dieser Bedingung hob E. Abbe später durch den Nachweis hervor, daß sämtliche brauchbaren Mikroskopobjektive, die er hatte prüfen können, empirisch auf Erfüllung der Sinusbedingung korrigiert waren. Die nähere Beschreibung des dabei benutzten Verfahrens wird bei der Behand- lung des Mikroskops zu bringen sein.

B. Die Unvereinbarkeit der HERSCHELschen mit der Sinusbedingung.

Zum Beweise ziehen wir durch den Endpunkt O des radialen Linienelements $d\mathfrak{y}$ einen benachbarten Strahl unendlich wenig von u verschiedener Neigung, der die Achse in O_1 schneiden möge. Wir wissen dann nach Analogie des früheren, daß der zugehörige Strahl im Bildraume die Achse in dem benachbarten Punkte $O_1{'}$ schneiden und sich von der Neigung u' des ersten nur um einen unendlich kleinen Betrag unterscheiden wird (Fig. 77).

Es gelten also rein formal die Beziehungen

$$d\mathfrak{y} = d\mathfrak{x}\, \mathrm{tg}\, u; \quad d\mathfrak{y}' = d\mathfrak{x}'\, \mathrm{tg}\, u'$$

daher also

$$\frac{d\mathfrak{y}'}{d\mathfrak{y}} = \frac{d\mathfrak{x}'}{d\mathfrak{x}} \frac{\mathrm{tg}\, u'}{\mathrm{tg}\, u}.$$

In unserem Falle, in dem wir annehmen, daß O und O' konjugierte aplanatische Punkte seien, und wo wir also von einer deutlichen Abbildung von $d\mathfrak{y}$ in $d\mathfrak{y}'$ sprechen können, ist

$$\frac{\sin u}{\sin u'} = \frac{n'\beta}{n};$$

mithin geht unsere Beziehung über in

$$\beta = \frac{d\mathfrak{y}'}{d\mathfrak{y}} = \frac{d\mathfrak{x}'}{d\mathfrak{x}} \frac{n}{n'\beta} \frac{\cos u}{\cos u'},$$

woraus weiter folgt

$$\frac{d\mathfrak{x}'}{d\mathfrak{x}} = \frac{n'\beta^2}{n} \frac{\cos u'}{\cos u}.$$

Beachten wir, daß für die Tiefenvergrößerung α der paraxialen Strahlen nach S. 105 und S. 147 die Beziehung galt

$$\alpha = \frac{d\mathfrak{x}'}{d\mathfrak{x}} = \frac{n'\beta^2}{n},$$

so erhalten wir

$$d\mathfrak{x}' = d\mathfrak{x}' \frac{\cos u'}{\cos u}.$$

In Worte gefaßt, heißt das: Bei einer unendlich kleinen Verschiebung eines von zwei aplanatischen Punkten tritt bei dem konjugierten sphärische Aberration ein, weil die Verschiebung $d\mathfrak{x}'$ des Bildpunkts im paraxialen Büschel verschieden ist von der Verlagerung $d\mathfrak{x}'$ des

Achsenschnittpunkts endlich geöffneter Strahlen, sobald u und u' ihrem absoluten Betrage nach voneinander verschieden sind.

Nur wenn

$$u = \pm\, u'$$

d. h. wenn es sich um Objekte in den Knotenebenen selbst oder in den negativen Knotenebenen handelt, oder wenn

$$u = u' = 0$$

d. h. sobald ein unendlich fernes Objekt in ein unendlich fernes Bild abgebildet wird, kann auch in Nachbarpunkten eines aplanatischen Punktepaars die sphärische Aberration aufgehoben sein.

In allen andern Fällen tritt sphärische Aberration ein, deren Ausdruck wir in folgender Weise ableiten:

$$\mathfrak{A} = d\mathfrak{x}' - d\mathfrak{x}' = d\mathfrak{x}'\left(\frac{\cos u'}{\cos u} - 1\right);$$

aus dieser Zusammensetzung geht hervor, daß für $\mathfrak{A}$ eine Entwicklung von der Form bestehen muß

$$\mathfrak{A} = d\mathfrak{x}'\left(c_2\, u'^2 + c_4\, u'^4 + \ldots\right).$$

Der Koeffizient c_2 läßt sich wohl am einfachsten in folgender Weise bestimmen

$$\frac{\cos u'}{\cos u} - 1 = \frac{\cos^2 u' - \cos^2 u}{\cos u\,(\cos u' + \cos u)} = \frac{\sin^2 u - \sin^2 u'}{\cos u\,(\cos u' + \cos u)}$$

$$= \frac{\sin^2 u'}{\cos u\,(\cos u' + \cos u)}\left(\frac{n'^2\,\beta^2}{n^2} - 1\right)$$

demnach

$$c_2 = \frac{1}{2}\left(\frac{n'^2\,\beta^2}{n^2} - 1\right)$$

und schließlich

$$\mathfrak{A} = d\mathfrak{x}\left[\frac{n'\,\beta^2}{n}\left(\frac{n'^2\,\beta^2 - 1}{n^2}\right)\frac{u'^2}{2} + c_4\, u'^4 + \ldots\right].$$

Aus dieser Form sieht man zunächst ganz allgemein, wie unter gleichen Umständen (n', n, β) die sphärische Aberration mit dem Quadrat des Öffnungswinkels u' auf der Bildseite wächst. Im folgenden wollen wir uns auf den praktisch wichtigeren Fall beschränken, daß es sich um reelle Objekte handele, daß also s negativ vorauszusetzen sei. Alsdann entspricht, je nachdem der Ausdruck

$$\frac{\sin^2 u}{\sin^2 u'} = \frac{n'^2\,\beta^2}{n^2} \begin{array}{c} > \\ < \end{array} 1$$

anzunehmen ist, d. h. je nachdem der Öffnungswinkel auf der
$\left.\begin{array}{l}\text{Objekt-}\\\text{Bild-}\end{array}\right\}$ Seite größer sind als die auf der $\left.\begin{array}{l}\text{Bild-}\\\text{Objekt-}\end{array}\right\}$ Seite, einer
$\left.\begin{array}{l}\text{Vergrößerung}\\\text{Verkleinerung}\end{array}\right.$ des Objektabstandes $\left.\begin{array}{l}\text{Unter-}\\\text{Über-}\end{array}\right\}$ Korrektion im benachbarten Bildpunkte.

Nehmen wir nun den Fall an, daß das System sphärisch korrigiert sei für zwei benachbarte Punktepaare, so gilt für beliebige
endliche Neigungswinkel u, u' dasselbe $d\chi'$, das für die Paraxialstrahlen giltig ist, und für das die Beziehung besteht

$$\frac{d\chi'}{d\chi} = \frac{n'\,\beta^2}{n}.$$

Setzen wir diesen Wert in die Gleichung ein, die oben ganz
formal abgeleitet den Zusammenhang zwischen $d\eta$, $d\eta'$ und $d\chi$, $d\chi'$
vermittelte, so erhalten wir

$$\frac{d\eta'}{d\eta} = \frac{n'\,\beta^2}{n} \frac{\operatorname{tg} u'}{\operatorname{tg} u}.$$

Beachten wir weiter, daß ganz allgemein für die Vergrößerung β_{tu}
im Tangentialschnitte die Beziehung bewiesen war

$$\beta_{t\,u} = \frac{d\eta'}{d\eta} = \frac{n \cos u\, du}{n' \cos u'\, du'},$$

so erhalten wir aus der Gleichsetzung beider Ausdrücke

$$n^2 \sin u\, du = n'^2\,\beta^2 \sin u'\, du',$$

und es ergibt sich durch Integration

$$-n^2 \cos u = c - n'^2\,\beta^2 \cos u'.$$

Bestimmt man den Wert der Konstanten c aus dem Paare konjugierter Werte

$$u = 0 = u',$$

so erhält man, wenn man $1 - \cos u$ durch den Sinus des halben
Winkels ausdrückt

$$n^2 \sin^2 \frac{u}{2} = n'^2\,\beta^2 \sin^2 \frac{u'}{2}.$$

Sind also zwei benachbarte Punkte frei von sphärischer Aberration, so ist die Sinusbedingung für die halben Öffnungswinkel
erfüllt, eine Bedingung, die sich mit der Erfüllung der Sinusbe-

dingung für die ganzen Winkel u, u' nur in den drei, schon oben erwähnten Fällen vereinigen läßt.

Durch Benutzung der Beziehung

$$\frac{\sin \dfrac{u}{2}}{\sin \dfrac{u'}{2}} = \frac{n'}{n}\beta$$

zur Vereinfachung der allgemein abgeleiteten Ausdrücke erhalten wir für ein Paar HERSCHELscher Punkte

$$\beta_{t\,u} = \beta\,\frac{\cos\dfrac{u'}{2}\cos u}{\cos\dfrac{u}{2}\cos u'}$$

und

$$\beta_{f\,u} = \beta\,\frac{\cos\dfrac{u}{2}}{\cos\dfrac{u'}{2}}.$$

Fassen wir nun das Ergebnis der soeben angestellten Untersuchung zusammen, so kommen wir zu dem Schlusse, „daß gänzlich „unabhängig von der Zusammensetzung eines optischen Systems und „kraft der allgemeinen Gesetze, denen jede mit den Mitteln der „Dioptrik hervorgebrachte Strahlenänderung und somit auch Strahlen- „vereinigung unterworfen ist, mit beliebig weit geöffneten Büscheln, „entweder nur ein zur Achse senkrechtes Flächenelement oder ein „unendlich kleines Stück der Achse selbst in ein entsprechendes „scharf abgebildet werden kann. Die eine Anforderung steht im „Widerspruch mit der anderen, und beide stehen im Widerspruch „mit den Bedingungen collinearer Abbildung endlicher Räume bei „endlichen Divergenzwinkeln." S. CZAPSKI (*3. 105.*).

C. Die Beziehung zwischen dem Sinussatze und der Aufhebung der Koma.

Da der Beweis dieses Satzes für endliche Winkel geführt worden ist, so bleibt uns noch übrig, ihn für kleine Öffnungswinkel u zu spezialisieren, indem wir ihn in eine mit der dritten Potenz von u abbrechende Reihe entwickeln.

Für eine einzelne Fläche gilt offenbar nach S. 40

$$\frac{\sin u'}{\sin u} = \frac{p}{p'}; \quad \text{und} \quad \frac{n'\sin u'}{n\sin u} = \frac{n'p}{np'}$$

unter Benutzung unserer für p', p bereits auf S. 217 und 218 entwickelten Ausdrücke

$$p = s\left(1 + \frac{a\,r^2}{s^3}\,\varphi^2\right)\left(1 - \frac{1}{2}\frac{r^2}{n\,s}\,Q_s\,\varphi^2\right)$$

erhalten wir

$$\frac{n'\sin u'}{n\sin u} = \frac{n's}{n\,s'}\left\{1 + r^2\,\varphi^2\left(\frac{1}{2}\,Q_s\,\varDelta\,\frac{1}{n\,s} - \varDelta\,\frac{a}{s^3}\right)\right\},$$

wobei wir natürlich im zweiten Gliede auch $h = r\varphi$ setzen können. Bilden wir nun das Produkt über alle k Flächen und berücksichtigen nur die Glieder mit φ^2, so bleibt links nur der erste und der letzte Sinus übrig, und wir erhalten

$$\frac{n_k'\sin u_k'}{n_1\sin u_1} = \prod_{\nu=1}^{k}\frac{n_\nu' s_\nu}{n_\nu s_\nu'}\left\{1 + \sum_\nu\left(\frac{h_\nu^2}{2}\,Q_{\nu s}\,\varDelta_\nu\,\frac{1}{n\,s} - h_\nu^2\,\varDelta_\nu\,\frac{a}{s^3}\right)\right\}$$

$$= \prod_{\nu=1}^{k}\frac{n_\nu' s_\nu}{n_\nu s_\nu'}\left\{1 + s_1^2\,u_1^2\sum_{\nu=1}^{k}\left[\left(\frac{h_\nu}{h_1}\right)^2\frac{1}{2}\,Q_{\nu s}\,\varDelta_\nu\,\frac{1}{n\,s} - \left(\frac{h_\nu}{h_1}\right)^2\varDelta_\nu\,\frac{a}{s^3}\right]\right\}$$

Soll nun dieses Produkt konstant sein für alle Öffnungen u_1, so ist die Bedingung dafür offenbar gegeben durch

$$\frac{1}{2}\sum_{\nu=1}^{k}\left(\frac{h_\nu}{h_1}\right)^2 Q_{\nu s}\,\varDelta_\nu\,\frac{1}{n\,s} - \sum_{\nu=1}^{k}\left(\frac{h_\nu}{h_1}\right)^2\varDelta_\nu\,\frac{a}{s^3} = 0\,.$$

Bildet man nun zur Überführung dieser Summe in eine Form, die dem für die sphärische Aberration entwickelten Ausdrucke ähnlicher ist,

$$\sum_{\nu=1}^{k}\left(\frac{h_\nu}{h_1}\right)^2\varDelta_\nu\,\frac{a}{s^3} = \sum_{\nu=1}^{k}\frac{1}{Q_{\nu x} - Q_{\nu s}}\left(\frac{h_\nu}{h_1}\right)^2\varDelta_\nu\left\{\frac{n}{s} - \frac{n}{x}\right\}\frac{a}{s^3}$$

$$= \sum_{\nu=1}^{k}\frac{1}{Q_{\nu x} - Q_{\nu s}}\left(\frac{h_\nu}{h_1}\right)^2\left\{\varDelta_\nu\,\frac{n\,a}{s^4} - \varDelta_\nu\,\frac{n\,a}{s^3\,x}\right\}$$

$$= -\frac{1}{2}\sum_{\nu=1}^{k}\frac{1}{Q_{\nu x} - Q_{\nu s}}\left(\frac{h_\nu}{h_1}\right)^2 Q_{\nu s}^2\,\varDelta_\nu\,\frac{1}{n\,s}$$

$$- \sum_{\nu=1}^{k}\frac{1}{Q_{\nu x} - Q_{\nu s}}\left(\frac{h_\nu}{h_1}\right)^2\varDelta_\nu\,\frac{n\,a}{s^3\,x}\,,$$

so erhält man wegen $Q_x - Q_s = \dfrac{n}{sx}\{x - s\} = \dfrac{n'}{s'x'}\{x' - s'\}$

$$\varDelta\,\frac{n\mathfrak{a}}{s^3 x} = \frac{\mathfrak{a}'}{s'^2}\,\frac{n'}{s'x'} - \frac{\mathfrak{a}}{s^2}\,\frac{n}{sx} = (Q_x - Q_s)\,\varDelta\,\frac{\mathfrak{a}}{s^2(x-s)}$$

mithin

$$\sum_{\nu=1}^{k}\frac{1}{Q_{\nu x} - Q_{\nu s}}\left(\frac{h_\nu}{h_1}\right)^2 \varDelta_\nu\,\frac{n\mathfrak{a}}{s^3 x} = \sum_{\nu=1}^{k}\left(\frac{h_\nu}{h_1}\right)^2 \varDelta_\nu\,\frac{\mathfrak{a}}{s^2(x-s)}\,.$$

Diese letzte Summe ist aber so beschaffen, daß sich in ihr alle Glieder bis auf das erste und das letzte fortheben, also

$$\sum_{\nu=1}^{k}\frac{1}{Q_{\nu x} - Q_{\nu s}}\left(\frac{h_\nu}{h_1}\right)^2 \varDelta_\nu\,\frac{n\mathfrak{a}}{s^3 x} = \left(\frac{h_k}{h_1}\right)^2 \frac{\mathfrak{a}_k'}{s_k'^2(x_k' - s_k')} - \frac{\mathfrak{a}_1}{s_1^2(x - s_1)}\,.$$

Die Sinusbedingung ist aber für Systeme aufgestellt, die wirkliche Objektpunkte aberrationsfrei abbilden, mithin gilt $\mathfrak{a}_k' = 0 = \mathfrak{a}_1$, und wir erhalten für diesen allein in Betracht kommenden Fall den Ausdruck für die Erfüllung der Sinusbedingung in der Gleichung

$$\frac{1}{2}\sum_{\nu=1}^{k}\left(\frac{h_\nu}{h_1}\right)^2 Q_{\nu s}\,\varDelta_\nu\,\frac{1}{ns} + \frac{1}{2}\sum_{\nu=1}^{k}\frac{1}{Q_{\nu x} - Q_{\nu s}}\left(\frac{h_\nu}{h_1}\right)^2 Q_{\nu s}^2\,\varDelta_\nu\,\frac{1}{ns} = 0\,,$$

die sich nach Fortlassung des konstanten Faktors $\dfrac{1}{2}$ auch schreiben läßt

$$\sum_{\nu=1}^{k}\left(\frac{h_\nu}{h_1}\right)^2 \frac{Q_{\nu s}\,Q_{\nu x}}{Q_{\nu x} - Q_{\nu s}}\,\varDelta_\nu\,\frac{1}{ns} = 0\,.$$

Beachten wir nun noch die auf S. 145 angegebene Beziehung

$$Q_{\nu x} - Q_{\nu s} = \frac{h_1}{h_\nu}\cdot\frac{y_1}{y_\nu}(Q_{1x} - Q_{1s}),$$

so geht wiederum nach Fortlassung eines konstanten Faktors, $\dfrac{1}{Q_{1x} - Q_{1s}}$ nämlich, die Gleichung über in ihre endgiltige Form:

$$\sum_{\nu=1}^{k}\left(\frac{h_\nu}{h_1}\right)^3 \frac{y_\nu}{y_1}\,Q_{\nu s}\,Q_{\nu x}\,\varDelta_\nu\,\frac{1}{ns} = 0\,.$$

Wir sehen also, daß die Erfüllung der für kleine Öffnungswinkel spezialisierten Sinusbedingung gleichbedeutend ist mit der gleichzeitigen Annullierung aller drei für kleine Hauptstrahlneigungen spezialisierten Komaausdrücke.

D. Die KERBERschen Summenformeln für die Abweichungen von dem Sinusverhältnis bei endlichen Öffnungswinkeln.

Bei den meisten optischen Systemen muß die Vergrößerung einer beliebigen Zone gleich sein der für die paraxialen Strahlen geltenden, und da die Vergrößerung ausgedrückt wird durch das Verhältnis der Sinus der Öffnungswinkel, so soll sein

$$\frac{\sin u_k'}{\sin u_1} = \frac{h_k}{s_k'} : \frac{h_1}{s_1} = \frac{h_k}{h_1} \frac{s_1}{s_k'} \, .$$

Bei sphärisch korrigierten Systemen gilt

$$\boldsymbol{s}_1 = s_1 \, ; \quad \boldsymbol{s}_k' = s_k' \, ,$$

also sollte unter Benutzung der S. 78 eingeführten Größen $\boldsymbol{e}, \boldsymbol{e}'$ die Beziehung bestehen

$$\frac{h_k}{h_1} = \frac{\boldsymbol{s}_k' \sin u_k'}{\boldsymbol{s}_1 \sin u_1} = \frac{\boldsymbol{e}_k'}{\boldsymbol{e}_1} \, .$$

Betrachten wir zunächst einmal das Verhältnis $\boldsymbol{e}_k' : \boldsymbol{e}_1$, so wird dies in sphärisch korrigierten Systemen in der Regel von dem vorgeschriebenen Werte abweichen, und es wird tatsächlich die Beziehung bestehen

$$\frac{\boldsymbol{e}_k' + \mathfrak{d}\boldsymbol{e}_k'}{\boldsymbol{e}_1} = \frac{h_k}{h_1} \, .$$

Drücken wir nun in der auf S. 78 eingeführten Identität

$$\sin u' + \sin i' = \sin u + \sin i + D$$

$\sin i'$ durch $\sin u'$ und $\sin i$ durch $\sin u$ aus und führen die $\boldsymbol{e}, \boldsymbol{e}'$-Werte ein, so ergibt sich

$$\boldsymbol{e}' = \boldsymbol{e} + rD \, .$$

Ferner wird die Definitionsgleichung für $\boldsymbol{s}_{\nu+1}$

$$\boldsymbol{s}_{\nu+1} = \boldsymbol{s}_\nu' - d_\nu$$

nach Multiplikation mit $\sin u_\nu'$ in die Form übergeführt

$$\boldsymbol{e}_{\nu+1} = \boldsymbol{e}_\nu' - d_\nu \sin u_\nu'$$

$$= \boldsymbol{e}_\nu' \left(1 - \frac{d_\nu}{\boldsymbol{s}_\nu'} \right) .$$

Rein formal besteht

$$\frac{d}{\boldsymbol{s}} = \frac{d}{s} - \frac{d\mathfrak{d}s}{s\boldsymbol{s}} \, ,$$

also ist

$$e_{\nu+1} = e_\nu' \left(1 - \frac{d_\nu}{s_\nu'}\right) + \frac{\mathfrak{d}\, s'\, d_\nu \sin u_\nu'}{s_\nu'}.$$

Nun besteht aber, wie wir aus dem früheren wissen, die Beziehung

$$\frac{h_{\nu+1}}{h_\nu} = \frac{s_\nu' - d_\nu}{s_\nu'} = 1 - \frac{d_\nu}{s^{\nu'}},$$

also auch

$$e_{\nu+1} = e_\nu' \frac{h_{\nu+1}}{h_\nu} + \frac{\mathfrak{d}\, s_\nu'\, d_\nu \sin u_\nu'}{s_\nu'} = e'_{\nu+1} - r_{\nu+1} D_{\nu+1},$$

und wir erhalten die Rekursionsformel

$$\frac{e'_{\nu+1}}{h_{\nu+1}} - \frac{e_\nu'}{h_\nu} = \frac{r_{\nu+1} D_{\nu+1}}{h_{\nu+1}} + \frac{\mathfrak{d}\, s_\nu'\, d_\nu \sin u_\nu'}{(s_\nu' - d_\nu)\, h_\nu}.$$

Summiert man alle diese auf die einzelnen der k Flächen eines zentrierten Systems sich beziehenden Ausdrücke von $\nu = 1$ bis $\nu = k-1$ und fügt noch die Identität hinzu

$$\frac{e_1'}{h_1} - \frac{e_1}{h_1} = \frac{r_1 D_1}{h_1},$$

so ergibt sich

$$-\frac{\mathfrak{d}\, e_k'}{h_k} = \frac{e_k'}{h_k} - \frac{e_1}{h_1} = \sum_{\nu=1}^{k} \frac{r_\nu D_\nu}{h_\nu} + \sum_{\nu=1}^{k-1} \frac{d_\nu \mathfrak{d}\, s_\nu' \sin u_\nu'}{(s_\nu' - d_\nu)\, h_\nu}$$

mithin

$$\mathfrak{d}\, e_k' = -\frac{h_k}{h_1} \left[\sum_{\nu=1}^{k} \frac{h_1}{h_\nu} r_\nu D_\nu + \sum_{\nu=1}^{k-1} \frac{h_1}{h_\nu} d_\nu \frac{\mathfrak{d}\, s_\nu' \sin u_\nu'}{s_\nu' - d_\nu} \right].$$

Damit ist aber auch die sphärische Differenz der Vergrößerung bestimmt, denn wenn wir in Anpassung an die tatsächlichen Verhältnisse setzen

$$\frac{\sin u_k' + \mathfrak{d} \sin u_k'}{\sin u_1} = \frac{h_k}{h_1} \cdot \frac{s_1}{s_k''},$$

so können wir die identische Beziehung

$$\frac{\sin u_k'}{\sin u_1} = \frac{s_1}{s_k'} \frac{e_k'}{e_1} = \frac{s_1}{s_k'} \frac{e_k'}{e_1} \left(1 - \frac{\mathfrak{d}\, s_k'}{s_k'}\right)$$

zu Hilfe nehmen und schreiben

$$\frac{h_k}{h_1} \frac{s_1}{s_k'} - \frac{\mathfrak{d} \sin u_k'}{\sin u_1} = \frac{s_1}{s_k'} \left(\frac{h_k}{h_1} - \frac{\mathfrak{d}\, e_k'}{e_1}\right) \left(1 - \frac{\mathfrak{d}\, s_k'}{s_k'}\right).$$

Nach Auflösung der Klammer ergibt sich dann

$$\frac{\mathfrak{d} \sin u_k'}{\sin u_1} = \frac{s_1}{s_k'} \left(\frac{\mathfrak{d}\, e_k'}{e_1} + \frac{h_k}{h_1} \frac{\mathfrak{d}\, s_k'}{s_k'} - \frac{\mathfrak{d}\, e_k'}{e_1} \frac{\mathfrak{d}\, s_k'}{s_k'}\right).$$

Ist das Objekt unendlich entfernt, so erhalten wir

$$\mathfrak{d}\frac{1}{f} = \frac{\mathfrak{d}\sin u_k'}{s_1 \sin u_1} = \frac{1}{s_k'}\left(\frac{\mathfrak{d}e_k'}{e_1} + \frac{h_k}{h_1}\frac{\mathfrak{d}s_k'}{s_k'} - \frac{\mathfrak{d}e_k'}{e_1}\frac{\mathfrak{d}s_k'}{s_k'}\right).$$

Handelt es sich schließlich um Systeme ohne sphärische Aberration, so verschwindet $\mathfrak{d}s_k'$, und wir gelangen zu der Schlußform

$$\frac{\mathfrak{d}\sin u_k'}{\sin u_1} = \frac{s_1}{s_k'}\frac{\mathfrak{d}e_k'}{e_1} = -\frac{1}{e_1}\frac{s_1}{s_k'}\frac{h_k}{h_1}\left[\sum_{\nu=1}^{k}\frac{h_1}{h_\nu}r_\nu D_\nu + \sum_{\nu=1}^{k-1}\frac{h_1}{h_\nu}d_\nu\frac{\mathfrak{d}s_\nu'\sin u_\nu'}{s_\nu'-d_\nu}\right].$$

Dabei ist $\mathfrak{d}s_\nu'$ aus S. 80 zu entnehmen.

7. Die von der dritten Potenz des Öffnungswinkels abhängigen Aberrationen außeraxialer Punkte.

(Die vier Fehler der sphärischen Aberration im engeren Sinne.)

Berücksichtigen wir nun auch die nächste, dritte Potenz der Öffnungskoordinaten in der Absicht, die Bedingungen dafür aufzustellen, daß auch so weit geöffnete Büschel an dem Zustandekommen eines scharfen Bildes beteiligt sind, so kommen die folgenden vier Glieder der Entwicklung in Betracht:

$$m^3;\quad m^2 M;\quad m M^2;\quad M^3,$$

und auf Grund einer Überlegung, die der bei der Koma angestellten analog ist, erhalten wir das Ergebnis, daß von diesen Gliedern zur tangentialen Abweichung beitragen

$$m^3 \text{ und } m M^2$$

und zur sagittalen

$$m^2 M \text{ und } M^3.$$

Wenden wir uns nun zur Aufstellung der Ausdrücke für diese drei Glieder im einzelnen, so behandeln wir zunächst das Glied mit m^3.

A. Die sphärische Aberration des tangentialen Büschels.

Setzen wir für die Schnittweiten BD, BD_2 benachbarter (unter kleinen Winkeln u, 2u gegen den Hauptstrahl BA geneigter) Strahlen den folgenden Ausdruck an, der ein Glied mehr berücksichtigt, als es bei der Koma nötig war,

$$t = t + \mathfrak{r}u + \mathfrak{q}u^2,$$

so ist die durch den hier betrachteten Fehler verursachte Zunahme der Zerstreuungslinie l_3 gegeben durch

$$l_3 = \mathrm{q\,u^2 \cdot u},$$

und es ist jetzt unsere Aufgabe, q durch bekannte Größen auszudrücken.

Es ergibt sich als Verschiebung des Schnittpunkts des unter u geneigten Nebenstrahls auf dem Hauptstrahle BA

$$AD = \mathrm{r\,u} + \mathrm{q\,u^2}$$

und als Zuwachs dieser Verschiebung, wenn man auf dem ersten Nebenstrahle ein ganz wenig (auf du) geöffnetes Büschel annimmt, wie es den tangentialen Bildpunkt A_1 definiert,

$$DF = d\boldsymbol{t} = \mathrm{r}\,d\mathrm{u} + 2\,\mathrm{q\,u}\,d\mathrm{u}.$$

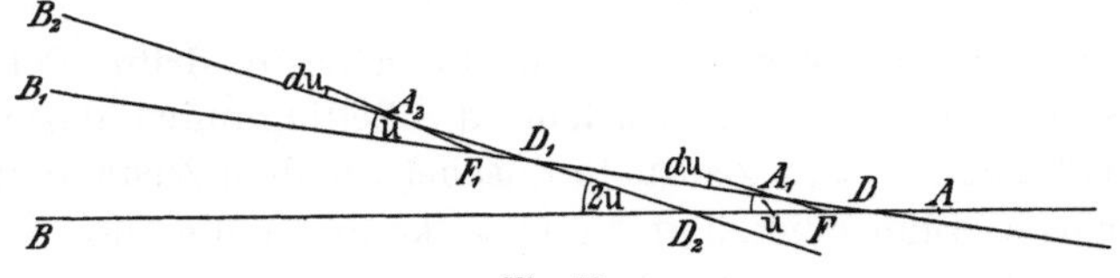

Fig. 78.

Zur Ableitung des Ausdrucks für die tangentiale Zerstreuungslinie der sphärischen Aberration außeraxialer Punkte.

Ganz wie bei der Komaentwicklung erhalten wir durch Anwendung des Sinussatzes auf das Dreieck A_1DF

$$DA_1 = \mathrm{r\,u} + 2\,\mathrm{q\,u^2},$$

mithin

$$d\tau_{0,u} = AD + DA_1 = 2\,\mathrm{r\,u} + 3\,\mathrm{q\,u^2}.$$

Unter Berücksichtigung, daß $3\,\mathrm{q\,u^2}$ von höherer Ordnung klein ist als $2\,\mathrm{r\,u}$, ergibt sich $d\tau_{0,\,u}$, nämlich die Entfernung zweier aufeinander folgender tangentialer Bildpunkte gleich dem bei der Koma eingeführten $d\tau$.

Für den zweiten, unter 2u geneigten Nebenstrahl $B_2 D_2$ ergibt sich

$$AA_2 = d\tau_{0,\,2u} = 4\,\mathrm{r\,u} + 12\,\mathrm{q\,u^2}$$

$$AA_1 = d\tau_{0,\,u} = 2\,\mathrm{r\,u} + 3\,\mathrm{q\,u^2}$$

$$\overline{}$$

$$A_1A_2 = d\tau_{1,\,u} = 2\,\mathrm{r\,u} + 9\,\mathrm{q\,u^2}.$$

Wir haben hiermit die Verschiebung des tangentialen Bildpunkts zweier um u gegeneinander geneigter Strahlen auf dem ersten Nebenstrahle abgeleitet. Wollen wir jetzt die Variation dieser Verschiebung finden, so haben wir zu bilden

$$d^2\tau = d\tau_{1,\,u} - d\tau_{o,\,u} = 6\,\mathfrak{q}\,\mathfrak{u}^2,$$

also schließlich

$$\mathfrak{q} = \frac{1}{6}\frac{d^2\tau}{d\mathfrak{u}^2}.$$

Bilden wir jetzt den dritten Differentialquotienten der Invariante J nach $d\phi$ und multiplizieren ihn mit r^{-3}, so erhalten wir nach einigen Vereinfachungen, die prinzipiell keine größeren Schwierigkeiten bieten,

$$\frac{1}{r^3}\frac{d^3 J}{d\phi^3} = -\frac{Q_t}{r^3} + 3\,\frac{r^2 Q_t{}^2 - J^2}{r^2\,n t} + 12\,\frac{J^2 Q_t}{n^2 t^2} + 6 J\,\frac{\cos j}{n t^3}\left(\frac{n\cos^2 j}{t} - Q_t\right)\frac{d\tau}{d\mathfrak{u}}$$

$$- \frac{3\,n\cos^4 j}{t^5}\left(\frac{d\tau}{d\mathfrak{u}}\right)^2 + \frac{n\cos^4 j}{t^4}\frac{d^2\tau}{d\mathfrak{u}^2}.$$

Bildete man jetzt die Differenz für die Werte nach und vor der Brechung, so würde man zu einer Rekursionsformel für $\dfrac{d^2\tau}{d\mathfrak{u}^2}$ kommen, die für endliche Hauptstrahlneigungen gültig wäre.

Beschränken wir uns indessen gleich auf Hauptstrahlneigungen, die von erster Ordnung unendlich klein sind, so haben wir zu beachten, daß J und $\dfrac{d\tau}{d\mathfrak{u}}$ ebenfalls von der ersten Ordnung unendlich klein werden, so daß ihre Produkte als Größen zweiter Ordnung zu vernachlässigen sind.

Erinnern wir uns daran, daß unter dieser Voraussetzung gilt

$$t = s = f;\quad \cos j = 1,$$

so sehen wir, daß der Ausdruck zusammenschrumpft in

$$\varDelta\,\frac{n}{s^4}\frac{d^2\tau}{d\mathfrak{u}^2} = -3\,Q_s{}^2\,\varDelta\,\frac{1}{ns}.$$

Hieraus läßt sich, wenn man den Objektpunkt aberrationsfrei annimmt, der Ausdruck ableiten

$$6\,\mathfrak{q}_k{}' = \frac{d^2\tau_k{}'}{d\mathfrak{u}_k{}'^2} = -\frac{3\,s_k'^4}{n_k'}\sum_{\nu=1}^{k}\left(\frac{h_\nu}{h_k}\right)^4 Q_{\nu s}^2\,\varDelta\,\frac{1}{\nu\,ns}.$$

Für die Zerstreuungslinie im Bilde erhalten wir also unter Benutzung der oben abgeleiteten Beziehungen:

$$l'_{3k} = \mathfrak{q}_k{}'\,d\mathfrak{u}_k{}'^3 = -\frac{1}{2}\,d\mathfrak{u}_k{}'^3\,\frac{s_k'^4}{n_k'}\sum_{\nu=1}^{k}\left(\frac{h_\nu}{h_k}\right)^4 Q_{\nu s}^2\,\varDelta\,\frac{1}{\nu\,ns}.$$

Wenden wir nun in bekannter Weise den Smith-Helmholtz-schen Satz an, so erhalten wir, wenn wir wie früher $d u_k'$ durch u_k' ersetzen, infolge von

$$n_k' u_k' l'_{3\,k} = n_1 u_1 l_3^{(k)}$$

für die in das Objekt projizierte Zerstreuungslinie

$$l_3^{(k)} = -\frac{1}{2}\frac{s_1^4}{n_1^4}(n_1 u_1)^3 \sum_{\nu=1}^{k}\left(\frac{h_\nu}{h_1}\right)^4 Q_{\nu s}^2\, \underset{\nu}{\Delta}\,\frac{1}{ns},$$

und nach Einsetzung von

$$u_1 = \frac{m_1}{s_1 - x_1}$$

in der anderen Bezeichnung

$$\frac{n_1 l_3^{(k)}}{s_1} = \frac{1}{2}\frac{m_1^3 s_1^3}{(x_1 - s_1)^3}\sum_{\nu=1}^{k}\left(\frac{h_\nu}{h_1}\right)^4 Q_{\nu s}^2\, \underset{\nu}{\Delta}\,\frac{1}{ns}.$$

B. Die tangentiale Differenz des Rinnenfehlers.

Die in tangentialer Richtung sich erstreckende Rinnentiefe $l'_{II\,k}$ eines sagittalen Büschels ändert sich bei einer Variation von du, und zwar nimmt sie um $dl'_{II\,k}$ zu.

Differenzieren wir zur Ableitung von $dl'_{II\,k}$ die Invariante

$$F = \frac{n l_{II}}{f\cos j} + \frac{J^2 t du}{\cos j}\frac{1}{nt}\ .$$

nach ϕ, multiplizieren das Resultat mit r^{-1} und bilden die Differenz der Werte vor und nach der Brechung, so erhalten wir, wenn wir beachten, daß

$$\frac{J^2 t du}{\cos j}$$

an und für sich bei der Brechung invariant ist,

$$\Delta\frac{n}{ft}\frac{dl_{II}}{du} = -\frac{J^2 t du}{\cos j}\left[J\Delta\frac{1}{n^2 t^2} - \Delta\frac{\cos j}{nt^2 t}\frac{dr}{du}\right]$$

$$-\left[Q_t\frac{t du}{\cos j}\left(2 + \frac{\sin^2 j}{\cos j}\right) - J du\left(\operatorname{tg} j - \frac{1}{t}\frac{dr}{du}\right) + \frac{Jt}{t}\frac{d^2 u}{du}\right]J\Delta\frac{1}{nt}$$

$$-J Q_t\Delta\frac{l_{II}}{nf\cos^3 j} - J\Delta\frac{l_{II}}{f^2\cos j} + \Delta\frac{n}{f^2 t}\frac{d\varsigma}{du}\,l_{II}.$$

Dabei entspricht das Symbol $\dfrac{dT}{d\mathrm{u}}$ bei den t-Werten genau der Größe $\dfrac{d\tau}{d\mathrm{u}}$ bei den Strecken t.

Führen wir zur Abkürzung das leicht verständliche Symbol ein

$$\underset{\nu}{D}\left(\frac{f-r\cos j}{r\sin j}\right)=\frac{f_\nu-r_\nu\cos j_\nu}{r_\nu\sin j_\nu}-\frac{f_{\nu-1}-r_{\nu-1}\cos j'_{\nu-1}}{r_{\nu-1}\sin j'_{\nu-1}},$$

so läßt sich die aus der Ableitung des Rinnenfehlers bekannte Übergangsformel s. S. 279 schreiben

$$d\mathrm{u}_\nu=\frac{d\mathrm{v}_\nu{}^2}{2}\underset{\nu}{D}\left(\frac{f-r\cos j}{r\sin j}\right)+d\mathrm{u}'_{\nu-1}$$

und ihre Differentiation führt auf

$$\frac{d^2\mathrm{u}_\nu}{d\mathrm{u}_\nu}=-\frac{d\mathrm{v}_\nu{}^2}{2}\underset{\nu}{D}\left(\frac{(f-r\cos j)(t-r\cos j)}{r^2\sin^2 j}\right)-\frac{d\mathrm{v}_\nu{}^2}{2}\frac{d\varsigma_\nu}{d\mathrm{u}_\nu}\underset{\nu}{D}\left(\frac{1}{r\sin j}\right)$$
$$+\,d\mathrm{v}_\nu\frac{d^2\mathrm{v}'_{\nu-1}}{d\mathrm{u}'_{\nu-1}}\underset{\nu}{D}\left(\frac{f-r\cos j}{r\sin j}\right)+\frac{d^2\mathrm{u}'_{\nu-1}}{d\mathrm{u}'_{\nu-1}}.$$

Differenziert man nun die beiden Invarianten

$$K=\frac{t\,d\mathrm{u}}{\cos j}\quad\text{und}\quad L=f\,d\mathrm{v},$$

so ergibt sich, wenn man die Differenzen vor und hinter der brechenden Fläche bildet,

$$\underset{\nu-1}{\varDelta}\frac{t\,d^2\mathrm{u}}{t\,d\mathrm{u}}=\frac{t_{\nu-1}\,d\mathrm{u}_{\nu-1}}{\cos j_{\nu-1}}\left[J_{\nu-1}\underset{\nu-1}{\varDelta}\frac{1}{n\,t}-J_{\nu-1}Q_{\nu-1,\,t}\underset{\nu-1}{\varDelta}\frac{1}{n^2\cos j}-\underset{\nu-1}{\varDelta}\frac{\cos j}{t\,t}\frac{dT}{d\mathrm{u}}\right]$$

und

$$\underset{\nu-1}{\varDelta}f\frac{d^2\mathrm{v}}{d\mathrm{u}}=r_{\nu-1}f_{\nu-1}\,d\mathrm{v}_{\nu-1}\left[J_{\nu-1}\underset{\nu-1}{\varDelta}\frac{1}{n\,f}-\underset{\nu-1}{\varDelta}\frac{\cos j}{t\,f}\frac{d\varsigma}{d\mathrm{u}}\right].$$

Durch ein Verfahren, das dem bei der Koma im engeren Sinne eingeschlagenen ganz und gar analog ist, erhält man für $\dfrac{dT}{d\mathrm{u}}$ die Differenz

$$\varDelta\frac{n\cos^3 j}{t^2 t}\frac{dT}{d\mathrm{u}}=J\left[\varDelta\frac{\cos^2 j}{t^2}-\frac{1}{r}\varDelta\frac{\cos j}{t}-2\,Q_t\,\varDelta\frac{1}{n\,t}\right].$$

Aus der Differentiation der Übergangsformeln geht schließlich noch hervor

$$t_{\nu-1}\frac{d^2\mathrm{u}_{\nu+1}}{d\mathrm{u}_{\nu+1}}+\frac{dT_{\nu+1}}{d\mathrm{u}_{\nu+1}}d\mathrm{u}_{\nu+1}=f_{\nu+1}\frac{d^2\mathrm{u}_{\nu+1}}{d\mathrm{u}_{\nu+1}}+\frac{d\varsigma_{\nu+1}}{d\mathrm{u}_{\nu+1}}d\mathrm{u}_{\nu+1}+\frac{dl_{II\,\nu+1}}{d\mathrm{u}_{\nu+1}}$$

und

$$\frac{dl_{II\,\nu+1}}{d\,\mathrm{u}_{\nu+1}} = \frac{dl'_{II\,\nu}}{d\,\mathrm{u}_\nu{}'}.$$

Hiermit ist ein Gleichungssystem geliefert, das gestattet, die bei der Variation von l'_{IIk} nach $d\mathrm{u}$ vorkommenden Größen sukzessive zu berechnen.

Gehen wir jetzt zu kleinen Hauptstrahlneigungen über, so lassen sich auch jetzt bei dieser Abweichung die Formeln explizit darstellen.

Unter Vernachlässigung kleiner Größen von höherer Ordnung finden wir

$$\mathop{\varDelta}_\nu \frac{n}{s^2}\frac{dl_{II}}{d\mathrm{u}} = -2y_\nu Q_{\nu x} Q_{\nu s} s_\nu d\mathrm{u}_\nu \mathop{\varDelta}_\nu \frac{1}{ns} - y_\nu{}^2 Q_{\nu x}{}^2 \frac{d^2\mathrm{u}_\nu}{d\mathrm{u}_\nu} \mathop{\varDelta}_\nu \frac{1}{ns},$$

sowie ferner

$$\frac{d^2\mathrm{u}_\nu}{d\mathrm{u}_\nu} = -\frac{d\mathrm{v}_\nu{}^2}{2}\mathop{D}_\nu\left(\frac{s_\nu^2 Q_{\nu s}^2}{y_\nu^2 Q_{\nu x}^2}\right) + \frac{d^2\mathrm{u}'_{\nu-1}}{d\mathrm{u}'_{\nu-1}}$$

und

$$\frac{d^2\mathrm{u}'_{\nu-1}}{d\mathrm{u}'_{\nu-1}} = \frac{d^2\mathrm{u}_{\nu-1}}{d\mathrm{u}_{\nu-1}}.$$

Setzt man diese letzte Beziehung in die vorige ein, so erhält man, wenn man die durch $\mathop{D}_\nu$ angedeutete Operation ausführt, die sehr einfache Rekursionsformel

$$\frac{d^2\mathrm{u}_\nu}{d\mathrm{u}_\nu} + \frac{d\mathrm{v}_\nu{}^2}{2}\frac{s_\nu^2 Q_{\nu s}^2}{y_\nu^2 Q_{\nu x}^2} = \frac{d^2\mathrm{u}_{\nu-1}}{d\mathrm{u}_{\nu-1}} + \frac{d\mathrm{v}_{\nu-1}^2}{2}\frac{s_{\nu-1}^2 Q_{\nu-1,s}^2}{y_{\nu-1}^2 Q_{\nu-1,x}^2}.$$

Vor der ersten Fläche verschwindet dieser Ausdruck, weil er die Variation der Konstanten ψ_1 nach u bedeutet, und so wird schließlich

$$\frac{d^2\mathrm{u}_\nu}{d\mathrm{u}_\nu} = -\frac{d\mathrm{v}_\nu{}^2}{2}\frac{s_\nu^2 Q_{\nu s}^2}{y_\nu^2 Q_{\nu x}^2}.$$

Und wenn man diese Größe ebenso wie den Wert von $s_\nu d\mathrm{u}_\nu$ aus der Entwicklung des Rinnenfehlers in den ersten Ausdruck einsetzt, so kommt man zu

$$\mathop{\varDelta}_\nu \frac{n}{s^2}\frac{dl_{II}}{d\mathrm{u}} = -s_\nu{}^2 d\mathrm{v}_\nu{}^2 Q_{\nu s}^2 \mathop{\varDelta}_\nu \frac{1}{ns} + \frac{1}{2}s_\nu{}^2 d\mathrm{v}_\nu{}^2 Q_{\nu s}^2 \mathop{\varDelta}_\nu \frac{1}{ns},$$

und das ist

$$\mathop{\varDelta}_\nu \frac{n}{s^4}\frac{dl_{II}}{d\mathrm{u}\,d\mathrm{v}^2} = -\frac{1}{2}Q_{\nu s}^2 \mathop{\varDelta}_\nu \frac{1}{ns}.$$

Unter Annahme von k Flächen erhalten wir für die Zerstreuungslinie nach der $k$ten Brechung

$$\frac{l'_{III\,k}}{d\,\mathrm{u}_k{'}\,d\,\mathrm{v}_k{'}^2} = \frac{d\,l'_{II\,k}}{d\,\mathrm{u}_k{'}\,d\,\mathrm{v}_k{'}^2} = -\frac{s_k{'}^4}{n_k{'}}\sum_{\nu=1}^{k}\left(\frac{h_\nu}{h_k}\right)^4 Q_{\nu\,s}^2\,\underset{\nu}{\varDelta}\,\frac{1}{n\,s}\,,$$

und wenn wir dies mittels der Gleichung

$$n_k{'}\,\mathrm{u}_k{'}\,l'_{III\,k} = n_1\,\mathrm{u}_1\,l^{(k)}_{III}$$

in bekannter Weise in das Objekt projizieren, so erhalten wir den Ausdruck

$$l^{(k)}_{III} = -\frac{1}{2}\frac{s_1^{\,4}}{n_1^{\,4}}(n_1\,\mathrm{u}_1)(n_1\,\mathrm{v}_1)^2\sum_{\nu=1}^{k}\left(\frac{h_\nu}{h_1}\right)^4 Q_{\nu\,s}^2\,\underset{\nu}{\varDelta}\,\frac{1}{n\,s}$$

in der einen, und

$$\frac{n_1\,l^{(k)}_{III}}{s_1} = \frac{1}{2}\frac{m_1\,M_1^{\,2}\,s_1^{\,3}}{(x_1-s_1)^3}\sum_{\nu=1}^{k}\left(\frac{h_\nu}{h_1}\right)Q_{\nu\,s}^2\,\underset{\nu}{\varDelta}\,\frac{1}{n\,s}$$

in der andern Schreibweise.

C. Die zweite tangentiale Differenz der sagittalen Schnittweite.

Setzen wir zur Darstellung der Abhängigkeit der sagittalen Schnittweiten von u die Reihe an

$$\varsigma = \int + \mathfrak{l}\,\mathrm{u} + \mathfrak{k}\,\mathrm{u}^2,$$

so ist der Zuwachs der sagittalen Zerstreuungslinie, der sich auf die zweite tangentiale Differenz der sagittalen Schnittweiten zurückführen läßt, gegeben durch

$$L_3 = \mathfrak{k}\,\mathrm{u}^2\,\mathrm{v}\,,$$

und wir erhalten ohne weiteres für $\mathfrak{k}$ die Beziehung

$$\mathfrak{k} = \frac{1}{2}\frac{d^2\varsigma}{d\,\mathrm{u}^2}\,.$$

Um zu einer Entwicklung für $\dfrac{d^2\varsigma}{d\,\mathrm{u}^2}$ zu kommen, differenzieren wir die $\int$-Invariante zum zweiten Male und multiplizieren das Ergebnis mit r^{-2}; sodann erhalten wir nach einigen Zusammenziehungen den Ausdruck

$$\frac{1}{r^2}\frac{d^2 Q_f}{d\phi^2} = -Q_t\left[\frac{1}{r^2}+\frac{1}{f^2}-\frac{\cos j}{rt}\right]-J^2\left[\frac{Q_t}{n^2 rt\cos j}-\frac{\cos j}{nrt^2}+\frac{2}{nf^3}\right]$$

$$+J\left[\frac{4\cos j}{tf^3}+\frac{\cos j}{t^2 f^2}-\frac{Q_t}{ntf^2\cos j}\right]\frac{d\varsigma}{du}-\frac{2n^2\cos^2 j}{t^2 f^3}\left(\frac{d\varsigma}{du}\right)^2+\frac{Q_t}{nt^2 f^2}\frac{d\varsigma}{du}\frac{d\tau}{du}$$

$$+\frac{n\cos^2 j}{t^2 f^2}\frac{d^2\varsigma}{du^2},$$

aus dem sich eine Rekursionsformel für endliche Hauptstrahlneigungen ableiten ließe.

Der Übergang zu kleinen Neigungen liefert unmittelbar, wenn unendlich kleine Größen zweiter Ordnung vernachlässigt werden:

$$\varDelta\,\frac{n}{s^4}\frac{d^2\varsigma}{du^2}=-Q_s{}^2\varDelta\frac{1}{ns},$$

woraus sich unter Voraussetzung eines aberrationsfreien Objekts die Beziehung ableiten läßt

$$\frac{d^2\varsigma_k{}'}{du_k{}'^2}=-\frac{s_k{}'^4}{n_k{}'}\sum_{\nu=1}^{k}\left(\frac{h_\nu}{h_k}\right)^4 Q_{\nu\,s}^2\,\varDelta\frac{1}{ns}.$$

Nach dem Vorhergehenden ist der Zuwachs der Zerstreuungslinie im Bilde gegeben durch

$$L'_{3,k}=\mathfrak{k}_k{}'u_k{}'^2 v_k{}'=\frac{1}{2}\frac{d^2\varsigma_k{}'}{du_k{}'^2}u_k{}'^2 v_k{}'$$

und wenn man ihn in bekannter Weise durch Anwendung der Gleichung

$$n_k{}'u_k{}'L'_{3\,k}=n_1 u_1 L_3^{(k)}$$

auf das Objekt zurückbezieht, so ergibt sich

$$L_3^{(k)}=-\frac{1}{2}\frac{s_1{}^4}{n_1{}^4}(n_1 u_1)^2(n_1 v_1)\sum_{\nu=1}^{k}\left(\frac{h_\nu}{h_1}\right)^4 Q_{\nu\,s}^2\,\varDelta\frac{1}{ns},$$

und in der anderen Schreibweise

$$\frac{n_1 L_3^{(k)}}{s_1}=\frac{1}{2}\frac{m_1{}^2 M_1 s_1{}^3}{(x_1-s_1)^3}\sum_{\nu=1}^{k}\left(\frac{h_\nu}{h_1}\right)^4 Q_{\nu\,s}^2\,\varDelta\frac{1}{ns}.$$

D. Die sphärische Aberration des sagittalen Büschels.

Ist die Longitudinalaberration $\mathfrak{a}_f{}'v'^2$ des sagittalen Büschels bestimmt, so erhält man die dazu gehörige Zerstreuungslinie L'_{III} durch

$$L'_{III}=\mathfrak{a}_f{}'v'^2\cdot v'.$$

Die gesuchte Längsabweichung des Schnittpunkts zweier sagittaler Strahlen, die gegen den Hauptstrahl die Neigung $d\mathrm{v}$ haben, gegenüber dem Vereinigungspunkte benachbarter Sagittalstrahlen ist aber, wenn man Größen dritter Ordnung berücksichtigt, gleich der tangentialen Variation $d\varsigma$ der Sagittalschnittweiten für eine Änderung $d\mathfrak{u}$ der Hauptstrahlneigung.

Wir haben also die Formeln des Dreiecksfehlers anzuwenden auf das bei der Behandlung des Rinnenfehlers durch $d\mathfrak{u}$, $\mathfrak{t}$ gekennzeichnete Büschel und erhalten

$$\underset{\nu}{\varDelta}\,\frac{n}{f^2}\,d\varsigma = \frac{\mathfrak{t}_\nu\,d\mathfrak{u}_\nu}{\cos j_\nu}\,J_\nu\,\underset{\nu}{\varDelta}\left[\frac{1}{f^2} - \frac{\cos j}{r\,\mathfrak{t}}\right];$$

dabei sind für endliche Hauptstrahlneigungen die Werte für $\mathfrak{t}_\nu$ und $d\mathfrak{u}_\nu$ sukzessive der zum Rinnenfehler gemachten Rechnung zu entnehmen, und es ist nur zu beachten, daß

$$d\varsigma_\nu' = d\varsigma_{\nu+1}$$

gilt.

Für unendlich kleine Hauptstrahlneigungen ergibt sich

$$\underset{\nu}{\varDelta}\,\frac{n}{s^2}\,d\varsigma = -\,s_\nu\,d\mathfrak{u}_\nu\,y_\nu\,Q_{\nu x}\,Q_{\nu s}\,\underset{\nu}{\varDelta}\,\frac{1}{n\,s}$$

und wegen

$$s_\nu\,d\mathfrak{u}_\nu = \frac{s_\nu{}^2}{2}\,d\mathrm{v}_\nu\,\frac{Q_{\nu s}}{y_\nu\,Q_{\nu x}}$$

sowie

$$s_\nu'\,d\mathrm{v}_\nu' = s_\nu\,d\mathrm{v}_\nu$$

schließlich

$$\underset{\nu}{\varDelta}\,\frac{n}{s^4}\,\frac{d\varsigma}{d\mathrm{v}^2} = -\,\frac{1}{2}\,Q_{\nu s}^2\,\underset{\nu}{\varDelta}\,\frac{1}{n\,s},$$

woraus wir nach Anwendung der Rekursionsformel erhalten

$$\frac{L'_{III k}}{d\mathrm{v}_k'^2} = \mathfrak{a}_{fk} = \frac{d\varsigma_k'}{d\mathrm{v}_k'^2} = -\,\frac{1}{2}\,\frac{s_k'^4}{n_k'}\sum_{\nu=1}^{k}\left(\frac{h_\nu}{h_k}\right)^4 Q_{\nu s}^2\,\underset{\nu}{\varDelta}\,\frac{1}{n\,s}.$$

Unter Benutzung der Gleichung $n_k'\,\mathrm{v}_k'\,L'_{III k} = n_1\,\mathrm{v}_1\,L_{III}^{(k)}$ ergibt sich nun je nach Wahl der Bezeichnung entweder

$$L_{III}^{(k)} = -\,\frac{1}{2}\,\frac{s_1^4}{n_1^4}\,(n_1\,\mathrm{v}_1)^3\sum_{\nu=1}^{k}\left(\frac{h_\nu}{h_1}\right)^4 Q_{\nu s}^2\,\underset{\nu}{\varDelta}\,\frac{1}{n\,s}$$

oder

$$\frac{n_1 L_{III}^{(k)}}{s_1} = \frac{1}{2} \frac{M_1{}^3 s_1{}^3}{(x_1 - s_1)^3} \sum_{\nu=1}^{k} \left(\frac{h_\nu}{h_1}\right)^4 Q_{\nu s}^2 \underset{\nu}{\Delta} \frac{1}{ns}.$$

Für kleine Hauptstrahlneigungen w zeigen also diese vier ganz verschiedenen, auf die sphärische Aberration im engeren Sinne zurückzuführenden Fehlerausdrücke die Eigentümlichkeit eines gemeinsamen Koeffizienten. Er ist mit dem identisch, den wir beim Radius des Zerstreuungskreises eines Achsenpunkts gefunden hatten. Alle vier Ausdrücke der sphärischen Aberration verschwinden also gleichzeitig.

Die in den vorhergehenden Abschnitten entwickelten Methoden, bei endlichen Hauptstrahlneigungen die Zerstreuungslinien für Öffnungswinkel bis zur dritten Ordnung zu bestimmen, gestatten uns, über die Korrektion außeraxialer Punkte die folgenden Bemerkungen zu machen.

Während bei einem zentrierten sphärischen System die Lage des Objektpunkts auf der Achse eine bildseitige Strahlenvereinigung bis zu den Gliedern dritter Ordnung gewährleistet, müssen vier Bedingungen erfüllt sein, um für die Abbildung eines außeraxialen Punktes von endlichem Achsenabstande dieselbe Schärfe zu sichern. Unter diesen vier Bedingungen ist eine eine astigmatische, und die drei übrigen sind Komabedingungen.

Für einen sphärisch korrigierten Achsenpunkt, d. h. nach der Erfüllung einer einzigen Bedingungsgleichung, geht die Schärfe bis zu den Gliedern fünfter Ordnung. Um dieselbe Schärfe für das Bild eines außeraxialen Punkts von endlichem Achsenabstande zu sichern, muß man außer jenen vorgenannten vier Bedingungen noch weitere vier Bedingungen für die sphärische Aberration im engeren Sinne und fünf erweiterte Komabedingungen erfüllen. Diese letzterwähnten entsprechen den fünf Öffnungsgliedern

$$m^4; \quad m^3 M; \quad m^2 M^2; \quad m M^3; \quad M^4,$$

die mit der ersten Potenz von l Produkte fünften Grades bilden.

Für Punkte in nächster Nähe der Achse ist der Astigmatismus von selbst gehoben, die Beseitigung der sphärischen Aberration fällt mit der Hebung der sphärischen Aberration in der Achse zusammen, und die Erfüllung der acht Komabedingungen wird durch die Herbeiführung der Konstanz des Sinusverhältnisses geleistet; es bleiben also nur zwei Bedingungsgleichungen übrig.

8. Die Seidelsche Theorie der Aberrationen dritter Ordnung.

A. Die Kerbersche Ableitung der fünf Seidelschen Bildfehler.

Ersetzen wir in den für den allgemeinsten Fall der Brechung, den eines windschiefen Strahls, im II. Kapitel S. 62—64 entwickelten Kerberschen Formeln die trigonometrischen Funktionen durch ihre Reihenentwicklungen und berücksichtigen dabei nur Glieder dritten Grades, so erhalten wir schließlich die allgemeinsten Ausdrücke für die Abweichungen von den Gaussschen Werten, die bei Berücksichtigung der sphärischen Aberrationen in dem definierten Sinne möglich sind.

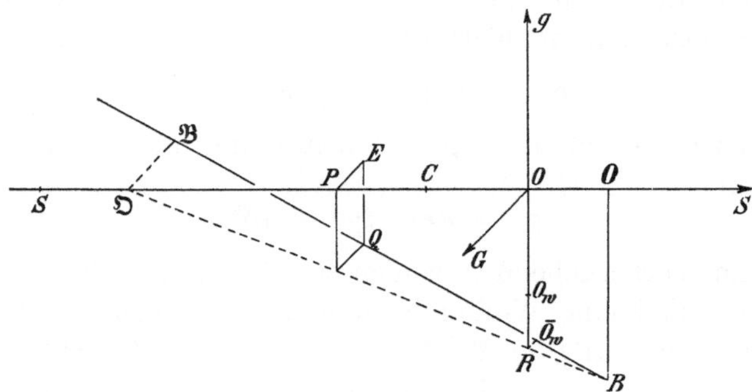

Fig. 79.

$$SC = r; \quad SO = s; \quad S\,O = s; \quad S\mathfrak{D} = S; \quad SP = x; \quad \mathfrak{D}\mathfrak{B} = L; \quad OB = l;$$
$$PE = M; \quad EQ = m; \quad O\,O_w = l = g; \quad OR = g; \quad R\overline{O}_w = G; \quad O\,O = \delta s.$$

Zur Kerberschen Ableitung der Seidelschen Bildfehler.

Solcher Ausdrücke sind drei vorhanden, und zwar wie man sich an der Fig. 79 versinnlichen kann, einmal der für die *longitudinale Abweichung δs*, wie wir sie z. B. im Falle der sphärischen Längsaberration für Achsenpunkte behandelt haben, sodann der für die *tangentiale δg* und der für die *sagittale δG*, wie sie in den einzelnen, vorher untersuchten Fällen bestimmt worden sind. Diese drei Abweichungen sollen hier der Reihe nach behandelt werden, und zwar wird es sich zeigen, daß die beiden uns namentlich interessierenden letzten Abweichungen durch sehr einfache Relationen mit der longitudinalen verbunden sind.

Die longitudinale Abweichung. Erinnern wir uns, daß wir im allgemeinen Falle die Bahnbestimmung eines windschiefen Strahls durch Einführung der Einfallsebene reduziert hatten auf die Bahnbestimmung eines in dieser Hilfsebene verlaufenden, von einem Achsenpunkte ausgehenden Strahles, so wird es offenbar angängig sein, hier von unserer Entwicklung der Longitudinalaberration $\mathfrak{a}$ für Achsenpunkte Gebrauch zu machen.

Unter Benutzung der Beziehung

$$s - s = \delta s = \mathfrak{a} u^2 = \mathfrak{a}\, \frac{r^2}{s^2}\, \varphi^2$$

läßt sich die S. 218 behandelte Invariante auch schreiben

$$Q_s = Q_s + \left[\frac{1}{2}\frac{Q_s{}^2}{n} s u^2 + \frac{n\delta s}{s^2}\right].$$

Dem Winkel u in diesem einfachen Falle entspricht in der Einfallsebene des windschiefen Strahles der Winkel v, der auf S. 64 durch die Beziehung definiert ist

$$\cos \mathrm{v} = \cos (\varepsilon - \gamma) \cos \delta,$$

die bei unserer Beschränkung auf dritte und niedrigere Potenzen übergeht in

$$d\mathrm{v}^2 = (d\varepsilon - d\gamma)^2 + d\delta^2.$$

Wie im Vorhergehenden wollen wir jetzt, wo wir wissen, daß es sich nur um kleine Winkel handelt, diese wieder mit v, ε, γ, δ bezeichnen. Da nun die Winkel v, ε, γ, δ nur im Quadrat vorkommen, so können wir bei ihren ersten Potenzen uns auf die Gaussschen Werte beschränken, d. h. in den spezialisierten Werten der S. 63

$$\varepsilon = \frac{l}{S-s};\quad \gamma = \frac{l}{r-s};\quad \delta = \frac{L}{s-S}$$

die fetten durch die mageren Größen ersetzen, da eine höhere Genauigkeit durch das Quadrieren doch verloren gehen würde. Also ergibt sich leicht

$$\varepsilon - \gamma = \frac{l(r-S)}{(S-s)(r-s)} \quad \text{und} \quad \delta = \frac{L}{s-S}$$

mithin

$$\mathrm{v}^2 = \left(\frac{r-S}{r-s}\right)^2 \left(\frac{l}{S-s}\right)^2 + \left(\frac{L}{S-s}\right)^2.$$

Wir eliminieren nun die auf $\mathfrak{B}$ bezüglichen Größen durch das Gleichungssystem

$$\frac{x-S}{s-S} = \frac{m}{l};\quad \frac{L}{M} = \frac{s-S}{s-x};\quad \frac{l}{l-m} = \frac{s-S}{s-x},$$

bei dem wir ebenfalls uns auf die Berücksichtigung der paraxialen Größen beschränken können. Unter Benutzung der Identität

$$r - S = r - x + x - S$$

erhalten wir

$$\mathrm{v}^2 = \left(\frac{r-x}{r-s}\frac{l-m}{x-s} - \frac{m}{r-s}\right)^2 + \left(\frac{M}{x-s}\right)^2$$

$$= \frac{m^2 + M^2}{(x-s)^2} - \frac{2\,ml}{(x-s)^2}\frac{x\,Q_x}{s\,Q_s} + \frac{l^2}{(x-s)^2}\frac{x^2\,Q_x^{\,2}}{s^2\,Q_s^{\,2}}$$

Da bei der Brechung die paraxialen Werte l, L, l', L' zum Kugelmittelpunkte perspektivisch bleiben, so gelten, wie man sich an der Figur 79 verdeutlichen kann, die folgenden Proportionen

$$\frac{l}{s-r} = \frac{l'}{s'-r}; \quad \frac{m}{x-r} = \frac{m'}{x'-r}; \quad \frac{M}{x-r} = \frac{M'}{x'-r},$$

und aus ihnen folgt, wie gleich hier bemerkt sein möge, daß die Größen

$$\frac{lx}{x-s}; \quad \frac{ms}{x-s}; \quad \frac{Ms}{x-s}$$

für die Brechung an der Fläche invariant sind. Unter Benutzung dieser Beziehung ergibt sich, daß $\mathrm{v}^2 s^2 = \mathrm{v}'^2 s'^2$, und wir können jetzt ohne weiteres für die auf S. 63 eingeführte Schnittweite

$$\mathfrak{s} = \mathfrak{s} + \delta\mathfrak{s} = s + \delta\mathfrak{s}$$

unsere Entwicklung benutzen und erhalten:

$$Q_\mathfrak{s} = Q_s + \frac{1}{2}\frac{Q_s^{\,2}}{n}s\mathrm{v}^2 + \frac{n\delta\mathfrak{s}}{s^2}$$

$$Q_\mathfrak{s} = Q_s + \frac{1}{2}\frac{Q_s^{\,2}}{n'}s'\mathrm{v}'^2 + \frac{n'\delta\mathfrak{s}'}{s'^2}$$

$$\Delta\frac{n\delta\mathfrak{s}}{s^2} = -\frac{1}{2}Q_s^{\,2}s^2\mathrm{v}^2\,\Delta\frac{1}{ns}$$

$$= -\frac{1}{2}\frac{m^2+M^2}{(x-s)^2}s^2Q_s^{\,2}\,\Delta\frac{1}{ns} + \frac{ml}{(x-s)^2}sxQ_sQ_x\,\Delta\frac{1}{ns}$$

$$-\frac{1}{2}\frac{l^2}{(x-s)^2}x^2Q_x^{\,2}\,\Delta\frac{1}{ns}.$$

Die so auf der Nebenachse bestimmte Longitudinalaberration muß nun noch auf die Hauptachse bezogen werden, und das geschieht durch die auf S. 64 abgeleitete Gleichung

$$s - r = (\mathfrak{s} - r)\cos\gamma = (\mathfrak{s} - r)\left(1 - \frac{\gamma^2}{2}\right).$$

Wie wir oben sahen, ist

$$\gamma = -\frac{l}{s - r},$$

und es ergibt sich:

$$s + \delta s - r = s + \delta\mathfrak{s} - r - (\mathfrak{s} - r)\frac{l^2}{2(s-r)^2}$$

$$= s + \delta\mathfrak{s} - r - (s - r)\frac{l^2}{2(s-r)^2}$$

oder

$$\frac{n\delta s}{s^2} = \frac{n\delta\mathfrak{s}}{s^2} - \frac{1}{2}\frac{l^2}{(x-s)^2}\frac{x^2}{rs}\frac{(Q_x - Q_s)^2}{Q_s}$$

und analog

$$\frac{n'\delta s'}{s'^2} = \frac{n'\delta\mathfrak{s}'}{s'^2} - \frac{1}{2}\frac{l^2}{(x-s)^2}\frac{x^2}{rs'}\frac{(Q_x - Q_s)^2}{Q_s}$$

$$\Delta\frac{n\delta s}{s^2} = \Delta\frac{n\delta\mathfrak{s}}{s^2} + \frac{1}{2}\frac{l^2 x^2}{(x-s)^2}(Q_x - Q_s)^2\frac{1}{r}\Delta\frac{1}{n}$$

$$= -\frac{1}{2}\frac{m^2 + M^2}{(x-s)^2}s^2 Q_s{}^2\,\Delta\frac{1}{ns} + \frac{ml}{(x-s)^2}s x Q_s Q_x\,\Delta\frac{1}{ns}$$

$$-\frac{1}{2}\frac{l^2 x^2}{(x-s)^2}\left[Q_x{}^2\,\Delta\frac{1}{ns} - (Q_x - Q_s)^2\frac{1}{r}\Delta\frac{1}{n}\right].$$

Die tangentiale Abweichung. Die tangentiale Abweichung $\boldsymbol{g} - g$ ist nach der Figur 79 $OR - OO_w$ und da $g = l$ ist, gegeben durch:

$$\delta g = \boldsymbol{g} - l.$$

Bezeichnen wir ferner

$$\delta l = \boldsymbol{l} - l = l - \boldsymbol{g} + \delta g,$$

so haben wir die Differenz $\boldsymbol{l} - \boldsymbol{g}$ durch die vorher entwickelte Longitudinalabweichung auszudrücken. Das geschieht durch die Proportionen:

$$\boldsymbol{m} : \boldsymbol{g} : \boldsymbol{l} = x - \boldsymbol{S} : s - \boldsymbol{S} : s - \boldsymbol{S},$$

also ist

$$\delta g = \delta l - \frac{\boldsymbol{m} - \boldsymbol{g}}{x - s}\delta s.$$

Für δl erhalten wir aber noch einen anderen Ausdruck aus:

$$l = (r - s)\,\mathrm{tg}\,\overline{\gamma}\,;\quad l = (r - s)\,\mathrm{tg}\,\gamma\,,$$

wo $\overline{\gamma}$ dem Werte von s entspricht und daraus

$$\delta l = (r - s)\,\delta\,\mathrm{tg}\,\gamma - \delta s\,\mathrm{tg}\,\overline{\gamma}\,,$$

mithin

$$\delta g = (r - s)\,\delta\,\mathrm{tg}\,\gamma - \delta s\left(\mathrm{tg}\,\overline{\gamma} + \frac{m - g}{x - s}\right),$$

und eine entsprechende Beziehung gilt auch für die gestrichenen Größen. In den Koeffizienten von δs können wir unbeschadet der von uns festgehaltenen Genauigkeit $\overline{\gamma}$ durch γ und die fetten Größen durch die mageren ersetzen und erhalten dann:

$$\mathrm{tg}\,\overline{\gamma} + \frac{m - g}{x - s} \sim \frac{1}{s}\left(\frac{ms}{x - s} - \frac{lx}{x - s}\frac{Q_x}{Q_s}\right).$$

Bilden wir nun, um in unserem Ausdrucke den Term $\dfrac{n\,\delta s}{s^2}$ wiederzufinden, $\dfrac{n\,\delta g}{s}$, so ergibt sich, daß sich $\overline{\gamma}$, γ bei der Brechung nicht ändern,

$$\frac{n\,\delta g}{s} = -\frac{Q_s}{r}\,\delta\,\mathrm{tg}\,\gamma - \frac{n\,\delta s}{s^2}\left(\frac{ms}{x - s} - \frac{lx}{x - s}\frac{Q_x}{Q_s}\right)$$

und

$$\frac{n'\,\delta g'}{s'} = -\frac{Q_s}{r}\,\delta\,\mathrm{tg}\,\gamma - \frac{n'\,\delta s'}{s'^2}\left(\frac{ms}{x - s} - \frac{lx}{x - s}\frac{Q_x}{Q_s}\right)$$

$$\Delta\frac{n\,\delta g}{s} = -\left(\frac{ms}{x - s} - \frac{lx}{x - s}\frac{Q_x}{Q_s}\right)\Delta\frac{n\,\delta s}{s^2}$$

$$= \frac{1}{2}\frac{(m^2 + M^2)\,m}{(x - s)^3}\,s^3 Q_s{}^2\,\Delta\frac{1}{ns} - \frac{1}{2}\frac{(3m^2 + M^2)\,l}{(x - s)^3}\,s^2 x\,Q_s Q_x\,\Delta\frac{1}{ns}$$

$$+ \frac{1}{2}\frac{m\,l^2}{(x - s)^3}\,s x^2\left[3\,Q_x{}^2\,\Delta\frac{1}{ns} - (Q_x - Q_s)^2\,\frac{1}{r}\,\Delta\frac{1}{n}\right]$$

$$- \frac{1}{2}\frac{l^3}{(x - s)^3}\,x^3\left[\frac{Q_x{}^3}{Q_s}\,\Delta\frac{1}{ns} - \frac{Q_x}{Q_s}(Q_x - Q_s)^2\,\frac{1}{r}\,\Delta\frac{1}{n}\right].$$

Die sagittale Abweichung. Die sagittale Abweichung ist nach der Figur 79 gegeben durch $R\overline{O}_w$

$$\delta G = G - 0 = G = \frac{M}{s - x}\,\delta s\,;$$

aus demselben Grunde wie vorher ersetzen wir in dem Koeffizienten von δs die fetten Größen durch die mageren und wählen wieder eine Form, bei der auf der rechten Seite $\dfrac{n\,\delta s}{s^2}$ erscheint:

$$\frac{n\,\delta G}{s} = -\frac{Ms}{x-s}\,\frac{n\,\delta s}{s^2}$$

also

$$\varDelta\,\frac{n\,\delta G}{s} = -\frac{Ms}{x-s}\,\varDelta\,\frac{n\,\delta s}{s^2}$$

$$= \frac{1}{2}\frac{(m^2+M^2)\,M}{(x-s)^3}\,s^3\,Q_s^{\,2}\,\varDelta\,\frac{1}{ns} - \frac{mMl}{(x-s)^3}\,s^2\,x\,Q_s\,Q_x\,\varDelta\,\frac{1}{ns}$$

$$+ \frac{1}{2}\frac{Ml^2}{(x-s)^3}\,s\,x^2\left[\,Q_x^{\,2}\,\varDelta\,\frac{1}{ns} - (Q_x-Q_s)^2\,\frac{1}{r}\,\varDelta\,\frac{1}{n}\,\right].$$

Diese Differenzenausdrücke liefern uns wieder Rekursionsformeln in folgender Weise. Wir lassen den Flächenindex heraustreten und erhalten

$$\varDelta_\nu\,\frac{n\,\delta g}{s} = A_\nu; \quad \varDelta_\nu\,\frac{n\,\delta G}{s} = B_\nu,$$

wobei A_ν aus vier, B_ν aus drei Summanden gebildet ist. Nehmen wir nun an, daß vor einem System von k Flächen das Objekt aberrationsfrei war, daß also

$$\delta g_1 = 0; \quad \delta G_1 = 0$$

galt, so erhalten wir aus

$$n_k{}'\,\frac{\delta g_k{}'}{s_k{}'} = n_k\,\frac{\delta g_k}{s_k} + A_k; \quad n_k{}'\,\frac{\delta G_k{}'}{s_k{}'} = n_k\,\frac{\delta G_k}{s_k} + B_k$$

schließlich

$$n_k{}'\,\frac{\delta g_k{}'}{s_k{}'} = \frac{h_1}{h_k}\sum_{\nu=1}^{k}\frac{h_\nu}{h_1}\,A_\nu; \quad n_k{}'\,\frac{\delta G_k{}'}{s_k{}'} = \frac{h_1}{h_k}\sum_{\nu=1}^{k}\frac{h_\nu}{h_1}\,B_\nu.$$

Projizieren wir nun die tangentiale (sagittale) Abweichung $\delta g_k{}'$ $(\delta G_k{}')$ durch tangentiale (sagittale) Büschel in bekannter Weise in das Objekt zurück, so erhalten wir schließlich für die tangentiale Abweichungslinie

$$\frac{n_1\,\delta g_1^{(k)}}{s_1} = \frac{1}{2}\frac{(m_1{}^2+M_1{}^2)\,m_1}{(x_1-s_1)^3}\,s_1{}^3\sum_{\nu=1}^{k}\left(\frac{h_\nu}{h_1}\right)^4 Q_{\nu s}^{\,2}\,\varDelta_\nu\,\frac{1}{ns}$$

$$- \frac{1}{2}\frac{(3m_1{}^2+M_1{}^2)\,l_1}{(x_1-s_1)^3}\,s_1{}^2\,x_1\sum_{\nu=1}^{k}\left(\frac{h_\nu}{h_1}\right)^3\frac{y_\nu}{y_1}\,Q_{\nu s}\,Q_{\nu x}\,\varDelta_\nu\,\frac{1}{ns}$$

$$+ \frac{1}{2} \frac{m_1 l_1^2}{(x_1 - s_1)^3} s_1 x_1^2 \sum_{\nu=1}^{k} \left(\frac{h_\nu}{h_1}\right)^2 \left(\frac{y_\nu}{y_1}\right)^2 \left[3 Q_{\nu x}^2 \underset{\nu}{\Delta} \frac{1}{ns} - (Q_{\nu x} - Q_{\nu s})^2 \frac{1}{r_\nu} \underset{\nu}{\Delta} \frac{1}{n} \right]$$

$$- \frac{1}{2} \frac{l_1^3}{(x_1 - s_1)^3} x_1^3 \sum_{\nu=1}^{k} \frac{h_\nu}{h_1} \left(\frac{y_\nu}{y_1}\right)^3 \left[\frac{Q_{\nu x}^3}{Q_{\nu s}} \underset{\nu}{\Delta} \frac{1}{ns} - \frac{Q_{\nu x}}{Q_{\nu s}} (Q_{\nu x} - Q_{\nu s})^2 \frac{1}{r_\nu} \underset{\nu}{\Delta} \frac{1}{n} \right]$$

und für die sagittale

$$\frac{n_1 \delta G_1^{(k)}}{s_1} = \frac{1}{2} \frac{(m_1^2 + M_1)^2 M_1}{(x_1 - s_1)^3} s_1^3 \sum_{\nu=1}^{k} \left(\frac{h_\nu}{h_1}\right)^4 Q_{\nu s}^2 \underset{\nu}{\Delta} \frac{1}{ns}$$

$$- \frac{m_1 M_1 l_1}{(x_1 - s_1)^3} s_1^2 x_1 \sum_{\nu=1}^{k} \left(\frac{h_\nu}{h_1}\right)^3 \frac{y_\nu}{y_1} Q_{\nu s} Q_{\nu x} \underset{\nu}{\Delta} \frac{1}{ns}$$

$$+ \frac{1}{2} \frac{M_1 l_1^2}{(x_1 - s_1)^3} s_1 x_1^2 \sum_{\nu=1}^{k} \left(\frac{h_\nu}{h_1}\right)^2 \left(\frac{y_\nu}{y_1}\right)^2 \left[Q_{\nu x}^2 \underset{\nu}{\Delta} \frac{1}{ns} - (Q_{\nu x} - Q_{\nu s})^2 \frac{1}{r_\nu} \underset{\nu}{\Delta} \frac{1}{n} \right]$$

Stellt man eine Vergleichung mit dem Vorhergehenden an, so zeigt sich, daß die Gleichungen bestehen

$$\delta g_1^{(k)} = l_3^{(k)} + l_{III}^{(k)} + l_2^{(k)} + l_{II}^{(k)} + l_1^{(k)} + l_0^{(k)}$$

und

$$\delta G_1^{(k)} = L_3^{(k)} + L_{III}^{(k)} + L_2^{(k)} + L_1^{(k)}.$$

Durch die Übereinstimmung der Resultate dieser beiden ganz verschiedenen Entwicklungen erhalten wir eine weitere Bestätigung ihrer Vollständigkeit.

B. Die Seidelschen Bildfehler deformierter Flächen.

Führen wir eine Deformation der Kugelfläche durch die Bestimmung ein, daß wir an jedem Punkte B des Tangentialschnittes mit dem Bogen b den Radius um eine bestimmte Größe Σ verlängern, wie das auf S. 25 und 26 im allgemeinen angegeben wurde, und ist der Ausdruck für diese radiale Verlängerung von der Form

$$\Sigma = \frac{1}{4} \varkappa b^4 = \frac{1}{4} \varkappa r^4 \varphi^4,$$

so sieht man leicht ein, wenn man in Fig. 80 durch B zu der neuen Meridiankurve eine Parallele zieht, daß für kleine Neigungswinkel die Neigung ϑ der neuen Normalen gegen den Kreisradius gegeben ist durch

$$\vartheta = \frac{d\Sigma}{db}$$

$$= \varkappa b^3 = \varkappa r^3 \varphi^3.$$

Wie man ohne weiteres aus Figur 81 sieht, entspricht dieser Neigungsänderung ϑ der Normalen eine Richtungsänderung η' des gebrochenen Strahls vom Betrage

$$\eta' = i' - i' - \vartheta$$

$$= \frac{n - n'}{n'}\,\vartheta = \frac{n - n'}{n'}\,\varkappa r^3 \varphi^3$$

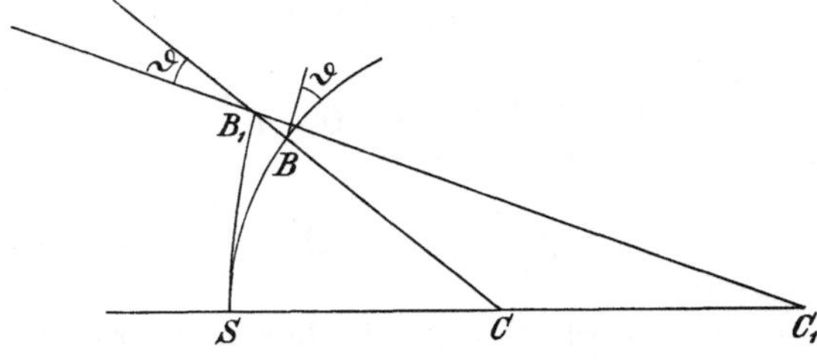

Fig. 80.

$$\widehat{SB} = b; \quad BB_1 = \Sigma.$$

Zu den SEIDELschen Bildfehlern deformierter Flächen.

und daher eine Verschiebung des Bildpunkts in der GAUSSschen Bildebene von der Größe

$$s'\eta' = \frac{n - n'}{n'}\,\varkappa r^3 \varphi^3 s'\,,$$

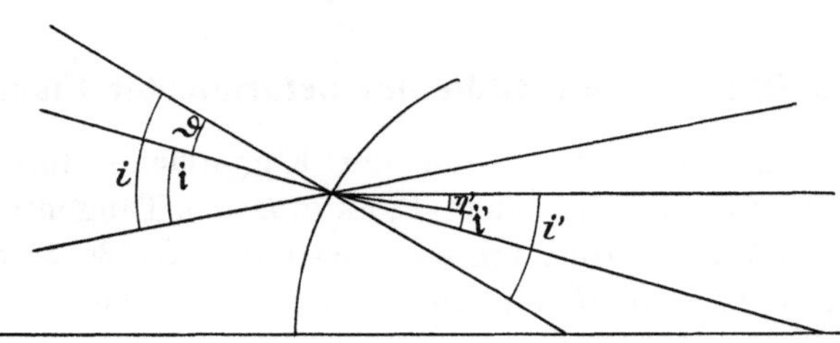

Fig. 81.

Die Richtungsänderung η' des gebrochenen Strahls bei deformierten Flächen.

die sich in tangentiale und sagittale Komponenten $\delta\mathfrak{g}'$ und $\delta\mathfrak{G}'$ zerlegen läßt, so daß wir erhalten

$$s'\eta' = \sqrt{\delta\mathfrak{g}'^2 + \delta\mathfrak{G}'^2}\,.$$

Ganz entsprechend kann man mit dem Bogen b vorgehen, dessen Komponenten $\mathbf{h}$ und $\mathbf{H}$ sein mögen:

$$r\varphi = \sqrt{\mathbf{h}^2 + \mathbf{H}^2}.$$

Mithin erhalten wir

$$\frac{n'\,\delta\mathfrak{g}'}{s'} = (n - n')\,\varkappa\,(\mathsf{h}^2 + \mathsf{H}^2)\,\mathsf{h}$$

$$\frac{n'\,\delta\mathfrak{G}'}{s'} = (n - n')\,\varkappa\,(\mathsf{h}^2 + \mathsf{H}^2)\,\mathsf{H}.$$

Nun ist offenbar nach Figur 79

$$\frac{\mathsf{h}}{l} = \frac{S\mathfrak{D}}{O\mathfrak{D}} = \frac{S}{S - s},$$

und eliminieren wir hieraus unter Benutzung der Beziehung

$$\frac{S - x}{S - s} = \frac{m}{l}$$

die Größe S, so ergibt sich

$$\mathsf{h} = \frac{lx - ms}{x - s},$$

während ohne weiteres gilt

$$\mathsf{H} = -\frac{Ms}{x - s}.$$

Daraus folgt denn zunächst

$$\mathsf{h}^2 + \mathsf{H}^2 = \frac{(m^2 + M^2)\,s^2 - 2mlsx + l^2x^2}{(x - s)^2}$$

und dann

$$\frac{n\,\delta\mathfrak{g}'}{s'} = \frac{(m^2 + M^2)\,ms^3\varkappa\,\Delta n - (3m^2 + M^2)\,lxs^2\varkappa\,\Delta n + 3ml^2sx^2\varkappa\,\Delta n - l^3x^3\varkappa\,\Delta n}{(x - s)^3}$$

sowie

$$\frac{n\,\delta\mathfrak{G}'}{s'} = \frac{(m^2 + M^2)\,Ms^3\varkappa\,\Delta n - 2mMls^2x\varkappa\,\Delta n + Ml^2sx^2\varkappa\,\Delta n}{(x - s)^3}.$$

Es bleibt nun nur noch übrig, unter Benutzung dieser Beziehungen als Rekursionsformeln einen Summenausdruck dafür herzuleiten, daß Deformationen an allen Flächen angebracht sind. Benutzen wir die im Anfang dieses Abschnitts angegebenen Beziehungen zwischen den gestrichenen und den ungestrichenen Größen, so kommt man zu folgenden Ausdrücken für die tangentiale und die sagittale Abweichung, wie gewöhnlich, in das Objekt projiziert:

$$\frac{n_1 \,\delta g_1^{(k)}}{s_1} = \frac{(m_1{}^2 + M_1{}^2)\,m_1}{(x_1 - s_1)^3}\, s_1{}^3 \sum_{\nu=1}^{k} \left(\frac{h_\nu}{h_1}\right)^4 \varkappa_\nu \mathop{\Delta n}_{\nu}$$

$$- \frac{(3\,m_1 + M_1{}^2)\,l_1}{(x_1 - s_1)}\, s_1{}^2 x_1 \sum_{\nu=1}^{k} \left(\frac{h_\nu}{h_1}\right)^3 \frac{y_\nu}{y_1} \varkappa_\nu \mathop{\Delta n}_{\nu}$$

$$+ \frac{3\,m_1\, l_1{}^2}{(x_1 - s_1)^3}\, s_1\, x_1{}^2 \sum_{\nu=1}^{k} \left(\frac{h_\nu}{h_1}\right)^2 \left(\frac{y_\nu}{y_1}\right)^2 \varkappa_\nu \mathop{\Delta n}_{\nu}$$

$$- \frac{l_1{}^3}{(x_1 - s_1)^3}\, x_1{}^3 \sum_{\nu=1}^{k} \frac{h_\nu}{h_1} \left(\frac{y_\nu}{y_1}\right)^3 \varkappa_\nu \mathop{\Delta n}_{\nu}$$

$$\frac{n_1 \,\delta \mathfrak{G}_1^{(k)}}{s_1} = \frac{(m_1{}^2 + M_1{}^2)\,M_1}{(x_1 - s_1)^3}\, s_1{}^3 \sum_{\nu=1}^{k} \left(\frac{h_\nu}{h_1}\right)^4 \varkappa_\nu \mathop{\Delta n}_{\nu}$$

$$- \frac{2\,m_1\, M_1\, l_1}{(x_1 - s_1)^3}\, s_1{}^2 x_1 \sum_{\nu=1}^{k} \left(\frac{h_\nu}{h_1}\right)^3 \frac{y_\nu}{y_1} \varkappa_\nu \mathop{\Delta n}_{\nu}$$

$$+ \frac{M_1\, l_1{}^2}{(x_1 - s_1)^3}\, s_1\, x_1{}^2 \sum_{\nu=1}^{k} \left(\frac{h_\nu}{h_1}\right)^2 \left(\frac{y_\nu}{y_1}\right) \varkappa_\nu \mathop{\Delta n}_{\nu}\,.$$

Sie sind den ähnlich gebauten Formeln hinzuzufügen, die wir für die Abweichung an Kugelflächen erhalten hatten, so daß beispielsweise die ganze tangentiale Abweichung durch

$$\frac{n_1}{s_1}\left[\delta g_1^{(k)} + \delta \mathfrak{g}_1^{(k)}\right]$$

dargestellt wird.

Man sieht aus den Ausdrücken ohne weiteres, daß die Deformation der Kugelflächen auf die Bildfehler der sphärischen Aberration, der Koma, des Astigmatismus und der Verzeichnung wirkt, allein der die Bildfeldkrümmung nach der Hebung des Astigmatismus darstellende Ausdruck bleibt vollständig ungeändert.

Sind, wie es in der Regel der Fall sein wird, nicht alle Flächen deformiert, so hat man, wenn die ν-te Fläche sphärisch ist, $\varkappa_\nu = 0$ zu setzen.

C. Die SEIDELschen Eliminationsformeln.

Die oben angegebenen SEIDEL-KERBERschen Ausdrücke für die sagittale und die tangentiale Zerstreuungslinie enthalten zwei Systeme von Größen, die voneinander nicht unabhängig sind. Es sind das die Größen s_ν, h_ν auf der einen, x_ν, y_ν auf der andern Seite, wie sie eben zu den beiden Objektpunkten s_1 und x_1 gehören. Nicht notwendigerweise aber in der Regel werden wir die Entfernung der vor der μ-ten Fläche des Systems stehenden Blende von dieser Fläche mit x_μ bezeichnen, so daß, da wir unter s_1 stets die Entfernung eines Objektpunkts im eigentlichen Sinne verstehen, sich die in der Formel vorkommenden Größen auf die Orte des Objekts und der Systemblende sowie ihrer Bilder beziehen.

L. Seidel (2.) hat das Verdienst, gezeigt zu haben, daß man in den allgemeinen Formeln die Elimination des einen Systems dieser Größen durchführen kann. Die dazu nötigen Beziehungen sind weiter oben auf S. 145 und 146 angegeben worden.

Die Fehlerausdrücke als Funktionen der s, h-Werte. Beschäftigen wir uns zunächst mit der Elimination der x, y-Werte, so bemerken wir, daß der Ausdruck für die sphärische Aberration von ihnen gänzlich frei ist. Sie treten zuerst in der für die Koma geltenden Formel auf. Führen wir die Abkürzung ein

$$S_\nu = D_{xs}\left[\left(\frac{h_1}{h_\nu'}\right)^2 \frac{1}{Q_{\nu s}} + h_1{}^2 \sum_{\lambda=2}^{\nu} \frac{d_{\lambda-1}}{n_{\lambda-1}' h_\lambda h_{\lambda-1}}\right],$$

so wissen wir, daß S_ν durch D_{xs} teilbar ist, wo

$$D_{xs} = \frac{1}{s_1} - \frac{1}{x_1}$$

nur noch von den Konstanten vor der ersten Brechung abhängig ist, und es läßt sich der Komakoeffizient schreiben

$$\mathrm{Kom}_s = \sum_{\nu=1}^{k} \left(\frac{h_\nu}{h_1}\right)^3 \frac{y_\nu}{y_1} Q_{\nu s} Q_{\nu x} \underset{\nu}{\Delta} \frac{1}{ns} = \sum_{\nu=1}^{k} \left(\frac{h_\nu}{h_1}\right)^4 Q_{\nu s}^2 \underset{\nu}{\Delta} \frac{1}{ns} [1 + S_\nu].$$

Es ist das eine Form, aus der man erkennt, daß das erste Glied auf der rechten Seite die sphärische Aberration für den Objektpunkt s_1 ist.

Für den Fall eines sphärisch korrigierten Systems geht, wie wir oben gesehen haben, der Ausdruck für die Koma über in den für die Sinusbedingung

$$\mathrm{Sinb}_s = [\mathrm{Kom}_s - \mathrm{Sph}_s] \underset{\mathrm{Sph}_s = 0}{=} \sum_{\nu=1}^{k} \left(\frac{h_\nu}{h_1}\right)^4 Q_{\nu s}^2 \underset{\nu}{\Delta} \frac{1}{ns} S_\nu .$$

Ganz ähnlich wie Kom_s lassen sich auch die Koeffizienten der anderen Bildfehler umgestalten, und so ergibt sich für die Bildfeldkrümmung der sagittalen Büschel

$$f\text{-Krüm}_s = \sum_{\nu=1}^{k} \left(\frac{h_\nu}{h_1}\right)^2 \left(\frac{y_\nu}{y_1}\right)^2 \left[Q_{\nu x}^2 \underset{\nu}{\Delta} \frac{1}{ns} - (Q_{\nu x} - Q_{\nu s})^2 \frac{1}{r_\nu} \underset{\nu}{\Delta} \frac{1}{n}\right]$$

$$= \sum_{\nu=1}^{k} \left(\frac{h_\nu}{h_1}\right)^4 Q_{\nu s}^2 \underset{\nu}{\Delta} \frac{1}{ns} [1 + S_\nu]^2 - D_{xs}^2 \sum_{\nu=1}^{k} \frac{1}{r_\nu} \underset{\nu}{\Delta} \frac{1}{n}$$

und für die Verzeichnung

$$\mathrm{Verz}_s = \sum_{\nu=1}^{k} \frac{h_\nu}{h_1}\left(\frac{y_\nu}{y_1}\right)^3 \left[\frac{Q_{\nu x}^3}{Q_{\nu s}}\,\underset{\nu}{\Delta}\,\frac{1}{ns} - \frac{Q_{\nu x}}{Q_{\nu s}}(Q_{\nu x}-Q_{\nu s})^2 \frac{1}{r_\nu}\,\underset{\nu}{\Delta}\,\frac{1}{n}\right]$$

$$= \sum_{\nu=1}^{k}\left(\frac{h_\nu}{h_1}\right)^4 Q_{\nu s}^2\,\underset{\nu}{\Delta}\,\frac{1}{ns}[1+S_\nu]^3 - D_{xs}^2 \sum_{\nu=1}^{k}\frac{1}{r_\nu}\,\underset{\nu}{\Delta}\,\frac{1}{n}[1+S_\nu].$$

Man ist mittels dieser Ausdrücke in den Stand gesetzt, den Einfluß zu übersehen, den die Verschiebung der Blende auf den Korrektionszustand der Bildfehler außer der Achse ausübt, und zwar sieht man unmittelbar, daß die Koma eine Funktion ersten, der Astigmatismus eine solche zweiten und schließlich die Verzeichnung eine Funktion dritten Grades von D_{xs} ist.

Bei eingehender Betrachtung findet man, daß die nach x_1 genommenen Differentialquotienten der tangentialen Bildfehler Verzeichnung, Bildkrümmung im Meridianschnitte und Koma, die in dem Ausdrucke für $\dfrac{n\,\delta g_1^{(k)}}{s_1}$ als 4., 3. und 2. Glied auftreten, je den Ausdruck für den Fehler nächst niedrigerer Ordnung in l enthalten.

Der hier angedeutete Zusammenhang läßt sich in folgendem Algorithmus zum Ausdrucke bringen, wo

$$V = -\frac{x_1^{\,3}}{2(x_1-s_1)^3}\sum_{\nu=1}^{k}\frac{h_\nu}{h_1}\left(\frac{y_\nu}{y_1}\right)^3 \left[\frac{Q_{\nu x}^3}{Q_{\nu s}}\,\underset{\nu}{\Delta}\,\frac{1}{ns} - \frac{Q_{\nu x}}{Q_{\nu s}}(Q_{\nu x}-Q_{\nu s})^2 \frac{1}{r_\nu}\,\underset{\nu}{\Delta}\,\frac{1}{n}\right]$$

gesetzt ist:

4. Glied von $\dfrac{n\,\delta g_1^{(k)}}{s_1} = (s_1-x_1)^2\,l_1^{\,3}\,\dfrac{V}{(s_1-x_1)^2}$,

3. Glied von $\dfrac{n\,\delta g_1^{(k)}}{s_1} = (s_1-x_1)\,m_1\,l_1^{\,2}\,\dfrac{\partial V}{\partial x_1}$,

2. Glied von $\dfrac{n\,\delta g_1^{(k)}}{s_1} = \dfrac{(3m_1^{\,2}+M_1^{\,2})\,l_1}{6}\,\dfrac{\partial}{\partial x_1}\left[(s_1-x_1)^2\,\dfrac{\partial V}{\partial x_1}\right]$,

1. Glied von $\dfrac{n\,\delta g_1^{(k)}}{s_1} = \dfrac{(m_1^{\,2}+M_1^{\,2})\,m_1}{s_1-x_1}\,\dfrac{\partial}{\partial x_1}\left\{(s_1-x_1)^2\,\dfrac{\partial}{\partial x_1}\left[(s_1-x_1)^2\,\dfrac{\partial V}{\partial x_1}\right]\right\}.$

Die Fehlerausdrücke als Funktionen der x, y-Werte. Wir können jedoch auch die Größen s_ν und h_ν aus den Fehlerausdrücken eliminieren und führen zu diesem Zwecke die Größe ein

$$X_\nu = D_{xs}\left[\left(\frac{y_1}{y_\nu}\right)^2 \frac{1}{Q_{\nu x}} + y_1^{\,2}\sum_{\lambda=2}^{\nu}\frac{d_{\lambda-1}}{n'_{\lambda-1}\,y_\lambda\,y_{\lambda-1}}\right].$$

Alsdann ergibt sich für die Verzeichnung in der in der Entfernung s_1 errichteten Objektebene

$$\mathrm{Verz}_s = \sum_{\nu=1}^{k} \left(\frac{y_\nu}{y_1}\right)^4 Q_{\nu x}^2 \,\underset{\nu}{\varDelta}\, \frac{1}{nx}\,[1-X_\nu] + 2D_{xs} \sum_{\nu=1}^{k} \left(\frac{y_\nu}{y_1}\right)^2 Q_{\nu x} \,\underset{\nu}{\varDelta}\, \frac{1}{nx}$$

$$+ D_{xs} \sum_{\nu=1}^{k} \left(\frac{y_\nu}{y_1}\right)^2 Q_{\nu x}{}^2 \,\underset{\nu}{\varDelta}\, \frac{1}{n^2}\,.$$

Die beiden letzten Summanden lassen sich unter Benutzung der S. 133 aufgeführten Formeln zusammenziehen, und wir erhalten dadurch

$$\mathrm{Verz}_s = \sum_{\nu=1}^{k} \left(\frac{y_\nu}{y_1}\right)^4 Q_{\nu x}^2 \,\underset{\nu}{\varDelta}\, \frac{1}{nx}\,[1-X_\nu] - D_{xs} \sum_{\nu=1}^{k} \left(\frac{y_\nu}{y_1}\right)^2 \,\underset{\nu}{\varDelta}\, \frac{1}{x^2}\,.$$

Diese letzte Summe ist so beschaffen, daß in zwei aufeinander folgenden Binomen sich die benachbarten Glieder gegenseitig aufheben, so daß nur das erste und das letzte Glied dieser ganzen Summe übrig bleiben. Es ergibt sich also schließlich

$$\mathrm{Verz}_s = \sum_{\nu=1}^{k} \left(\frac{y_\nu}{y_1}\right)^4 Q_{\nu x}^2 \,\underset{\nu}{\varDelta}\, \frac{1}{nx}\,[1-X_\nu] - D_{xs}\,\mathfrak{D}_{k1}\,,$$

wo

$$\mathfrak{D}_{k1} = \frac{y_k{}^2}{y_1{}^2}\,\frac{1}{x_k'^2} - \frac{1}{x_1{}^2}$$

bedeutet.

Mittels ganz ähnlicher Zusammenfassungen erhalten wir

$$\textit{f-}\mathrm{Krüm}_s = \sum_{\nu=1}^{k} \left(\frac{y_\nu}{y_1}\right)^4 Q_{\nu x}^2 \,\underset{\nu}{\varDelta}\, \frac{1}{nx}\,[1-X_\nu]^2 - D_{xs} \sum_{\nu=1}^{k} \left(\frac{y_\nu}{y_1}\right)^2 \,\underset{\nu}{\varDelta}\, \frac{1}{x^2}\,[1-X_\nu]$$

$$+ D_{xs}^2 \sum_{\nu=1}^{k} \frac{1}{r_\nu} \,\underset{\nu}{\varDelta}\, \frac{1}{n}\,,$$

$$\mathrm{Kom}_s = \sum_{\nu=1}^{k} \left(\frac{y_\nu}{y_1}\right)^4 Q_{\nu x}^2 \,\underset{\nu}{\varDelta}\, \frac{1}{nx}\,[1-X_\nu]^3 - D_{xs} \sum_{\nu=1}^{k} \left(\frac{y_\nu}{y_1}\right)^2 \,\underset{\nu}{\varDelta}\, \frac{1}{x^2}\,[1-X_\nu]^2$$

$$+ D_{xs}^2 \sum_{\nu=1}^{k} \frac{1}{r_\nu} \,\underset{\nu}{\varDelta}\, \frac{1}{n}\,[1-X_\nu]\,,$$

$$\mathrm{Sph}_s = \sum_{\nu=1}^{k} \left(\frac{y_\nu}{y_1}\right)^4 Q_{\nu x}^2 \,\underset{\nu}{\varDelta}\, \frac{1}{nx}\,[1-X_\nu]^4 - D_{xs} \sum_{\nu=1}^{k} \left(\frac{y_\nu}{y_1}\right)^2 \,\underset{\nu}{\varDelta}\, \frac{1}{x^2}\,[1-X_\nu]^3$$

$$+ D_{xs}^2 \sum_{\nu=1}^{k} \frac{1}{r_\nu} \,\underset{\nu}{\varDelta}\, \frac{1}{n}\,[1-X_\nu]^2\,.$$

Faßt man x_ν als den Abstand des Blendenorts auf, so ist man durch diese Ausdrücke in den Stand gesetzt, zu übersehen, wie die

Korrektion des Systems durch die Änderung des Objektabstandes s_1 beeinflußt wird, da dieser nur in der Größe D_{xs} vorkommt. Man sieht ein, daß die Ausdrücke für Verzeichnung, Bildfeldkrümmung der Sagittalstrahlen, Koma und sphärische Aberration Funktionen sind, die, vom ersten anfangend, immer einen um eins höheren Grad in D_{xs} besitzen. Faßt man aber x_1 auf als den Abstand eines zweiten Objektpunkts, so sind hier die verschiedenen Bildfehler für eine bestimmte Objektentfernung s_1 ausgedrückt durch die zu einer zweiten Objektentfernung gehörenden Elemente x_ν, y_ν und D_{xs}, die Differenz der Reziproken der beiden Objektabstände.

Der SEIDELsche Beweis für die Unvereinbarkeit konstanten Sinusverhältnisses mit der Erfüllung der HERSCHELschen Bedingung. Fassen wir in der zuletzt abgeleiteten Formelreihe x_1 als einen zweiten Objektabstand auf, nehmen beide Objektpunkte sehr nahe aneinander an und entwickeln den Ausdruck für die sphärische Korrektion für s_1 nach Potenzen von D_{xs}, wobei wir unter Festhaltung an unserer Voraussetzung bei der ersten Potenz abbrechen können, so erhalten wir, wenn wir beachten, daß wir schreiben künnen,

$$D_{xs} = - D_{sx}$$

leicht den Ausdruck

$$\mathrm{Sph}_s = \sum_{\nu=1}^{k} \left(\frac{y_\nu}{y_1}\right)^4 Q_{\nu x}^2 \, \underset{\nu}{\varDelta} \, \frac{1}{nx} + 4 D_{sx} \sum_{\nu=1}^{k} \left(\frac{y_\nu}{y_1}\right)^4 Q_{\nu x}^2 \, \underset{\nu}{\varDelta} \, \frac{1}{nx} \left[\left(\frac{y_1}{y_k}\right)^2 \frac{1}{Q_{\nu x}} \right.$$

$$\left. + y_1{}^2 \sum_{\lambda=2}^{\nu} \frac{d_{\lambda-1}}{n'_{\lambda-1}\, y_\lambda\, y_{\lambda-1}} \right] - D_{xs}\, \mathfrak{D}_{k1} \, .$$

Benutzen wir jetzt die erste Formelfolge, so ergibt sich

$$\mathrm{Sph}_s = \mathrm{Sph}_x + 4\,[\mathrm{Kom}_x - \mathrm{Sph}_x] - D_{xs}\, \mathfrak{D}_{k1} \, .$$

Besteht nun für den Punkt x_1 sphärische Korrektion, so wird der zweite Term der rechten Seite zur Sinusbedingung und wir erhalten, wenn wir annehmen, daß für den Punkt x_1 auch aplanatische Korrektion bestehe,

$$\mathrm{Sph}_s = - D_{xs}\, \mathfrak{D}_{k1} \, .$$

Soll nun Sph_s verschwinden, so muß

$$\mathfrak{D}_{k1} = \frac{1}{y_1{}^2} \left[\frac{y_k{}^2}{x_k'{}^2} - \frac{y_1{}^2}{x_1{}^2} \right] = 0$$

gelten.

Dieser Ausdruck verschwindet aber nur dann, wenn wie bei einem für Sterne benutzten und auf unendlich eingestellten Fernrohre

$$x_1 = x_k{}' = \infty$$

ist, oder wenn

$$\frac{y_k}{x_k{}'} = \pm \frac{y_1}{x_1}$$

gilt, d. h. sobald

$$u_k{}' = \pm u_1 \, .$$

Das ist aber nur dann der Fall, wenn der Objektpunkt im vorderen Knotenpunkte oder im Abstande der Brennweite vom Brennpunkte gelegen ist, d. h. bei virtueller oder reeller Abbildung in natürlicher Größe.

Fassen wir alles zusammen, so können wir sagen, im allgemeinen, d. h. abgesehen von den eben aufgeführten drei Fällen, ist der einem aplanatischen Punkte x_1 benachbarte Objektpunkt s_1 mit sphärischer Aberration behaftet, die Erfüllung der Sinusbedingung mit der der Herschelschen also nicht vereinbar. Dieses Resultat stimmt vollständig mit dem auf S. 300 ausgesprochenen überein.

Ein ganz entsprechender Beweis läßt sich für die Variationen der übrigen Bildfehler mit dem Objektabstande führen.

Soll demnach für die Nachbarschaft eines sphärisch korrigierten Punkts die Variation der Koma, der Bildfeldkrümmung und der Verzeichnung fortfallen, so darf dafür kein aplanatischer Punkt gewählt werden.

D. Die Bildfehler von hemi- und holosymmetrischen Systemen.

Versteht man unter einem hemisymmetrischen System eine aus zwei Teilen zusammengesetzte Kombination, bei der alle Konstanten (Radien, Dicken, Blendenabstände) des einen den m-fachen Betrag der ihnen im andern entsprechenden haben, so lassen sich gleich im Anfange verschiedene Folgerungen für die Nullinvarianten ziehen. Wir bemerken gleich hier, daß das hemisymmetrische zu einem holosymmetrischen System wird, wenn man $m = 1$ setzt.

Betrachten wir zunächst jede Hälfte für sich genommen bei parallelem Strahlengange (dabei muß das erste System herumgedreht werden), so erhalten wir für jedes der beiden Teilsysteme I und II

$$\text{I} \qquad\qquad \text{II (in } m\text{-fachem Maßstabe)}$$

$$
\begin{aligned}
s_1 &= \infty & s_1 &= \infty \\
s_1' & & m\,s_1' \\
s_2 & & m\,s_2 \\
&\cdot & &\cdot \\
&\cdot & &\cdot \\
&\cdot & &\cdot \\
s_l' & & m\,s_l'
\end{aligned}
$$

und natürlich auch

$$Q_{\nu\,s} \qquad\qquad \frac{1}{m}\,Q_{\nu\,s}\,.$$

Drehen wir jetzt das erste Halbsystem herum und setzen es vor das zweite, so daß nunmehr in dem Blendenraume paralleler Strahlengang herrscht, so erhalten alle mit einem Zeichen versehenen Elemente, also auch die Schnittweiten, das entgegengesetzte Zeichen; ferner werden die gestrichenen Größen des ersten Teilsystems zu ungestrichenen und umgekehrt. An die Stelle des alten Index $_\nu$ tritt nun $_{l+1-\nu}$ im ersten und $_{l+\nu}$ im zweiten Teilsystem, und wir erhalten für die beiden Systemteile, wenn nach unserer Voraussetzung im Blendenraume paralleler Strahlengang herrscht,

$$\text{I} \qquad\qquad\qquad \text{II}$$

$$
\begin{aligned}
s_1 & & s_{l+1} &= \infty \\
s_1' & & s'_{l+1} &= -\,m\,s_l \\
&\cdot & s_{l+2} &= -\,m\,s'_{l-1} \\
&\cdot \\
&\cdot \\
s_l' &= \infty & s_k' = s'_{l2} &= -\,m\,s_1
\end{aligned}
$$

und

$$Q_{l+\nu,\,s} = -\frac{1}{m}\,Q_{l+1-\nu,\,s}\,.$$

Genau dieselbe Überlegung läßt sich für die Schnittweiten des Blendenorts anstellen, und es ergibt sich ebenso:

$$Q_{l+\nu,\,x} = -\frac{1}{m}\,Q_{l+1-\nu,\,x}\,.$$

Ferner erhalten wir für

$$\mathop{\Delta}_{l+\nu}\frac{1}{n\,x} = \frac{1}{n'_{l+\nu}\,x'_{l+\nu}} - \frac{1}{n_{l+\nu}\,x_{l+\nu}}$$

$$\mathop{\Delta}_{l+\nu} \frac{1}{nx} = -\frac{1}{m}\frac{1}{n_{l+1-\nu}\, x_{l+1-\nu}} + \frac{1}{m}\frac{1}{n'_{l+1-\nu}\, x'_{l+1-\nu}}$$

$$= \frac{1}{m}\mathop{\Delta}_{l+1-\nu}\frac{1}{nx}\,.$$

Für die s-Werte gilt, wenn im Blendenraume paralleler Strahlengang herrscht, die entsprechende Beziehung

$$\mathop{\Delta}_{l+\nu}\frac{1}{ns} = \frac{1}{m}\mathop{\Delta}_{l+1-\nu}\frac{1}{ns}\,.$$

Wenden wir uns zu den Höhen $h_\nu,\, y_\nu$, unter denen die Flächen durchstoßen werden, so ist im ersten Falle infolge des parallelen Strahlenganges im Blendenraume

$$h_l = h_{l+1}\,,$$

und wir finden

$$h_{l-1} = h_l \frac{s'_{l-1}}{s_l}\,,$$

sowie

$$h_{l+2} = h_{l+1}\frac{s_{l+2}}{s'_{l+1}} = h_l \frac{-m s'_{l-1}}{-m s_l} = h_{l-1}\,,$$

oder allgemein

$$\frac{h_{l+\nu}}{h_1} = \frac{h_{l+1-\nu}}{h_1}\,.$$

Nebenbei sei hier bemerkt, daß aus dieser Gleichung folgt

$$h_k = h_1\,,$$

woraus sich ergibt

$$u_k' = \frac{h_k}{s_k'} = -\frac{1}{m}\frac{h_1}{s_1} = -\frac{1}{m} u_1\,,$$

wenn man setzt

$$u_1 = \frac{h_1}{s_1}\,;$$

mithin erhalten wir

$$\gamma = -\frac{1}{m}$$

und nach S. 148

$$\beta = -m\,.$$

Statt für die hemisymmetrischen Systeme parallelen Strahlengang im Blendenraume zu fordern, können wir daher auch sagen, sie sollen das Objekt im Ähnlichkeitsmaßstabe m abbilden.

Was die Höhen y_ν angeht, so stehen sie ganz augenscheinlich im Verhältnisse des Maßstabes m, haben aber in beiden Systemteilen das entgegengesetzte Vorzeichen:

$$\frac{y_{l+\nu}}{y_1} = -m\,\frac{y_{l+1-\nu}}{y_1}\,.$$

Auf diese Weise haben wir für hemisymmetrische Systeme die Vereinfachungen an den Elementen vorgenommen, die in den Aberrationsformeln vorkommen, und können nunmehr zu diesen selbst übergehen.

$$\mathrm{Sph}_s = \sum_{\nu=1}^{k} \left(\frac{h_\nu}{h_1}\right)^4 Q_{\nu s}^2\, \underset{\nu}{\varDelta}\, \frac{1}{ns}$$

$$= \sum_{\nu=1}^{l} \left(\frac{h_\nu}{h_1}\right)^4 Q_{\nu s}^2\, \underset{\nu}{\varDelta}\, \frac{1}{ns} + \sum_{\nu=1}^{l} \left(\frac{h_{l+\nu}}{h_1}\right)^4 Q_{l+\nu,s}^2\, \underset{l+\nu}{\varDelta}\, \frac{1}{ns}\,.$$

Für das zweite Glied der rechten Seite können wir nach dem voraufgegangenen schreiben, wenn wir zum Schlusse noch die Reihenfolge der Summation umkehren:

$$\frac{1}{m^3}\sum_{\nu=1}^{l}\left(\frac{h_{l+1-\nu}}{h_1}\right)^4 Q_{l+1-\nu,s}^2\, \underset{l+1-\nu}{\varDelta}\, \frac{1}{ns} = \frac{1}{m^3}\sum_{\nu=1}^{l}\left(\frac{h_\nu}{h_1}\right)^4 Q_{\nu s}^2\, \underset{\nu}{\varDelta}\, \frac{1}{ns}\,,$$

also ergibt sich

$$\mathrm{Sph}_s = \left(1 + \frac{1}{m^3}\right)\sum_{\nu=1}^{l}\left(\frac{h_\nu}{h_1}\right)^4 Q_{\nu s}^2\, \underset{\nu}{\varDelta}\, \frac{1}{ns}\,.$$

Die sphärische Korrektion eines symmetrischen Systems bei der Wiedergabe des Objekts im Ähnlichkeitsmaßstabe hängt also von dem Betrage ab, bis zu dem die sphärische Aberration im Einzelgliede für ein unendlich entferntes Objekt erreicht ist.

$$\mathrm{Kom}_s = \sum_{\nu=1}^{k}\left(\frac{h_\nu}{h_1}\right)^3 \frac{y_\nu}{y_1}\, Q_{\nu s} Q_{\nu x}\, \underset{\nu}{\varDelta}\, \frac{1}{ns}$$

$$= \sum_{\nu=1}^{l}\left(\frac{h_\nu}{h_1}\right)^3 \frac{y_\nu}{y_1}\, Q_{\nu s} Q_{\nu x}\, \underset{\nu}{\varDelta}\, \frac{1}{ns} + \sum_{\nu=1}^{l}\left(\frac{h_{l+\nu}}{h_1}\right)^3 \frac{y_{l+\nu}}{y_1}\, Q_{l+\nu,s} Q_{l+\nu,x}\, \underset{l+\nu}{\varDelta}\, \frac{1}{ns}\,;$$

ganz wie vorher ist auch hier das letzte Glied zu schreiben

$$-\frac{1}{m^2}\sum_{\nu=1}^{l}\left(\frac{h_{l+1-\nu}}{h_1}\right)^3\frac{y_{l+1-\nu}}{y_1}Q_{l+1-\nu,s}\,Q_{l+1-\nu,x}\,\underset{l+1-\nu}{\Delta}\frac{1}{ns}$$

$$=-\frac{1}{m^2}\sum_{\nu=1}^{l}\left(\frac{h_\nu}{h_1}\right)^3\frac{y_\nu}{y_1}Q_{\nu s}\,Q_{\nu x}\,\underset{\nu}{\Delta}\frac{1}{ns}$$

und wir erhalten

$$\mathrm{Kom}_s=\left(1-\frac{1}{m^2}\right)\sum_{\nu=1}^{l}\left(\frac{h_\nu}{h_1}\right)^3\frac{y_\nu}{y_1}Q_{\nu s}\,Q_{\nu x}\,\underset{\nu}{\Delta}\frac{1}{ns}\,.$$

Ist $m=+1$, handelt es sich also um ein holosymmetrisches System zur Reproduktion in gleicher Größe, so verschwindet Kom_s, ganz gleichgiltig, ob sie im Einzelgliede für parallelen Strahlengang gehoben ist oder nicht, sogar in dem Falle, wenn die sphärische Aberration nicht gehoben ist. Bei einem hemisymmetrischen System, das für die Reduktion im Ähnlichkeitsmaßstabe m verwandt wird, hängt dagegen die Koma von dem Betrage ab, in dem sie im Einzelgliede für ein unendlich entferntes Objekt gehoben ist.

Auf ganz analoge Weise erhalten wir

$$\mathrm{Ast}_s=\left(1+\frac{1}{m}\right)\sum_{\nu=1}^{l}\left(\frac{h_\nu}{h_1}\right)^2\left(\frac{y_\nu}{y_1}\right)^2 Q_{\nu x}{}^2\,\underset{\nu}{\Delta}\frac{1}{ns}\,,$$

also hängt ganz allgemein für holo- und hemisymmetrische Objektive die Hebung des Astigmatismus für den ausgezeichneten Objektpunkt von dem Maße ab, in dem die Hebung des Astigmatismus im Einzelgliede für entfernte Objekte erreicht ist.

Handelt es sich zum Schlusse um die Verzeichnung für die in der Objektentfernung s_1 errichtete Ebene, so drücken wir diesen Bildfehler durch das Wertsystem x_ν, y_ν und D_{xs} aus.

$$\mathrm{Verz}_s=\sum_{\nu=1}^{k}\left(\frac{y_\nu}{y_1}\right)^4 Q_{\nu x}{}^2\,\underset{\nu}{\Delta}\frac{1}{nx}(1-X_\nu)-D_{xs}\,\mathfrak{D}_{k1}\,.$$

Wie wir wissen, ist für hemisymmetrische Systeme

$$y_k=-my_1\,;\qquad x_k{}'=-mx_1\,,$$

also

$$\mathfrak{D}_{k1}=0\,.$$

Für den nun noch auf der rechten Seite übrig bleibenden Ausdruck können wir schreiben

$$\mathrm{Verz}_s=\mathrm{Kom}_x\,,$$

und es verschwindet

$$\mathrm{Kom}_x = \sum_{v=1}^{k} \left(\frac{y_v}{y_1}\right)^3 \frac{h_v}{h_1} Q_{vx} Q_{vs} \underset{v}{\Delta} \frac{1}{nx} \, ,$$

weil die beiden Teile, in die in bekannter Weise der Ausdruck zerfällt, entgegengesetzt gleich werden.

Die Verzeichnung verschwindet also bei hemisymmetrischen Systemen für Reduktionen im Ähnlichkeitsmaßstabe ganz allgemein.

Ist im speziellen Falle das Einzelsystem für den Blendenort sphärisch korrigiert, so geht die Komabedingung in die Sinusbedingung über, und wir erhalten ohne Rücksicht auf den Objektabstand s_1

$$\mathrm{Verz}_s = \mathrm{Sinb}_x \, .$$

Diese Bedingung ist aber bei hemisymmetrischen Systemen stets erfüllt, weil die Hauptstrahlneigungswinkel nach dem Durchtritte durch das System entgegengesetzt gleich sind.

Also bilden hemisymmetrische Systeme mit sphärisch korrigiertem Blendenorte Objekte ohne Rücksicht auf ihren Abstand verzeichnungsfrei ab. Es ist das also die S. 241 aufgeführte Bow-Suttonsche Bedingung spezialisiert für kleine Hauptstrahlneigungen.

9. Historische Notizen.

Zu 2.

Von älteren Arbeiten zur sphärischen Längsaberration hat S. Czapski (*3. 118.*) einige Autoren auch aus älterer Zeit namhaft gemacht. An erster Stelle steht Roger Bacon, der schon 1600 bemerkte, daß sphärische Spiegel sphärische Aberration zeigen; dann folgen bei ihm J. Kepler (*1.*), I. Barrow (*1. 2.*), J. Gregory (*1.*), I. Newton (*1. 2.*), Chr. Huygens (*1.*), R. Smith (*1. 2. 3.*) und J. L. de Lagrange (*1. 2.*). Als Sammelwerke der älteren Zeit sind nach ihm zu nennen die von L. Euler (*2.*) und G. S. Klügel (*1.*) sowie die von J. Priestley (*1. 2.*) und E. Wilde (*1.*). In neuerer Zeit beschäftigten sich mit der sphärischen Längsaberration J. F. W. Herschel (*1.* bis *4.*), G. Santini (*1.*) und O. F. Mossotti (*1.*).

Die Berücksichtigung des nächst höheren Gliedes der sphärischen Längsaberration, des sogenannten Zonengliedes, findet sich bei G. A. Keller (*1.*) und K. L. Bauer (*1.*), bei A. Kerber (*2. 3.*) und L. Schupmann (*1.*).

Zu 3.

G. B. Airy (*3.*) formulierte 1827 für astronomische Fernrohre die mit seinem Namen benannte Tangentenbedingung. — Die Verzeichnung in der Bildebene von Projektionssystemen bei endlichen Hauptstrahlneigungen scheint erst genauer studiert worden zu sein, als beim Gebrauche des photographischen Objektivs größere Hauptstrahlneigungswinkel w vorkamen. Die genauere Geschichte der Bestrebungen zur Hebung der Verzeichnung ist bei M. von Rohr (*2.*) nachzulesen. Wir entnehmen dieser Darstellung nur so viel, daß die Beseitigung der Verzeichnung in einer für die Praxis ausreichenden Weise zunächst durch die Konstruktion symmetrischer Objektive gelang. Der Vor-

schlag zu dieser Konstruktion war von J. ROTHWELL (*1.*) 1858 TH. SUTTON
gegenüber gemacht worden. Das völlige Verständnis des in diesem Falle
herrschenden Strahlengangs wurde von R. H. BOW (*1.*) vermittelt, und im Anschlusse daran ward von TH. SUTTON (*1.*) die Regel ausgesprochen, die als
BOW-SUTTONsches Gesetz für die Verzeichnungsfreiheit bei beliebigen Objekt-
abständen eingeführt wurde. Diese Resultate gerieten aber bald in vollständige Vergessenheit, und erst O. LUMMER (*2. u. 3.*) beschäftigte sich wieder mit
den Bedingungen für die Verzeichnungsfreiheit. Eine analytische Behandlung
dieses Problems gab M. VON ROHR (*1.*) nach einer Anregung von E. ABBE.

Zu 4.

Die Behandlung der astigmatischen Bildflächen beginnt mit G. B. AIRY
(*3.*) und dem Jahre 1827. Im Anschlusse an diese Arbeit beschäftigte sich
H. CODDINGTON (*1.*) damit, die Formeln für die Bildfeldkrümmung im Scheitel
sowohl für die tangentialen als die sagittalen Büschel bei kleinen Hauptstrahlneigungen anzugeben. Seine Resultate geraten auch wohl in England nicht
wieder in Vergessenheit. Anscheinend ganz unabhängig von ihm beschäftigte
sich in Frankreich P. BRETON DE CHAMP (*1. 2. 3.*) mit der Frage nach der astigmatischen Bildfeldkrümmung und kam auch zu den entsprechenden Resultaten,
ohne sie indessen so eingehend auf praktisch wichtige Fälle anzuwenden, wie
das doch schon G. B. AIRY getan hatte. — Die praktische Anwendung seiner
Rechnungen führte J. PETZVAL bereits 1840 auf das unter seinem Namen bekannte Porträtobjektiv, bei dem der Astigmatismus gehoben war, so daß von
einer Krümmung des Bildes in strengem Sinne gesprochen werden konnte.
Die Formel für die Krümmung eines solchen Bildes ward von J. PETZVAL (*1.*)
1843 ohne Herleitung angegeben und so ausgesprochen, daß sie als notwendige
und hinreichende Bedingung für die Erzielung eines ebenen, anastigmatischen
Bildfeldes aufgefaßt werden konnte und tatsächlich auch vielfach so mißver-
standen wurde. Hiergegen wurde von zwei Seiten heftiger Widerspruch er-
hoben: L. SEIDEL (*3.*) äußerte seinen, unserer Ansicht nach übertriebenen
Zweifel daran, daß J. PETZVAL selbst im Besitze der richtigen Herleitung der
Bildkrümmungsformel gewesen sei, und wies zu gleicher Zeit nach, daß erst
nach der Aufhebung der sphärischen Aberration, der Koma und des Astigmatismus die PETZVALsche Gleichung die ihr ganz allgemein zugeschriebene
Bedeutung besitze, die Krümmung eines Bildes 5. Ordnung anzugeben. Etwas
später veröffentlichte H. ZINCKE gen. SOMMER (*1. 2.*) eine andere Herleitung der
Bildkrümmungsformeln für tangentiale und sagittale Büschel und hob daraufhin hervor, daß die Erfüllung der PETZVALschen Gleichung zur Erzielung
eines ebenen anastigmatischen Bildfeldes noch nicht ausreiche. — Mit der
Bildfeldkrümmung der tangentialen Strahlen beschäftigte sich A. KERBER (*5.*).
Schließlich erwähnen wir hier noch die von uns bereits im Vorhergehenden
zitierte Arbeit H. HARTINGS (*7.*). In ihr bestimmt der Autor die Lage der
astigmatischen Bildpunkte auch bei endlichen Hauptstrahlneigungen für den
Fall, daß es sich um ein unendlich dünnes Linsensystem handele, bei dem die
Blende in dem gemeinsamen Flächenscheitel stehe.

Zu 5. und 6.

Über die Koma hat H. D. TAYLOR (*2.*) eine Sonderdarstellung erscheinen
lassen.

Die Sinusbedingung ward 1873 von E. ABBE (*2.*) veröffentlicht, und ihre
Bedeutung für die Korrektion von weitgeöffneten Systemen wurde betont.

Bereits im Anfange des Jahres 1874 erschien ein Beweis dieser Bedingung aus der Feder von H. HELMHOLTZ (*4.*), der dabei von photometrischen Überlegungen ausging. Auch CH. HOCKIN (*1.*) teilte 1881 einen Beweis der Sinusbedingung mit; er suchte dabei die Bedingung dafür auf, daß bei einem Paare aberrationsfreier Achsenpunkte die optischen Weglängen zwischen zwei seitlich benachbarten konjugierten Punkten bis auf unendlich kleine Größen gleich seien, auch wenn alle innerhalb eines endlichen Winkelraums möglichen Wege berücksichtigt würden. In der Tat ist aber die Sinusbedingung bereits in dem KIRCHHOFFschen Strahlungsgesetze vom Jahre 1860 enthalten, worauf P. DRUDE (*3. 462.*) aufmerksam gemacht hat. — Unter den Forschern auf dem Gebiete der geometrischen Optik hat L. SEIDEL (*7.*) den Beweis geliefert, daß die Erfüllung der Sinusbedingung für kleine Öffnungswinkel identisch werde mit der Annullierung des Komakoeffizienten bei einem sphärisch korrigierten System oder (nach der SEIDELschen Benennung) mit der Erfüllung der FRAUNHOFERschen Bedingung. Auch von A. KERBER (*11.*) stammt ein entsprechender Beweis. Über Erweiterungen des Sinussatzes berichtet O. EPPENSTEIN (*126.*) in der Neuherausgabe des Lehrbuches von S. CZAPSKI (*3.*)

Zu 7.

Über die sphärische Aberration außerhalb der Achse sind in der von uns bearbeiteten Literatur keine Bemerkungen aufgefunden worden.

Zu 1. und 8.

Die allgemeine Anlage für eine elegante Lösung des Problems stammt von J. PETZVAL (*1.*) und namentlich von L. SEIDEL (*3. u. 7.*). Diesem steht nahe die von uns benutzte KERBERsche Ableitung, die wohl den kürzesten der überhaupt möglichen Wege einschlägt. Zur allgemeinen Behandlung des Aberrationsproblems ist L. SCHLEIERMACHER (*1. 2. 3.*) zu nennen, dessen Unübersichtlichkeit und Mangel an Eleganz auch S. CZAPSKI hervorhebt. Ferner sind hier zu nennen C. MOSER (*2. u. 4.*) sowie C. L. V. CHARLIER (*1.*). Den Beschluß mache die Aufführung von E. THIESEN (*1.*), dem sich J. CLASSEN (*1.*) anschließt. Die fünf Fehlerausdrücke werden hier aus dem Prinzip der schnellsten Ankunft abgeleitet, doch werden keine expliziten Ausdrücke angegeben, aus denen die Bedeutung der Bestimmungsstücke des Systems sich unmittelbar entnehmen ließe. — Die Wirkung nichtsphärischer Flächen (genauer von Rotationsflächen zweiter Ordnung) auf dünne Büschel untersuchte FR. DETELS (*1.*). Auch kommt eine Arbeit von C. MOSER (*1.*) in betracht. Mit den von uns nicht behandelten Fragen nach der Größe des Zerstreuungskreises und der Lichtverteilung in ihm beschäftigten sich C. F. GAUSS (*2.*), J. G. C. SCHMIDT (*1. 514.*), L. SEIDEL (*4. 5.*), A. KERBER (*3.*), E. VON HÖEGH (*2.*), A. STEINHEIL (*2.*), S. FINSTERWALDER (*1.*), C. V. L. CHARLIER (*2.*) und J. D. EVERETT (*1.*). Am umfassendsten ist die Arbeit von S. FINSTERWALDER, der an die SEIDELschen Entwicklungen anknüpft. Er untersucht zunächst die einem außeraxialen Objektpunkte entsprechende Brennfläche, stellt dann den Zusammenhang der Durchstoßungspunkte eines Strahls in der Öffnungs- und Auffangebene fest und gelangt schließllich dazu, bei verschiedener Lage dieser beiden Ebenen die Intensitätsverteilung in der Zerstreuungsfigur zu bestimmen.

VI. Kapitel.

Die Theorie der chromatischen Aberrationen.

Bearbeiter: **A. König**.

Bisher ist die Lehre von der optischen Abbildung unter der stillschweigend gemachten Voraussetzung behandelt worden, daß jedem Medium ein bestimmter Brechungsindex zukommt. Nun ist aber der Brechungsindex eine Funktion der Wellenläge, der Farbe des Lichts, und zwar ist dieser Zusammenhang für jedes Medium ein andrer. Fällt daher ein weißer Lichtstrahl, der aus Strahlen der verschiedenen Wellenlängen besteht, auf eine brechende Fläche, so wird er, falls er nicht gerade senkrecht einfällt, in ein Büschel farbiger Lichtstrahlen zerlegt, die von dem Einfallspunkt nach verschiedenen Richtungen auseinandergehen. Nur bei rein katoptrischen Systemen entspricht daher dem Objekt ein Bild in dem Sinne, wie wir es bisher kennen lernten, bei dioptrischen und katadioptrischen Systemen entspricht dem Objekt eine Reihe über- und hintereinanderliegender Bilder von verschiedenen Farben. Man faßt nun diese Bilderreihe als *ein mit chromatischen Aberrationen behaftetes Bild* auf. Diese *chromatischen Aberrationen* oder *Abweichungen wegen der Farbenzerstreuung* betreffen alle Faktoren der Abbildung, die ja sämtlich vom Brechungsindex abhängig sind und daher auch wie dieser mit der Farbe variieren. Man unterscheidet zwischen den chromatischen Aberrationen der Grundfaktoren der Abbildung, die die Lage und Größe der Bilder bestimmen, und den chromatischen Variationen der verschiedenen Bildfehler.

Im folgenden sollen die wichtigsten Formeln für die rechnerische Bestimmung dieser chromatischen Fehler entwickelt, der Einfluß der Fehler auf die Bildgüte erläutert und die Bedingungen für die

22*

Konstruktion abweichungsfreier Systeme diskutiert werden. Was die erste Aufgabe anbetrifft, so braucht auf das Verfahren, die Abbildungskonstanten unter Zugrundelegung der den verschiedenen Farben entsprechenden Werte von n auszuwerten, und durch nachträgliche Differenzenbildung die chromatischen Aberrationen zu bestimmen, nicht weiter eingegangen zu werden. Es handelt sich vielmehr darum, Differenzen- oder Differentialformeln aufzustellen, die einerseits den Vorteil bieten können, daß die Abhängigkeit der Aberrationen von der Variation der Brechungsexponenten sowie von den Radien, Dicken und Abständen erkennbar wird, anderseits die Berechnung der Fehlergrößen erleichtern können, insofern diese Fehler sich mit ungefähr derselben Genauigkeit ergeben, die bei den Rechenoperationen innegehalten wurde, während die Genauigkeit sonst im Verhältnis der Variation zur variierten Größe selbst geringer ist. Diese Formeln geben uns auch die rechte Direktive, wie in den dioptrischen Systemen durch Kompensation der den einzelnen Teilen (Flächen oder Linsen) zukommenden Teilfehler die verschiedenen chromatischen Fehler zu beseitigen sind. Die Ausführung einer solchen *Korrektion für ein Wellenlängenpaar* bezeichnen wir als *Achromatisierung* eines Systems *in Bezug* auf die betreffende *Abbildungskonstante* oder *Achromatisierung der Abbildungskonstante*, ihr Ergebnis als *Achromasie*, und ein System, bei dem dies erreicht ist, als *achromatisch*. Um Abweichungen in entgegengesetztem Sinn zu unterscheiden, nennen wir ein System, bei dem der Sinn der Abweichung der gleiche wie bei einer auf unendlich eingestellten einfachen dünnen Sammellinse ist, *chromatisch unterkorrigiert*; ein solches mit entgegengesetzter Abweichung *chromatisch überkorrigiert*. Zur Charakterisierung der Farben und zur Abgrenzung der einzelnen Teile des Spektrums werden statt der Wellenlängen mit Vorliebe die Spektrallinien, insbesondere die FRAUNHOFERschen Linien angegeben.

1. Die chromatische Variation der Lage und Größe des Bildes.

A. Die chromatischen Aberrationen erster Ordnung.

Die chromatische Variation des Bildorts. Es handelt sich hier um die in der GAUSSschen Theorie der Abbildung auftretenden Größen. Wir beginnen mit der chromatischen Variation des Bildorts, die man auch als *chromatische Längsabweichung* bezeichnet; die einer zweiten Farbe mit kürzerer Wellenlänge zukommenden Größen seien durch Antiquaschrift unterschieden; die Variation der Größen beim Übergang von der ersten Farbe zur zweiten wird durch Vorsetzen des Symbols V gekennzeichnet. Die Beziehung zwischen den Schnittweiten vor und nach der Brechung an einer Fläche ist durch die auf S. 43 eingeführte Nullinvariante:

$$Q_s = n \left(\frac{1}{r} - \frac{1}{s} \right) = n' \left(\frac{1}{r} - \frac{1}{s'} \right)$$

festgelegt. Wenn nichts anderes bemerkt ist, schreiben wir statt Q_s kürzer Q. Es ist nun

$$VQ = Q \frac{Vn}{n} + \frac{\mathrm{n}}{s\mathrm{s}} Vs \, .$$

Da Q invariant ist, ist es auch VQ, mithin ist

$$Q \, \varDelta \frac{Vn}{n} = - \varDelta \frac{\mathrm{n}}{s\mathrm{s}} Vs \, .$$

Unter Berücksichtigung, daß

$$Vs_{\nu+1} = Vs_\nu{}'$$

ist, ergibt sich im Fall eines optischen Systems von k Flächen für die durch dies System erzeugte chromatische Variation der Lage des k ten Bildes unter Voraussetzung eines aberrationsfreien Objekts

$$Vs_k{}' = - \frac{s_k{}' \mathrm{s_k}'}{\mathrm{n_k}'} \sum_{\nu=1}^{k} \left(\frac{h_\nu}{h_k} \right) \left(\frac{\mathrm{h_\nu}}{\mathrm{h_k}} \right) Q_\nu \, \varDelta_\nu \frac{Vn}{n} \, .$$

Diese Abweichung ist ohne weiteres gehoben bei einem konzentrischen System von Flächen, in deren gemeinsamem Krümmungsmittelpunkte sich das Objekt befindet. Bei einem System paralleler Ebenen leitet man diese am bequemsten direkt durch Differenzenbildung aus dem auf S. 220 für $s_k{}' : n_k{}'$ angegebenen Ausdrucke ab:

$$\frac{Vs_k{}'}{n_k{}'} = \frac{s_k{}' Vn_k{}'}{\mathrm{n_k}' n_k{}'} - \frac{s_1 Vn_1}{\mathrm{n_1} n_1} + \sum_{\nu=1}^{k-1} \frac{d_\nu Vn_\nu{}'}{\mathrm{n_\nu}' n_\nu{}'} \, .$$

Ist erstes und letztes Medium Luft, so bleibt nur das letzte Glied auf der rechten Seite übrig; in diesem Falle besteht also stets chromatische Überkorrektion.

Auf welche Stelle der Achse man bei einem mit chromatischer Längsabweichung behafteten Bildpunkt einstellt, und welches die Größe des Zerstreuungskreises ist, der als das wahre Maß der Bildverschlechterung dienen kann, läßt sich auf dem Boden der geometrischen Optik nicht ausmachen. Es ist daher nur ein Notbehelf, wenn wir mit einiger Willkür die *chromatische Lateralaberration (Ch)* eines Achsenpunkts als den Radius des Zerstreuungskreises definieren, den das aus Strahlen der zweiten Farbe bestehende Büschel am Bildort der ersten Farbe bildet. Demnach ist

$$Ch_k' = u_k' V s_k'.$$

Um den Halbmesser des in das Objekt (mit Strahlen der ersten Farbe) zurückprojizierten Zerstreuungskreises $(Ch^{(k)})$ zu erhalten, benutzen wir den SMITH-HELMHOLTZschen Satz:

$$n_k' u_k' Ch_k' = n_1 u_1 Ch^{(k)}$$

und die Beziehungen:

$$u_k' = \frac{h_k}{s_k'}; \qquad u_k' = \frac{h_k}{s_k'}; \qquad u_1 = \frac{h_1}{s_1}$$

und finden so

$$Ch^{(k)} = -\frac{n_k'}{n_k'}\frac{u_1}{n_1} s_1{}^2 \sum_{\nu=1}^{k} \left(\frac{h_\nu}{h_1}\right)\left(\frac{h_\nu}{h_1}\right) Q_\nu \, \underset{\nu}{\varDelta} \, \frac{Vn}{n}.$$

Der Halbmesser des chromatischen Zerstreuungskreises ist mithin dem Öffnungswinkel einfach proportional; wenn das Objekt in unendlich große Entfernung rückt, so ist der angulare Zerstreuungskreis der linearen Öffnung proportional (vgl. S. 224).

Die chromatische Variation der Vergrößerung. Es ist nun die chromatische Variation der Axialvergrößerung α, der Lateralvergrößerung β und der Angularvergrößerung oder des Konvergenzverhältnisses γ zu bestimmen. Die Ausdrücke für diese Größen:

$$\alpha = \frac{n_1}{n_k'} \left(\frac{s_k'}{s_1}\frac{h_1}{h_k}\right)^2$$

$$\beta = \frac{n_1}{n_k'}\frac{s_k'}{s_1}\frac{h_1}{h_k}$$

$$\gamma = \frac{s_1}{s_k'}\frac{h_k}{h_1}$$

lassen ihre nahen gegenseitigen Beziehungen erkennen. Es geht daraus auch unmittelbar hervor, daß bei hemisymmetrischem Strahlengang in hemisymmetrischen Systemen die Vergrößerung unabhängig von der Farbe wird, wenn Vs_1 und Vs_k' in einem der Hemisymmetrie entsprechenden Verhältnis stehen, insbesondere auch dann, wenn $Vs_1 = Vs_k' = 0$ ist, d. h. im Einzelgliede die chromatische Längsabweichung für paralleles Licht gehoben ist. Die Aufstellung der Formeln erfolgt wieder unter Voraussetzung eines aberrationsfreien Objekts. Berücksichtigt man, daß

$$s_{\nu+1} = s_\nu{}' - d_\nu,$$

so erhält man für die Hilfsgröße H, die die chromatische Variation von $\dfrac{h_k}{h_1}$ enthält, die beiden folgenden Ausdrücke:

$$H = 1 + \frac{V\dfrac{h_k}{h_1}}{\dfrac{h_k}{h_1}} = \overset{k-1}{\underset{\nu+1}{\Pi}}\left(1 + \frac{d_\nu\, V s_\nu{}'}{s_\nu{}'\, s_{\nu+1}}\right) = \overset{k-1}{\underset{\nu=1}{\Pi}}\left(1 - d_\nu\frac{h_\nu}{h_{\nu+1}}\, V\sigma_\nu{}'\right)$$

$$1:H = 1 + \frac{V\dfrac{h_1}{h_k}}{\dfrac{h_1}{h_k}} = \overset{k-1}{\underset{\nu=1}{\Pi}}\left(1 - \frac{d_\nu\, V s_\nu{}'}{s_\nu{}'\, s_{\nu+1}}\right).$$

Führt man noch die Abkürzungen ein:

$$S = 1 + \frac{V s_k{}'}{s_k{}'}$$

$$N = \frac{1 + \dfrac{V n_1}{n_1}}{1 + \dfrac{V n_k{}'}{n_k{}'}}$$

so ergibt sich das Verhältnis der Vergrößerungen für die beiden Farben:

$$1 + \frac{V\alpha}{\alpha} = N S^2 : H^2$$

$$1 + \frac{V\beta}{\beta} = N S : H$$

$$1 + \frac{V\gamma}{\gamma} = H : S.$$

Die Formeln für H und $1:H$ eignen sich besonders dazu, im Anschluß an eine rohe (etwa mit vierstelligen Logarithmen geführte) Durchrechnung eines Achsenstrahls für zwei Farben die chromatische Variation der obigen Hilfsgrößen mit hoher Genauigkeit zu bestimmen.

Indem man die Variation von n unendlich klein annimmt, entstehen aus diesen strengen Differenzenformeln einfachere Differentialformeln, welche im allgemeinen bessere Übersicht der Verhältnisse gewähren; auch gelten die Resultate, die man mit diesen Formeln (die nur die Durchrechnung des Achsenstrahls für die erste Farbe voraussetzen) erhält, in vielen Fällen auch für endliche Farbenintervalle mit genügender Annäherung. Diese Formeln lauten:

$$ds_k' = -\frac{s_k'^2}{n_k'} \sum_{\nu=1}^{k} \left(\frac{h_\nu}{h_k}\right)^2 Q_\nu \, \varDelta_\nu \frac{dn}{n}$$

$$\frac{d\alpha}{\alpha} = \frac{dn_1}{n_1} - \frac{dn_k'}{n_k'} + 2\frac{ds_k'}{s_k'} - 2\sum_{\nu=1}^{k-1} \frac{d_\nu \, ds_\nu'}{s_\nu' \, s_\nu+1}$$

$$\frac{d\beta}{\beta} = \frac{dn_1}{n_1} - \frac{dn_k'}{n_k'} + \frac{ds_k'}{s_k'} - \sum_{\nu=1}^{k-1} \frac{d_\nu \, ds_\nu'}{s_\nu' \, s_\nu+1}$$

$$\frac{d\gamma}{\gamma} = -\frac{ds_k'}{s_k'} + \sum_{\nu=1}^{k-1} \frac{d_\nu \, ds_\nu'}{s_\nu' \, s_\nu+1}.$$

Diese Formeln lassen sich etwas vereinfachen, indem man die Ausdrücke nach der Zugehörigkeit zu den Flächen ordnet, es wird

$$\frac{ds_k'}{s_k'} - \sum_{\nu=1}^{k-1} \frac{d_\nu \, ds_\nu'}{s_\nu' \, s_\nu+1} = \sum_{\nu=1}^{k} \varDelta_\nu \frac{ds}{s},$$

doch bieten die Formeln dann nicht mehr den Vorteil, daß bei Achromasie des Bildortes $(ds_k' = 0)$ die Bedingung für die Achromasie von α, β, γ eine besonders bequeme Form erhält.

Sind erstes und letztes Medium gleich, so fallen die Bedingungen für das Nullwerden von $V\alpha$, $V\beta$, $V\gamma$ in eine zusammen; die geometrische Fassung dieser Bedingung besagt dann, daß die einem einfallenden Strahl entsprechenden austretenden Strahlen für die erste und zweite Farbe parallel seien. Sind ferner sämtliche Dicken und Abstände gleich Null, so fällt diese Bedingung mit der der Achromasie des Bildorts zusammen.

Statt die Achromasie der Größe β zu fordern, so daß die verschiedenfarbigen Bilder jedes an seinem Ort gemessen die gleiche Größe haben, wird man bei Systemen mit chromatischer Längsabweichung lieber darauf ausgehen, daß jedes der beiden Bilder von dem Kreuzungspunkt der gleichfarbigen bildseitigen Hauptstrahlen aus in derselben Größe in die Einstellebene projiziert wird. Bezeichnen wir den Abstand der Einstellebene von den Bildebenen für die beiden Farben mit c und $\mathfrak{c}$, wobei $\mathfrak{c} - c = -Vs_k'$ ist, so wird der neuen Forderung genügt, wenn

$$\beta \left(1 + \frac{c}{s_k' - x_k'}\right) = (\beta + V\beta)\left(1 + \frac{\mathfrak{c}}{\mathfrak{s_k}' - \mathfrak{x_k}'}\right)$$

ist. Werden c, $\mathfrak{c}$, $V\beta$ und $V(s_k' - x_k')$ als kleine Größen erster Ordnung angesehen, so ist die obige Beziehung bis auf Größen zweiter

Ordnung durch die folgende Bedingung, die bei einem dünnen Linsensystem in Luft für $x_k' = 0$ erfüllt ist, ersetzbar:

$$\frac{V s_k'}{s_k' - x_k'} = \frac{V\beta}{\beta}.$$

Sie fällt mit der Bedingung für die Aufhebung der chromatischen Differenz der Lateralvergrößerung zusammen, wenn $s_k' - x_k' = \infty$ ist, d. h. das Bild oder der Kreuzungspunkt der bildseitigen Hauptstrahlen im Unendlichen liegt. Ohne solche Vernachlässigungen, ja sogar für endliche Hauptstrahlneigungen kann man zeigen, daß bei hemisymmetrischen Systemen die Projektionen der verschiedenfarbigen Bilder in eine Einstellebene, die zur Objektebene hemisymmetrisch gelegen ist, gleich groß sind. Um dies einzusehen, hat man nur von dem außeraxialen Objektpunkt aus einen Strahl von jeder der beiden Farben durch das System so zu verfolgen, daß ein jeder durch die Mitte der Aperturblende (s. Kap. IX) geht.

Die chromatischen Variationen einer beliebigen Ebene als Funktionen der chromatischen Variationen der Brennebenen. Nachdem für ein System die chromatischen Variationen der beiden Brennpunktsörter und der beiden Brennweiten bestimmt sind, kann aus ihnen nach der GAUSSschen Theorie die chromatische Variation jedes beliebigen Bildorts und die der zugehörigen α, β, γ gefunden werden. Wir beschränken uns darauf, zu den Formeln:

$$\mathfrak{x}\mathfrak{x}' = ff'; \text{ und } \beta = \frac{f}{\mathfrak{x}};$$

wo $\mathfrak{x}$ und $\mathfrak{x}'$ die Schnittweite für Objekt- und Bildraum gerechnet von deren Brennebenen bedeuten, die zugehörigen Differenzenformeln herzusetzen:

$$\frac{V\mathfrak{x} - VS}{\mathfrak{x}} + \frac{V\mathfrak{x}' - VS'}{ff'}(\mathfrak{x} + V\mathfrak{x} - VS) = \frac{V(ff')}{ff'},$$

$$V\beta = \frac{f}{\mathfrak{x} + V\mathfrak{x} - VS}\left(\frac{Vf}{f} - \frac{V\mathfrak{x} - VS}{\mathfrak{x}}\right);$$

wo $V\mathfrak{x}$ und $V\mathfrak{x}'$ die chromatische Variation des Objekt- und Bildortes, VS und VS' die der Brennpunkte des Objekt- und Bildraums bedeuten. Je nach dem Bau des Systems wird $V\mathfrak{x}' = 0$ für keine, zwei oder alle Objektentfernungen. Der letzte Fall tritt ein, wenn VS, VS' und $V(ff')$ gleichzeitig verschwinden, man nennt dann das System *stabil achromatisch*; ist das System ferner beiderseits von demselben Medium eingeschlossen, so ist auch $V\beta$ durchweg $= 0$.

Bei einem beliebigen System verschwindet $V\beta$ nur für eine Objektentfernung, damit es für alle verschwindet, muß Vf und $V\chi - VS$ verschwinden; ist nur $V\chi - VS$ annulliert, so besteht die Beziehung

$$\frac{V\beta}{\beta} = \frac{Vf}{f}.$$

Als Beispiel eines stabil achromatischen Systems können wir das für den unendlich fernen Objektspunkt achromatisierte symmetrische konzentrische System anführen, da ein solches auch für den vorderen Brennpunkt und die Mitte des Systems achromatisch ist.

B. Die chromatischen Variationen in einfachen Sonderfällen.

Wir gehen jetzt dazu über, die Bedingungen für die Achromatisierung einiger besonders einfacher Arten von dioptrischen Systemen zu untersuchen. Erstes und letztes Medium seien durchweg Luft; wir reden daher auch von Aufhebung der chromatischen Vergrößerungsdifferenz schlechthin.

Die einfache Linse endlicher Dicke. Wir beginnen mit dem Falle der einfachen dicken Linse. Die Bedingung für die Aufhebung der chromatischen Längsabweichung erhält dann die Form:

$$Vs_2' = - s_2's_2'\left[\left(\frac{h_1}{h_2}\right)\left(\frac{\mathrm{h}_1}{\mathrm{h}_2}\right)Q_1\frac{Vn_1'}{n_1'} - Q_2\frac{Vn_2}{n_2}\right] = 0.$$

Da nun

$$n_1' = n_2 = n; \quad Vn_1' = Vn_2 = Vn$$

ist, so lautet diese Bedingung, wenn der Fall, daß s_2' gleich Null ist, ausgeschlossen wird,

$$h_1\,\mathrm{h}_1\,Q_1 = h_2\,\mathrm{h}_2\,Q_2,$$

d. h. die äußeren oder gleichbedeutend die inneren Einfallswinkel eines vom Objekt ausgegangenen achsennahen Strahls für die erste Farbe müssen sich umgekehrt wie die Einfallshöhen für die zweite Farbe verhalten. An Stelle des Verhältnisses der Einfallswinkel kann auch der negative Wert des Verhältnisses der Ablenkungen treten. Ist diese Bedingung erfüllt, so wird die chromatische Vergrößerungsdifferenz gehoben, indem (d sei die Dicke der Linse)

$$\frac{V\gamma}{\gamma} = -\frac{d}{\mathrm{n}}\frac{h_1}{h_2}Q_1\frac{Vn}{n} = 0$$

gemacht wird. Es kann aber auch die Aufgabe vorliegen, $V\gamma$ für sich gleich Null zu machen. Indem wir von der Gleichung

$$\gamma \sigma_1 = (n-1)(\varrho_1 - \varrho_2) + \frac{(n-1)^2}{n} d\varrho_1 \varrho_2 + \sigma_1 \left(1 + \frac{n-1}{n} d\varrho_2\right)$$

ausgehen, erhalten wir durch Differenzenbildung die Bedingung:

$$\frac{\sigma_1 V\gamma}{Vn} = \varrho_1 - \varrho_2 + \left(1 - \frac{1}{n\,\mathrm{n}}\right) d\varrho_1 \varrho_2 + \frac{\sigma_1 d\varrho_2}{n\,\mathrm{n}} = 0,$$

Wenn $\sigma_1 = 0$ ist, muß

$$r_1 - r_2 = \left(1 - \frac{1}{n\,\mathrm{n}}\right) d$$

sein.

Das dünne Linsensystem. Die chromatische Längsabweichung eines Systems dünner Linsen läßt sich auf die Form bringen:

$$V\sigma_k' = \sum_{\nu=1}^{k} \frac{\varphi_\nu}{\nu_\nu} \left(\frac{h_\nu}{h_k}\right)\left(\frac{\mathrm{h}_\nu}{\mathrm{h}_k}\right)$$

wo σ_k' die reziproke Schnittweite nach der $k$ten Linse, φ_ν, h_ν bezw.

$\nu_\nu = \dfrac{n_\nu - 1}{V n_\nu}$ die Stärke, Einfallshöhe eines achsennahen Strahls, bezw.

die *reziproke relative Dispersion* oder der ν-Wert für die νte Linse

bedeuten; $\dfrac{1}{\nu}$ nennen wir den *Dispersor*, $\dfrac{\varphi_\nu}{\nu_\nu}$ die *Dispersivstärke* der

νten Linse. Man bemerkt, daß die chromatische Längsabweichung und ebenso auch die chromatische Vergrößerungsdifferenz unabhängig von der Durchbiegung der einzelnen Linsen ist. Die einfache dünne Sammel- bezw. Zerstreuungslinse ist chromatisch unter- bezw. überkorrigiert, die chromatische Abweichung des Brennpunktes ist durch das Produkt von Brennweite und Dispersor gegeben, wenn Vn und damit Vs als klein anzusehen ist.

Wir behandeln zunächst ein System von zwei dünnen Linsen ohne Abstand. Die Gesamtbrennweite der Kombination nennen wir F, die Gesamtstärke

$$\Phi = \varphi_1 + \varphi_2 = \sigma_2' - \sigma_1 = (\gamma - 1)\sigma_1,$$

diese Gleichung die Maßstabsgleichung. Die Achromasiebedingung für eine beliebige Lage des Objekts auf der Achse lautet:

$$\frac{\varphi_1}{\nu_1} + \frac{\varphi_2}{\nu_2} = 0$$

oder wenn wir den von der Form abhängigen Faktor in dem Ausdruck für die Stärke der einzelnen Linse, d. h. die Differenz der

Krümmungen ihrer beiden Flächen mit k bezeichnen, (wir wollen ihn kurz den k-Wert nennen)

$$k_1 V n_1 + k_2 V n_2 = 0.$$

Daraus berechnet man

$$\varphi_1 = \frac{\nu_1}{\nu_1 - \nu_2}\, \Phi = \frac{\nu_1}{\nu_1 - \nu_2}\,(\gamma - 1)\,\sigma_1$$

$$\varphi_2 = -\frac{\nu_2}{\nu_1 - \nu_2}\, \Phi = -\frac{\nu_2}{\nu_1 - \nu_2}\,(\gamma - 1)\,\sigma_1$$

oder

$$k_1 = \frac{\Phi}{(\nu_1 - \nu_2)\, V n_1}$$

$$k_2 = -\frac{\Phi}{(\nu_1 - \nu_2)\, V n_2}.$$

Die Achromatisierung ist nur möglich, wenn $\nu_1 \gtrless \nu_2$; es sind also verschiedene Glasarten für die beiden Linsen zu verwenden. Die Linse mit höherem ν erhält dasselbe Vorzeichen, die mit niedrigerem ν das entgegengesetzte Vorzeichen wie die Gesamtbrennweite. Die Einzelstärken der Linsen werden um so kleiner, je größer die ν-Differenz und je kleiner die ν-Werte selbst sind. Soll z. B. für die sichtbaren Strahlen achromatisiert werden, so bedingt die Kombination von Flußspat und Quarz mit hohen ν-Werten ebenso große Stärken der Einzellinsen für die gleiche Gesamtbrennweite wie eine Kombination von den Jenaer Flintglastypen O. 726 ($n = 1,54$) und O. 335 ($n = 1,637$) mit nur etwa halb so großer ν-Differenz. Bei dem gewöhnlichen Kron von $\nu = 60$ und gewöhnlichen Flint von $\nu = 36$ (das Farbenintervall sei durch die Fraunhoferschen Linien C und F gegeben) erhält man $\varphi_1 = 2,5\ \Phi$ und $\varphi_2 = -1,5\ \Phi$. Sind die ν-Werte der entsprechenden Gläser in zwei Kombinationen gleich, so ergibt sich für die Linsen, deren Brechungsindex höher ist als der der entsprechenden, ein nach dem Verhältnis der um 1 verminderten Brechungsexponenten kleinerer k-Wert.

Bei einem System von k dünnen sich berührenden Linsen ist die chromatische Abweichung für eine beliebige Objektentfernung bestimmt durch

$$V \sigma_k{}' = \sum_{\nu=1}^{k} \frac{\varphi_\nu}{\nu_\nu}.$$

Wird sie gleich Null gemacht, indem die Dispersivstärken der einzelnen Linsen sich gerade aufheben, und außerdem der Maßstabgleichung

$$\Phi = \sum_{\nu=1}^{k} \varphi_\nu$$

genügt, so sind die Stärken von $k-2$ Linsen noch willkürlich. Die chromatische Abweichung hängt nicht von der Reihenfolge der einzelnen Linsen ab. Ebenso bleibt sie ungeändert, wenn eine Linse in mehrere zerlegt wird, die denselben ν-Wert besitzen und deren Gesamtstärke gleich der Stärke der geteilten Linse ist.

Hinsichtlich der strahlenbrechenden und der farbenzerstreuenden Wirkung bei der GAUSSschen Abbildung ist die Kombination von k dünnen benachbarten Linsen äquivalent einer einfachen Linse von der Stärke Φ und mit dem ν-Wert.

$$N = \frac{\displaystyle\sum_{\nu=1}^{k} \varphi_\nu}{\displaystyle\sum_{\nu=1}^{k} \frac{\varphi_\nu}{\nu_\nu}}$$

Bei gegebenen ν-Werten kann durch passende Wahl von $\dfrac{\varphi_\nu}{\Phi}$ der Wert von N von $-\infty$ bis $+\infty$ variiert werden; es genügt hierfür schon eine Kombination von zwei Linsen. Obwohl die Werte von ν bei den bisher dargebotenen optischen Gläsern innerhalb eines beschränkten Intervalls liegen ($70 \geq \nu \geq 20$) und naturgemäß nur eine diskrete Mannigfaltigkeit bilden, wird so der Optiker in den Stand gesetzt, mit beliebigen ν-Werten zu operieren. Wenn für eine Linse ein ν-Wert erforderlich ist, der im Glaskatalog nicht vorkommt, so hat er nur diese Linse durch eine geeignete Kombination von zwei oder auch mehr Linsen zu ersetzen.

In dem besonderen Falle, daß die Linsen der Kombination verkittet sind und für eine Farbe den gleichen Brechungsindex wie die einfache Linse haben, kann man mit der Kombination die chromatische Abweichung ändern, ohne daß sich die sphärischen Aberrationen für diese Farbe ändern; dagegen ändern sich die später zu behandelnden chromatischen Variationen der sphärischen Aberrationen. Hat eine solche Kombination ein kleineres ν als die einfache Linse aus dem Glase, das unter den Gläsern mit diesem Brechungsindex das kleinste ν hat, d. h. ist mit der Kombination eine stärkere chromatische Wirkung erreicht worden, als mit der einfachen Linse aus gleichbrechendem Glase möglich war, so nennt man sie eine *hyperchromatische Linse.*

Umgekehrt ist es für die Theorie von Vorteil, für ein System von k dünnen sich berührenden Linsen eine einfache Ersatzlinse mit den oben definierten Werten von Φ und N einzuführen. So schließt der im folgenden behandelte Fall dünner Linsen mit endlichen Abständen den dünner Linsensysteme mit endlichen Abständen ein. Für ein achromatisches Linsensystem wird $N = \infty$; der Wert $N = 0$ entspricht einem praktisch nicht realisierbaren Grenzfall, da für mindestens eine Linse ein unendlich großer k-Wert gefordert wird. Haben alle Einzellinsen das gleiche Vorzeichen, so liegt N zwischen ν_{max} und ν_{min}.

Das System zweier getrennter dünner Linsen. Wir befassen uns nun mit der Achromatisierung zweier dünner Linsen mit endlichem Abstand (d_1). Für die Maßstabsgleichung können wir entweder über den Ort des Bildes hinter der letzten Linse oder über seine Vergrößerung verfügen

$$(\sigma_1 + \varphi_1)\frac{h_1}{h_2} + \varphi_2 = \sigma_2'$$

$$(\sigma_1 + \varphi_1) + \varphi_2 \frac{h_2}{h_1} = \gamma\,\sigma_1$$

$$\frac{h_2}{h_1} = 1 - d_1\,(\varphi_1 + \sigma_1).$$

Bei parallel einfallendem Licht kann der Brennpunktsort oder die Brennweite festgelegt sein

$$\varphi_1 \frac{h_1}{h_2} + \varphi_2 = \Sigma$$

$$\varphi_1 + \varphi_2 \frac{h_2}{h_1} = \Phi$$

$$\frac{h_2}{h_1} = 1 - d_1\,\varphi_1.$$

Die zugehörigen chromatischen Bedingungen lauten:

$$V\sigma_2' = \frac{\varphi_1}{\nu_1}\left(\frac{h_1}{h_2}\right)\left(\frac{h_1}{h_2}\right) + \frac{\varphi_2}{\nu_2}$$

$$= \frac{\varphi_1}{\nu_1\left\{1 - d_1\,(\sigma_1 + \varphi_1)\right\}^2\left\{1 - \dfrac{d_1\,\varphi_1}{\nu_1}\dfrac{1}{1 - d_1\,(\varphi_1 + \sigma_1)}\right\}} + \frac{\varphi_2}{\nu_2} = 0$$

da
$$\left(\frac{\mathrm{h}_2}{\mathrm{h}_1}\right) = 1 - d_1\left(\varphi_1 + \sigma_1 + \frac{\varphi_1}{\nu_1}\right)$$

$$\sigma_1 V\gamma = \frac{\varphi_1}{\nu_1} + \frac{\varphi_2}{\nu_2} - d_1\,\varphi_1\,\varphi_2\left(\frac{1}{\nu_1} + \frac{1}{\nu_2} + \frac{1}{\nu_1\,\nu_2}\right) - \frac{d_1\,\sigma_1\,\varphi_2}{\nu_2} = 0,$$

wobei die letzte Gleichung am bequemsten durch Differenzenbildung besonders abgeleitet wird.

Was die Achromatisierung der Schnittweiten betrifft, auf die wir zunächst eingehen, so ist das Vorzeichen des Koeffizienten von $\frac{\varphi_1}{\nu_1}$ in dem Ausdruck für $V\sigma_2{}'$ für alle Werte von d_1 positiv, die ausgenommen, die zwischen $\dfrac{1}{\varphi_1 + \sigma_1}$ und $\dfrac{1}{\varphi_1 + \sigma_1 + \dfrac{\varphi_1}{\nu_1}}$ liegen; in dem letzten Falle steht die zweite Linse zwischen den Bildpunkten der ersten Linse für die erste und zweite Farbe. Abgesehen von diesem Sonderfall, in dem die Stärke der zweiten Linse verglichen mit der der ersten sehr groß ausfällt, fordert die Achromasiebedingung also für die Brennweiten der Linsen entgegengesetzte Vorzeichen, wenn die ν-Werte die gleichen besitzen und umgekehrt. Die Achromatisierung ist auch dann möglich, wenn $\nu_1 = \nu_2$; es wird erlangt, daß

$$h_1\,\mathrm{h}_1\,\varphi_1 = -\,h_2\,\mathrm{h}_2\,\varphi_2,$$

d. h. das Verhältnis der Ablenkungen für die erste Farbe sei gleich dem negativen reziproken Verhältnis der Einfallshöhen für die zweite Farbe, wie wir es bei der dicken Linse fanden. Was nun die positiven Werte des Koeffizienten $\left(\dfrac{h_1}{h_2}\right)\left(\dfrac{\mathrm{h}_1}{\mathrm{h}_2}\right)$ betrifft, so nimmt er bei virtuellem Bildpunkt der ersten Linse von $+1$ bis 0 ab, wenn der Linsenabstand von 0 bis ∞ wächst; bei reellem Bildpunkt dagegen wächst er von $+1$ bis ∞, wenn die zweite Linse sich von dem Ort der ersten Linse bis zum Bildpunkt für die erste oder zweite Farbe bewegt, je nachdem ν negativ oder positiv ist, und weiter sinkt er von ∞ auf 0, wenn die zweite Linse sich vom Bildpunkt für die zweite oder erste Farbe bis ∞ bewegt. Den Werten von $+1$ bis $+\infty$ entsprechen also zwei Abstände, bei denen für die zweite Linse die gleiche Dispersivstärke gefordert wird. Bezeichnen wir den Koeffizienten mit m^2 und setzen für $\dfrac{h_2}{h_1}$ und $\dfrac{\mathrm{h}_2}{\mathrm{h}_1}$ die Definitionsausdrücke, so ergibt sich als der zugehörige Linsenabstand

$$d_1 = \frac{1 \pm \dfrac{1}{m}}{\sigma_1 + \varphi_1}\left(1 - \frac{1}{2}\frac{1}{\sigma_1 + \varphi_1}\frac{\varphi_1}{\nu_1}\right)$$

unter Vernachlässigung der zweiten und höheren Potenzen von $\dfrac{\varphi_1}{\nu_1}$ gegenüber $\sigma_1 + \varphi_1$. Wird bei unendlich kleinem Farbenbezirk auch die erste Potenz vernachlässigt, so kommt die zweite Linse um $\dfrac{1}{m}$ der Bildweite der ersten Linse vor oder hinter deren Bildpunkt zu stehen. Damit allgemein $V\sigma_2' = 0$ wird, müssen die Dispersivstärken der beiden Linsen für die erste Farbe in dem negativen umgekehrten Verhältnis zu einander stehen, wie die Quadrate der Einfallshöhen eines Strahls mittlerer Farbe, da ja $h_1 : h_2$ sich stetig mit der Farbe ändert.

Es mag noch die Frage beantwortet werden, ob bei solchen Systemen mit aufgehobener chromatischer Längsabweichung der Bildpunkt reell oder virtuell ($\sigma_2' \gtrless 0$) ausfällt. Indem wir φ_2 aus den Ausdrücken für σ_2' und $V\sigma_2' = 0$ eliminieren, erhalten wir

$$\left(\frac{h_2}{h_1}\right)(\sigma_1 + \varphi_1) - \varphi_1 \frac{\nu_2}{\nu_1} = \left(\frac{h_2}{h_1}\right)\left(\frac{h_2}{h_1}\right)\sigma_2'.$$

Schließen wir den Sonderfall aus, so kommt dem Koeffizienten von σ_2' das positive Vorzeichen zu. Wenn die Ausdrücke $\left(\dfrac{h_2}{h_1}\right)(\sigma_1 + \varphi_1)$ und $\dfrac{\varphi_1 \nu_2}{\nu_1}$ das entgegengesetzte Vorzeichen haben, so hat σ_2' das Vorzeichen der ersten Größe; wenn sie das gleiche Vorzeichen haben, so hat σ_2' dasselbe oder das entgegengesetzte Vorzeichen, je nachdem $\left(\dfrac{h_2}{h_1}\right) \gtrless \dfrac{\varphi_1}{\sigma_1 + \varphi_1}\dfrac{\nu_2}{\nu_1}$ ist.

Die Größen $\gamma\,\sigma_1$ und Φ haben das gleiche oder entgegengesetzte Vorzeichen wie σ_2', je nachdem $\dfrac{h_2}{h_1}$ positiv oder negativ ist.

Wenn eine bestimmte Vergrößerung (Brennweite) und Achromasie des Bildorts vorgeschrieben ist, so dienen zur Berechnung von φ_1 und φ_2 die Gleichungen

$$\varphi_1 = \frac{\nu_1}{\nu_1 - \nu_2\left(\dfrac{h_1}{h_2}\right)}(\gamma - 1)\,\sigma_1$$

$$\frac{h_2}{h_1}\,\varphi_2 = -\,\frac{v_2\left(\dfrac{h_1}{h_2}\right)}{v_1 - v_2\left(\dfrac{h_1}{h_2}\right)}\,(\gamma - 1)\,\sigma_1.$$

Ist die chromatische Längsabweichung eines Systems aus zwei getrennten dünnen Linsen gehoben, so bleibt eine chromatische Vergrößerungsdifferenz bestehen; wir finden ihren Wert, indem wir die für ein vielflächiges System gültige Formel spezialisieren:

$$\frac{V\gamma}{\gamma} = -\,\frac{d_1\,\varphi_1}{v_1}\,\frac{h_1}{h_2} = \cdot\frac{V\Phi}{\Phi}.$$

$V\gamma$ kann nicht verschwinden, wenn die erste Linie einfach ist, wohl aber, wenn sie durch ein achromatisches Linsensystem $(v_1 = \infty)$ ersetzt wird. Demgemäß ändert sich das Vorzeichen der chromatischen Vergrößerungsdifferenz, wenn das von φ_1, v_1, $\dfrac{h_1}{h_2}$ sich ändert. Das Vorzeichen von $\dfrac{h_1}{h_2}$ ist positiv bei virtuellem Bildpunkt der ersten Linse, bei reellem nur dann, wenn die zweite Linse zwischen der ersten und ihrem Bildpunkt steht.

Indem wir auf die Korrektion der chromatischen Längsabweichung verzichten, wollen wir jetzt Systeme mit aufgehobener chromatischer Vergrößerungsdifferenz unter den vereinfachenden Annahmen aufsuchen, daß der Farbenbezirk sehr klein ist, und daß die Glasarten der beiden Linsen gleichen Dispersor haben $(v_1 = v_2)$. Wir stützen uns auf die aus den Ausdrücken für $\sigma_1 \gamma$ und $\sigma_1 V\gamma$ abgeleiteten Bedingungsgleichungen

$$\varphi_1 + \varphi_2 - d_1\,(\varphi_1 + \sigma_1)\,\varphi_2 = (\gamma - 1)\,\sigma_1$$
$$\varphi_1 + \varphi_2 - d_1\,(2\,\varphi_1 + \sigma_1)\,\varphi_2 = 0,$$

oder indem wir die Gleichungen subtrahieren und σ_1 aus der zweiten eliminieren,

$$\frac{s_1}{\gamma - 1} = \frac{f_1\,f_2}{d_1}.$$

$$f_1 + f_2 - 2\,d_1 - \frac{d_1{}^2}{f_2\,(\gamma - 1)} = 0.$$

Als Beispiel diene das Umkehrsystem eines terrestrischen Okulars

$$\gamma = -\frac{19}{8};\; f_1 = -\frac{4}{9}\,s_1;\; f_2 = -\frac{s_1}{3};\; d_1 = -\frac{s_1}{2}.$$

Für ein unendlich entferntes Objekt lauten die Gleichungen:

$$\varphi_1 + \varphi_2 - d_1\,\varphi_1\,\varphi_2 = \Phi$$

$$\varphi_1 + \varphi_2 - 2\,d_1\,\varphi_1\,\varphi_2 = 0$$

oder

$$F = \frac{f_1\,f_2}{2}$$

$$d_1 = \frac{f_1 + f_2}{2}.$$

Als Beispiele führen wir ein RAMSDENsches Okular

$$f_1 = f_2 = d_1 = F$$

und ein HUYGENSsches Okular an

$$f_1 = \frac{3\,F}{4}; \quad f_2 = \frac{3}{2}\,F; \quad d_1 = \frac{9}{8}\,F.$$

Eine besondere Betrachtung verdient der praktisch wichtige Grenzfall der von uns als RAMSDEN*sche Kombinationen* bezeichneten Systeme, bei denen die zweite Linse im Bildpunkt der ersten Linse für eine Farbe steht; als solche kann die erste Farbe gewählt werden, ohne daß dadurch die Allgemeinheit der Behandlung litte. Es ist dann $d_1 = s_1'$ und $s_2' = s_2 = 0$. Statt auf den allgemeinen Ausdruck für $V\sigma_2'$ zurückzugreifen, stützen wir uns auf den für s_2', um die chromatische Längsabweichung auszuwerten und finden:

$$\frac{1}{V s_2'} = \frac{1}{s_2'} = \frac{\sigma_1 + \varphi_1 + \dfrac{\varphi_1}{\nu_1}}{1 - d_1\left(\sigma_1 + \varphi_1 + \dfrac{\varphi_1}{\nu_1}\right)} + \varphi_2 + \frac{\varphi_2}{\nu_2}$$

oder, wenn wir berücksichtigen, daß $d_1 = s_1' = 1 : (\sigma_1 + \varphi_1)$ ist,

$$\frac{1}{V s_2'} = -(\sigma_1 + \varphi_1) - \frac{(\sigma_1 + \varphi_1)^2}{\varphi_1}\,\nu_1 + \varphi_2\left(1 + \frac{1}{\nu_2}\right).$$

Die Bedingung für das Verschwinden der chromatischen Vergrößerungsdifferenz erhält, nachdem sie durch Wegheben vereinfacht ist, die Form:

$$\frac{V\gamma}{\gamma} = \frac{\varphi_1}{(\sigma_1 + \varphi_1)^2}\,\frac{1}{\nu_1}\left\{\sigma_1 + \varphi_1 - \varphi_2\left(1 + \frac{1}{\nu_2}\right)\right\} = 0,$$

d. h. die Stärke der zweiten Linse für die zweite Farbe muß gleich dem reziproken Wert des Bildabstandes der ersten Linse für die erste Farbe sein. Ist dies der Fall, so ist

$$V s_2{}' = - \frac{\varphi_1}{(\sigma_1 + \varphi_1)^2} \frac{1}{\nu_1}.$$

Da $\nu_1 = (n_1 - 1) : V n_1$ ist, so ist die chromatische Variation der Schnittweite direkt proportional der des Brechungsexponenten.

Das System dreier getrennter dünner Linsen. Das System von drei Linsen mit zwei endlichen Abständen (d_1 und d_2) kann man sich durch Spaltung der mittleren Linse geteilt denken, so daß 2 Systeme von je zwei dünnen Linsen mit einem endlichen Abstand entstehen, deren einander zugekehrte Linsen eine Gesamtstärke gleich der der mittleren des dreilinsigen Systems haben. Das hintere Teilsystem lassen wir von den Strahlen in umgekehrter Richtung durchlaufen. Wir benutzen dies, um einen einfachen Ausdruck für die Achromasie der Vergrößerung bei einem dreilinsigen System mit aufgehobener chomatischer Längsabweichung aufzustellen, indem wir die chromatische Vergrößerungsdifferenz für die beiden Teile gleichsetzen. Ohne die allgemeine Gültigkeit der folgenden Sätze zu beschränken, denken wir uns die mittlere Linse so gespalten, daß die zweilinsigen Systeme frei von chromatischer Längsabweichung sind; dann können wir die Bedingung in der Form schreiben:

$$\frac{d_1 \varphi_1 h_1}{\nu_1} - \frac{d_2 \varphi_3 h_3}{\nu_3} = 0,$$

d. h. für die erste und die dritte Linse muß das Produkt aus der chromatischen Variation der Ablenkung und dem Abstand von der zweiten Linse gleich sein. Zu eben demselben Resultat führt uns auch die geometrische Betrachtung, wobei zu beachten ist, daß die aus dem dreilinsigen System austretenden achsennahen Strahlen für die beiden Farben zusammenfallen müssen. Ganz analog stellt sich für ein System aus zwei sich berührenden Linsen mit endlichen Dicken (d_1 und d_2) die Forderung, daß neben der Achromasie der Lage des Bildes auch die der Vergrößerung erreicht sei, in der Form dar:

$$Q_1 \frac{d_1 h_1}{n_1{}'} \frac{V n_1{}'}{n_1{}'} = - Q_4 \frac{d_2 h_4}{n_4} \frac{V n_4}{n_4}.$$

Steht bei dem System aus drei getrennten dünnen Linsen die zweite Linse im Bildpunkt der ersten Linse für eine Farbe, etwa die erste, so gibt es, wenn die chromatische Längsabweichung gehoben ist, eine einfache Regel für die Aufhebung der chromatischen Vergrößerungsdifferenz. Wenn man nämlich die zweite Linse so spaltet, daß die vordere RAMSDENsche Kombination frei von chromatischer Vergrößerungsdifferenz ist, so soll dies auch die hintere sein. Daraus folgt, daß die erste und dritte Linse für Strahlen der zweiten Farbe in Bezug auf die zweite Linse optisch konjugiert sein müssen, d. h. es muß die erste Linse mit solchen Strahlen durch die zweite in die dritte abgebildet werden.

Wir schließen die Berechnung eines dreilinsigen Systems mit endlichen Abständen an, bei dem das Bild eines unendlich entfernten Objekts für zwei unendlich benachbarte Farben die gleiche Lage und Größe hat. Zu der Maßstabsgleichung

$$\varphi_1 + \varphi_2 \frac{h_2}{h_1} + \varphi_3 \frac{h_3}{h_1} = \Phi$$

treten dann die Bedingungsgleichungen für die Achromasie:

$$\varphi_1 + \frac{\varphi_2}{\nu_2}\left(\frac{h_2}{h_1}\right)^2 + \frac{\varphi_3}{\nu_3}\left(\frac{h_3}{h_1}\right)^2 = 0$$

$$\frac{d_1 h_1 \varphi_1}{\nu_1} = \frac{d_2 h_3 \varphi_3}{\nu_3}.$$

Indem wir d_1 und d_2 mit Hilfe der Beziehungen

$$d_1 = \frac{1 - \dfrac{h_2}{h_1}}{\varphi_1} \; ; \; d_2 = \frac{\dfrac{h_2}{h_1} - \dfrac{h_3}{h_1}}{\varphi_1 + \varphi_2 \dfrac{h_2}{h_1}}$$

aus der letzten Gleichung eliminieren und die Maßstabsgleichung zur Vereinfachung benutzen, erhalten wir

$$\Phi\left(1 - \frac{h_2}{h_1}\right)\frac{1}{\nu_1} = \varphi_3 \frac{h_3}{h_1}\left[\left(1 - \frac{h_2}{h_1}\right)\frac{1}{\nu_1} + \left(\frac{h_2}{h_1} - \frac{h_3}{h_1}\right)\frac{1}{\nu_3}\right].$$

Um bei gegebenen Werten von $\dfrac{h_2}{h_1}$ und $\dfrac{h_3}{h_1}$ die Stärken der drei Linsen zu bestimmen, sind somit nur drei lineare Gleichungen zu lösen.

Sind die Stärken der drei Linsen gegeben, etwa so bestimmt, daß die im Kapitel VII behandelte PETZVALsche Bedingung erfüllt ist, so können die Abstände so gewählt werden, daß den beiden chromatischen Gleichungen genügt wird. Nachdem aus der zweiten von d_1 und d_2 befreiten chromatischen Gleichung die Größe $(h_2 : h_1)^2$

mit Hilfe der ersten Gleichung fortgeschafft ist, liefern beide $h_2 : h_1$ als Funktion von $h_3 : h_1$, für das sich so eine in zwei quadratische zerfallende biquadratische Gleichung ergibt. Setzen wir

$$\frac{h_3}{h_1} = \mathrm{x}; \qquad \frac{\varphi_1}{\varphi_3}\frac{\nu_3}{\nu_1} = \mathrm{a}; \qquad \frac{\varphi_1 - \varphi_2}{\varphi_3}\frac{\nu_3}{\nu_1} = \mathrm{b}; \qquad \frac{\varphi_2}{\varphi_3}\frac{\nu_3}{\nu_2}\left(\frac{\nu_1 + \nu_2}{\nu_1}\right)^2 = \mathrm{c};$$

so lauten diese:

$$(\mathrm{c} + 1)\,\mathrm{x}^2 + 2\,\mathrm{b}\,\mathrm{x} + \mathrm{a}\,\mathrm{c} + \mathrm{b}^2 = 0; \quad \mathrm{x}^2 + \mathrm{a} = 0.$$

Weiter berechnet man:

$$\frac{h_2}{h_1} = \frac{(\mathrm{a} + \mathrm{x}^2)(\nu_1 + \nu_2)}{(\mathrm{b} + \mathrm{x})\,\nu_1}$$

und nach den oben gegebenen Gleichungen d_1 und d_3. Ist beispielsweise $n_1 = n_2 = n_3$; $\nu_1 = \nu_3$; $\nu_1 : \nu_2 = 1{,}5$; $\varphi_1 = \varphi_3 = 1$; $\varphi_2 = -2$, so ergibt sich aus der ersten Gleichung $d_1 = 0{,}217$ und $d_3 = 0{,}236$; die andere Lösung ist unbrauchbar, da der zweite Abstand negativ wird. Die zweite Gleichung liefert für dieses Beispiel keine reellen Wurzeln; solche gibt es nur, wenn a negativ ist, d. h. die Dispersivstärken der ersten und dritten Linse entgegengesetzte Vorzeichen haben. Die zweite chromatische Gleichung lehrt dann, daß nur die Wurzel $\mathrm{x} = -\sqrt{\mathrm{a}}$ auf positive Werte für beide Abstände führt, ferner, daß $d_1 : d_3 = -(h_1 : h_3)$ ist, also die zweite Linse im Bildpunkte der ersten stehen muß.

C. Das sekundäre Spektrum.

Bei achromatischen Systemen wird die Übereinstimmung der Abbildungsfaktoren nur für zwei Farben gefordert; es bedarf daher noch der Untersuchung, welche Abweichung diese Systeme für eine dritte Farbe zeigen, und welche Bedingungen für die Korrektion dieses neuen Fehlers bestehen. Wir beschränken uns auf die chromatische Längsabweichung als den praktisch wichtigsten Fehler; bei einem System dünner sich berührender Linsen haben wir es ohnehin nur mit diesem Fehler zu tun. Ferner wird angenommen, daß das erste wie auch das letzte Medium Luft ist. Einige Bemerkungen über die im folgenden benutzten Bezeichnungen mögen vorausgeschickt werden. Den Überschuß des Brechungsexponenten der zweiten Grundfarbe über den der ersten nennen wir die *Grunddispersion*, den Überschuß des Brechungsexponenten der dritten Farbe über den der ersten Grundfarbe die *Teildispersion*, das Verhältnis der Teildispersion zur Grunddispersion die *relative Teil-dispersion* oder kurz, indem wir sie mit ϑ bezeichnen, den ϑ-Wert für die dritte Farbe; der ν-Wert für das Intervall von der ersten bis zur dritten Farbe wird dann $\dfrac{\nu}{\vartheta}$. Indem man die Farbenkorrektion von achromatischen Systemen als eine Korrektion von der ersten Ordnung ansieht, bezeichnet man die Abweichung der Schnittweite für die dritte Farbe gegen die der Grundfarben als *sekundäres Spektrum für die dritte Farbe*; den Zusatz „für die dritte Farbe" unterdrücken wir im folgenden der Kürze halber.

Das dünne Linsensystem. Bei einem achromatischen System dünner sich berührender Linsen ist das sekundäre Spektrum Ω durch eine Formel gegeben, die der für die chromatische Längs-abweichung analog ist.

$$\Omega = - s_k{'}(s_k{'} + \Omega) \sum_{\nu=1}^{k} \frac{\vartheta_\nu \varphi_\nu}{\nu_\nu}.$$

Diese Beziehung kann im allgemeinen unbedenklich durch die einfachere ersetzt werden:

$$\Omega = - s_k{'^2} \sum_{\nu=1}^{k} \frac{\vartheta_\nu \varphi_\nu}{\nu_\nu}.$$

Das sekundäre Spektrum verschwindet unter allen Umständen, wenn $\vartheta_1 = \vartheta_2 = \ldots \vartheta_k$ ist, sonst sind zur Beseitigung für eine dritte Farbe mindestens drei Linsen erforderlich, über deren Brenn-weiten entsprechend verfügt werden muß, doch ist die Aufhebung auch bei Verwendung beliebig vieler Linsen unmöglich, wenn

$$\frac{\vartheta_1 - A}{\nu_1} = \frac{\vartheta_2 - A}{\nu_2} = \ldots \frac{\vartheta_k - A}{\nu_k} = B$$

ist (A und B mögen beliebige konstante Größen darstellen), da dann

$$\Omega = - \frac{s_k{'^2}}{F} B = - \frac{B}{\gamma \sigma_1}\left(1 - \frac{1}{\gamma}\right)$$

wird; für ein unendlich entferntes Objekt ist also das auf die Brennweiteneinheit bezogene sekundäre Spektrum gleich $- B$.

In der nebenstehenden Figur 82 sind die wichtigsten Typen optischen Glases, insoweit sie für Linsenkonstruktionen in Betracht kommen, dadurch charakterisiert, daß jedes Glas durch einen Punkt der Koordinatenebene dargestellt wird, dessen rechtwinklige Koordi-naten die dem Katalog des Jenaer Glaswerks entnommenen Werte von ν für das Wellenlängenintervall $C - F$ (Abszisse) und von ϑ für H_γ (Ordinate) sind. Es fällt sofort auf, daß die die Gläser repräsentierenden Punkte sich zum größten Teil in zwei Reihen

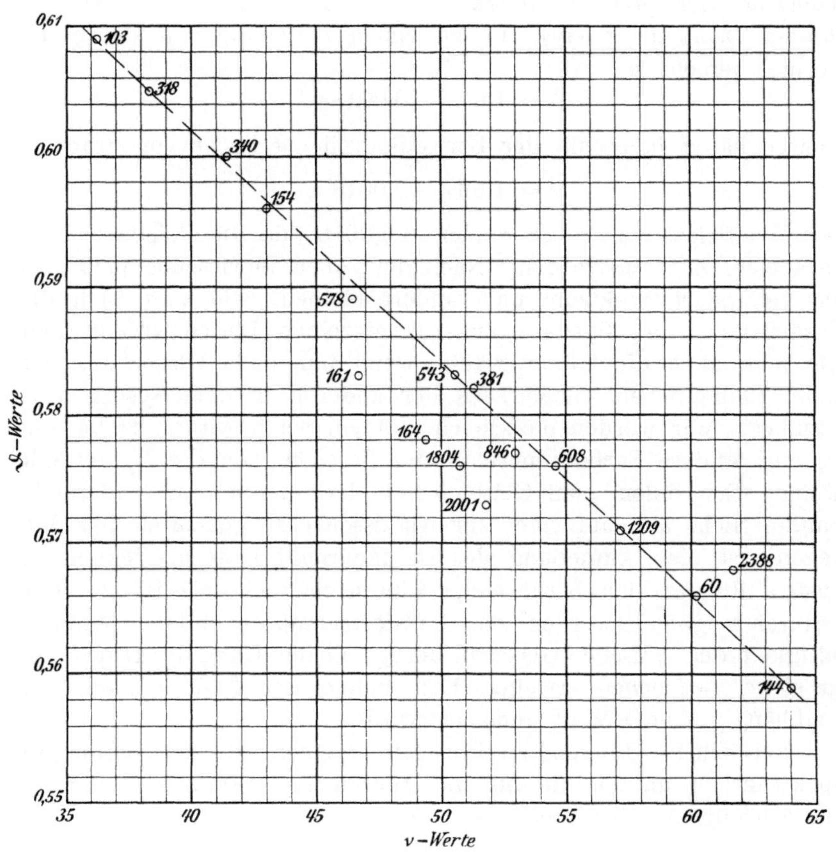

Fig. 82.

$$\nu = \frac{n_D - 1}{n_F - n_C}\; ; \qquad \vartheta = \frac{n_{G'} - n_F}{n_F - n_C}\;.$$

Diese ϑ-Werte finden sich in den Glaskatalogen; im Text ist

$$\vartheta = \frac{n_{G'} - n_C}{n_F - n_C} = 1 + \frac{n_{G'} - n_F}{n_F - n_C}$$

definiert worden.

Graphische Darstellung der ν- und ϑ-Werte für einige Arten optischen Glases.

anordnen, von denen die eine große Reihe vornehmlich Silikatgläser, die andere Borosilikatflinte enthält. Während die Borosilikatreihe bei gleichem ν ein niedrigeres ϑ aufweist als die Silikatreihe, besitzt das isoliert stehende Fernrohrkron ein höheres ϑ als das Silikatglas von gleichem ν. Innerhalb der Silikatreihe kann man mit einer Genauigkeit, die der Messungsgenauigkeit nur wenig nachgibt (der Brechungsindex ist bis auf etwa eine Einheit der fünften Dezimale genau), die zu einem ν gehörigen ϑ durch die Formel berechnen

$$\vartheta = 1{,}674 - 0{,}0018\,\nu.$$

Ebenso hängt innerhalb der Borosilikatreihe ϑ linear von ν ab;

$$\vartheta = 1{,}667 - 0{,}0018\,\nu.$$

Der Koeffizient von ν ist wieder $-0{,}0018$, da die Reihen sich in parallelem Zuge erstrecken. Nach dem oben Bewiesenen muß also das sekundäre Spektrum unverändert bleiben, wie man auch die Gesamtstärke des Systems auf die einzelnen Linsen verteilt und wie man auch die Gläser wählt, wenn nur nicht Gläser aus der einen Reihe neben solchen aus der anderen in dem System vorkommen. Wir würden das Gleiche finden, wenn wir an Stelle von H_γ eine andere Farbe innerhalb des Bereichs von $C - H_\gamma$ gewählt hätten. Erst indem man Gläser kombiniert, deren repräsentierende Punkte nicht alle auf einer zur Abszissenachse geneigten Geraden liegen, ist eine Aufhebung des sekundären Spektrums bei einem System dünner sich berührender Linsen möglich; sie ist also nur dadurch möglich geworden, daß die Glastechnik die einfache Mannigfaltigkeit der optischen Gläser in Bezug auf den Gang der Dispersion zu einer zweifachen erweitert hat, indem der ϑ-Wert sozusagen unabhängig vom ν-Wert gemacht wurde.

Bei einem dünnen zweilinsigen System ist das sekundäre Spektrum, wenn ich die für die Achromasie geforderten Stärken der Einzellinsen einsetze:

$$\Omega = - \frac{\vartheta_1 - \vartheta_2}{\nu_1 - \nu_2} \frac{s_2'^2}{F}.$$

Es verschwindet, wenn bei endlicher ν-Differenz $\vartheta_1 = \vartheta_2$ ist, wenn die die Gläser repräsentierenden Punkte auf einer zur Abszissenachse parallelen Geraden liegen. Je kleiner die ν-Differenz ist, desto genauer kommt es für die Aufhebung des sekundären Spektrums auf die Gleichheit von ϑ_1 und ϑ_2 an.

Auf das zweilinsige System lassen sich die drei- und mehrlinsigen Systeme mit verschwindenden Dicken und Abständen zurückführen. Die Diskussion wird erleichtert, wenn man alle Sammellinsen und ebenso alle Zerstreuungslinsen in diesem durch je eine

Sammel- und eine Zerstreuungslinse ersetzt. Ist die Zahl der Sammellinsen l, so ist die Stärke Φ_+, der ν-Wert N_+ und der ϑ-Wert Θ_+ der ersetzenden Sammellinse gegeben durch

$$\Phi_+ = \sum_{\nu=1}^{l} \varphi_\nu$$

$$N_+ = \frac{\displaystyle\sum_{\nu=1}^{l} \varphi_\nu}{\displaystyle\sum_{\nu=1}^{l} \frac{\varphi_\nu}{\nu_\nu}}$$

$$\Theta_+ = \frac{\displaystyle\sum_{\nu=1}^{l} \frac{\vartheta_\nu \varphi_\nu}{\nu_\nu}}{\displaystyle\sum_{\nu=1}^{l} \frac{\varphi_\nu}{\nu_\nu}}.$$

Ganz ebenso bestimmen sich die Werte von Φ_-, N_- und Θ_- für die Zerstreuungslinse. Die Werte von N_+ und Θ_+ liegen aber zwischen dem Minimal- und Maximalwert von ν und ϑ, die bei den einzelnen Sammellinsen vorkommen und ebenso N_- und Θ_- zwischen denen, die bei den Zerstreuungslinsen vorkommen. Trage ich also die fiktiven durch $N_\pm$ und $\Theta_\pm$ charakterisierten Gläser der Ersatzlinsen in ein nach dem Muster der Fig. 82 angelegtes Diagramm ein, so muß der repräsentierende Punkt innerhalb des Polygons liegen, dessen Ecken die äußersten Positionen wirklich hergestellter Glasarten sind. Vergegenwärtigt man sich, daß im allgemeinen die Herstellung von Gläsern, deren Eigenschaften zwischen denen vorhandener Gläser liegen, keine größeren Schwierigkeiten bietet, so dürfte man mit Recht behaupten können, daß die Verwendung von drei und mehr Linsen zur Verminderung des sekundären Spektrums nur ein Notbehelf ist, um mit den vorhandenen Glasarten auszukommen; es soll aber damit nicht geleugnet werden, daß auch abgesehen von der Farbenkorrektion die Verwendung dieser mehrlinsigen Systeme mit Rücksicht auf die Vorteile für die Korrektion der sphärischen Abweichungen in vielen Fällen gerechtfertigt erscheinen kann.

Sind bei einem dünnen System von drei einfachen Linsen die ϑ-Werte nicht identisch, bilden mithin die repräsentierenden Punkte ein Dreieck von endlichem Flächeninhalt, so verschwindet das sekundäre Spektrum nur bei einer Verteilung der Stärken auf die einzelnen Linsen. Ohne Rücksicht auf die hier belanglose Reihenfolge der Linsen bezeichnen wir die Linse mit dem höchsten ϑ-Wert als die erste, die mit dem mittleren als die zweite, die mit dem niedrigsten als die dritte Linse und entsprechend die Gläser als erstes, zweites und drittes, die repräsentierenden Punkte mit P_1, P_2 und P_3. Wir müssen nun das Stärkenverhältnis zweier Linsen so wählen, daß der ϑ-Wert Θ für die sie ersetzende Linse gleich dem ϑ-Wert der noch übrigen Linse wird; sollen jene beiden Linsen gleiches Vorzeichen erhalten, so kann ich als solche nur die erste und dritte Linse wählen. Der repräsentierende Punkt des für die Ersatzlinse geforderten Glases ist der Schnittpunkt E einer durch den Punkt P_2 parallel zur Abszissenachse gelegten Geraden mit der Geraden $P_1 P_3$. Die Bedingung

$$\vartheta_2 = \Theta = \frac{\dfrac{\vartheta_1 \varphi_1}{\nu_1} + \dfrac{\vartheta_3 \varphi_3}{\nu_3}}{\dfrac{\varphi_1}{\nu_1} + \dfrac{\varphi_3}{\nu_3}}$$

oder

$$\frac{\vartheta_1 - \vartheta_2}{\vartheta_2 - \vartheta_3} = \frac{\varphi_3}{\nu_3} : \frac{\varphi_1}{\nu_1}$$

hat die geometrische Bedeutung, daß sich $P_1 E$ zu $E P_3$ umgekehrt verhält wie die Dispersivstärke der ersten Linse zur zweiten. Wenn der Wert N für die Ersatzlinse größer als ν_2 ist, so ist φ_1 und φ_3 positiv, φ_2 negativ; ist N kleiner als ν_2, so kehren sich die Vorzeichen von φ_1, φ_2 und φ_3 um. Die Stärken der einzelnen Linsen werden auch hier um so kleiner, je größer die Differenz $N - \nu_2$ im Vergleich mit den Werten von N und ν_2 ist.

Wir wollen die Berechnung eines von sekundärem Spektrum freien Systems von drei Linsen durch ein Beispiel erläutern. Die drei Farben seien C, F und G'. Als Gläser wählen wir die eines Objektivs von H. D. Taylor (1.) O. 374, O. 658 und O. 543 mit den Werten $\nu_1 = 60{,}4$, $\nu_2 = 50{,}2$, $\nu_3 = 50{,}6$ und $\vartheta_1 = 1{,}5675$, $\vartheta_2 = 1{,}5767$, $\vartheta_3 = 1{,}5830$. Die letzte Gleichung liefert $\varphi_3 : \varphi_1 = 1{,}224$. Darauf wird der Wert von $N = 54{,}6$ berechnet. Mit den Formeln für ein achromatisches System aus zwei Linsen findet man schließlich $\varphi_1 = +5{,}58$, $\varphi_2 = -11{,}41$, $\varphi_3 = +6{,}83$. Man hätte diese Werte auch direkt durch Auflösen der Gleichungen

$$\sum_{\nu=1}^{3} \varphi_\nu = 1; \qquad \sum_{\nu=1}^{3} \frac{\varphi_\nu}{\nu_\nu} = 0; \qquad \sum_{\nu=1}^{3} \frac{\vartheta_\nu \varphi_\nu}{\nu_\nu} = 0$$

finden können, auf dem oben angegebenen Wege orientiert man sich aber leichter über die Wahl der Gläser.

Wird in den obigen Gleichungen für Φ, N und Θ die einschränkende Bestimmung aufgehoben, daß nur Sammellinsen kombiniert werden sollen, so kann man ihnen folgende Auslegung geben. Durch passende Wahl der Stärken der einzelnen Linsen können die Werte von N und Θ unabhängig von $-\infty$ bis $+\infty$ variiert werden, es genügt hierfür eine Kombination von drei Linsen. Der Optiker kann somit Systeme konstruieren, die einer einfachen Linse mit beliebigem ν- und ϑ-Wert äquivalent sind. Umgekehrt schließt der im folgenden behandelte Fall einfacher dünner Linsen mit Abständen den dünner Linsensysteme mit Abständen ein, wenn wir nur den ν- und ϑ-Werten der einfachen Linsen beliebige Werte erteilen. Eine Linsenkombination, für die $N = \infty$ und $\dfrac{\Theta}{N} = 0$ ist, ist achromatisch und frei von sekundärem Spektrum; besteht eine Kombination aus Linsen, deren ϑ- und ν-Werte durch die Beziehung

$$\vartheta = A + B\nu$$

verknüpft sind, so gilt diese Beziehung auch für die resultierenden Werte Θ und N der Ersatzlinse; für $N = \infty$ wird $\dfrac{\Theta}{N} = B$.

Das System zweier getrennter dünner Linsen. Der Ausdruck für das sekundäre Spektrum eines Systems, das aus zwei dünnen Linsen (Linsensystemen) in endlichem Abstande besteht, ist analog dem oben gefundenen Ausdruck für $V\sigma_2'$

$$\Omega = -s_2'(s_2' + \Omega)\left[\frac{\vartheta_1\varphi_1}{\nu_1\{1 - d_1(\sigma_1 + \varphi_1)\}^2\left\{1 - \dfrac{d_1\varphi_1}{1 - d_1(\sigma_1 + \varphi_1)}\dfrac{\vartheta_1}{\nu_1}\right\}} + \frac{\vartheta_2\varphi_2}{\nu_2}\right].$$

Vorab behandeln wir den Fall, daß Vorder- und Hinterglied beide für sich achromatisch sind, d. h. daß $\nu_1 = \nu_2 = \infty$ ist; dagegen sollen $\dfrac{\vartheta_1}{\nu_1}$ und $\dfrac{\vartheta_2}{\nu_2}$ endlich sein, und zwar nehmen wir an, daß sie gleich sind, und lassen die Indices weg. Wenn wir Ω gegen s_2' und $\dfrac{\vartheta}{\nu}$ gegen $\{1 - d_1(\sigma_1 + \varphi_1)\} : d_1\varphi_1$ vernachlässigen und s_2' mit Hilfe des Ausdrucks für σ_2' eliminieren, so ist

$$\Omega = -\frac{\vartheta}{\nu\gamma^2\sigma_1^2}\left[\varphi_1 + \varphi_2\{1 - d(\sigma_1 + \varphi_1)\}^2\right].$$

Damit das sekundäre Spektrum verschwindet, muß

$$\frac{\varphi_1}{\left\{1 - d_1\left(\sigma_1 + \varphi_1\right)\right\}^2} = -\,\varphi_2$$

sein; die Brennweiten der Einzellinsen erhalten mithin in jedem Falle entgegengesetztes Vorzeichen. Liegt der Bildpunkt der ersten Linse zwischen den beiden Linsen, so sind für die zweite Linse zwei Stellungen, auf beiden Seiten dieses Bildpunktes und in gleicher Entfernung davon möglich. Liegt das Objekt im Unendlichen, so ist der hintere Brennpunkt immer virtuell, da

$$\Sigma = \frac{-\,d_1\,\varphi_1{}^2}{(1 - d_1\,\varphi_1)^2}$$

ist. Abgesehen von dieser Kompensation des sekundären Spektrums der einen Linse durch das der anderen läßt sich dieser Fehler noch auf andere Weise erheblich vermindern, wie wir für den Fall eines unendlich entfernten Objekts zeigen wollen. Die vordere Linse muß zu dem Zweck eine im Verhältnis zur Gesamtbrennweite große Brennweite erhalten, und das von ihr entworfene Bild durch die hintere Linse von kurzer Brennweite verkleinert werden, wobei es gleichgiltig ist, ob die zweite Linse positive oder negative Brennweite hat, und ob sie dicht vor oder hinter dem Brennpunkt der ersten Linse steht.

Gehen wir nun zu dem allgemeinen Fall über, daß die beiden Teile des Systems mit chromatischer Längsabweichung behaftet sind, so können wir Ω, das klein gegen $s_2{}'$ sei, durch Benutzung der Achromasiebedingung für das ganze System auf die Form bringen

$$\Omega = -\,\frac{\varphi_1}{\nu_1\,\gamma^2\,\sigma_1{}^2}\left[\vartheta_1 - \vartheta_2 + \frac{\vartheta_1{}^2\,\varepsilon}{1 - \vartheta_1\,\varepsilon} - \frac{\vartheta_2\,\varepsilon}{1 - \varepsilon}\right]$$

wo

$$\varepsilon = \frac{d_1\,\varphi_1}{\left\{1 - d_1\left(\sigma_1 + \varphi_1\right)\right\}\,\nu_1}$$

ist. Dieser Ausdruck besteht aus zwei Teilen, von denen der erste den Abstand d_1 nicht enthält und das sekundäre Spektrum für den Fall angibt, daß der gleichen ersten Linse eine sie achromatisierende Linse im Abstand Null zugesellt wird. Den zweiten, dem endlichen Abstand Rechnung tragenden Teil vereinfachen wir, indem wir in ihm ε und $\vartheta_1\varepsilon$ gegen 1 vernachlässigen, wobei zu berücksichtigen ist, daß der zweite Teil selbst ε proportional ist, und erhalten so

$$\Omega = - \frac{\varphi_1}{\nu_1 \gamma^2 \sigma_1{}^2}\left[\vartheta_1 - \vartheta_2 + \frac{\vartheta_1{}^2 - \vartheta_2}{\nu_1} \frac{d_1 \varphi_1}{1 - d_1(\sigma_1 + \varphi_1)}\right].$$

Es kann mithin d_1 so gewählt werden, daß das sekundäre Spektrum verschwindet. Wir erläutern dies durch ein Beispiel, bei dem $\sigma_1 = 0$ und als erste, zweite und dritte Farbe C, F und G' angenommen sind. Es seien für die erste und zweite Linse gewöhnliches Kron- und Flintglas gewählt, O. 546 mit den Werten von $\nu_1 = 60,2$ sowie $\vartheta_1 = 1,565$ und O. 118 mit $\nu_2 = 36,9$ und $\vartheta_2 = 1,607$. Soll Ω verschwinden, so muß $d_1 \varphi_1 = 0,75$ sein. Damit das System ferner achromatisch ist, wie angenommen wurde, muß $\varphi_1 = +0,6328$ $\varphi_2 = -6,5312$ sein, wenn $F = -1$ gesetzt wird. Unser Beispiel kann als die dioptrische Urform eines Brachymedials nach L. Schup-mann (1.) angesehen werden, das man erhält, wenn die Stärke der zweiten Linse halb so groß gewählt wird, und die Strahlen durch Spiegelung gezwungen werden, diese Linse zum zweiten Male zu durchsetzen und einen reellen Bildpunkt zu erzeugen.

Das System dreier getrennter dünner Linsen. Von den Systemen, die aus drei dünnen Linsen (Linsensystemen) in endlichen Abständen bestehen, behandeln wir nur die, deren mittlere Linse im Bildpunkte der vorderen steht, und die daher durch Spaltung der mittleren Linse in zwei Ramsdensche Kombinationen zerlegt werden können. Dazu gehören zwei katadioptrische Konstruktionen, die eine von H. Schroeder (4.), die andere, das Medial, von L. Schup-mann (1.); wenn nur ihre dioptrische Urform, wie es für die Farbenabweichungen ausreicht, in Betracht gezogen wird. Die Bedingungen für die Aufhebung der chromatischen Längsabweichung erster Ordnung und des sekundären Spektrums lauten bei diesen Systemen

$$-(\sigma_1 + \varphi_1) + (\sigma_3' - \varphi_3) + \varphi_2\left(1 + \frac{1}{\nu_2}\right) = \frac{(\sigma_1 + \varphi_1)^2}{\varphi_1}\nu_1 + \frac{(\sigma_3' - \varphi_3)^2}{\varphi_3}\nu_3$$

$$-(\sigma_1 + \varphi_1) + (\sigma_3' - \varphi_3) + \varphi_2\left(1 + \frac{\vartheta_2}{\nu_2}\right) = \frac{\varphi_1}{(\sigma_1 + \varphi_1)^2}\frac{\nu_1}{\vartheta_1} + \frac{(\sigma_3' - \varphi_3)^2}{\varphi_3}\frac{\nu_3}{\vartheta_3}$$

Soll auch die Vergrößerung für alle drei Farben die gleiche sein, so müssen die linken Seiten dieser Gleichungen für sich gleich Null sein. Die Erfüllung unserer Gleichungen ist also nur möglich, wenn $\vartheta_1 = \vartheta_3$ ist, z. B. wenn das erste und dritte Teilsystem aus den gleichen Gläsern besteht. Für die mittlere Linse wird dabei nur eine Farbenkorrektion erster Ordnung verlangt, insoweit als die Stärke für die zweite wie die dritte Farbe gleich der

Summe der reziproken Linsenabstände sein muß. Soll entsprechend die Farbenkorrektion des ganzen Systems für die Lage und Vergrößerung des Bildes von der $k$ten Ordnung sein, so muß die der mittleren Linse von der $k-1$ten Ordnung sein. Braucht die chromatische Vergrößerungsdifferenz nicht gehoben zu sein, so kann den obigen Gleichungen auch dann genügt werden, wenn $\vartheta_1 \gtrless \vartheta_3$ ist.

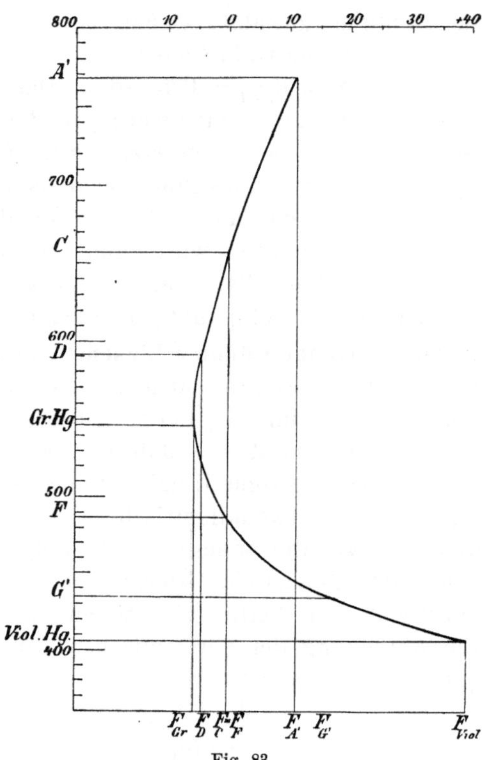

Fig. 83.
Sekundäres Spektrum der Kombination O. 1726, O. 108. Optische Korrektion:
$$F_C = F_F = 100 \text{ mm}.$$
Die Ordinaten ergeben die Wellenlängen in $\mu\mu$. Die Abszissen ergeben $F_\lambda - F_C$ in hunderte Millimeter, abgetragen von $F_C = F_F$.

D. Die Wahl des Wellenlängenpaares für die chromatische Korrektion.

Bei achromatischen Systemen, bei denen die Schnittweite nicht für alle Wellenlängen konstant ist, entsteht die Frage, für welche Wellenlängen die Schnittweiten gleich gemacht werden sollen. Es kommt jedenfalls in erster Linie darauf an, was für Licht von den

Objekten ausgeht und wie die Empfindlichkeit der Aufnahmeschicht (der Netzhaut oder der photographischen Platte) mit der Wellenlänge variiert. Da wir diese Aufgabe hier auf dem Boden der geometrischen Optik nicht lösen können, beschränken wir uns auf einige Bemerkungen, wie man in der praktischen Optik verfährt. Können nur zwei Farben vereinigt werden, so unterscheidet man drei Fälle;

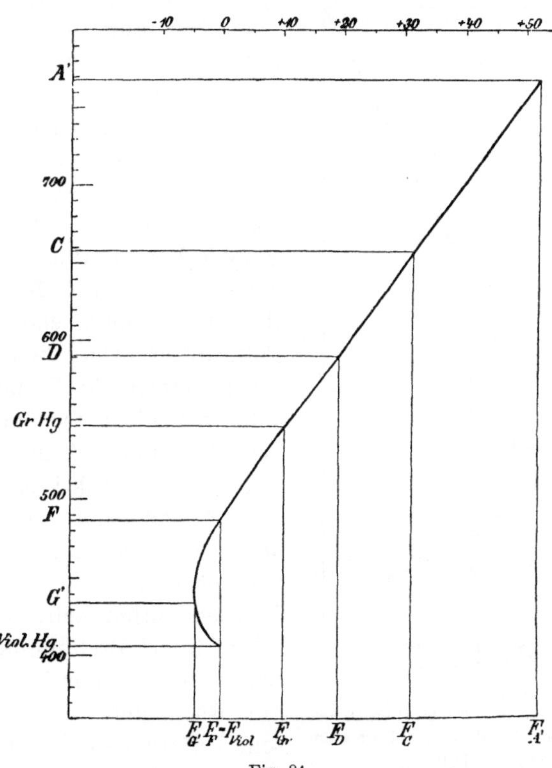

Fig. 84.

Sekundäres Spektrum der Kombination O. 1726, O. 108. Rein aktinische Korrektion:

$$F_F = F_{Viol.\ Hg.} = 100\ \text{mm}$$

Die Ordinaten ergeben die Wellenlängen in $\mu\mu$. Die Abszissen ergeben $F_\lambda - F_F$ in hundertel Millimeter, abgetragen von $F_F = F_{Viol.}$

soll das System visuellen Zwecken dienen, so wird C oder auch wohl eine Stelle zwischen B und C mit F vereinigt; für die Zwecke der Astrophotographie F mit H_δ; für die Zwecke der übrigen Zweige der Photographie (Porträt-, Landschafts-, Mikrophotographie u. s. w.) D mit H_γ. In dem letzten Falle verzichtet man auf die beste Vereinigung der photographisch wirksamen Strahlen, die rein aktinische

Korrektion, die in der Astrophotographie erstrebt wird. Einerseits sind nämlich die damit in Kauf genommenen chromatischen Abweichungen im blau-violetten Teil des Spektrums bei den kleineren Brennweiten nicht so bedenklich. Anderseits braucht in der Astrophotographie der Unterschied zwischen der Einstellung auf die beste optische und die beste photographische Wirkung, kurz als *Fokusdifferenz* bezeichnet, nur einmal ermittelt zu werden, um die photographische Platte nach dem visuellen Eindruck, etwa auf der Mattscheibe, einstellen zu können, während in der übrigen photographischen Praxis die verschiedenen endlichen Entfernungen der Objekte entsprechend wechselnde Fokusdifferenzen bedingen, die nur bei einem für D und $H\gamma$ stabil achromatischen System durchaus beseitigt sind. Man pflegt aber sich mit der praktisch ausreichenden Annäherung zu begnügen, daß, je nachdem das System ein vergrößertes oder verkleinertes Bild entwerfen soll, der vordere oder hintere Brennpunkt achromatisiert wird, zudem ist meist, schon mit Rücksicht auf die chromatische Differenz der Lateralvergrößerung, auch die Achromasie der Brennweite herbeigeführt.

In den nebenstehenden von M. VON ROHR (*3. 61—64.*) entlehnten Figuren ist für die drei Arten der

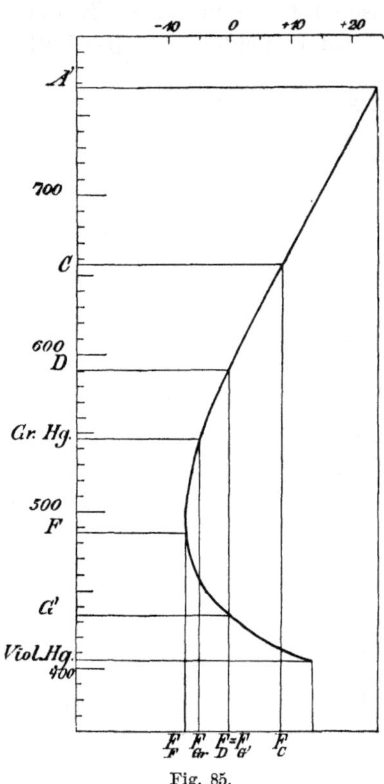

Fig. 85.

Sekundäres Spektrum der Kombination O. 1726, O. 108. Photographische (aktinische) Korrektion:

$$F_D = F_{G'} = 100 \text{ mm}$$

Die Ordinaten ergeben die Wellenlängen in $\mu\mu$.
Die Abszissen ergeben $F_\lambda - F_D$ in hundertel
Millimeter abgetragen von $F_D = F_{G'}$.
Rechts von F_C ist zunächst $F_{Viol.}$ und dann $F_{A'}$
zu ergänzen.

Achromatisierung der Gang der Brennweiten mit der Wellenlänge bei einem dünnen System aus gewöhnlichem Kron und Flint dargestellt. Die optischen Daten der Gläser sind im folgenden gegeben. Die unter den Dispersionswerten stehenden Zahlen geben das Verhältnis der betreffenden Teildispersion zur mittleren Dispersion von C bis F an.

Brechung und Dispersion zweier Silikatgläser.

O. 1726. Silikat-Kron:

nD	C bis F	ν	A' bis C	C bis D	D bis Grün Hg	Grün Hg bis F	F bis G'	G' bis Viol.Hg
1,51787	0,00880	58,8	0,00302	0,00259	0,00218	0,00403	0,00501	0,00379
			0,343	0,294	0,248	0,458	0,569	0,431

O. 108. Gewöhnliches Silikat-Flint:

nD	C bis F	ν	A' bis C	C bis D	D bis Grün Hg	Grün Hg bis F	F bis G'	G' bis Viol.Hg
1,62164	0,01716	36,2	0,00546	0,00488	0,00421	0,00807	0,01045	0,00825
			0,318	0,284	0,245	0,470	0,609	0,481

Der genaueren Orientierung halber seien hier die Werte der zu den benutzten FRAUNHOFERschen Linien gehörigen Wellenlängen in $\mu\mu$ angegeben:

	A'	C	D	Grün Hg	F	G'	Viol. Hg
$\mu\mu$	767,7	656,3	589,3	546,1	486,2	434,1	405,1

2. Die Variation der sphärischen Aberrationen mit der Wellenlänge.

Wir verzichten darauf, die ziemlich verwickelten Differenzformeln für die chromatische Variation der fünf SEIDELschen Bildfehlerausdrücke aufzustellen, weil die hier zu behandelnden chromatischen Fehler nur bei größerer Neigung der Strahlen gegen die Achse praktisch von Bedeutung sind. Wir gehen ferner nur auf die wichtigsten Fehler ein, es sind dies die chromatische Differenz der sphärischen Aberration in der Achse, des Sinusverhältnisses und der Verzeichnung.

Der erste Fehler äußert sich darin, daß ein Unterschied in der sphärischen Aberration für zwei Farben vorhanden ist, der im allgemeinen mit dem Öffnungswinkel des abbildenden Büschels wächst. Gewöhnlich liegt die Abweichung für die Strahlen kürzerer Wellenlänge im Sinne der sphärischen Überkorrektion. Ist beispielsweise für Grün sphärische Korrektion hergestellt, so wird gewöhnlich für Rot sphärische Unterkorrektion, für Blau Überkorrektion bestehen. Dieser Korrektionszustand empfiehlt sich bei Systemen für visuelle

Zwecke, wenn die Aufhebung der chromatischen Differenz der sphärischen Aberration nicht erstrebt wird; ebenso wird man Systeme, die anderen Zwecken dienen, für die wirksamste Strahlengattung sphärisch korrigieren. Man kann diesen chromatischen Fehler auch als die Variation der chromatischen Längsabweichung mit der Öffnung des Systems auffassen, indem für jede Zone die Differenz der Schnitt-weiten für zwei Farben eine andere ist. Ist beispielsweise chromatische Korrektion für die achsennahen Strahlen herbeigeführt, so wird in dem gewöhnlichen Fall, je mehr eine Zone nach dem Rande der Öffnung zu gelegen ist, um so größere chromatische Überkorrektion auftreten. Soll die chromatische Korrektion innerhalb des ganzen Bereichs der Öffnung möglich sein, so muß die chromatische Differenz der sphärischen Aberration aufgehoben werden; ist das nicht geschehen, so fragt es sich, in welche Zone die chromatische Korrektion zu legen ist. Dies läßt sich auf dem Boden der geometrischen Optik nicht entscheiden.

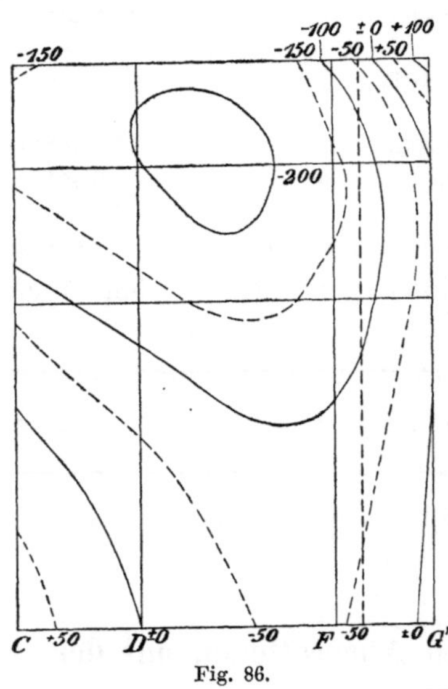

Fig. 86.

Darstellung der chromatischen Differenz der sphärischen Aberration für J. Petzvals Porträt-Objektiv

$1:3\cdot4,\ F_D = 100$ mm

Die Abszissen ergeben die Wellenlängen, gekennzeichnet durch die Fraunhoferschen Linien C, D, F, G'. Die Ordinaten sind die vierfach vergrößerten Einfallshöhen.
Isoplethen-Darstellung für die Schnittweiten-differenz gegen F_D in tausendstel Millimeter von 0.050 zu 0.050 mm fortschreitend.

Ein übersichtliches Bild von dem Gang der Schnittweiten mit der Wellenlänge und Einfallshöhe liefert die für die Darstellung dieser Verhältnisse zuerst von M. von Rohr (3. 65.) benutzte Isoplethen-methode. Wir entnehmen daraus die Darstellung Figur 86 für ein Petzvalsches Porträtobjektiv. Man bemerkt, daß die beste Strahlen-vereinigung für die Einfallshöhe 12,5 mm und die Wellenlänge 540 $\mu\mu$ erreicht ist. Was die sphärische Abweichung betrifft, so ist bei C etwa 0,224 mm Unterkorrektion, bei G' 0,125 mm Überkorrektion, bei $\lambda = 472\ \mu\mu$ Korrektion für die volle Öffnung vorhanden. Was die chromatische Abweichung betrifft, so sind diese für die Einfallshöhe 0 bei $C + 0,08$, bei $\lambda = 490\ \mu\mu - 0,056$ (Minimum der Schnittweite), bei $G' + 0,016$, während sie für die Randzone des

Objektivs bei $C - 0,144$, bei $\lambda = 540\ \mu\mu - 0,188$ (Minimum) und bei $G' + 0,141$ mm sind.

Das Verdienst, die chromatische Korrektion für die Achsen- und die Randstrahlen bei einem zweilinsigen Objektiv, das für parallel einfallendes Licht benutzt werden soll, als Erster aufgehoben zu haben, gebührt C. F. Gauss (*1.*), der die Kronlinse voranstellte, während C. A. Steinheil (*2.*) in der von ihm ausgeführten Konstruktion die Flintlinse vorangehen ließ. E. Abbe (*5.*) beschäftigte sich mit der Aufhebung der chromatischen Differenz der sphärischen Aberration bei Mikroskopobjektiven großer Apertur und unterschied hier zwei Korrektionsmethoden. Die eine besteht in der Einführung von Kittflächen, bei denen das auf der hohlen Seite angrenzende Glas die gleiche Dispersion, aber einen niedrigeren Brechungsindex besitzt, wie das auf der erhabenen Seite angrenzende. Die zweite Methode besteht darin, daß ein sphärisch und chromatisch stark unterkorrigiertes Vorderglied und ein entsprechend überkorrigiertes Hinterglied in beträchtlichem Abstand angeordnet werden. Infolgedessen durchsetzen die blauen Strahlen das Hinterglied mit kleinerer Einfallshöhe als die roten und erfahren dort eine geringere sphärische Überkorrektion, die in erster Annäherung den kleineren Werten des Faktors $\left(\dfrac{h_{\nu}}{h_{1}}\right)^{4}$ entspricht. Bei Anwendung der zweiten Methode wird das blaue Bild stärker vergrößert als das rote. Dieser Fehler kann entweder durch *Kompensationsokulare*, die mit entgegengesetzter chromatischer Vergrößerungsdifferenz ausgestattet sind, oder durch eine Korrektionslinse, die etwas unterhalb des Objektivbildes eingeschaltet wird, gehoben werden. Die Korrektionslinse ist chromatisch entsprechend unterkorrigiert und *afokal*, d. h. sie besitzt die Stärke Null; sie besteht aus einer sammelnden Flintlinse und aus einer zerstreuenden Kronlinse.

Erst nachdem die sphärische Aberration und ihre chromatische Differenz gehoben ist, kann die chromatische Differenz des Sinusverhältnisses Gegenstand der Untersuchung sein. Es treten dann bei mäßigen Öffnungen im allgemeinen nur geringe chromatische Variationen des Sinusverhältnisses auf und erst bei sehr großen Öffnungen kann ihre Aufhebung das Ziel besonderer Bemühungen werden. Ein System, das frei von sekundärem Spektrum und für zwei Farben aplanatisch ist, nennt E. Abbe *apochromatisch*.

Bei Systemen mit sehr großem Gesichtsfeld kann es vorkommen, daß man die chromatische Differenz der Verzeichnung, die man auch als Variation der chromatischen Differenz der Lateralvergrößerung

24*

mit der Objektgröße auffassen kann, zu heben sucht. Im allgemeinen wird man sich damit begnügen, die chromatische Vergrößerungsdifferenz nicht für den der Achse benachbarten Teil des Gesichtsfeldes zu heben, sondern für eine mittlere Zone. Diese wird man so wählen, daß die Breite des Spektrums, in die das Bild eines außeraxialen Objektpunktes ausgezogen wird, die entgegengesetzt gleichen Maximalwerte annimmt, wenn der Punkt sich von dieser mittleren Zone das eine Mal nach der Achse, das andere Mal nach dem Rande zu bewegt.

Um die besprochenen Fehler genau feststellen zu können, erübrigt es sich noch, Differentialformeln zu geben, die für zwei benachbarte Strahlen von geringem Wellenlängenunterschied den Unterschied in Schnittweite und Neigung nach dem Durchgang durch ein optisches System berechnen lassen, wenn der Weg des einen von diesen beiden Strahlen nach den Formeln des zweiten Kapitels bestimmt ist. Bezeichnet man diese Unterschiede vor und nach einer Fläche mit $d\boldsymbol{s}$, $d\boldsymbol{u}$ und $d\boldsymbol{s}'$, $d\boldsymbol{u}'$, so lauten diese Formeln

$$\frac{du}{\operatorname{tg} u} + \frac{d\boldsymbol{s}}{\boldsymbol{s}-r} = \frac{di}{\operatorname{tg} i};$$

$$\frac{di}{\operatorname{tg} i} - \frac{di'}{\operatorname{tg} i'} = \frac{dn'}{n} - \frac{dn}{n};$$

$$di' - di = du - du'$$

$$\frac{di'}{\operatorname{tg} i'} - \frac{du'}{\operatorname{tg} u'} = \frac{d\boldsymbol{s}'}{\boldsymbol{s}'-r}.$$

Literatur zu 1, A und B: I. NEWTON (**1.**), L. EULER (**1.**), J. DOLLOND und J. SHORT (**1.**), S. KLINGENSTIERNA (**1.**), J. DOLLOND (**2.**), A. C. CLAIRAUT (**1.**), J. H. LAMBERT (**3.**), J. RAMSDEN (**1.**), G. B. AIRY (**1.**), P. BARLOW (**1.**), A. ROGERS (**1.**), S. STAMPFER (**2.**), L. SEIDEL (**2.**), H. ZINCKE gen. SOMMER (**2.** *78*), F. KESSLER (**2.**), E. VON HÖEGH (**1.**), H. SCHROEDER (**5. 6.**), C. V. L. CHARLIER (**6.**), H. D. TAYLOR (**5.**).

Literatur zu 1, C: R. BLAIR (**1.**), W. SCHMIDT (**1.**), E. ABBE (**5.**), W. HARKNESS (**1.**), A. KRAMER (**1.**), S. CZAPSKI (**1.**), H. D. TAYLOR (**1. 4.**), A. KERBER (**6.**), H. SCHROEDER (**4.**), L. SCHUPMANN (**1.**), C. V. L. CHARLIER (**5.**).

Literatur zu 1, D: J. FRAUNHOFER (**1.**), J. PETZVAL (**3.** *62*), C. A. STEINHEIL und L. SEIDEL (**1.**), W. SCHMIDT (**1.**), H. SCHROEDER (**3.**), H. D. TAYLOR (**4.**).

Literatur zu 2: J. D'ALEMBERT (**1.**), C. F. GAUSS (**1.**), C. A. STEINHEIL (**2.**), E. ABBE (**5.**), A. KERBER (**1. 4.**).

Die ältere Geschichte der Lehre von den chromatischen Abweichungen ist behandelt von J. PRIESTLEY (**2.** *243. 339. 520*), A. ROCHON (**1.**), D. BREWSTER (**2.** *175*), P. BARLOW (**2.** *408*), J. J. LITTROW (**2.** *457*). Die Geschichte des optischen Glases findet man bei M. VON ROHR (**3.** *325*).

VII. Kapitel

Die Berechnung optischer Systeme auf Grund der Theorie der Aberrationen.

Bearbeiter: **A. König.**

———

Die optischen Systeme dienen dazu, von einem gegebenen Objekt ein Bild von bestimmter Lage und Größe zu entwerfen. Insoweit es sich nur um die GAUSSsche Abbildung handelt, bietet diese Aufgabe im allgemeinen keine sonderlichen Schwierigkeiten; es scheint daher nicht angebracht, näher darauf einzugehen. Die nächste Aufgabe ist, die fünf SEIDELschen Bildfehler oder auch nur einzelne von ihnen zu beseitigen. Zu dem Zweck sind die Radien, Dicken, Abstände und Glasarten des Systems, von dem in diesem Kapitel durchweg vorausgesetzt wird, daß es sich in Luft befindet, so zu bestimmen, daß die Ausdrücke für die verschiedenen Bildfehler verschwinden. Es handelt sich somit um die Lösung von algebraischen Gleichungen, die jedoch nur bei Systemen von einfachem Bau ohne zu große analytische Komplikationen möglich ist. Auch auf diesem beschränkten Gebiete streben wir weniger nach Vollständigkeit, wir begnügen uns vielmehr damit, die verschiedenen Methoden zur Berechnung von Systemen zu kennzeichnen. Einigen Anhalt für die Verwendbarkeit der Methoden sollen die angefügten Zahlenbeispiele geben, bei denen stets zur Vereinfachung der Rechnung, wie hier hervorgehoben werden mag, der Objektabstand unendlich groß angenommen ist. In vielen Fällen werden wir von vornherein weitere die chromatische Korrektion betreffende Bedingungsgleichungen einführen, doch erlaubt der günstige Umstand, daß es Gläser gibt, die bei gleichen Brechungsexponenten verschiedene

Dispersion haben, dem Optiker, die Korrektion der sphärischen Fehler zunächst ohne Rücksicht auf die chromatischen Abweichungen zu bewirken. Diese Korrektion wird nachträglich durch die Wahl von Gläsern mit passender Dispersion erreicht, wobei die diskrete Mannigfaltigkeit der Glastypen dadurch zu einer stetigen erweitert werden kann, daß die einfache Linse durch eine der oben beschriebenen (S. 349) Kombinationen von mehreren Linsen gleicher Brechung und verschiedener Dispersion zusammengesetzt wird. In den Zahlenbeispielen ist die chromatische Korrektion für die Farben durchgeführt, für die die Dispersion angegeben ist und die Gesamtbrennweite des Linsensystems ist gleich 1 angenommen. Die SEIDELschen Bildfehler: sphärische Aberration, Koma, Krümmung des Bildes der sagittalen Strahlen, Krümmung des Bildes der tangentialen Strahlen und Verzeichnung bezeichnen wir im folgenden kurz als die Bildfehler I, II, III, IV und V. Sind die Bildfehler III und IV gleichzeitig gehoben, so spricht man von *anastigmatischer Bildfeldebnung*; ist dies nicht der Fall, so pflegt man in der Praxis entweder die halbe Differenz dieser beiden Fehler $\dfrac{(\mathrm{IV}-\mathrm{III})}{2}$, den Astigmatismus (für den Achsenabstand 1 des Bildpunktes) oder die halbe Summe, die *Bildkrümmung im übertragenen Sinne*, zu heben. Diese abgeleiteten Fehler wollen wir als IIIa und IVa einführen. Von Bildkrümmung kurzweg kann man erst reden, wenn der Astigmatismus gehoben ist, diese wird, wie wir aus S. 262 wissen, nach der einfachen Formel berechnet:

$$P = \frac{1}{R} = \Sigma \frac{1}{r_\nu} \varDelta \frac{1}{n_\nu}.$$

1. Die Erfüllung der PETZVALschen Bedingung.

Ist einer der Bildfehler III, IV, IIIa und IVa gehoben, so hat man behufs gleichzeitiger Hebung der übrigen nur noch die Bedingung

$$\Sigma \frac{1}{r_\nu} \varDelta \frac{1}{n_\nu} = 0$$

zu erfüllen. Sie ist nach J. PETZVAL benannt, der sie zuerst aufstellte und zwar in der Form

$$\Sigma \frac{\varphi_\nu}{n_\nu} = 0$$

Da er forderte, daß die Definition der Stärke für dünne Linsen auch auf dicke ausgedehnt würde, ist diese Form mit der ersten identisch. Mit Rücksicht auf die in diesem Buche gewählte Definition der Stärke wollen wir die zweite Form jedoch nur bei Systemen aus dünnen Linsen anwenden. Der PETZVALsche Ausdruck ist von der Durchbiegung der Linsen, die wir später vornehmlich als Mittel zur Korrektion der Bildfehler benutzen werden, unabhängig, es schien uns daher angebracht, einen besonderen Abschnitt über seine Annullierung vorauszuschicken.

A. Das dünne Linsensystem.

Wir setzen zunächst ein dünnes Linsensystem voraus. Gleichzeitig mit der PETZVALschen Bedingung wollen wir der Achromasiebedingung

$$\Sigma \frac{\varphi_\nu}{\nu_\nu} = 0$$

genügen. Es kommt dabei jedenfalls auf die Werte von ν und n für die Gläser des Systems an. Wir bemerken ferner, daß die Gleichungen dieselbe Form haben, wie die, auf die wir bei der Behandlung des sekundären Spektrums des achromatischen dünnen Linsensystems geführt wurden; die Rolle des ϑ-Werts fällt hier dem Wert von $\frac{\nu}{n}$ zu. Ebenso wie dort stellen wir in der Figur 87 jedes Glas durch einen Punkt dar, dessen Abszisse der Wert von $\bar{\nu}$ und dessen Ordinate der Wert von $\frac{\bar{\nu}}{n}$ ist, wobei der Brechungsindex für D und die Dispersion von D bis H_γ zugrunde gelegt ist. Während sich die gewöhnlichen Silikatgläser dicht an einer Geraden, die die Punkte für die Gläser O. 144 und O. 103 verbindet, entlang anordnen, rücken die Barytgläser, welche kleineren Wert von $\frac{\bar{\nu}}{n}$ als andere Gläser bei gleichem $\bar{\nu}$ aufweisen, nach der einen Seite weiter ab; nach der anderen Seite die sogenannten Krongläser mit hoher Dispersion. Bei einem zweilinsigen System muß der Wert von $\frac{\bar{\nu}}{n}$ bei beiden Gläsern der gleiche sein, wenn die PETZVALsche und die chromatische Bedingung zusammen bestehen sollen; bei einem mehrlinsigen System dürfen die Gläser nur nicht auf einer Geraden liegen. Durch Kombinierung von mehreren Gläsern erreicht man aber nichts anderes, als was auch durch die von zwei Gläsern möglich ist, wenn für alle Punkte innerhalb des Polygons, dessen Ecken die äußersten Positionen von Punkten sind, die wirklich hergestellte Gläser repräsentieren, die entsprechenden Gläser zur Verfügung ständen. Insoweit bei den gewöhnlichen Silikatgläsern der Wert von $\dfrac{\overline{\nu}}{n}$ durch die lineare Beziehung

$$\frac{\overline{\nu}}{n} = -\,2{,}71 + 0{,}716\,\overline{\nu}$$

dargestellt wird, ist bei achromatischen Systemen von der Brennweite 1, in denen nur diese Gläser verwandt sind, immer

$$\Sigma\,\frac{\varphi_\nu}{n_\nu} = 0{,}716.$$

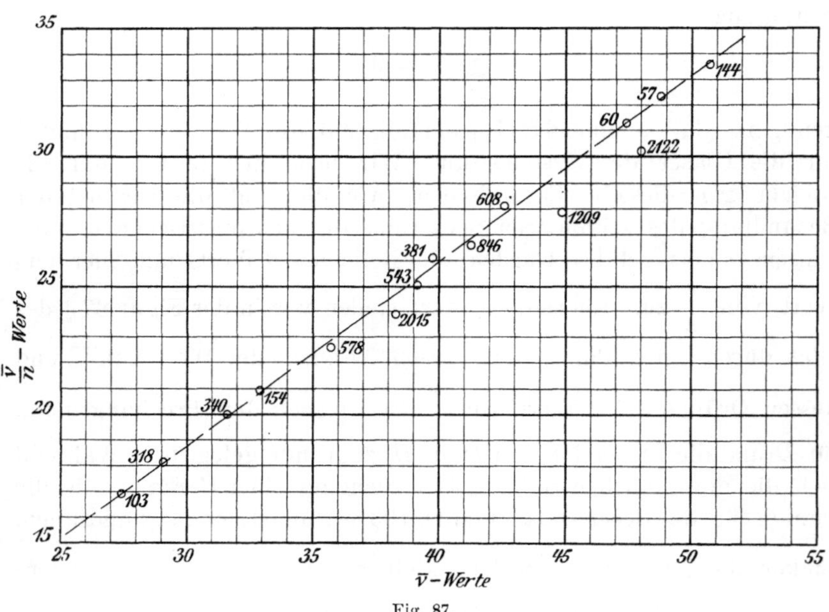

Fig. 87.

$$\overline{\nu} = \frac{n_D - 1}{n_{G'} - n_D}$$

Graphische Darstellungen der $\overline{\nu}$ - und $\dfrac{\overline{\nu}}{n}$ - Werte für einige Arten optischen Glases.

Bei Sammelsystemen wird dieser Wert durch die Einführung von Barytgläsern als Sammellinsen und von Krongläsern mit hoher Dispersion als Zerstreuungslinsen herabgedrückt, und zwar um so mehr, je größer die Stärke der eingeführten Linse ist. Bei achromatischen Systemen aus zwei Gläsern macht mithin eine Änderung der Brechungsexponenten bei Festhaltung des ν-Verhältnisses um so mehr aus, je mehr sich dies ν-Verhältnis dem Wert 1 nähert. Eine gute Übersicht geben die Tabellen von H. Harting (5.).

B. Das System zweier dünner Linsen in endlichem Abstande.

Bei einem System mit endlichen Dicken und Abständen hängt die Erfüllung der Petzvalschen Bedingung nicht bloß von der besonderen Wahl der Glasarten ab. Wir wollen diese Verhältnisse an dem Beispiel des aus zwei getrennten dünnen Gliedern zusammengesetzten Systems erläutern. Die Scheitelkrümmung des von ihm entworfenen, von Astigmatismus befreiten Bildes ist

$$-P = \sum_1 \frac{\varphi}{n} + \sum_2 \frac{\varphi}{n}.$$

Die Maßstabgleichung lautet:

$$\Phi = \sum_1 \varphi + \sum_2 \varphi - A \sum_1 \varphi \sum_2 \varphi,$$

wo A der Abstand der beiden Teilsysteme ist, und der Index unter dem Summenzeichen angibt, für welches Teilsystem die Summation auszuführen ist.

Setzen wir nun

$$\sum_2 \varphi = N \sum_1 \varphi$$

$$\sum_k \frac{\varphi}{n} = M_k \sum_k \varphi; \ k = 1,2$$

$$A \sum_1 \varphi = \overline{A}$$

$$P : \Phi = \overline{P},$$

so ist

$$\overline{P} = -\frac{M_1 + N M_2}{1 + N(1 - \overline{A})}.$$

Von der Glaswahl hängt die Krümmung $\overline{P}$ ebenso ab, wie es für das dünne Linsensystem auseinandergesetzt wurde, wir beschränken uns daher auf den Fall, daß $M_1 = M_2 = M$ ist, und untersuchen, wie die Größe $\overline{P}$ von N und $\overline{A}$ abhängt, bei einer Änderung der Glaswahl ändert sich $\overline{P}$ einfach proportional M.

Die Diskussion stützt sich auf die Gleichungen:

$$\overline{P} = -\frac{M(1+N)}{1+N(1-\overline{A})}$$

$$\frac{\partial \overline{P}}{\partial N} = -M\frac{\overline{A}}{\{1+N(1-\overline{A})\}^2}$$

$$\frac{\partial \overline{P}}{\partial \overline{A}} = -M\frac{N(N+1)}{\{1+N(1-\overline{A})\}^2}.$$

Es genügt, die Größe N von -1 bis $+1$ zu variieren, da der Wert von $\overline{P}$ derselbe ist, ob das Licht von vorn oder von hinten einfällt; in diesem Intervall wechselt $\frac{N+1}{N}$ mit N das Vorzeichen. Ferner sei M positiv, andernfalls würde sich nur das Vorzeichen von $\overline{P}$, $\frac{\partial \overline{P}}{\partial N}$ und $\frac{\partial \overline{P}}{\partial \overline{A}}$ umkehren. Wir teilen nun das Gebiet der Kombinationen von N und $\overline{A}$ in vier Teile und geben durch die folgende Tabelle eine Übersicht über den Verlauf der Funktion $\overline{P}$.

	$\overline{A}$ negativ		$\overline{A}$ positiv	
	$N < \dfrac{1}{\overline{A}-1}$	$N > \dfrac{1}{\overline{A}-1}$	$N < \dfrac{1}{\overline{A}-1}$	$N > \dfrac{1}{\overline{A}-1}$
$\overline{P}$	neg.	pos.	neg.	pos.
P	pos.	pos.	neg.	neg.
$\dfrac{\partial \overline{P}}{\partial N}$	pos.	pos.	neg.	neg.
$\dfrac{\partial \overline{P}}{\partial \overline{A}}$	pos. neg. } wenn N { neg. pos.	pos.	neg.	pos. neg. } wenn N { neg. pos.

In jedem Teilgebiet nimmt $\overline{P}$ entweder alle positiven oder alle negativen Werte zwischen 0 und ∞ an. Für $\overline{A}=\infty$ ist $\varPhi=\infty$, mithin auch $\overline{P}=0$, da P endlich ist. Die Bedingung

$$N = \frac{1}{\overline{A}-1} \quad \text{oder} \quad \frac{N+1}{N} = \overline{A}$$

ist die notwendige und zureichende dafür, daß das System teleskopisch ist, in diesem Fall ist $\varPhi=0$, mithin $\overline{P}$ unendlich groß, da P endlich ist. Soll die Glaswahl beliebig ($M \gtrless 0$) und der Abstand von Vorder- und Hinterglied endlich sein, so kann man nur für ein System mit *positiver* Gesamtbrennweite die PETZVALsche Bedingung erfüllen, indem die Brennweiten der Teilglieder entgegengesetzt gleich gemacht werden ($N = -1$) und zwar gleich der Quadratwurzel aus Gesamtbrennweite und Abstand. Man darf den Abstand daher nicht zu klein wählen, wenn man starke Krümmungen vermeiden will.

Was das System mit endlichen Linsendicken betrifft, so beschränken wir uns auf folgende Bemerkung. Ein solches System ist in Bezug auf die Werte von Φ und P, Stärke und Bildkrümmung, einem System dünner Linsen mit endlichen Abständen äquivalent. Das letzte erhält man aus dem ersten, wenn man aus jeder dicken Linse eine planparallele Glasplatte, die denselben Brechungsindex und dieselbe Dicke wie die Linse hat, herausgeschnitten denkt, und durch eine planparallele Luftplatte ersetzt, deren Dicke im Verhältnis des Brechungsindex kleiner ist.

Zum Schluß fragen wir noch, wie es sich bei dem aus zwei getrennten dünnen Linsen bestehenden System mit der gleichzeitigen Achromatisierung der Brennpunkte für einen unendlich kleinen Farbenbezirk verhält. Der Objektabstand sei unendlich groß und die Gesamtbrennweite positiv. Die zu erfüllenden Gleichungen sind

$$\varphi_1 + \varphi_2 (1 - A\,\varphi_1) = 1$$

$$\frac{\varphi_1}{\nu_1 (1 - A\,\varphi_1)^2} + \frac{\varphi_2}{\nu_2} = 0$$

$$\frac{\varphi_1}{n_1} + \frac{\varphi_2}{n_2} = 0.$$

Eliminieren wir mit Hilfe der dritten Gleichung aus der zweiten die Größe φ_2, so ergibt sich

$$1 - A\,\varphi_1 = \pm \sqrt{\frac{n_1\,\nu_2}{n_2\,\nu_1}} \quad \text{oder} \quad A\,\varphi_1 = 1 \mp \sqrt{\frac{n_1\,\nu_2}{n_2\,\nu_1}}$$

darauf aus der ersten Gleichung, nachdem auch hier φ_2 eliminiert ist,

$$\varphi_1 = \frac{1}{1 \mp \sqrt{\dfrac{n_2\,\nu_2}{n_1\,\nu_1}}}$$

und darauf aus der dritten

$$\varphi_2 = -\frac{1}{\dfrac{n_1}{n_2} \mp \sqrt{\dfrac{n_1\,\nu_2}{n_2\,\nu_1}}}.$$

Ist die vordere Linse zerstreuend, so kann nur das obere Wurzelzeichen in Betracht kommen; ist sie sammelnd, so beschränken wir uns ausdrücklich auf diesen Fall, d. h. wir nehmen an, daß die zweite Linse zwischen der ersten Linse und ihrem Brennpunkt aufgestellt sei. Ist $\dfrac{n_2}{n_1}\dfrac{\nu_2}{\nu_1} = 1$, so werden die Stärken der Einzellinsen unendlich groß; je nachdem nun dieser Wert $<$ oder $>$ 1, hat die Brennweite der vorderen Linse positives oder negatives Vorzeichen. Die Brennweiten der vorderen und hinteren Linse haben immer entgegengesetztes Vorzeichen. Je nachdem die Sammel- oder Zerstreuungslinse vorn steht, werden φ_1 und φ_2 um so kleiner, je kleiner oder je größer $\dfrac{n_2}{n_1}\dfrac{\nu_2}{\nu_1}$ ist. Für die Sammellinse eignen sich mithin Gläser mit hohem n und ν, für die Zerstreuungslinse solche mit niedrigem n und ν. Bei der gleichen Glaswahl gibt die Voranstellung der Zerstreuungslinse kleinere Werte von φ_1 und φ_2; dieser Vorteil tritt um so mehr hervor, je mehr die beiden Gläser sich durch den Wert von $\dfrac{\nu}{n}$ unterscheiden. Je mehr der eine ν-Wert den andern übersteigt, um so weniger macht eine Verschiedenheit in den Brechungsexponenten aus. Wird diese vernachlässigt, oder ist tatsächlich $n_1 = n_2$, so ist

$$A\,\varphi_1{}^2 = 1\,,$$

d. h. A steht in demselben Verhältnis zur vorderen Brennweite wie diese zur Gesamtbrennweite. Dieser Satz ist schon auf S. 379 mit anderen Worten ausgesprochen worden.

2. Die Korrektion der Seidelschen Bildfehler.

A. Das dünne Linsensystem.

Für die Berechnung dünner Linsensysteme benutzt man meist die Ausdrücke für die Seidelschen Bildfehler, die man durch Summation über die einzelnen Linsen erhält, wenn man die für die einfache Linse im Kapitel V gegebenen Ausdrücke zu grunde legt. Bei der Summation hat man nur zu beachten, daß

$$\sigma_\nu = \sigma_1 + \sum_{\lambda=1}^{\nu-1} \varphi_\lambda$$

ist. Wir begnügen uns damit, den Ausdruck für den ersten Bildfehler, die sphärische Aberration, herzuschreiben:

$$S_I = \sum_{\nu=1}^{k} \left[\left(\frac{n_\nu}{n_\nu - 1} \right)^2 \varphi_\nu{}^3 + \frac{3\,n_\nu + 1}{n_\nu - 1} \varphi_\nu{}^2 \left(\sigma_1 + \sum_{\lambda=1}^{\nu-1} \varphi_\lambda \right) \right.$$

$$+ \frac{3\,n_\nu + 2}{n_\nu} \varphi_\nu \left(\sigma_1 + \sum_{\lambda=1}^{\nu-1} \varphi_\lambda \right)^2 - \frac{2\,n_\nu + 1}{n_\nu - 1} \varphi_\nu{}^2 \varrho_{2\nu-1}$$

$$\left. - \frac{4\,n_\nu + 4}{n_\nu} \varphi_\nu \left(\sigma_1 + \sum_{\lambda=1}^{\nu-1} \varphi_\lambda \right) \varrho_{2\nu-1} + \frac{n_\nu + 2}{n_\nu} \varphi_\nu \varrho_{2\nu-1}^2 \right].$$

S_ν, wo für ν die Ordnungszahlen (I, II, III, IV, V) des Bildfehlers einzusetzen ist, diene als abgekürzte Bezeichnung der Summenausdrücke; die n und φ zählen wir nach den Linsen, die ϱ nach den Flächen.

Diese Ausdrücke bieten den Vorteil, daß man die Vorderkrümmungen der einzelnen Linsen, die wir als Maß ihrer Durchbiegungen ansehen, als Variable auffassen kann. Wenn nun über die Stärken der Linsen bereits verfügt ist, etwa mit Rücksicht auf die chromatischen Fehler oder die Petzvalsche Bedingung, so wird man die Werte derjenigen Vorderkrümmungen aufsuchen, bei deren Einsetzung die S_ν für die zu korrigierenden Bildfehler verschwinden. Alle S_ν sind in den ϱ von nicht höheren als dem zweiten Grade.

Sollen zwei Bildfehler gleichzeitig gehoben werden (wir schließen bei dem dünnen Linsensystem den Fall aus, daß beide der Gruppe der Fehler III, IV, IIIa, IVa angehören), so ist nach Hebung des einen nur noch die Differenz der Ausdrücke für die beiden Bildfehler gleich Null zu machen. Diese Differenzausdrücke sind linear von den Vorderkrümmungen abhängig. Ihre allgemeine Form ist für die einzelne Linse

$$(G + H\varrho_1)(\sigma_1 - \xi_1).$$

Für einige wichtige Kombinationen von Bildfehlern teilen wir die Ausdrücke für G und H mit:

I und IIa: $\qquad G = \dfrac{n}{n-1} \varphi^2 + \dfrac{2\,n + 1}{n} \varphi\,\sigma$

$$H = -\frac{n+1}{n} \varphi$$

I und IIIa: $\qquad G = \dfrac{2\,n}{n-1} \varphi^2 + \dfrac{3\,n + 2}{n} \varphi\sigma + \varphi\xi$

$$H = - \frac{2\,(n+1)}{n}\,\varphi$$

IIIa und V: $$G = \frac{n}{n-1}\,\varphi^2 + \frac{2\,n+1}{n}\,\varphi\,\xi$$

$$H = \frac{n+1}{n}\,\varphi.$$

Da bei dem dünnen Linsensystem, wenn σ und ξ nach den Linsen gezählt werden,

$$\sigma_\nu - \xi_\nu = \sigma_1 - \xi_1$$

ist, kommt es nur darauf an, die Summe

$$\sum_{\nu=1}^{k} (G_\nu + H_\nu\,\varrho_{2\,\nu-1})$$

zu annullieren. Wir schreiben diese Summe für die erste Kombination noch her:

$$\vartheta_{I,\,II} = \sum_{\nu=1}^{k} \left[\frac{n_\nu}{n_\nu - 1}\,\varphi_\nu{}^2 + \frac{2\,n_\nu + 1}{n_\nu}\,\varphi_\nu \left(\sigma_1 + \sum_{\lambda=1}^{\nu-1} \varphi_\lambda \right) - \frac{n_\nu + 1}{n_\nu}\,\varphi_\nu\,\varrho_{2\,\nu-1} \right].$$

Die Korrektion von zwei Bildfehlern durch geeignete Wahl der Radien. Nach diesen Vorbereitungen wenden wir uns zu unserer Aufgabe, der Berechnung von Systemen. Wir beginnen damit, daß wir die Radien so bestimmen, daß die Bildfehler I und II aufgehoben sind. Das System bestehe zunächst aus zwei Linsen, deren Stärken so bemessen seien, daß das System achromatisch ist. Es müssen dann die oben gegebenen Ausdrücke für S_I und $\vartheta_{I,\,II}$ ($k = 2$ genommen) gleich Null gemacht werden. Man erhält so zwei Gleichungen für ϱ_1 und ϱ_3. Indem man eine dieser Größen mit Hilfe der zweiten Gleichung aus der ersten eliminiert, ergibt sich eine quadratische Gleichung für die andere. Da nun die Reihenfolge der einzelnen Linsen für die chromatische Korrektion belanglos ist, gewinnt man für ein Glaspaar keine, zwei oder vier Lösungen. Wir geben sie für das Glaspaar O. 60 ($n_D = 1{,}5179$ $n_F - n_C = 0{,}00860$) und O. 103 ($n_D = 1{,}6202$, $n_F - n_C = 0{,}01709$) und bemerken, daß die gebräuchlichen Fernrohrobjektive nach dem Typus I oder III gebaut sind.

I Kron voraus:

$$\varrho_1 = +\,1{,}6445 \quad \varrho_2 = -\,3{,}2143 \quad \varrho_3 = -\,3{,}1457 \quad \varrho_4 = -\,0{,}7006$$

II Kron voraus:

$$+\,7{,}0089 \qquad +\,2{,}1501 \qquad +\,5{,}9853 \qquad +\,8{,}4304$$

III Flint voraus:

$$+\,2{,}3198 \qquad +\,4{,}7649 \qquad +\,4{,}8173 \qquad -\,0{,}0415$$

IV Flint voraus:

$$-\,6{,}8016 \qquad -\,4{,}3565 \qquad -\,0{,}5413 \qquad -\,5{,}4001$$

Innerhalb der praktisch in Betracht kommenden Werte der Brechungsexponenten (etwa von 1,50—1,62) und des ν-Verhältnisses (etwa von 0,6—0,8) zeichnen sich die Typen I und III durch relativ schwache Krümmungen aus. Insbesondere bleibt die Differenz der Innenkrümmungen immer klein; bei Typus I kann die Abhängigkeit von den Brechungsexponenten durch die folgende empirische Formel dargestellt werden:

$$\varrho_3 - \varrho_2 = a + \frac{b}{n_1 + c} + \frac{d}{n_2 + e}$$

$\nu_2 : \nu_1$	a	b	c	d	e
0,6	$+\,0{,}131$	$-\,0{,}376$	$-\,1{,}021$	$+\,0{,}292$	$-\,1{,}098$
0,7	$+\,0{,}039$	$-\,0{,}525$	$-\,1{,}054$	$+\,0{,}511$	$-\,1{,}064$
0,8	$-\,0{,}071$	$-\,0{,}814$	$-\,1{,}072$	$+\,0{,}897$	$-\,1{,}048$

Ebenso wird ϱ_1 innerhalb der oben angegebenen Grenzen durch folgende empirische Formel dargestellt:

$$\varrho_1 = a + \frac{b}{n_1 + c} + \frac{d\,(n_1 - 1{,}500) + e}{n_2 + f}$$

$\nu_2 : \nu_1$	a	b	c	d	e	f
0,6	$+\,0{,}365$	$+\,0{,}755$	$-\,0{,}899$	$+\,0{,}200$	$+\,0{,}019$	$-\,1{,}230$
0,7	$-\,0{,}134$	$+\,1{,}017$	$-\,0{,}830$	$+\,0{,}507$	$+\,0{,}080$	$-\,1{,}260$
0,8	$-\,1{,}227$	$+\,1{,}142$	$-\,0{,}877$	$+\,1{,}449$	$+\,0{,}205$	$-\,1{,}319$

Die Abhängigkeit der Radien von dem ν-Verhältnis, wenn das Glas mit dem höheren ν den Brechungsexponenten 1,52, das andere 1,62 besitzt, hat C. V. L. Charlier (3.) für alle vier Typen in einer Tabelle dargestellt.

Ist das System aus drei oder mehr Linsen zusammengesetzt, so können noch weitere Bedingungen erfüllt werden, von deren

Form es abhängt, ob der Grad der resultierenden Gleichung erhöht wird. Dies tritt nicht ein, wenn die Brennweiten der einzelnen Linsen von vornherein festgelegt sind und die neuen Bedingungen die Reziproken der Radien nur in lineare Beziehung setzen. Ein hierher gehöriger Fall ist nach A. GLEICHEN (*4. 318*) von R. STEINHEIL behandelt. Die Brennweiten des Systems, das drei Linsen aus verschiedenen Glasarten enthält, sind mit Rücksicht auf Achromasie zweiter Ordnung gewählt, außerdem wurden der zweite und der dritte Radius behufs Verkittung der Flächen gleich angenommen, es besteht mithin die Beziehung $\varrho_1 - \varrho_3 = \dfrac{\varphi_1}{n_1 - 1}$. Da es sechs verschiedene Glasfolgen gibt, sind zwölf Lösungen möglich, die bei der in jenem Beispiel getroffenen Glaswahl sämtlich reell waren.

Wir begnügen uns damit, nach dem zitierten Buch diese Objektivtypen aufzuführen.

Linse	Glasart	n_D	$n_D - n_C$	$n_F - n_D$
a	O. 543	1,5637	0,00325	0,00790
b	O. 164	1,5503	0,00328	0,00786
c	O. 374	1,5109	0,00251	0,00593

R. STEINHEILs Tabelle der Krümmungen für ein dreilinsiges Fernrohr-Objektiv.

Typus	ϱ_1	$\varrho_2 = \varrho_3$	ϱ_4	ϱ_5	ϱ_6	Linsenfolge
I.	$-$ 15,72	$-$ 22,32	$-$ 8,28	$-$ 4,39	$-$ 14,18	$a\,b\,c$
II.	$+$ 2,60	$-$ 4,00	$+$ 10,03	$+$ 10,15	$+$ 0,36	$a\,b\,c$
III.	$-$ 193	$-$ 200	$-$ 210	$-$ 185	$-$ 171	$a\,c\,b$
IV.	$-$ 0,14	$-$ 6,74	$-$ 16,39	$-$ 16,29	$-$ 2,25	$a\,c\,b$
V.	$+$ 1,32	$-$ 8,47	$-$ 15,06	$-$ 15,11	$-$ 1,08	$c\,a\,b$
VI.	$-$ 31,06	$-$ 40,82	$-$ 47,37	$-$ 51,81	$-$ 37,88	$c\,a\,b$
VII.	$-$ 5,62	$-$ 15,41	$-$ 1,38	$+$ 0,40	$-$ 6,20	$c\,b\,a$
VIII.	$-$ 1,42	$-$ 11,21	$+$ 2,82	$+$ 3,42	$-$ 3,17	$c\,b\,a$
IX.	$-$ 15,67	$-$ 1,64	$-$ 8,24	$-$ 4,55	$-$ 14,35	$b\,a\,c$
X.	$+$ 2,74	$+$ 16,78	$+$ 10,17	$+$ 10,07	$+$ 0,29	$b\,a\,c$
XI.	$-$ 5,97	$+$ 8,06	$-$ 1,73	$+$ 1,31	$-$ 5,29	$b\,c\,a$
XII.	$-$ 3,05	$+$ 10,98	$+$ 1,19	$+$ 3,41	$-$ 3,19	$b\,c\,a$

Wir gehen nun dazu über, die Korrektion der Bildfehler I und II in dünnen Systemen für zwei Fälle zu behandeln, wo diese nicht nur durch die passende Durchbiegung der einzelnen Linsen, sondern auch durch die Wahl ihrer Stärken bewirkt wird. Für die Bildfehler I und II benutzen wir dabei die ursprünglichen Ausdrücke $\sum\limits_{\nu=1}^{k} Q^2{}_{s,\nu}\, \varDelta \left(\dfrac{1}{n\,s}\right)_\nu$ und $\sum\limits_{\nu=1}^{k} Q_{s,\nu}\, \varDelta \left(\dfrac{1}{n\,s}\right)_\nu$ und zwar behandeln wir die auftretenden Kittflächen als einfache Flächen, die nur je einen Summanden liefern; die σ und ϱ zählen wir trotzdem in der gewöhnlichen Weise, bei der die Kittflächen als zwei Flächen gezählt werden; die n zählen wir nach den Linsen.

Der erste Fall betrifft ein zweilinsiges verkittetes System, bei dem die chromatische Korrektion nicht von vornherein durch die Wahl der Stärken der Einzellinsen gesichert ist. Man ermittelt nämlich, nachdem auf Grund der für die Brechungsexponenten getroffenen Festsetzung die Krümmungen bestimmt sind, das ν-Verhältnis, das chromatische Korrektion herbeiführt, und sieht nun zu, ob etwa Gläser mit diesem Brechungsexponenten und diesem ν-Verhältnis vorhanden sind; ist das nicht der Fall, so kann man sich mit einer Kombination von zwei Linsen gleicher Brechung und verschiedener Dispersion helfen. Dieser Fall ist von H. Harting (*1.*) unter Beschränkung auf unendlich ferne Objekte und von E. von Höegh (*3.*) für beliebige Objektabstände behandelt. Dieser war in der Wahl der Variabeln (Stärke der Vorderlinse und Krümmung der Kittfläche) besonders glücklich, so daß er dazu geführt wurde, die Endgleichung vom 5. Grade für die erste Variable explizite aufzustellen. Die Umrechnung der Koeffizienten dieser Gleichung für andere Brechungsexponentendifferenz der beiden Linsen, sowie für andere Objektabstände (insbesondere der Übergang vom Abstand ∞ zum Abstand $-F$, der einer Umkehrung der Linsenfolge entspricht, wenn der Abstand ∞ festgehalten werden soll) ist bei der mitgeteilten Form sehr bequem. Wir begnügen uns damit, zu zeigen, wie man auf die Gleichung 5. Grades kommt. Als Variable betrachten wir zunächst $\sigma_1' = \sigma_2$ und $\sigma_3' = \sigma_4$, während σ_1 und $\sigma_4' = \sigma_1 + \Phi$ konstant wird. Dann ist

$$Q_{s,1} = \frac{n_1}{n_1 - 1}(\sigma_2 - \sigma_1); \qquad \Delta\left(\frac{1}{ns}\right)_1 = \frac{\sigma_2}{n_1} - \sigma_1$$

$$Q_{s,2} = \frac{n_1 n_2}{n_2 - n_1}(\sigma_4 - \sigma_2); \qquad \Delta\left(\frac{1}{ns}\right)_2 = \frac{\sigma_4}{n_2} - \frac{\sigma_2}{n_1}$$

$$Q_{s,3} = \frac{n_2}{1 - n_2}(\sigma_4' - \sigma_4); \qquad \Delta\left(\frac{1}{ns}\right)_3 = \sigma_4' - \frac{\sigma_4}{n_2}.$$

Wir substituieren:

$$\sigma_2 = (n_1 - 1)(n_2 x + n_1 y)$$
$$\sigma_4 = n_1 (n_2 - 1)(x + y).$$

Bildet man nun die Ausdrücke für die Bildfehler I und II, so würde man erwarten, daß der erste die allgemeine Form der ganzen rationalen Funktion vom dritten Gerade in x und y annimmt, der zweite vom zweiten Grade ist, und man so auf eine Endgleichung vom sechsten Grade für eine dieser Variabeln geführt wird. Da aber der Faktor von x in $Q_{s,1}$, $Q_{s,2}$ und $Q_{s,3}$ der gleiche, nämlich $n_1 n_2$, und da ferner $\sum_{\nu=1}^{3} \varDelta \left(\dfrac{1}{ns}\right)_\nu$ identisch gleich $\varPhi$, also konstant ist, so fällt in dem Ausdruck für den Bildfehler I das Glied mit x^3 und in dem für den Bildfehler II das Glied mit x^2 fort, mithin ist die Endgleichung nur vom fünften Grade. Die Krümmungen aber hängen linear von den σ, mithin auch von x und y ab. H. HARTING fand bei seinen numerischen Rechnungen, daß von den fünf Wurzeln immer drei reell waren. Wir entlehnen von ihm das folgende Beispiel ($n_1 = 1{,}56$, $n_2 = 1{,}51$):

$$
\begin{array}{llllll}
\text{I:} & \varrho_1 = +\,2{,}164 & \varrho_2 = \varrho_3 = +\,4{,}863 & \varrho_4 = -\,0{,}062 & \nu_1 : \nu_2 = 0{,}602 \\
\text{II:} & +\,48{,}71 & +\,7{,}76 & +\,50{,}76 & 1{,}046 \\
\text{III:} & -\,2083 & -\,2276 & -\,2064 & 1{,}009
\end{array}
$$

Für die Radien des Typus I bei den verschiedenen Kombinationen von n_1 und n_2 gibt H. HARTING (*1.*) eine Tabelle.

In dem zweiten Fall handelt es sich um achromatische Systeme aus drei miteinander verkitteten Linsen mit der Einschränkung, daß die erste und dritte Linse aus dem gleichen Glase sind ($n_1 = n_3$; $\nu_1 = \nu_3$). Diesen Fall hat H. HARTING (*6.*) behandelt, der als Variable die Krümmungen der Vorderfläche und der ersten Kittfläche wählte und die quadratische Gleichung für $\varrho_2 = \varrho_3$ explizite aufstellte. Durch die Achromasiebedingung ist

$$
\varphi_2 = \frac{\nu_2}{\nu_2 - \nu_1}
$$

gegeben, mithin auch

$$
\sigma_6 - \sigma_2 = \frac{n_2 - n_1}{n_1 (n_2 - 1)} \frac{\nu_2}{\nu_2 - \nu_1} = \tau .
$$

Wir können nun die Ausdrücke für Q_s und $\varDelta \dfrac{1}{ns}$ in folgender Form schreiben:

$$
Q_{s,1} = \frac{n_1}{n_1 - 1} (\sigma_2 - \sigma_1); \qquad \varDelta \left(\frac{1}{ns}\right)_1 = \frac{\sigma_2}{n_1} - \sigma_1
$$

$$
Q_{s,2} = \frac{n_1 n_2}{n_2 - n_1} (\sigma_4 - \sigma_2); \qquad \varDelta \left(\frac{1}{ns}\right)_2 = \frac{\sigma_4}{n_2} - \frac{\sigma_2}{n_1}
$$

$$Q_{s,3} = \frac{n_1 n_2}{n_2 - n_1}(\sigma_4 - \sigma_2 - \tau); \quad \varDelta\left(\frac{1}{ns}\right)_3 = -\frac{\sigma_4}{n_2} + \frac{\sigma_2}{n_1} + \frac{\tau}{n_1}$$

$$Q_{s,4} = \frac{n_1}{n_1 - 1}(\sigma_2 + \tau - \sigma_6{}'); \quad \varDelta\left(\frac{1}{ns}\right)_4 = -\frac{\sigma_2}{n_1} + \sigma_6{}' - \frac{\tau}{n_1}.$$

Da nun bei den Außenflächen wie bei den Kittflächen die variablen Teile von Q_s gleich, die von $\varDelta\left(\dfrac{1}{ns}\right)$ entgegengesetzt gleich sind, so wird der Ausdruck für den Bildfehler I quadratisch, der für den Bildfehler II linear in σ_2 und σ_4. Die Endgleichung wird so quadratisch in σ_2 oder σ_4. Bei dem von H. HARTING gegebenen Beispiel bestand die mittlere Linse aus Leichtflint ($n_D = 1,56837$; $n_F - n_C = 0,01350$), die äußeren Linsen aus Kron ($n_D = 1,50900$; $n_F - n_C = 0,00797$). Er erhielt für den Typus mit den schwächeren Krümmungen folgende Werte:

$$\varrho_1 = +1,6858,\ \varrho_2 = \varrho_3 = -3,0672,\ \varrho_4 = \varrho_5 = +0,3365,\ \varrho_6 = -0,6759.$$

Soll das dünne Linsensystem für eine andere Kombination von 2 SEIDELschen Bildfehlern als I und II korrigiert werden, so bleibt die formale Behandlung dieselbe wie bei I und II, wenn der Blendenabstand fest gewählt wird. Wir verzichten daher darauf, die analogen Fälle zu besprechen, immerhin mag ein Zahlenbeispiel Platz finden. Die Aufgabe sei, ein achromatisches System aus 2 Linsen mittels Durchbiegung der Linsen sphärisch und astigmatisch zu korrigieren, um es z. B. als Hälfte eines photographischen Objektivs symmetrischer Konstruktion zu verwenden. Die erste Linse besteht aus dem Glase O.569 ($n_D = 1,5738$, $n_{G'} - n_D = 0,01818$), die zweite aus O.60 ($n_D = 1,5179$, $n_{G'} - n_D = 0,01092$). Der Blendenabstand sei $= -0,03333$ fest gewählt. Dann erhält man folgende Lösungen:

I: $\varrho_1 = +\ 0,100;\ \varrho_2 = +\ 3,567;\ \varrho_3 = +\ 1,323;\ \varrho_4 = -4,448$

II: $\varrho_1 = -24,14;\ \varrho_2 = -20,67;\ \varrho_3 = -14,58;\ \varrho_4 = -20,35.$

Der Typus I ist mit der Hälfte eines symmetrischen Objektivs von H. ZINCKE-SOMMER verwandt (M. VON ROHR (*3. 319.*)).

Die Blendenstellung als Korrektionsmittel. Zur Korrektion von 2 sphärischen Bildfehlern, ausgenommen die Kombination von von I und II, braucht man nur eine Durchbiegung vorzunehmen, wenn man über den Blendenabstand passend verfügt. Wir nehmen an, daß die Brennweiten der einzelnen Linsen festgelegt sind, und daß die Vorderkrümmungen bis auf eine, etwa die erste, entweder konstant oder linear von dieser abhängig sind. Ist der eine der

25*

beiden Bildfehler I, so liefert das Nullsetzen des Ausdrucks für I eine quadratische Gleichung für ϱ_1, während der Differenzausdruck für die beiden Bildfehler ξ_1 als lineare Funktion von ϱ_1 berechnen läßt. Haben wir es nicht mit dem Bildfehler I zu tun, so gelangt man zu der quadratischen Gleichung erst, nachdem mit Hilfe des Differenzausdruckes ξ_1 oder ϱ_1 aus dem Ausdruck für einen der beiden Bildfehler eliminiert ist. Als Beispiel für den ersten Fall wählen wir ein zweilinsiges verkittetes achromatisches System, das sphärisch und astigmatisch korrigiert werden soll. Im Fall, daß die Flintlinse vorn steht, seien die Glasarten O. 60 ($n_D = 1,5179$; $n_{G'} - n_D = 0,01092$) und O. 2015 ($n_D = 1,6041$; $n_{G'} - n_D = 0,01579$).

Es ergibt sich

I: $\varrho_1 = -0,490$; $\varrho_2 = \varrho_3 = +\ 6,417$; $\varrho_4 = -3,571$; $\xi_1 = -17,77$
II: $+8,512$; $+15,419$; $+5,431$; $+14,75$

Im Fall, daß die Kronlinse vorn steht, seien die Glasarten

$$\text{O. 276 } (n_D = 1,5800;\ n_{G'} - n_D = 0,01804)$$

$$\text{O. 103 } (\qquad 1,6202;\qquad\quad 0,02261).$$

Es ergibt sich

I: $\varrho_1 = -3,94$; $\varrho_2 = \varrho_3 = -15,68$; $\varrho_4 = -6,31$; $\xi_1 = -14,9$
II: $+5,02$; $-6,72$; $+2,65$; $+16,0$

Die Systemtypen I sind die der gebräuchlichen Aplanathälften, insbesondere ähnelt der des zweiten Falls der Hälfte des STEIN-HEILschen Aplanaten (M. VON ROHR, (*3. 298.*)). Hätte man statt auf Astigmatismus auf Bildfeldebnung im übertragenen Sinne korrigiert, so wären für die Systeme I die reziproken Blendenabstände —12,66 und —10,94 geworden. Um den Einfluß der Variation des ν-Verhältnisses und der n-Differenz auf den Blendenabstand zu zeigen, seien noch zwei Beispiele für Typus I mit Kron voraus hergesetzt. Im 1. Beispiel ist das Glas der zweiten Linse ersetzt durch O. 748 ($n_D = 1,6235$; $n_{G'} - n_D = 0,02107$).

Es ergibt sich

$$\varrho_1 = -15,265;\quad \varrho_2 = \varrho_3 = -36,935;\quad \varrho_4 = -18,381;\quad \xi_1 = 42,26.$$

Im 2. Beispiel ist dagegen das Glas der zweiten Linse ersetzt durch

$$\text{O. 3269 } (n_D = 1,6570;\quad n_{G'} - n_D = 0,02401).$$

Es ergibt sich

$$\varrho_1 = -5{,}883; \quad \varrho_2 = \varrho_3 = -17{,}463; \quad \varrho_3 = -8{,}762; \quad \xi_1 = -19{,}58.$$

Man könnte noch fragen, ob es bei einer Linse möglich ist, durch Wahl des Blendenabstandes und der Durchbiegung zwei von den Bildfehlern II, IIIa und V zu beseitigen. Damit die Lösungen der quadratischen Gleichung reell sind, muß bei einem unendlich entfernten Objekt für die Bildfehler II und IIIa $(2\,n-1)^2 > 0$, für II und V $3\,n < 1$ und für IIIa und V $4\,n^2\,(n+1) < 1$ sein; mit vorhandenen Gläsern läßt sich also nur der erste Fall verwirklichen.

Die Unabhängigkeit eines dritten Bildfehlers von der Durchbiegung der Linsen. Sobald das dünne Linsensystem für zwei sphärische Bildfehler korrigiert ist, hängen die übrigen, wie von J. Petzval (*1. 18.*) bemerkt und von C. Moser (*4.*) bewiesen wurde, nicht mehr von den Durchbiegungen der einzelnen Linsen und ihrer Reihenfolge ab, sondern nur noch von ihren Stärken und ihren Brechungsexponenten. Es gilt dies auch dann, wenn die beiden Bildfehler nicht gleich Null, sondern, etwa bei Teilsystemen, gleich gegebenen endlichen Werten gemacht werden sollen. Um dies einzusehen, geht man am besten auf die S. 327 gegebenen Formeln für die Bildfehlerausdrücke zurück:

$$
\begin{aligned}
&\text{I:} \quad A \\
&\text{II:} \quad A + D_{xs}B \\
&\text{III:} \quad A + 2\,D_{xs}B + D_{xs}^2\,C \\
&\text{IV:} \quad 3A + 6\,D_{xs}B + D_{xs}^2\,D \\
&\text{V:} \quad A + 3\,D_{xs}B + D_{xs}^2\,D + D_{xs}^3\,E,
\end{aligned}
$$

es ist nun beim dünnen in Luft befindlichen Linsensystem $(h_\nu = h_1;\ y_\nu = y_1;\ d_{\lambda-1} = 0)$:

$$A = \sum_{\nu=1}^{k} Q_{s,\nu}^2\,\varDelta\left(\frac{1}{n\,s}\right)_\nu = S_I \ \text{(S. 381)}$$

$$B = \sum_{\nu=1}^{k} Q_{s,\nu}\,\varDelta\left(\frac{1}{n\,s}\right)_\nu = \vartheta_{I,\,II} \ \text{(S. 382)}$$

$$C = \sum_{\nu=1}^{k} \left[\varDelta\left(\frac{1}{n\,s}\right)_\nu - \frac{1}{r_\nu}\varDelta\left(\frac{1}{n}\right)_\nu\right] = \sum_{\nu=1}^{k} \frac{n_\nu + 1}{n_\nu}\,\varphi_\nu$$

$$D = \sum_{\nu=1}^{k} \left[3\,\varDelta\left(\frac{1}{n\,s}\right)_\nu - \frac{1}{r_\nu}\varDelta\left(\frac{1}{n}\right)_\nu\right] = \sum_{\nu=1}^{k} \frac{3\,n_\nu + 1}{n_\nu}\,\varphi_\nu$$

$$E = \sum_{\nu=1}^{k} \frac{1}{Q_{s,\nu}}\left[\varDelta\left(\frac{1}{n\,s}\right)_\nu - \frac{1}{r_\nu}\varDelta\left(\frac{1}{n^2}\right)_\nu\right] = -\sum_{\nu=1}^{k} \varDelta\left(\frac{1}{n^2}\right)_\nu = 0.$$

Die Bildfehlerausdrücke, die nach Hebung von zwei Bildfehlern gelten, haben die Form $D_{xs}^2 \sum\limits_{\nu=1}^{k} M_\nu \varphi_\nu$. Auf eine Annullierung dieser Ausdrücke wird man in der Praxis kaum ausgehen, da die vorhandenen Gläser auf zu große Stärken der Einzellinsen führen. Im folgenden geben wir eine Tabelle für den Faktor M_ν unter Weglassung des Index ν an n. Für die beiden aufgehobenen Bildfehler sind die Faktoren M_ν in der betreffenden Reihe gleich Null gesetzt.

Tabelle für die Faktoren M_ν.

M_I	M_{II}	M_{III}	M_{IV}	M_{IIIa}	M_{IVa}	M_V
0	0	$\dfrac{n+1}{n}$	$\dfrac{3n+1}{n}$	1	$\dfrac{2n+1}{n}$	$\dfrac{3n+1}{n}$
0	$-\dfrac{1}{2}$	$\dfrac{1}{n}$	$\dfrac{1}{n}$	0	$\dfrac{1}{n}$	$\dfrac{3n+2}{n}$
0	$-\dfrac{2n+1}{4n}$	$\dfrac{1}{2n}$	$-\dfrac{1}{2n}$	$-\dfrac{1}{2n}$	0	$\dfrac{6n+1}{4n}$
0	$-\dfrac{3n+1}{3n}$	$-\dfrac{3n-1}{n}$	$-\dfrac{3n+1}{n}$	$-\dfrac{3n+2}{n}$	$-\dfrac{6n+1}{n}$	0
1	0	$\dfrac{1}{n}$	$\dfrac{1}{n}$	0	$\dfrac{1}{n}$	$\dfrac{n+1}{n}$
$\dfrac{2n+1}{2n}$	0	$\dfrac{1}{2n}$	$-\dfrac{1}{2n}$	$-\dfrac{1}{2n}$	0	1
$\dfrac{3n+1}{2n}$	0	$-\dfrac{n-1}{2n}$	$-\dfrac{3n+1}{2n}$	$-\dfrac{n+1}{2n}$	-1	0
$\dfrac{3n+2}{n}$	$\dfrac{n+1}{n}$	$\dfrac{1}{n}$	$\dfrac{1}{n}$	0	$\dfrac{1}{n}$	0
$\dfrac{6n+1}{2n}$	1	$\dfrac{1}{2n}$	$-\dfrac{1}{2n}$	$-\dfrac{1}{2n}$	0	0

B. Das System dünner Linsen mit einem Abstande.

Soll bei einer Kombination von zwei getrennten dünnen Linsensystemen einer der SEIDELschen Bildfehler gehoben werden, so muß ein Ausdruck von der Form $S_v + P S_h$ gleich Null gemacht werden. $S_v (S_h)$ ist der Summenausdruck, der verschwinden müßte, damit der betreffende Bildfehler für das Vorderglied (Hinterglied) gehoben wäre, wenn es für sich mit demselben Strahlengange wie in der Kombination benutzt wurde. Wie wir S. 380 gesehen haben, kann $S_v (S_h)$ sowohl als Funktion der n und σ wie auch als Funktion der n, φ und ϱ dargestellt werden. Die Größe P ist ein Faktor, der dem Umstand Rechnung trägt, daß die Breite $(2h)$ des axialen Büschels und die Einfallshöhe (y) eines zur Achse geneigten Hauptstrahls in dem Hinterglied andere Werte als im Vorderglied besitzen, und zwar ist

$$P = \left\{1 - A\left(\sigma_1 + \varPhi_1\right)\right\}^{4-m} \left\{1 - A\left(\xi_1 + \varPhi_1\right)\right\}^{m},$$

wo $m = 0, 1, 2, 3$ ist, je nachdem es sich um den Bildfehler I, II, IIIa (IVa), V handelt; A ist der Abstand der Systemteile, $\varPhi_1 (\varPhi_2)$ ist die Gesamtstärke des Vorderglieds (Hinterglieds).

Rückt die Blende an den Ort eines der beiden Systemteile, so vereinfachen sich die von der Blendenstellung abhängigen Fehlerausdrücke. Steht die Blende dicht am Hinterglied, so wird

$$\xi_1 = \frac{1}{A} - \varPhi_1 \quad \text{oder} \quad 1 - A\left(\xi_1 + \varPhi_1\right) = 0 \, ;$$

ferner für jede Fläche des Hinterglieds

$$Q_x = - \frac{\xi_1 + \varPhi_1}{1 - A\left(\xi_1 + \varPhi_1\right)} = \infty \, ,$$

mithin auch

$$\left\{1 - A\left(\xi_1 + \varPhi_1\right)\right\} Q_x = - \xi_1 - \varPhi_1 = - \frac{1}{A} \, .$$

Steht die Blende dicht am Vorderglied, so ist zu beachten, daß man die von dem betreffenden Bildfehler herrührende Zerstreuungslinie erhält, indem man den oben angeführten Summenausdruck mit einem Faktor, der ξ_1^{-m} enthält, multipliziert. Man multipliziert daher den Summenausdruck mit ξ_1^{-m} und beachtet, daß $\xi_1^{-1} Q_x$ für jede Fläche des Vorderglieds $= -1$ ist; daher ist

$$\xi_1^{-1} \left\{1 - A\left(\xi_1 + \varPhi_1\right)\right\} = - A$$

gleich dem für das Hinterglied wirksamen Blendenabstand.

Die Korrektion von zwei Bildfehlern mittels Durchbiegung der Linsen. Wir behandeln nun die Aufgabe, derart zusammengesetzte Systeme für zwei, drei oder vier SEIDELsche Bildfehler gleichzeitig zu korrigieren; dabei sei ausgeschlossen, daß zwei von diesen Bildfehlern zur Gruppe der Fehler III, IV, IIIa, IVa gehören, da die Miterfüllung der PETZVALschen Bedingung im allgemeinen keine besonderen Schwierigkeiten macht. Zur Korrektion der Bildfehler wollen wir zunächst nur die Durchbiegung der Linsen benutzen; die Brennweiten der Linsen und der Abstand der Teilsysteme seien gegeben.

Wir beginnen mit dem Fall, daß zwei SEIDELsche Bildfehler gleichzeitig zu heben sind, und nehmen an, daß je eine Vorderkrümmung im Vorder- (ϱ_1) und Hinterglied (ϱ_2) variabel sei, während die übrigen Vorderkrümmungen konstant oder lineare Funktionen der einzigen Variabeln ihres Gliedes seien. Nachdem die Ausdrücke auf eine Form gebracht sind, die als Variable nur noch ϱ_1 und ϱ_2 enthalten, subtrahiert man die beiden Gleichungen, die durch Nullsetzen der Ausdrücke für die beiden Bildfehler gewonnen werden. Damit ist ϱ_1 als quadratische Funktion von ϱ_2 ausgedrückt. Indem man diesen Ausdruck für ϱ_1 in eine der ursprünglichen Gleichungen einsetzt, wird man auf eine biquadratische Gleichung für ϱ_2 geführt.

Das als Beispiel gewählte System bestehe aus 2 einfachen Linsen, das Verhältnis der Brennweiten und der Abstand seien so bestimmt, daß der PETZVALschen Bedingung genügt wird und Achromasie der Schnittweiten erreicht ist; es soll die sphärische Aberration und der Astigmatismus beseitigt werden. Die Glasarten sind:

$$\text{O. 1811} \quad (n_D = 1{,}6061 \qquad n_G{}' - n_D = 0{,}01361)$$

$$\text{O. 1891} \quad (\qquad 1{,}6061 \qquad\qquad\qquad 0{,}02100) \, .$$

Die Brechungsexponenten wurden gleich genommen, um die numerische Rechnung abzukürzen. Der reziproke Blendenabstand ist bei Kron voraus $= -22{,}45$, bei Flint voraus $= -20{,}00$ angenommen. In beiden Fällen waren zwei von den vier Wurzeln reell.

Bei Voranstellung der Kronlinse ergab sich:

I. $\varrho_1 = -\ 2{,}33$; $\quad \varrho_2 = -10{,}85$; $\quad \varrho_3 = -15{,}48$; $\quad \varrho_4 = -\ 6{,}96$

II. $\qquad +38{,}73$; $\qquad +30{,}21$; $\qquad -46{,}26$; $\qquad -37{,}74$

der Linsenabstand $= -0{,}03752$;

im anderen Falle:

III. $\varrho_1 = -\ 2{,}107$; $\varrho_2 = +\ 4{,}783$; $\varrho_3 = +\ 1{,}963$; $\varrho_4 = -\ 4{,}927$

IV. $\qquad +24{,}04$; $\qquad +30{,}93$; $\qquad -18{,}06$; $\qquad -24{,}95$

der Linsenabstand $= -0{,}05736$.

Der Typus I ähnelt der Hälfte eines symmetrischen photographischen Objektivs von R. STEINHEIL (*2.*).

Die Korrektion von drei und mehr Bildfehlern mittels Durchbiegung der Linsen. Wir wenden uns nun sogleich zu der Aufgabe, das zweigliedrige System für vier Bildfehler, nämlich I, II, IIIa und V gleichzeitig zu korrigieren. Aus den auf S. 327 gegebenen Entwicklungen der Bildfehler nach Potenzen von $D_{x,s}$ ergibt sich nun der folgende Satz. Wenn sämtliche Bildfehler der Gruppe I und II oder I, II und IV oder I, II, IV und V für *einen* Blendenabstand, d. h. einen Wert von $D_{x,s}$ gehoben sind, so sind die Bildfehler der betreffenden Gruppe für alle Blendenabstände gehoben. Treten die Bildfehler III, IIIa oder IVa an Stelle von IV, so macht das bei der zweiten Gruppe nichts aus; bei der dritten Gruppe ergibt sich zwar eine Änderung des Bildfehlers V mit dem Blendenabstande, sie ist aber von dem Bau des optischen Systems nur entsprechend dem Faktor $\varSigma \dfrac{1}{r_\nu} \varDelta \left(\dfrac{1}{n}\right)_\nu$ abhängig, also unabhängig von der Durchbiegung der Linsen. In den folgenden Gleichungen ist die Blende am Ort des hinteren Teilsystems angenommen, nichtsdestoweniger können sie auch benutzt werden, wenn eine andere Blendenstellung vorgeschrieben ist; nur Gleichung V ist dann statt gleich Null gleich einer von der Durchbiegung der Linsen unabhängigen Größe zu setzen. Unsere Bedingungsgleichungen lauten nun:

$$\text{(I)} \quad \sum_{\nu=1}^{i} Q^2_{s,\nu}\, \varDelta \left(\frac{1}{n\,s}\right)_\nu + (1 - A\,\varPhi_1)^4 \sum_{\nu=i+1}^{k} Q^2_{s,\nu}\, \varDelta \left(\frac{1}{n\,s}\right)_\nu = 0\,,$$

$$\text{(II)} \quad \sum_{\nu=1}^{i} Q_{x,\nu}\, Q_{s,\nu}\, \varDelta \left(\frac{1}{n\,s}\right)_\nu - \frac{(1 - A\,\varPhi_1)^3}{A} \sum_{\nu=i+1}^{k} Q_{s,\nu}\, \varDelta \left(\frac{1}{n\,s}\right)_\nu = 0\,,$$

$$\text{(IIIa)} \quad \sum_{\nu=1}^{i} Q^2_{x,\nu}\, \varDelta \left(\frac{1}{n\,s}\right)_\nu + \frac{(1 - A\,\varPhi_1)^2}{A^2} \sum_{\nu=i+1}^{k} \varDelta \left(\frac{1}{n\,s}\right)_\nu = 0\,,$$

$$\text{(V)} \quad \sum_{\nu=1}^{i} \left[Q^3_{x,\nu}\, Q^{-1}_{s,\nu}\, \varDelta \left(\frac{1}{n\,s}\right)_\nu - (Q_{x,\nu} - Q_{s,\nu})^2\, Q_{x,\nu}\, Q^{-1}_{s,\nu}\, \frac{1}{r_\nu}\, \varDelta \left(\frac{1}{n}\right)_\nu \right] = 0\,,$$

wo i die Ordnungszahl der letzten Fläche des Vorderglieds ist. Die Lösung dieser Gleichungen erfolgt in zwei Stufen, indem zuerst durch die beiden letzten Gleichungen das Vorderglied bestimmt wird, darauf durch die beiden ersten das Hinterglied. Die Behandlung dieser beiden Teilaufgaben ist die gleiche und für dieselben Konstruktionstypen der Teilsysteme durchführbar, wie bei dem oben erledigten dünnen Linsensystem; es besteht nur der unwesentliche Unterschied, daß die Bildfehler I, II, IIIa nicht den Wert 0, sondern bestimmte endliche Werte annehmen sollen; der Astigmatismus des Vorderglieds muß den des Hinterglieds kompensieren, der nur von dessen Gesamtbrennweite abhängt. Nachdem das Vorderglied bestimmt ist, ist das Hinterglied so zu korrigieren, daß die sphärische Abweichung und die Koma entgegengesetzte Beträge wie im Vorderglied annehmen. Wir merken hier den Satz an: Wenn in einer Kombination von zwei getrennten dünnen Linsensystemen das eine Glied durch ein neues ersetzt wird, das in Bezug auf Lage, Gesamtbrennweite und die Beträge der sphärischen Aberration und Koma (bei gleicher Blendenstellung) mit dem alten übereinstimmt, so wird die Korrektion der ganzen Kombination in Bezug auf Astigmatismus und Verzeichnung nicht geändert. Dieser Satz wird durch die DALLMEYERsche Modifikation des PETZVALschen Porträtobjektivs illustriert, sofern man sich die Vernachlässigung der Dicken gestattet.

Wird auf die Hebung der Verzeichnung verzichtet, so sind nur die drei ersten Gleichungen zu lösen. Die Aufgabe bietet nichts neues, von Interesse ist nur eine besondere Art der Lösung, indem man

$$\sum_{\nu=1}^{i} Q^2_{s,\nu}\, \Delta\left(\frac{1}{ns}\right)_\nu, \qquad \sum_{\nu=1}^{i} Q_{s,\nu}\, \Delta\left(\frac{1}{ns}\right)_\nu, \qquad \sum_{\nu=i+1}^{k} Q^2_{s,\nu}\, \Delta\left(\frac{1}{ns}\right)_\nu,$$

$$\text{und} \quad \sum_{\nu=i+1}^{k} Q_{s,\nu}\, \Delta\left(\frac{1}{ns}\right)_\nu, \qquad \text{sowie} \quad \sum_{\nu=1}^{k} \Delta\left(\frac{1}{ns}\right)_\nu$$

einzeln zum Verschwinden bringt. Daß diese Lösung richtig ist, erkennt man, indem man

$$\sum_{\nu=1}^{i} Q_{x,\nu} Q_{s,\nu}\, \Delta\left(\frac{1}{ns}\right)_\nu \quad \text{und} \quad \sum_{\nu=1}^{i} Q^2_{x,\nu}\, \Delta\left(\frac{1}{ns}\right)_\nu$$

explizite in den s_ν darstellt mit Hilfe der Eliminationsformeln (S. 327). Das ganze System ist demnach frei von Astigmatismus, wenn die beiden Teilsysteme für den Strahlengang, mit dem sie benutzt werden, auf die Bildfehler I und II korrigiert sind und entgegengesetzt gleiche Brennweiten haben. Dieses Prinzip wurde von H. D. TAYLOR (*3.*) der Konstruktion seines ersten photographischen Objektivs zu grunde gelegt. Auf einen interessanten Spezialfall macht A. KERBER (*16.*) in einer während der Drucklegung dieses Buches erschienenen Arbeit aufmerksam. Ist das Vorderglied aus zwei dünnen Linsen von gleichem Brechungsindex zusammengesetzt und so korrigiert, daß die Bildfehler I und II gehoben sind, so können die Abweichungen in Bezug auf die Bildfehler III und IV durch eine einfache dünne Zerstreuungslinse von demselben Brechungsindex n kompensiert werden, die als aplanatische Linse geformt ist und um $1/n$ der Brennweite des Vorderglieds von diesem absteht.

Die Wahl des Linsenabstandes als Korrektionsmittel. Wir wollen nun noch kurz erläutern, wie man die Wahl des Abstandes zur Korrektion mitbenutzen kann. Das System bestehe nur aus zwei getrennten dünnen Linsen, die Brennweite der zweiten Linse und der Abstand des Systembrennpunktes von ihr seien gegeben; der Objektabstand sei unendlich groß; die Blende stehe am Ort der ersten Linse, deren Vorderfläche plan sei. Die sphärische Aberration und der Astigmatismus sollen gehoben werden. Ein solches System eignet sich als Hälfte eines für photographische Zwecke bestimmten symmetrischen Triplets. Der Abstand des Systembrennpunkts ist gleich $\dfrac{1}{\psi_1 + \psi_2}$, wo $\psi_1 = \dfrac{\varphi_1}{1 - A\varphi_1}$ gesetzt ist, ψ_1 ist mithin als gegeben anzusehen. Neben der Variation des Abstandes diene die der Vorderkrümmung ϱ_2 der zweiten Linse zur Korrektion.

Indem man den Ausdruck für den Bildfehler I und die Differenz der Ausdrücke für die Bildfehler I und IIIa gleich Null setzt, erhält man nach einigen Umformungen die Gleichungen:

$$\left(\frac{n_1}{n_1 - 1}\right)^2 \psi_1{}^3 (A\psi_1 + 1) + \left(\frac{n_2}{n_2 - 1}\right)^2 \varphi_2{}^3 + \frac{3n_2 + 1}{n_2 - 1}\psi_1\varphi_2{}^2$$

$$+ \frac{3n_2 + 2}{n_2}\psi_1{}^2\varphi_2 - \frac{2n_2 + 1}{n_2 - 1}\varphi_2{}^2\varrho_2 - \frac{4n_2 + 4}{n_2}\psi_1\varphi_2\varrho_2 + \frac{n_2 + 2}{n_2}\varphi_2\varrho_2{}^2 = 0,$$

$$\left[\left(\frac{n_1}{n_1 - 1}\right)^2 \psi_1{}^3 A - \frac{\psi_1 + \varphi_2}{A} + \frac{2n_2}{n_2 - 1}\varphi_2{}^2 + \frac{3n_2 + 2}{n_2}\psi_1\varphi_2\right.$$

$$\left. - \frac{2n_2 + 2}{n_2}\varphi_2\varrho_2\right]\frac{A\psi_1 + 1}{A} = 0.$$

Von dem praktisch bedeutungslosen Falle $A\psi_1 + 1 = 0$ abgesehen, setzt man den aus der zweiten Gleichung für ϱ_2 erhaltenen Ausdruck in die erste ein, man wird so auf eine Gleichung vierten Grades für A geführt.

Um ein Beispiel zu geben, sei $\varphi_2 = +1$, $\psi_1 = -0{,}72$ und der Wert des Brechungsquotienten für beide Linsen gleich 1,6061. Die Systembrennweite ist also nicht von vornherein auf den Wert 1 festgelegt; die gefundenen Resultate sind daher nachträglich zu reduzieren. Dabei wird jedenfalls $\varphi_1 = -2{,}571$, da

$$\frac{\varphi_1}{\varPhi} = \frac{\psi_1}{\psi_1 + \varphi_2}$$

ist. Die vier Wurzeln der biquadratischen Gleichung sind bei unserem Beispiel sämtlich reell, doch sind zwei unbrauchbar, da ihr Vorzeichen negativ ist. Die reduzierten Krümmungen des Systems, die den beiden anderen Wurzeln entsprechen, sind:

$$\text{I.} \quad \varrho_1 = 0; \quad \varrho_2 = +4{,}243; \quad \varrho_3 = +0{,}450; \quad \varrho_4 = -4{,}050;$$
$$\text{II.} \qquad 0; \qquad\quad +4{,}243; \qquad\quad -0{,}043; \qquad\quad -5{,}310.$$

Im ersten Falle ist der Linsenabstand gleich 0,121, im zweiten gleich 0,0462.

Soll der Abstand als Korrektionsmittel mitbenutzt werden, wenn für die Kombination zweier getrennter dünner Linsensysteme die Bildfehler I, II, IIIa und V gleichzeitig zu heben sind, so kann diese Aufgabe wie oben ohne weiteres auf die für das dünne Linsensystem gelösten Aufgaben zurückgeführt werden. Da nun die gleichzeitige Erfüllung der PETZVALschen Bedingung keine Schwierigkeit bietet, so ist damit der Weg angezeigt, um bei einem System dreier Linsen, von denen zwei dicht zusammenstehen, während die dritte abgerückt ist, alle fünf SEIDELschen Bildfehler gleichzeitig zu heben und zwar für jeden Objektabstand.

C. Das System dünner Linsen mit zwei endlichen Abständen.

Es soll noch kurz auf die Kombination von 3 getrennten dünnen Linsensystemen eingegangen werden. Die erste Aufgabe sei, die Bildfehler I, II und IIIa zu heben, und zwar mit Hilfe der Durchbiegung der drei Teilsysteme. Da die Korrektion nicht vom Gange der Hauptstrahlen abhängt, verlegen wir die Blende vorteilhaft an den Ort eines Teilsystems, es sei das zweite. Wir haben nun folgenden Gleichungen zu genügen:

$$\text{I}: \left(\frac{h_1}{h_2}\right)^4 \overset{\text{I}}{F_2}(\varrho_1) + \overset{\text{I}}{F_2}(\varrho_2) + \left(\frac{h_3}{h_2}\right)^4 \overset{\text{I}}{F_2}(\varrho_3) = 0$$

$$\text{II}: \left(\frac{h_1}{h_2}\right)^3 A_{1,2} \overset{\text{II}}{F_2}(\varrho_1) - F_1(\varrho_2) + \left(\frac{h_3}{h_2}\right)^3 A_{2,3} \overset{\text{II}}{F_2}(\varrho_3) = 0$$

$$\text{IIIa}: \left(\frac{h_1}{h_2}\right)^2 A^2{}_{1,2} \overset{\text{IIIa}}{F_2}(\varrho_1) + \varPhi_2 + \left(\frac{h_3}{h_2}\right)^2 A^2{}_{2,3} \overset{\text{IIIa}}{F_2}(\varrho_3) = 0.$$

$F_2{}^l(\varrho_i)$ bedeutet eine quadratische Funktion von ϱ_i, $F_1(\varrho_2)$ eine lineare von ϱ_2, und zwar ist $F_2{}^l(\varrho_i)$ gleich dem oben S. 381 definierten S_l und $F_1(\varrho_2)$ gleich $\vartheta_{I,\,II}$ (S. 382) für das betreffende Teilsystem, wenn es für sich mit demselben Strahlengang wie in der Kombination benutzt wird. Aus II und IIIa erhält man ϱ_2 als lineare Funktion von ϱ_1 und als quadratische Funktion von ϱ_3; wird dieser Ausdruck für ϱ_2 in (I) eingesetzt und mit Hilfe von IIIa ϱ_1 eliminiert, so wird man auf eine Gleichung 8. Grades für ϱ_3 geführt.

Soll auch die Verzeichnung gehoben werden, so tritt zu den obigen Gleichungen noch die folgende:

$$\text{V:}\quad \left(\frac{h_1}{h_2}\right) A^3{}_{1,2} \overset{\text{v}}{F_2}(\varrho_1) + \left(\frac{h_3}{h_2}\right)^3 A^3{}_{2,3} \overset{\text{v}}{F_2}(\varrho_3) = 0\,.$$

Wir nehmen an, daß in einem Teilsystem zwei Durchbiegungen möglich sind oder sonst über 2 Variable verfügt werden kann, und verlegen die Blende an seinen Ort. An Stelle von $F_2(\varrho_2)$ und $F_1(\varrho_2)$ tritt in den Gleichungen I und II dann etwa $F_2(\varrho_{2,1}) + F_2(\varrho_{2,2})$ und $F_1(\varrho_{2,1}) + F_1(\varrho_{2,2})$. Die aus IIIa und V sich ergebende biquadratische Gleichung bestimmt dann wie oben S. 392 ϱ_1 und ϱ_3. Werden diese Werte in I und II eingesetzt, so hängt die Bestimmung von $\varrho_{2,1}$ und $\varrho_{2,2}$ von einer quadratischen Gleichung ab. Die zweite Stufe des Verfahrens kann sich wie beim dünnen Linsensystem je nach den Variabeln auch anders gestalten.

D. Die einfache Linse endlicher Dicke.

Zum Schluß wollen wir uns noch mit der Einzellinse endlicher Dicke (d) beschäftigen. Als Variable benutzen wir:

$$\mathfrak{a} = \frac{r_1}{r_2};\qquad \mathfrak{b} = \frac{s_1{}'}{s_1{}' - r_1};\qquad \mathfrak{c} = \frac{x_1{}'}{x_1{}' - r_1};\qquad \mathfrak{d} = 1 - \frac{d}{s_1{}'};$$

von diesen hängen die Elemente der Bildfehlerausdrücke in folgender Weise ab:

$$Q_{1,s} = \frac{n}{r_1\mathfrak{b}};\qquad \frac{h_2}{h_1} = \mathfrak{d};\qquad \frac{h_2}{h_1}\,Q_{2,s} = \frac{n\,\mathfrak{M}}{r_1\mathfrak{b}};$$

$$\varDelta\left(\frac{1}{n\,s}\right)_1 = \frac{n-1}{n}\,\frac{\mathfrak{M}}{r_1\mathfrak{b}};\qquad \frac{h_2{}^2}{h_1{}^2}\varDelta\left(\frac{1}{n\,s}\right)_2 = \frac{n-1}{n}\,\frac{\mathfrak{D}}{r_1\mathfrak{b}}$$

$$Q_{1,x} = \frac{n}{r_1\mathfrak{c}};\qquad \frac{y_2}{y_1}\,Q_{2,x} = \frac{n\,\mathfrak{L}}{r_1\mathfrak{c}};$$

hier ist:

$$\mathfrak{L} = \mathfrak{a}\mathfrak{c} + \frac{\mathfrak{a}\mathfrak{b}}{\mathfrak{b}-1}(\mathfrak{c}-1)(\mathfrak{b}-1)-(\mathfrak{c}-1);$$

$$\mathfrak{M} = \mathfrak{a}\mathfrak{b}\mathfrak{d} - (\mathfrak{b}-1);$$

$$\mathfrak{N} = n - (\mathfrak{b}-1);$$

$$\mathfrak{D} = (n+1)(\mathfrak{b}-1)\mathfrak{b} - n\mathfrak{a}\mathfrak{b}\mathfrak{d}^2;$$

Die unter dem Summenzeichen stehenden Ausdrücke werden dann für die Bildfehler:

$$\text{I:}\quad \frac{n(n-1)}{\mathfrak{b}^3 r_1{}^3}(\mathfrak{N}+\mathfrak{M}^2\mathfrak{D})$$

$$\text{II:}\quad \frac{n(n-1)}{\mathfrak{b}^2 \mathfrak{c} r_1{}^3}(\mathfrak{N}+\mathfrak{L}\mathfrak{M}\mathfrak{D})$$

$$\text{IIIa:}\quad \frac{n(n-1)}{\mathfrak{b}\mathfrak{c}^2 r_1{}^3}(\mathfrak{N}+\mathfrak{L}^2\mathfrak{D})$$

$$\text{V:}\quad \frac{n(n-1)}{\mathfrak{c}^3 r_1{}^3}\left\{\mathfrak{N}+\frac{\mathfrak{L}^3\mathfrak{D}}{\mathfrak{M}}+\frac{(\mathfrak{b}-\mathfrak{c})^2}{\mathfrak{b}}\left(1-\mathfrak{a}\frac{\mathfrak{L}}{\mathfrak{M}}\right)\right\}.$$

Sollen nun der Astigmatismus und die Bildfeldkrümmung gehoben werden, so muß den Gleichungen genügt werden:

$$\mathfrak{N}+\mathfrak{L}^2\mathfrak{D}=0;\qquad \mathfrak{a}=1\,(r_1=r_2=r);$$

hieraus folgt:

$$\mathfrak{c}=1-\frac{\mathfrak{b}-1}{\mathfrak{b}(\mathfrak{b}-1)}\left\{1\mp\frac{1}{\sqrt{\dfrac{n\mathfrak{b}}{n+1-\mathfrak{b}}\mathfrak{b}(\mathfrak{b}-1)+\mathfrak{b}}}\right\}.$$

Wir wollen diese Gleichung nur für den Fall diskutieren, daß $s_1=\infty$, mithin $\mathfrak{b}=n$ ist, wir haben dann

$$\mathfrak{c}=1-\frac{n-1}{n(\mathfrak{b}-1)}\left\{1\mp\frac{1}{\sqrt{\mathfrak{b}\,[n^2(\mathfrak{b}-1)+1]}}\right\}.$$

Damit die Wurzeln nicht imaginär werden, darf $\mathfrak{b}$ nicht zwischen 0 und $\left(1-\dfrac{1}{n^2}\right)$ liegen. Eine Übersicht über die reellen Lösungen, wenn $\mathfrak{b}$ von $0{,}7$ bis $1{,}3$ variiert, gibt die folgende Tabelle, für deren Berechnung angenommen wurde, daß $n=1{,}6$ und daß die Brennweite $=100$ ist. Aus der Maßstabsgleichung

$$\frac{r}{(n-1)(1-\mathfrak{b})}=100$$

berechnet man zunächst r_1; die Definitionsgleichung für $\mathfrak{b}$, in der nun $s_1' = \dfrac{nr}{n-1}$ gesetzt wird, liefert d. Zu den beiden Wurzelwerten für $\mathfrak{c}$ findet man die zugehörigen Werte von x_1 mit Hilfe der Definitionsgleichung für $\mathfrak{c}$ und der durch die Invariante $Q_{1,x}$ gegebenen Beziehung zwischen x_1' und x_1.

Die Konstruktionsdaten eines anastigmatischen Meniskus
für $n_D = 1{,}6$ und $f_D = 100$ mm.

$\mathfrak{b}$	$+0{,}70$	$0{,}75$	$0{,}80$	$0{,}85$	$0{,}90$	$0{,}95$	$1{,}00$	$1{,}05$	$1{,}10$	$1{,}15$	$1{,}20$	$1{,}25$	$1{,}30$
r	$+18$	$+15$	$+12$	$+9$	$+6$	$+3$	0	-3	-6	-9	-12	-15	-18
d	$14{,}4$	$10{,}0$	$6{,}4$	$3{,}6$	$1{,}6$	$0{,}4$	0	$0{,}4$	$1{,}6$	$3{,}6$	$6{,}4$	$10{,}0$	$14{,}4$
x_1	$+6{,}25$	$+2{,}94$	$+0{,}98$	$-0{,}29$	$-0{,}73$	$-0{,}79$	0	$+0{,}93$	$+2{,}31$	$+3{,}86$	$+5{,}58$	$+7{,}26$	$+10{,}1$
	$+22{,}8$	$+21{,}3$	$+16{,}5$	$+11{,}1$	$+7{,}25$	$+3{,}31$	0	$-2{,}69$	$-4{,}74$	$-6{,}17$	$-7{,}20$	$-7{,}35$	$-7{,}25$

Korrigiert man die in der 9. und 11. Vertikalreihe aufgeführten Typen mit Vorderblende für endliche Hauptstrahlneigungen, so wird man auf Objektive geführt, wie die Hälfte des Hypergondoppelanastigmaten von C. P. Goerz (*1.*) und den einfachen Meniskus von E. von Höegh (*4.*).

Sollen der Astigmatismus und die Verzeichnung gehoben werden, so sind die Klammerausdrücke vom IIIa und V gleich Null zu setzen. Als Unbekannte wählen wir $\mathfrak{a}$ und $\mathfrak{c}$ und eliminieren zunächst $\mathfrak{c}$. Wird die zweite Gleichung mit Hilfe der ersten vereinfacht, so lautet sie:

$$\mathfrak{N} - \frac{\mathfrak{N}\mathfrak{L}}{\mathfrak{M}} + \frac{(\mathfrak{b}-\mathfrak{c})^2}{\mathfrak{b}}\left(1 - \mathfrak{a}\,\frac{\mathfrak{L}}{\mathfrak{M}}\right) = 0\,.$$

Die Definitionsgleichung für $\mathfrak{L}$ läßt sich auf die Form bringen:

$$\mathfrak{L} = \mathfrak{M} - \frac{(\mathfrak{b}-\mathfrak{c})(\mathfrak{M}-\mathfrak{a})}{\mathfrak{b}-1}\,.$$

Wir setzen nun die Ausdrücke, die man aus diesen beiden Gleichungen für $(\mathfrak{b}-\mathfrak{c})^2$ erhält, gleich und finden:

$$\frac{\mathfrak{b}\,\mathfrak{N}\,(\mathfrak{M}-\mathfrak{L})}{\mathfrak{a}\mathfrak{L}-\mathfrak{M}} = \frac{(\mathfrak{M}-\mathfrak{L})^2\,(\mathfrak{b}-1)^2}{(\mathfrak{M}-\mathfrak{a})^2}\,.$$

Zunächst können wir die Gleichung

$$\mathfrak{M} - \mathfrak{L} = 0$$

aussondern; diese ist erfüllt, erstens, wenn $\mathfrak{b} = \mathfrak{c}$ oder $s_1' = x_1'$ oder $s_1 = x_1$ ist; zweitens, wenn $\mathfrak{M} = \mathfrak{a}$, d. h. $r_2 = r_1 - d$ ist; $\mathfrak{c}$ findet man aus der Gleichung III a $= 0$; da deren Klammerausdruck wegen $\mathfrak{L} = \mathfrak{M} = \mathfrak{a}$ von $\mathfrak{c}$ unabhängig ist, muß $\mathfrak{c} = \infty$, d. h. $x_1' = r_1$ sein. Nur diese zweite Lösung hat praktisch einen Sinn.

Durch Ausmultiplizieren erhalten wir nun:

$$\frac{\mathfrak{b}\,\mathfrak{N}\,(\mathfrak{M} - \mathfrak{a})^2}{(\mathfrak{b} - 1)^2} + \mathfrak{M}^2 + \mathfrak{a}\,\mathfrak{L}^2 = \mathfrak{L}\,\mathfrak{M}\,(\mathfrak{a} + 1)\,.$$

In dieser Gleichung wollen wir $\mathfrak{a}$ und $\mathfrak{M}$ als Funktionen von $\mathfrak{L}$ ausdrücken. Setzt man in die Gleichung III a $= 0$ den Definitionswert von $\mathfrak{O}$ ein, so erhält man

$$\mathfrak{a} = \frac{n\,\mathfrak{b} - \mathfrak{N}}{n\,\mathfrak{b}\,\mathfrak{d}} + \frac{\mathfrak{N}}{n\,\mathfrak{b}\,\mathfrak{d}^2\,\mathfrak{L}^2}$$

und weiter

$$\mathfrak{M} = \frac{n - \mathfrak{N}}{n} + \frac{\mathfrak{N}}{n\,\mathfrak{d}\,\mathfrak{L}^2}\,.$$

Die obige Bedingungsgleichung wird dadurch vom 6. Grade in $\mathfrak{L}$.

3. Die endgültige Korrektion durch kleine Radienänderungen.

In der Praxis wird die Berechnung von optischen Systemen häufig dadurch erleichtert, daß ein Mustersystem mit nur wenig abweichend optischen Daten (Radien, Abständen, Dicken, Brechungsexponenten, Dispersionen) vorliegt, das für eine nur wenig abweichende Art der Benutzung korrigiert ist. Man sucht dann gewöhnlich das System durch kleine Radienänderungen für die neuen Verhältnisse umzukorrigieren. Es seien einige Fälle, die auf diese Aufgabe führen, hervorgehoben; das System soll mit Strahlen eines anderen Wellenlängenbezirks gebraucht werden; es soll für einen anderen Objekt- (Bild-) Abstand gebraucht werden; die Blende soll eine andere Stellung auf der Achse erhalten; es wird eine andere Größe der Öffnung oder des Gesichtsfeldes verlangt, insbesondere kann der Fall vorliegen, daß das System auf Grund der angenäherten Fehlerausdrücke nur für eine unendlich kleine Öffnung und für ein unendlich kleines Gesichtsfeld korrigiert ist; indem zu diesem Zwecke die Linsendurchmesser geändert werden, kann auch eine Änderung der Dicken und Abstände nötig werden; diese kann aber auch durch andere Umstände bedingt sein, insbesondere können die Dicken und Abstände mit Rücksicht auf die analytischen Schwierigkeiten zunächst bei der Rechnung vernachlässigt sein; endlich kann es sich um die Einführung von neuen Gläsern mit etwas anderen optischen Konstanten handeln, sei es, daß das neue Glas sich durch seine physikalischen oder chemischen Eigenschaften empfiehlt, sei es, daß derselbe Glastypus beibehalten wird und die Umrechnung durch den Übergang zu einer Ersatzschmelzung bedingt ist.

Um die vorliegende Aufgabe zu lösen, entwickelt man die Fehlerausdrücke nach dem TAYLORschen Lehrsatz und bricht die Entwicklung mit den ersten Differentialquotienten ab. Nachdem die numerischen Werte der Aberrationen des Mustersystems mit den neuen optischen Daten für den der neuen Benutzungsart entsprechenden Strahlengang festgestellt sind, wobei die Größe der Öffnung, des Gesichtsfeldes und im allgemeinen auch des Wellenlängenbezirks unendlich klein anzunehmen ist, und nachdem die Aberrationswerte in Abrechnung gebracht sind, die das System unter dieser Annahme behalten muß, wenn es für endliche Größen dieser Faktoren korrigiert sein soll, werden diese numerischen Werte negativ genommen und gleich den totalen ersten Differentialen der nach dem TAYLORschen Satz entwickelten Fehlerausdrücke desselben Systems gesetzt. Man erhält so für die Inkremente der Variablen (z. B. der Radien), deren Zahl gleich der der zu hebenden Bildfehler zu wählen ist, ebensoviele lineare Gleichungen. Da in den Eliminationsformeln (S. 327) die Bildfehler explizite als Funktionen der σ dargestellt sind, so wählen wir diese als Variable. Sind nämlich erst die Variationen der σ gefunden, so lassen sich die der ϱ daraus leicht ableiten. Wir setzen ferner fest, daß der Koeffizient $h_\nu : h_1$ trotz der Variationen der σ ungeändert bleiben soll, indem

$$d_\lambda = \left(\frac{h_\lambda - 1}{h_\lambda} - 1 \right) \frac{1}{\sigma_\lambda}$$

gesetzt wird und demgemäß mit σ_λ variiert. Man erhält zwar so im Endresultat andere Dicken und Abstände als die festgesetzten; da sie sich aber nur in demselben Verhältnisse wie die σ ändern, so wird im allgemeinen das System mit den neuen Dicken ohne weiteres verwendbar sein. Da

$$\frac{\sigma'_\nu - 1}{\sigma_\nu} = \frac{h_\nu}{h_\nu - 1}$$

gegeben ist, so ist auch

$$\partial \sigma'_\nu - 1 = \frac{h_\nu}{h_\nu - 1} \partial \sigma_\nu.$$

Ist also ein System mit k Radien gegeben, so kann man bei Festhaltung von Objekt- und Bildabstand nur noch $k-1$ von den σ unabhängig variieren; als solche wählen wir die ungestrichenen σ.

Wir hätten nun die ersten partiellen Differentialquotienten der Fehlerausdrücke nach $\partial \sigma_\nu$ aufzustellen. Ihre Berechnung wird aber genügend erläutert, wenn wir sie für die sphärische Aberration in der Achse, für die Abweichung von der Sinusbedingung und für die chromatische Abweichung in der Achse bilden. Werden alle variabelen Größen in den σ ausgedrückt, so lautet der Ausdruck für die sphärische Aberration

$$\text{Sph} = \sum_{\nu=1}^{k} \left(\frac{h_\nu}{h_1}\right)^4 \left\{\frac{\Delta \sigma_\nu}{\Delta \left(\frac{1}{n}\right)_\nu}\right\}^2 \Delta \left(\frac{\sigma}{n}\right)_\nu.$$

Differenziert man partiell nach $\sigma'_{\nu-1}$ und σ_ν und zieht die beiden Ausdrücke zusammen, so erhält man

$$\frac{\partial \text{Sph}}{\partial \sigma_\nu} = \left(\frac{h_\nu}{h_1}\right)^1 \left[Q_{s,\nu}\,(3\,P_{s,\nu} - \sigma_\nu') - \left(\frac{h_{\nu-1}}{h_\nu}\right)^3 Q_{s,\nu-1}\,(3\,P_{s,\nu-1} - \sigma_{\nu-1}) \right],$$

wo

$$P_{s,\nu} = \frac{\Delta \left(\frac{\sigma}{n}\right)_\nu}{\Delta \left(\frac{1}{n}\right)_\nu}$$

ist. Der Ausdruck für die Abweichung von der Sinusbedingung lautet:

$$\text{Sinb} = \sum_{\nu=1}^{k} \left(\frac{h_\nu}{h_1}\right)^4 \left\{\frac{\Delta \sigma_\nu}{\Delta \left(\frac{1}{n}\right)_\nu}\right\}^2 \Delta \left(\frac{\sigma}{n}\right)_\nu S_\nu,$$

hier ist

$$S_\nu = D_{x,s} \left[-\left(\frac{h_1}{h_\nu}\right)^2 \frac{\Delta \left(\frac{1}{n}\right)_\nu}{\Delta \sigma_\nu} + h_1^{\,2} \sum_{\lambda=2}^{\nu} \frac{H_{\lambda-1}}{\sigma_{\lambda-1}} \right]$$

$$H_{\lambda-1} = \frac{\dfrac{h_{\lambda-2}}{h_{\lambda-1}} - 1}{n'_{\lambda-1} h_\lambda h_{\lambda-1}},$$

und es ergibt sich

$$\frac{\partial \text{Sin}\,b}{\partial \sigma_\nu} = \left(\frac{h_\nu}{h_1}\right)^4 \left[Q_{s,\nu}\,(3\,P_{s,\nu} - \sigma_\nu')\,S_\nu \right.$$

$$\left. - \left(\frac{h_{\nu-1}}{h_\nu}\right)^3 Q_{s,\nu-1}\,(3\,P_{s,\nu-1} - \sigma_{\nu-1})\,S_{\nu-1} \right]$$

$$- D_{x,s} \left(\frac{h_\nu}{h_1}\right)^2 \left[P_{s,\nu} - \frac{h_\nu - 1}{h_\nu} P_{s,\nu-1} \right]$$

$$- D_{x,s}\, h_1{}^2 \frac{H_\nu}{\sigma_\nu{}^2} \sum_{i=\nu+1}^{k} \left(\frac{h_i}{h_1}\right) Q_{s,i}{}^2 \varDelta \left(\frac{\sigma}{n}\right)_i .$$

Wird endlich der Ausdruck für die chromatische Abweichung bei kleinem Wellenlängenintervall

$$V\sigma_k{}' = + \frac{1}{n_k{}'} \sum_{\nu=1}^{k} \left(\frac{h_\nu}{h_k}\right)^2 \frac{\varDelta \sigma_\nu}{\varDelta\left(\dfrac{1}{n}\right)_\nu} \varDelta \left(\frac{Vn}{n}\right)_\nu$$

differenziert; so erhält man

$$\frac{\partial V\sigma_k{}'}{\partial \sigma_\nu} = \frac{1}{n_k{}'} \left(\frac{h_\nu}{h_k}\right)^2 \left(M_\nu - \frac{h_\nu}{h_\nu - 1} M_{\nu-1} \right),$$

hier ist

$$M_\nu = - \frac{\varDelta\left(\dfrac{Vn}{n}\right)_\nu}{\varDelta\left(\dfrac{1}{n}\right)_\nu} .$$

4. Die Verteilung der Leistung auf Objektiv und Okular.

Im folgenden sollen unter Aberrationen immer die lateralen Aberrationen verstanden werden; sie werden in Längenmaß gemessen, nur, wenn die gesuchte Abweichung auf eine unendlich entfernte Ebene bezogen wird, in Winkelmaß. Um uns auf unsere Aufgabe vorzubereiten, beschäftigen wir uns mit dem Einfluß der Maßstabänderung eines einfachen oder auch zusammengesetzten Systems auf die Aberrationen. Wenn nur eine bestimmte Vergrößerung für das Bild vorgeschrieben ist, während die Lage von Objekt und Bild beliebig gewählt werden kann, so kann man ein System von beliebiger Brennweite verwenden. Nimmt man das eine Mal ein System A von der Brennweite 1, das andere Mal ein System B von der Brennweite m, dessen räumliche Bestimmungsstücke, wie Radien, Dicken und Abstände, sämtlich m-mal so groß sind als die des ersten, so muß man im zweiten Fall auch Objekt- und Bildabstand m-mal so groß nehmen. Alle Längenkoordinaten, die sich auf den Strahlengang beziehen, wären mithin m-mal vergrößert, also auch die Aberrationen, wenn auch das Objekt im zweiten Falle m-mal so groß wäre. Da es aber hier dieselbe Größe hat wie im ersten Fall, so sind im zweiten

Fall unter Vernachlässigung der Aberrationen des Kreuzungspunkts der Hauptstrahlen die trigonometrischen Tangenten der Hauptstrahlneigungen für dieselben außeraxialen Punkte m-mal so klein. Die Vergleichszahl ist mithin das Produkt zweier Faktoren, von denen der eine m ist, der andere angibt, in welchem Verhältnis sich der betreffende Bildfehler ändert, wenn der Achsenabstand des Bildpunktes m-mal so klein ist. Beschränkt man sich auf die Glieder dritter Ordnung, so ergibt sich, daß bei dem System B die sphärische Aberration den m-fachen, die Koma denselben, die Bildfeldkrümmung und der Astigmatismus den $\dfrac{1}{m}$-fachen, die Verzeichnung den $\dfrac{1}{m^2}$-fachen Betrag hat wie bei dem System A. Die chromatische Abweichung in der Achse ist m-mal so groß, die chromatische Vergrößerungsdifferenz bleibt, soweit die Gausssche Theorie ausreicht, ungeändert.

Es soll nun der Aufbau der zusammengesetzten Systeme untersucht werden, d. h. solcher, die aus zwei selbständigen Teilen mit verschiedenen dioptrischen Funktionen bestehen. Den dem Objekt zugewandten Teil nennen wir das *Objektiv*, den andern das *Okular*. Der letzte Ausdruck wird meist auf Instrumente für subjektiven Gebrauch beschränkt; wir sehen unter Hinweis auf den Ausdruck Projektionsokular davon ab. Objektiv und Okular sind nun gewöhnlich, wenigstens in Bezug auf einige Bildfehler, für sich korrigiert. Es fragt sich, wie die übrigbleibenden Fehler beeinflußt werden, wenn die Gesamtvergrößerung in verschiedener Weise in ihre Faktoren, die Objektiv- und die Okularvergrösserung zerlegt wird.

Wir beginnen mit dem teleskopischen System, das die einfachsten Verhältnisse bietet. Soll die Vergrößerung hier ungeändert bleiben, so müssen die Objektiv- und die Okularbrennweite in demselben Verhältnis geändert werden. Wird nun das ganze System in m-mal so großem Maßstabe ausgeführt, so gelten für Objekte in endlicher Entfernung, wenn ihr Abstand vom System mit vergrößert wird, dieselben Regeln, die wir bei der Untersuchung des m-fach vergrößerten Systems *endlicher* Brennweite fanden. Bei unendlich entfernten Objekten aber ändert sich die Bildqualität überhaupt nicht. Es muß aber hervorgehoben werden, daß die Menge der vom System aufgenommenen Strahlen m^2-mal so groß geworden ist. Soll diese in beiden Fällen gleich sein, so muß bei dem vergrößerten System die maximale Einfallshöhe der Strahlen m-mal kleiner gemacht werden, dann haben beide Systeme gleiche Objektivöffnung. Wird der Vergleich unter diesen Voraussetzungen geführt, so ergeben sich bei dem vergrößerten System die Aberrationen im Verhältnis von m^k kleiner, wo k die Potenz ist, mit der sie von der Öffnung abhängen. Zum Beispiel wird die chromatische Vergrößerungsdifferenz und die Verzeichnung gar nicht geändert, die chromatische Aberration in der Achse (in erster Annäherung), der Astigmatismus und die Bildkrümmung werden auf den m-ten Teil, und, wenn wir uns auf Glieder 3. Ordnung beschränken, die Koma auf den m^2-ten Teil, die sphärische Aberration auf den m^3-ten Teil verkleinert.

Das zusammengesetzte System endlicher Brennweite behandeln wir unter den speziellen Voraussetzungen, daß das Objektiv entweder ein stark vergrößertes oder ein stark verkleinertes Bild, und daß das Okular ein stark vergrößertes Bild entwirft. Wir gehen zunächst auf den Strahlengang eines einfachen Systems bei weit entferntem Objekt oder Bild ein. In diesem System seien für parallel einfallendes Licht gewisse Bildfehler gehoben. Soll nun das System für eine große endliche Entfernung benutzt werden, so wird man im allgemeinen auch durch kleine Radienänderungen auf dieselben Fehler korrigieren können. Dann wird man meist ohne zu grobe Vernachlässigung behaupten können, daß die übrig bleibenden Aberrationen in beiden Fällen gleich sind, und daß die in das Objekt zurück projizierten Zerstreuungskreise proportional der Objektentfernung sind. Liegt umgekehrt das Objekt in der Nähe des vorderen Brennpunkts, so daß das Bild in große Entfernung rückt, so sollen bei Benutzung des Systems für verschiedene Bildabstände die in das Objekt zurück projizierten Zerstreuungskreise als gleich, die Zerstreuungskreise im Bilde als proportional dem Bildabstande angenommen werden.

Wollen wir nun wissen, wie sich zwei zusammengesetzte Systeme zueinander verhalten, deren Objektive und Okulare (bis auf die erwähnten kleinen Radienänderungen) von dem gleichen Typus sind, und bei denen die Bildvergrößerung auf Objektiv und Okular verschieden verteilt ist, so haben wir nur zu untersuchen, was eine Änderung der durch das Objektiv und der durch das Okular bewirkten Vergrößerung, eine jede für sich genommen, auf die Aberrationen ausmacht. Da die Vergrößerung des ganzen Systems die gleiche bleibt, macht es für den Vergleich nichts aus, ob die Zerstreuungskreise auf das Objekt oder auf das letzte Bild bezogen werden. Bei unserem Vergleich soll der Öffnungswinkel der vom Objektiv und damit auch vom ganzen System aufgenommenen Büschel der gleiche sein; bei stark vergrößerndem Objektiv oder Okular vernachlässigen wir die Änderung des objektseitigen Öffnungswinkels mit dem Objektabstand.

Um uns im folgenden kürzer fassen zu können, führen wir einige Bezeichnungen ein. Wird der Maßstab des Systems, sowie die Größe und der Abstand von Objekt und Bild auf den m-fachen Betrag gebracht, so nennen wir die Zahl, welche die Steigerung des Durchmessers des Zerstreuungskreises angibt, m_1. Wird der Objektabstand bei stark verkleinerndem System m-mal so groß genommen, so nennen wir sie beim objektseitigen Zerstreuungskreise m_2. Wird der Bildabstand bei stark vergrößernden Systemen m-mal so groß genommen, so nennen wir sie beim objektseitigen Zerstreuungskreise m_3, beim bildseitigen Zerstreuungskreise m_4. Es wurde oben gefunden, daß der Wert von m_1, m_2 und m_4 gleich m, der von m_3 gleich 1 ist: Die Zahlen, die angeben, in welchem Verhältnis sich der Durchmesser des Zerstreuungskreises ändert, wenn der Durchmesser der Öffnung und wenn die Hauptstrahlneigung auf das m-fache gebracht wird, nennen wir M_1 und M_2. Sie nehmen nach den früheren Auseinandersetzungen verschiedene Werte an je nach dem Bildfehler, mit dem man es zu tun hat.

Die Lateralaberration des Bildpunktes eines zusammengesetzten Systems rührt zum einen Teil vom Objektiv, zum andern Teil vom Okular her. Wird die Verteilung der Gesamtvergrößerung auf Objektiv und Okular geändert, so werden diese beiden Teile jeder für sich geändert. Wir beschäftigen uns zuerst mit dem vom Okular herrührenden Teil. Wird die Eigenvergrößerung des Objektivs auf das m-fache erhöht, so hat das Okular von dem m-fach vergrößerten Objektivbild mit m-mal kleineren Öffnungswinkeln ein m-mal kleineres Bild zu entwerfen. Wird dies dadurch erreicht, daß die Okularbrennweite m-mal so groß gewählt wird, so wird die Änderung der vom Okular herrührenden Lateralaberration durch den Faktor

$$P_{okl} = \frac{m_1}{m_4 M_1} = \frac{1}{M_1}$$ angegeben. Wird dagegen die Okularvergrößerung durch Verkleinerung der Bildweite auf den gewünschten Betrag gebracht, so ist $P_{okl} = \dfrac{M_2}{m_4 M_1}$. Soll die Objektivvergrößerung bei weit entfernten Objekten m-mal so groß werden, so kann dies durch Vergrößerung der Brennweite des Objektivs bei festgehaltenem Durchmesser oder durch Verkleinerung der Objektentfernung und der Objektivöffnung erreicht werden. Im ersten Fall ist die Ver-

größerung der von dem Objektiv herrührenden Lateralaberration
$P_{obj} = \dfrac{m_1}{m_2\, M_1} = \dfrac{1}{M_1}$; im zweiten Falle ist $P_{obj} = \dfrac{M_2}{m_2\, M_1}$. Soll bei
nahen Objekten und stark vergrößernden Objektiven die Eigenver-
größerung auf das m-fache gesteigert werden, so wird man entweder
die Brennweite und den Durchmesser des Objektivs m-mal verkleinern
oder den Abstand des Objektivbilds m-mal vergrößern. Im ersten Falle
ist $P_{obj} = \dfrac{m_3}{m_1}\, M_2 = \dfrac{M_2}{m}$; im zweiten Falle ist $P_{obj} = m_3 = 1$.

5. Historische Notizen.

Zu 1.

J. Petzval hat die nach ihm benannte Bedingung in zweien seiner Abhandlungen (*1. 26.*) 1843 und (*2. 95.*) 1857 behandelt. Was ihre Erfüllung betrifft, so bemerkt er in der letzten Abhandlung, daß bei einem dünnen Linsensystem infolge der Kleinheit des Brechungsunterschieds zwischen den Gläsern
die Stärken der einzelnen Linsen im Verhältnis zur Stärke des ganzen Systems
sehr groß ausfallen. Ein Jahr vorher hatte L. Seidel (*3. 323*) darauf hingewiesen, daß es bei einem dünnen Linsensystem aus den damals vorhandenen
gewöhnlichen Silikatgläsern nicht möglich sei, die chromatische Bedingung mit
zu erfüllen. „Nur da,“ fährt er fort, „wo es möglich ist, verhältnismässig
starke Dicken der Gläser anzuwenden, also bei kleiner Oeffnung, etwa bei
Ocularen und vielleicht bei Mikroskop-Objectiven, kann man hoffen, dem Widerspruch auszuweichen.“ Sehen wir zu, wie man in der Praxis dieser Schwierigkeiten Herr wurde, wobei wir uns zunächst auf die Objektive aus alten Gläsern
beschränken. Das erste unter ihnen, bei dem den beiden Bedingungen genügt war, ist das bei M. von Rohr (*3. 280*) beschriebene Pantoskop von E. Busch,
das eine Fortbildung der *globe lens* von C. C. Harrison und .. Schnitzer darstellt. Bei der außerordentlich starken Durchbiegung der Linsen kam man mit
geringer Trennung der sammelnden Außenflächen von den zerstreuenden
Innenflächen und dementsprechend mäßigen Dicken aus. Dies Objektiv hat
den Nachteil, daß die sphärische Korrektion nicht möglich ist. Auch diese
herbeizuführen, gelang erst H. D. Taylor (*3.*) 1893 bei einem durch theoretische Betrachtungen gefundenen Objektivtypus, der aus drei achromatischen,
aus den gleichen Paaren gewöhnlicher Silikatgläser gebildeten Linsenkombinationen, zwei sammelnden und einer mittleren zerstreuenden, in endlichen Abständen zusammengesetzt war. Inzwischen waren bereits 1886 von Schott
und Gen. die hochbrechenden Bariumkrongläser auf den Markt gebracht
worden. Diese hatten H. Schroeder (*2.*) in seiner sphärisch nicht korrigier-
baren concentric lens (1887) und P. Rudolph*) in seinem sphärisch korrigierten Anastigmaten Serie IIIa (1891) dazu gedient, zu gleicher Zeit die
Petzvalsche und die chromatische Bedingung zu erfüllen.

Zu 2.

Was die Aufhebung der fünf Seidelschen Bildfehler betrifft, so behandeln L. Euler (*2.*), S. Klügel (*1.*), S. Stampfer (*1.*), J. J. Littrow (*1. 2.*), Stein

---

*) s. M. von Rohr (*3. 365*).

HAUS (*1.*), J. A. GRUNERT (*1.*), A. STEINHEIL (*1.*), P. A. HANSEN (*2.*), W. SCHMIDT (*1.*), W. SCHEIBNER (*1.*), H. KRÜSS (*1.*) nur die Aufhebung des Bildfehlers I, L. SEIDEL (*3. 324*), A. KRAMER (*1.*), C. MOSER (*3.*), A. KERBER (*5.*), R. STEINHEIL (*1.*), C. V. L. CHARLIER (*4.*), H. HARTING (*1. 2.*), E. VON HÖEGH (*3.*), H. HARTING (*3.*), A. LEMAN (*1.*), H. HARTING (*6.*), K. STREHL (*1.*) die Aufhebung der Bildfehler I und II für ein dünnes Linsensystem, C. MOSER (*4.*), A. KERBER (*5.*), H. HARTING (*4.*) die Aufhebung der Bildfehler I und IIIa oder IIIb für ein dünnes Linsensystem, H. ZINCKE gen. SOMMER (*2. 94*) die Aufhebung der Bildfehler I, II und III unter Berücksichtigung der Dicken und Abstände in erster Annäherung.

Zu 3.

In anderer Art findet man die Aufgabe behandelt bei A. KERBER (*9. 10*) H. HARTING (*2.*), A. KERBER (*11.*), H. HARTING (*3.*), A. LEMAN (*1.*), H. HARTING (*6.*), A. KERBER (*13. 14. 15.*).

Zu 4.

Die Aufgabe ist in der Literatur nur gelegentlich in Rücksicht auf spezielle praktische Fragen behandelt, eingehender von S. CZAPSKI (*3. 232. 254*).

VIII. Kapitel.

Die Prismen und die Prismensysteme.

Bearbeiter: **F. Löwe.***)

———

1. Die Verfolgung eines einzelnen Strahles durch ein Prisma und ein Prismensystem.

Ein von zwei beliebig großen Ebenen begrenztes brechendes Mittel führt in der Optik den Namen *ein Prisma*. Der Winkel, den beide Begrenzungsebenen einschließen, heißt *der brechende Winkel* des Prismas, und die Gerade, in der sich die Ebenen schneiden, *die Prismenkante*; diese Ebenen selbst werden auch *die Seiten* des Prismas genannt. Im folgenden wird unter der *ersten* Prismenseite oder -fläche diejenige verstanden werden, auf die das in der Zeichnungsebene von links nach rechts sich fortpflanzende Licht zuerst trifft. Eine auf der Prismenkante senkrechte Ebene heißt *Hauptebene* des Prismas.

Zur Ableitung der wesentlichen Eigenschaften von Prismen und Prismensystemen den Begriff des Lichtstrahles zu benutzen, sind wir insofern berechtigt, als wir es bei der praktischen Verwendung von Prismen fast immer mit parallelstrahligen Büscheln, d. h. mit ebenen Wellenzügen zu tun haben, deren Repräsentanten die Wellennormalen oder „Lichtstrahlen" sind.

Zur Verfolgung eines Strahles durch Prismen auf Grund des SNELLIUSschen Brechungsgesetzes bedient man sich entweder graphischer Konstruktionen oder der trigonometrischen Durchrechnung.

---

*) Dieses Kapitel ist im wesentlichen eine erweiterte Bearbeitung des gleichnamigen Kapitels in CZAPSKIS Theorie der optischen Instrumente nach ABBE. Von neuaufgenommenen Arbeiten seien hier nur diejenigen über homozentrische Abbildung und über Bilddrehung erwähnt.

A. Die graphische Konstruktion.

Graphische Konstruktionen des Strahlenganges in Prismen sind mehrfach angegeben worden, so z. B. von HERSCHEL (*2.*), REUSCH (*2.*), RADAU (*1.*), LOMMEL (*1.*), KESSLER (*1.*), CORNU (*2.*) u. a. m.; wir werden nur die einfachste, in der Praxis noch heute vielfach benutzte angeben, diejenige von REUSCH.

a) REUSCH' Konstruktion eines *im Hauptschnitte eines Prismas* verlaufenden Strahles.

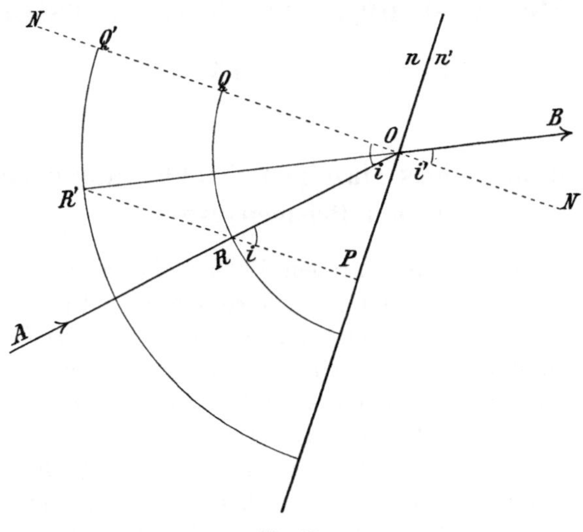

Fig. 88.

AO einfallender, *OB* gebrochener Strahl; $RO : R'O = n : n'$. REUSCH' Konstruktion der Brechung eines Strahles an einer Ebene.

Sei *AO* (in Fig. 88) der im Mittel vom Brechungsindex *n* einfallende Stahl, *ON* die in *O* errichtete Normale zur Trennungsebene der Mittel (*n*) und (*n'*), so findet man die Richtung des gebrochenen Strahles *OB* in folgender Weise:

Man schlage um *O* die Kreise mit den Radien $OQ = a \cdot n$ und $OQ' = a \cdot n'$, wobei *a* eine beliebige Konstante ist. Der im Mittel (*n*) einfallende Strahl *AO* werde von dem Kreise mit dem Radius $OQ = a \cdot n$ in *R* geschnitten. Fällt man nun von *R* das Lot *RP* auf die Trennungsebene beider Mittel, und verlängert es, bis es den Kreis mit dem Radius $OQ' = a \cdot n'$ in *R'* schneidet, so ist *R'O* die Richtung des gebrochenen Strahles *OB*, d. h. $NOR' = N'OB = i'$.

Der Beweis folgt aus:

$$\sphericalangle\, ORP = i \quad \text{und} \quad \frac{\sin OR'P}{\sin ORP} = \frac{OR}{OR'} = \frac{n}{n'}.$$

Betrachten wir die Trennungsebene der beiden Mittel als die erste Seite des Prismas GOH (Fig. 89) und behalten wir die Bezeichnungen der Figur 88 bei, so ist hier $\overrightarrow{OB}$ die Richtung des im Prisma verlaufenden Strahles. Der Strahl OB wird nun an der zweiten Prismenfläche (OH) gebrochen. Wir finden die Richtung des gebrochenen Strahles genau in derselben Weise wie oben, nur

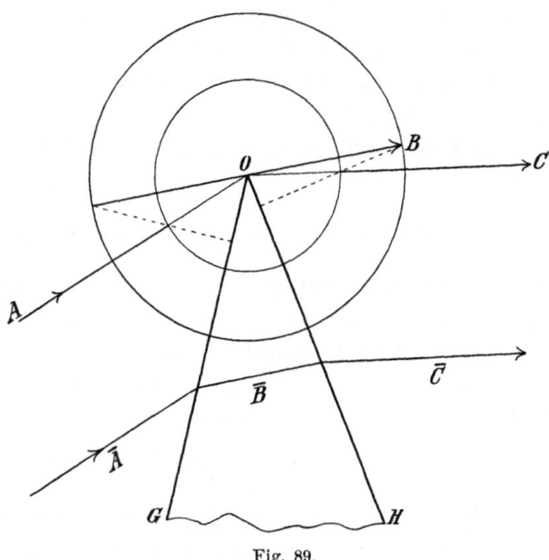

Fig. 89.

AO Richtung des einfallenden, *OB* des gebrochenen, *OC* des austretenden Strahles. Reusch' Konstruktion der Brechung eines Strahles im Hauptschnitte eines Prismas.

mit der Maßgabe, daß der Strahl jetzt im Mittel (n') einfällt und daß der Einfallswinkel jetzt der Winkel des Strahles mit der Normalen der zweiten Prismenseite ist. Die Konstruktion ergibt $\overrightarrow{OC}$ als Richtung des gebrochenen Strahles.

Mit AO, OB und OC sind somit die Richtungen des einfallenden, des im Prisma verlaufenden und des austretenden Strahles bestimmt. Parallelen ($\overline{A}$, $\overline{B}$, $\overline{C}$) zu diesen Richtungen liefern uns die entsprechenden Strahlenabschnitte für einen in beliebiger Entfernung von der brechenden Kante auf die erste Prismenseite auftreffenden Strahl.

Liegt ein *System von Prismen* vor, deren brechende Kanten alle einander parallel sind, die also einen gemeinsamen Hauptschnitt haben, so kann man den Verlauf eines Strahles in diesem Hauptschnitte durch die fortgesetzte Anwendung von Reusch' Konstruktion feststellen. Dabei ist es meist zweckmäßig, die Richtungen der Strahlenabschnitte wie oben an den brechenden Kanten (z. B. an der ersten, dritten u. s. f.) zu bestimmen und den Weg eines einzelnen Strahles durch Parallelen zu diesen Richtungen zu ermitteln.

b) Auch für einen *außerhalb des Hauptschnittes eines Prismas* verlaufenden sowie einen ein *System von beliebig orientierten Prismen* durchsetzenden Strahl behält Reusch' Konstruktion ihre Giltigkeit; man hat dann anstatt der Kreise Kugeln zu schlagen, deren Radien sich wie die Brechungsquotienten der aneinander grenzenden Mittel verhalten. Da die Konstruktion in diesem Falle rein geometrisches Interesse hat, sei auf Reusch' Abhandlung selbst verwiesen.

B. Die trigonometrische Durchrechnung.

Für die *trigonometrische Durchrechnung eines Strahles* durch Prismen mögen zunächst über die Bezeichnung und die Vorzeichen der Winkel folgende Festsetzungen getroffen werden, die im Einklange mit dem auf S. 9 festgesetzten stehen.

Einfalls- und Brechungswinkel an der νten Fläche heißen i_ν und $i_\nu{}'$; ihr Vorzeichen ist von der Richtung des Strahles (dem Sinne der Lichtbewegung) unabhängig, es ist positiv, wenn der Strahl durch eine Drehung um den Einfallspunkt im Sinne des Uhrzeigers auf seine Normale zu bewegt wird.

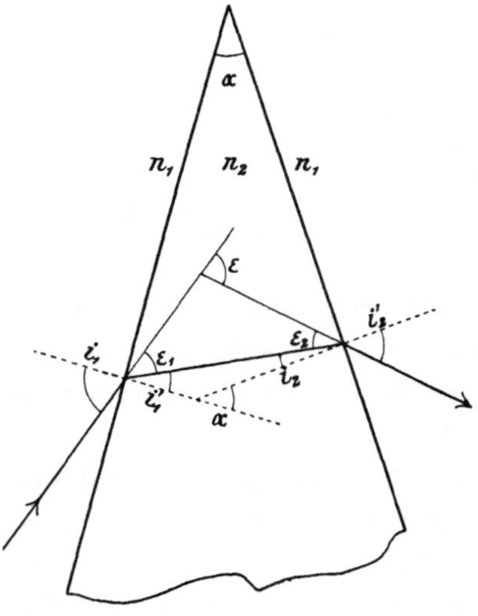

Die brechenden Winkel der Prismen, α_ν, werden als positiv gerechnet, wenn ihre Scheitel links von einem mit dem Strahle sich Bewegenden und auf die Ebene der Zeichnung Blickenden

Fig. 90.

Der Weg eines Strahles im Hauptschnitte eines im schwächer brechenden Mittel befindlichen Prismas.

liegen, ihr Vorzeichen hängt also von der Richtung des Lichtstrahles ab.

Die Ablenkung ε_ν, die ein Strahl durch die Brechung an der νten Fläche erfährt, gilt als positiv, wenn der einfallende, über den Einfallspunkt hinaus verlängerte Strahl durch eine Drehung im Sinne des Uhrzeigers auf den austretenden Strahl zu bewegt wird, ihr Vorzeichen ist also ebenfalls von der Richtung des Strahles abhängig.

Der Verlauf im Hauptschnitte eines Prismas. Wenden wir uns nun zunächst zur Betrachtung eines im *Hauptschnitte eines Prismas* verlaufenden Strahles. (Fig. 90.)

Das Prisma habe den Brechungsquotienten n_2 und befinde sich in einem optischen Mittel vom Brechungsquotienten n_1, wobei $n_1 \lessgtr n_2$ ist.

Für den Weg eines Strahles gelten alsdann die folgenden Gleichungen:

$$(1) \quad \begin{aligned} n_1 \sin i_1 &= n_2 \sin i_1' \\ i_2 &= i_1' - a \\ n_2 \sin i_2 &= n_1 \cdot \sin i_2' \end{aligned} \qquad (2) \quad \begin{aligned} \varepsilon_1 &= i_1 - i_1' \\ \varepsilon_2 &= i_2 - i_2' \\ \hline \varepsilon_1 + \varepsilon_2 = \varepsilon &= i_1 - i_2' - a \end{aligned}$$

Bezeichnet man in den Gleichungen (1) den relativen Brechungsquotienten der Prismensubstanz gegen das umgebende Mittel, $\dfrac{n_2}{n_1}$ mit n, wobei $n \gtrless 1$ ist, so lassen sich die Gleichungen (1) in folgender Weise schreiben:

$$\sin i_1' = \frac{1}{n}\sin i_1, \quad i_2 = i_1' - a, \quad \text{und} \quad \sin i_2' = n \sin i_2. \qquad (3)$$

Die Gesamtablenkung $\varepsilon_1 + \varepsilon_2 = \varepsilon$, die dem Strahle durch das Prisma erteilt wird, ist durch Gleichung (2) und (3) als Funktion von i_1, a und n eindeutig bestimmt und kann nicht Null werden, solange $n \gtrless 1$ und $a \gtrless 0$ ist; dagegen kommen jedem Werte der Ablenkung ε zwei Werte des Einfallswinkels i_1 zu.

Betrachten wir nämlich zwei Strahlen, von denen der erste den Einfallswinkel $i_1 = a$, und den Austrittswinkel $i_2' = b$ hat, und der zweite den Einfallswinkel $(i_1) = -b$ und den Austrittswinkel $(i_2') = -a$, so ist

die Ablenkung
des ersten Strahles $\quad \varepsilon = i_1 - i_2' - a = a - b - a \quad$ und

die Ablenkung
des zweiten Strahles $\quad (\varepsilon) = (i_1) - (i_2') - a = -b + a - a$, d. h. $(\varepsilon) = \varepsilon$.

Es erfahren also je zwei Strahlen, von denen der eine unter dem negativ genommenen Winkel i_2' in das Prisma eintritt, unter dem der erste austritt, durch das Prisma die gleiche Ablenkung.

Ein solches Strahlenpaar stellt z. B. auch derjenige doppelt zählende Strahl dar, für den $i_1 = (i_1) = -i_2'$ ist; dieser Strahl durchsetzt das Prisma symmetrisch, er schneidet die Halbierungsebene des Prismenwinkels rechtwinklig und ist gleichzeitig dadurch ausgezeichnet, daß die Ablenkung, die ihm das Prisma erteilt, wie wir nunmehr zeigen wollen, ein Minimum ist.

Die für den *symmetrischen Durchgang durch das Prisma* geltenden Werte der Winkel sollen durch den Index $_0$ gekennzeichnet werden.

Damit die Ablenkung ε_0 ein Minimum darstelle, muß sie die Bedingungen

$$\left(\frac{\delta\varepsilon}{\delta i_1}\right)_0 = 0 \ \text{ und } \ \left(\frac{\delta^2\varepsilon}{\delta i_1{}^2}\right)_0 > 0 \qquad (4)$$

erfüllen.

Die Forderung

$$\left(\frac{\delta\varepsilon}{\delta i_1}\right)_0 \equiv \left(\frac{\delta[i_1 - i_2' - a]}{\delta i_1}\right)_0 = 1 - \left(\frac{\delta i_2'}{\delta i_1}\right)_0 = 0$$

verlangt, daß $\qquad\qquad\qquad\qquad\qquad\qquad\qquad\qquad\qquad (5)$

$$\left(\frac{\delta i_2'}{\delta i_1}\right)_0 = 1 \ \text{ sei.}$$

Nun ist, wie aus den Gleichungen (3) durch Differentiation folgt:

$$\frac{\delta i_1'}{\delta i_1} = \frac{\operatorname{tg} i_1'}{\operatorname{tg} i_1}, \ \ \delta i_1' = \delta i_2, \ \text{ und } \ \frac{\delta i_2'}{\delta i_2} = \frac{\operatorname{tg} i_2'}{\operatorname{tg} i_2};$$

also

$$\left(\frac{\delta i_2'}{\delta i_1}\right)_0 = \left(\frac{\delta i_2'}{\delta i_2}\cdot\frac{\delta i_1'}{\delta i_1}\right)_0 = \left(\frac{\operatorname{tg} i_2'}{\operatorname{tg} i_2}\cdot\frac{\operatorname{tg} i_1'}{\operatorname{tg} i_1}\right)_0 = 1,$$

oder

$$\left(\frac{\operatorname{tg} i_1}{\operatorname{tg} i_1'}\right)_0 = \left(\frac{\operatorname{tg} i_2'}{\operatorname{tg} i_2}\right)_0. \qquad (6)$$

Vermöge der Gleichungen (3) ist die linke Seite der Gleichung (6) dieselbe eindeutige Funktion von i_1, wie die rechte von i_2', d. h. es muß entweder sein:

$$i_1 = +i_2' \ \text{ und} \qquad\qquad \text{oder } i_1 = -i_2' \ \text{ und}$$
$$i_1' = +i_2 \qquad\qquad\qquad\qquad\qquad i_1' = -i_2.$$

Die erste Forderung würde $a = 0$ machen, ist also bei einem Prisma nicht erfüllbar. Es bleibt daher nur das Wertepaar

$$i_1 = - i_2' \text{ und} \qquad\qquad (7)$$
$$i_1' = - i_2 \text{ bestehen.}$$

Dies sind aber, wie wir oben sahen, diejenigen Werte, die für den symmetrischen Durchgang gelten.

Daher kann die Minimalablenkung, wenn sie überhaupt stattfindet, nur gleichzeitig mit dem symmetrischen Durchgange eintreten.

Zur Ableitung des Vorzeichens von $\dfrac{\delta^2 \varepsilon_0}{\delta i_1^{\,2}}$ gehen wir davon aus, daß allgemein

$$\frac{\delta \varepsilon}{\delta i_1} = \frac{\delta(\varepsilon_1 + \varepsilon_2)}{\delta i_1} = \frac{\delta \varepsilon_1}{\delta i_1} + \frac{\delta \varepsilon_2}{\delta i_2'} \cdot \frac{\delta i_2'}{\delta i_1},$$

und

$$\frac{\delta^2 \varepsilon}{\delta i_1^{\,2}} = \frac{\delta^2 \varepsilon_1}{\delta i_1^{\,2}} + \frac{\delta^2 \varepsilon_2}{\delta i_2' \delta i_1} \cdot \frac{\delta i_2'}{\delta i_1} + \frac{\delta \varepsilon_2}{\delta i_2'} \cdot \frac{\delta^2 i_2'}{\delta i_1^{\,2}}.$$

Für symmetrischen Durchgang ist $\left(\dfrac{\delta \varepsilon_2}{\delta i_2'}\right)_0 = 0$, und $\delta i_1 = \delta i_2'$. Daher wird

$$\left(\frac{\delta^2 \varepsilon}{\delta i_1^{\,2}}\right)_0 = \left(\frac{\delta^2 \varepsilon_1}{\delta i_1^{\,2}}\right)_0 + \left(\frac{\delta^2 \varepsilon_2}{\delta i_2'^{\,2}}\right)_0.$$

Ferner ist ε_1 dieselbe Funktion von i_1, wie ε_2 von i_2', also

$$\left(\frac{\delta^2 \varepsilon_1}{\delta i_1^{\,2}}\right)_0 = \left(\frac{\delta^2 \varepsilon_2}{\delta i_2'^{\,2}}\right)_0 \text{ und}$$

$$\left(\frac{\delta^2 \varepsilon}{\delta i_1^{\,2}}\right)_0 = 2 \left(\frac{\delta^2 \varepsilon_1}{\delta i_1^{\,2}}\right)_0.$$

Das Vorzeichen von $\left(\dfrac{\delta^2 \varepsilon}{\delta i_1^{\,2}}\right)_0$ ist also dasselbe wie das von $\left(\dfrac{\delta^2 \varepsilon_1}{\delta i_1^{\,2}}\right)_0$.

Berechnung von $\left(\dfrac{\delta^2 \varepsilon_1}{\delta i_1^{\,2}}\right)_0$.

Aus $\left(\dfrac{\delta \varepsilon_1}{\delta i_1}\right)_0 = \left(\dfrac{\delta(i_1 - i_1')}{\delta i_1}\right)_0 = 1 - \dfrac{\delta i_{01}'}{\delta i_1} = 1 - \dfrac{\operatorname{tg} i_{01}'}{\operatorname{tg} i_{01}}$ ergibt sich

$$\left(\frac{\delta^2 \varepsilon_1}{\delta i_1^{\,2}}\right)_0 = \frac{\delta}{\delta i_1}\left(1 - \frac{\operatorname{tg} i_1'}{\operatorname{tg} i_1}\right)_0 = - \frac{\delta}{\delta i_1}\left(\frac{\sin i_1' \cos i_1}{\sin i_1 \cos i_1'}\right)_0 = - \frac{1}{n} \frac{\delta}{\delta i_1}\left(\frac{\cos i_1}{\cos i_1'}\right)_0$$

$$\left(\frac{\delta^2 \varepsilon_1}{\delta i_1^{\,2}}\right)_0 = + \frac{1}{n} \cdot \left(\frac{\sin(i_1 - i_1')}{\cos^2 i_1'}\right)_0 = \frac{1}{n} \frac{\sin \varepsilon_{01}}{\cos^2 i_{01}'}. \qquad (8)$$

In dem Ausdrucke für $\left(\dfrac{\delta^2 \varepsilon_1}{\delta i_1{}^2}\right)_0$ in Gl. (8) sind alle Glieder außer $\sin \varepsilon_{01}$ positiv. Das Vorzeichen von $\left(\dfrac{\delta^2 \varepsilon_1}{\delta i_1{}^2}\right)_0$, also auch dasjenige von $\dfrac{\delta^2 \varepsilon_0}{\delta i_1{}^2}$ ist daher dasselbe wie dasjenige von $\sin \varepsilon_{01}$.

Bis jetzt haben wir über den Wert von $n = \dfrac{n_2}{n_1}$ noch keine Voraussetzung gemacht. Für die Diskussion des Vorzeichens von $\dfrac{\delta^2 \varepsilon_0}{\delta i_1{}^2}$ müssen wir die zwei Fälle $n > 1$ und $n < 1$ unterscheiden.

1. Fall. Es sei $n > 1$, also $n_2 > n_1$, d. h. das Prisma sei in einem Mittel von niedrigerem Brechungsquotienten.

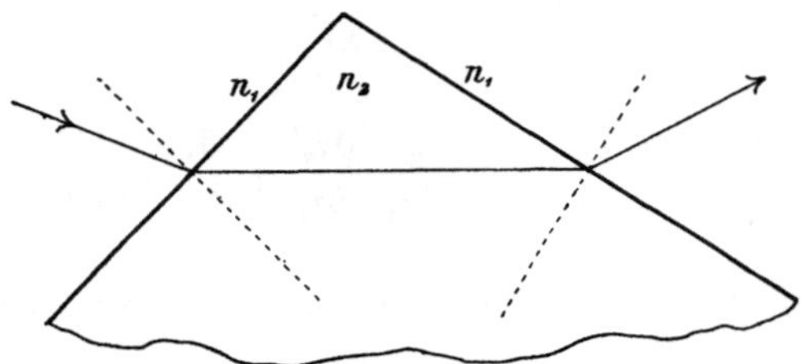

Fig. 91.
Der Weg eines Strahles im Hauptschnitte eines im stärker brechenden Mittel befindlichen Prismas.

Dann ist $i_{01} > i_{01}{}'$, $i_{01} - i_{01}{}' \equiv \varepsilon_1 > 0$, und $\dfrac{\delta^2 \varepsilon_0}{\delta i_1{}^2}$ positiv, also in diesem Falle tritt ein *Minimum der Ablenkung* ein.

2. Fall. Es sei $n < 1$ (vergl. Fig. 91), also das Prisma habe eine niedrigere Brechung als das umgebende Mittel.

Hier ist $i_{01} < i_{01}{}'$, und $\dfrac{\delta^2 \varepsilon_0}{\delta i_1{}^2}$ negativ, die *Ablenkung* erreicht also hier ihr *Maximum*. Dieses auffallende Ergebnis wird sofort verständlich, wenn man bedenkt, daß in diesem Falle, nach unseren Festsetzungen, die Ablenkung selbst einen negativen Wert hat:

$$\varepsilon_0 = 2\,\varepsilon_{01} = 2\,(i_{01} - i_{01}{}') < 0.$$

Die negative Ablenkung erreicht bei symmetrischem Durchgange des Strahls durch das Prisma ein Maximum, d. h. ihr absoluter Wert erreicht ein Minimum.

Ein Prisma in Luft. Wenden wir nun diese Ergebnisse auf den in der Praxis häufigsten Fall an, auf den eines Prismas in Luft, so haben wir $n_1 = n_3 = 1$ und $n_2 \equiv n > 1$. Für die Durchrechnung eines Strahles gelten die Gleichungen

$$\sin i_1' = \frac{1}{n} \sin i_1 \qquad\qquad \begin{aligned} \varepsilon_1 &= i_1 - i_1' \\ \varepsilon_2 &= i_2 - i_2' \end{aligned}$$

$$(3) \qquad i_2 = i_1' - \alpha \qquad \text{und} \ (2) \qquad \overline{\varepsilon_1 + \varepsilon_2 = \varepsilon = i_1 - i_2' - \alpha}$$

$$\sin i_2' = n \cdot \sin i_2$$

und für die Minimalablenkung insbesondere:

$$i_{01} = - i_{02}' \quad \text{und} \quad \begin{cases} \varepsilon_0 = 2 i_{01} - \alpha \\ i_{01} = \dfrac{\varepsilon_0 + \alpha}{2}, \end{cases} \qquad (9)$$

$$i_{01}' = - i_{02}$$

woraus sich vermöge $\sin i_{01} = n \cdot \sin i_{01}'$ schließlich ableitet:

$$\sin \frac{\varepsilon_0 + \alpha}{2} = n \cdot \sin \frac{\alpha}{2}. \qquad (10)$$

Auf Gleichung (10) gründet sich das FRAUNHOFERsche Verfahren zur Bestimmung des Brechungsquotienten von Prismen.

Lassen wir den Einfallswinkel i_1 von dem für die Minimalablenkung geltenden Werte i_{01} aus zunehmen, so wächst auch die Ablenkung ε, und zwar, wie der Hilfssatz auf S. 16 lehrt, schneller als i_1; dem größten möglichen Einfallswinkel $i_1 = + 90^0$ entspricht daher auch das Maximum von ε, d. h. der in der Richtung auf die brechende Kante zu streifend eintretende Lichtstrahl erfährt das Maximum der Ablenkung: $\overline{\varepsilon} = 90^0 - \bar{i}_2' - \alpha$. Dieselbe maximale Ablenkung erfährt nach dem auf S. 414 abgeleiteten Satze auch der unter dem Einfallswinkel $i_1 = - \bar{i}_2'$ in das Prisma eintretende und streifend aus der zweiten Prismenseite austretende Strahl. Über den Weg, den ein unter $i_1 = - 90^0$, also von der Prismenkante her streifend einfallender Strahl durch das Prisma nimmt, läßt sich vorderhand noch nichts aussagen.

Bei der Ableitung obiger Folgerungen aus den Gleichungen (2), (3), (9) und (10) haben wir stillschweigend vorausgesetzt, daß jeder betrachtete Strahl das Prisma auch wirklich durchsetzen könne. Diese Voraussetzung ist aber, wie wir nunmehr zeigen werden, durchaus nicht immer erfüllt.

Allgemein entspricht beim Übergange des Lichtes aus einem optisch dünneren in ein optisch dichteres Mittel jedem im dünneren Mittel gelegenen Einfallswinkel auch ein reeller Brechungswinkel im dichteren Mittel; das Umgekehrte ist aber nicht der Fall: *Denn beim Übergange in das dünnere Mittel* gehört zu dem durch

$$n \sin i = \sin 90^0 = 1 \qquad (11)$$

bestimmten Einfallswinkel i bereits der größte überhaupt mögliche Brechungswinkel 90^0 (Strahl B in Fig. 92). Ein noch schräger im dichteren Mittel auf die Prismenseite auffallender Strahl $(\bar{\imath} > i)$ wird an dieser überhaupt nicht mehr gebrochen, sondern in das Innere des Prismas *total reflektiert*. Dieser Winkel i führt daher den Namen: *Grenzwinkel der Totalreflexion*; er ist nach Gleichung (11)

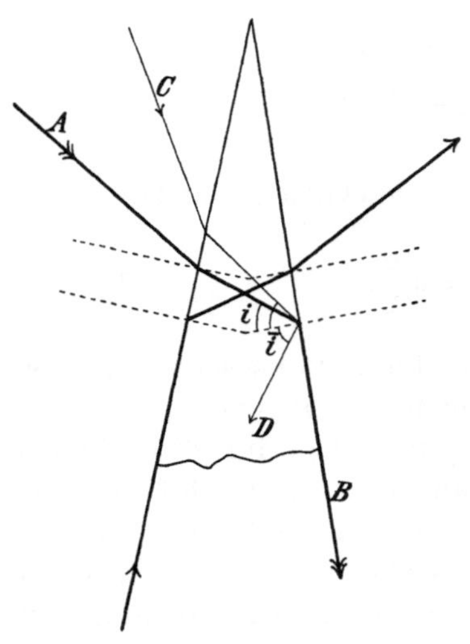

Fig. 92.

Der Weg eines Strahles bei streifendem Einfalle, streifendem Austritte und bei Totalreflexion an der zweiten Prismenfläche.

$$= \text{arc sin} \frac{1}{n}$$ und dient in der praktischen Optik zur Bestimmung der Brechungsindices. (Totalreflektometer von KOHLRAUSCH (*1.*), ABBE (*3.*), PULFRICH (*1. 2.*).)

Besondere Fälle. Während also bei einem Glasprisma in Luft alle auf die erste Prismenseite auffallenden Strahlen eines Büschels in das Prisma eindringen, können durch die zweite Prismenseite nur diejenigen wieder austreten, deren Einfallswinkel i_2 kleiner als der durch Gleichung (11) bestimmte Grenzwinkel, oder diesem gleich sind.

Setzen wir nun einmal den besonderen Fall, ein Strahl träte durch die erste Prismenseite streifend ein und durch die zweite streifend aus, so ist sowohl i_1' als i_2 dem absoluten Werte nach gleich dem Grenzwinkel $i = \text{arc sin} \frac{1}{n}$; wegen der Symmetrie des Strahlenganges findet Minimalablenkung statt und es ist

$$\overline{\alpha} = 2i = 2\,\text{arc sin}\frac{1}{n},$$

oder

$$\sin\frac{\overline{\alpha}}{2} = \frac{1}{n}. \tag{12}$$

Der durch (12) als Funktion von n bestimmte Wert $\overline{\alpha}$ ist somit der größte brechende Winkel, den man einem Prisma von dem Brechungsquotienten n geben darf, damit Licht durch bloße Brechung an den beiden Prismenseiten (also insbesondere ohne innere Reflexionen) das Prisma durchsetze.

Die Ablenkung $\overline{\varepsilon}$ ist in diesem Falle $\overline{\varepsilon} = 180^0 - \overline{\alpha}$.

Die folgende Tabelle enthält für eine Reihe von Brechungsquotienten die durch Gleichung (12) bestimmten höchstzulässigen Werte des brechenden Winkels $\overline{\alpha}$ und die zugehörigen Ablenkungen $\overline{\varepsilon}$.

Tabelle I.

$n =$	1,3	1,4	1,5	1,6	1,7	1,8	1,9	2,0
$\overline{\alpha} =$	$100^0\,34'$	$91^0\,10'$	$83^0\,37'$	$77^0\,22'$	$72^0\,4'$	$67^0\,30'$	$63^0\,30'$	$60^0\,0'$
$\overline{\varepsilon} =$	$79^0\,26'$	$88^0\,50'$	$96^0\,23'$	$102^0\,38'$	$107^0\,56'$	$112^0\,30'$	$116^0\,30'$	$120^0\,0'$

Wegen der bei sehr schrägem Einfalle der Lichtstrahlen außerordentlich starken Lichtverluste durch Reflexion gibt man den Prismen wesentlich kleinere brechende Winkel.

Es sei noch kurz auf einen weiteren Sonderfall hingewiesen. Ist der brechende Winkel des Prismas gleich dem für die Prismensubstanz charakteristischen Grenzwinkel der Totalreflexion, also

$$\alpha = \text{arc sin}\,\frac{1}{n}, \quad \text{oder} \quad \sin \alpha = \frac{1}{n}, \quad \text{so tritt}$$

ein senkrecht einfallender Strahl streifend aus, und umgekehrt (vergl. Fig. 93).

Auf diesen Fall gründet sich eine von PULFRICH (3.) angegebene Methode, die Brechungsindices von Flüssigkeiten zu messen, die hinsichtlich der Höhe des Brechungsindex keinerlei Beschränkung unterworfen ist.

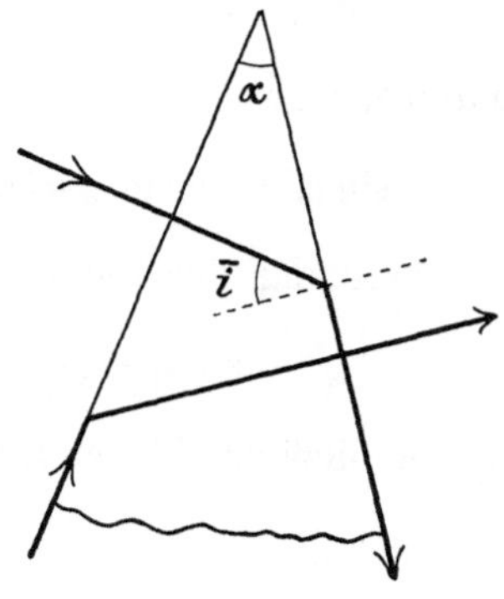

Fig. 93.
Streifender Eintritt und senkrechter Austritt.

Zur Veranschaulichung des Ganges der Ablenkung in einem Prisma von 30^0 brechendem Winkel aus einem Glase vom Brechungsindex $n = 1{,}6$ diene die folgende

Tabelle II.

	$n = 1{,}6$		$\alpha = 30^0$		
Einfallswinkel i_1	$+90^0\,-'$	$+53^0\,8'$	$+24^0\,28'$	$\pm\,0^0$	$-13^0\,59'$
Ablenkung ε	$+46^0\,1'$	$+23^0\,8'$	$+18^0\,56'$	$+23^0\,8'$	$+46^0\,1'$
Austrittswinkel i_2'	$+13^0\,59'$	$\pm\,0^0$	$-24^0\,28'$	$-53^0\,8'$	$-90^0\,-'$

Dieses Prisma kann also nur von solchen Strahlen durchsetzt werden, deren Einfallswinkel i_1 zwischen $+90^0$ und $-13^0\,59'$ liegen;

alle zwischen -90^0 und -14^0 einfallenden Strahlen werden an der zweiten Prismenfläche total reflektiert; insbesondere kann ein von der Prismenkante her streifend einfallender Strahl das Prisma nicht durchsetzen, und zwar ist dies, wie sich leicht zeigen ließe, eine allgemeine Eigenschaft eines jeden Prismas, gleichviel ob es sich in einem Mittel höherer oder niederer Brechung befindet.

Nehmen wir mit HEATH (*2.32.*) den brechenden Winkel α eines Prismas so klein an, daß man seinen Sinus durch den Bogen ersetzen und $\cos\alpha = 1$ rechnen kann, so ist auch die Ablenkung ε des Prismas klein, und aus

$$\varepsilon = i_1 - i_2{}' - \alpha$$

folgt

$$\sin i_2{}' = \sin\left[i_1 - (\varepsilon + \alpha)\right] = \sin i_1 - (\varepsilon + \alpha)\cos i_1;$$

anderseits ist

$$\sin i_2{}' = n\cdot\sin i_2 = n\cdot\sin\left(i_1{}' - \alpha\right) = n\cdot\sin i_1{}' - n\cdot\alpha\cdot\cos i_1{}'$$

Gleichsetzung der rechten Seiten ergibt also

$$\sin i_1 - (\varepsilon + \alpha)\cos i_1 = \sin i_1 - n\cdot\alpha\cdot\cos i_1{}'$$

und schließlich, für endliche Einfallswinkel,

$$\varepsilon = \alpha\left(n\,\frac{\cos i_1{}'}{\cos i_1} - 1\right).$$

Beschränken wir uns nun noch auf kleine Einfallswinkel, so wird $\cos i_1{}' = \cos i_1 = 1$ und der Annäherungswert der Ablenkung

$$\varepsilon = \alpha\,(n - 1) \qquad\qquad (13)$$

unabhängig vom Einfallswinkel.

Der Verlauf im Hauptschnitte eines Prismensystems. Wenden wir uns nunmehr zu einem *System von k brechenden Ebenen*, also von $k-1$ *Prismen*, und setzen wir voraus, daß die *Hauptschnitte aller Prismen zusammenfallen*, oder *daß alle Prismenkanten einander parallel sind* (vergl. Fig. 94).

Unter Beibehaltung der in Gleichung (1) und (2) benutzten Bezeichnungen sowie der über die Vorzeichen der Winkel am Anfange des Kapitels getroffenen Festsetzungen bestimmt dann nach GLEICHEN (*3.*) und CZAPSKI (*3. 137.*) das folgende Gleichungssystem den Weg eines Strahles im Hauptschnitte

$$(14) \quad n_2 \cdot \sin i_1' = n_1 \cdot \sin i_1 \quad \text{und} \quad (15) \quad \varepsilon_1 = i_1 - i_1'$$

$$i_2 = i_1' - \alpha_1$$

$$n_3 \cdot \sin i_2' = n_2 \cdot \sin i_2 \qquad \varepsilon_2 = i_2 - i_2'$$

$$i_3 = i_2' - \alpha_2$$

$$\cdot \quad \cdot \quad \cdot \quad \cdot \quad \cdot \quad \cdot \quad \cdot \qquad\qquad \cdot \quad \cdot \quad \cdot \quad \cdot$$

$$n_k' \cdot \sin i_k' = n_k \cdot \sin i_k \qquad \varepsilon_k = i_k - i_k'$$

daher ist die Gesamtablenkung $\qquad \varepsilon^{(k)} = \sum_{\nu=1}^{k} \varepsilon_\nu = i_1 - i_k' - \sum_{\nu=1}^{k} \alpha_\nu.$

$\sum_{\nu=1}^{k} \alpha_\nu$, die algebraische Summe aller brechenden Winkel, ist nichts anderes als der Winkel zwischen der ersten und der letzten Prismenfläche $= \alpha_{1,k}$, also $\varepsilon^{(k)} = i_1 - i_k' - \alpha_{1,k}$.

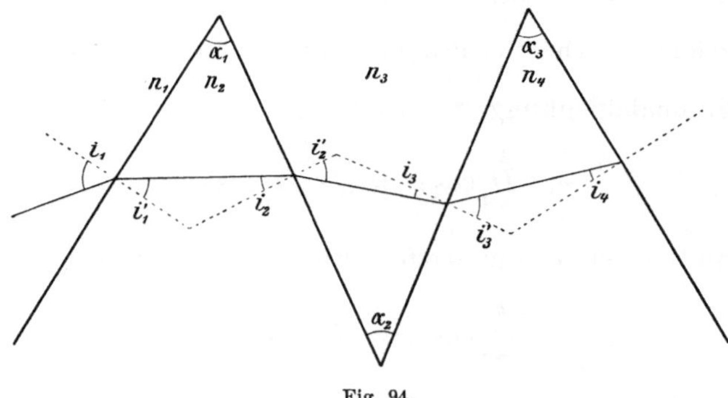

Fig. 94.

Der Weg eines Strahles im Hauptschnitte eines Prismensystems.

Die Gesamtablenkung $\varepsilon^{(k)}$ ist eine Funktion des Einfallswinkels an der ersten Fläche, der Brechungsquotienten n_1 bis n_k' und der brechenden Winkel α_1 bis α_{k-1}.

Unter der Voraussetzung, daß $\dfrac{\delta^2 \varepsilon^{(k)}}{\delta i_1^2} > 0$ ist, bestimmt die Bedingungsgleichung

$$\frac{\delta \varepsilon^{(k)}}{\delta i_1} = 0, \text{ oder } \delta i_1 = \delta i_k' \qquad (16)$$

denjenigen Einfallswinkel, für welchen die Ablenkung $\varepsilon^{(k)}$ ein Minimum ist.

Das durch Differentiation aus Gl. (14) abzuleitende Gleichungssystem (17) liefert uns $\delta i_k'$ als Funktion von δi_1:

$$\delta i_1{'} = \frac{n_1}{n_2} \cdot \frac{\cos i_1}{\cos i_1{'}} \cdot \delta i_1 ,$$

$$\delta i_2{'} = \frac{n_2}{n_3} \cdot \frac{\cos i_2}{\cos i_2{'}} \cdot \delta i_2, \quad \text{worin} \quad \delta i_2 = \delta i_1{'} , \qquad (17)$$

$$\cdot \quad \cdot \quad \cdot \quad \cdot \quad \cdot \quad \cdot \quad \cdot \quad \cdot \quad \cdot \quad \cdot \quad \cdot$$

$$\delta i_k{'} = \frac{n_k}{n_k{'}} \cdot \frac{\cos i_k}{\cos i_k{'}} \cdot \delta i_k, \quad \text{worin} \quad \delta i_k = \delta i'_{k-1} ;$$

also schließlich

$$\delta i_k{'} = \frac{n_1}{n_k{'}} \cdot \frac{\cos i_1}{\cos i_1{'}} \cdot \frac{\cos i_2}{\cos i_2{'}} \quad \cdot \quad \cdot \quad \cdot \quad \frac{\cos i_k}{\cos i_k{'}} \cdot \delta i_1. \qquad (18)$$

Hierin ist $\dfrac{\cos i_\nu}{\cos i_\nu{'}}$, das Verhältnis der Cosinus von Einfalls- und Brechungswinkel an je einer Fläche, eine Funktion des Einfallswinkels i_ν und des relativen Brechungsverhältnisses beider Mittel $\dfrac{n_\nu}{n_\nu{'}}$. Bezeichnen wir die Produkte durch das Zeichen Π, so ist bei der Minimalablenkung, wo nach Gl. (16) $\delta i_1 = \delta i_k{'}$ ist,

$$n_1 \cdot \prod_{\nu=1}^{k} \cos i_\nu = n_k{'} \cdot \prod_{\nu=1}^{k} \cos i_\nu{'}$$

oder, wenn das erste und letzte Mittel Luft ist, also $n_1 = n_k{'} = 1$,

$$\prod_{\nu=1}^{k} \cos i_\nu = \prod_{\nu=1}^{k} \cos i_\nu{'}. \qquad (19)$$

Für den Fall $k = 2$, d. h. für ein einzelnes Prisma, wird

$$\cos i_1 \cdot \cos i_2 = \cos i_1{'} \cdot \cos i_2{'}, \qquad (19^*)$$

die Bedingung für minimale Ablenkung, und diese deckt sich, vermöge des Brechungsgesetzes, mit der früher für Minimalablenkung bei einem Prisma abgeleiteten Forderung

$$\operatorname{tg} i_1 \cdot \operatorname{tg} i_2 = \operatorname{tg} i_1{'} \cdot \operatorname{tg} i_2{'}. \qquad (6)$$

Der Fall zweier gekreuzter Prismen. An einem Beispiele möge noch gezeigt werden, wie es unter Umständen möglich und zweckmäßig ist, die Wirkung zweier Prismen durch die eines einzigen zu ersetzen. Der allgemeine Fall zweier beliebig zueinander orientierten Prismen in Luft ist durchaus unübersichtlich; wir beschränken uns daher auf folgenden Sonderfall, der von einer gewissen praktischen Bedeutung ist.

Zwei Prismen gleicher Form und Substanz (vgl. Fig. 95) seien nur durch eine planparallele Luftschicht getrennt und können um eine Normale c der beiden inneren einander zugewandten Prismenseiten als Achse gedreht werden. Benutzt man als Maß der Drehung den Winkel ϱ, den die brechende Kante des Prismas 1 mit der senkrechten Projektion der Kante des Prismas 2 auf die innere Seite $O_1 Q_1$ des Prismas 1 jeweilig miteinander bildet, so läßt sich der Zusammenhang zwischen ϱ und dem von den äußeren Prismenseiten $O_1 P_1$ und $O_2 P_2$ eingeschlossenen Winkel α folgendermaßen ableiten:

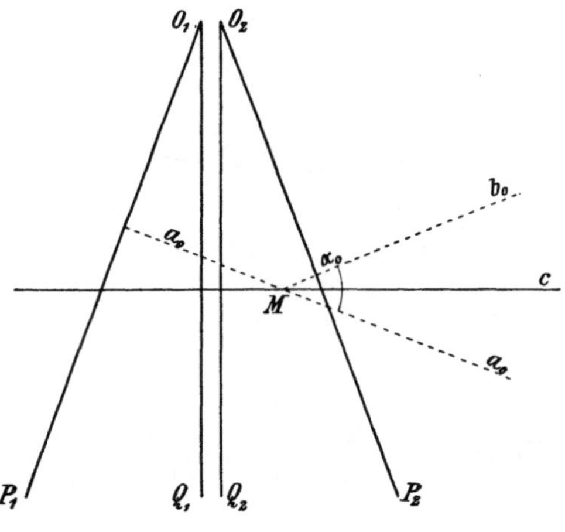

Fig. 95.

Ein aus zwei gleichen, um die gemeinsame Achse c drehbaren Prismen bestehendes Prismensystem. Der brechende Winkel kann bei konstanter Lage der brechenden Kante zwischen den Werten 0 und $\alpha_0 = 2\,P_1 O_1 Q_1$ stetig verändert werden.

Anfangs seien die Prismenkanten O_1 und O_2 einander parallel und auf derselben Seite der Drehungsachse c gelegen. Die von einem beliebigen Punkte M der Drehungsachse auf die Prismenseiten $O_1 P_1$ und $O_2 P_2$ gefällten Lote a_0 und b_0 bilden miteinander den Winkel $\alpha_0 = 2\,P_1 O_1 Q_1 = 2\,P_2 O_2 Q_2$, der von c halbiert wird. Dreht man, während Prisma 2 festgehalten wird, Prisma 1 um c als Achse, so beschreibt ein Punkt A_0 (vgl. Fig. 96) der zum Prisma 1 gehörigen Normalen a_0 einen Kreis, dessen Mittelpunkt auf c liegt. Dieser Kreis gehört der Kugel an, die man mit $M A_0 = M B_0$ als Radius um M als Mittelpunkt schlagen kann; er hat den Durchstoßungspunkt C der Drehungsachse c zum Pole, und die Durchstoßungspunkte A_0 und B_0 der Normalen a_0 und b_0 liegen auf einem und demselben Meridiane. Der resultierende brechende Winkel des Prismen-systems in der Anfangslage, α_0, ist der zu $\overarc{A_0 C B_0}$ gehörende Zentri-winkel; nach einer Drehung des Prismas 1 um den Winkel $\varrho = \sphericalangle A_0 C A$ ist der zu dem Bogen $A B_0$ gehörende Zentriwinkel α der nunmehrige Winkel zwischen der Normalen a der Prismenseite $O_1 P_1$ und der Normalen b_0 der Prismenseite $O_2 P_2$, d. h. der neue resultierende brechende Winkel.

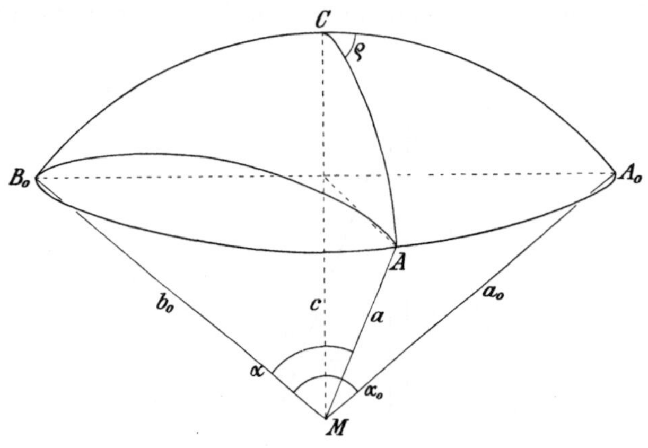

Fig. 96.

Die Darstellung des Zusammenhanges zwischen dem Drehungswinkel ϱ und dem resultierenden brechenden Winkel α. Die Ebene der Zeichnung ist der Hauptschnitt des festen Prismas; MC die Drehungsachse, MA die Normale der Fläche $P_1 O_1$ in Fig. 95.

Nach dem Cosinussatz ist in dem sphärischen Dreiecke $A C B_0$

$$\cos A B_0 = \cos C B_0 \cos C A + \sin C B_0 \sin C A \cos B_0 C A,\ \text{oder,}$$

da $C B_0 = C A = \dfrac{\alpha_0}{2}$, und $\sphericalangle A C B_0 = 180^0 - \sphericalangle A C A_0$

$$= 2 R - \varrho \ \text{ist,}$$

$$\cos \alpha = \cos^2 \frac{\alpha_0}{2} - \sin^2 \frac{\alpha_0}{2} \cdot \cos \varrho.$$

In der Anfangslage ist $\varrho = 0$ und $\alpha = \alpha_0$; nach einer Drehung des Prismas um $\varrho = 180^0$ ist $\alpha = 0$, d. h. das Prismensystem wirkt dann wie eine Planparallelplatte.

Wird das Prisma 2 gegen das Prisma 1 um den Winkel ϱ aus der Anfangslage gedreht, so dreht die resultierende brechende Kante sich aus Symmetriegründen um $\dfrac{\varrho}{2}$; stellt man die Forderung, daß die resultierende brechende Kante ihre Anfangslage beibehalten soll, so muß man beide Prismen in entgegengesetzter Richtung je um denselben Winkel aus der Anfangslage herausdrehen.

In einer die symmetrische Drehung beider Prismen ermöglichenden Ausführungsform und zwar insbesondere in den der Stellung $\varrho = 180^0$, $\alpha = 0$ benachbarten Lagen dient ein solches Prismensystem aus zwei identischen Prismen dazu, einem Strahlenbüschel Ablenkungen von beliebigem Vorzeichen zu ·erteilen, die in einer Ebene verlaufen; es ist gleichwertig einem Prisma, dessen brechender Winkel bei unveränderter Lage der brechenden Kante stetig zwischen den Grenzen 0 und α_0 verändert werden kann, wo α_0 das Doppelte des brechenden Winkels eines einzelnen Prismas ist.

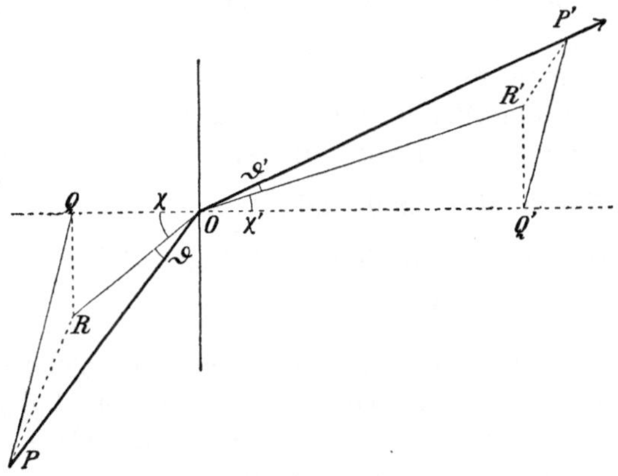

Fig. 97.

Der Weg POP' eines Strahles außerhalb des in der Ebene der Zeichnung liegenden Hauptschnittes. ROR' ist die Projektion des Strahles auf den Hauptschnitt. PQ und $P'Q'$ sind die auf die Einfallsnormale gefällten Lote.

Alle bisher erörterten Eigenschaften von Prismen und Prismensystemen sind unter der Voraussetzung abgeleitet worden, daß der betrachtete Strahl im Hauptschnitte des Prismas oder Prismensystems verlaufe.

Lassen wir nunmehr diese Voraussetzung fallen und wenden wir uns der allgemeineren Aufgabe zu, den Weg eines Strahles außerhalb des Hauptschnittes zu verfolgen.

Der Verlauf außerhalb des Hauptschnittes eines Prismas. Nehmen wir hier wiederum die Hauptebene eines Prismas als in der Ebene der Zeichnung liegend und den Einfallspunkt O enthaltend an (Fig. 97), und verläuft der einfallende Strahl PO unter der Ebene der Zeichnung, so verläuft der gebrochene Strahl OP' über derselben. Wir machen die Strecken $PO = 1$ und $OP' = n$.

Fällen wir nun von P und P' auf die Einfallsnormale die Lote PQ und $P'Q'$, so ist $\sphericalangle\,QOP = i_1$, $\quad Q'OP' = i_1'$ und

$$PQ = PO \cdot \sin i_1 = \sin i_1$$

$$P'Q' = OP' \cdot \sin i_1' = n \cdot \sin i_1', \text{ d. h.}$$

$$PQ = P'Q'.$$

Diese beiden Lote auf der Einfallsnormalen liegen in der gegen die Hauptebene geneigten Einfallsebene und sind einander parallel und gleichgroß.

Projizieren wir nun P und P' auf die Hauptebene, und bezeichnen die Spuren von P und P' mit R und R', so sind die Strecken QR und $Q'R'$ als die Projektionen von PQ und $P'Q'$ einander gleich.

Bezeichnet man mit ϑ und ϑ' die spitzen Winkel ROP und $R'OP'$, die der einfallende und der gebrochene Strahl mit der Hauptebene bilden, ebenso wie auf Seite 14 und 15, so ist

$$PR = PO \cdot \sin\vartheta = \sin\vartheta \text{ und}$$

$$P'R' = OP' \cdot \sin\vartheta' = n \cdot \sin\vartheta' \text{ und wegen } PR = P'R' \text{ schließlich:}$$

$$\sin\vartheta = n \cdot \sin\vartheta', \text{ d. h.}$$

Die Winkel, die der einfallende und der gebrochene Strahl mit der Hauptebene einschließen, folgen dem Brechungsgesetze.

Bezeichnen wir ferner die spitzen Winkel QOR und $Q'OR'$, die die Projektion des einfallenden und des gebrochenen Strahles mit der Normalen bilden,[*] mit χ und χ', so ist

$$OR = \frac{QR}{\sin\chi} = OP \cdot \cos\vartheta = \cos\vartheta \text{ und}$$

$$OR' = \frac{Q'R'}{\sin\chi'} = OP' \cdot \cos\vartheta' = n \cdot \cos\vartheta' \text{ und wegen } QR = Q'R'$$

$$\cos\vartheta \cdot \sin\chi = n \cdot \cos\vartheta' \cdot \sin\chi' \text{ oder } \frac{\sin\chi}{\sin\chi'} = n \cdot \frac{\cos\vartheta'}{\cos\vartheta}.$$

Die Projektionen RO des einfallenden und OR' des gebrochenen Strahles sind einem dem Brechungsgesetze analogen Gesetze unterworfen, bei dem der Brechungsquotient n durch $n \cdot \dfrac{\cos\vartheta'}{\cos\vartheta}$, also durch einen von der Neigung ϑ des einfallenden Strahles gegen die Hauptebene abhängigen Wert ersetzt ist.

---

[*] Diese Winkel wurden auf Seite 14 und 15 mit φ, φ' bezeichnet.

Für die Brechung eines Strahles, der im Punkte O auf die erste Prismenseite auffällt, der ferner mit der Normalen den Winkel i_1 und mit der Hauptebene den Winkel ϑ_1 bildet, und dessen Projektion auf die Hauptebene den Winkel χ_1 mit der Normalen einschließt, gelten demnach die Gleichungen:

$$\sin i_1' = \frac{1}{n} \cdot \sin i_1$$

$$\sin \vartheta_1' = \frac{1}{n} \cdot \sin \vartheta_1 \qquad (20)$$

$$\sin \chi_1' = \frac{1}{n} \cdot \sin \chi_1 \cdot \frac{\cos \vartheta_1}{\cos \vartheta_1'}.$$

Nehmen wir für die zweite Prismenseite ebenfalls die Hauptebene des Prismas als Projektionsebene, so ist $\vartheta_2 = \vartheta_1'$ und wegen

$$\sin \vartheta_2' = n \cdot \sin \vartheta_2 = n \cdot \sin \vartheta_1'$$

auch $\vartheta_2' = \vartheta_1$, d. h.

Der aus dem Prisma austretende Strahl ist gegen den Hauptschnitt ebenso stark geneigt als der eintretende.

Bezeichnen wir daher diesen Neigungswinkel in Luft mit ϑ, und mit ϑ' den im Prisma, so bestimmen die Gl. (21) den Weg des auf den Hauptschnitt projizierten Strahles innerhalb des Hauptschnitts:

$$\sin \vartheta' = \frac{1}{n} \cdot \sin \vartheta$$

$$n \cdot \sin \chi_1' \cdot \cos \vartheta' = \sin \chi_1 \cdot \cos \vartheta \qquad (21)$$

$$\chi_2 = \chi_1' - \alpha$$

$$\sin \chi_2' \cdot \cos \vartheta = n \cdot \sin \chi_2 \cdot \cos \vartheta'.$$

Wir kommen nun zur Bestimmung der *Ablenkung E*, die der Strahl durch das Prisma erfährt, sowie der *Ablenkung η*, die der Projektion des Strahles auf den Hauptschnitt in diesem erteilt wird.

Zu diesem Zwecke ziehen wir, da es uns nur auf die Richtungen der Strahlen, nicht auf die Länge des im Prisma zurückgelegten Lichtweges ankommt, durch einen Punkt O der brechenden Kante $\overleftrightarrow{JK}$ des Prismas (Fig. 98) $\overrightarrow{OP}$ parallel dem in das Prisma einfallenden Strahle und $\overrightarrow{OP'}$ parallel dem aus dem Prisma aus-

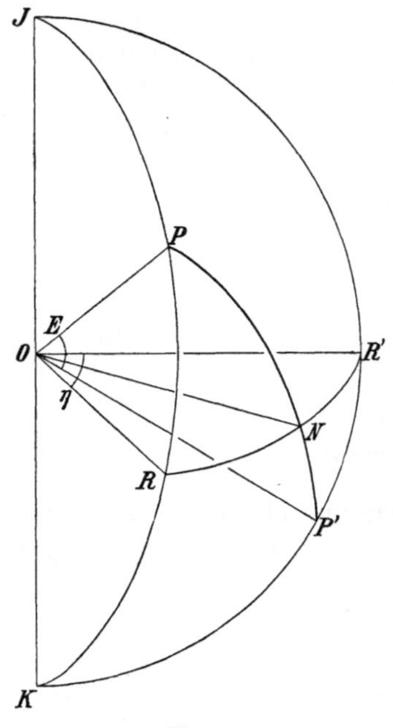

Fig. 98.
Ablenkung E eines außerhalb des Hauptschnittes verlaufenden Strahles. η ist die Projektion von E auf den Hauptschnitt ROR', JK ist die brechende Kante.

tretenden Strahle und wählen die durch JK und OP' bestimmte Ebene zur Ebene der Zeichnung. Wir schlagen nun um O eine Hilfskugel, die von $\overleftrightarrow{JK}$ in J und K, von $\overrightarrow{OP}$ und $\overrightarrow{OP'}$ in P und P' geschnitten werde.

Dann ist der Winkel POP' die Ablenkung E, die das Prisma dem Strahle erteilt. Legen wir nunmehr durch O die Hauptebene (Äquatorealebene) senkrecht zu KJ, welche den durch P gehenden Meridian KPJ in R, und den durch P' gehenden in R' schneide, so stellt ROR' die Projektion η der Ablenkung E auf die Hauptebene dar, und $POR = P'OR'$ die Neigung ϑ des Strahles in Luft gegen die Hauptebene.

Der größte Kreis, der P mit P' verbindet, schneide den Äquator RR' in N; dann folgt aus der Kongruenz der rechtwinkeligen sphärischen Dreiecke PRN und $P'R'N$, daß

$$RN = R'N = \frac{1}{2}RR' = \frac{1}{2}\eta, \text{ und}$$

$$PN = P'N = \frac{1}{2}PP' = \frac{1}{2}E \text{ ist.}$$

Die in demselben Dreiecke PRN geltende Beziehung:

$$\cos \widehat{PN} = \cos \widehat{RN} \cdot \cos \widehat{RP}$$

läßt sich daher in folgender Weise schreiben:

$$\cos \frac{1}{2}E = \cos \frac{1}{2}\eta \cdot \cos \vartheta. \qquad (22)$$

η, die *Ablenkung im Hauptschnitte*, erreicht ihr Minimum η_0, ebenso wie die Ablenkung eines wirklichen Strahles, für

$$\chi_1 = -\chi_2' = \frac{1}{2}(\eta_0 + \alpha) \text{ und } \chi_1' = -\chi_2 = \frac{\alpha}{2};$$

durch Einsetzen dieser Werte in die zweite der Gl. (21) erhalten wir somit

$$\sin \frac{1}{2}(\eta_0 + \alpha) = n \cdot \sin \frac{\alpha}{2} \cdot \frac{\cos \vartheta'}{\cos \vartheta}. \qquad (23)$$

Für $\vartheta = 0 = \vartheta'$ wird Gl. (23) und alle darin enthaltenen Winkel dieselben wie für einen Strahl im Hauptschnitt, d. h.

$$\sin \frac{1}{2}(\eta_0 + \alpha)_{\vartheta = 0} = n \cdot \sin \frac{\alpha}{2} = \sin \frac{1}{2}(\varepsilon_0 + \alpha) \qquad (24)$$

oder, für endliches ϑ, wenn man den Wert (24) von $n \cdot \sin \dfrac{\alpha}{2}$ in Gl. (23) einsetzt,

$$\sin \frac{1}{2}(\eta_0 + \alpha) = \sin \frac{1}{2}(\varepsilon_0 + \alpha) \cdot \frac{\cos \vartheta'}{\cos \vartheta}. \qquad (25)$$

Nun ist für $n > 1$ stets $\vartheta' < \vartheta$, also $\dfrac{\cos \vartheta'}{\cos \vartheta} > 1$, es ist also immer

$$\sin \frac{1}{2}(\eta_0 + \alpha) > \sin \frac{1}{2}(\varepsilon_0 + \alpha),$$

d. h. bereits in ihrer Projektion η_0 auf den Hauptschnitt hat die *minimale Ablenkung E_0 eines außerhalb des Hauptschnittes* verlaufenden Strahles einen *größeren Wert als die minimale Ablenkung ε_0* eines unter gleichem Winkel i_1 einfallenden, *im Hauptschnitte* verlaufenden Strahles; dasselbe gilt also um so mehr von der minimalen Ablenkung E_0 selbst, wie auch REUSCH und HEATH ableiten.

Ist $n < 1$, so gilt eine ähnliche Betrachtung wie die oben (S. 416) beim Falle eines Strahles angestellte, der ein Prisma im Hauptschnitt durchsetzt.

Für den Weg, den die Projektion eines unter dem Neigungswinkel ϑ gegen die Hauptebene einfallenden Strahles in dieser nimmt, war nach REUSCH der Brechungsquotient

$$n_\vartheta = n \cdot \frac{\cos \vartheta'}{\cos \vartheta}$$

maßgebend; n_ϑ läßt sich nach CORNU (**2.**) mit Berücksichtigung von $\sin \vartheta' = \dfrac{1}{n} \cdot \sin \vartheta$ auch in der Form schreiben

$$n_\vartheta = \sqrt{n^2 + (n^2 - 1) \cdot \mathrm{tg}\, \vartheta'}.$$

Krümmung der Spektrallinien. Eine Folge dieser Abhängigkeit des Brechungsquotienten n_ϑ von der Neigung ϑ des Strahles gegen die Hauptebene ist, daß Strahlen, die von den Punkten einer zur Prismenkante parallelen Geraden ausgehen und unter verschiedenen Winkeln gegen den Hauptschnitt des Prismas verlaufen (z. B. sich alle in einem Punkte — etwa in der Mitte der Pupille des Beobachters — kreuzen) verschiedene Ablenkung erfahren. Die geringste Ablenkung erfährt der Strahl, der mit jenem Kreuzungspunkt in demselben Hauptschnitt des Prismas liegt, die Ablenkung der anderen ist umso größer, je größere Winkel sie beim Einfall mit dem Hauptschnitt bilden. Wenn diese Strahlen die Achsen von Büscheln sind, deren Spitzen in jener Geraden liegen, so wird das Bild der Geraden im Sehfeld gekrümmt erscheinen, einen Bogen bilden, dessen Scheitel in dem Hauptschnitte liegt, der durch den Kreuzungspunkt der Hauptstrahlen (z. B. der Pupille des durch das Prisma blickenden Auges) geht.

Die genauere Berechnung der Bildkurve durch DITSCHEINER (*1.*) und J. VON HEPPERGER (*2.*) ergibt, daß sie eine Parabel ist. Der *Krümmungsradius* ϱ der Kurve im Scheitel bei *Minimalablenkung* findet sich bereits bei BRAVAIS (*1.*) angegeben.

$$\varrho = \frac{n \cdot f \cdot \sqrt{1 - n^2 \sin^2 \frac{\alpha}{2}}}{2\,(n^2 - 1)\sin \frac{\alpha}{2}} = \frac{n^2 f}{2\,(n^2 - 1)} \cdot \operatorname{tg} i_1,$$

worin f die Brennweite des Fernrohres ist. Geht man zu anderen Spektralgebieten über [KAYSER (*1. 320.*)], so ändert sich $\frac{n^2 f}{2\,(n^2 - 1)}$, der erste Faktor von ϱ, nur langsam, d. h. im Minimum der Ablenkung ist der Krümmungsradius der Tangente des Einfallswinkels proportional; die Krümmung der Bildkurve nimmt also mit wachsendem Einfallswinkel ab. Die Arbeiten von CHRISTIE (*1.*), SIMMS (*1.*) und CROVA (*1.*) über denselben Gegenstand können hier nur erwähnt werden.

2. Die Abbildung durch ein Prisma und ein Prismensystem. Der Astigmatismus.

Die Modifikationen, welche ein von einem leuchtenden Punkte ausgehendes breites oder enges Büschel bei normaler oder schiefer Inzidenz durch Brechung an einem Systeme von Ebenen, z. B. einem Prismensatz, erfährt, werden ohne weiteres aus denjenigen bei der Brechung an Kugelflächen abgeleitet, indem man deren Radien sämtlich gleich ∞ setzt. Die Möglichkeit einer Abbildung durch solche Brechungen, sowie deren Grenzen und Fehler lassen sich unmittelbar aus den früher angestellten Betrachtungen auf den vorliegenden Fall übertragen.

Die Abbildung durch eine Ebene. Wenden wir uns zunächst zur Abbildung durch eine Ebene. Ein dünnes Büschel, dessen Hauptstrahl schief auf die Ebene auffällt, erfährt die auf S. 160 und S. 162 beschriebene astigmatische Veränderung.

Die Abbildung zerfällt in zwei getrennte Abbildungen, die in zwei aufeinander senkrechten Ebenen vor sich gehen; die Abbildung in der *sagittalen* Ebene, die zur Einfallsebene senkrecht steht, erfolgt nach anderen Gesetzen als die Abbildung der *tangentialen,* in der Einfallsebene verlaufenden Strahlen. Die Brennlinie der sagittalen Strahlen (zweiter Bildpunkt) ist ein unendlich kleines Stück der Einfallsnormalen, die Brennlinie des tangentialen Büschels dagegen ein unendlich kleiner, die Einfallsebene in einem Punkte (erster Bildpunkt) senkrecht schneidender Kreisbogen. Das Nähere über die geometrischen Verhältnisse siehe bei REUSCH (*2.*), BAUER (*2. 3.*), MATTHIESSEN (*13.*) und ZECH (*3.*).

Bezeichnen wir wie früher die Scheitelabstände der einfallenden Strahlen in der Sagittalebene mit f, diejenigen in der Tangentialebene mit t, die Scheitelabstände der gebrochenen Strahlen mit f' bezw. mit t', und behalten wir die S. 412 formulierten Festsetzungen über die Vorzeichen der Strecken und Winkel bei, so gelten für die Brechung eines Strahlenbüschels an einer Ebene die auf S. 175 für $r = \infty$ abgeleiteten Gleichungen, wobei wir hier auf die Unterscheidung der i und j verzichten.

Im Sagittalschnitt:

$$f_1' = f_1 \cdot \frac{n_1'}{n_1}, \text{ und}$$

Im Tangentialschnitt:

$$t_1' = t_1 \cdot \frac{n_1'}{n_1} \frac{\cos^2 i_1'}{\cos^2 i_1}, \text{ und}$$

$$\gamma_f = \frac{dv_1'}{dv_1} = \frac{f_1}{f_1'} = \frac{n_1}{n_1'}. \qquad \gamma_t = \frac{du_1'}{du_1} = \frac{t_1}{t_1'} \frac{\cos i_1'}{\cos i_1} = \frac{n_1 \cos i_1}{n_1' \cos i_1'}. \qquad (26)$$

Ein homozentrisch einfallendes Büschel $(f_1 = t_1)$ wird also bereits durch eine Brechung an einer Ebene astigmatisch, und zwar erhält es die vom Einfallswinkel i_1 abhängige astigmatische Differenz

$$t_1' - f_1' = f_1 \frac{n_1'}{n_1} \left(\frac{\cos^2 i_1'}{\cos^2 i_1} - 1 \right).$$

Die astigmatische Differenz verschwindet nur für $i_1 = i_1' = 0$, d. h. nur ein senkrecht einfallendes, homozentrisches, unendlich dünnes Strahlenbüschel bleibt auch nach der Brechung an einer Ebene homozentrisch.

Um den Verlauf der astigmatischen Differenz in ihrer Abhängigkeit vom Einfallswinkel darzutun, müssen wir die Fälle $n_1 < n_1'$ und $n_1 > n_1'$ unterscheiden.

a) Übergang eines homozentrischen Büschels aus einem optisch dünneren in ein optisch dichteres Mittel, $n_1 < n_1'$; f_1' ist vom Einfallswinkel unabhängig; t_1' ist $> t_1$ und nimmt mit wachsendem Einfallswinkel i_1 zu bis zu dem für streifenden Eintritt ($i_1 = 90^0$) geltenden Werte $\tau_1' = \infty$, d. h.: die astigmatische Differenz ist positiv und wächst vom Werte $+0$ bei senkrechtem Einfall bis zu dem Werte $+\infty$ bei streifendem Einfall.

b) Übergang aus einem optisch dichteren in ein optisch dünneres Mittel, $n_1 > n_1'$, t_1' ist $< t_1$ und nimmt mit wachsendem Einfallswinkel ab bis zu dem Werte $t_1' = 0$ bei streifendem Austritt, d. h.:

Die einem homozentrisch einfallenden Büschel erteilte astigmatische Differenz $t_1' - f_1'$ ist negativ und nimmt mit zunehmendem Einfallswinkel ab von 0 bis zu dem für den Grenzstrahl der Totalreflexion $\left(\overline{i_1} = \text{arc sin}\,\dfrac{n_1'}{n_1}\right)$ geltenden Werte $-f_1\dfrac{n_1'}{n_1}$.

A. Die Abbildung im Hauptschnitte eines Prismas in Luft.

Beide Fälle treten nacheinander auf beim Durchgang eines Strahlenbüschels durch ein Prisma in Luft ($n_1 = n_2' = 1$, $n_1' = n_2 = n$); es wird nämlich dem Büschel durch die Brechung an der ersten Fläche eine negative und durch die zweite Brechung eine positive astigmatische Differenz erteilt. Es ist zu vermuten, daß einem gegebenen Scheitelabstande (t_1, f_1) sich ein Einfallswinkel zuordnen läßt, bei dem die an der ersten Fläche erzeugte negative gleich der an der zweiten Fläche erzeugten positiven astigmatischen Differenz ist.

Bei einem solchen Strahlengange würde also der in einem Büschel vor dem Eintritte in das Prisma vorhandene Astigmatismus durch die prismatische Brechung nicht verändert; insbesondere würde ein homozentrisches Büschel nach der Brechung durch das Prisma wieder homozentrisch sein.

Gehen wir nun zur rechnerischen Verfolgung des Durchgangs eines Strahlenbüschels durch ein Prisma in Luft über.

Für die Brechung an der ersten Prismenfläche gilt nach Gl. (26), wenn wir für die n_i die obigen speziellen Werte einsetzen:

$$\mathcal{f}_1' = n \cdot \mathcal{f}_1 \qquad t_1' = n \cdot t_1 \cdot \frac{\cos^2 i_1'}{\cos^2 i_1}.$$

Bezeichnen wir die Länge des im Prisma zurückgelegten Weges mit d, so gilt für die zweite Prismenfläche:

$$\mathcal{f}_2 = \mathcal{f}_1' - d \qquad\qquad t_2 = t_1' - d$$

$$\mathcal{f}_2' = \frac{1}{n} \cdot \mathcal{f}_2 = \frac{1}{n}(\mathcal{f}_1' - d) \qquad t_2' = \frac{1}{n} \cdot t_2 \cdot \frac{\cos^2 i_1'}{\cos^2 i_2} = \frac{1}{n}(t_1' - d)\frac{\cos^2 i_2'}{\cos^2 i_2}$$

$$\mathcal{f}_2' = \mathcal{f}_1 - \frac{d}{n} \qquad\qquad t_2' = \frac{\cos^2 i_2'}{\cos^2 i_2}\left(t_1 \cdot \frac{\cos^2 i_1'}{\cos^2 i_1} - \frac{d}{n}\right). \quad (27)$$

Ein einfallendes Strahlenbüschel, dessen astigmatische Differenz den Wert $t_1 - \mathcal{f}_1$ hat, erhält durch die Brechung im Prisma die neue astigmatische Differenz

$$t_2' - \mathcal{f}_2' = t_1 \cdot \frac{\cos^2 i_1' \cdot \cos^2 i_2'}{\cos^2 i_1 \cdot \cos^2 i_2} - \mathcal{f}_1 - \frac{d}{n}\left(\frac{\cos^2 i_2'}{\cos^2 i_2} - 1\right). \quad (28)$$

Ein *homozentrisches* einfallendes Büschel ($\mathcal{f}_1 = t_1$) hat nach dem Durchgange durch das Prisma die astigmatische Differenz:

$$t_2' - \mathcal{f}_2' = t_1\left(\frac{\cos^2 i_1' \cos^2 i_2'}{\cos^2 i_1 \cos^2 i_2} - 1\right) - \frac{d}{n}\left(\frac{\cos^2 i_2'}{\cos^2 i_2} - 1\right). \quad (29)$$

Es ist bemerkenswert, daß bis zum Erscheinen einer Abhandlung von BURMESTER (*1.*) die unrichtige Ansicht herrschte, ein unendlich dünnes Strahlenbüschel, das von einem beliebigen Punkte ausgeht, könne abgesehen von dem Falle, wo die Strahlen im Minimum der Ablenkung dicht an der brechenden Kante durch das Prisma gehen, nach dem Durchgange durch ein Prisma sich nicht wieder vereinigen, oder ein homozentrisches auf ein Prisma fallendes Büschel könne nach der Brechung im Prisma keinesfalls wieder homozentrisch sein. Diese falsche Ansicht ist darauf zurückzuführen, daß in den HELMHOLTZschen Gleichungen (*1.*) für den Durchgang des Lichtes durch ein Prisma nur der Fall behandelt ist, wo die Länge des im Prisma zurückgelegten Weges (in unserer Bezeichnung d) gegenüber der Länge des Strahles vom leuchtenden Punkte bis zum Prisma (Schnittweite $\mathcal{f}_1$ bezw. t_1) vernachlässigt werden kann.

BURMESTER beweist dagegen, daß bei der Brechung der Strahlen durch ein Prisma sich jedem Punkte ein bestimmtes von dem Punkte ausgehendes, oder nach ihm hinzielendes dünnes Strahlenbüschel zuordnen läßt, das auch nach dem Durchgange durch das Prisma wieder homozentrisch ist (Satz I), ferner daß dieser Satz auch bei beliebig vielen Prismen gilt, vorausgesetzt, daß deren Kanten parallel sind (Satz II), und schließlich, daß es sogar eine Kategorie von das Prisma außerhalb des Hauptschnittes durchsetzenden Strahlenbüscheln gibt, die dabei ihre Homozentrizität beibehalten (Satz III).

BURMESTER teilt die Konstruktionen der das Prisma homozentrisch durchsetzenden Strahlenbüschel mit und führt den Beweis für die drei oben genannten Sätze auf geometrischem Wege.

Anknüpfend an BURMESTERS Arbeit weist WILSING (*1.*) darauf hin, daß die ersten beiden Sätze BURMESTERS sich aus den Gleichungen von S. CZAPSKI (*3. 159.*) und A. GLEICHEN (*3.*) ableiten lassen und gibt selbst auf Grund der HELMHOLTZschen auf dem Prinzipe der optischen Länge fußenden Gleichungen einen analytischen Beweis des dritten BURMESTERschen Satzes.

Die homozentrische Abbildung. Im folgenden werden wir den I. Satz von BURMESTER von Gl. (29) S. 433 aus herleiten:

Die Forderung, daß ein homozentrisches einfallendes Büschel, nachdem es das Prisma durchsetzt hat, wiederum homozentrisch sei, liefert durch Nullsetzen der linken Seite von Gl. (29) zwischen t_1, der Schnittweite des einfallenden Büschels und i_1, dem Einfallswinkel an der ersten Prismenfläche, folgende Beziehung:

$$t_1 = \frac{d}{n} \cdot \frac{\cos^2 i_1 \, (\cos^2 i_2{}' - \cos^2 i_2)}{\cos^2 i_1{}' \cos^2 i_2{}' - \cos^2 i_1 \cos^2 i_2}. \qquad (30)$$

Gl. (30) bestimmt t_1 als eindeutige Funktion von i_1 und d, d. h.:

Auf jedem Hauptstrahle, der hier durch den Einfallswinkel i_1 an der ersten Prismenfläche und durch einen Wert von d charakterisiert ist, *gibt es nur einen Punkt, der durch das Prisma homozentrisch abgebildet wird.*

Da d dem Abstande a des Einfallspunktes P von der brechenden Kante O proportional ist, so ist auch $t_1 \sim a$, und $a = 0$ macht auch $t_1 = 0$; d. h.:

Der geometrische Ort aller Punkte, die durch eine Schar von unendlich dünnen Büscheln mit parallelen, im Hauptschnitte verlaufenden, gegen die erste Prismenfläche beliebig geneigten Hauptstrahlen homozentrisch abgebildet werden, ist eine durch die Prismenkante gehende Ebene.

Wir gehen nun dazu über, den Winkel ψ_1 zu bestimmen, den bei gegebenem Einfallswinkel i_1 des Büschels die homozentrisch abgebildete Ebene $L_1 O$ mit der ersten Prismenseite $\overrightarrow{OP}$ einschließt (s. Fig. 99.)

Bezeichnungen:

$$OP \equiv a; \quad L_1 P \equiv t_1; \quad PQ \equiv d; \quad \measuredangle\, OL_1 P \equiv \xi_1; \quad \measuredangle\, L_1 O P \equiv \psi_1;$$

$$\measuredangle\, L_1 P O \equiv \zeta_1 = 90^0 + i_1.$$

Im Dreiecke $L_1 P O$ ist alsdann:

$$\frac{\sin \xi_1}{\sin \psi_1} = \frac{a}{t_1} = \frac{d}{t_1} \frac{\cos i_2}{\sin \alpha}.$$

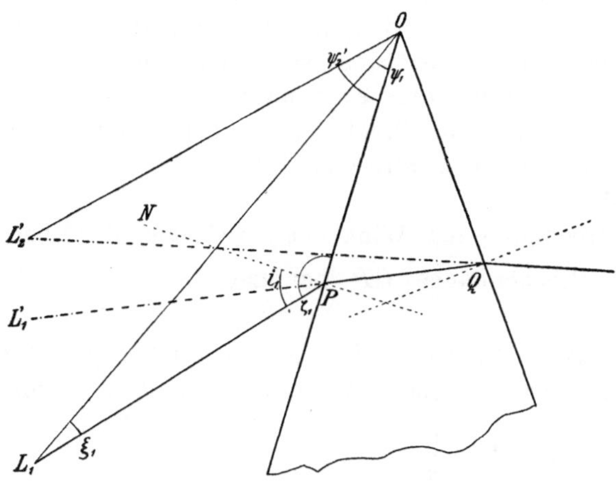

Fig. 99.
Die homozentrische Abbildung einer Ebene.

Mit Benutzung des Wertes von $\dfrac{d}{t_1}$ aus Gl. (30) folgt:

$$\frac{\sin \xi_1}{\sin \psi_1} = \frac{n}{\sin \alpha} \frac{\cos i_2 \left(\cos^2 i_1' \cos^2 i_2' - \cos^2 i_1 \cos^2 i_2\right)}{\cos^2 i_1 \left(\cos^2 i_2' - \cos^2 i_2\right)}. \qquad (31)$$

Ferner ist $\xi_1 = 180^0 - (\zeta_1 - \psi_1)$, und daher

$$\frac{\sin \xi_1}{\sin \psi_1} = \frac{\sin (\zeta_1 - \psi_1)}{\sin \psi_1} = \operatorname{cotg} \psi_1 \cdot \sin \zeta_1 - \cos \zeta_1. \qquad (32)$$

Gleichsetzung der rechten Seiten von Gl. (31) und (32) ergibt:

$$\operatorname{cotg} \psi_1 \sin \zeta_1 - \cos \zeta_1 = n \cdot \frac{\cos i_2}{\sin \alpha} \frac{\cos^2 i_1' \cos^2 i_2' - \cos^2 i_1 \cos^2 i_2}{\cos^2 i_1 \left(\cos^2 i_2' - \cos^2 i_2\right)};$$

daraus folgt unter Berücksichtigung von

28*

$$\zeta_1 = 90^0 + i_1, \quad \text{d. h. } \sin\zeta_1 = \cos i_1; \quad \cos\zeta_1 = -\sin i_1:$$

$$\operatorname{cotg}\psi_1 = n\,\frac{\cos i_2}{\sin\alpha}\cdot\frac{\cos^2 i_1{}'\cos^2 i_2{}' - \cos^2 i_1\cdot\cos^2 i_2}{\cos^3 i_1\,(\cos^2 i_2{}' - \cos^2 i_2)} - \operatorname{tg} i_1. \quad (33)$$

Gl. (33) gibt ψ_1, den Winkel zwischen der homozentrisch abgebildeten Ebene OL_1 und der ersten Prismenseite, als Funktion des Prismenwinkels α, des Brechungsquotienten n der Prismensubstanz, und des Einfallswinkels i_1 der Hauptstrahlen der abbildenden Büschel aus.

Die durch ψ_1 definierte Ebene wird durch die an den beiden Prismenseiten erfolgende Brechung homozentrisch abgebildet; es ist für den hier verfolgten Zweck unwesentlich, die zwei „Bilder" der Ebene OL_1 genauer zu verfolgen, die durch die Brechung an der ersten Prismenfläche von den sagittalen und den tangentialen Strahlen entworfen werden; es genügt uns, zu wissen, daß diese beiden Bilder durch die Brechung an der zweiten Prismenfläche wieder zu einem homozentrischen Bilde $OL_2{}'$ der Ebene OL_1 vereinigt werden.*)

Zur Berechnung des Winkels $\psi_2{}'$ zwischen der Ebene $OL_2{}'$ und der ersten Prismenfläche $\overrightarrow{OP}$ benutzen wir das Dreieck $L_2{}'QR$ (Fig. 99).

Bezeichnungen: $L_2{}'Q \equiv t_2{}'$, $RQ \equiv d'$, $\measuredangle\,QRO \equiv \beta_2{}'$, $\measuredangle\,RQO \equiv \gamma_2{}'$. Nach Gl. (27) ist, da nach Voraussetzung $t_1 = f_1$ und $t_2{}' = f_2{}'$,

$$t_2{}' = t_1 - \frac{d}{n},$$

setzt man hierin für t_1 seinen Wert aus Gleichung (30) ein, so kommt

$$t_2{}' = \frac{d}{n}\left\{\frac{\cos^2 i_1\,(\cos^2 i_2{}' - \cos^2 i_2)}{\cos^2 i_2{}'\cos^2 i_1{}' - \cos^2 i_2\cos^2 i_1} - 1\right\}$$

$$t_2{}' = \frac{d}{n}\,\frac{\cos^2 i_2{}'\,(\cos^2 i_1 - \cos^2 i_1{}')}{\cos^2 i_2{}'\cos^2 i_1{}' - \cos^2 i_2\cos^2 i_1}. \quad (34)$$

Durch Gl. (34) ist $t_2{}'$ als eindeutige Funktion von i_1, n, α und d_1 bestimmt.

Ferner ist

$$d' = d\,\frac{\sin\beta_1}{\sin\beta_2{}'} = d\,\frac{\cos i_1{}'}{\cos(\alpha - i_2{}')},$$

und

$$RO = RQ\,\frac{\sin\alpha}{\sin\gamma_2{}'} = d'\cdot\frac{\sin\alpha}{\cos i_1{}'}.$$

---

*) Vgl. die obige Bemerkung über entgegengesetzt gleiche astigmatische Differenzen auf S. 432.

Im Dreieck $L_2'RO$ ist nun $\sphericalangle\, OL_2'R = \beta_2' - \psi_2'$, und $L_2'R = t_2' + d'$, es ergibt sich daher für ψ_2' die Bestimmungsgleichung:

$$\frac{\sin(\beta_2' - \psi_2')}{\sin \psi_2'} = \frac{OR}{L_2'R} = \frac{d' \cdot \sin \alpha}{\cos i_2' (t_2' + d')} = \frac{\sin \alpha}{\cos i_2' \left(\dfrac{t_2'}{d'} + 1\right)};$$

hieraus:

$$\cotg \psi_2' = \cotg \beta_2' + \frac{\sin \alpha}{\sin \beta_2' \cdot \cos i_2' \left(\dfrac{t_2'}{d'} + 1\right)},$$

oder, da $\beta_2' = 90^0 - (\alpha - i_2')$

$$\cotg \psi_2' = \tg(\alpha - i_2') + \frac{\sin \alpha}{\cos(\alpha - i_2') \cdot \cos i_2' \left(\dfrac{t_2'}{d'} + 1\right)}, \qquad (35)$$

worin noch

$$\frac{t_2'}{d'} = \frac{1}{n} \cdot \frac{\cos(\alpha - i_2') \cdot \cos^2 i_2' \,(\cos^2 i_1 - \cos^2 i_1')}{\cos i_1 \,(\cos^2 i_1' \cos^2 i_2' - \cos^2 i_1 \cos^2 i_2)}$$

einzusetzen ist.

Die Gl. (33) und (35) sagen aus:

Es läßt sich jedem einfallenden parallelen Strahlenbüschel eine durch die Prismenkante gehende Ebene zuordnen, die durch das Strahlenbüschel homozentrisch abgebildet wird.

Dieser Satz ist jedoch nicht ohne Ausnahme giltig; beim Durchgange im Minimum der Ablenkung nämlich wird in Gl. (30) wegen $i_1 = -i_2'$, $i_1' = -i_2$, der Nenner $= 0$, d. h. $t_1 = \infty$ für alle endlichen Werte von d.

Auf jedem symmetrisch durch das Prisma gehenden Strahle, der es nicht gerade an der Kante durchläuft, gibt es keinen im Endlichen gelegenen Punkt, der homozentrisch abgebildet würde.

Betrachten wir mit HELMHOLTZ (*1.* 259.) einen weiteren Sonderfall, nämlich ein dicht an der brechenden Kante durch das Prisma gehendes Strahlenbüschel, so können wir den im Prisma zurückgelegten Weg d gegenüber den Schnittweiten f_i und t_i vernachlässigen. Gleichung (27) schreibt sich alsdann

$$f_2' = f_1, \qquad t_2' = t_1 \cdot \frac{\cos^2 i_1' \cos^2 i_2'}{\cos^2 i_1 \cos^2 i_2}, \quad \text{oder}$$

$$t_2' \left(\frac{n^2 - 1}{\cos^2 i_2'} + 1\right) = t_1 \left(\frac{n^2 - 1}{\cos^2 i_1} + 1\right). \qquad (27^*)$$

Bei symmetrischem Durchgange $(i_2' = -i_1)$ ist daher in der Nähe der Kante $t_2' = t_1$. Über die den symmetrisch durch das Prisma gehenden benachbarten Strahlen sagt die Gleichung (27*) aus: Die größere Schnittweite haben diejenigen Strahlen, die unter einem kleineren Einfallswinkel als der symmetrische Strahl in das Prisma eintreten.

Den Spezialfall der homozentrischen Abbildung einer gegen das Parallelbüschel geneigten Ebene in eine zu dem Büschel senkrechte Ebene — also die Aufrichtung eines zur optischen Achse eines Systems geneigten, im übrigen korrigierten ebenen Objektfeldes durch ein Prisma — hat R. STRAUBEL (2.) untersucht. S. auch S. 442.

BURMESTER behandelt ferner die Abbildung einer zu der homozentrisch abgebildeten parallellen Ebene durch ein Prisma.

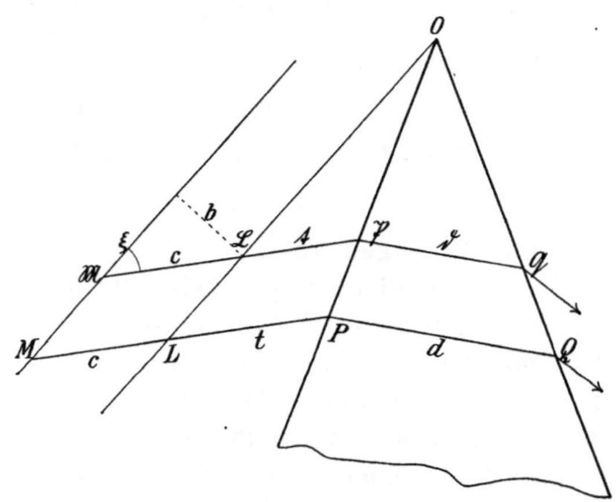

Fig. 100.

Die Abbildung einer zu der homozentrischen Ebene LO parallelen Ebene $M\mathfrak{M}$.

Sei in Fig. 100 der Abstand beider Parallelebenen, auf der gemeinsamen Normalen gemessen, $= b$, so ist der Abstand der zwei Durchschnittspunkte eines einfallenden Strahles mit den beiden Ebenen: $c = b : \sin \xi$.

Wir betrachten die zwei Strahlen $\mathfrak{M}\mathfrak{P}\mathfrak{Q}\mathfrak{N}$ und $MPQN$, die die homozentrisch abgebildete Ebene in $\mathfrak{L}$ und L schneiden mögen. Dann ist

$$\mathfrak{M}\mathfrak{P} = \mathfrak{S}_1 = \mathfrak{f}_1 + c,$$
$$MP = S_1 = \int_1 + c,$$

und

$$\mathfrak{M}\mathfrak{P} = \mathfrak{T}_1 = t_1 + c,$$
$$MP = T_1 = t_1 + c,$$

$$\mathfrak{S}_2' = \mathfrak{S}_1 - \frac{\mathfrak{d}}{n} \quad ; \qquad \mathfrak{T}_2' = \mathfrak{T}_1 \, \frac{\cos^2 i_1' \cos^2 i_2'}{\cos^2 i_1 \cos^2 i_2} - \frac{\mathfrak{d}}{n} \frac{\cos^2 i_2'}{\cos^2 i_2},$$

$$\mathfrak{S}_2' = \mathfrak{f}_1 - \frac{\mathfrak{d}}{n} + c ; \qquad \mathfrak{T}_2' = (\mathfrak{t}_1 + c) \frac{\cos^2 i_1' \cos^2 i_2'}{\cos^2 i_1 \cos^2 i_2} - \frac{\mathfrak{d}}{n} \frac{\cos^2 i_2'}{\cos^2 i_2},$$

$$S_2' = f_1 - \frac{d}{n} + c ; \qquad T_2' = (t_1 + c) \frac{\cos^2 i_1' \cos^2 i_2'}{\cos^2 i_1 \cos^2 i_2} - \frac{d}{n} \frac{\cos^2 i_2'}{\cos^2 i_2}.$$

Daraus folgt unter Berücksichtigung von $t_1 = f_1$ und $\mathfrak{t}_1 = \mathfrak{f}_1$

$$\mathfrak{T}_2' - \mathfrak{S}_2' = \mathfrak{t}_1 \left(\frac{\cos^2 i_1' \cos^2 i_2'}{\cos^2 i_1 \cos^2 i_2} - 1 \right) - \frac{\mathfrak{d}}{n} \frac{\cos^2 i_2'}{\cos^2 i_2} +$$

$$+ \frac{\mathfrak{d}}{n_2} + c \, \frac{\cos^2 i_1' \cos^2 i_2'}{\cos^2 i_1 \cos^2 i_2} - c ;$$

analog

$$T_2' - S_2' = t_1 \left(\frac{\cos^2 i_1' \cos^2 i_2'}{\cos^2 i_1 \cos^2 i_2} - 1 \right) - \frac{d}{n} \frac{\cos^2 i_2'}{\cos^2 i_2} +$$

$$+ \frac{d}{n} + c \, \frac{\cos^2 i_1' \cos^2 i_2'}{\cos^2 i_1 \cos^2 i_2} - c .$$

In den beiden letzten Gleichungen ist vermöge Gl. (29) die Summe der drei ersten Glieder auf der rechten Seite $= 0$ und es bleibt:

$$\mathfrak{T}_2' - \mathfrak{S}_2' = c \left(\frac{\cos^2 i_1' \cos^2 i_2'}{\cos^2 i_1 \cos^2 i_2} - 1 \right) = T_2' - S_2'. \qquad (36)$$

Alle Punkte einer zu einer homozentrisch abgebildeten Ebene parallelen Ebene, von der homozentrische Büschel in der ausgezeichneten Richtung ausgehen, erhalten bei der Abbildung durch das Prisma die gleiche astigmatische Differenz; diese ist dem in Richtung der abbildenden Strahlen gemessenen Abstande c der Parallelebenen proportional.

B. Die Abbildung im Hauptschnitte eines Prismensystems.

Die Gleichung (26) für die Bildorte gestattet den Astigmatismus zu berechnen, welchen ein Büschel durch die Brechung in einem System von k brechenden Ebenen, also von $k-1$ Prismen erhält, deren Kanten sämtlich parallel sind. Es ist hier bequemer, diesen Astigmatismus direkt durch die Differenz der letzten Schnittweiten selbst zu bemessen und nicht — wie früher, und wie das auch an sich rationeller wäre — nach der Differenz der Reziproken von f und t.

Man hat hierzu zwei Systeme von je $2\,k$ Gleichungen, nämlich für die

$$\begin{array}{ll}
\text{Sagittalstrahlen:} & \text{Tangentialstrahlen:}
\end{array}$$

$$f_\nu' = \frac{n_\nu + 1}{n_\nu} f_\nu \quad\Big|\ \nu = k \qquad t_\nu' = \frac{n_\nu + 1}{n_\nu}\cdot t_\nu \frac{\cos^2 i_\nu'}{\cos^2 i_\nu}\ \Big|\ \nu = k \tag{37}$$

$$f_{\nu+1} = f_\nu' - d_\nu \quad\Big|\ \nu = 1 \qquad t_{\nu+1} = t_\nu' - d_\nu \qquad\quad\Big|\ \nu = 1$$

worin d_ν der von dem betreffenden Hauptstrahle im νten Prisma zurückgelegte Weg ist und f_1 bezw. t_1 sowie n_1 die auf das erste, f_k', t_k', n_k' die auf das letzte das Prismensystem begrenzende Medium bezogenen Werte der betreffenden Größen sind.

Die Auflösung dieser Gleichungen ergibt, wenn wir $n_1 = n_k' = 1$, also ein beiderseits von Luft begrenztes Prismensystem annehmen,

$$f_k' = f_1 - \sum_{\nu=2}^{k} \frac{d_{\nu-1}}{n_\nu}$$

unabhängig von den i_ν, i_ν', und

$$t_k' = t_1 \prod_{\nu=1}^{k}\left(\frac{\cos^2 i_\nu'}{\cos^2 i_\nu}\right) - \sum_{\nu=2}^{k} \frac{d_{\nu-1}}{n_\nu} \prod_{\nu=\nu}^{k}\left(\frac{\cos^2 i_\nu'}{\cos^2 i_\nu}\right).$$

Ein homozentrisch einfallendes Büschel $(t_1 = f_1 = C)$ erhält demnach durch die Brechung im Prismensystem die astigmatische Differenz

$$t_2' - f_2' = C\left[\prod_{\nu=1}^{k}\left(\frac{\cos^2 i_\nu'}{\cos^2 i_\nu}\right) - 1\right] - \sum_{\nu=2}^{k} \frac{d_{\nu-1}}{n_\nu}\left[\prod_{\nu=\nu}^{k}\left(\frac{\cos^2 i_\nu'}{\cos^2 i_\nu}\right) - 1\right]. \tag{38}$$

In dem oben betrachteten Falle der Minimalablenkung ist

$$\prod_{\nu=1}^{k}\left(\frac{\cos^2 i_\nu'}{\cos^2 i_\nu}\right) = 1\,,$$

d. h. der Faktor von C verschwindet; die astigmatische Differenz wird dann unabhängig von der Entfernung des leuchtenden Punktes; sie hängt aber dann noch wesentlich von den Größen d_ν ab und verschwindet mit diesen, wie auch die analogen Untersuchungen von GLEICHEN ergeben haben. Bei endlicher Größe der d_ν ist der Astigmatismus relativ zur Bild- oder Objektentfernung desto geringfügiger, je größer diese sind, und wird gleich 0 bei unendlich entferntem Objekte, wie denn auch die unmittelbare Betrachtung zeigt, daß parallelstrahlige (telezentrische) Büschel durch die Brechung an Ebenen keine andern Modifikationen erfahren, als solche ihrer Richtung und ihres Querschnitts. Hierin liegt ein wesentlicher Vorteil ler Anwendung paralleler Büschel (Kollimatoren) bei allen spektroskopischen Untersuchungen.

Über homozentrische Abbildung durch ein Prismensystem sei auf das letzte Kapitel von L. Burmesters mehrfach erwähnter Abhandlung verwiesen.

Das Bild eines vertikalen zur Kante der Prismen parallelen Spaltes in einem Spektroskop würde bei nicht aufgehobenem Astigmatismus scharf bleiben, wenn man das Beobachtungsfernrohr auf dasselbe entsprechend einstellte. Nur die horizontalen Endlinien des Spaltes würden verwaschen erscheinen. Doch bietet die Anwendung telezentrischer Büschel bei messenden Untersuchungen den weiteren Vorteil, daß man es alsdann nur mit Richtungen und deren Änderungen zu tun hat, und daß man unabhängig wird von den gegenseitigen Entfernungen des Prismensystems, Kollimators und Beobachtungsfernrohrs.

Übrigens kann man den bei nicht telezentrischen Büscheln auftretenden Astigmatismus benützen, um mit Hilfe eines guten Prismas Kollimator und Fernrohr auf ∞ einzustellen, ohne ein Gausssches Okular zu Hilfe zu nehmen. Geht man nämlich von der Stellung der Minimalablenkung des Prismas aus zu größeren Einfallswinkeln, so ändert sich die Bildweite der Tangentialbüschel und man muß das Okular des Fernrohrs herausziehen, um den vertikalen Spalt des Kollimators deutlich sichtbar zu behalten, wenn derselbe von dem Objektiv zu weit entfernt war, und hineinschieben, wenn er demselben näher als der Brennpunkt war. Beim Übergang zu kleineren Einfallswinkeln umgekehrt [vergl. Helmholtz ($1. 257.$)]. Ein ähnliches Verfahren wurde von Schuster ($2.$) vorgeschlagen.

Die Vergrößerungswirkung von Prismen. Ein zum Hauptschnitt des Prismensystems senkrechter Spalt wird von demselben in seiner *scheinbaren Länge* unverändert abgebildet, denn wie wir gesehen haben, tritt jeder Strahl — also auch der Hauptstrahl des abbildenden Büschels — unter demselben Winkel ϑ_k' gegen den Hauptschnitt aus dem Prismensystem aus, unter welchem er in dasselbe einfiel. Die *scheinbare Breite* des Spaltes aber wird durch das Prismensystem im allgemeinen verändert, d. h. die angulare Breite $\delta i_k'$ des Spaltbildes, gesehen von der Austrittsstelle an der letzten Fläche des Systems, ist im allgemeinen verschieden von der scheinbaren Breite δi_1 des Spaltes selbst, gesehen vom Einfallspunkte des Büschels an der ersten Fläche. Der Zusammenhang beider Größen wird dargestellt durch Gleichung (18) des vorigen Abschnitts, also bei einem Prismensystem in Luft, wo $n_1 = n_k' = 1$, durch die Gleichung:

$$\delta i_k' = \delta i_1 \prod_{\nu=1}^{k} \left(\frac{\cos i_\nu}{\cos i_\nu'} \right).$$

Aus dieser Gleichung ergibt sich, daß die scheinbare Breite des Spaltes ungeändert dieselbe ist im Bilde wie im Objekt, wenn der Hauptstrahl das Prismensystem im Minimum der Ablenkung durchsetzt; dann ist nämlich

$$\prod_{\nu=1}^{k} (\cos i_\nu) = \prod_{\nu=1}^{k} (\cos i_\nu').$$

In anderen Stellungen des Prismensystems kann die scheinbare Breite des Spaltes sowohl vermindert als vergrößert werden. Sie erscheint unendlich klein bei jeder Stellung des Prismensystems, bei welcher einer der Einfallswinkel $i_\nu = \dfrac{\pi}{2}$ ist, und jedesmal unendlich vergrößert, wenn einer der Austrittswinkel $i_\nu' = \dfrac{\pi}{2}$ ist, außer wenn beides zugleich vorkommt.

Bei einem einzelnen Prisma in Luft ist $k = 2$, und

$$\delta i_2' = \delta i_1 \frac{\cos i_1 \cdot \cos i_2}{\cos i_1' \cos i_2'}, \tag{39}$$

oder

$$\frac{\delta i_2'}{\sqrt{\dfrac{n^2-1}{\cos^2 i_2'} - 1}} = \frac{\delta i_1}{\sqrt{\dfrac{n^2-1}{\cos^2 i_1} + 1}}.$$

Hieraus folgt nebenbei, daß bei einem Prisma in Luft

$$\delta i_2' : \delta i_1 = \sqrt{t_1} : \sqrt{t_2'}.$$

Die scheinbare Breite des Spaltes, betrachtet durch ein einfaches Prisma, wächst also von derjenigen Stellung, bei welcher der Hauptstrahl streifend einfällt, und wo sie den Wert Null hat, stetig bis zu derjenigen Stellung, wo der Hauptstrahl aus dem Prisma streifend austritt, in welchem Falle sie $= \infty$ wird.

Über die astigmatische Brechung beim Durchgange eines Strahlenbüschels durch eine Planparallelplatte, oder ein System solcher, siehe S. 177 und 254.

Die Bilddrehung. Wir betrachten mit STRAUBEL (*2.*) zunächst den Sonderfall, daß eine der Prismenkante parallele (Objekt-) Ebene durch *parallele* unendlich dünne Büschel abgebildet wird, deren Hauptstrahlen im Hauptschnitte des Prismas verlaufen.

Die Normale der Objektebene schließe mit den Hauptstrahlen des einfallenden tangentialen Büschels den Winkel μ_1, mit denen des sagittalen Büschels den Winkel μ_2 ein, und die Normale der Bildebene bilde mit den Hauptstrahlen des austretenden Strahlenbüschels die Winkel μ_1' oder μ_2'; STRAUBEL nennt μ_ν die Objektneigung, μ_ν' die Bildneigung. Über den Zusammenhang zwischen Objekt- und Bildneigungen, die vom Einfallswinkel an der ersten Prismenfläche sowie vom Brechungsquotienten und dem brechenden Winkel des Prismas abhängen, ergeben sich folgende Gleichungen:

für die Tangentialbüschel:

$$\operatorname{tg} \mu_1' \frac{\cos i_2}{\cos i_2'} - \operatorname{tg} \mu_1 \frac{\cos i_1'}{\cos i_1} = \frac{(n^2-1)\sin\alpha}{n\cdot\cos i_1'\cos i_2} \cdot \frac{1-\sin i_1\sin i_2'\cos(i_1'-i_2)}{\cos^2 i_1\cos^2 i_2'}$$

und für die Sagittalbüschel:

$$\operatorname{tg} \mu_2' \frac{\cos i_2'}{\cos i_2} - \operatorname{tg} \mu_2 \frac{\cos i_1}{\cos i_1'} = \frac{(n^2-1)\sin\alpha}{n\cos i_1'\cos i_2} \cdot$$

Aus diesen Gleichungen werden folgende Sätze hergeleitet:

„1. Für Tangential- wie für Sagittalbüschel sind Objekt- und Bildneigung verschieden, indessen kann man für beide Büschelarten und jede Strahlenneigung (i_1, i_1', i_2, i_2') ein Paar konjugierter Ebenen finden, deren [Neigungen ein bestimmtes Verhältnis besitzen. Beim Minimum der Ablenkung entspricht der Fall gleicher Objekt- und Bildneigung Ebenen, die parallel den abbildenden Büscheln liegen."

„2. Einem (zu den abbildenden Büscheln) normalen Objekte entspricht nie ein normales Bild."

Ferner werden für die Tangential- und Sagittalbüschel die Bedingungen entwickelt, unter denen Neigungsvergrößerung $(\operatorname{tg}\mu_1' > \operatorname{tg}\mu_1)$ und Neigungsverminderung eintritt. Dabei ist das Minimum der Ablenkung vor jedem anderen Strahlenverlaufe dadurch ausgezeichnet, daß Neigungsvergrößerung oder Neigungsverminderung sich nicht durch die Wahl der Objektstellung erzielen läßt, sondern für jede Objektstellung nur Neigungsvergrößerung stattfindet, abgesehen von dem in Satz 1 erwähnten Sonderfalle *gleicher* Objekt- und Bildneigung. Bezüglich alles näheren muß auf die ausführliche Diskussion des Verlaufes der Bildneigung (l. c. S. 67 ff.) verwiesen werden, in der u. a. die Beschränkungen abgeleitet sind, mit denen eine praktische Verwirklichung einzelner besprochener Fälle sich erreichen läßt.

Wir kommen nun zu dem *allgemeinen Falle,* der Abbildung eines den Prismenkanten parallelen ebenen Objektes durch konvergente oder divergente Büschel, deren Hauptstrahlen im gemeinsamen Haupt-schnitte des Prismensystems verlaufen.*)

Wir setzen also voraus, daß diese Büschel oder ihre Hauptstrahlen sich in einem beliebigen Punkte A (in Fig. 101) schneiden, und wir beschränken uns auf ein so kleines Objektstück EE, daß wir von einer gemeinsamen Richtung dieser Hauptstrahlen sprechen können; läge A im Unendlichen, so dürften wir unsere Betrachtung auf end-liche Objekte ausdehnen.

Dann wird das Bild mit der Richtung der bildseitigen Haupt-strahlen im allgemeinen einen anderen Winkel einschließen, als das Objekt mit den objektseitigen Hauptstrahlen bildet. Diese *Bilddrehung* wird für die im allgemeinen verschiedenen Bilder der Sagittal- und Tangentialbüschel verschieden sein.

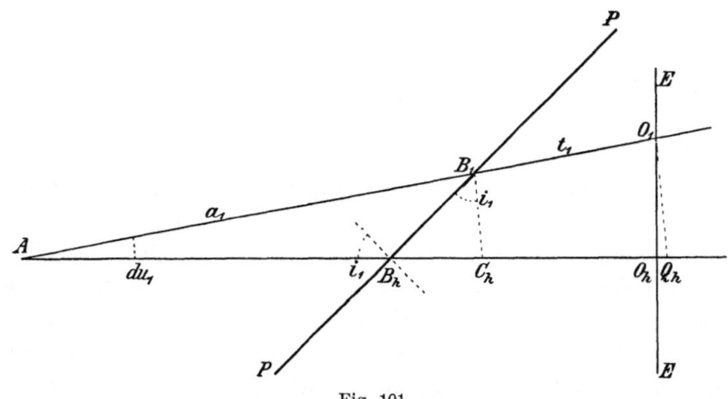

Fig. 101.

Die Bilddrehung durch ein Prisma; PP ist die erste Prismenfläche, EE die abzubildende Ebene
AO_h und AO_1 sind Strahlen des abbildenden konvergenten Büschels.

Die Objektebene EE (Fig. 101) werde durch das von A aus-gehende (bezw. das nach A konvergierende) Strahlenbüschel ab-gebildet; die erste Prismenseite sei PP. Der bevorzugte Haupt-strahl werde durch den Index h gekennzeichnet, ein benachbarter durch den Index 1. Die Schnittpunkte beider Strahlen mit der ersten Prismenfläche seien B_h und B_1, die mit der Objektebene O_h und O_1; der kleine Winkel $O_h A O_1$ werde mit du_1, der kleine Unter-schied $O_h Q_h = A O_1 - A O_h$ mit $\varDelta$ bezeichnet.

$\varDelta$ ist die *Einstellungsdifferenz*, die ein achsensymmetrisches In-

---

strument (z. B. eine Lupe), dessen Achse im Hauptstrahle $(A\,B_h\,O_h)$ liegt, und in dessen Brennebene das Objekt gebracht werden soll, zwischen den beiden Einstellungen auf den einen und den anderen Objektpunkt aufweisen wird.

Dann folgt aus der Fig. 101, wenn man $B_h\,O_h = t_h$; $B_1\,O_1 = t_1$; $B_h\,A = a_h$, $B_1\,A = a_1$ setzt und bei den Längen die Flächenindices zunächst unterdrückt:

α) für *Tangentialbüschel*:

$$t_1 = t_h + a_h \cdot du_1\,\mathrm{tg}\,i_1 + \varDelta\,, \qquad (40)$$

und nach Brechung an der Fläche PP analog:

$$t_1{}' = t_h{}' + a_h{}' \cdot du_1{}'\,\mathrm{tg}\,i_1{}' + \varDelta'\,. \qquad (40^*)$$

Nun ist gemäß Gleichung (26) allgemein

$$t_h{}' = \frac{n_1{}'}{n_1}\,\frac{\cos^2 i_1{}'}{\cos^2 i_1}\,t_h\,,$$

der benachbarte Strahl $A_1 B_1 O_1$ hat den Einfallswinkel $i_1 + du_1$ und den Brechungswinkel $i_1{}' + du_1{}'$, also ist

$$t_1{}' = \frac{n_1{}'}{n_1}\,\frac{\cos^2 (i_1{}' + du_1{}')}{\cos^2 (i_1 + du_1)}\,t_1$$

$$= \frac{n_1{}'}{n_1}\,\frac{(\cos i_1{}' - du_1{}'\sin i_1{}')^2}{(\cos i_1 - du_1\sin i_1)^2}\,t_1\,;$$

oder bei Beschränkung auf die ersten Potenzen der kleinen Größen du_1 und $du_1{}'$

$$t_1{}' = \frac{n_1{}'}{n_1}\,\frac{\cos^2 i_1{}' - 2\,du_1{}'\sin i_1{}'\cos i_1{}'}{\cos^2 i_1 - 2\,du_1\sin i_1\cos i_1}\cdot t_1\,. \qquad (41)$$

Zur Berechnung von $du_1{}'$ dient

$$n_1\sin (i_1 + du_1) = n_1{}'\sin (i_1{}' + du_1{}')\,,$$

woraus folgt

$$du_1{}' = \frac{n_1\cos i_1}{n_1{}'\cos i_1{}'}\,du_1\,;$$

setzt man diesen Wert in die Gleichung (41) ein, so kommt:

$$t_1{}' = \frac{n_1{}'}{n_1\cos^2 i_1}\,\frac{\cos^2 i_1{}' - 2\,\dfrac{n_1}{n_1{}'}\sin i_1{}'\cos i_1\,du_1}{1 - 2\,du_1\,\mathrm{tg}\,i_1}\,,$$

oder wegen

$$\frac{1}{1 - 2\,du_1\,\mathrm{tg}\,i_1} = 1 + 2\,du_1\,\mathrm{tg}\,i_1$$

nach einigen Umformungen:

$$t_1' = \frac{n_1' \cos^2 i_1'}{n_1 \cos^2 i_1} \left(1 - 2 \frac{n_1{}^2 - n_1{}'^2}{n_1{}'^2} \frac{\operatorname{tg} i_1}{\cos^2 i_1'} \, du_1\right) t_1 \,, \qquad (42)$$

worin noch t_1 durch seinen Wert aus Gleichung (40) zu ersetzen ist. Aus Gleichung (40*) folgt:

$$\varDelta' = t_1' - t_h' - a_h' \, du_1' \operatorname{tg} i_1' \,. \qquad (43)$$

Das letzte Glied auf der rechten Seite von Gleichung (43) läßt sich schreiben:

$$a_h' \, du_1' \operatorname{tg} i_1' = a_h \frac{\sin i_1'}{\cos i_1} \, du_1 \,.$$

Setzt man diesen Wert, sowie denjenigen von t_1' aus Gleichung (42) und den von t_h' in die Gleichung (43) ein, so erhält man

$$\varDelta' = \frac{n_1' \cos^2 i_1'}{n_1 \cos^2 i_1} \left(1 - 2 \frac{n_1{}^2 - n_1{}'^2}{n_1{}'^2} \frac{\operatorname{tg} i_1}{\cos^2 i_1'} \, du_1\right) (t_h + a_h \, du_1 \operatorname{tg} i_1 + \varDelta)$$

$$- \frac{n_1' \cos^2 i_1'}{n_1 \cos^2 i_1} t_h - a_h \frac{\sin i_1' \, du_1}{\cos i_1} \,. \qquad (44)$$

Wenn man sich wiederum auf die ersten Potenzen der kleinen Größen du_1 und $\varDelta$ beschränkt, läßt sich Gleichung (44) schreiben:

$$\varDelta' = \frac{n_1' \cos^2 i_1{}^1}{n_1 \cos^2 i_1} \varDelta - 2 \, t_h \frac{n_1{}^2 - n_1{}'^2}{n_1 \, n_1'} \frac{\operatorname{tg} i_1}{\cos^2 i_1} \, du_1 + a_h \frac{n_1' \cos^2 i_1}{n_1' \cos^2 i_1} \operatorname{tg} i_1 \, du_1$$

$$- a_h \frac{\sin i_1'}{\cos i_1} \, du_1 \,,$$

oder nach einigen Umformungen:

$$\varDelta' = \frac{n_1' \cos^2 i_1{}^1}{n_1 \cos^2 i_1} \varDelta + \frac{n_1{}'^2 - n_1{}^2}{n_1 \, n_1' \cos^2 i_1} \operatorname{tg} i_1 \, du_1 \, (2 \, t_h + a_h) \,. \qquad (45)$$

Analog schreibt sich $\varDelta_\nu$, die Änderung der Einstellungsdifferenz bei der Brechung an der νten Fläche:

$$\varDelta_\nu' = \varDelta_{\nu+1} = \frac{n_{\nu+1} \cos^2 i_\nu'}{n_\nu \cos^2 i_\nu} \varDelta_\nu + \frac{n_{\nu+1}^2 - n_\nu{}^2}{n_\nu \cdot n_{\nu+1}} \frac{\operatorname{tg} i_\nu}{\cos^2 i_\nu} \, du_\nu \, (2 \, t_{h\nu} + a_{h\,\nu}) \,.$$

Die wiederholte Anwendung dieser Formel ergibt für die Änderung von $\varDelta$ nach k Brechungen

$$\varDelta_k{}' = du_k{}'\left[\frac{\varDelta_1}{di_1}\cdot\left(\frac{n_k{}'}{n_1}\right)^2\cdot\prod_{\nu=1}^{k}\frac{\cos^3 i_\nu{}'}{\cos^3 i_\nu} + \right.$$

$$\left. + \sum_{\nu=1}^{k}\left\{(2\,t_{h\nu}+a_{h\nu})\frac{n_\nu{}^2{}_{+1}-n_\nu{}^2}{n_\nu{}^2}\cdot\frac{\operatorname{tg} i_\nu\cos i_\nu{}'}{\cos^3 i_\nu}\cdot\prod_{\mu=\nu+1}^{k}\left(\frac{\cos^3 i_\mu{}'}{\cos^3 i_\mu}\cdot\frac{n_\mu{}'^2}{n_\mu{}^2}\right)\right\}\right]. \qquad (46)$$

Bezeichnet man mit B_1 die Breite $O_1 Q_h$ des Hauptstrahlenbüschels am Orte des Objektes, so ist nach Fig. 101

$$\operatorname{tg} O_1 O_h Q_h = \frac{B_1}{\varDelta_1}$$

die Objektneigung.

Nun ist $B_1 = (t_{h1}-a_{h1})\,du_1$, also nach k Brechungen:

$$B_k{}' = (t'_{hk}-a'_{hk})\,du_k{}' = \frac{n_k{}'}{n_1}\prod_{\nu=1}^{k}\frac{\cos^2 i_\nu{}'}{\cos^2 i_\nu}(t_{h1}-a_{h1})\,du_k{}'. \qquad (47)$$

Durch Division von $\varDelta_k{}'$ in $B_k{}'$ erhält man die Bildneigung nach k Brechungen, für tangentiale Büschel.

β) *Sagittalbüschel.*

Analog den Gleichungen (40) und (40*) hat man

$$f_1 = f_{h1} + a_{h1}\cdot du_1 \operatorname{tg} i_1 + \varDelta_1$$

und nach der Brechung an der Fläche PP:

$$f_1{}' = f'_{h1} + a'_{h1}\cdot du_1{}' \operatorname{tg} i_1{}' + \varDelta_1{}',$$

ferner, da das Büschel der Hauptstrahlen dasselbe (ein Tangentialbüschel) ist,

$$a'_{h1}\,di_1{}'\operatorname{tg} u_1{}' = a_{h1}\frac{\sin i_1{}'}{\cos i_1}\cdot du_1,$$

$$f_1{}' = \frac{n_1{}'}{n_1}f_1 = \frac{n_1{}'}{n_1}(\varDelta_1 + f_{h1} + a_{h1}\cdot du_1 \operatorname{tg} i_1),$$

$$\varDelta_1{}' = \frac{n_1{}'}{n_1}\cdot\varDelta_1 + \frac{n_1{}'}{n_1}a_{h1}\,du_1\operatorname{tg} i_1\left(1-\frac{n_1}{n_1{}'}\frac{\sin i_1{}'}{\sin i_1}\right),$$

oder schließlich wegen

$$1-\frac{n_1}{n_1{}'}\frac{\sin i_1{}'}{\sin i_1} = \frac{n_1{}^2-n_1{}^2}{n_1{}'^2},$$

$$\varDelta_1{}' = \frac{n_1{}'}{n_1}\varDelta_1 + \frac{n_1{}'^2-n_1{}^2}{n_1\,n_1{}'}a_{h1}\,du_1\operatorname{tg} i_1.$$

Für die Änderung der Einstellungsdifferenz bei der νten Brechung ergibt sich also:

$$\Delta'_{1\nu} = \frac{n_\nu'}{n_\nu} \cdot \Delta_{1\nu} + \frac{n_\nu'^2 - n_\nu^2}{n_\nu n_\nu'} a_{h\nu} \cdot d u_\nu \operatorname{tg} i_\nu \, ;$$

und nach k Brechungen:

$$\Delta'_{1k} = d u_k' \left[\frac{\Delta_{11}}{d i_1} \left(\frac{n_k'}{n_1} \right)^2 \prod_{\nu=1}^{k} \frac{\cos i_\nu'}{\cos i_\nu} + \sum_{\nu=1}^{k} \left\{ \frac{n_\nu'^2 - n_\nu^2}{n_\nu'^2} a_{h\nu} \operatorname{tg} i_\nu \prod_{\mu=\nu}^{k} \frac{\cos i_\mu'}{\cos i_\mu} \frac{n_\mu'^2}{n_\mu^2} \right\} \right] .$$

$$(48)$$

Der Bruch $B_k' : \Delta'_{1k}$ stellt die Bildneigung für die Sagittalbüschel dar; wie zu erwarten war, ist die Bildneigung für die tangentialen Büschel im allgemeinen verschieden von der für die sagittalen.

3. Die von einem Prisma oder einem Prismensystem entworfenen Spektra.

A. Allgemeine Eigenschaften eines prismatischen Spektrums.

Nachdem wir die Gesetze abgeleitet haben, denen einfarbige Strahlenbüschel beim Durchgange durch Prismen unterworfen sind, gehen wir nun zur Betrachtung von Strahlenbüscheln über, die Licht von verschiedenen Wellenlängen enthalten.

Wir können daher von jetzt ab die Brechungsquotienten n_i der Prismen nicht mehr als Konstanten behandeln, sondern müssen deren Abhängigkeit von den Wellenlängen der einzelnen Lichtarten (Farben), d. h. die Dispersion der Prismensubstanzen, in Rücksicht ziehen.

Geht z. B. von einem Spalte aus ein mehrfarbiges Strahlenbüschel durch ein Prisma, so wird das Bild des Spaltes nicht um einen einzigen nach S. 413 bestimmten Winkel ε abgelenkt, sondern das Spaltbild erfährt ebensoviele verschiedene Ablenkungen, als im einfallenden Büschel Farben vorhanden sind; das von einem Prisma entworfene Bild eines mit mehrfarbigem Lichte beleuchteten Spaltes besteht also aus einer Reihe einfarbiger, nebeneinander liegender Spaltbilder, die wir unter dem Namen „Spektrum“ zusammenfassen. Ohne näher auf die Einteilung der Spektren einzugehen, wenden wir uns zur Herleitung der Anforderungen, die an ein für Messungszwecke brauchbares Spektrum zu stellen sind.

I. *Die Helligkeit des Spektrums* ist von dem Querschnitte des abbildenden Strahlenbüschels, von der Spaltbreite und von der Intensität des in den Spalt eindringenden Lichtes abhängig; die Helligkeit ist von besonderer Wichtigkeit bei Spektren, die mit dem Auge beobachtet werden sollen, während man bei der photographischen Aufnahme eines Spektrums geringe Helligkeit meist durch längere Belichtungsdauer ausgleichen kann.

II. *Die Reinheit des Spektrums.* Absolut rein würde ein Spektrum sein, bei dem jeder Wellenlänge ein unendlich schmales Spaltbild entspricht, das von den Spaltbildern der beiden benachbarten Wellenlängen nicht überdeckt wird. Die Beugungstheorie lehrt nun aber, daß selbst das Bild eines unendlich schmalen, mit einfarbigem Lichte von der Wellenlänge λ beleuchteten Spaltes nicht wiederum unendlich schmal ist, sondern eine von λ und der Breite des abbildenden Strahlenbüschels abhängige, jedenfalls endliche Breitenausdehnung hat; daraus folgt, daß ein absolut reines Spektrum sich überhaupt nicht verwirklichen läßt.

In einem wirklichen Spektrum überdecken sich also immer die Spaltbilder zweier benachbarten Wellenlängen gegenseitig; und je kleiner die Anzahl Wellenlängen ist, deren Spaltbilder auf das Spaltbild einer einzigen Wellenlänge von beiden Seiten her übergreifen, um so reiner ist das Spektrum.

a) *Der* HELMHOLTZ*sche Ausdruck für die Reinheit R eines Spektralbereiches.* Diese Anzahl nun wird offenbar um so geringer, d. h. R wird um so größer, je weiter die Spaltbilder zweier bestimmten Wellenlängen durch die Dispersion des Prismensystems auseinandergezogen sind, und je schmäler ferner die einzelnen einfarbigen Spaltbilder selbst sind.

HELMHOLTZ (*1. 259.*) setzt daher die Reinheit R des zwischen den Wellenlängen λ_1 und λ_2 gelegenen Spektralbereiches

$$R = \frac{\text{Ausdehnung des Spektrums zwischen den Spaltbildern } \lambda_1 \text{ und } \lambda_2}{\text{Breite des Spaltbildes der Wellenlänge } \lambda = \frac{1}{2}(\lambda_1 + \lambda_2),}$$

wobei die Länge des Spektrums und die Breite des Spaltbildes in Winkelmaß gemessen werden. Da die linearen Maße dieser beiden Faktoren den Brennweiten der in einem Spektralapparat verwendeten Objektive proportional sind, so fallen die Brennweiten aus dem Quotienten heraus, d. h. die nach HELMHOLTZ definierte Reinheit eines prismatischen Spektrums ist eine, abgesehen von der *Spalt*breite, nur durch das Prismensystem bedingte Eigenschaft, die durch Fernrohrvergrößerung nicht gesteigert werden kann.

Die oben gegebene HELMHOLTZsche Definition der Reinheit R eines Spektrums gestattet uns, die in einem einzelnen vorliegenden Falle tatsächlich vorhandene *Reinheit R nach den Regeln der geometrischen Optik* zu berechnen. Nun enthält R im Nenner die

Breite des Spaltbildes, ist also von der Spaltbreite selbst abhängig und nicht ausschließlich durch die Eigenschaften des Prismas bestimmt. Aus diesem Grunde ist die nach HELMHOLTZ definierte Reinheit R eines Spektrums nicht geeignet, für den Vergleich der Leistungsfähigkeit von Prismen und Prismensystemen zu dienen, vielmehr wird dieser Vergleich erst ermöglicht durch:

b) *die „auflösende Kraft r eines Prismas für einen unendlich dünnen Spalt"* nach RAYLEIGH (*2.*). Die Definition von r wird in folgender Weise erhalten. Die Reinheit eines Spektrums an einer beliebigen Stelle λ ist um so größer, je geringer der Unterschied $d\lambda$ zweier Wellenlängen λ und $\lambda + d\lambda$ ist, deren streng einfarbige Spaltbilder dem *menschlichen Auge* eben noch getrennt erscheinen. RAYLEIGH kommt auf Grund seiner Versuche zu dem Schluß, daß ein Streifen von der Helligkeit 1 (z. B. eine Spektrallinie) uns erst dann aus zwei Streifen (Linien) zu bestehen scheint, wenn in der Mitte des Streifens ein „dunkler" Streifen vorhanden ist, dessen Helligkeit $= 0{,}81$ oder geringer ist. Mit Hilfe dieses Versuchsergebnisses gelingt es RAYLEIGH, den Bereich $d\lambda$ für den allgemeinen Fall des Durchganges eines Strahlenbündels von endlicher Breite durch ein Prisma zu berechnen. Das Verhältnis $\lambda : d\lambda = r$ in dem besonderen Falle des symmetrischen Durchgangs bei *unendlich dünnem Spalte* nennt RAYLEIGH die auflösende Kraft eines Prismas.

Wie wir später zeigen werden, ist die so definierte Größe r gleich dem Produkt aus der Basis eines Prismas und „der charakteristischen Dispersion" $\dfrac{dn}{d\lambda}$; r ist also eine von allen übrigen Elementen eines Spektralapparates unabhängige, *das Prisma allein* kennzeichnende Größe, und zwar bedeutet es die höchste Reinheit, die das durch ein vorliegendes Prisma bei symmetrischem Durchgange entworfene Spektrum eines unendlich dünnen Spaltes überhaupt aufweisen kann. Die auflösende Kraft r eines Prismas gibt daher für die Leistungsfähigkeit eines Prismas einen sicheren Anhalt.

Um den praktischen Verhältnissen, bei denen es eine unendlich kleine Spaltbreite nicht gibt, näher zu kommen, berechnet SCHUSTER (*1.*) das Trennungsvermögen eines Prismas unter Voraussetzung *homogenen Lichtes*, aber *endlicher Spaltbreite*. Den letzten Schritt tut WADSWORTH (*1. 2. 3.*), indem er dazu übergeht, die in einem Spektrum tatsächlich vorhandene Reinheit zu berechnen unter der Annahme eines *Spaltes von endlicher Breite*, der durch *Licht von den Farben λ bis $\lambda + \Delta\lambda$* beleuchtet wird. Bezüglich aller Einzelheiten muß auf die ausführliche Besprechung der vortrefflichen

Arbeiten von WADSWORTH in KAYSERS Handbuch (*1. 553.*) verwiesen werden. Auch WADSWORTH stützt sich auf die grundlegenden Versuche RAYLEIGHS, insbesondere auf das Ergebnis, daß das Auge Helligkeitsunterschiede von 20 Proz. mit Sicherheit erkennen kann. Erst durch die Arbeiten WADSWORTHS ist die Frage nach der Reinheit eines Spektrums zu einem gewissen Abschlusse gebracht worden.

Die Ableitung von RAYLEIGHs „auflösender Kraft" eines Prismensystems auf Grund der Undulationstheorie. Ehe wir dazu übergehen, die einzelnen Faktoren zu besprechen, die die allgemeinen Eigenschaften eines Spektrums bedingen, geben wir im folgenden eine nach RAYLEIGH (*2.*) auf die Undulationstheorie des Lichtes begründete Darstellung des Zusammenhanges zwischen der auflösenden Kraft eines Prismensystems einerseits und der Dispersion und dem Querschnitte des abbildenden Büschels andererseits.

Wird durch die Brechung in dem Prismensystem P die ebene Wellenfläche $A_0 B_0$ des einfallenden Lichtes in die Lage AB gebracht, so ist sowohl der Lichtweg von A_0 bis A, als auch derjenige von B_0 bis B ein Minimum, und beide sind einander gleich, also

$$\int_{A_0}^{A} n\,dl = \int_{B_0}^{B} n\,dl\ .$$

Eine Welle von anderer Wellenlänge $\lambda + d\lambda$ wird in der gleichen Zeit in eine andere Lage $A'B'$ übergeführt (Fig. 102). Die Wege, welche die Strahlen derselben hierbei beschreiben, sind nun allerdings verschieden von den der Wellenlänge λ entsprechenden. Die Wegunterschiede sind aber vermöge der Minimumeigenschaft der Wege $A_0 .. A$ und $B_0 .. B$ bis auf Größen höherer Ordnung verschwindend klein gegen die Wege selbst. Die optischen Längen von A_0 bis A' und B_0 bis B' können also für die Wellenlänge $\lambda + d\lambda$ längs derselben geometrischen Wege berechnet werden wie für λ.

Die Differenz der optischen Längen von A_0 und B_0 nach A und B ist daher für $\lambda + d\lambda$ gleich

$$\int_{B_0}^{B} dn\,dl - \int_{A_0}^{A} dn\,dl = L$$

und diese Größe L dividiert durch den Querschnitt des austretenden Bündels, $AB = q'$ ist gleich dem Winkel, den die beiden den Wellenlängen λ und $\lambda + d\lambda$ entsprechenden Wellenflächen miteinander einschließen, d. h. gleich der Dispersion di',

$$L : q' = di' .$$

Der geringste Winkelabstand zweier Spektrallinien, d. h. der kleinste Wert di', bei dem bei gegebenem Büschelquerschnitte q' die zwei Linien eben noch getrennt gesehen werden können, ist nach RAYLEIGH

$$di' \geqq \frac{\lambda}{q'}, \tag{45}$$

worin λ die mittlere Wellenlänge der beiden betrachteten Farben bezeichnet. Es muß also

$$di' \cdot q' \geqq \lambda ,$$

d. h. auch $L \geqq \lambda$ sein.

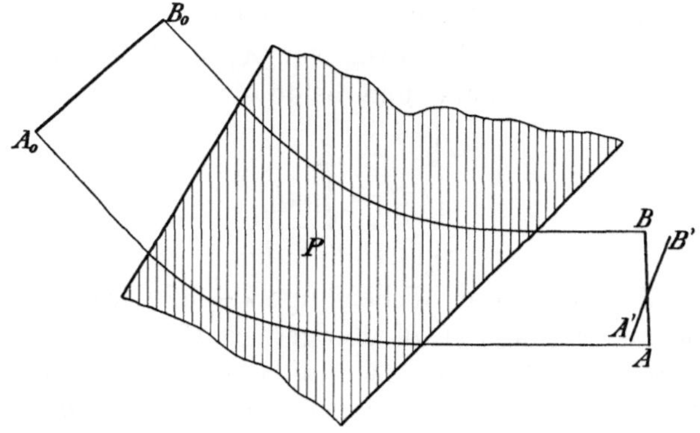

Fig. 102.

Die chromatische Variation der Wellenfläche $A_0 B_0$ beim Durchgange durch ein Prismensystem P

Bei einem System von Prismen aus gleicher Substanz ist, wenn wir mit e_1 und e_2 die von den äußersten Randstrahlen des Büschels im Glase zurückgelegten Wege bezeichnen,

$$L = dn\,(e_2 - e_1) . \tag{46}$$

Sollen die zwei Spektrallinien vom Farbenunterschied $d\lambda$, — der dem Unterschied dn der beiden Brechungsindices des Glases entspricht, — eben noch getrennt erscheinen, so muß also

$$dn\,(e_2 - e_1) \geqq \lambda \tag{47}$$

sein.

Geht der eine Strahl durch lauter Prismenkanten, so ist $e_1 = 0$. Schreiben wir nunmehr e statt e_2 und dividieren beide Seiten der letzten Gleichung durch $d\lambda$, so erhalten wir

$$\frac{\lambda}{d\lambda} \geq \frac{dn}{d\lambda} \cdot e ,$$

oder wenn wir den kleinsten zulässigen Wert von $\dfrac{\lambda}{d\lambda}$ mit r bezeichnen,

$$r = \frac{\lambda}{d\lambda} = \frac{dn}{d\lambda} \cdot e . \tag{48}$$

RAYLEIGHS „Auflösungsvermögen" r eines Prismensystems ist also hier als das Produkt eines Glasweges und der charakteristischen Dispersion $\dfrac{dn}{d\lambda}$ der benutzten Glassorte ausgedrückt, d. h. durch zwei Eigenschaften des Prismensystems selbst, unabhängig von der Zahl und den brechenden Winkeln der einzelnen Prismen, und von den übrigen Konstanten eines Spektralapparates.

Stehen die Prismen alle im Minimum der Ablenkung, so bedeutet e die Summe der Prismendicken an der Basis. Damit z. B. ein Flintprisma von $n_D = 1.6504$ und $n_D - n_C = 0.00552$ die Hauptdoppellinie des Natriumlichtes ($d\lambda = 6.10^{-7}$ mm) auflösen könne, muß das Prisma in der Stellung der Minimalablenkung nach RAYLEIGH eine Dicke von 10.2 mm haben.

B. Die einzelnen, die Eigenschaften des Spektrums bedingenden Faktoren.

Wir kommen nun zur Besprechung der einzelnen Faktoren, die die allgemeinen Eigenschaften des Spektrums bestimmen, und beginnen mit der Ausdehnung des Spektrums.

Die Dispersion eines Prismas in Luft. Wie erwähnt, entsteht das Spektrum dadurch, daß die verschiedenfarbigen Spaltbilder verschieden stark abgelenkt werden. Bei der Herleitung der Variation der Ablenkung aus den Gleichungen (3) muß außer Einfalls- und Brechungswinkeln auch der Brechungsindex als variabel angenommen werden, und. zwar als Funktion der Wellenlänge.

Dann erhalten wir aus den Gleichungen (3) auf S. 417

$$\sin i_1 = n \sin i_1{}'$$
$$i_2 = i_1{}' - \alpha \tag{3}$$
$$\sin i_2{}' = n \cdot \sin i_2$$

durch Variation das System

$$\cos i_1 \; \delta i_1 = n \cdot \cos i_1{}' \, \delta i_1{}' + \sin i_1{}' \, \delta n$$

$$\delta i_2 = \delta i_1{}'$$

$$\cos i_2{}' \, \delta i_2{}' = n \cdot \cos i_2 \, \delta i_2 + \sin i_2 \, \delta n \,,$$

oder nach den $\delta i_k'$ aufgelöst:

$$\delta i_1{}' = \frac{1}{n} \cdot \frac{\cos i_1}{\cos i_1{}'} \cdot \delta i_1{}' - \delta n \cdot \mathrm{tg}\, i_1{}' = \delta i_2 \,, \qquad (49)$$

und

$$\delta i_2{}' = \frac{\cos i_1}{\cos i_1{}'} \frac{\cos i_2}{\cos i_2{}'} \delta i_1 - \frac{\sin \alpha}{\cos i_1{}' \cos i_2{}'} \cdot \delta n \,.$$

Meist ist beim Eintritte des Strahlenbüschels in das Prisma keine Dispersion vorhanden, also $\delta i_1 = 0$. Für jede beliebige Stellung des Prismas ist dann also die Dispersion beim Austritt:

$$\delta i_2{}' = - \delta n \cdot \frac{\sin \alpha}{\cos i_1{}' \cos i_2{}'} \,, \qquad (50)$$

$\delta i_2{}'$ kann für endliche Werte von α und δn nicht verschwinden, ein einzelnes Prisma von endlichem Winkel in Luft kann also nie achromatisch sein.

Im Minimum der Ablenkung, wo $i_1{}' = - i_2 = \alpha$, und $i_1 = - i_2{}'$ wird, ist

$$\delta i_{02}{}' = \delta i_{01} - \frac{\sin 2 i_{01} \cdot \delta n}{\cos i_{01}{}' \cdot \cos i_{01}} \,,$$

oder

$$\delta i_{02}{}' - \delta i_{01} = - \frac{2\, \delta n}{n} \cdot \mathrm{tg}\, i_{01} \,, \qquad (51)$$

d. h. beim Durchgange im Minimum der Ablenkung erfährt ein Strahlenbüschel einen Zuwachs $\delta i_{02}{}' - \delta i_{01}$ der Dispersion, der von der beim Eintritte in das Prisma vorhandenen unabhängig ist.

Die Diskussion der Gleichung (50) durch Mousson (*1.*) und Thollon (*1.*), d. h. eine eingehendere Betrachtung der Abhängigkeit der Dispersion von dem Einfallswinkel i_1 des mittleren Strahles, lehrt, daß die Dispersion von einem gewissen, zwischen streifendem Eintritte und Minimalablenkung liegenden Minimum an mit dem Austrittswinkel $i_2{}'$ des mittleren Strahles stetig wächst, und bei streifendem Austritt ($\cos i_2{}' = 0$) den Maximalwert ∞ erreicht.

Wegen außerordentlich starker Lichtverluste durch Reflexion ist es bei einem Prisma unmöglich, die hohe Dispersion in dem dem streifenden Austritt benachbarten Gebiete praktisch zu verwerten. Ist daher für einen vorliegenden Zweck die Dispersion eines Prismas in den der Minimalablenkung benachbarten Stellungen nicht ausreichend, so steigert man die Dispersion entweder, indem man das Prisma mehrere Male von dem Strahlenbündel durchsetzen läßt, oder indem man ein Prismensystem benutzt.

Die Dispersion eines Prismensystems. Betrachten wir mit GLEICHEN (*2.*) und CZAPSKI (*3. 145.*) wiederum ein System von k brechenden Ebenen, also $k-1$ Prismen, nehmen wir ferner von vornherein als erstes und letztes brechendes Mittel Luft und vernachlässigen deren Dispersion, so erhalten wir wie oben durch Variation der Gl. (14), für $n_1 = n'_k = 1$ und $\delta n_1 = \delta n_k' = 0$ das System

$$\delta i_1' = \frac{1}{n_2} \cdot \frac{\cos i_1}{\cos i_1'} \, \delta i_1 - \frac{\delta n_2}{n_2} \cdot \mathrm{tg}\, i_1'; \quad \delta i_2 = \delta i_1',$$

$$\delta i_2' = \frac{n_2}{n_3} \cdot \frac{\cos i_2}{\cos i_2'} \, \delta i_2 + \frac{\delta n_2}{n_3} \cdot \frac{\sin i_2}{\cos i_2'} - \frac{\delta n_3}{n_3} \cdot \mathrm{tg}\, i_2'; \quad \delta i_3 = \delta i_2', \quad (52)$$

$$= \frac{1}{n_3} \cdot \frac{\cos i_1}{\cos i_1'} \frac{\cos i_2}{\cos i_2'} \cdot \delta i_1 - \frac{\delta n_2}{n_3} \cdot \frac{\sin \alpha_1}{\cos i_1' \cos i_2'} - \frac{\delta n_3}{n_3} \cdot \mathrm{tg}\, i_2',$$

$$\vdots$$

$$\delta i_\nu' = \frac{n_\nu}{n_{\nu+1}} \cdot \frac{\cos i_\nu}{\cos i_\nu'} \cdot \delta i_\nu + \frac{\delta n_\nu}{n_{\nu+1}} \cdot \frac{\sin i_\nu}{\cos i_\nu'} - \frac{\delta n_{\nu+1}}{n_{\nu+1}} \mathrm{tg}\, i_\nu'; \delta i_{\nu+1} = \delta i_\nu'$$

und schließlich $\delta i_k'$, die Variation des Austrittswinkels i_k' an der letzten $k$ten Prismenfläche:

$$\delta i_k' = \frac{n_k}{n_k'} \cdot \frac{\cos i_k}{\cos i_k'} \cdot \delta i_k + \frac{\delta n_k}{n_k'} \cdot \frac{\sin i_k}{\cos i_k'} - \frac{\delta n_k'}{n_k'} \cdot \mathrm{tg}\, i_k',$$

oder, unter Berücksichtigung von $n_k' = 1$, $\delta n_k' = 0$,

$$= \frac{\cos i_1 \cdot \cos i_2 \; \ldots \ldots \; \cos i_k}{\cos i_1' \; \cos i_2' \; \ldots \ldots \; \cos i_k'} \cdot \delta i_1 -$$

$$- \sum_{\nu=2}^{k} \frac{\cos i_{\nu+1} \cdot \cos i_{\nu+2} \; \ldots \ldots \; \cos i_k}{\cos i_{\nu-1}' \; \cos i_\nu' \; \ldots \ldots \; \cos i_k'} \cdot \delta n_\nu \cdot \sin \alpha_{\nu-1}.$$

Bezeichnen wir hierin die Produkte der Cosinus der Einfalls-winkel mit Π und die der Cosinus der Brechungswinkel mit Π' so können wir schreiben:

$$\delta i_k{}' = \frac{\Pi_1{}^k}{\Pi_1{}'^k} \cdot \delta i_1 - \sum_{\nu=2}^{k} \frac{\Pi_{\nu+1}^k}{\Pi_{\nu-1}'^k} \sin a_{\nu-1} \delta n_\nu, \quad \text{oder} \tag{53}$$

$$\delta i_k{}' \cdot \Pi_1{}'^k = \delta i_1 \cdot \Pi_1{}^k - \sum_{\nu=2}^{k} \delta n_\nu \cdot \sin a_{\nu-1} \cdot \Pi_{\nu+1}^k \cdot \Pi_1{}'^{\nu-2} \tag{53*}$$

Ist in einem der Produkte Π_m^k die untere Grenze, m, größer als die obere k (wie z. B. im Falle eines Prismas, $k = 2$, für den Flächenindex $\nu = 2$), so kann man sich noch eine $(k+1)$te, bezw. $(k+2)$te u. s. f. brechende Ebene vorstellen, die, sämtlich in Luft, zu dem betrachteten Strahle senkrecht verlaufen; dann sind alle Einfalls- und Brechungswinkel an diesen Ebenen i_{k+1}, i'_{k+1} u. s. f. $= 0$, deren Cosinus also $= 1$. Jedes Produkt Π_m^k, in dem $m > k$ ist, hat also den Wert 1; in ähnlicher Weise läßt sich ableiten, daß $\Pi_1{}'^{\nu-2}$ den Wert 1 hat, so lange $1 > \nu - 2$, d. h. $\nu < 3$ ist.

Gl. (53) sagt aus: Bildet ein einfarbiger auf das Prismensystem auftreffender Strahl von der Wellenlänge λ mit einem zweiten einfallenden Strahle von der Wellenlänge $\lambda + d\lambda$ vor dem Eintritt in die erste Prismenfläche den Winkel δi_1, so schließen beide Strahlen nach dem Austritte aus der letzten Prismenfläche den Winkel $\delta i_k{}'$ ein.

Ist, wie meist, die Dispersion des auf das Prismensystem auftreffenden Strahlenbüschels $\delta i_1 = 0$, so wird dem Büschel nach Gl. (53) die Dispersion erteilt:

$$\delta i_k{}' = - \sum_{\nu=2}^{k} \frac{\Pi_{\nu+1}^k}{\Pi_{\nu-1}'^k} \cdot \sin a_{\nu-1} \cdot \delta n_\nu \tag{54}$$

Vermöge der in Abschnitt 1 (S. 412) getroffenen Festsetzung gibt in Gl. (54) das Vorzeichen von $\delta i_k{}'$ die Lage der brechenden Kante des Prismas an, durch das man für die zwei gerade betrachteten Farben, das Prismensystem sich ersetzt denken kann.

Bei *kleinen Prismen- und Brechungswinkeln* kann die Dispersion durch die Änderung der Ablenkung direkt ausgedrückt werden. Die Ablenkung ε, die ein solches System hervorruft, ist bei einem Prisma

$$\varepsilon = (n - 1)\, a,$$

bei mehreren Prismen

$$\varepsilon^{(k)} = \sum_{\nu=2}^{k} (n_\nu - 1)\, a_{\nu-1}. \tag{55}$$

Bei einem aus zwei verkitteten Prismen in Luft bestehenden Systeme ist also die Ablenkung

$$\varepsilon^{(3)} = (n_2 - 1)\, a_1 + (n_3 - 1)\, a_2 ,$$

und beim Übergange zu einer benachbarten Farbe gibt

$$\delta\, \varepsilon^{(3)} = \delta n_2\, a_1 + \delta n_3\, a_2$$

die Dispersion des Prismensystems zwischen den zwei betrachteten Farben an.

Wie man sieht, sind die Gleichungen von ganz derselben Form, wie sie für die Möglichkeit einer Achromasie von Linsensystemen (S. 348) in Betracht kamen. In der Tat war historisch (KLINGEN-STIERNA (*1.*), DOLLOND (*2.*), CLAIRAUT (*1.*), BOSCOVICH (*1. 2.*) etc.) die Möglichkeit und Art und Weise der Achromatisierung von Prismensystemen maßgebend für die von Linsenkombinationen.

Die Breite eines einfarbigen Spaltbildes. Wie wir bereits oben erwähnten, hängt die Reinheit eines Spektrums nicht nur von dem Winkelunterschiede ab, der durch die Dispersion den verschiedenfarbigen Bildern des Spaltes erteilt wird, sondern auch von der Breite der einzelnen Spaltbilder.

Zur Berechnung der letzteren genügt es nicht, die auf S. 442 abgeleiteten Formeln aus dem Gebiete der geometrischen Optik anzuwenden, sondern dieselbe muß nach den Grundsätzen der Beugungstheorie erfolgen, welche lehrt, daß die Spaltbildbreite wesentlich von der Breite der die Abbildung des Spaltes vermittelnden Büschel abhängt.

Ohne hier auf diesen Gegenstand näher einzugehen, mag nur soviel bemerkt werden, daß das Bild einer selbstleuchtenden Linie, vermittelt durch Büschel, deren Breite, senkrecht zur Richtung der Linie $= q$, und deren Wellenlänge $= \lambda$ ist, — durch welche optische Mittel auch immer es erzeugt sein mag — niemals wieder eine Linie, sondern immer ein Streifen ist, dessen Helligkeit nach den Rändern allmählich abfällt. Zurückbezogen auf das Objekt — wie wir dies früher bei der Berechnung der Aberration getan haben — ist die Länge des Bildes (Höhe des Streifens) nahezu gleich der der ursprünglichen Linie, die Ausbreitung des Lichtes senkrecht dazu, also die Breite des Bildes ist nur eine Funktion von q und λ, und zwar nimmt sie *caet. par.* mit wachsendem q ab, mit wachsendem λ zu. Von zwei benachbarten Lichtlinien — seien dieselben reell als Objekte vorhanden oder virtuell, z. B. durch Dispersion, aus einer einzigen entstanden — entwirft das optische System als Bilder zwei solche Streifen, welche sich bei ungenügender Größe von q oder unzureichender Kleinheit von λ zum Teil decken. Die

Intensität des Bildes in diesen sich deckenden Teilen ist gleich der Summe der Intensitäten der Einzelbilder an den betreffenden Stellen.

Die genauere Betrachtung des Verlaufes der Intensität in den Einzelbildern nach den Grundsätzen der Diffraktionstheorie durch RAYLEIGH (*2. 266.*) liefert folgendes Ergebnis.

Lagern sich zwei gleich hell vorausgesetzte Spaltbilder von unendlich wenig verschiedener Farbe übereinander, so ist zwischen den beiden Intensitätsmaximis, die den Bildmitten entsprechen, erst dann ein dunkler Streifen zu erkennen, d. h. die zwei Spaltbilder erscheinen erst dann getrennt, wenn die Dispersion di' der beiden Spektrallinien größer ist als der Winkel, unter welchem die Wellenlänge λ des wirksamen Lichtes aus einer dem Querdurchmesser der Öffnung q' gleichen Entfernung gesehen erscheint, also wenn

$$di' > \frac{\lambda}{q'}.$$

Mit der Brechung eines parallelstrahligen Büschels durch ein Prismensystem ist nun im allgemeinen auch eine Veränderung seines Querschnitts im Hauptschnitt verbunden, welche neben der Breite der in das System eintretenden Büschel hier mit in Anschlag zu bringen ist.

Durch jede Brechung an einer Ebene wird nämlich, wie leicht ersichtlich, der Querschnitt q des Büchels in dem Verhältnis der Cosinus der Brechungswinkel geändert, also

$$\frac{q_\nu'}{q_\nu} = \frac{\cos i_\nu'}{\cos i_\nu}. \tag{56}$$

Da für ein Prismensystem $q_{\nu+1} = q_\nu'$, so haben wir für die Veränderung der Breite eines Büschels durch die Brechung in einem solchen System

$$\frac{q_\nu'}{q_1} = \frac{q'}{q} = \frac{\Pi_1^k \cos i_\nu'}{\Pi_1^k \cos i_\nu} = \frac{\Pi_1'^k}{\Pi_1^k} = \frac{\delta i}{\delta i''}$$

— wie übrigens auch aus dem SMITH-HELMHOLTZschen Satze unmittelbar gefolgert werden könnte.

Für q darf nicht der Querschnitt des in das Prismensystem überhaupt eingetretenen Büschels also die Größe $b_1 \cdot \cos i_1$ gesetzt werden (wo b_1 die von dem Büschel getroffene Länge der ersten Prismenfläche ist), sondern nur derjenige Teil desselben, welcher nicht durch die Begrenzung einer der folgenden Flächen nachträglich eine Abblendung erfährt.

Über die Berechnung dieses „nutzbaren Querschnittes" bei einem dreiteiligen symmetrischen Prismensatze, einem geradsichtigen Dispersionsprisma nach AMICI siehe den Abschnitt „Geradsichtige Prismensysteme" S. 460.

Die Helligkeit des Spektrums. Die Helligkeit an einer bestimmten Stelle des Spektrums hängt von der Anzahl der Farben ab, deren Spaltbilder an dieser Stelle liegen, oder doch von beiden Seiten her auf sie übergreifen. Bei irgend einer Breite des Spaltes δi kommt nun an eine Stelle seines Bildes $\delta i'$ Licht von denjenigen Wellenlängen λ bis $\lambda + d\lambda$, deren Dispersion di' gleich der Breite jenes Spaltbildes $\delta i'$ ist. Die Helligkeit h' des Spaltbildes für irgend eine homogene Farbe ist nun, da seine Höhe bei der Brechung in dem Prismensystem unverändert bleibt, umgekehrt proportional der Breitenänderung des Spaltes durch die Brechung, also, wenn h die ursprüngliche Helligkeit des Spaltes selbst ist,

$$h' : h = \delta i : \delta i'.$$

Die Helligkeit des Spektrums für die Wellenlänge λ ist daher, wenn wir annehmen, daß die Intensität in ihm von λ bis $\lambda + d\lambda$ konstant sei

$$H = h' \cdot d\lambda = h \frac{\delta i}{\delta i'} d\lambda, \qquad (57)$$

worin $d\lambda$ durch die Bedingung bestimmt ist, daß der entsprechende Winkelwert di' der Dispersion gleich dem der Spaltbildbreite $\delta i'$ sei. Gleichung (57) läßt sich daher auch schreiben:

$$H = h \cdot \frac{\delta i}{\delta i'} \cdot \frac{d\lambda \cdot \delta i'}{di'}.$$

Gehen wir nunmehr zum Minimum der Ablenkung über, so wird $\delta i = \delta i'$ und

$$H = h \cdot \frac{d\lambda \cdot \delta i'}{di'} = \frac{h}{R}, \qquad (58)$$

worin mit R die nach HELMHOLTZ (*1. 261.*) definierte Reinheit des Spektrums bezeichnet ist.

Die Helligkeit des Spektrums — abgesehen von den durch Reflexion und Absorption des Lichtes beim Durchgang durch das Prismensystem erlittenen Verlusten — ist dann also proportional der Helligkeit des in den Spalt eindringenden Lichtes und umgekehrt proportional der Reinheit des Spektrums. (HELMHOLTZ.)

Die Helligkeit des Spektrums wird, außer durch die eben besprochenen Umstände, noch durch die mit jeder Reflexion und Brechung verbundenen, sowie die beim Durchgang durch die Prismen (durch Absorption) erfolgenden Lichtverluste verändert. Die durch teilweise Reflexion des Lichtes für das Spektralbild verloren gehenden Mengen lassen sich aus den Winkeln, unter denen, und den Brechungsexponenten der Medien, an denen jene Reflexionen stattfinden, nach den sogenannten FRESNELschen Intensitäts-Formeln berechnen. Die Größe des Lichtverlustes durch Absorption hängt von der Größe des in dem fraglichen Medium zurückgelegten Weges und von dessen Absorptionsvermögen ab. Hiernach haben PICKERING (*1.*), LIPPICH (*4.*), ROBINSON (*1.*), KRÜSS (*2.*) für einfachere Fälle allgemeine Regeln abgeleitet.

Bei den sämtlichen obigen Ausführungen über die Reinheit eines Spektrums und über das Auflösungsvermögen eines Prismensystems sind die Reflexions- und Absorptionsverluste vernachlässigt worden; bei den Spektroskopen mit mehreren Prismen, oder mit mehrmaliger Durchsetzung eines Prismas sind die erwähnten Verluste insbesondere bei den sehr hoch brechenden Flintglassorten von sehr ungünstigem Einflusse.

Durch die Anwendung eines Fernrohrs zur Beobachtung der Spektra werden die meisten der oben bewiesenen Beziehungen, namentlich die über Reinheit, Helligkeit und Auflösungsvermögen von Prismensystemen nicht wesentlich berührt. Voraussetzung hierbei ist natürlich, daß die Apertur des Fernrohrs die des Prismensystems übersteigt, anderenfalls wäre für die Bestimmung der Helligkeit und des Trennungsvermögens die erstere statt der letzteren maßgebend. Im übrigen erscheint das durch ein Fernrohr gesehene Spektrum nur ebenso verändert, wie jedes andere Objekt. Man kann die von Prismen erzeugten Spektren aber auch beobachten, wenn die wirksamen Büschel nicht telezentrische sind, durch eine Lupe oder dergl. Aus den oben angeführten Gründen verwendet man die Prismen alsdann im Minimum der Ablenkung.

C. Geradsichtige und achromatische Prismensysteme.

Für manche praktischen Zwecke ist es erwünscht, ein Dispersionssystem zu haben, das für eine bestimmte Farbe geradsichtig ist. Wird verlangt, daß der austretende Strahl der ausgezeichneten Farbe in der Verlängerung des eintretenden liege, so muß das System aus mindestens 3 Prismen bestehen; bei einem zweiteiligen „geradsichtigen" Prismensysteme ist der austretende Strahl der ausgezeichneten Farbe dem eintretenden zwar parallel, aber in der Einfallsebene gegen denselben verschoben.

Wir beginnen mit einem zweiteiligen Prismensystem. Das Licht treffe auf die erste Fläche senkrecht auf $(i_1 = i_1' = 0)$, trete durch die zweite („Kitt-") Fläche in das Prisma 2, und durch die dritte Fläche aus dem Systeme aus.

Betrachten wir α_1, den brechenden Winkel des ersten Prismas, sowie n_2 und n_3, die Brechungsindices der beiden verwendeten Materialsorten, als gegeben, den brechenden Winkel α_2 des zweiten Prismas als gesucht, so haben wir:

$$i_1 = i_1' = 0$$

$$i_2 = -\alpha_1$$

$$\sin i_2' = -\frac{n_2}{n_3} \cdot \sin \alpha_1 ,$$

$$i_2 - i_2' = \varepsilon_2$$

$$\operatorname{tg} i_3' = \frac{n_3 \cdot \sin \varepsilon_2}{n_3 \cdot \cos \varepsilon_2 - 1} ,$$

und schließlich

$$\alpha_2 = -(\alpha_1 + i_3'). \tag{59}$$

Die Dispersion wird zweckmäßig nicht durch Variation der Ablenkung, sondern durch die wesentlich kürzere Durchrechnung der einzelnen verschiedenfarbigen Strahlen erhalten.

Das obige zweiteilige Prismensystem kann man ohne weiteres als die Hälfte eines dreiteiligen symmetrischen Prismensystems ansehen, das aus zwei äußeren gleichen Prismen vom brechenden Winkel α_2 und dem Brechungsindex n_3, sowie einem inneren Prisma vom brechenden Winkel $2\alpha_1$ und dem Brechungsindex n_2 besteht.

Fig. 103 zeigt ein dreiteiliges sogenanntes AMICIsches Dispersionsprisma mit gerader Durchsicht, bestehend aus einem Flintprisma von großem brechenden Winkel, an dessen beide Seiten je ein Kronprisma angekittet ist. Die Breite q des nutzbaren Querschnittes, senkrecht zur brechenden Kante gemessen, ist geringer als die Höhe der Prismen h; und zwar ist

$$\frac{q}{h} = \frac{\cos i_1 \cos i_2}{\cos i_1 \cos i_2 + \sin \alpha_1 \sin \varepsilon_1} ;$$

es steht also der unbenutzbare Teil der Höhe $(h - q)$ zu dem benutzbaren (q) in dem Verhältnis

$$\frac{h-q}{q} = \frac{\sin \alpha_1 \sin \varepsilon_1}{\cos i_1 \cos i_2}. \tag{60}$$

Man kann daher die Prismen durch einen zur Einfallsrichtung der Büschel senkrechten Schnitt um den unbenutzten Teil verkürzen. Die Strecke l, um die der Prismensatz an seiner breiteren Grundfläche beiderseits verkürzt werden kann, steht zur unverkürzten Länge L dieser Grundfläche in dem Verhältnis:

$$\frac{l}{L} = n_2 \operatorname{tg} i_1' \sin \varepsilon_1, \tag{61}$$

wo mit n_2 der Brechungsindex der äußeren (Kron-) Prismen bezeichnet ist.

Ausgedehnte Untersuchungen über drei- und mehrteilige Amiciprismen, u. a. die Berechnung der Verschiebung des Vereinigungspunktes konvergenter Strahlenbüschel durch ein dreiteiliges Prisma, sind von J. VON HEPPERGER (**1.**) angestellt worden.

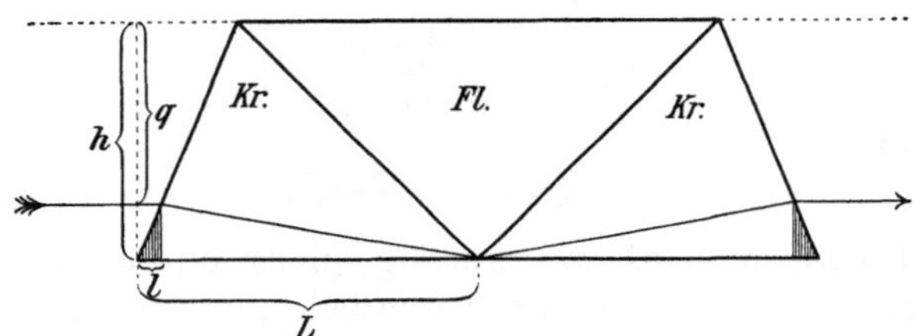

Fig. 103.

Geradsichtiges Dispersionsprisma nach AMICI. q ist die Breite des ohne Abblendung und ohne Ablenkung durch das Prisma gehenden Büschels.

Achromatische Prismensysteme. Die Bedingung dafür, daß ein Prismensystem keine Zunahme der Dispersion verursache, daß es also *achromatisch* sei, ergibt sich allgemein, indem man die rechte Seite der Gl. (53) S. 456 gleich Null setzt. Hat das einfallende Strahlenbüschel, wie meist, noch keine Dispersion ($\delta i_1 = 0$), so lautet die Bedingung der Achromasie nach Gl. (53):

$$\sum_{\nu=2}^{k} \delta n_\nu \cdot \sin \alpha_{\nu-1} \cdot \Pi_{\nu+1}^k \cdot \Pi_1'^{\nu-2} = 0. \tag{62}$$

Ein achromatisches Prismensystem erteilt den Hauptstrahlen aller Wellenlängen, in deren Bereiche die Bedingung (62) erfüllt ist, dieselbe Ablenkung ε; diese ist nach Gl. (14) und (15) auf S. 421 zu berechnen, und zwar sind der Rechnung die Brechungsquotienten für *eine* der beiden in Gl. (62) betrachteten Wellenlängen zu Grunde zu legen.

Als Beispiel mögen aus Gl. (62) die zur Berechnung eines *zweiteiligen verkitteten achromatischen Prismas* dienenden Formeln hergeleitet werden.

Gl. (62) schreibt sich für $k = 3$

$$\delta n_2 \sin \alpha_1 \cos i_3 + \delta n_3 \sin \alpha_2 \cos i_1' = 0.$$

Ersetzt man i_3 durch $i_2' - \alpha_2$ und entwickelt, so kommt:

$$\delta n_2 \sin \alpha_1 \cos i_2' \cotg \alpha_2 + \delta n_2 \sin \alpha_1 \sin i_2' + \delta n_3 \cos i_1' = 0 \qquad (63)$$
$$\delta n_1 = \delta n_3' = 0.$$

Dies ist allgemein die Bedingung dafür, daß das aus einem Prisma vom brechenden Winkel α_1 und der Dispersion δn_2, sowie einem mit dem ersten verkitteten Prisma vom brechenden Winkel α_2 und der Dispersion δn_3 gebildete Prismenpaar für die zwei betrachteten Farben bei einem beliebigen aber bestimmten Einfallswinkel achromatisch sei.

Gl. (63) ist je nach der vorliegenden Aufgabe umzuformen. Betrachtet man z. B. α_1 als gegeben und verlangt, daß der Strahl für eine der beiden Farben unter dem Minimum der Ablenkung in das erste Prisma eintrete, so ist der brechende Winkel α_2 des zweiten Prismas bestimmt durch

$$\cotg \alpha_2 = - \frac{\delta n_3}{2 \, \delta n_2 \sin \dfrac{\alpha_1}{2} \cdot \cos i_2'} - \tg i_2',$$

wobei

$$\sin i_2' = - \frac{n_2}{n_3} \cdot \sin \frac{\alpha_1}{2}.$$

Praktisch wichtiger ist der Fall, daß der Strahl auf die erste Prismenfläche senkrecht auftrifft und eine vorgeschriebene, meist kleine, Ablenkung erfährt; die Formeln ergeben sich aus Gl. (63) ohne weiteres.

Soll bei kleinen Prismen- und Brechungswinkeln ein zweiteiliges Prismensystem achromatisch sein, so muß dessen Dispersion

$$\delta \varepsilon = \delta n_2 \alpha_1 + \delta n_3 \alpha_2 = 0$$

sein, d. h. die Prismenwinkel α_1 und α_2 müssen die Bedingung erfüllen

$$\alpha_2 : \alpha_1 = - \delta n_2 : \delta n_3.$$

Wenn das System eine bestimmte Ablenkung ε hervorbringen soll, so bestimmen sich α_1 und α_2 — wie früher bei einem Linsensystem von der Stärke φ die Größen k_1 und k_2 — zu

$$\alpha_1 = \frac{\varepsilon}{\delta n_2 \left(v_2 - v_3\right)}; \quad \alpha_2 = -\frac{\varepsilon}{\delta n_3 \left(v_2 - v_3\right)}. \qquad (64)$$

Soll umgekehrt die Dispersion $\delta\varepsilon$ ohne Ablenkung erzielt werden, so muß sein

$$\alpha_1 = -\frac{\delta\varepsilon}{\delta n_2}\frac{v_3}{v_2 - v_3}, \quad \alpha_2 = +\frac{\delta\varepsilon}{\delta n_3}\frac{v_2}{v_2 - v_3}, \qquad (65)$$

wo

$$v_i = \frac{n_i - 1}{\delta n_i}$$

gesetzt ist.

Das sekundäre Spektrum hat auf die durch solche dünne Prismen hervorgerufene Dispersion oder die durch sie hergestellte Achromasie einen ganz analogen Einfluß wie bei Linsen; einer Brennpunktsdifferenz dort entspricht eine Winkelabweichung hier. Es braucht deshalb auf diese Verhältnisse hier nicht nochmals eingegangen zu werden. —

Die bei dünnen Prismen von unendlich kleinen Winkeln stattfindenden Verhältnisse werden oft ohne weiteres auf Prismen von endlichen Winkeln übertragen. Dies ist aber, wie hier ausdrücklich bemerkt werden mag, ganz unzulässig. Insbesondere die Größe und der Gang der Dispersion hangen schon bei einer einzigen Brechung in erheblichem Grade von dem Einfallswinkel ab, und werden bei den weiteren Brechungen, wie wir oben gesehen haben, auch noch mit durch den vorher erhaltenen Betrag bedingt. Es sind daher, wie eine genauere Untersuchung zeigt, weder die von zwei Prismen gleicher Substanz aber verschiedenen endlichen Winkels — selbst in gleicher Stellung, z. B. der der Minimalablenkung — hervorgebrachten Spektra einander „proportional", noch haben die von Prismen verschiedener Substanz entworfenen Spektra immer verschiedenen Gang, wenn die wahren Dispersionen dieser Substanzen in den verschiedenen Teilen des Spektrums disproportional sind; sondern es hängen diese Verhältnisse eben sehr von dem Betrage und der Folge der Brechungen ab. Man kann daher sehr wohl Prismenpaare aus optisch gleichen Substanzen herstellen, welche nur geradsichtig oder nur achromatisch sind, und im ersteren Falle eine endliche Dispersion, im letzteren Falle eine endliche Ablenkung haben. Ja, man kann sogar aus zwei gleichen Prismen ein geradsichtiges Prismensystem bilden, indem man dem ersten Prisma das zweite mit umgekehrter Lage der brechenden Kante gegenüberstellt und es so richtet, daß der Strahl unter demselben Einfallswinkel in das zweite Prisma eintritt, unter dem er das erste verlassen hat; man soll aber nicht erwarten, daß bei dieser Anordnung kein sekundäres Spektrum vorhanden sei. Nur wenn zwei Prismen von gleicher Substanz und gleichem Winkel miteinander so zusammengestellt werden, daß die inneren und äußeren Flächen einander parallel sind, so daß das Prismenpaar gewissermaßen eine planparallele Platte wird, verschwinden notwendig immer gleichzeitig Ablenkung, Dispersion und sekundäres Spektrum. Diese Verhältnisse sind z. T. bereits von Brewster richtig dargestellt worden.

IX. Kapitel.

Die Strahlenbegrenzung in optischen Systemen.

Bearbeiter: **M. von Rohr.**

———

1. Die Projektionssysteme bei allseitig strahlenden Objekten.

Sehen wir zunächst von den früher behandelten sphärischen und chromatischen Aberrationen ab, so können wir sagen, daß die optischen Instrumente die Objekte derart abbilden, daß einem Objektpunkte ein und nur ein Bildpunkt entspricht. Befinden sich die Objekte in verschiedenen Achsenentfernungen s vom abbildenden System, so nehmen auch ihre Bilder Lagen von verschiedener Achsenentfernung s' im Raume ein, und es entsteht gegenüber dem Relief im Objektraume ein Bildrelief, das dem erstgenannten Punkt für Punkt zugeordnet oder konjugiert ist.

Es muß als eine allgemein gültige Bemerkung hervorgehoben werden, daß dieses Bildrelief nicht als solches verwertet wird, mögen wir ein optisches Instrument zu subjektivem Gebrauche oder zu objektiver Projektion verwenden, vielmehr ist bei beiden Klassen von Instrumenten eine bestimmte Fläche gegeben, auf der die „Bilder entworfen" werden, wie der Sprachgebrauch lautet, nämlich bei Instrumenten für subjektiven Gebrauch die Netzhaut des Auges und bei den Projektionssystemen der Schirm oder die lichtempfindliche Platte. Dieses „Entwerfen der Bilder durch ein optisches System auf einer bestimmten Fläche" bedeutet aber etwas ganz anderes als den Prozeß der Abbildung, den wir bei der Behandlung der Aberrationen möglichst vollkommen zu gestalten beabsichtigten. Wir müssen uns eben gegenwärtig halten, daß wir mit einem Auffangschirme den Strahlengang schneiden, der jenes Bildrelief hervorzubringen strebt. Was auf diesem Schirme sichtbar wird, ist nur für die Objektpunkte das wahre Bild, die der Schirmfläche konjugiert sind, für alle vor und hinter ihnen liegenden ist es die Spur des Strahlenkegels, die *Zerstreuungsfigur*, die an die Stelle des Bildpunkts tritt. Das Nebeneinander von wahren Bildpunkten und stellvertretenden Zerstreuungsfiguren, wie es sich auf der Netzhaut oder auf dem Schirme einstellt, repräsentiert jenes Bildrelief und unterliegt unserer Wahrnehmung. Es wird aus dieser Überlegung klar, daß der Abbildungsvorgang, soweit es sich um Objektpunkte handelt, die keinem Punkte der Auffangfläche konjugiert sind, auf einen gewissen Projektionsvorgang hinausläuft, insofern nämlich als der Schnitt des bildformierenden Büschels mit dem Auffangschirme, die Undeutlichkeitsfigur, aufgefaßt werden kann als die Projektion der Büschelbasis durch den Bildpunkt auf die Auffangfläche.

Für die nachfolgenden Überlegungen wollen wir gewisse Annahmen machen, die sich in der überwiegenden Anzahl der in der Praxis auftretenden Fälle verwirklicht finden werden. Wir wollen annehmen, daß es sich um zentrierte Systeme von Kugelflächen handele, und daß die lichten Öffnungen, die die Begrenzung der Strahlen bewirken, seien sie durch die Fassungen der Linsen oder durch besondere kreisförmige Blenden (Diaphragmen) gegeben, sämtlich zentrisch zur Achse seien. Wir beschränken uns zunächst auf die Projektionssysteme und wählen uns, um einen Anhalt zu haben, einen Repräsentanten aus ihrer bestausgebildeten Klasse, den photographischen Objektiven. Wir nehmen ferner an, daß der Auffangschirm senkrecht sei zur optischen Achse, alsdann können wir von *Zerstreuungskreisen* an Stelle der allgemeinen Zerstreuungsfiguren reden.

Es sei ferner daran erinnert, daß wir nach der anfangs gemachten Voraussetzung annehmen wollen, daß die Systeme frei von Aberrationen sind. Alsdann müssen die nach den gewöhnlichen Annäherungsformeln ermittelten Bestimmungen von Bildlage und -größe, von Vergrößerung und Konvergenzverhältnis auch für endliche Öffnungen und Hauptstrahlneigungen giltig sein. Wir werden dementsprechend im folgenden den Giltigkeitsbereich der vorher nur für den paraxialen Raum definierten Größen weiter ausdehnen und, wo nicht anders bemerkt, annehmen, daß die Bilder eben und verzeichnungsfrei sind. Für die einzelnen Fälle, wo eine Berücksichtigung der Bildfehler angezeigt erscheint, werden wir diese Voraussetzungen ausdrücklich einschränken.

30*

Die Bestimmung der Pupillen (E.-P. und A.-P.). Von allen
Strahlen, die ein Objektpunkt aussendet, kommen für die Bilderzeugung nur die in Betracht, die von dem System durchgelassen
werden. Um sie zu ermitteln, benutzen wir in Fig. 104 die für
jedes optische Instrument bestehende Umkehrbarkeit des Strahlenganges und bringen ein Auge an den Ort O des Objekts auf der
Achse. Eine an den konjugierten Bildpunkt O' gebrachte Mattscheibe
beleuchten wir unter Ausschluß aller von der Objektseite kommenden
Lichtstrahlen von hinten, so daß sie nach allen Seiten strahlt; alsdann erblickt das mit unbegrenzter Akkomodation begabt gedachte
Auge vom Achsenorte O aus auf der Objektseite einen hellen
Kreis, und dieser gibt die Basis für das Büschel ab, das zu unserem

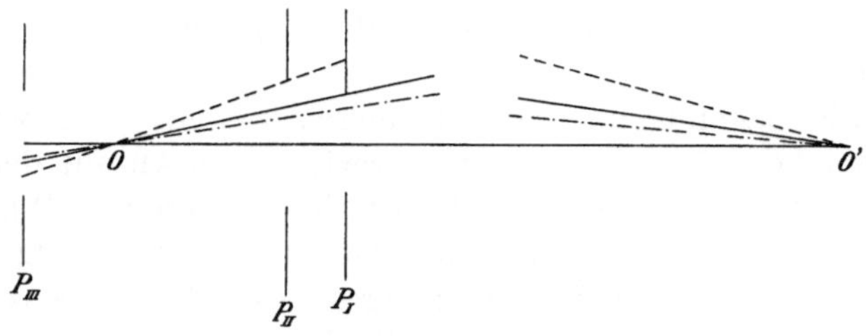

Fig, 104.

O Objekt-, O' Bildpunkt; P_I, P_{II}, P_{III} objektseitige Blendenbilder.
— — — ein gerade noch P_{II} passierender Strahl,
——— ein gerade noch P_I, und damit das System passierender Strahl.
—·—·— ein frei hindurchtretender Strahl geringerer Öffnung.
Zur Ermittlung der Eintrittspupille.

Auge gelangt und umgekehrt von dem allseitig strahlend gedachten
Objektpunkte ausgehend durch das System hindurchgelassen wird.
Fragen wir nun näher nach der Begrenzung dieser Basis, so wird
sie offenbar verursacht durch eine der im Objektiv vorhandenen,
kreisförmig und zentriert angenommenen Blenden, seien es nun
Linsenfassungen oder gesondert eingeführte Diaphragmen. Direkt
sichtbar kann nur eine vor der ersten Linsenfläche liegende Fassung
oder Blende werden, alle anderen werden durch ihre (meistens
virtuellen) Bilder vertreten, die durch die zwischen dem Auge und
ihnen befindlichen Systemteile nach der Objektseite entworfen werden.
Jedes dieser Bilder P_I, P_{II}, P_{III} . . . — und unter dieser Bezeichnung
seien auch die vor dem System liegenden, physischen Blenden verstanden — würde den nach dem Auge gelangenden Strahlenkegel
als Basis begrenzen, wenn es allein vorhanden wäre; da aber die
verschiedenen Bilder gleichzeitig bestehen, so übernimmt die objekt-

seitige Strahlenbegrenzung das Blendenbild, das dem Auge unter dem kleinsten Winkel erscheint; in unserem Falle ist das P_I. Eine solche Begrenzung der Apertur würde auch ein Blendenbild ausüben können, wenn es wie P_{III} links von O läge. Denn es ist offenbar für seine Ausschließung gleichgültig, wo auf dem gebrochenen Wege eines ein optisches System durchsetzenden Strahls ein Hindernis eintritt.

Es wäre nun der Fall denkbar, daß es, wie in Fig. 105 angenommen, für einen Punkt O_I zwei Blendenbilder P_I und P_{II} gäbe, die unter gleichem Winkel erschienen. Alsdann liefern die übers Kreuz gezogenen Verbindungslinien der Blendenränder noch einen zweiten Punkt O_{II}, von dem aus gesehen die beiden Blendenbilder gleich groß erscheinen. Beide Punkte O_I und O_{II} teilen die Achse derart in die beiden Stücke $O_I O_{II}$ und $O_{II} \infty O_I$, daß für alle Punkte des erstgenannten P_{II}, für die des zuletzt genannten P_I unter dem kleineren Winkel erscheint. In diesem Falle würde sich also die Lage der strahlenbegrenzenden Blende mit der Objektentfernung ändern können, und man sieht leicht ein, daß das

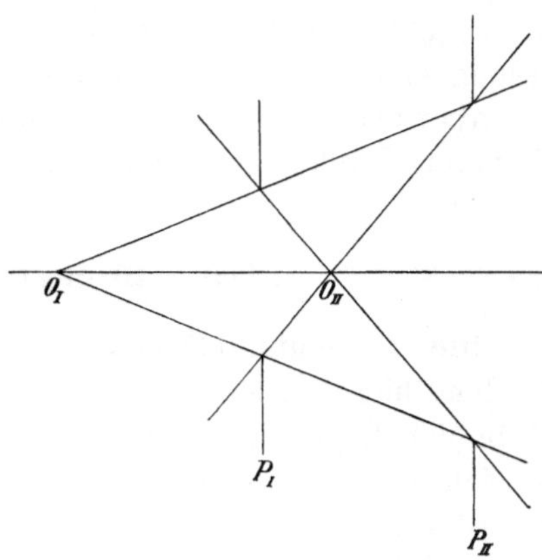

Fig. 105.

P_I, P_{II}, objektseitige Blendenbilder;
O_I, O_{II} Grenzlagen für axiale Objektpunkte.
Der Fall zweier Eintrittspupillen.

Hinzutreten noch weiterer Blenden eine noch weitergehende Zerlegung der Achse in Abschnitte mit je bestimmt zugeordneten wirksamen Blenden nach sich ziehen kann.

In den vorhergehenden Abschnitten haben wir schon gesehen, eine wie wichtige Rolle die wirksame Blende für die Korrektion des Systems spielt, und es ist daher verständlich, daß ein derartig sprunghafter Wechsel der wirksamen Blende, wie er beim Übergange über O_I oder O_{II} eintreten würde, dem Korrektionszustande des Systems verhängnisvoll werden kann. Daher schließen wir diese Fälle hier aus, indem wir den Spielraum der Objektverschiebung auf der Achse derart beschränken, daß ein und dasselbe Blendenbild die Strahlenbegrenzung übernimmt. Alsdann nennen wir die zugehörige physische Blende, wo immer sie auch gelegen sein mag, die *Aperturblende* und bezeichnen ihr vorher betrachtetes,

nach der Objektseite durch die ihr vorausgehenden Systemteile
entworfenes Bild als *Eintritts-Pupille* = E.-P. und ihr nach der Bildseite durch die nachfolgenden Systemteile entworfenes Bild als *Aus-
tritts-Pupille* = A.-P.   Alsdann stehen E.-P. und A.-P. in Bezug auf
das ganze System im Verhältnis von Objekt und Bild.   Die A.-P.
muß alsdann, wie nach Gleichung (21) auf Seite 104 aus

$$\operatorname{tg} u' = - \frac{\mathfrak{x}}{f'} \operatorname{tg} u$$

folgt, die Apertur der bildseitigen Büschel bestimmen.   Denn es
hängt bei einem gegebenen System der Faktor von $\operatorname{tg} u$ nur von
der Objekt-, nicht von der Blendenlage ab.   Bei einem gegebenen
System erscheint also auch das nach der Bildseite entworfene Bild
der Aperturblende vom Bildpunkte O' aus betrachtet unter einem
kleineren Winkel als irgend ein anderes Blendenbild.

A. Der Fall enger Aperturblenden.

Die Gesichtsfeldblende und die Luken (E.-L. und A.-L.).
In dem hier vorliegenden Falle eines photographischen Objektivs
ist in der Regel die eben berührte Möglichkeit verschiedener E.-P.
an sich ausgeschlossen, die Begrenzung der Öffnung wird hier durch
das Bild einer Blende von variablem Durchmesser geleistet, die wir
uns zunächst einmal sehr eng, punktförmig denken; wir beschränken
sie also, da sie immer zentriert sein muß, auf ihren Mittelpunkt.
Diese punktförmige E.-P. übernimmt nun für den ganzen in Betracht
kommenden Objektbereich die Beschränkung der Systemöffnung
derart, daß nur noch isolierte Strahlen durchgelassen werden, die
die Achse in der Mitte der Aperturblende schneiden; in Übereinstimmung mit der bei der Behandlung der Aberrationen einge-
haltenen Bezeichnung wollen wir diese im Objektraume nach der
E.-P. zielenden Strahlen die *Hauptstrahlen* nennen.

Errichten wir nun in Fig. 106 im Objekt- und im Bildpunkte
O, O' achsensenkrechte Ebenen, und beleuchten wir die Mattscheibe
in O' von hinten, so wird, wie wir wissen, von jedem ihrer leuchtenden Punkte A' nur der Strahl hindurchgelassen, der nach der
A.-P. zielt. Nach dem Durchgange durch das System tritt er dann
aus der E.-P. wieder aus und durchstößt die in O errichtete Objektebene an dem zum Ausgangsorte konjugierten Punkte A. E.-P.
und A.-P. sind aber nicht die einzigen Blenden des Systems, es
bestehen vielmehr noch andere Diaphragmen, deren objektseitig

projizierte Bilder in L_I, L_{II} ... liegen mögen; daher tritt schließlich einmal der Fall ein, wenn wir den betrachteten Punkt auf der Mattscheibe weiter von der Achse fort bis nach B' rücken lassen, daß der objektseitige Teil des Hauptstrahls den Rand eines Diaphragmas (in der Figur L_I) streift. Betrachten wir nun Bildpunkte C' von noch größerem Achsenabstande, so entspricht diesen kein austretender Strahl mehr, und in der Objektebene wird nur der Kreis vom Radius OB durch die weit ausgedehnte Mattscheibe erleuchtet. Die Diaphragmenbilder L_I, L_{II} ... wirken eben auf die

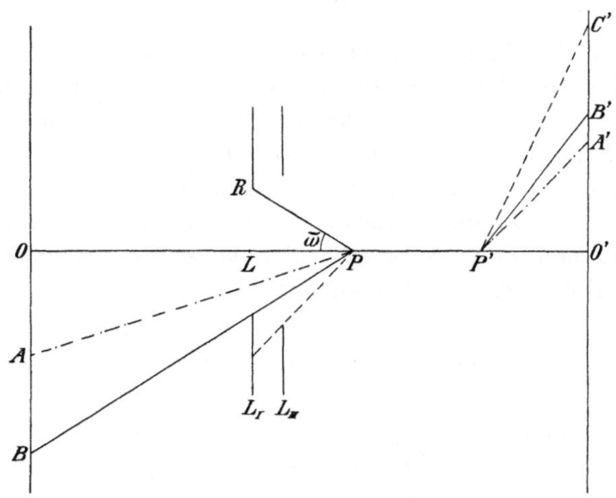

Fig. 106.

O Objekt, O' Bildpunkt; L_I, L_{II} objektseitige Blendenbilder.

— — — — — ein gerade noch L_{II} passierender Strahl,

———————— ein gerade noch L_I und damit das System passierender Strahl,

— · — · — ein frei hindurchtretender Strahl geringerer Neigung.

Zur Ermittlung der Eintrittsluke und des objektseitigen Gesichtsfeldes.

von der E.-P. ausgehenden oder nach ihr zielenden Hauptstrahlen genau so begrenzend, wie es körperliche Diaphragmen, von gleicher Größe und am gleichen Orte tun würden. Wollen wir nun den Hauptstrahlenkegel kennen lernen, der von allen Blenden durchgelassen wird, so suchen wir das Blendenbild auf, das sich der E.-P. unter dem kleinsten Gesichtswinkel darbietet. Wir bezeichnen es als *Eintrittsluke* = E.-L. und konstruieren mit ihm als Basis und der Mitte der E.-P. als Spitze einen Hauptstrahlenkegel, dessen Mantel den Objektraum so in zwei Teile teilt, daß von Punkten des einen Strahlen das System passieren können, während das für Punkte des andern unmöglich ist. Der Kegelmantel schneidet aus einer im Objektpunkte achsensenkrechten Ebene einen zur Achse zentrischen Kreis aus, den wir das *objektseitige Gesichtsfeld* nennen wollen. Den Kegelwinkel $\tilde{\omega}$, den *Grenzwinkel* der *objektseitigen Hauptstrahlneigung*, bestimmen wir, wenn $\eta = PL$ die Entfernung zwischen E.-P. und E.-L. ist und $\mathfrak{R}$ als Radius der E.-L. gilt, sowie die Betrachtung auf das oberhalb der Achse zwischen der E.-P. und der in O errichteten, achsensenkrechten Ebene liegende Gebiet beschränkt bleibt, durch

$$\operatorname{tg} \tilde{\omega} = \frac{\mathfrak{R}}{-\eta} \quad \text{oder} \quad \operatorname{tg} \tilde{\omega} = \frac{\mathfrak{R}}{\eta}$$

je nachdem das Licht vom Objekt kommend erst die E.-L. oder erst die E.-P. passiert. Die Blende, deren Bild als E.-L. den Grenzwinkel der objektseitigen Hauptstrahlneigung bestimmte, nennen wir *Gesichtsfeldblende*. Bilden wir alle Blenden nach der Bildseite ab, so beschränkt das zur Gesichtsfeldblende gehörige Bild als *Austrittsluke* = A.-L. das bildseitige Gesichtsfeld, indem es mit der A.-P. zusammen den *Grenzwinkel* der *bildseitigen Hauptstrahlneigung* definiert. Dieser ergibt sich analog durch

$$\operatorname{tg} \tilde{\omega}' = \frac{\mathfrak{R}'}{-\eta'} \quad \text{oder} \quad \operatorname{tg} \tilde{\omega}' = \frac{\mathfrak{R}'}{\eta'}$$

und wird im allgemeinen von dem objektseitigen verschieden sein. Daß die der E.-L. als Bild entsprechende A.-L. auch wirklich auf der Bildseite das Gesichtsfeld begrenzt, ergibt sich auf eine ganz analoge Weise, wie der Umstand, daß die A.-P. auf der Bildseite die Apertur bestimmt.

Es kann nun der Fall eintreten, und er sollte in allen ein größeres Gesichtsfeld beherrschenden Instrumenten verwirklicht sein, bei denen die Aperturblende auf beiden Seiten von Systemteilen eingeschlossen ist, daß die Fassungen dieser Teile von der Mitte der Aperturblende gesehen unter dem gleichen Winkel erscheinen; alsdann bieten auch ihre objekt- oder bildseitig entworfenen Bilder sich je der E.-P. oder der A.-P. unter gleichem Winkel dar, und wir haben den Fall zweier E.-L., der bei endlich geöffneter Aperturblende eine gewisse Rolle spielen wird. Wir sind mithin zu folgendem Ausspruche berechtigt:

Die von dem Objektpunkte O unter dem kleinsten Winkel erscheinende Blende, die Aperturblende, denken wir uns nach ihrer Festlegung auf einen Punkt verengert. Ihr objekt-(bild-)seitig entworfenes Bild bestimmt dann mit dem von ihm aus betrachtet am kleinsten erscheinenden objekt-(bild-)seitigen Blendungsbilde, der E.-L. (A.-L.), den Grenzwinkel $\tilde{\omega}$ ($\tilde{\omega}'$) der objekt-(bild-)seitigen Hauptstrahlneigung.

Die Vergrößerung beim Gebrauche des Projektionssystems. Nehmen wir ein bestimmtes achsensenkrechtes Objekt $\mathfrak{y}$ in einer Entfernung $\mathfrak{A}$ von der E.-P. an*), so entspricht ihm ein Bild $\mathfrak{y}'$, das von der A.-P. um $\mathfrak{A}'$ absteht, und es bestehen zwischen diesen Größen und den Sehwinkeln w, w' die folgenden Beziehungen:

$$\mathfrak{y}' = -\,\mathfrak{A}' \operatorname{tg} w'; \quad \mathfrak{y} = -\,\mathfrak{A} \operatorname{tg} w.$$

Gemäß den für die paraxialen Strahlen getroffenen Festsetzungen definieren wir als lineare Vergrößerung β:

$$\beta = \frac{\mathfrak{y}'}{\mathfrak{y}} = \frac{\mathfrak{A}' \operatorname{tg} w'}{\mathfrak{A} \operatorname{tg} w} = \frac{\mathfrak{A}'}{\mathfrak{A}} \Gamma.$$

Diese Vergrößerungszahl β ist bei Projektionssystemen häufig ein echter Bruch und wird dann meistens als *Reduktionsmaßstab* bezeichnet.

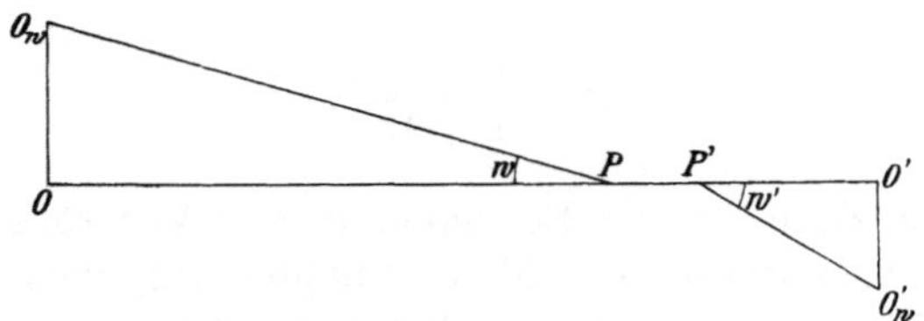

Fig. 107.

$$FO = \mathfrak{x}; \quad F'O' = \mathfrak{x}'; \quad FP = \mathfrak{X}; \quad F'P' = \mathfrak{X}'; \quad PO = \mathfrak{A}; \quad P'O' = \mathfrak{A}';$$
$$OO_n = \mathfrak{y}; \quad O'O_n' = \mathfrak{y}'.$$

Die Brennpunkte F, F' sind zwischen P und O sowie zwischen P' und O' anzunehmen.
Zur Einführung der Brennpunktsabstände in die Vergrößerungsformel.

Aus der für β angegebenen Formel sieht man, daß die Vergrößerung proportional ist dem Abstande $\mathfrak{A}'$ zwischen der Bildebene und der A.-P. Wird dieser Abstand aus irgend welchen Gründen (etwa wegen geringer Konvergenz der bildformierenden Büschel) ungenau bestimmt, so geht dieser Fehler auch in den Wert von β ein.

Wir gestalten daher den Ausdruck um und bezeichnen dabei nach Fig. 107 die von den Brennpunkten gemessenen Entfernungen

---

*) Da wir im folgenden die Abstände vielfach von konjugierten Punkten messen werden, so wollen wir das auch durch die Bezeichnung zum Ausdruck bringen. Wir wählen für den Spezialfall, daß die Anfangspunkte in die Pupillen fallen, statt des allgemeinen $\mathbf{A}$ von Seite 109 ein $\mathfrak{A}$.

der Pupillen mit $\mathfrak{X}$, $\mathfrak{X}'$, des Objekts und des Bildes mit $\mathfrak{x}$, $\mathfrak{x}'$, so daß wegen

$$P'O' = P'F' + F'O'; \quad PO = PF + FO$$

gilt

$$\mathfrak{A}' = \mathfrak{x}' - \mathfrak{X}'; \quad \mathfrak{A} = \mathfrak{x} - \mathfrak{X}.$$

Dann können wir, da nach Gleichung (21) auf S. 104 ist

$$\Gamma = -\frac{f}{\mathfrak{X}'} = -\frac{\mathfrak{X}}{f'}$$

schreiben

$$\beta = f\,\frac{1 - \dfrac{\mathfrak{x}'}{\mathfrak{X}'}}{\mathfrak{x} - \mathfrak{X}} \quad \text{oder} \quad \beta = \frac{1}{f'}\,\frac{\mathfrak{x}' - \mathfrak{X}'}{1 - \dfrac{\mathfrak{x}}{\mathfrak{X}}}.$$

Ist nun bei der Anlage des Instruments die E.-P. im vorderen Brennpunkte angenommen worden, so gelten die Gleichungen

$$\mathfrak{X} = 0; \quad \mathfrak{X}' = \infty,$$

und wir erhalten

$$\beta = \frac{f}{\mathfrak{x}} = \frac{f}{\mathfrak{A}}.$$

In diesem Falle ist die Bestimmung der Vergrößerung β von Änderungen im Bildabstande ($\mathfrak{A}'$, $\mathfrak{x}'$) unabhängig, weil die Hauptstrahlen im Bildraume achsenparallel verlaufen. Man bezeichnet die Folge dieser Strahlenbegrenzung nach dem Vorgange von E. ABBE (4.) als einen *nach der Bildseite telezentrischen* Strahlengang.

Ein diesem Falle ganz analoger ergibt sich, wenn die A.-P. in den hinteren Brennpunkt rückt. Es stellt sich dann infolge des achsenparallelen Verlaufs der Hauptstrahlen im Objektraume ein *nach der Objektseite telezentrischer* Strahlengang ein, und die Vergrößerung wird nach dem zweiten für β abgeleiteten Ausdrucke:

$$\beta = \frac{\mathfrak{A}'}{f'}.$$

Es bleibt nun noch der Fall übrig, daß das zu projizierende Objekt sich im Unendlichen befindet, alsdann muß die lineare Bildgröße $\mathfrak{y}'$ mit der angularen Objektgröße $\operatorname{tg} w$ verglichen werden. Bilden wir also diesen Ausdruck, so wird:

$$-\frac{\mathfrak{y}'}{\operatorname{tg} w} = \mathfrak{A}'\Gamma = f\left(1 - \frac{\mathfrak{x}'}{\mathfrak{X}'}\right) = f\left(1 - \frac{\mathfrak{X}}{\mathfrak{x}}\right).$$

Gehen wir für $\chi = \infty$ zur Grenze über, so erhalten wir also die Größe, in der ein unendlich fernes Objekt vom angularen Betrage w durch ein Projektionssystem der Brennweite f abgebildet wird, aus:

$$-\frac{\mathfrak{h}'}{\operatorname{tg} w} = f.$$

Die Einstellungsebenen (E.-E. und M.-E.). Wir hatten schon oben darauf hingewiesen, daß nur bestimmte Punkte des körperlichen Objekts auf dem Projektionsschirme wirklich abgebildet werden; denken wir uns nun den der Mitte des Auffangschirms O' konjugierten Objektpunkt O auf der Systemachse aufgesucht und

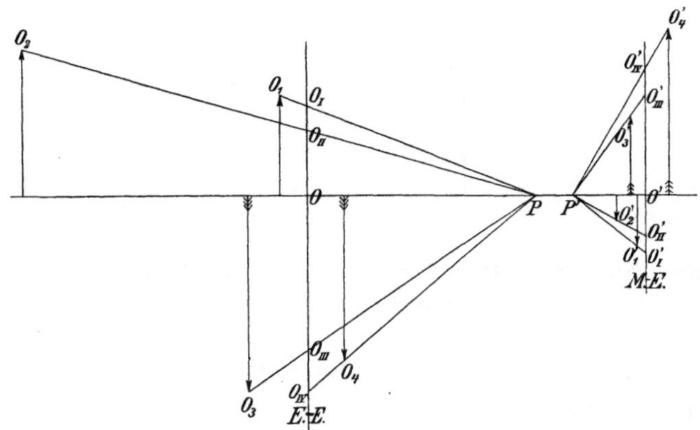

Fig. 108.

$E.\text{-}E.$ = Einstellebene in O; $M.\text{-}E.$ = Mattscheibenebene in O'; P Eintritts-, P' Austrittspupille; $O_I\ O_{II}\ O_{III}\ O_{IV}$ repräsentierende im Objektraume; $O'_I\ O'_{II}\ O'_{III}\ O'_{IV}$ ihre konjugierten Punkte auf der Mattscheibe und gleichzeitig repräsentierende Punkte im Bildraume.

Zur Konstruktion des objektseitigen Abbilds und zu seiner Wiedergabe auf der Mattscheibe.

in ihm eine achsensenkrechte Ebene errichtet, so ist dies die *Einstellungsebene* = E.-E., und sie ist der Schirm- oder *Mattscheibenebene* = M.-E. konjugiert. Jeder außerhalb der E.-E. gelegene Objektpunkt bestimmt (Fig. 108) mit der E.-P. einen Hauptstrahl, der nach Durchgang durch das System aus der A.-P. ausfährt und die M.-E. an einem bestimmten Punkte durchstößt, der dem repräsentierten Objektpunkte nicht konjugiert ist. Den konjugierten Punkt im Objektraume finden wir vielmehr, wenn wir den objektseitigen Hauptstrahl von der E.-P. aus rückwärts bis zum Schnitte der E.-E. verfolgen. Da dies für jeden repräsentierenden Punkt der M.-E. gilt so können wir sagen:

Der durch die punktförmige E.-P. und sämtliche Objektpunkte bestimmte Hauptstrahlenkegel schneidet auf einer zunächst willkürlich gewählten E.-E. eine Projektionsfigur, das *objektseitige Abbild* = o. A., aus, die durch das System auf der M.-E. in einem bestimmten Maßstabe abgebildet wird.

Der ganze Abbildungsvorgang in einem eng abgeblendeten System, durch den eine Darstellung der körperlichen Außenwelt auf der M.-E. entworfen wird, beschränkt sich also auf die Wiedergabe einer achsensenkrechten Ebene, der E.-E., und es ist das optische System an der Entstehung des auf der E.-E. gebildeten o. A. nur insofern beteiligt, als es den Ort der E.-P. bestimmt.

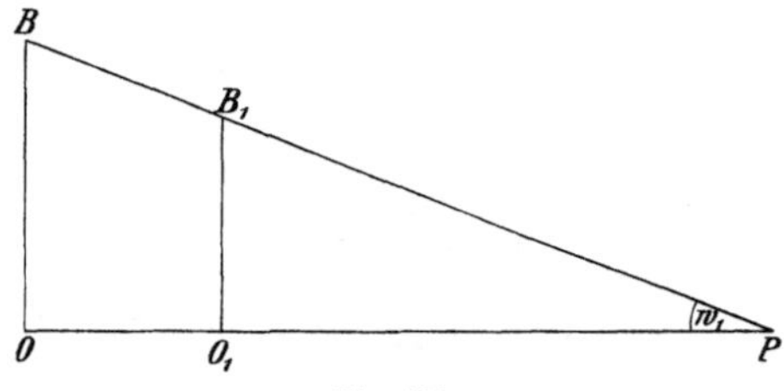

Fig. 109.

$$PO = \mathfrak{A}; \quad PO_1 = \mathfrak{A}_1; \quad \varDelta\mathfrak{A} = OP + PO_1 = OO_1; \quad O_1B_1 = \mathfrak{y}_1; \quad OB = [\mathfrak{y}_1].$$

Die perspektivische Längenänderung nicht eingestellter Objekte.

Gehen wir etwas näher auf die Entstehung des o. A. ein, so sehen wir aus der Figur 109, daß

$$\mathfrak{A}_1 - \mathfrak{A} = \varDelta\mathfrak{A},$$

wenn wir mit $\mathfrak{A}$ die Entfernung der E.-E. von der E.-P. und mit $\mathfrak{A}_1$ die Entfernung eines zweiten Objekts $\mathfrak{y}_1$ von dieser bezeichnen; $\varDelta\mathfrak{A}$ ist dann negativ oder positiv, je nachdem der Objektpunkt O_1 im Sinne der Lichtbewegung vor oder hinter der E.-E. liegt. Wir wollen es aber im folgenden immer als positiv betrachten und das Zeichen $\mp$ heraustreten lassen.

Projizieren wir $\mathfrak{y}_1$ von der Mitte der E.-P. aus in die E.-E., und nennen wir diese scheinbare Größe $[\mathfrak{y}_1]$, so ergibt sich die Proportion:

$$\frac{[\mathfrak{y}_1]}{\mathfrak{y}_1} = \frac{\mathfrak{A}}{\mathfrak{A}_1} \quad \text{und} \quad [\mathfrak{y}_1] = \frac{\mathfrak{y}_1 \mathfrak{A}}{\mathfrak{A} \pm \varDelta\mathfrak{A}},$$

also auch

$$[\mathfrak{y}_1]\,\mathrm{app} = \mathfrak{y}_1\left(1 \mp \frac{\varDelta\mathfrak{A}}{\mathfrak{A}}\right),$$

so lange nämlich der Abstand des zweiten Objekts von der E.-E. klein ist gegen den von der E.-P., ein Fall, der bei der Verwendung von Projektionssystemen in der Regel verwirklicht ist.

Die Perspektive der Aufnahme. Die Größe

$$\frac{[\mathfrak{h}_1] - \mathfrak{h}_1}{\mathfrak{h}_1} = \mp \frac{\varDelta \mathfrak{A}}{\mathfrak{A} \pm \varDelta \mathfrak{A}}$$

bezeichnet man als *relative perspektivische Verkürzung* oder *Verlängerung*; sie bekommt praktische Bedeutung, wenn zwei gleichgroße Objekte $\mathfrak{h}_1$ vom gegenseitigen Abstande $\varDelta \mathfrak{A}$ aus einem um $\mathfrak{A}$ von einem dieser Objekte entfernten Punkte betrachtet werden. Schreibt man den Ausdruck anders,

$$\frac{[\mathfrak{h}_1] - \mathfrak{h}_1}{\mp \varDelta \mathfrak{A}} = \frac{\mathfrak{h}_1}{\mathfrak{A} \pm \varDelta \mathfrak{A}} = \frac{[\mathfrak{h}_1]}{\mathfrak{A}} = - \operatorname{tg} w_1 \, ,$$

so sieht man, daß das Verhältnis des gegenseitigen Abstandes zur perspektivischen Verkürzung selbst nicht von der Entfernung $\mathfrak{A}$, sondern nur von dem Gesichtswinkel w_1 des fixierten Objekts abhängig ist. Mithin ändert sich der Eindruck auf der Netzhaut nicht, wenn eine im Maßstabe ε ausgeführte Kopie des o. A. unter dem gleichen Gesichtswinkel w_1 betrachtet wird. Man spricht dann wohl auch davon, die ε-fach verkleinerte oder vergrößerte *Abbildskopie habe dieselbe Perspektive* wie das o. A. selbst.

Bei der Betrachtung einer solchen Kopie vom Maßstabe ε bilden wir uns, wenn es sich um bekannte Gegenstände handelt, ein Urteil auf Grund unserer an ähnlichen Objekten gesammelten Erfahrung.

Es kann sich dabei nun einmal um Kenntnis der Höhen $\mathfrak{h}_1$ der verschiedenen nicht eingestellten Objekte handeln, alsdann schließen wir auf eine relative Tiefenerstreckung eines durch die vorliegende Abbildskopie dargestellten Gegenstandes nach Maßgabe der Gleichung

$$\pm \varepsilon \varDelta \mathfrak{A} = \varepsilon \left([\mathfrak{h}_1] - \mathfrak{h}_1\right) \operatorname{ctg} w_1 .$$

Eine andere Möglichkeit ist die, daß uns ein Anhalt über den Tiefenunterschied gegeben ist, alsdann schließen wir auf die Höhenverhältnisse außerhalb der E.-E. liegender Objekte nach Maßgabe der Gleichung

$$\varepsilon \mathfrak{h}_1 = \varepsilon [\mathfrak{h}_1] \mp \varepsilon \varDelta \mathfrak{A} \operatorname{tg} w_1 .$$

Wenn kein Anhalt zur Bestimmung des natürlichen Maßstabes vorliegt, so werden wir zu einer meist unbewußten Konstruktion eines in allen seinen Teilen ε-fach veränderten Objekts geführt, das aber von dem um $\varepsilon\mathfrak{A}$ entfernten Augenorte (aber auch nur von diesem) aus betrachtet, abgesehen von der veränderten Akkomodation, denselben Eindruck macht wie das Objekt selbst von der Mitte der E.-P. aus.

Das auf der M.-E. entstehende Bild, das *bildseitige Abbild* = b. A., ist für das optische System dem o. A. streng konjugiert, ganz gleichgültig, wie die Hauptstrahlneigung durch das System modifiziert wird. Gewöhnlich aber stellt man noch die Forderung, das Bild solle dem o. A. *ähnlich* sein, d. h. keine Verzeichnung aufweisen, alsdann kann es zu ihm in perspektivische Lage gebracht werden; es ist ihm dann auch ohne Zwischenschaltung des abbildenden Systems Punkt für Punkt durch geradlinige, von der E.-P. ausgehende Strahlen zugeordnet.

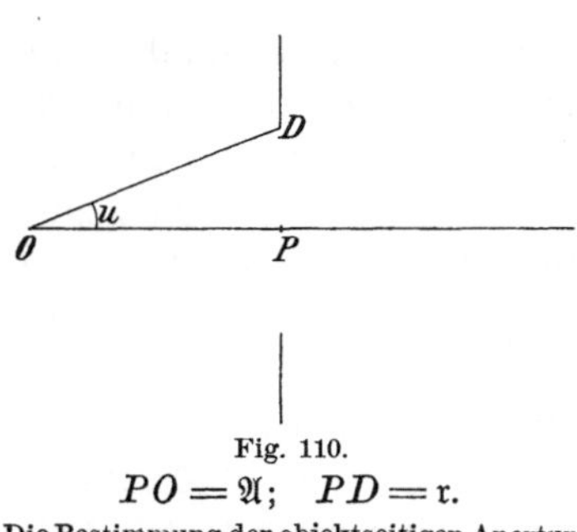

Fig. 110.

$$PO = \mathfrak{A}; \quad PD = \mathfrak{r}.$$

Die Bestimmung der objektseitigen Apertur aus dem Radius der Eintrittspupille und dem Objektabstande.

Für die Betrachtung eines solchen geometrisch ähnlichen b. A. finden die vorher für die Betrachtung der im Maßstabe ε ausgeführten Kopie entwickelten Beziehungen direkt ihre Anwendung, wenn man $\varepsilon = \beta$ setzt.

Ist das Objektiv wohl frei von Astigmatismus, aber mit Bildfeldkrümmung behaftet, so entspricht die M.-E. nicht mehr der E.-E., sondern einer Einstellungsfläche, auf der nunmehr das o. A. aufgesucht werden

muß. An der Perspektive wird dadurch nichts weiter geändert, denn wenn man das auf der M.-E. entstehende b. A. richtig vor die E.-P. bringt, so deckt es sich, ein nicht verzeichnendes Objektiv vorausgesetzt, Punkt für Punkt mit der Darstellung auf der *Schärfenfläche*.

Die Begrenzung des Gesichtsfeldes kommt in der Regel durch die Projektion der E.-L. von der E.-P. aus in die E.-E. zu stande; sind die Objekte nur auf einen Teil des Feldes beschränkt, so tritt an ihre Stelle die Projektion der Objektbegrenzung selbst in die E.-E.

B. Der Fall endlicher Aperturblenden.

Bei der Behandlung der sphärischen Aberration hatten wir auf S. 223 als numerische Apertur eines Systems nach E. Abbe die Größe eingeführt

$$A = n \sin u.$$

Ist uns nun der Radius der E.-P. als endliche Größe $\mathfrak{r}$ gegeben, und ist der Objektpunkt um $\mathfrak{A}$ von der E.-P. entfernt, so ergibt sich direkt

$$\operatorname{tg} u = \frac{\mathfrak{r}}{\mathfrak{A}}$$

und ferner

$$A = \frac{n\,\mathfrak{r}}{\sqrt{\mathfrak{A}^2 + \mathfrak{r}^2}}.$$

Aus dieser Beziehung wird die Änderung ersichtlich, die die Apertur erfährt, wenn man entweder die Öffnung der E.-P. verändert oder den Objektpunkt verschiebt. Im letztgenannten Falle kommt es darauf an, ob $\mathfrak{A}$ positiv oder negativ ist, d. h. ob die E.-P. vor oder hinter dem Objektpunkte liegt. Unter Berücksichtigung dieser beiden Möglichkeiten nimmt die Apertur im ersten Falle ab, im zweiten zu, wenn der Objektpunkt eine Verschiebung im Sinne der Lichtbewegung erfährt, und der Effekt einer bestimmten Verschiebung $\varDelta\,\mathfrak{A}$ ist um so größer, je näher der Punkt sich bereits an der E.-P. befand.

Die Unabhängigkeit der Perspektive von der Öffnung. Betrachten wir nun die Abbildung eines körperlichen Objekts durch ein System mit endlicher E.-P., so treten jetzt für alle Objektpunkte, die keinen zu großen seitlichen Achsenabstand haben (die genauen Grenzen werden später bestimmt), nicht mehr bloß die Hauptstrahlen durch das System, sondern ganze Strahlenkegel, die ihre Basis in der E.-P. und ihre Spitzen in den Objektpunkten haben. Auf der Bildseite ist die gemeinsame Basis dieser zweifachen Mannigfaltigkeit von Kegeln die A.-P. Da die M.-E. diese Kegel vor, in oder hinter ihren Spitzen schneidet, so besteht für endlich geöffnete Systeme das b. A. jedenfalls aus Bildpunkten und stellvertretenden Zerstreuungskreisen, je nachdem die zugehörigen Objektpunkte innerhalb oder außerhalb der E.-E. liegen. Das Objekt zu diesem b. A. ist natürlich das o. A., wie es entsteht, wenn die endliche E.-P. durch alle Objektpunkte in die E.-E. projiziert wird, wobei dann jeder Zerstreuungskreis zentrisch ist zum Durchstoßungspunkte des Hauptstrahls und zwar sowohl auf der Objekt- wie auf der Bildseite (s. Fig. 111).

Von besonderem Vorteil wird diese Vorstellung des das körperliche Objekt ersetzenden Abbildes, wenn es sich um sehr weit geöffnete Systeme handelt. Bei diesen kann man, wie S. 299 gezeigt wurde, überhaupt nicht mehr von einer punktmäßigen Abbildung vor oder hinter der E.-E. liegender Punkte reden. Dagegen können die verschiedenen Punkte der Zerstreuungskreise des o. A. aufgefaßt werden als Punkte der aplanatischen E.-E., die aber nur in einer (durch den außerhalb gelegenen Objektpunkt bestimmten) Richtung Strahlen aussenden und infolge ihrer bevorzugten Lage auch wieder mit konstanter Vergrößerung in der konjugierten aplanatischen Bildebene abgebildet werden.

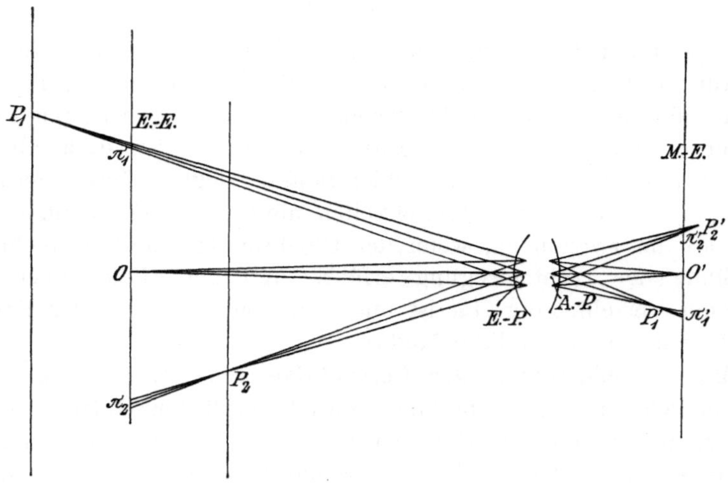

Fig. 111.

Das auf der in O errichteten Einstellungsebene aus Punkten O und stellvertretenden Zerstreuungskreisen π_1, π_2 entstehende, objektseitige Abbild und die ihm konjugierte, aus Punkten O' und Zerstreuungskreisen π_1', π_2' bestehende Abbildskopie.

Zur Aufnahme eines räumlichen Objekts ($P_1\, O\, P_2$) durch ein System endlicher Öffnung.

Selbst unter so extremen Verhältnissen bleibt also der Durchstoßungspunkt des Hauptstrahls als Mittelpunkt des Zerstreuungskreises erhalten, und die Perspektive erleidet keine Änderung, da wir unwillkürlich den Bildort in dem Mittelpunkte des Zerstreuungskreises suchen.

Die Zusammensetzung der Abbilder aus Punkten und stellvertretenden Zerstreuungskreisen würde nun allen auf eine bestimmte Fläche projizierten optischen Bildern den Charakter mangelnder Naturwahrheit geben, insofern, als die Akkommodationsfähigkeit des Auges, die uns sehr rasch nacheinander scharfe Bilder von Objekten sehr verschiedener Entfernung wahrzunehmen gestattet, jetzt außer Spiel kommt. Dieser Mangel würde in der

Tat merkbar werden, wenn es sich bei unserem Auge um eine absolute Sehschärfe handelte. Dies ist aber nach dem Bau des Auges nicht der Fall, wir sind nur im stande, Unschärfen zu erkennen, die ein gewisses angulares Maß überschreiten; Objekte, die diese Größe nicht erreichen, gelten uns als Punkte. Diese Aussage gilt auch von den Zerstreuungskreisen auf der E.-E.; so lange sie vom Orte der E.-P. aus betrachtet jenes angulare Maß der Unschärfe nicht erreichen, gelten sie als Punkte und erscheinen also scharf wiedergegeben. Man bezeichnet diese auf der begrenzten Sehschärfe des Auges beruhende Erscheinung bei den Projektionssystemen als *Tiefenschärfe.*

Die Tiefenschärfe in absolutem Maße. Wir stellen uns nun die Aufgabe, die Größe der Zerstreuungskreise abzuleiten aus den sie bestimmenden Elementen auf der Objektseite, nämlich der Größe und Lage der E.-P. und den Entfernungen der Objektpunkte von der E.-E.

Es sei $\mathfrak{A}$ der Abstand zwischen E.-E. und E.-P., $\mathfrak{r}$ der Radius der E.-P. und $\pm \varDelta \mathfrak{A}$ der Abstand des hinter oder vor der E.-E. liegenden Objektpunkts von ihr. Dann ergibt sich der Wert des Halbmessers δ des Zerstreuungskreises in der E.-E. nach der Formel

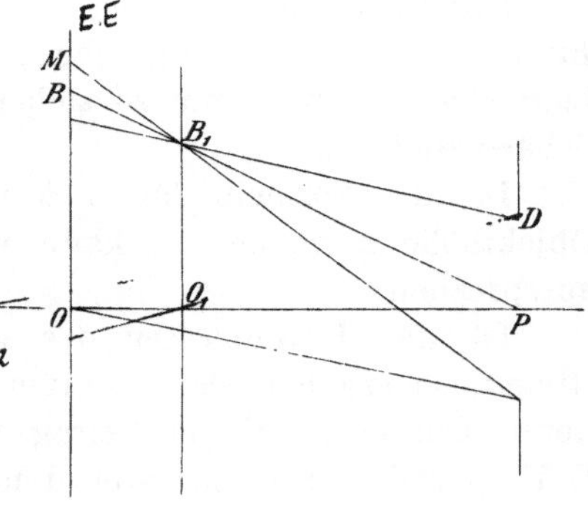

$$PO = \mathfrak{A}; \quad PO_1 = \mathfrak{A}_1; \quad OO_1 = \varDelta \mathfrak{A}; \quad PO_2 = \mathfrak{A}$$
$$PD = \mathfrak{r}; \quad BM = \delta.$$

Fig. 112.

Zur Ableitung der Tiefenschärfe.

$$-\delta = \frac{\mathfrak{r}\,\varDelta\mathfrak{A}}{\mathfrak{A} + \varDelta\mathfrak{A}} = \frac{\mathfrak{r}}{\mathfrak{A}}\,\frac{\mathfrak{A}\,\varDelta\mathfrak{A}}{\mathfrak{A} + \varDelta\mathfrak{A}} = \frac{\mathfrak{A}\,\varDelta\mathfrak{A}}{\mathfrak{A} + \varDelta\mathfrak{A}}\,\operatorname{tg} u\,,$$

ein Ausdruck, der für kleine $\varDelta\mathfrak{A}$ übergeht in

$$-\delta\,\mathrm{app} = \varDelta\mathfrak{A}\,\operatorname{tg} u.$$

Aus der für δ angegebenen strengen Formel lassen sich nun die Abstände $\varDelta_1\mathfrak{A}$ vor und $\varDelta_2\mathfrak{A}$ hinter der E.-E. (vor und hinter immer im Sinne der Lichtbewegung genommen) berechnen, die die Objektpunkte erreichen können, ohne daß der der angularen Sehschärfe ζ entsprechende Unschärfenradius

$$\delta = -\frac{1}{2}\,\mathfrak{A}\,\operatorname{tg}\zeta$$

überschritten wird.

Optik.   31

$$\varDelta_1 \mathfrak{A} = -\frac{\mathfrak{A}\,\delta}{\mathfrak{r} - \delta}\,; \quad \varDelta_2 \mathfrak{A} = -\frac{\mathfrak{A}\,\delta}{\mathfrak{r} + \delta}\,.$$

Man sieht, daß bei Festhaltung von $\mathfrak{A}$ stets $\varDelta_2 \mathfrak{A}$ kleiner ist als $\varDelta_1 \mathfrak{A}$, oder mit andern Worten: Die absolute Unschärfe wächst bei einer Entfernung des Objektpunkts von der E.-E. in der Richtung des einfallenden Lichts schneller als gegen sie. Der ganze Tiefenraum, die *Schärfentiefe*, ergibt sich als Summe der beiden Teilräume zu

$$\varLambda \mathfrak{A} = \varDelta_1 \mathfrak{A} + \varDelta_2 \mathfrak{A} = -\frac{2\,\mathfrak{A}\,\mathfrak{r}\,\delta}{\mathfrak{r}^2 - \delta^2}\,.$$

Der reziproke Wert der Schärfentiefe $1 : \varLambda\mathfrak{A}$ wird als Maß der *Einstellungsgenauigkeit* angesehen, denn es wird sich tatsächlich die Lage der Bildebene um so sicherer feststellen lassen, je kleiner die Schärfentiefe ist.

Da die Formeln für $\varDelta_1 \mathfrak{A}$ und $\varDelta_2 \mathfrak{A}$ ganz allgemein für jede Objekthöhe $\mathfrak{y}$ gelten, so kann man die Ergebnisse in folgendem aussprechen:

Ist der Durchmesser des zulässigen Zerstreuungskreises bestimmt, so ergeben sich als räumliche Grenzen für die Objektpunkte, deren Unschärfe diesen Betrag nicht überschreiten soll, zwei der E.-E. parallele Ebenen, von denen die vordere den größeren Abstand von der E.-E. hat.

Der Zusammenhang der oben definierten Größen untereinander wird durch die folgende Hilfsgröße α für die numerische Rechnung bequemer vermittelt

$$\delta = \mathfrak{r}\,\mathrm{tg}\,\frac{\alpha}{2}\,,$$

denn dann ist

$$\varLambda \mathfrak{A} = -\mathfrak{A}\,\mathrm{tg}\,\alpha.$$

Die eingehende Diskussion der verschiedenen Relationen, die diese Größen miteinander verbinden, werden wir da geben, wo die Theorie des hauptsächlichen Projektionssystems, des photographischen Objektivs, behandelt wird. Hier genüge die Bemerkung, daß in alle diese Formeln nur solche Größen eingehen, die auf die Größe der E.-P. und ihre Lage zu den Objektpunkten Bezug haben, daß aber die Brennweite des abbildenden Systems nicht vorkommt.

Die Tiefenschärfe in relativem Maße. Der absoluten Unschärfe im o. A., wie sie durch den Wert δ des Radius der Zerstreuungskreise gekennzeichnet ist, tritt die *relative* Unschärfe gegenüber, derzufolge das Detail im o. A. verwischt wird. Zu diesem Zwecke setzen wir die scheinbare (perspektivisch veränderte) Objektgröße $[\mathfrak{y}_1]$, wie sie durch den Verlauf der Hauptstrahlen bestimmt ist, zu dem Durchmesser des Zerstreuungskreises in Beziehung, der durch die endliche Öffnung des E.-P. verursacht ist. Da sich S. 476 ergeben hatte

$$\frac{[\mathfrak{y}_1]}{\mathfrak{y}_1} = \frac{\mathfrak{A}}{\mathfrak{A} + \varDelta\,\mathfrak{A}}\,,$$

so wird nun

$$-2\,\delta : \frac{[\mathfrak{y}_1]}{\mathfrak{y}_1} = \frac{2\,\mathfrak{r}\,\varDelta\,\mathfrak{A}}{\mathfrak{A}} = 2\,\varDelta\,\mathfrak{A}\,\mathrm{tg}\,u.$$

Wir erhalten also das Ergebnis, daß die durch die Bildung des o. A. entstehende Verundeutlichung oder relative Unschärfe einmal durch den Öffnungswinkel des Systems bedingt ist, daneben aber nicht mehr vom Zeichen, sondern nur noch von dem absoluten Betrage der Entfernung zwischen Objekt und E.-E. abhängt. Als räumliche Grenzen für eine gewisse relative Verundeutlichung $\dfrac{\varTheta}{\mathfrak{y}_1} = \dfrac{2\,\delta}{[\mathfrak{y}_1]}$ ergeben sich also zwei achsensenkrechte Ebenen in gleichem Abstande $\varDelta\,\mathfrak{A} = \dfrac{\varTheta}{2\,|\mathrm{tg}\,u|}$ von der E.-E., wo $\varTheta$ durch einen vorgeschriebenen Bruchteil von $\mathfrak{y}_1$ bestimmt ist.

Die sekundäre Aperturbegrenzung durch die Luken. Schon bei der Überlegung, die uns auf die Unabhängigkeit der Perspektive von der Öffnung des Projektionssystems führte, hatten wir den Durchgang vollständiger, von den Pupillen als Basen ausgehender Strahlenkegel nur für Objektpunkte ohne allzu großen seitlichen Achsenabstand angenommen und damit die Möglichkeit einer Grenze für den ungehinderten Durchgang zugelassen.

Wir wollen uns nun dazu wenden, diese Grenzen genauer zu bestimmen.

Es ist möglich, daß besonders gelegene Punkte wohl auf die Mitte der E.-P. ungehinderten Ausblick haben, während ihnen Randgebiete der E.-P. durch Teile des Objekts verdeckt werden. Wir schließen solche Objekte hier aus und sparen ihre Behandlung für das Kapitel auf, das sich mit dem photographischen Objektiv allein beschäftigt. Diese Beschränkung kommt dann im wesentlichen darauf hinaus, daß die Entfernung der E.-P. von dem Objekt groß sei gegenüber ihrem Durchmesser. Es sei zuerst betrachtet

Der Fall einer einzelnen E.-L. Wir betrachten zunächst den Fall, daß die E.-L. im Sinne der Lichtbewegung hinter der E.-P.

31*

liegt. Er findet sich bei den photographischen Objektiven verwirklicht, die mit einer Vorderblende verwandt werden, also bei
allen „einfachen Landschaftslinsen".

Legen wir durch die E.-L. eine achsensenkrechte Ebene, so
projiziert sich für den Objektachsenpunkt O die E.-P. auf sie als
ein zu der E.-L. konzentrischer Kreis. Wenn wir an den Bezeichnungen festhalten, die wir für die Radien dieser Blendenöffnungen
schon früher gebraucht haben, so erhalten wir für den zu dem

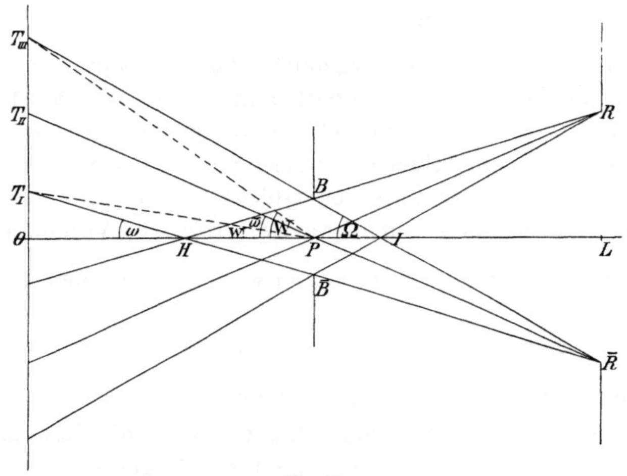

Fig. 113.

$$PO = \mathfrak{A}; \quad PL = \eta; \quad PH = \vartheta_1; \quad PI = \vartheta_2; \quad OT_I = \mathfrak{y}_I; \quad OT_{II} = \mathfrak{y}_{II};$$
$$OT_{III} = \mathfrak{y}_{III}; \quad PB = \mathfrak{r}; \quad LR = \mathfrak{R}.$$

Die durch die Eintrittspupille und eine Eintrittsluke bedingte Zerlegung des Objektraums in die
Gebiete der unverminderten Apertur, der Vignettierung und der Ausschließung.

positiven Achsenabstande $\mathfrak{y}_{II}$ gehörigen Grenzwinkel der objektseitigen Hauptstrahlneigung $\tilde{\omega}$ den Ausdruck

$$\operatorname{tg} \tilde{\omega} = \frac{\mathfrak{R}}{\eta}.$$

Rücken wir nun in der Meridianebene mit dem Objektpunkte O
aus der Achse heraus, d. h. betrachten wir Punkte der in O achsensenkrechten Objektebene mit der Hauptstrahlneigung w, so projiziert
sich die E.-P. zunächst als exzentrischer Kreis auf die E.-L.; dieser
berührt schließlich die Peripherie der E.-L. von innen, und wir
erhalten den berührenden Strahl, indem wir die Endpunkte $\overline{B}$ und
$\overline{R}$ der beiden Durchmesser auf derselben Seite der Achse verbinden.

Diese Gerade bildet mit der Achse den Winkel ω, der gegeben ist durch

$$\mathrm{tg}\,\omega = \frac{\mathfrak{R}-\mathfrak{r}}{\eta} = -\frac{\mathfrak{r}}{\vartheta_1}\,,$$

und der der *Vignettierungs*winkel heißen möge.

Der Schnittpunkt H mit der Achse liegt in einer Entfernung ϑ_1

$$\vartheta_1 = -\frac{\mathfrak{r}\eta}{\mathfrak{R}-\mathfrak{r}}$$

und unter Benutzung dieser Größe ergibt sich der Radius $\mathfrak{y}_I$ des mit voller Apertur abgebildeten Feldes in einer Achsenentfernung $\mathfrak{A}$ zu

$$\mathfrak{y}_I = \frac{\mathfrak{r}}{\vartheta_1}\,\mathfrak{A} - \mathfrak{r}\,,$$

und als Gesichtsfeldwinkel w dieses *Gebietes unverminderter Apertur* erhalten wir

$$\frac{\mathfrak{y}_I}{-\mathfrak{A}} = \mathrm{tg}\,\mathrm{w} = \mathrm{tg}\,\omega + \mathrm{tg}\,u\,.$$

Ist also für ein gegebenes System der Vignettierungswinkel ω bestimmt, so ist bei Vorderlage der E.-P. die Tangente des Gesichtsfeldwinkels w für das Gebiet unverminderter Apertur gleich der Summe der Tangenten von Vignettierungs- und Öffnungswinkel.

Für jede größere Hauptstrahlneigung $w > \mathrm{w}$ wird die Apertur durch die E.-L. eingeschränkt, und an die Stelle des lichten Kreises tritt ein lichtes Kreiszweieck. Der Mittelpunkt der E.-P. projiziert sich auf den Rand der E.-L. für Objektpunkte, die von der Mitte der E.-P. aus unter dem Grenzwinkel $\tilde{\omega}$ der objektseitigen Hauptstrahlneigung erscheinen.

Überhaupt hindurchgelassen werden noch Strahlen von einer Achsenneigung Ω, die wir erhalten, wenn wir $B\overline{R}$, $\overline{B}R$ ziehen, d. h. die Endpunkte beider Durchmesser übers Kreuz verbinden. Danach ergibt sich der *Ausschluß*winkel Ω aus

$$\mathrm{tg}\,\Omega = \frac{\mathfrak{R}+\mathfrak{r}}{\eta} = \frac{\mathfrak{r}}{\vartheta_2}\,,$$

während wir für den Schnittpunkt I die Entfernung ϑ_2 ermitteln zu

$$\vartheta_2 = \frac{\mathfrak{r}\eta}{\mathfrak{R}+\mathfrak{r}}\,.$$

Gehen wir nun ganz analog wie oben vor, so erhalten wir W als den Gesichtswinkel der Ausschlußgrenze für die Achsenentfernung $\mathfrak{A}$, und es ist:

$$\frac{\mathfrak{y}_{III}}{-\mathfrak{A}} = \operatorname{tg} W = \operatorname{tg} \Omega - \operatorname{tg} u.$$

Ist also für ein gegebenes System der Ausschlußwinkel Ω bestimmt, so ist bei Vorderlage der E.-P. die Tangente des Gesichtswinkels W der Ausschlußgrenze gegeben durch die Differenz der Tangenten von Ausschlußwinkel und Öffnungswinkel.

In diesen beiden Regeln muß „Summe" durch „Differenz" ersetzt werden und umgekehrt, wenn es sich um die Hinterlage der E.-P. handelt, d. h. wenn das vom Objekt ausgehende Licht erst die E.-L. und dann die E.-P. passiert. Solche Systeme sind beispielsweise die holländischen Fernrohre schwacher und mittlerer Vergrößerung und die Teleobjektive mit einem einfachen Sammelsystem und einer Mittelblende. Die Herleitung erfolgt auf demselben Wege, der hier eingeschlagen wurde.

Der ganze Objektraum wird also durch diese drei Raumwinkel, den Vignettierungswinkel, den Grenzwinkel der Hauptstrahlneigung und den Ausschlußwinkel in drei Gebiete eingeteilt, die man bezeichnen kann je als das Gebiet der Büschel unverminderter, unverminderter bis halber und schließlich halber bis verschwindender Apertur. Wir müssen uns dabei aber gegenwärtig halten, daß bei einer solchen Begrenzung des Gesichtsfeldes, wie sie für alle endlich geöffneten Systeme mit nur einer E.-L. typisch ist, der Hauptstrahl die Rolle der Schwerpunktslinie des endlich geöffneten Büschels nur so lange spielt, als $w \leqq \mathrm{w}$ ist. Sobald w diese Grenze überschreitet, fällt der Schwerpunkt der Zerstreuungsfigur, jetzt eines Kreiszweiecks, nicht mehr mit dem Durchstoßungspunkte des Hauptstrahls zusammen, da dieser der Mittelpunkt nur eines Begrenzungskreises ist. Die Lokalisierung der repräsentierten Punkte, sobald die Objektpunkte außerhalb der E.-E. liegen, kann für das Gebiet mit $w \geqq \mathrm{w}$ bei endlich geöffneten Büscheln wesentlich verschieden werden von der für enge Büschel geltenden.

Der Fall zweier E.-L. Handelt es sich aber um zwei E.-L., so nehmen wir die in der Zeichnung angegebene Lage für den links gedachten Objektraum als typisch an: wir unterscheiden jetzt die vordere E.-L. mit dem Radius $\mathfrak{R}_{I}$ von der hinteren mit $\mathfrak{R}_{II}$ und bezeichnen ihre Abstände von der E.-P. durch η_{I} und η_{II}. Alsdann fallen die Teile zwischen $\tilde{\omega}$ und Ω infolge doppelter Abblendung fort, und wir erhalten die Grenzen für die Gebiete abnehmender Apertur durch das folgende, wieder einer Schattenkonstruktion entsprechende Verfahren. (S. Fig. 114.)

Verbinden wir nämlich die Endpunkte des Durchmessers der E.-P. mit jedem auf derselben Seite der Achse liegenden Randpunkte beider E.-L., so tritt zum Ersatz für das fortgefallene Gebiet von Strahlen größerer Neigung als $\tilde{\omega}$ eine weitere Differenzierung der

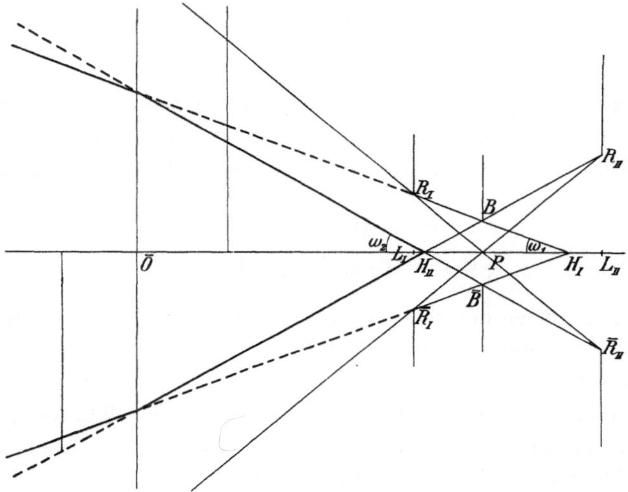

Fig. 114.

$$PB = \mathfrak{r}; \quad L_I R_I = \mathfrak{R}_I; \quad L_{II} R_{II} = \mathfrak{R}_{II}; \quad PL_I = \eta_I; \quad PL_{II} = \eta_{II}; \quad P\overline{O} = \overline{\mathfrak{A}}.$$

Das Gebiet unverminderter Apertur liegt innerhalb der starken Linien; die angrenzenden Scheitel-räume zwischen den starken und den punktierten Linien geben die Gebiete einseitiger Abblendung; in den Räumen zwischen den punktierten und den von R_I, $\overline{R}_I$ ausgehenden schwachen Geraden sinkt die Öffnung des Systems nunmehr von beiden Luken beschränkt allmählich bis auf Null, einen Wert, der eben auf jenen schwachen Geraden als den Grenzlinien gegen den dunklen Raum erreicht wird.

Der Fall zweier Eintrittsluken.

gebliebenen Bereiche ein. Man sieht ohne weiteres, daß das Gebiet voller Apertur nunmehr durch zwei Geradenpaare begrenzt ist, deren eines der vorderen, deren anderes der hinteren E.-L. zugeordnet ist. Bestimmen wir die Abszisse $\overline{\mathfrak{A}}$ der Schnittpunkte der beiden Geradenpaare, wie sie bei dem willkürlich angenommenen Werte von $\mathfrak{r}$ sich ergeben, so erhalten wir als Abstand von der E.-P.

$$\overline{\mathfrak{A}} = \frac{2\,\eta_I\,\eta_{II}}{\eta_I + \eta_{II}},$$

also eine von dem $\mathfrak{r}$-Werte unabhängige Größe, und zwar ist genauer der gesuchte Fußpunkt der vierte harmonische Punkt zu den Mitten der E.-P. und der beiden E.-L.

Die Ordinate des Schnittpunkts wird, wie unmittelbar ersichtlich, mit wachsender Öffnung $\mathfrak{r}$ kleiner.

Die Gebiete unverminderter Apertur sind jetzt durch zwei Vignettierungswinkel ω_1 und ω_2 bestimmt, die sich unter Berücksichtigung des Vorhergehenden aus den Beziehungen

$$\operatorname{tg} \omega_1 = \frac{\mathfrak{R}_I - \mathfrak{r}}{-\eta_I}; \quad \operatorname{tg} \omega_2 = \frac{\mathfrak{R}_{II} - \mathfrak{r}}{\eta_{II}}$$

berechnen lassen; für eine beliebige, im allgemeinen negative Entfernung $\mathfrak{A}$ der achsensenkrechten Objektebene ergeben sich die Gesichtswinkel $(\mathrm{w}_I,\ \mathrm{w}_{II})$ der Gebiete unverminderter Apertur aus:

$$\left. \begin{aligned} \operatorname{tg} \mathrm{w}_I &= \operatorname{tg} \omega_1 - \operatorname{tg} u \\ \operatorname{tg} \mathrm{w}_{II} &= \operatorname{tg} \omega_2 + \operatorname{tg} u \end{aligned} \right\} \left\{ \begin{aligned} \mathfrak{A} &\lessgtr \overline{\mathfrak{A}} \\ \mathfrak{A} &\gtrless \overline{\mathfrak{A}} \end{aligned} \right. .$$

Ist also in einem System die Lage der E.-P., und sind Größe und Lage der beiden von der Mitte der E.-P. unter gleichem Winkel erscheinenden E.-L. unserem Falle analog gegeben, so errichtet man in dem zu den Mitten der erwähnten drei Blenden gehörigen vierten harmonischen Punkte eine achsensenkrechte Ebene, die die Eigenschaft hat, daß für den Raum vor ihr zuerst die vordere, für den Raum hinter ihr zuerst die hintere E.-L. die Apertur begrenzt, sobald der Objektpunkt genügend weit senkrecht zur Achse verschoben wird.

Die Zerstreuungsfiguren sind zu bilden, indem von jedem Objektpunkte als Apex der lichte Teil der E.-P. in die E.-E. projiziert wird. Man sieht danach ein, daß man sich auf das Gebiet unverminderter Apertur beschränken muß, wenn man eine Aussage machen will, die für enge und weite Öffnungen eines Systems gleichmäßig gültig sein soll.

Es ist hiernach zu vermuten, daß man sich in der Praxis häufig auf die Teile des Gesichtsfeldes beschränken wird, in denen die von den Objektpunkten ausgehenden Büschel mit unverminderter Apertur zur Geltung kommen. Handelt es sich dabei um ganz oder nahezu in einer Ebene befindliche Objekte, so gibt es dafür ein einfaches Mittel, bestehend in einem zentrierten Diaphragma vom Radius

$$\eta = -\mathfrak{A} \operatorname{tg} \mathrm{w} \qquad \text{oder}$$

$$\mathfrak{y} = - \mathfrak{A} \operatorname{tg} w_I \left.\vphantom{\begin{cases}1\\1\end{cases}}\right\} \quad \left\{\begin{array}{l}\mathfrak{A} \leqq \overline{\mathfrak{A}}\\[2pt]\mathfrak{A} \geqq \overline{\mathfrak{A}}\end{array}\right.,$$
$$\mathfrak{y} = - \mathfrak{A} \operatorname{tg} w_{II}$$

das im Objekt selbst angebracht nur das Gebiet innerhalb des oben definierten Gesichtswinkels w oder w_I (w_{II}) freiläßt. Wir haben dann an dieser Grenze einen unstetigen, sprunghaften Übergang von der vollen Apertur zur Apertur $= 0$. Jene Abblendung kann ebensogut auch an der Stelle des vom System entworfenen Bildes angebracht werden, und das erweist sich dann als besonders vorteilhaft, wenn es sich um eine einzige, von vornherein fixierte Objektentfernung handelt, wie sie beispielsweise beim Gebrauche eines Fernrohrs oder eines starken, d. h. wirklich nur für ein aplanatisches Punktepaar korrigierten Mikroskopobjektivs vorkommt.

Ist das Objekt aber von endlicher Tiefenausdehnung, so gibt es keine solche Blende mehr. Denn wo wir auch im Objektraume eine Kreisblende zentrisch anordnen, immer wird sie mit der E.-P. zusammen zwei Winkelräume so bestimmen, daß die in ihnen liegenden Objektpunkte infolge der Wirkung der neuen E.-L. auf einer beliebig gelegenen E.-E. durch Büschel abnehmender Apertur zur Projektion kommen. Diese Winkelräume können allerdings weniger weit geöffnet sein als die nach Maßgabe der am System selbst befindlichen E.-L. konstruierten.

Die metrischen Beziehungen zwischen Pupillen und Bildern. Bei Feststellung der linearen Vergrößerung β bei eng abgeblendeten Systemen hatten wir die Beziehung aufgestellt

$$\beta = \frac{\mathfrak{A}'}{\mathfrak{A}} \, \Gamma.$$

Da es sich jetzt um endliche Pupillen handelt, so können wir unter Berücksichtigung der Grundbeziehung

$$B\Gamma = \frac{n}{n'},$$

das Konvergenzverhältnis in den Pupillen ersetzen durch die auf die gleichen Orte bezogene Lateralvergrößerung und schreiben:

$$\frac{\mathfrak{A}'}{\mathfrak{A}} = \frac{n'}{n} \beta B,$$

eine Gleichung, die sich auch direkt aus den auf konjugierte Punkte bezogenen Abbildungsgleichungen (28) auf S. 110 hätte ableiten lassen.

Man ersieht daraus, daß unter Festhaltung der Vergrößerungszahl β für Objekt und Bild bei zwei verschiedenen Instrumenten eine Änderung des Vergrößerungsverhältnisses der Pupillen in dem einen notwendig begleitet sein muß von einer Änderung des Abstandsverhältnisses und umgekehrt.

Beispiele zu diesem Satze werden wir später in der Theorie der einzelnen Instrumente noch finden.

In dem Falle, daß Objekt und Bild in einem aplanatischen Punktepaare liegen, gilt die Beziehung

$$\frac{\sin u}{\sin u'} = \frac{n'}{n}\,\beta,$$

und somit geht die erste Gleichung über in

$$\frac{A}{A'} = \frac{\mathfrak{A}'}{\mathfrak{A}}\,\Gamma.$$

Mithin lassen sich auf Grund dieser nach der Definition der Sinusbedingung für endliche Winkel geltenden Beziehung die Aperturen auf der Objekt- oder Bildseite durch die Konstanten des Apparats ausdrücken. Namentlich einfach werden die Formeln, wenn die abbildenden Büschel entweder auf der Bild- oder der Objektseite eine verschwindende Öffnung haben. Näheres wird auch in diesem Falle in der Theorie der einzelnen Instrumente zu bringen sein.

2. Die Projektionssysteme bei nicht allseitig strahlenden Objekten.

Nicht immer handelt es sich um selbstleuchtende oder diffus nach allen Richtungen reflektierende Objekte. In der Praxis des Mikroskopikers und des Photographen kommen auch durchleuchtete Objekte vor, die meistens als ganz oder nahezu flächenhaft angesehen werden können.

Die Lichtquelle als stellvertretende Apertur- oder Gesichtsfeldblende. Es sei zunächst zur Bildung bestimmter Vorstellungen die Annahme gemacht, daß es sich um eine in endlicher Entfernung befindliche, bewegbare Flamme als Lichtquelle handele, die der Einfachheit wegen etwa durch eine Blende kreisförmig begrenzt sei. Alsdann bestimmt der Achsenpunkt O des Objekts mit dem scheinbaren Umrisse der endlich ausgedehnten Flamme $S\overline{QS}$ in der Richtung gegen das Licht einen gewissen Raumwinkel. Bringen wir nun den abbildenden Apparat, der nur eine E.-L. mit Vorderlage der E.-P. haben soll, vor das Objekt, so bestimmt die E.-P.

mit dem Objektachsenpunkte einen zweiten Raumwinkel, der kleiner sein muß als der Flammenwinkel, wenn anders die E.-P. ihre Funktion als Begrenzung der wirksamen Büschel beibehalten soll. Ist der Öffnungswinkel des Systems größer, wie in dem Falle, wenn die Flamme die Lage $S_I Q_I \overline{S}_I$ einnimmt, so wird die Flamme zur E.-P., und die E.-P. des Instruments übernimmt die Funktion der E.-L. Nach dem, was wir weiter oben über die Wichtigkeit der Lage der E.-P. für den Korrektionszustand des Instruments gesagt haben, ist es verständlich, daß wir in den meisten Fällen die Forderung stellen müssen, die E.-P. des Instruments solle ihrer Funktion erhalten bleiben.

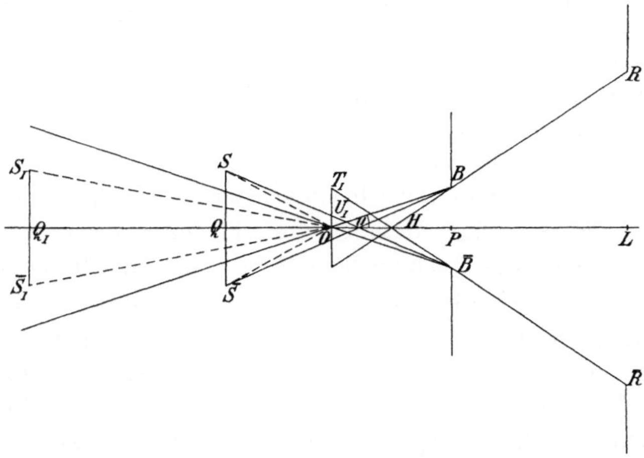

Fig. 115.

$S_I Q_I \overline{S}_I$, $S Q \overline{S}$ zwei Lagen der beweglich gedachten Lichtquelle. $B P \overline{B}$ = Eintrittspupille; $R L R$ = Eintrittsluke eines die Ebene $T_I U O$ abbildenden optischen Systems.

Die Feststellung des Gebiets unverminderter Apertur bei gegebener Lage der Lichtquelle.

Nehmen wir zunächst einmal den Fall an, wir könnten durch Annäherung der Flamme an das Objekt bis in die Lage $S Q \overline{S}$ den Raumwinkel soweit vergrößern, daß er größer würde als der, unter dem die E.-P. von O aus gesehen erscheint; alsdann bleibt die E.-P. in ihrer aperturbestimmenden Funktion für O selbst erhalten.

Um nun das Gebiet auf der in O errichteten, achsensenkrechten Ebene festzulegen, dessen Punkte mit der unverminderten, für O selbst geltenden Apertur abgebildet werden, verbinden wir in unserem Falle die Durchmesser der Flamme und der E.-P. übers Kreuz. Dadurch wird in der Objektebene ein neues Gebiet (mit dem Radius OU_I) umgrenzt, das kleiner, gleich oder größer sein kann, als das der

Kombination von E.-P. und E.-L. entsprechende (mit dem Radius OT_I). Das kleinere dieser beiden Gebiete enthält alle Punkte, die sowohl von der Flamme $SQ\overline{S}$ für die Apertur des Systems ausreichend erleuchtet werden, und deren Strahlen auch uneingeschränkt durch die E.-L. hindurchtreten. In unserem Falle ist das also das Gebiet mit dem Radius OU_I. In diesem Gebiete der Objektebene sind nun die Verhältnisse wieder genau ebenso, wie bei der vorher festgehaltenen Annahme allseitig strahlender Objekte.

Der Kondensor als Mittel zur Annäherung der Lichtquelle. Gehen wir zu dem Falle zurück, daß die Lichtquelle vom Punkte O aus betrachtet unter einem zu kleinen Winkel erscheint, so ist es (z. B. wegen Unzugänglichkeit oder zu großer Wärmeausstrahlung der Flamme) nicht immer möglich, diesen Winkel durch direkte Annäherung der Lichtquelle zu steigern. Alsdann greift man zu dem Hilfsmittel, die Flamme so abzubilden, daß ihr Bild vom Objektpunkte betrachtet unter einem größeren Winkel erscheint.

Einen dieses leistenden optischen Apparat nennt man einen *Kondensor*. Stellen wir ihn uns in einfachster Form, Fig. 116, als Einzellinse $C\overline{C}$ vor, so möge diese eine direkt unter einem zu kleinen Winkel erscheinende Lichtquelle $O\overline{O}$ in $O'\overline{O}'$ mit Strahlenbüscheln abbilden, die durch die Kondensoröffnung $C\overline{C}$ begrenzt sind. Alsdann erhält jeder in $O'\overline{O}'$ gelegene Punkt der Lichtquelle Licht von der ganzen Fläche $C\overline{C}$ und sendet es unter dem Winkel $2u'$ weiter. Verbinden wir, wie es im unteren Teile der Zeichnung wiederholt ist, die Randpunkte des Bildes $O'\overline{O}'$ direkt und kreuzweise mit denen der Öffnung $C\overline{C}$, so erhalten wir ganz ebenso wie im Falle der E.-P. und einer E. L. eine Einteilung des Raums in Gebiete bestimmter Beleuchtung: denn jeder Punkt wird nur insofern beleuchtet, als die Projektion des Bildes der Lichtquelle durch ihn auf die Linsenöffnung noch in den Rand hineinfällt, ein Umstand, der von uns durch verschiedene Schraffierung der betreffenden Raumteile zum Ausdruck gebracht sei. In dem Raume hinter dem Bilde $O'\overline{O}'$ wirkt dieses direkt wie ein körperliches Diaphragma, aber auch zwischen ihm und der Öffnung $C\overline{C}$ ist seine Wirkung ganz gleichartig. Die Begründung dieser Bemerkung ist auf dieselbe Weise zu geben, wie auf S. 470, bei allseitig strahlenden Objekten, die Möglichkeit der Aperturbeschränkung durch eine virtuelle, vor der Objektebene gelegene E.-P erklärt wurde.

Der manchmal als *lichtes Viereck* bezeichnete Raum $O'_I O' O'_{II} \overline{O}'$ umfaßt alle Punkte, die vom Kondensor mit unverminderter Apertur beleuchtet werden.   Im Raume repräsentiert er einen Doppelkegel, da wir es hier stets nur mit Meridianschnitten zu tun haben.   Es mag noch bemerkt werden, daß die Apertur der beleuchtenden Büschel innerhalb des lichten Vierecks von O_I' nach O_{II}' etwas abnimmt.

Wie man einen solchen Kondensor mit einem optischen Instrument verbindet, hängt von dem Zwecke ab, der durch das Instrument erreicht werden soll.   Man kann nämlich bei Kondensor und Projektionssystem sowohl die gleichartigen als die ungleich-

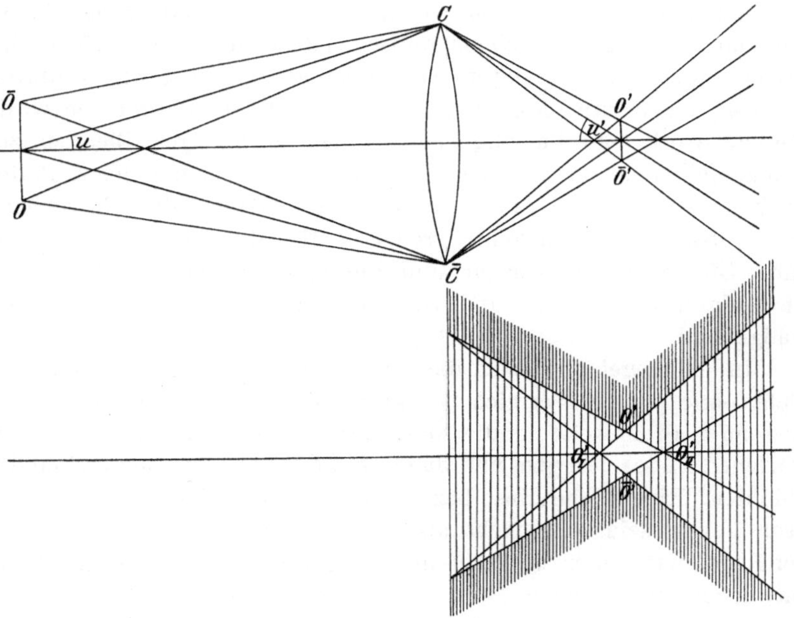

Fig. 116.
Der Kondensor als Mittel zur Annäherung der Lichtquelle und die drei Beleuchtungsgebiete.

artigen Blenden zusammenfallen lassen und so die beiden typischen Grenzfälle der überhaupt möglichen Verbindungen erhalten, auf deren Behandlung wir uns hier beschränken wollen.

Soll das Instrument Objektpunkte mit großer Apertur abbilden, so bringen wir das Objekt in das Flammenbild selbst oder in seine unmittelbare Nähe und nützen bei genügender angularer Öffnung des Systems die ganze Apertur des Kondensors aus.   Das Flammenbild dient dann in einer bereits bei der bewegbaren Flamme behandelten Weise als Gesichtsfeldbegrenzung, falls das Feld nicht durch die E.-L. des Instruments eingeschränkt wird.

Soll dagegen das Instrument ein Hauptstrahlenbüschel großer Neigung durchlassen, so werden wir die Lichtquelle in seiner E.-P. abbilden, alsdann konkurriert die Öffnung des Kondensors mit dem Winkelwerte der E.-L. des abbildenden Systems, während die E.-P. in ihrer Funktion erhalten bleibt, wenn das Flammenbild groß genug ist, sie auszufüllen. Ist es kleiner, so übernimmt es seinerseits die Funktion der Aperturbegrenzung, und es kommt für die uns hier interessierenden Fragen auf dasselbe heraus, als ob die E.-P. wohl ihren Ort beibehalten aber eine kleinere Öffnung angenommen hätte.

Das Kollektivglas. Eine einfach zu erledigende Frage bietet sich dar, falls das von einem optischen Instrument entworfene Bild einem anderen zur weiteren Abbildung als ein in gewisser (durch die A.-P. bestimmter) Richtung leuchtendes Objekt dargeboten wird; alsdann wird man im allgemeinen die gleichartigen Blenden zusammenfallen lassen, nämlich die A.-P. des ersten mit der E.-P. des zweiten Systems, und die Begrenzung des ersten Bildes bietet sich von selbst als Gesichtsfeldbegrenzung für das zweite Instrument dar. Die geringere Apertur und die kleinere Hauptstrahlneigung ist alsdann für Apertur und Hauptstrahlneigung der Kombination maßgebend.

In der Regel wird sich das Zusammenfallen der beiden Pupillen nicht ohne weiteres erreichen lassen, man wird dann eine Linse passender Brennweite in die Nähe des von dem ersten System entworfenen Bildes bringen und dadurch die beiden Pupillen ineinander abbilden. Eine solche Linse bezeichnet man als *Kollektivglas*; sie muß groß genug sein, um nicht als Gesichtsfeldblende zu wirken. In der Regel wird man sie nicht unmittelbar an das vom ersten System entworfene Bild stellen, weil sonst alle Unreinheiten der Linsenflächen ebenfalls zur scharfen Abbildung kommen würden.

3. Das Auge in Verbindung mit einem optischen Instrument.

Das Gesichtsfeld des Auges beim indirekten und beim direkten Sehen. Behandeln wir zunächst *den Fall des indirekten Sehens* und bringen das Auge mit einem Projektionssystem der eben behandelten Art zusammen, so haben wir zu beachten, daß dieses Organ selbst wieder ein Projektionssystem ist, bei dem die Netzhaut als Auffangfläche an die Stelle der M.-E. tritt. Als E.-P. ist die Pupille des Auges anzusehen, während die E.-L. des ruhenden Auges mit der Mitte der E.-P. einen sehr großen Winkelraum bildet, dessen Begrenzung allerdings nicht mit Sicherheit bestimmt ist. Theoretisch kann man dabei in folgender Weise verfahren:

Die E.-P. des Auges definiert mit dem Bilde des Linsenrandes vor dem Auge die drei kegelförmigen, vom Pupillendurchmesser abhängigen Gebiete, die wir oben bei der Besprechung der Kombination von E.-P. und einer E.-L. beschrieben hatten. Diese Winkelräume erfahren nun sowohl im Augeninnern als vor dem Auge eine Einschränkung: dort geschieht es, insofern als die lichtempfindliche Schicht nicht vollständig die jenen Räumen auf dem Augenhintergrunde entsprechenden Gebiete bedeckt, hier aber engen die scheinbaren Umrisse von Wange und Nase das Gesichtsfeld ein.

Wir müssen aber hervorheben, daß wir uns mit Hilfe des indirekten Sehens nur ungefähr orientieren können; sobald wir in den seitlichen Teilen des Gesichtsfeldes Beobachtungen anstellen wollen, geschieht das ausnahmslos im direkten Sehen, d. h. dadurch, daß wir den Punkt fixieren, auf den wir unsere Aufmerksamkeit richten.

Die beim *direkten Sehen* in Frage kommenden Hauptstrahlen schneiden sich genügend verlängert in dem *Augendrehungspunkte*, der ungefähr 10,5 mm hinter der Augenpupille und 15 mm hinter dem Hornhautscheitel liegt. Wir können uns also an Stelle des natürlichen, beweglichen Auges ein hypothetisches, starres Auge denken, dessen E.-P. an der Stelle des Augendrehungspunkts liegt. Der Natur der Sache nach ist beim direkten Sehen diese hypothetische Pupille unter allen Umständen für das Auge E.-P. und A.-P. für das zur Unterstützung des Sehens dienende Instrument.

Was das Gesichtsfeld des bewegten Auges angeht, innerhalb dessen von einer scharfen Empfindung gesprochen werden kann, so ist es in folgender Weise zu ermitteln:

Läßt man den Augapfel so weit als möglich in seiner Höhle rollen, so umfährt die Mitte der Pupille auf der mit $r = 10,5$ mm um den Augendrehungspunkt beschriebenen Kugel ein gewisses Gebiet, das für den räumlichen Gesichtswinkel des bewegten Auges bestimmend ist. Als E.-L. kann die Projektion dieser Begrenzung vom Augendrehungspunkte aus auf eine beliebige Fläche aufgefaßt werden.

A. Das Auge in Verbindung mit einem eng abgeblendeten Projektionssystem.

Bei der Benutzung eines zu subjektivem Gebrauche dienenden Instruments werden wir, wenn möglich, die Pupille des ruhenden

Auges in die A.-P. des Instruments bringen, dann wird im allgemeinen das Gesichtsfeld des Instruments durch die E.-L. des ruhenden Auges nicht beschränkt werden. Ist aber die Konstruktion des Instruments derartig, daß die Lage der A.-P. eine Annäherung der Augenpupille bis zur Koinzidenz unmöglich macht, so kann diese als Gesichtsfeldblende wirken; wir müssen aber dann daran denken, daß das Auge einen namentlich mit der Intensität des Lichts variablen Pupillendurchmesser besitzt, der in diesem Falle von Einfluss auf die Größe des Gesichtsfeldwinkels ist.

Eine Aushilfe zur Vergrößerung des Gesichtsfeldes besteht in Kopfbewegungen, die man so vornimmt, daß nacheinander verschiedene Teile vom Gesichtsfelde des Instruments durch dessen A.-P., wie durch ein Schlüsselloch hindurch, fixiert werden. Diese Art der Beobachtung kommt namentlich bei einigen Zeichenapparaten vor.

Handelt es sich bei einem eng abgeblendeten Projektionssystem um das direkte Sehen in ruhiger Kopfhaltung, so muß die A.-P. des Instruments mit der E.-P. des bewegten Auges, also dem Drehungspunkte, zusammenfallen, wenn mehr als ein einziger Punkt des Gesichtsfeldes scharf wahrgenommen werden soll.

Die Vergrößerung N bei Instrumenten zu subjektivem Gebrauche. Bei der Definition der Vergrößerung findet sich ein Unterschied gegen die Projektionssysteme darin, daß das auf der Netzhaut entstehende Bild einer Messung nicht mehr zugänglich ist, mithin der früher für endlich entfernte Gegenstände angegebene Ausdruck

$$\beta = \frac{\eta'}{\eta}$$

nicht mehr anwendbar ist. Wir bestimmen vielmehr die Größe eines dem Auge dargebotenen Gegenstandes nach der Tangente des Sehwinkels.

Man hat sich hier schon früh dadurch geholfen, daß man die Vergrößerung eines in endlicher Entfernung befindlichen Objekts durch ein optisches Instrument in einer Weise definierte, daß die deutliche Sehweite des Beobachters von wesentlichem Einflusse auf das Resultat wurde.

Es sei diese Sehweite mit l bezeichnet, so ist der Sehwinkel eines Objekts η bei unbewaffnetem Auge gegeben durch

$$\operatorname{tg} w = -\frac{\eta}{l}.$$

Der Sehwinkel des durch das auf die Entfernung $\mathfrak{A}'$ eingestellte Instrument betrachteten Bildes $\mathfrak{y}'$ ist dann

$$\mathrm{tg}\, w' = - \frac{\mathfrak{y}'}{\mathfrak{A}'}\, ,$$

wenn die Augenpupille mit der A.-P. des Instruments zusammenfällt, und es ergibt sich die Formel für die *Vergrößerung* N zu:

$$N = \frac{\mathrm{tg}\, w'}{\mathrm{tg}\, \mathfrak{w}} = \frac{\mathfrak{y}'\, \mathfrak{l}}{\mathfrak{A}'\, \mathfrak{y}}\, .$$

Das Vergrößerungsvermögen V. Die eben behandelte Definition der Vergrößerung N hat den Vorzug großer Anschaulichkeit, aber auch den Nachteil, daß bei ihr in der deutlichen Sehweite $\mathfrak{l}$ ein willkürliches, von dem optischen Instrument ganz unabhängiges Moment enthalten ist; eliminieren wir nämlich die von dem System ganz unabhängige Größe $\mathrm{tg}\, \mathfrak{w}$, so lautet die Formel:

$$N = - \frac{\mathrm{tg}\, w'}{\mathfrak{y}}\, \mathfrak{l}$$

und wir sehen, daß der Faktor $\mathfrak{l}$ abgesondert werden kann. Es wird sogleich gezeigt werden, daß bei den meisten, zu subjektiver Vergrößerung dienenden Instrumenten der andere Faktor im Ausdrucke für die Vergrößerung N

$$- \frac{N}{\mathfrak{l}} = V = \frac{\mathrm{tg}\, w'}{\mathfrak{y}}\, ,$$

obwohl $\mathrm{tg}\, w'$ nach der obigen Definition noch die Einstellungsweite $\mathfrak{A}'$ enthält, dennoch im wesentlichen nur von der Einrichtung des Systems abhängig ist.

Da die Beziehung gilt:

$$V = - \frac{1}{\mathfrak{A}'}\, \frac{\mathfrak{y}'}{\mathfrak{y}}\, ,$$

so ist nach Ersetzung des Wertes von $\mathfrak{y}'/\mathfrak{y}$ nach (20) auf S. 103

$$V = - \frac{1}{\mathfrak{A}'}\, \frac{\mathfrak{x}'}{f'}\, .$$

Aus diesem Ausdrucke sieht man, daß der Wert der rechten Seite nur insofern von der Einstellung $\mathfrak{A}'$ des Instruments abhängig ist, als

$$\mathfrak{x}' = \mathfrak{A}' + \mathfrak{X}'$$

durch sie verändert wird, und wir erhalten

$$V = -\frac{1}{f'}\left(1 + \frac{\mathfrak{X}'}{\mathfrak{A}'}\right).$$

Nun ist aber bei den hierher gehörigen zur subjektiven Beobachtung dienenden Instrumenten, wie man auch einstellen mag, $\mathfrak{A}'$ groß gegenüber $\mathfrak{X}'$, dem Abstande der Augenpupille und der A.-P. des Instruments vom hintern Brennpunkte, so daß wir schließlich schreiben können

$$-\frac{N}{\mathfrak{l}} = V = \frac{\operatorname{tg} w'}{\mathfrak{y}} \text{ app. } = -\frac{1}{f'}.$$

Den Ausdruck für $\dfrac{\operatorname{tg} w'}{\mathfrak{y}}$ bezeichnet man nach E. Abbe (*6.*) als das *Vergrößerungsvermögen* eines zu subjektivem Gebrauche dienenden Instruments, und es drückt sich diese im wesentlichen nur von dem optischen System abhängige Größe aus als das Verhältnis der Tangente der bildseitigen Hauptstrahlneigung w', unter der das Bild vom Mittelpunkte der A.-P. wahrgenommen wird, zum linearen Achsenabstande $\mathfrak{y}$ des Objektpunkts.

Wir erhalten diese Größe, indem wir den Wert der auf die deutliche Sehweite $\mathfrak{l} = -25$ cm bezogene Vergrößerung durch eben diese deutliche Sehweite dividieren.

Das Vergrößerungsvermögen oder die Stärke wird namentlich bei Brillen in *Dioptrieen* ausgedrückt, und zwar ist als Dioptrie D definiert der reziproke Wert der Brennweite einer Linse von $f = 1\,m$ also:

$$D = \frac{1}{m}.$$

Die Vergrößerung $N = -\mathfrak{l}\cdot V$ läßt sich also in einen nur vom Instrument und in einen vom Zustande des Auges abhängigen Teil zerlegen; der letztere definiert also den subjektiven Vorteil, den ein Instrument dem Beobachter gewährt. Dieser Vorteil ist um so größer, je weiter hinaus der Nahepunkt für das Auge des Beobachters liegt, ist also für Weitsichtige beträchtlicher als für Kurzsichtige.

In der Abbeschen Definition des Vergrößerungsvermögens V dagegen ist der Anteil im wesentlichen isoliert, der auf das Instrument an sich zurückzuführen ist, und er stellt sich dar als im wesentlichen durch den reziproken Wert der hinteren Brennweite (die Stärke) des Systems gegeben. Das bei den zu subjektiver

Vergrößerung dienenden Instrumenten kleine Zusatzglied $\dfrac{\mathfrak{X}'}{\mathfrak{A}'}$ verschwindet gänzlich wegen $\mathfrak{A}' = \infty$ für ein auf ∞ akkommodiertes Auge, oder wegen $\mathfrak{X}' = 0$ für solche Instrumente, bei denen die Mitte der A.-P. mit dem hinteren Brennpunkte zusammenfällt. Unter allen Umständen aber ist bei den hierher gehörigen Instrumenten infolge der Einrichtung unserer Augen der Wert dieses Quotienten verschwindend gegen Eins.

Wie man aus der S. 475 ersieht, ist diese Definition das vollständige Analogon zu der bei den Projektionssystemen auftretenden Formel, wenn es sich um die Wiedergabe der Größe eines weit entfernten Objekts handelt.

Die Perspektive beim subjektiven Gebrauche eines optischen Instruments. Erscheint ein bestimmter, zunächst in der Achse des Instruments angenommener Objektpunkt durch das System scharf, so nennt man das Instrument für diesen Punkt eingestellt. In diesem Falle ist der Objektpunkt durch das System hindurch der Netzhaut des Auges konjugiert, und die in ihm errichtete E.-E. mit dem ganzen darauf entstandenen o. A. kommt auf der Netzhaut des hypothetischen Auges zur Darstellung. Sie erscheint hier, da der Drehungspunkt des Auges mit der A.-P. des Systems zusammenfallend gedacht ist, unter dem Gesichtswinkel w', während sie der E.-P. des Instruments unter dem Winkel w sich darbot. Ist nun $w' = w$, so wird an der Perspektive nichts geändert, wir konstruieren uns das Objekt höchstens in dem Maßstabe β des b. A., jedenfalls aber nach allen drei Dimensionen ähnlich.

Wenn aber $w' \gtrless w$ (und zwar ist meistens $w' > w$), so betrachten wir das b. A. unter einem anderen Winkel, als der ist, unter dem das o. A. der E.-P. erschien.

Ist man nun über die Höhenverhältnisse des Objekts aus der Erfahrung unterrichtet, so schließt man auf eine Tiefenausdehnung nach Maßgabe der Gleichung

$$\varDelta \mathfrak{A}' = ([\mathfrak{y}_1'] - \mathfrak{y}_1')\,\mathrm{ctg}\,w_1'$$

also nach S. 477

$$\varepsilon\,\varDelta \overline{\mathfrak{A}} = \frac{\varepsilon}{\varGamma}([\mathfrak{y}_1] - \mathfrak{y}_1)\,\mathrm{ctg}\,w_1 = \frac{\varepsilon}{\varGamma}\,\varDelta\,\mathfrak{A}\,.$$

Dieser Ausdruck berechtigt uns zu dem Ausspruche: Betrachtet man einen körperlichen Gegenstand von bekannten Höhenverhältnissen mit einem Instrument vom Konvergenzverhältnis $\varGamma$ in den

Pupillen, so erscheinen seine relativen Tiefenerstreckungen von 1 auf $1/\Gamma$ gebracht.

Ein anderer Fall ist möglich, daß man gerade hinsichtlich der Tiefenerstreckung $\Delta\mathfrak{A}$ des Objekts besser unterrichtet ist, alsdann gehen wir auf die Gleichung zurück

$$\overline{\mathfrak{y}}_1{}' = [\mathfrak{y}_1{}'] - \Delta\mathfrak{A}'\,\mathrm{tg}\,w_1{}'$$

$$\varepsilon\,\overline{\mathfrak{y}}_1 = \varepsilon[\mathfrak{y}_1] - \varepsilon\Delta\mathfrak{A}\,\Gamma\,\mathrm{tg}\,w_1$$

$$= \varepsilon[\mathfrak{y}_1] - \varepsilon\Gamma([\mathfrak{y}_1] - \mathfrak{y}_1)\,.$$

Das Resultat lautet: Betrachtet man einen körperlichen Gegenstand von bekannter Tiefenausdehnung mit einem Instrument vom Konvergenzverhältnis Γ in den Pupillen, so erscheint die perspektivische Verkürzung oder Verlängerung Γ-fach übertrieben.

Es muß hierzu bemerkt werden, daß diese Änderungen nicht sehr auffallen, so lange es sich um verhältnismäßig kleine Tiefenunterschiede und um kleine Winkel w handelt. Ferner berichtigen wir bei bekannten Gegenständen unbewußt auf Grund unserer Erfahrung den durch die Änderung der Hauptstrahlneigung entstandenen Fehler.

B. Das Auge in Verbindung mit einem endlich geöffneten Instrument.

Sehr einfach wird die Behandlung dieser Zusammenstellung, wenn wir zunächst das Auge im indirekten Sehen betrachten.

Der Fall des indirekten Sehens. *Die Augenpupille als Aperturblende.* Ist die Augenpupille von größerem Durchmesser oder gleich der A.-P. des Projektionssystems, an dessen Achsenort sie gebracht ist, so wird an den vorher festgestellten Verhältnissen der Strahlenbegrenzung nichts geändert. Ist aber der Durchmesser der Augenpupille kleiner als der des Systems, so bilden wir die Augenpupille nach der Objektseite ab und finden das ihr entsprechende Objekt in einem zur Begrenzung der E.-P. konzentrischen kleineren Kreise in der Ebene der E.-P. wieder. Nach unserer im Anfange gegebenen Definition wirkt dann die Augenpupille als Aperturblende, und der Durchmesser des ihr vor dem Instrument konjugierten Objekts ist bei der Bestimmung der wirksamen Apertur des Systems in Rechnung zu ziehen.

Die Augenpupille als Gesichtsfeldblende und als bestimmend für die Gebiete abnehmender Apertur. Ist die Augenpupille Gesichtsfeldblende, so konstruieren wir durch Aufsuchung des ihr vor dem abbildenden System konjugierten Objekts die neue E.-L. und können dann in einer der früheren ganz analogen Art das Gebiet bestimmen, dessen Punkte mit voller Apertur abgebildet werden. Da das der Augenpupille konjugierte Objekt sicher nicht mit dem vom Auge wahrgenommenen Objekt zusammenfällt, so entstehen natürlich auch die oben behandelten Gebiete verminderter Apertur. Berücksichtigen wir auch im Falle des indirekten Sehens die Beweglichkeit des Auges, so können wir am einfachsten eine vergrößerte Augenpupille substituieren, und es erweitern sich diese Gebiete dann in derselben Weise, als wenn man die neue E.-L. des Instruments proportional vergrößert hätte.

Ganz in derselben Weise wie bei dem eng abgeblendeten Projektionssystem können wir auch hier das Gesichtsfeld dadurch erweitern, daß wir Kopfbewegungen zu Hilfe nehmen und die verschiedenen Punkte des Gesichtsfeldes nacheinander fixieren.

Der Fall des direkten Sehens. Handelt es sich aber um direktes Sehen bei ruhiger Kopfhaltung, so bietet die Behandlung insofern eine Schwierigkeit dar, als bei dem Auge die Mitte der Aperturblende nun nicht mehr mit dem Kreuzungspunkte der Hauptstrahlen zusammenfällt. Es kommt eben beim direkten Sehen gar nicht darauf an, daß und wie das optische System des Auges die Strahlung von Punkten der Außenwelt überhaupt auf die Retina vermittelt, sondern es handelt sich hier um die Vermittelung einer *scharfen* Abbildung mittels eines *bewegten* Systems. Der Kreuzungspunkt der Hauptstrahlen ist hier in dem Drehungspunkte Π des Auges von vornherein gegeben, und die Aperturblende ist gleichsam in fester Entfernung ($r = 10 \cdot 5$ mm) von dem Kreuzungspunkte auf dem Hauptstrahle angebracht und mit ihm beweglich. Wollen wir sie ähnlich wie bei ruhenden optischen Systemen in unmittelbarer Nähe des Kreuzungspunkts annehmen, so müssen wir um den Punkt Π, d. h. um die Mitte der E.-P. des hypothetischen Auges, eine Kugel beschreiben. Ihr Radius ist gleich dem der Augenpupille oder größer als er, je nachdem das fixierte Objekt in der Unendlichkeit oder in endlicher Entfernung vor dem Auge anzunehmen ist. In unseren Zeichnungen stellt sich also diese stellvertretende E.-P. als ein Kreis dar, der für Punkte gleichen Abstandes von Π konstant ist.

Nähern wir unser Auge der A.-P. des Instruments so weit, daß Π in sie hineinfällt, so ist der Durchmesser der kleineren beider Pupillen für die Apertur maßgebend. Das Gesichtsfeld wird im allgemeinen durch das Instrument bestimmt werden, doch sind auch Fälle denkbar, wo die Begrenzung durch die Bewegungsfähigkeit des betrachtenden Auges herbeigeführt wird.

Können wir Π nicht in die A.-P. des Instruments hineinbringen, so müssen wir daran festhalten, daß nach der Definition des direkten Sehens der Gesichtsfeldwinkel in dem Drehungspunkte Π des Auges bestimmt werden muß, auch wenn dadurch eine Verschiebung des Hauptstrahlenkreuzungspunkts sich ergibt. Wir geben also die durch ein Projektionssystem definierten drei Gebiete durch Festsetzung der A.-P. und der A.-L. an und behandeln zunächst den Fall, daß die

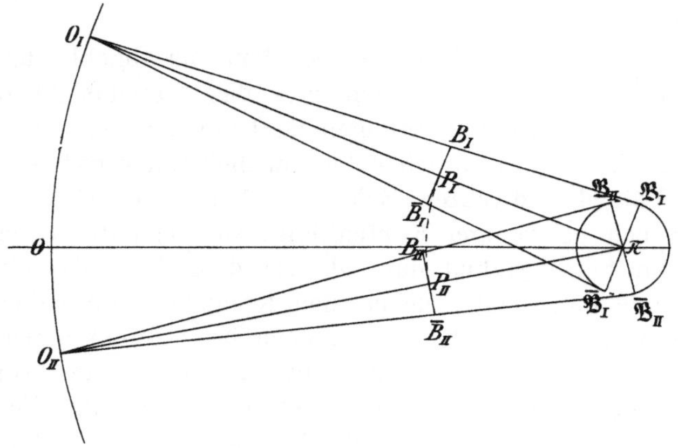

Fig. 117.

$O_I\,OO_{II}$ Objekt in konstanter, endlicher Entfernung von Π; $B_I\,P_I\,\overline{B}_I$, $B_{II}P_{II}\overline{B}_{II}$ zwei verschiedene, zu $O_I\,O_{II}$ gehörige Lagen der Pupille des bewegten Auges; $\mathfrak{B}_I\Pi\overline{\mathfrak{B}}_I$, $\mathfrak{B}_{II}\Pi\overline{\mathfrak{B}}_{II}$ zwei verschiedene, zu O_I, O_{II} gehörige Lagen der äquivalenten Eintrittspupille des bewegten Auges.

Zur Konstruktion der äquivalenten Eintrittspupille des bewegten Auges.

A.-P. des Systems größer sei als die Augenpupille. Wie die beiden Figuren 118 und 119 zeigen, tritt dann als Gesichtsfeldbegrenzung die A.-L. des Instruments ein, wenn Π genügend weit in das lichte Viereck von Fig. 116 gebracht werden kann, und die A.-P. des Instruments, wenn Π außerhalb davon bleiben muß. Die neuen Gebiete abnehmender Apertur sind durch Tangenten an den Kreis der hypothetischen E.-P. bestimmt, und zwar sind sie nur soweit berücksichtigt worden, als die beim direkten Sehen in Frage kommenden Hauptstrahlen noch selbst in das Auge gelangen.

Ist die A.-P. des Instruments kleiner als die Augenpupille, so tritt dann keine Änderung gegen den vorigen Fall ein, wenn wir an der obigen Bestimmung festhalten, daß die beim direkten Sehen

in Frage kommenden Hauptstrahlen selbst noch in das Auge eintreten müssen. Das Gesichtsfeld wird in diesem Falle durch den
Winkel $2w'$ bestimmt, unter dem die A.-P. des Instruments von Π
aus erscheint. Für das hier in Betracht kommende Gesichtsfeld
verschiebt sich — wenn man der Einfachheit wegen parallel austretende Strahlenbüschel annimmt — die A.-P. allmählich über die
Augenpupille, wenn man erst einen und dann den gegenüber-
liegenden Randteil des Gesichtsfeldes fixiert. (S. Fig. 120.)

Nur wenn man annimmt, daß es sich auch dann um direktes
Sehen handele, wenn die Hauptstrahlen selbst nicht mehr in das

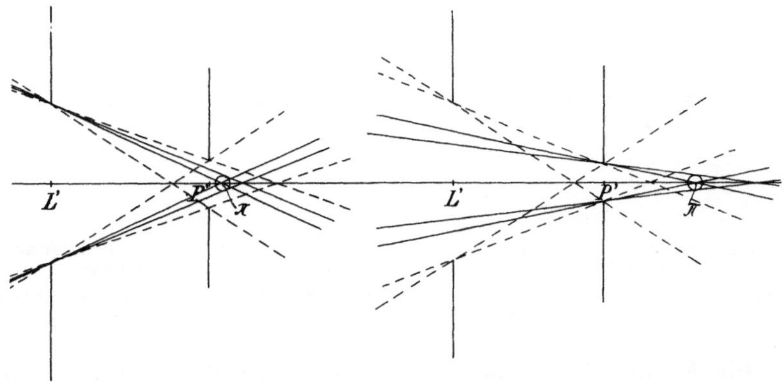

Fig. 118.

Fig. 119.

Der Augendrehungspunkt Π liegt im lichten Viereck. Die Austrittsluke des Instruments bestimmt das Gesichtsfeld bei subjektiver Beobachtung.

Der Augendrehungspunkt Π liegt außerhalb des lichten Vierecks. Die Austrittspupille des Instruments bestimmt das Gesichtsfeld bei subjektiver Beobachtung.

Die Strahlenbegrenzung beim direkten Sehen mit einer die Austrittspupille des Instruments an Größe nicht erreichenden Augenpupille.

Auge gelangen, kann die E.-P. des hypothetischen Auges mit der
Mitte der A.-P. das Gesichtsfeld bestimmen. In der Figur 121, wo
wieder der Einfachheit wegen die das System verlassenden Strahlen
parallel angenommen worden sind, wurden von der Mitte der A.-P.
aus die beiden Tangenten an den Kreis Π gelegt. Die diesen
Richtungen entsprechenden Hauptstrahlen wurden gestrichelt, und
man sieht, daß sie nicht mehr in das Auge gelangen, sondern von
der A.-P. abgeblendet werden. In das Auge gelangt nur ein
schmales, auf den Pupillenrand fallendes Büschel, dessen Flächeninhalt kleiner ist, als die Hälfte der A.-P.: In der Figur 121 sind
zwei solcher Büschel (mit W'- und $-W'$-Neigung) durch dünne
Parallelenpaare kenntlich gemacht worden. Die Ausschlußgrenzen

für jede Lichtwirkung überhaupt würden wir erhalten, wenn wir von den Randpunkten der A.-P. des Instruments das innere Tangentenpaar an den Kreis Π konstruierten.

Daß sich diese Randbüschel auf der Retina genau in dem Durchstoßungspunkte des zugehörigen, abgeblendeten Hauptstrahles vereinigen, ist aber unwahrscheinlich. Daher wird man für den eben behandelten Fall einer Aperturbeschränkung durch das optische System daran festhalten müssen, daß das Gesichtsfeld des direkten Sehens durch den Winkel bestimmt wird, unter dem die A.-P. von Π aus erscheint.

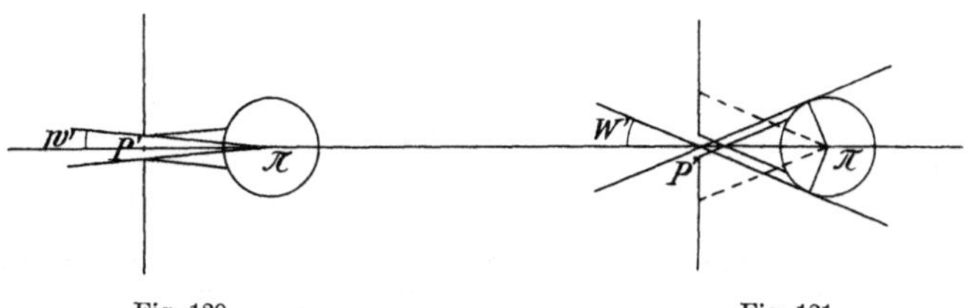

Fig. 120.

Fig. 121.

Der Gesichtswinkel w' unter Berücksichtigung der Hauptstrahlen.

Der Gesichtswinkel W' unter Berücksichtigung des Lichteindrucks.

Die Strahlenbegrenzung beim direkten Sehen mit einer die Austrittspupille des Instruments an Größe übertreffenden Augenpupille.

Die Fokustiefe. Nehmen wir jetzt den Fall an, daß wir die Pupille des ruhenden Auges in die A.-P. des optischen Instruments bringen, so ist die Entfernung der dem Auge dargebotenen Bilder von der Augenpupille gleich der Entfernung $\mathfrak{A}'$ von der A.-P. des Systems, in der die Bilder entworfen werden. Unser Auge betrachtet also das ganze, im Maßstabe β wiedergegebene b. A., wie es das System in der Entfernung $\mathfrak{A}'$ entwirft, als Objekt.

Die absolute Bildgröße $2\delta'$ des Zerstreuungskreises nicht eingestellter Punkte ist für dieses b. A. nach S. 481 gegeben durch:

$$2\delta' = 2\beta\delta \text{ app.} = 2\beta\varDelta\mathfrak{A}\,\mathrm{tg}\,u\,,$$

wenn wir an relativ stark vergrößernde optische Instrumente denken, bei denen die Voraussetzung zutrifft, daß die Tiefenschärfe $\varDelta\mathfrak{A}$ nur klein ist gegenüber der Objektentfernung $\mathfrak{A}$.

Als Tangente des Sehwinkels ζ, unter dem der Zerstreuungskreis dem Auge erscheint, ergibt sich

$$\mathrm{tg}\,\zeta = -\frac{2\delta'}{\mathfrak{A}'} = -\frac{2\beta}{\mathfrak{A}'}\,\varDelta\mathfrak{A}\,\mathrm{tg}\,u\,.$$

Beachten wir, daß für den Radius δ' des kleinen Zerstreuungskreises, dem die Hauptstrahlneigung w' entspricht, die Beziehung

$$\delta' = \beta\,\delta = - \mathfrak{A}'\,\mathrm{tg}\,w' = -\delta V \mathfrak{A}'$$

zur Folge hat

$$-\frac{\beta}{\mathfrak{A}'} = V,$$

so wird

$$\mathrm{tg}\,\zeta = -\frac{2\,\delta'}{\mathfrak{A}'} = 2 V \varDelta \mathfrak{A}\,\mathrm{tg}\,u\;.$$

Setzen wir umgekehrt den angularen Wert der erträglichen Unschärfe durch $\mathrm{tg}\,\zeta = \zeta$ gegeben voraus, so erhalten wir für die Fokustiefe $2\varDelta\mathfrak{A}$ den Ausdruck:

$$2\,\varDelta\mathfrak{A} = \frac{\zeta}{V\,\mathrm{tg}\,u}\,\mathrm{app.} = -\frac{\zeta\,f'}{\mathrm{tg}\,u}\;.$$

Welcher Wert für ζ anzunehmen ist, hängt von verschiedenen, physikalischen wie physiologischen, Umständen ab; mittleren Verhältnissen entsprechen zulässige Unschärfen von 1 bis 5 Bogenminuten, also ζ-Werte zwischen 0.0003 und 0.0015.

Ist das zulässige Maß der Unschärfe bestimmt, so hängt die Fokustiefe $2\varDelta\mathfrak{A}$ nur noch von dem Vergrößerungsvermögen und dem objektseitigen Öffnungswinkel ab.

Den reziproken Wert der Fokustiefe benutzen wir auch bei Instrumenten zu subjektivem Gebrauche als Maß für die Einstellungsgenauigkeit *(Fokussierungsempfindlichkeit)*.

Die Akkommodationstiefe. Bei den zu subjektivem Gebrauche bestimmten Instrumenten wird das Bild nicht auf einem Schirme aufgefangen, sondern dem Auge in der Luft schwebend dargeboten. Wir können also auf die Punkte des Reliefs nacheinander akkommodieren, wenigstens so lange, als die verschieden weit entfernten Objektpunkte von dem System scharf abgebildet werden. Bei aplanatischen Systemen mit großer Öffnung ist das, wie wir nach S. 299 wissen, nicht der Fall, bei solchen mit kleiner Apertur aber können wir von der scharfen Abbildung eines von $\mathfrak{A}_1$ bis $\mathfrak{A}_2$ sich in die Tiefe erstreckenden Raumes, der dann ganz oder zum Teil wegen der *Akkommodationstiefe* scharf gesehen werden kann, sprechen. An diesen Raum schließt sich infolge der Fokustiefe nach vorn noch eine Strecke genügend scharfer Abbildung $\varDelta_1\mathfrak{A}_1$ und nach hinten noch eine solche $\varDelta_2\mathfrak{A}_2$, so daß man auch gesagt hat, die *ganze Seh*-

tiefe, auch *Penetrationsvermögen* genannt, setze sich zusammen aus Fokustiefe $+$ Akkommodationstiefe.

Es sei uns das Akkommodationsvermögen des Auges in der Form gegeben

$$A = \frac{1}{\mathfrak{A}_N} - \frac{1}{\mathfrak{A}_F},$$

wobei N für Nahe- und F für Fernpunkt steht, so können wir wegen der Koinzidenz von Augenpupille und A.-P. des Systems die Abstände auch auf die A.-P. beziehen und schreiben

$$A = \frac{1}{\mathfrak{A}_N{}'} - \frac{1}{\mathfrak{A}_F{}'}$$

oder, wenn wir zur Vermeidung von Mißverständnissen das Symbol D benutzen,

$$D\mathfrak{A}' = \mathfrak{A}_F{}' - \mathfrak{A}_N{}' = A\,\mathfrak{A}_F{}'\,\mathfrak{A}_N{}'.$$

Suchen wir nun im Objektraume das dem $D\mathfrak{A}'$ entsprechende $D\mathfrak{A}$ auf, so ist, da allgemein gilt,

$$D\mathfrak{A}' = D\mathfrak{x}'; \qquad D\mathfrak{A} = D\mathfrak{x},$$

der aus den Seiten 96, 103, 147 folgende Zusammenhang vorhanden

$$D\mathfrak{A} = D\mathfrak{x}' = -ff'\,\frac{D\mathfrak{A}}{\mathfrak{x}_N\,\mathfrak{x}_F} = \frac{n'}{n}\,\beta_N\,\beta_F\,D\mathfrak{A}$$

$$\frac{D\mathfrak{A}'}{D\mathfrak{A}} = \frac{n'}{n}\,\beta_N\,\beta_F,$$

wo β_N und β_F die den Entfernungen $\mathfrak{A}_N$ und $\mathfrak{A}_F$ entsprechenden linearen Vergrößerungen sind. Setzen wir diesen Wert ein, so ergibt sich

$$D\mathfrak{A} = \frac{n}{n'}\,A\,\frac{\mathfrak{A}_F{}'\,\mathfrak{A}_N{}'}{\beta_F\,\beta_N} = \frac{n}{n'}\,A\left(\frac{\mathfrak{A}'}{\beta}\right)_M^2,$$

wo

$$\mathfrak{A}_M{}' = \sqrt{\mathfrak{A}_F{}'\,\mathfrak{A}_N{}'} \quad\text{und}\quad \beta_M = \sqrt{\beta_F\,\beta_N}$$

die geometrischen Mittelwerte aus den entsprechenden Werten an den objektseitig projektierten Akkommodationsgrenzen sind, für die bei sehr kleinem $\varDelta\mathfrak{A}$ auch die arithmetischen Mittelwerte eintreten können.

Nach dem früheren aber folgt aus der letzten Gleichung:

$$D\mathfrak{A} = \frac{n}{n'}\,\frac{A}{V_M{}^2}$$

und in dem Falle, daß die A.-P. nahe am hinteren Brennpunkte liegt, können wir schreiben:

$$D\mathfrak{A} = \frac{n}{n'}\, A f'^{\,2}\;.$$

4. Historische Notizen.

Gehen wir jetzt mit einigen Worten auf die Entwickelung der im vorhergehenden vorgetragenen Ansichten ein, so ist zu erwähnen, daß schon vor E. Abbes Behandlung *(1. 281—283.)* in der Literatur Ansätze zur Theorie der Strahlenbegrenzung vorhanden waren.

J. Petzval *(3. 57.)* hat das Vignettieren seines Doppelobjektivs in einer seiner mehr populären Schriften vollständig korrekt behandelt, er unterscheidet dabei der Sache nach zwischen Apertur- und Gesichtsfeldblende; indessen geschieht diese Behandlung nur ganz gelegentlich.

In England scheint Th. Grubb *(1.)* der erste gewesen zu sein, der diesen Verhältnissen eingehendere Beachtung schenkte. Er verfolgte beim photographischen Objektiv den Strahlengang genauer und wurde dabei auf den Unterschied aufmerksam, der beim zusammengesetzten photographischen Objektiv hinsichtlich der Größe des Durchmessers zwischen der Aperturblende und der E.-P. besteht. Auch auf die Verschiedenheit des objekt- und bildseitigen Gesichtsfeldwinkels machte er bei dieser Gelegenheit aufmerksam.

Für das Auge hob H. Helmholtz die große Wichtigkeit hervor, die die Pupille für die Strahlenbegrenzung hat: Zielen doch die Visierlinien nach ihrer Mitte. Er *(1. 679.)* hat ferner auch das Sehfeld des Auges definiert als die mit allen ihren Eigentümlichkeiten nach außen projizierte Netzhaut. Es ist dies wohl die ausführlichste und die am besten durchgearbeitete Behandlung eines Abschnittes der Strahlenbegrenzung vor der Veröffentlichung der Abbeschen Theorie.

E. Abbes Theorie erschien sofort in größter Allgemeinheit, so daß sie ohne weiteres auf die verschiedenen optischen Instrumente angewendet werden konnte.

Eine für das Auge und damit für alle der subjektiven Beobachtung dienenden Instrumente wichtige Ergänzung der Abbeschen Behandlung lieferte A. Gullstrand, indem er die bereits J. B. Listing bekannte Bedeutung des Augendrehungspunktes für die Perspektive beim direkten Sehen namentlich für den wichtigen Fall nachdrücklich betonte, daß es sich um die Betrachtung einer Abbildskopie im direkten Sehen handele.

X. Kapitel.

Die Strahlungsvermittelung durch optische Systeme.

Bearbeiter: M. von Rohr.

Wenn ein leuchtender Körper andere in seiner Nähe befindliche durch Strahlung erleuchtet, so denkt man sich diesen Vorgang dadurch vermittelt, daß man annimmt, die sonst nicht leuchtenden Objekte seien von Strahlen getroffen worden, die die Oberfläche des leuchtenden Körpers aussendet, und man stellt sich die Stärke der Beleuchtung von der Anzahl der Strahlen abhängig vor, die auf die beleuchtete Flächeneinheit fallen.

Die Beleuchtung irgend einer Stelle sieht man ferner an als das Resultat einer Summierung aller von den einzelnen leuchtenden Flächenelementen auf diese Stelle ausgeübten Beleuchtungswirkungen und reduziert auf diese Weise das Problem auf den einfacheren Fall der von einem leuchtenden Flächenelement auf ein anderes ausgeübten Strahlungswirkung.

Hierbei hat man noch eine Unterscheidung zu machen je nach der Abhängigkeit dieser Wirkung von der Lage der beiden Flächenelemente zueinander oder nach der Intensität der Strahlung; und das geschieht dadurch, daß man jeden Strahl ansieht als den Träger einer *spezifischen Intensität**), die dem leuchtenden Element innewohnt und mit ihm wechseln kann.

---

*) In seinem Aufsatze (*1*. 267.) benutzt E. ABBE die Ausdrücke „spezifische Intensität eines Punktes" und „Leuchtkraft eines Punktes" als gleichbedeutend. Da ich finde, daß in den als giltig anerkannten Behandlungen der Photometrie (so z. B. die von E. BRODHUN (*1*.)) der Ausdruck Leuchtkraft als synonym mit der Lichtstärke einer Fläche in bestimmter Richtung gebraucht ist, so habe ich im folgenden diesen doppelsinnigen Ausdruck überhaupt vermieden und verwende (auch in verschiedenen wörtlich von E. ABBE herrührenden Sätzen) spezifische Intensität im einen, Lichtstärke im anderen Sinne.

1. Die Strahlung selbstleuchtender Körper.

A. Die Strahlung von Element zu Element.

Das photometrische Grundgesetz. Das zuerst von J. H. Lambert ausgesprochene Gesetz für das von einem Element dq einem anderen dQ zugesandte Lichtquantum dL lautet:

$$dL = \frac{I\, dq\, dQ \cos \vartheta \cos \Theta}{r^2}.$$

Denken wir uns die beiden Elemente in den Punkten p und P lokalisiert, so sind ϑ und Θ die spitzen Winkel, die die in p und P auf dq und dQ errichteten Normalen mit dem Radiusvektor $r = pP$ einschließen. Der Faktor I ist unabhängig von den geometrischen Bedingungen, repräsentiert also nach den allgemeinen, in der Einleitung vorgetragenen Sätzen die *spezifische Intensität*. Auf seine physikalische Bedeutung werden wir noch zu sprechen kommen.

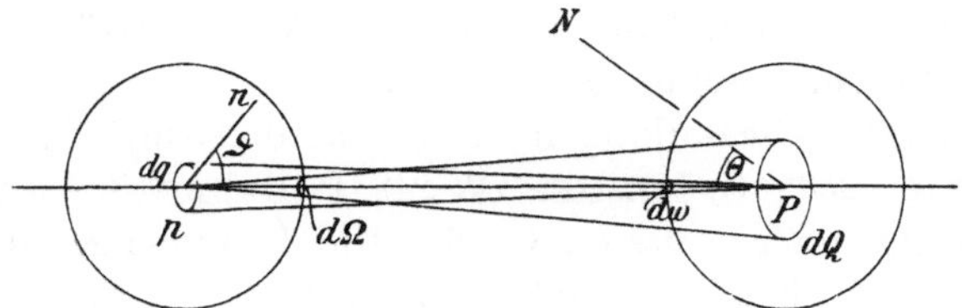

Fig. 122.
Die von zwei Elementen [dq in p und dQ in P] aufeinander ausgeübte Strahlung.

In dieser Form des Strahlungsgesetzes fällt die Symmetrie zwischen dem strahlenden und dem bestrahlten Element auf, eine Beziehung, die auch in folgender Weise ausgedrückt werden kann: Die Lichtmenge dL, die von dq an dQ vermittelt wird, ist der gleich, die dQ an dq vermitteln würde, wenn man ihm die gleiche spezifische Intensität I beilegte. Diese Auffassung des Gesetzes wird bei der Anwendung auf die Theorie der optischen Instrumente zuweilen verwendet werden.

Beschreiben wir um den Punkt p eine Kugel mit dem Radius $= 1$, so definiert ganz allgemein ein beliebiges Flächenstück ω auf ihr, wenn seine Randpunkte alle mit p verbunden werden, einen gewissen Raumwinkel ω. Zieht man nun von p aus nach den Randpunkten des bestrahlten Elements dQ Vektoren, so schneidet man dadurch auf der Einheitskugel um p ein bestimmtes Flächenelement $d\Omega$ aus, das seinerseits den Raumwinkel $d\Omega$ definiert. Für diesen besteht offenbar die Beziehung

$$d\Omega = \frac{dQ \cos \Theta}{r^2},$$

und wir wollen ihn bezeichnen als *scheinbare Größe des bestrahlten Elementes dQ von p aus*. Man sieht ohne weiteres, daß man ebenso die scheinbare Größe des strahlenden Elements dq von P aus einführen kann durch

$$d\omega = \frac{dq \cos \vartheta}{r^2}.$$

Unter Benutzung dieser Beziehungen läßt sich die Grundgleichung schreiben

$$dL = \boldsymbol{I}\, dq \cos \vartheta\, d\Omega = \boldsymbol{I}\, dQ \cos \Theta\, d\omega,$$

wo, wie man sieht, die oben hervorgehobene Symmetrie wieder zum Vorschein kommt. Die durch Strahlung zwischen zwei Elementen vermittelte Lichtmenge ist also, abgesehen von der scheinbaren Größe des einen, noch abhängig von der wirklichen Größe des andern und seiner Neigung gegen den Vektor.

In neueren Abhandlungen über Photometrie, wie z. B. bei E. BRODHUN (*1. 450*), O. LUMMER (*2. 24*), P. DRUDE (*3. 72*) finden wir die Einführung einer weiteren Größe: Die Lichtmenge, die auf die zum Vektor r senkrechte Flächeneinheit aus der Entfernung $= 1$ gestrahlt wird, wird als Lichtstärke oder Leuchtkraft dK in der Richtung r bezeichnet. Sie ist gegeben durch

$$dK = \boldsymbol{I}\, dq \cos \vartheta.$$

Der vorigen Anmerkung entsprechend werden wir diese Größe dK nur als *Lichtstärke in der Richtung r* bezeichnen. Als Einheit für sie, soweit es sich um optisch wirkende Lichtquellen handelt, verwendet man die Lichtstärke der Vereinskerze oder der HEFNERschen Amylacetatlampe. Es sind das Lichtquellen, die man ständig in annähernd gleicher Intensität wieder erzeugen kann.

Die Beleuchtungsstärke. Nach unseren allgemeinen Leitsätzen können wir die in P von dq aus vermittelte *Beleuchtungsstärke dS* messen durch die auf die Flächeneinheit fallende Lichtmenge

$$dS = \frac{dL}{dQ} = \boldsymbol{I}\, d\omega \cos \Theta$$

und natürlich ganz analog für p von dQ aus

$$ds = \frac{dL}{dq} = I \, d\Omega \cos\vartheta.$$

Setzen wir nun in der ersten der beiden Gleichungen ein senkrecht zum Vektor stehendes Flächenelement dQ voraus, so wird $\cos\Theta = 1$ wegen $\Theta = 0$, und wir erhalten den Ausdruck

$$\frac{dS}{d\omega} = I.$$

Nach dieser Beziehung läßt sich also die spezifische Intensität I der strahlenden Oberfläche messen durch den Quotienten der Beleuchtungsstärke dS eines auf dem Vektor senkrecht stehenden bestrahlten Elements und dem Raumwinkel $d\omega$, unter dem das strahlende Element dq am Orte seiner Wirkung erscheint. Damit ist dann die physikalische Bedeutung des Faktors I klargestellt.

Drücken wir auch die Beleuchtungsstärke mit Hilfe der oben definierten Lichtstärke dK aus, so ergibt sich aus der photometrischen Grundgleichung und der Definition von dK

$$dS = \frac{dL}{dQ} = \frac{dK \cos\Theta}{r^2},$$

so daß die Berechnung der Beleuchtungsstärke aus den geometrischen Beziehungen und der Angabe der Lichtstärke möglich ist.

Als Einheit „Meterkerze" wird der Wert der Beleuchtungsstärke definiert, den eine Normalkerze in $1\,m$ horizontaler Entfernung in der Mitte eines senkrecht gegen die Strahlen gestellten Schirmes erzeugt.

Die Bedeutung der Korngröße. Gehen wir wieder zu dem Ausdrucke für die Beleuchtungsstärke zurück, so ist diese gegeben durch

$$dS = \frac{dL}{dQ} = I \, d\omega \cos\Theta.$$

Bei der Ableitung dieser Formel hatten wir stillschweigend vorausgesetzt, um überhaupt durch dQ dividieren zu können, daß dQ von Null verschieden sei.

Nun ist es eine Eigenschaft der bei der Projektion benutzten Schirme, der Mattscheibe sowohl wie der lichtempfindlichen Schicht der photographischen Platte, daß sie aus räumlichen Einzelelementen bestimmter Größe oder, wie man allgemein sagt, bestimmter *Korngröße* zusammengesetzt sind. Bei einer solchen Fläche verliert die gewöhnliche Flächenmessung ihren Sinn, da wir keine in den kleinsten Teilen gleichartige Fläche vor uns haben, und an die Stelle der Messung tritt die *Zählung* der Elemente, die der Natur der Sache nach nur eine ganze, positive Zahl als Ergebnis liefern kann. Es ist also, wenn für dQ diese ganze positive Zahl $\mathfrak{Q}$ ermittelt ist,

$$dQ = \varepsilon\mathfrak{Q},$$

wo ε den mittleren freien Flächeninhalt der Projektion eines einzelnen Elements bedeutet.

Wir können uns diesen mittleren freien Flächeninhalt ε so erhalten denken, daß wir von dem strahlenden Element aus den scheinbaren Umriß für jedes an der Schirmoberfläche partizipierende Einzelkorn aufsuchen. Wir erhalten dadurch bei Voraussetzung einer genügenden Schichtdicke auf der Schirmfläche eine netzartige Zeichnung, deren Maschen von den Umrissen der Kornelemente gebildet werden. Wir sind alsdann zu dem Ausspruche berechtigt, die Projektionen der Elemente bilden auf der Schirmfläche ein geschlossenes Pflaster.

Wir erhalten also für die Beleuchtungsstärke

$$dS = \frac{dL}{\varepsilon\mathfrak{Q}}.$$

Nimmt nun das Flächenelement dQ an Größe ab, so drückt sich das auf der linken Seite von $dQ = \varepsilon\mathfrak{Q}$ dadurch aus, daß $\mathfrak{Q}$ kleiner und kleiner wird. Bei der Voraussetzung einer stetigen Abnahme von dQ erhalten wir einen Ausdruck, der nach seiner Entstehung nur sprunghaft wie ganze, positive Zahlen abnehmen kann.

Sinkt nun der Flächeninhalt von dQ soweit herab, daß dieses Element die Größe weniger oder nur eines Elementarkornes erreicht, so ist der Ausdruck

$$dQ = \varepsilon\mathfrak{Q}$$

infolge der merklicheren, unstetigen Änderung von $\mathfrak{Q}$ gänzlich ungeeignet zur Darstellung von dQ, und die Beziehung

$$dS = \frac{dL}{dQ} = \lim_{\mathfrak{Q}=1} \left[\frac{dL}{\varepsilon\mathfrak{Q}}\right]$$

verliert ihren Sinn. Tritt nämlich ein weiteres Sinken von dQ ein, so vermag $\varepsilon\mathfrak{Q}$ dem nicht zu folgen, und es ergeben sich zwei Möglichkeiten für einen Fehlschluß. In dem einen Falle möge trotz des Sinkens von dQ die Lichtmenge dL ungeändert bleiben; alsdann müßte von Rechts wegen dS wachsen, während doch in dem Ausdrucke rechter Hand

$$\lim_{\mathfrak{Q}=1}\left[\frac{dL}{\varepsilon\,\mathfrak{Q}}\right]$$

alles ungeändert bleibt, weil $\mathfrak{Q}$ seinen kleinsten Wert $=1$ bereits angenommen hat. In dem andern Falle soll beim Sinken von dQ auch dL und zwar so abnehmen, daß $dS = \dfrac{dL}{dQ}$ konstant bleibt, alsdann nimmt der Wert der rechten Seite

$$\lim_{\mathfrak{Q}=1}\left[\frac{dL}{\varepsilon\,\mathfrak{Q}}\right]$$

ab und täuscht uns auch hier wieder eine zu kleine Beleuchtungsstärke vor.

Sobald also das bestrahlte Element so klein wird, daß es nur ein oder einige Strukturelemente des Auffangschirmes umfaßt, verliert die Berechnung der Beleuchtungsstärke ihren Sinn, und wir gehen dann auf die dem Element zugeführte Lichtmenge dL als Maß für die ihm vermittelte Strahlung zurück.

Für das Auge hat E. Abbe (*1. 269*) die Gründe für diese vom gewöhnlichen abweichende Bestimmung angegeben, und für photographische Systeme zu Sternaufnahmen hat O. Lummer (*1.*) bei der Aufstellung seines „Punktgesetzes" darauf aufmerksam gemacht.

Die äquivalente Lichtverteilung. Der Ausdruck für die durch Strahlung zwischen zwei Elementen vermittelte Lichtmenge war gegeben durch

$$dL = I\,d\omega\,dQ\cos\Theta = I\,d\Omega\,dq\cos\vartheta.$$

Nach diesem Ausdrucke ändert sich für die dem bestrahlten Element dQ zugesandte Lichtmenge gar nichts, wenn wir das strahlende Element dq durch ein anders gelegenes und anders gestaltetes Element $\overline{dq}$ ersetzen, wenn es nur mit derselben spezifischen Intensität I strahlt und für P dieselbe scheinbare Größe hat. Es muß also sein

$$\frac{dq\cos\vartheta}{r^2} = d\omega = \frac{\overline{dq}\cos\overline{\vartheta}}{\overline{r}^2}\,.$$

Ein solches Element $\overline{dq}$ nennen wir ein für P dem alten dq *äquivalentes* Element. Ist uns nun eine aus m Elementen dq_ν mit den spezifischen Intensitäten I_ν gebildete strahlende Fläche gegeben, so können wir auf einer beliebig anders gelegenen Fläche eine für P ihr *äquivalente Lichtverteilung* substituieren, wenn für jedes Element der neuen Fläche gilt

$$d\omega_\nu = \frac{d\overline{q}_\nu \cos\overline{\vartheta}_\nu}{\overline{r}_\nu{}^2}.$$

Fassen wir das Ergebnis zusammen, so lautet es: Die Lichtstrahlung einer beliebigen Fläche

$$q = \overset{m}{\underset{\nu}{\sum}}\, q_\nu,$$

deren einzelne Elemente mit den spezifischen Intensitäten I_ν strahlen, können wir stets für dQ in P durch eine Lichtverteilung in der beliebig vorgeschriebenen Fläche $\overline{q}$ vollständig ersetzen, wenn wir jedes Element q_ν aus P als Projektionszentrum auf $\overline{q}$ projizieren und ihm dort die spezifische Intensität I_ν beilegen. Das können wir auch unter Benutzung von E. Abbes (*1. 268.*) Worten ausdrücken:

„Umgekehrt müssen zwei Lichtquellen von ungleicher Größe, „Gestalt und Lage genau dieselben Strahlungswirkungen an einem „Orte hervorbringen, von dem aus gesehen sie sich so aufeinander „projizieren, daß jede vom Ort der Wirkung nach ihnen hin gezogene „Richtungslinie beide in Punkten gleicher spezifischer Intensität trifft.‟

B. Die Strahlung auf Flächen endlicher Größe.

Eine Fläche sei gebildet aus m Elementen dQ_ν, und sie werde beleuchtet von einem mit der spezifischen Intensität I strahlenden Element dq. Die auf ein Flächenelement dQ_ν fallende Lichtmenge dL_ν ist dann

$$dL_\nu = \frac{I\,dq\cos\vartheta_\nu\,dQ_\nu\cos\Theta_\nu}{r_\nu{}^2},$$

so daß die gesamte Lichtmenge für die Fläche sich ergibt zu

$$d\boldsymbol{L} = \overset{m}{\underset{\nu}{\sum}}\, dL_\nu = \boldsymbol{I}\,dq \overset{m}{\underset{\nu}{\sum}}\frac{\cos\vartheta_\nu\,dQ_\nu\cos\Theta_\nu}{r_\nu{}^2},$$

und dieser Ausdruck geht in ein Integral über, wenn man die Elemente kleiner und kleiner annimmt und für $m = \infty$ zur Grenze übergeht. Wir bemerken hier gleich, daß dieser Ausdruck auch aufgefaßt werden kann als die Lichtmenge, die das Element dq erhält, wenn es der Strahlung derselben Fläche ausgesetzt ist, deren Elemente man mit der konstanten spezifischen Intensität I strahlend annimmt.

In gewissen Fällen kann die durch das Integral angedeutete Rechenoperation im Bereiche der bekannten Funktionen ausgeführt werden, und wir wollen hier an einigen Beispielen, die später ihre Anwendung finden, solche Herleitungen vorführen.

Die Bestrahlung einer Kreisfläche durch ein paralleles, axiales Flächenelement. Befindet sich das beleuchtende Element dq in einer senkrechten Entfernung $\mathfrak{A}$ vom Mittelpunkte des parallelen Kreises vom Radius $\mathfrak{r}$, so wollen wir als beleuchtetes Element dQ einen Kreisring auffassen, der von zwei benachbarten, zu den Richtungen ϑ und $\vartheta + d\vartheta$ gehörigen Kreisen begrenzt ist (s. Fig. 123).

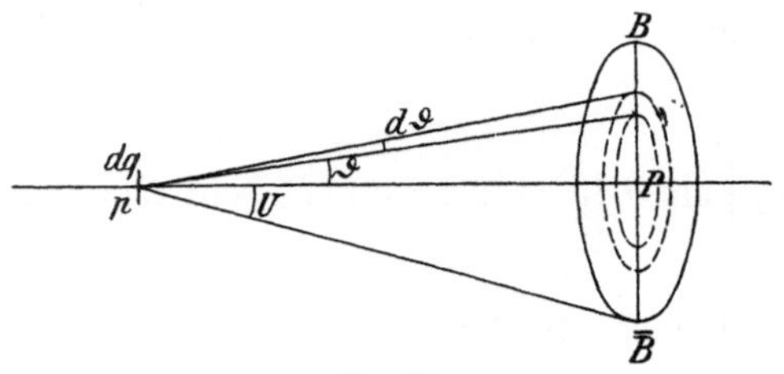

Fig. 123.

Zur Bestrahlung einer Kreisfläche durch ein paralleles, axiales Flächenelement.

Dann ist

$$dQ = 2\,\pi\,\mathfrak{A}\,\mathrm{tg}\,\vartheta \cdot d\,[\mathfrak{A}\,\mathrm{tg}\,\vartheta] = 2\,\pi\,\mathfrak{A}^2\,\frac{\sin\vartheta}{\cos^3\vartheta}\,d\vartheta,$$

und es ergibt sich ferner wegen

$$r = \frac{\mathfrak{A}}{\cos\vartheta}\quad\text{und}\quad \vartheta = \Theta$$

noch

$$dL = 2\,\pi\,I\,dq\,\sin\vartheta\,\cos\vartheta\,d\vartheta.$$

Also

$$d\boldsymbol{L} = 2\,\pi\,\boldsymbol{I}\,dq\int\limits_{0}^{\mathfrak{r}} \sin\vartheta\,\cos\vartheta\,d\vartheta = \pi\,I\,dq\,[\sin^2\vartheta]_0^{\mathfrak{r}}.$$

Führen wir nun den Grenzwinkel U durch die Beziehung ein

$$\mathrm{tg}\,U = \frac{\mathfrak{r}}{\mathfrak{A}},$$

so muß das Integral bis zur Grenze U erstreckt werden, und wir erhalten

$$d\boldsymbol{L} = \pi\,\boldsymbol{I}\,dq\,\sin^2 U.$$

Demnach können wir den schon J. H. LAMBERT bekannten Satz aussprechen, daß die auf einen achsensenkrechten Kreis von einem axialen achsensenkrechten Element gestrahlte Lichtmenge dem Quadrat des Sinus des Öffnungswinkels U proportional ist.

Fassen wir, wie oben bemerkt, diese Lichtmenge auf als gestrahlt auf dq von der mit I gleichmäßig leuchtenden Kreisfläche, so ist die Beleuchtungsstärke dieses Elements gegeben durch

$$S = \frac{dL}{dq} = \pi\, I \sin^2 U.$$

Die Bestrahlung einer Kreisfläche durch einen Achsenpunkt. Nehmen wir die Lichtquelle als punktförmig an, so erleidet sie keine scheinbare Verkleinerung, wenn wir unter endlichem ϑ geneigte Strahlen annehmen. Demnach ist hier das folgende Integral auszuwerten:

$$dL = 2\,\pi\, I\, dq \int_0^U \sin\vartheta\, d\vartheta = 2\pi\, I\, dq\,(1 - \cos U) = 4\pi\, I\, dq \sin^2\frac{U}{2}.$$

Es ergibt sich also ein Betrag, der nach Maßgabe von $1 : \cos^2\dfrac{U}{2}$ größer ist als die unter Voraussetzung eines achsensenkrechten Flächenelements ermittelte Lichtmenge.

Die Bestrahlung einer Kreisfläche durch ein paralleles außeraxiales Flächenelement. Noch in einer ganzen Reihe von anderen Fällen sind die Integrationen ausgeführt worden, worüber man bei

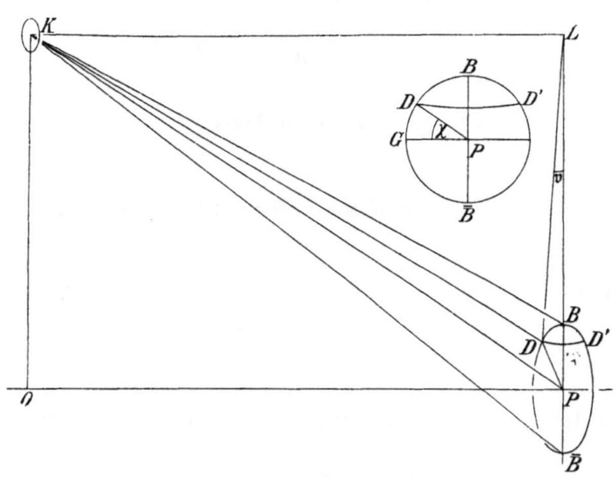

Fig. 124.

$$PO = \mathfrak{A}; \quad OK = \mathfrak{y}; \quad PB = \mathfrak{r}.$$

Zur Bestrahlung einer Kreisfläche durch ein paralleles, außeraxiales Flächenelement.

J. H. LAMBERT und A. BEER nachlesen mag. Von Interesse für die späteren Anwendungen ist der hier nach A. BEERS (*1. 57.*) Darstellung mitgeteilte allgemeinere Fall, daß das strahlende Element zwar dem bestrahlten Kreise parallel und im senkrechten Abstande $\mathfrak{A}$ aber außerhalb der Achse in der Höhe $\mathfrak{y} = OK = PL$ angenommen sei. Die sehr elegante von J. H. Lambert stammende Integration kann an der angegebenen Stelle nachgelesen worden, während uns an diesem Orte nur die Resultate interessieren.

Definieren wir die Größen

$$p = \frac{\mathfrak{A}^2 + \mathfrak{y}^2 - \mathfrak{r}^2}{2\,\mathfrak{y}\,\mathfrak{r}}\,; \qquad q = \frac{\mathfrak{A}^2 + \mathfrak{y}^2 + \mathfrak{r}^2}{2\,\mathfrak{y}\,\mathfrak{r}}$$

und betrachten wir das perspektivisch und in Vorderansicht gezeichnete Kreiszweieck $DD'B$, das von dem Kreise um P durch einen um L mit dem Radius LD beschriebenen Kreis abgeschnitten wird, und zu dem die Winkel $DPG = \chi$, $DLP = \mathfrak{v}$, $DKL = \omega$ gehören, so ist die auf $DD'B$ fallende Lichtmenge

$$d\boldsymbol{L}_{\chi,\,\mathfrak{v}} = \boldsymbol{I}\,dq \left\{ \mathfrak{v}\sin^2\omega + \frac{1}{2}\left(\frac{\pi}{2} - \chi\right) \right.$$

$$\left. + \frac{p}{\sqrt{q^2-1}}\left(\operatorname{arc\,tg}\frac{q\,\operatorname{tg}\dfrac{\chi}{2} - 1}{\sqrt{q^2-1}} - \operatorname{arc\,tg}\frac{q-1}{\sqrt{q^2-1}}\right) \right\}$$

Wollen wir die auf den ganzen Kreis fallende wissen, so setzen wir $\chi = -\dfrac{\pi}{2}$ und $\mathfrak{v} = 0$; alsdann ist in

$$d\boldsymbol{L} = \boldsymbol{I}\,dq\left\{\frac{\pi}{2} - \frac{p}{\sqrt{q^2-1}}\left(\operatorname{arc\,tg}\frac{q+1}{\sqrt{q^2-1}} + \operatorname{arc\,tg}\frac{q-1}{\sqrt{q^2-1}}\right)\right\}$$

das Produkt der beiden Tangenten $= 1$, mithin die Summe ihrer Bogen $= \dfrac{\pi}{2}$, und wir erhalten

$$d\boldsymbol{L} = \frac{\pi}{2}\,\boldsymbol{I}\,dq\left(1 - \frac{p}{\sqrt{q^2-1}}\right).$$

Dieser Ausdruck geht, wie es auch sein muß, in die Form

$$d\boldsymbol{L} = \pi\,\boldsymbol{I}\,dq\sin^2 U$$

über, wenn man darin $\mathfrak{y} = 0$ setzt.

Führen wir die aus der Figur verständlich werdende Bezeichnung ein $KP = med$, $K\overline{B} = max$, $KB = min$, so läßt sich der vorhergehende Ausdruck noch in die elegante Form bringen

$$dL = \frac{\pi}{2}\, I\, dq \left(1 - \frac{(med + \mathfrak{r})(med - \mathfrak{r})}{max \times min} \right).$$

In der weiteren Verfolgung von Strahlungsproblemen ist auch in einzelnen Fällen die Strahlung von einer endlichen Fläche zu einer endlichen Fläche ermittelt worden. Wir teilen hier das Resultat für zwei zu derselben Achse zentrische, achsensenkrechte Kreise von den Radien $\mathfrak{r}$ und $\mathfrak{R}$ in der Achsenentfernung $\mathfrak{A}$ mit, wenn die spezifische Intensität auf dem einen überall konstant $= I$ vorausgesetzt ist. Die auf den andern gestrahlte Lichtmenge ist dann:

$$L = \frac{1}{2}\, I\pi^2 \left\{ \mathfrak{A}^2 + \mathfrak{r}^2 + \mathfrak{R}^2 - \sqrt{[\mathfrak{A}^2 + (\mathfrak{R} + \mathfrak{r})^2][\mathfrak{A}^2 + (\mathfrak{R} - \mathfrak{r})^2]} \right\}.$$

Nach Einführung der Bezeichnungen $\begin{aligned} Max &= \sqrt{\mathfrak{A}^2 + (\mathfrak{R} + \mathfrak{r})^2} \\ Min &= \sqrt{\mathfrak{A}^2 + (\mathfrak{R} - \mathfrak{r})^2} \end{aligned}$ ergibt sich der elegante Ausdruck

$$L = \frac{1}{4}\, I\pi^2 \left\{ Max - Min \right\}^2.$$

C. Die Helligkeit.

Die soeben etwickelten, allgemeinen photometrischen Sätze gelten auch dann, wenn der beleuchtete Punkt P auf der Netzhaut des Auges liegt und der beleuchtete Teil der Netzhaut durch dQ bezeichnet ist.

Für die vom Auge empfundene Beleuchtung verwendet man den Ausdruck *Helligkeit*; so wird im besonderen die spezifische Intensität I des leuchtenden Elements im Auge als *absolute Helligkeit* empfunden. Ihr steht als *indizierte Helligkeit* die Empfindung der Beleuchtungsstärke gegenüber, die ein leuchtender Körper auf einer diffus leuchtenden Fläche hervorruft. Die Bestimmung der Gleichheit der Beleuchtungsstärken läßt sich schwierig durchführen, wenn es sich um verschiedenfarbiges Licht handelt; bei geringeren Helligkeiten tritt dann das PURKINJEsche Phänomen ein, wonach die gleichen Differenzen der Beleuchtungsstärke als verschiedene Helligkeitsdifferenzen empfunden werden.

Auch beim Auge können wir die Beleuchtungsstärke nur berechnen, wenn die Netzhautelemente dQ nicht zu klein werden. Als Grenze ist hier die Korngröße der Retina, der *Zapfenquerschnitt* gegeben. Tritt der Fall ein, daß das leuchtende Element im Auge nur ein Korn einnimmt, so muß analog dem früheren die Lichtmenge dL direkt und nicht mehr die Beleuchtungsstärke dS auf der Retina bestimmt werden.

Die Sätze über die äquivalente Lichtverteilung bleiben auch für das Auge gültig, da bei ihrer Herleitung Änderungen nur an den Elementen der Lichtquelle vorgenommen waren, während die jetzt auf das Auge bezogenen Größen dQ und Θ unverändert blieben.

2. Die mittelbare Lichtstrahlung.

A. Die Strahlung diffus reflektierender Flächen.

Schon in der Einleitung war hervorgehoben worden, daß selbstleuchtende Körper andere nicht leuchtende ihrer Umgebung zu leuchtenden machen können. Wir werden jetzt diese Strahlung behandeln müssen nach den geometrischen Beziehungen einerseits und nach der spezifischen Intensität des mittelbar strahlenden Körpers andererseits, die wir näher als *erborgte Intensität* bezeichnen wollen.

Wir nehmen nun zunächst Körper mit vollkommen rauher Oberfläche an, die das erhaltene Licht nach allen Seiten gleichmäßig zurückwerfen. Sie verhalten sich also nach den geometrischen Beziehungen wie selbstleuchtende Körper, und wir haben nun noch die Aufgabe, den die erborgte Intensität charakterisierenden Faktor aus den bei der Beleuchtung der diffus reflektierenden Oberfläche gegebenen Daten abzuleiten.

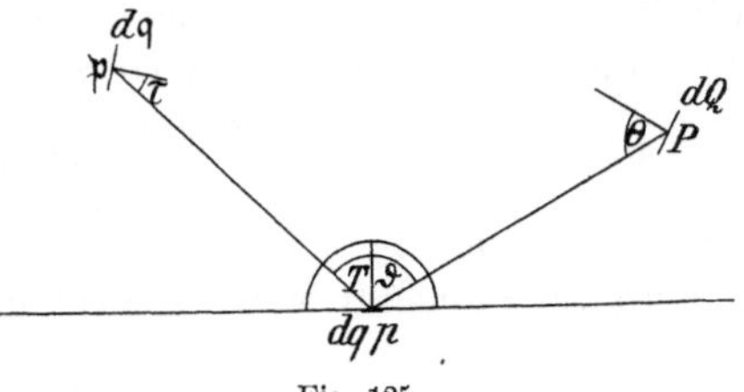

Fig. 125.

$$\mathfrak{p}p = R; \quad pP = r.$$

Zur Ableitung des Ausdrucks für die erborgte Intensität.

Legen wir an den betrachteten Oberflächenpunkt des rauhen Körpers eine Tangentialebene, so bildet sie die nach dem Körper zu liegende Grenze der möglichen Strahlungsrichtungen. Für eine wirklich allseitig reflektierende Oberfläche wird demnach die ganze, dem Körper abgewandte Halbkugel mit dem Radius $r = 1$ und der Oberfläche 2π von Strahlen erfüllt sein.

Das Oberflächenelement $d\mathfrak{q}$ erhält von dem Elemente dq der primären, mit der spezifischen Intensität I strahlenden Lichtquelle die Lichtmenge zugesandt

$$d\mathfrak{L} = \frac{I\, d\mathfrak{q}\, dq \cos\tau \cos T}{R^2}$$

und schickt, wenn wir rein formal seine erborgte Intensität mit $\overline{I}$ bezeichnen, dem in der Entfernung r befindlichen Element dQ seinerseits unter dem *Emanationswinkel* ϑ die Lichtmenge zu

$$dL = \frac{\overline{I}\, dq\, dQ \cos\vartheta \cos\Theta}{r^2}.$$

Nach der oben gemachten Annahme wirft der diffus reflektierende Körper die auf ihn fallende Lichtmenge $d\mathfrak{L}$ nach allen innerhalb der Halbkugel möglichen Richtungen gleichmäßig und zwar in einem Maße ε geschwächt zurück, so daß wir für das in jeder Richtung zurückgeworfene Lichtquantum den Ausdruck erhalten

$$\frac{\varepsilon\, d\mathfrak{L}}{2\pi}.$$

Beachtet man noch, daß es sich um das der Lichtmenge $d\mathfrak{L}$ entsprechende Element dq der diffus reflektierenden Oberfläche handelt, dessen Normale gegen die betrachtete Strahlungsrichtung unter dem Winkel ϑ geneigt ist, so leuchtet ein, daß für die Weiterstrahlung die obige Größe noch mit $\cos\vartheta$ zu multiplizieren ist.

Dieser Betrag $\dfrac{\varepsilon\, d\mathfrak{L}\cos\vartheta}{2\pi}$ tritt mithin in dem Ausdruck für dL an die Stelle der Faktoren, die sich auf Größe, Neigung und Strahlungsintensität von dq beziehen, und das ist

$$\overline{I}\, dq \cos\vartheta.$$

Mithin erhalten wir unter Annahme einer vollständig diffusen Reflexion durch Gleichsetzung dieser beiden Größen

$$\frac{\varepsilon\, d\mathfrak{L}\cos\vartheta}{2\pi} = \overline{I} \cos\vartheta\, dq$$

und daraus die Beziehung

$$\overline{I} = \frac{\varepsilon}{2\pi}\, \frac{\overline{I}\, d\mathfrak{q} \cos\tau \cos T}{R^2}$$

$$= \frac{\varepsilon}{2\pi}\, ds,$$

d. h.: Die Ableitung der erborgten Intensität $\overline{I}$ eines diffus mit einem Prozentsatze ε reflektierenden Elements erfolgt durch Multiplikation seiner Beleuchtungsstärke ds mit $\dfrac{\varepsilon}{2\pi}$.

Den Teil ε, dementsprechend die erhaltene Beleuchtungsstärke von der Oberfläche weiter gestrahlt wird, nennt man nach J. H. LAMBERT *Weiße* oder *Albedo*, und man würde von *absolut weißen* Körpern bei $\varepsilon = 1$ im Gegensatz zu *absolut schwarzen* bei $\varepsilon = 0$ sprechen können. In der Natur finden sich für die verschiedenen Stoffe verschiedene Werte zwischen diesen Grenzen vor, so ist für unsere gewöhnlich als weiß bezeichneten Körper die Albedo etwa $= 0{,}4$. Bei einem und demselben Körper nimmt der Wert ε für die verschiedenen Wellenlängen andere und andere Beträge an.

Für die von dem diffus leuchtenden Element dq in p an einem Element dQ am Orte P ausgeübte Beleuchtungsstärke ds erhalten wir unter Annahme der Giltigkeit des Grundgesetzes den Ausdruck:

$$ds = \frac{dL}{dQ} = \overline{I}\, d\omega \cos \Theta = \frac{\varepsilon\, ds}{2\,\pi}\, d\omega \cos \Theta$$

wo gegen früher nichts weiter geändert ist als der Wort von I in $\overline{I}$.

Demnach können wir die früher gemachten Überlegungen hinsichtlich der äquivalenten Lichtverteilung auf einer beliebig vorgeschriebenen Fläche auch hier wieder anstellen, und müssen nur in Rücksicht ziehen, daß die erborgte Intensität sich zusammensetzt aus der Albedo ε und der Beleuchtungsstärke, die die diffus reflektierende Oberfläche gerade erfährt.

In der Wirklichkeit trifft unsere Annahme aber nicht zu, das photometrische Grundgesetz gelte auch für diffus reflektierende Flächen, sondern die Verhältnisse sind hier viel verwickelter. Halten wir uns an die neueste der über diesen Gegenstand erschienenen Schriften, an die die WIENERsche Arbeit weiterführende Abhandlung von FR. THALER (*1.*), so gilt für kleine und mittlere Inzidenz- und Emanationswinkel fast durchgängig die Bemerkung, daß der Betrag der reflektierten Strahlung die vom LAMBERTschen Gesetze geforderte Höhe nicht erreiche.

Bezeichnet man als *Azimut der Strahlung* v den zwischen 0^0 und 180^0 liegenden Winkel, den die beiden durch die Inzidenz- und Emanationsrichtung mit der Normale des diffus reflektierenden Elements bestimmten Ebenen einschließen, so hat CHR. WIENER (*1.*) darauf aufmerksam gemacht, daß dieser Winkel für den Betrag des reflektierten Lichts eine große Bedeutung habe.

Ein solcher Einfluß hat sich auch bei den THALERschen Versuchen gezeigt, und zwar bei der Mehrzahl der untersuchten Flächen (bei mattem Milchglase, bei einem Niederschlage von Magnesiumoxyd, bei glattgelassenem und gerauhtem Gipsgusse, so daß die reflektierte Strahlung im allgemeinen mit wachsendem Azimut wuchs. Sie erreichte — was man früher wohl als allgemein gültig angesehen hat — für sehr große Inzidenz- und Emanationswinkel ($i = 80^0 = \vartheta$) und für ein Azimut von $\nu = 180^0$ ganz außerordentlich hohe Beträge, so beispielsweise bei mattem Milchglase den $12 \cdot 6$fachen Wert der Zahl, die nach der LAMBERTschen Formel zu erwarten gewesen wäre. Es tritt also in diesen Fällen eine Annäherung an die regelmäßige Spiegelung ein. Innerhalb der angegebenen Gruppe nimmt Magnesiumoxyd insofern eine Ausnahmestellung ein, als dabei ein Maximum für $\nu = 0$ zu beobachten war, das für kleine und mittlere Inzidenz- und Emanationswinkel sogar auf den absolut größten Strahlungsanteil fiel; für größere Werte von i und ϑ wird es von den Anteilen übertroffen, die in dem Azimut $\nu = 180^0$ zurückgeworfen werden.

Eine ganz abweichende Stellung nimmt die letzte der untersuchten Flächen (aus aufgesiebtem Gips) ein. Hier zeigt sich die bei Magnesiumoxyd für kleine und mittlere i und ϑ-Winkel auftretende Erscheinung auch bei großen i und ϑ-Werten sehr deutlich. So liegt bei $i = 80^0 = \vartheta$ das Maximum der reflektierten Strahlung mit dem $2 \cdot 5$fachen des LAMBERTschen Wertes bei $\nu = 0^0$, während in dem Azimut von 180^0 nur das $1 \cdot 4$fache zurückgeworfen wird. Der Annäherung an die regelmäßige Spiegelung, die bei den zuerst erwähnten Oberflächen aufgefallen war, tritt hier also eine Zurückwerfung in der Einfallsrichtung gegenüber.

B. Die durch polierte Flächen vermittelte Strahlung.

Der Fall spiegelnder Flächen. Nehmen wir eine spiegelnde Metallfläche an, so nimmt von jedem ihrer Punkte p ein bestimmter Kegel reflektierter Strahlen seinen Ausgang, und sein Mantel gibt gleichzeitig die Grenze an, innerhalb derer ein Objekt P gelegen sein muß, wenn es durch Vermittelung des betrachteten Spiegelelements der Strahlung der Lichtquelle L ausgesetzt sein soll. Da dies für jeden Punkt der Fläche gilt, so können wir uns nach dem Gesetze der äquivalenten Lichtverteilung die *vermittelte* spezifische Intensität, deren Betrag noch zu bestimmen ist, zunächst einmal in der spiegelnden Fläche lokalisiert denken (s. Fig. 126).

Was nun den Betrag der vermittelten Strahlung angeht, so hängt er von den beiden Konstanten $\varkappa$ und n des Metalls ab, seinem Absorptions- und seinem Brechungsindex.

Die hier angenommenen Werte dieser Größen sind durch Polarisationsbeobachtungen ermittelt. Berechnet man danach das Reflexionsvermögen R für senkrechte Inzidenz mit Hilfe der Formel

$$R = \frac{n^2(1 + \varkappa^2) + 1 - 2n}{n^2(1 + \varkappa^2) + 1 + 2n},$$

so stimmen die Resultate befriedigend überein mit den Werten, die man bei direkter Bestimmung dieser Größe erhalten hat. In den beiden von uns gewählten Fällen (Silber und Stahl) besteht ein Unterschied von etwa $2{,}5\,^0/_0$ für die beiden entsprechenden R-Werte.

Bei schiefer Inzidenz wird das Licht teilweise polarisiert. Die Formeln, mittels derer die Intensitäten beider Komponenten sich aus den Werten des Brechungsindex n, des Absorptionsindex $\varkappa$ und des Inzidenzwinkels i berechnen lassen, sind sehr umständlich. Bestimmt man, wie es hier geschehen ist, die Intensität der reflektierten in Prozenten der einfallenden Strahlung, so sind nach P. DRUDE (**2.** *824*) die Größen $\mathrm{tg}^2\,\psi_p$ und $\mathrm{tg}^2\,\psi_s$ auszuwerten. Hier sind zur Berechnung dieser Winkel die strengen Formeln angewandt worden, die P. DRUDE

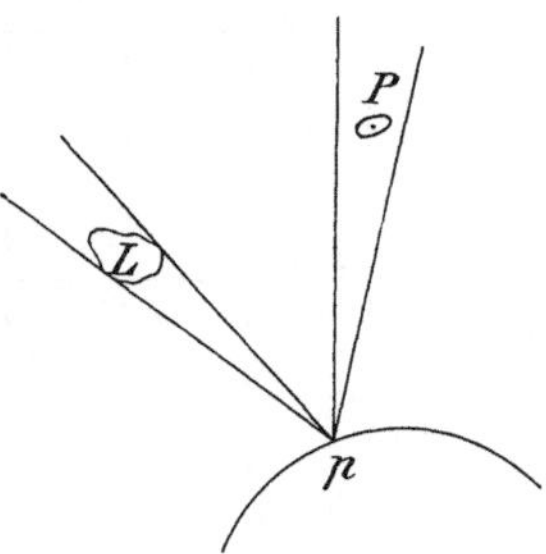

Fig. 126.

Zur Strahlungsvermittelung durch spiegelnde Flächen.

(**1.** *520*) angegeben hat. Bei der Rechnung wurde angenommen, daß natürliches Licht auffiele, und die beiden in der Figur 127 vereinigten Darstellungen beziehen sich auf diesen Fall.

Als charakteristische Repräsentanten von Metallen, die auch in der Praxis für Spiegel verwandt werden, wurden hier Silber und Stahl gewählt. Für sie wurden nach P. DRUDE (**3.** *338*) als Konstanten für gelbes Licht angenommen

	n	$\varkappa$	R
Silber	0.18	$\dfrac{3.67}{0.18} = 20.39$	95.16
Stahl	2.41	$\dfrac{3.40}{2.41} = 1.411$	58.43.

Wie man sieht, ist der Brechungsindex für Silber ungewöhnlich klein, bei Stahl ungewöhnlich groß, und dementsprechend ergibt sich im ersten Falle ein großes, im letzten Falle ein kleines Reflexionsvermögen.

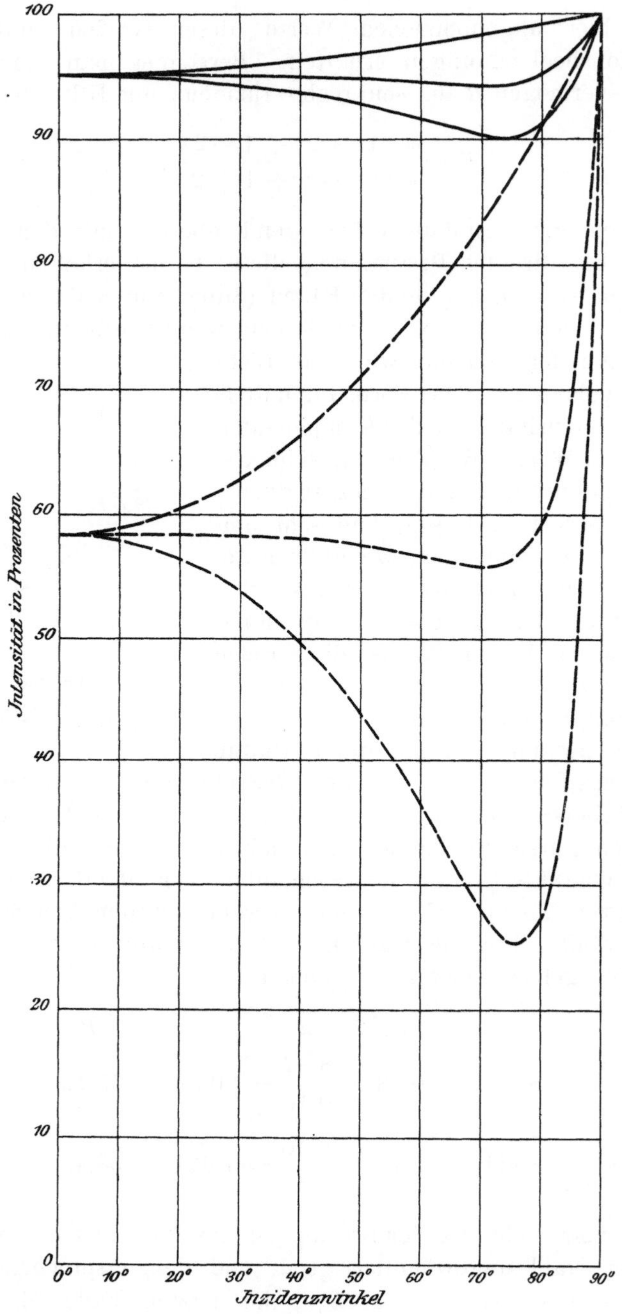

Fig. 127.

Zur Reflexion an Silber und Stahl.

Die Betrachtung der graphischen Darstellungen läßt erkennen, daß die Gesamtintensität des reflektierten Lichts $\frac{1}{2}(\boldsymbol{I}_s + \boldsymbol{I}_p)$ in beiden Fällen bis zu ganz großen Inzidenzwinkeln (80^0) ungeändert bleibt und sich erst merklich hebt bei nahezu streifender Inzidenz, die bei optischen Instrumenten vermieden wird. Wir können daher für die Praxis der optischen Instrumente den Wert R als charakteristisch für die Schwächung der Gesamtintensität bei beliebig schiefem Einfall ansehen.

Sehr zuverlässige direkte Bestimmungen dieser Größe sind von E. HAGEN und H. RUBENS (*1.* u. *2.*) vorgenommen worden, und wir lassen eine Zusammenstellung ihrer Resultate hier nach der späteren der beiden Arbeiten folgen, die für altes Silber, Stahl und Kupfer verbesserte Werte zeigt (s. die umstehende Tabelle).

Aus der Tabelle wird ersichtlich, daß das Reflexionsvermögen R eine im allgemeinen mit abnehmender Wellenlänge abnehmende Funktion der Wellenlänge ist; besonders große Abnahmen zeigen sich bei den Metallen, die wie Kupfer und Gold bei natürlichem Lichte eine ausgesprochene Färbung besitzen.

Zusammenfassend können wir sagen: Durch die Reflexion an Metallspiegeln erleidet die Gesamtintensität auffallenden natürlichen Lichts eine für die verschiedenen Wellenlängen im allgemeinen verschiedene, für verschiedene Inzidenzwinkel aber gleichmäßige Schwächung auf die vermittelte Intensität

$$R\,\boldsymbol{I},$$

wo R das Reflexionsvermögen für senkrechte Inzidenz ist.

Der Fall brechender Flächen. Wir werden zunächst die Annahme zu machen haben, daß beim Übergange an einer Grenzfläche von einem durchsichtigen Medium in das andere nicht nur Brechung, sondern auch Reflexion eintrete (s. Fig. 128).

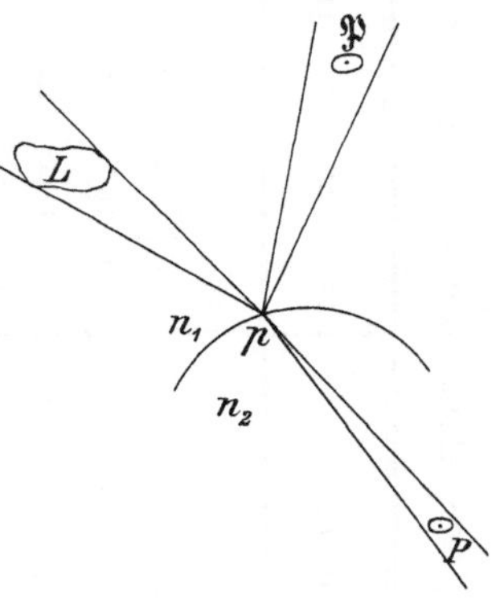

Fig. 128.
Die Strahlungsvermittelung durch
brechende Flächen.

Setzt man eine endliche, flächenhaft ausgedehnte Lichtquelle L voraus, so werden von einem jeden in einem Punkte p der Fläche lokalisiert gedachten Element im allgemeinen zwei durch das Reflexions- und Brechungsgesetz bestimmte Kegel ihren Ausgang

Das Reflexionsvermögen in Prozenten der auffallenden Strahlung.

Wellenlängen in $\mu\mu$	251	288	305	316	326	338	357	385	420	450	500	550	600	650	700	800
Silber (frisch)	34,1	21,2	9,1	4,2	14,6	55,5	74,5	81,4	86,6	90,5	91,3	92,7	92,6	93,5	94,6	96,3
Silber (alt)	17,6	14,5	11,2	5,1	8,0	41,1	55,7	65,0	73,0	81,1	83,9	85,0	86,3	88,6	—	91,6
Platin	33,8	38,8	39,8	—	41,4	—	43,4	45,4	51,8	54,7	58,4	61,1	64,2	66,3	69,0	70,3
Nickel	37,8	42,7	44,2	—	45,2	46,5	48,8	49,6	56,6	59,4	60,8	62,6	64,9	65,9	68,8	69,6
Stahl (ungehärtet)	32,9	35,0	37,2	—	40,3	—	45,0	47,8	51,9	54,4	54,8	54,9	55,4	55,9	57,6	58,0
Gold	38,8	34,0	31,8	—	28,6	—	27,9	27,1	29,3	33,1	47,0	74,0	84,4	88,9	92,3	94,9
Reinstes Handelskupfer	25,9	24,3	25,3	—	24,9	—	27,3	28,6	32,7	37,0	43,7	47,7	71,8	80,0	83,4	88,6
ROSSEsche (BRASHEARsche) Legierung 68,2 Cu + 31,8 Sn	29,9	37,7	41,7	—	—	—	51,0	53,1	56,4	60,0	63,2	64,0	64,3	65,6	66,8	71,5
SCHROEDERsche Legierung Nr. 1 66 Cu + 22 Sn + 12 Zn	40,1	48,4	49,8	—	54,3	—	56.6	60,0	62,2	62,6	62,5	63,4	64,2	65,1	67,2	71,5
MACHsches Magnalium 69 Al + 31 Mg	67,0	70,6	72,2	—	75,5	—	81,2	83,9	83,3	83,4	83,3	82,7	83,0	82,1	83,3	84,3
BRANDES-SCHÜNEMANNsche Legierung 41 Cu + 26 Ni + 24 Sn + 8 Fe + 1 Sb	35,8	37,1	37,2	—	39,3	—	43,3	44,3	47,2	49,2	49,3	48,3	47,5	49,7	54,9	63,1

nehmen, deren einer nach dem ersten Medium zurückreflektiert
wird, während der zweite nach der Brechung im zweiten Medium
verläuft. Die Mäntel dieser Kegel geben die Grenzen an, innerhalb
derer eine durch Reflexion und Brechung an diesem Element vermittelte Strahlungswirkung von der leuchtenden Fläche aus zu
stande kommt. Innerhalb dieser Räume befindliche Punkte $\mathfrak{P}$, P
erhalten die durch das bei p befindliche Flächenelement vermittelte
Strahlung, soweit die geometrischen Bedingungen in Frage kommen,
genau so, als wenn das Flächenelement mit einer noch zu bestimmenden spezifischen Intensität strahlte. Da dies für jedes
Element der Fläche gilt, so können wir für jeden Punkt der beiden
durch die Fläche geschiedenen Raumteile die von einer gegebenen
Lichtquelle durch die Fläche vermittelte Strahlung zunächst einmal
auffassen als ausgehend von der Fläche selbst, wobei wir ihr
nur Punkt für Punkt eine bestimmte spezifische Intensität beizulegen haben.

Gehen wir nun zur Berechnung dieser *vermittelten* spezifischen
Intensität über, so entnehmen wir die Formeln den Sätzen der
Undulationstheorie und finden danach die spezifische Intensität des
reflektierten Strahls I' aus der des auffallenden I durch die Formel
der Undulationstheorie

$$I' = \eta\, I.$$

Dabei ist η ein echter Bruch, der von dem Einfalls- und Brechungswinkel i, i' des Strahls und den Anteilen I_p, I_s des polarisierten
Lichts vor der Brechung genauer in folgender Weise abhängt

$$\eta = \left[\, I_p \frac{\sin^2(i - i')}{\sin^2(i + i')} + I_s \frac{\mathrm{tg}^2(i - i')}{\mathrm{tg}^2(i + i')} \right].$$

In diesem Ausdrucke wird für natürliches Licht wegen

$$I_s = I_p = \frac{I}{2}$$

$$\eta = \frac{I}{2}(m_p + m_s),$$

wo m_p und m_s als leichtverständliche Abkürzungen für die oben
explizit gegebenen Ausdrücke eingeführt sind.

In dem Grenzfalle $i = i' = 0$ wird, wenn n den Quotienten
der absoluten Brechungsexponenten bedeutet

$$\frac{m_p + m_s}{2} = \left(\frac{n_1 - n_2}{n_1 + n_2}\right)^2 = \left(\frac{n - 1}{n + 1}\right)^2.$$

Da man, wie wir später sehen werden, diesen für paraxiale Strahlen streng geltenden Ausdruck als brauchbare Näherungsformel auch für Strahlen mit mäßiger endlicher Neigung verwenden kann, so folgt hier eine graphische Darstellung der Abhängigkeit dieser Größe von n für das Intervall $1 \leqq n \leqq 1 \cdot 7$.

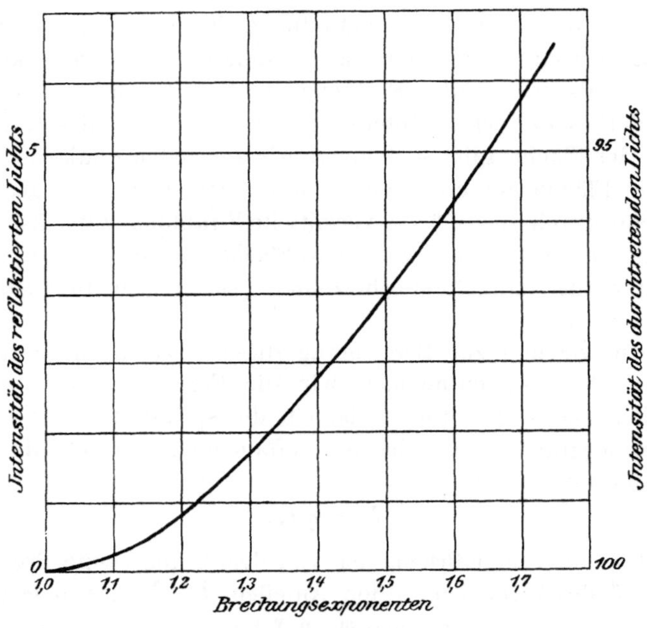

Fig. 129.

Die Reflexion an brechenden Flächen in Prozenten der auffallenden Strahlung.

Nach dem KIRCHHOFFschen Gesetze verhalten sich die Intensitäten einer Lichtquelle in zwei verschiedenen Medien wie die Quadrate der absoluten Brechungsexponenten

$$\mathfrak{i}_2 = \frac{n_2^{\,2}}{n_1^{\,2}} \, \mathfrak{i}_1.$$

Da aber, wie wir oben sahen, an der Grenzfläche Reflexion eingetreten war, so ist, wenn keine Energie verloren gehen soll, im ersten Medium die Differenz der ursprünglich vorhandenen und der zurückreflektierten spezifischen Intensität einzuführen

$$\mathfrak{i}_1 = I - I' = I(1 - \eta)$$

und das führt uns zur Berechnung der durch die Brechung an der Grenzfläche in p vermittelten spezifischen Intensität I'' auf die Formel:

$$I'' = \frac{n_2^2}{n_1^2} I (1 - \eta).$$

Bringen wir also von der spezifischen Intensität I des einfallenden Lichts den Reflexionsverlust ηI in Abzug, so ist also die durch die Fläche im zweiten Medium vermittelte Intensität I'' dadurch zu erhalten, daß jener Rest mit dem Quadrat des Quotienten der Brechungsexponenten multipliziert wird. Die im zweiten Medium der Lichtquelle beizulegende spezifische Intensität wird also größer als der nach Abzug des Reflexionsverlustes bleibende Rest, wenn das zweite Medium den höheren. sie wird kleiner, wenn es den niedrigeren Brechungsindex hat.

In dem nebenstehenden Diagramm ist für eine Fläche zwischen den Medien $n_1 = 1$ und $n_2 = 1 \cdot 5$ die Abhängigkeit der Werte $1 - m_p$, $1 - m_s$, $1 - \dfrac{m_p + m_s}{2}$ vom Inzidenzwinkel i graphisch dargestellt. Die Intensität des durchgelassenen Lichts wird Null für streifende Inzidenz, weil bei $i = \dfrac{\pi}{2}$ wegen $i - i' = \pi - \left(\dfrac{\pi}{2} + i'\right)$ sowohl m_p als $m_s = 1$ wird; dagegen zeigt $1 - m_s$ für spitze Winkel i eine bei weitem geringere Abnahme und für Winkel i unterhalb $i = 56^0 \cdot 3$ $\left(\text{wo } i + i' = \dfrac{\pi}{2}\right)$ sogar eine stetig wachsende Zunahme dem 0-Werte gegenüber. Dieser Verlauf der Kurve für $1 - m_s$ hat zur Folge, daß die Größe $1 - \dfrac{m_p + m_s}{2}$ für kleinere Inzidenzwinkel i als etwa 40^0 bis 50^0 nur kleine Änderungen dem Werte gegenüber zeigt, den sie für Paraxialstrahlen annimmt. Soweit nun in der praktischen Optik Inzidenzwinkel dieser Größe vorkommen, und um solche handelt es sich in der großen Mehrzahl der Fälle, so lange wird man bei natürlichem Lichte die durch Reflexion an einer Fläche hervorgebrachte Änderung des Faktors $1 - \eta$ als konstant und gleich der für paraxiale Strahlen ansehen können. Hiermit ist aber auch die Bedeutung des oben dargestellten Ausdrucks $\left(\dfrac{n-1}{n+1}\right)^2$ dargetan.

Unter Benutzung des oben abgeleiteten Satzes von der äquivalenten Lichtverteilung erhalten wir in der so ermittelten Intensität den Wert, der für alle Punkte seiner Bahn dem reflektierten oder dem gebrochenen Strahle beizulegen ist. Da für alle diese Punkte die Werte von i und i' (also auch von m_p und m_s) konstant sind,

so hängt für sie die vermittelte Intensität — konstanten Polari-
sationszustand des eintretenden Lichts vorausgesetzt — einzig und

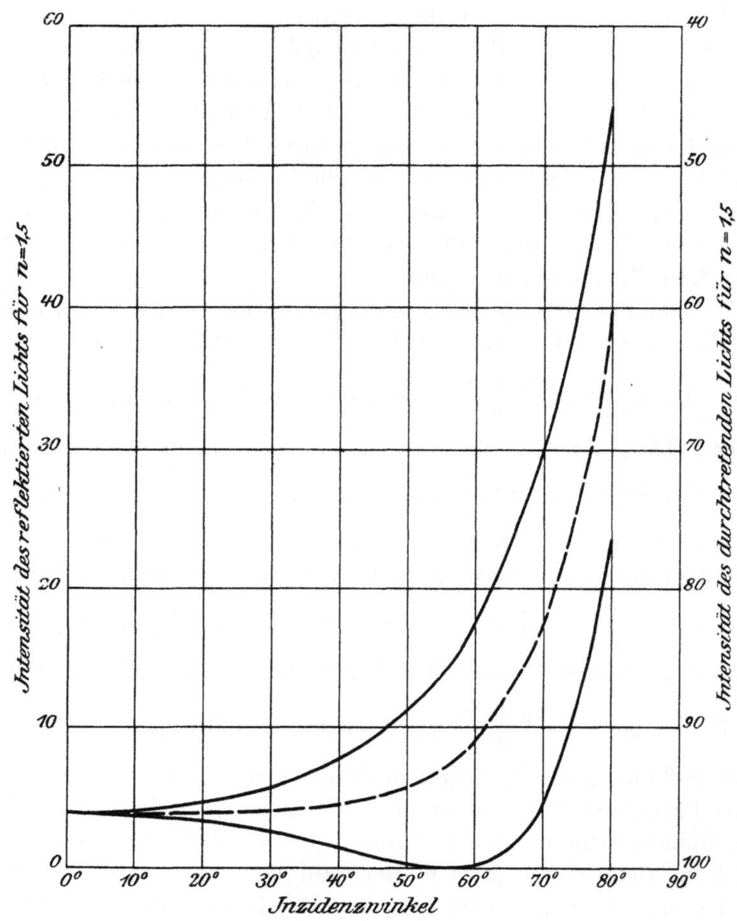

Fig. 130.

Graphische Darstellung des Verlaufs der Werte:

$1 - m_s$ untere ausgezogene,

$$1 - \frac{m_p + m_s}{2} \quad \text{gestrichelte,}$$

$1 - m_p$ obere ausgezogene Kurve

für $n = 1.5$ und $0^0 \leq i \leq 80^0$.

Die Intensität der durchtretenden Strahlung.

allein ab von dem Werte I der spezifischen Intensität an dem
Punkte der primären Lichtquelle, auf den man geführt wird, wenn

man diesen Strahl nach den Gesetzen der Reflexion und Brechung durch die Fläche hindurch nach der ursprünglichen Lichtquelle zurückverfolgt. Für Punkte aber, die von dem betrachteten Flächenteile aus auf verschiedenen Geraden liegen, wird eine andere Intensität gelten, weil sie auf andere Punkte der Lichtquelle führen und jedenfalls verschiedene Winkel i und i' erfordern.

Fassen wir jetzt, nachdem wir den Einfluß von Spiegelung und Brechung auf die Gesamtintensität des von der primären Lichtquelle ausgesandten Lichts kennen gelernt haben, wieder die Fälle der Spiegelung und Brechung zusammen, so ist es für den Endeffekt völlig gleichgiltig, wo wir auf den verschiedenen von der brechenden (spiegelnden) Fläche ihren Ausgang nehmenden Strahlen die vermittelte spezifische Intensität lokalisieren.

Unter Umständen, wenn z. B. der Apparat aus einer einzigen brechenden (spiegelnden) Fläche besteht, ist es vorteilhaft, hierfür die Fläche selbst zu wählen; alsdann ermittelt sich das für einen bestimmten Punkt als strahlend in Frage kommende Gebiet der Fläche dadurch, daß man die Lichtquelle nach den Gesetzen der Brechung (Reflexion) durch die Fläche abbildet und ihr Bild dann vom Orte der Wirkung aus auf die brechende (spiegelnde) Fläche projiziert.

Meistens aber wird es angebracht sein, den Sitz der vermittelten Strahlung in dieses Bild der Lichtquelle selbst zu verlegen, und namentlich dann empfiehlt sich diese Art des Vorgehens, wenn noch weitere brechende (spiegelnde) Flächen vorhanden sind. Im folgenden wollen wir der Einfachheit wegen uns bei den brechenden Flächen auf die Betrachtung der Brechungswirkung allein beschränken.

Fassen wir diese Weise des Vorgehens in Worte, so können wir sagen: Jede brechende (reflektierende) Fläche unterwirft die von einer Lichtquelle ausgehenden und auf sie treffenden Strahlen einer eindeutigen Brechung (Reflexion). Denken wir uns nach der Gaussschen Theorie das der Lichtquelle nach der Brechungs- (Reflexions-) Wirkung konjugierte Bild aufgesucht, die gebrochenen (reflektierten) Strahlen nötigenfalls soweit verlängert, daß sie diese Bildebene durchstoßen, und diesen Orten die aus der spezifischen Intensität der Lichtquelle und den Brechungs- (Reflexions-) Winkeln berechnete vermittelte Intensität beigelegt, so wirkt dieses Bild als neue, selbstleuchtende Lichtquelle für jeden Punkt, soweit er durch gebrochene (reflektierte) Strahlen getroffen wird, für nicht getroffene Punkte aber gar nicht.

34*

Die Wirkung brechender (spiegelnder) Flächen können wir also darauf zurückführen, daß sie uns von der Lichtquelle optische Bilder entwerfen, denen wir eine in bestimmter Weise aus der alten abzuleitende vermittelte Intensität beizulegen haben, mit der sie nun als selbstleuchtend anzusehen sind. Sie verhalten sich aber so nur in gewissen Winkelräumen, zu denen gebrochene und reflektierte Strahlen gelangen können, und diese sollen später näher untersucht und auf früher bestimmte Gebiete zurückgeführt werden.

C. Die Wirkung der Absorption.

Bei der im Vorhergehenden vorgetragenen Ableitung war angenommen worden, daß zwei äquivalente, also unter demselben Gesichtswinkel erscheinende Lichtquellen auf ein Flächenelement dieselbe Wirkung ausüben, wie auch ihre Entfernung sei. Diese Annahme sieht von der Absorption ab und ist also nur insoweit giltig, als es sich um absolut durchlässige Medien handelt. Ist das nicht der Fall, so ist noch der Einfluß der Absorption in Rechnung zu ziehen.

Nehmen wir an, das Medium habe den *Durchlässigkeitsfaktor a*, so heißt das, es wird nach einer Weglänge gleich der Längeneinheit der Bruchteil a der auffallenden spezifischen Intensität durchgelassen

$$J_1 = Ia,$$

und es folgt, daß bei einer Weglänge d die übrigbleibende Intensität ist

$$J = Ia^d.$$

Wie die Einheit der Weglänge gewählt wird, hängt von der Natur der Substanz ab, um deren Absorption es sich handelt. Bei optischem Glase, das für uns hier von besonderer Wichtigkeit ist, wählt man häufig das Centimeter, und das soll auch im folgenden geschehen.

Die Durchlässigkeitsfaktoren a sind für optisches Glas in der Regel eine Funktion der Wellenlänge. Hier folgen zunächst die MÜLLER-WILSINGschen Werte für ein Kron- und ein Flintglas von älterem Typus. Bis zur Wellenlänge $\lambda = 477\ \mu\mu$ sind die Augaben auf optischem, für kürzere Wellenlängen auf photographischem Wege erhalten.

Die Werte der Durchlässigkeitsfaktoren $a^{1\,cm}$ für zwei ältere Glasarten.

Wellenlänge in $\mu\mu$.	375	390	400	434	477	535	580	677

O. 203. Gewöhnliches Silikat-Kron $n_D = 1{,}5175$; $\nu = 59{,}0$.

	0,947	0,947	0,965	0,960	0,985	0,989	0,986	0,990

O. 340. Gewöhnliches Leichtflint $n_D = 1{,}5774$; $\nu = 41{,}4$.

	0,909	0,923	0,951	0,945	0,986	0,989	0,986	0,992

Für neuere Glasarten ist in jüngster Zeit unter besonderer Berücksichtigung des kurzwelligen Spektralbezirkes eine sehr eingehende Arbeit von H. A. Krüss (*1.*) erschienen, der die folgenden Tabellen entlehnt worden sind.

Die nähere Bezeichnung der untersuchten Glasarten.

No.	Typus	Benennung	n_D	ν	spez. Gew.	Färbung
3094	*O.* 144	Borosilikat-Kron	1.5100	64.0	2.47	farblos
2900	*O.* 2388	Fernrohr-Kron	1.5254	61.7	2.85	grau-grünlich
2990	*O.* 60	Kalk-Silikat-Kron	1.5179	60.2	2.49	farblos
3046	*O.* 1209	Schwerstes Baryt-Kron	1.6112	57.2	3.55	gelb-bräunlich
1800	*O.* 722	Baryt-Leichtflint	1.5797	53.8	3.26	„ „
2572	*O.* 846	„ „	1.5525	53.0	3.01	farblos
3111	*O.* 1266	„ „	1.6042	43.8	3.50	grün-gelblich
3013	*O.* 748	Baryt-Flint	1.6235	39.1	3.67	„ „
2563	*O.* 919	Gewöhnl. Silikat-Flint	1.6315	35.7	3.73	„ „
2625	*O.* 192	Schweres Silikat-Flint	1.6734	32.0	4.10	gelblich

Die Durchlässigkeitsfaktoren $a^{1\,cm}$ für einige neuere Glasarten.

λ in $\mu\mu$	3094	2900	2990	3046	1800	2572	3111	3013	2563	2625
434	—	—	—	—	0.969	—	—	—	—	—
425	0.993	0.970	0.982	0.965	0.961	0.978	0.963	0.952	0.961	0.905
415	0.982	0.968	—	—	0.965	0.973	—	—	—	—
406	—	0.964	—	—	0.974	—	—	—	—	—
396	0.986	0.980	0.981	0.941	0.971	0.987	0.931	0.917	0.944	0.76
384	0.972	0.955	0.975	0.894	0.948	0.968	0.865	0.84	0.86	0.58
361	0.950	0.942	0.949	0.65	0.849	0.952	0.68	0.61	0.66	0.16
347	0.88	0.85	0.91	0.28	0.66	0.88	0.46	0.41	0.30	0.01
330	0.65	0.53	0.77	0.07	0.32	0.66	0.06	0.03	0.05	0
309	0.08	0	0.03	0	0.01	0.02	0	0	0	—

Haben nun die beiden betrachteten Medien die Durchlässigkeitsfaktoren a_1 und a_2, so sind noch die Weglängen von der Fläche nach der Lichtquelle und nach dem beleuchteten Orte d_1 vor und d_2 (d_I) nach der Brechung (Reflexion) in Rechnung zu ziehen, und man erhält im Falle der Reflexion

$$\boldsymbol{J}' = a_1{}^{d_1}\, \boldsymbol{I}'\, a_1{}^{d_I} = a_1{}^{d_1 + d_I}\, \eta\, \boldsymbol{I},$$

und in dem der Brechung

$$\boldsymbol{J}'' = a_1{}^{d_1}\, \boldsymbol{I}''\, a_2{}^{d_2} = a_1{}^{d_1}\, a_2{}^{d_2} \left(\frac{n_2}{n_1}\right)^2 (1 - \eta)\, \boldsymbol{I}.$$

D. Die durch ein allgemeines zentriertes System vermittelte Strahlung.

Handelt es sich um ein zu derselben Achse zentriertes System brechender und reflektierender Flächen, so kann man dieses Problem unmittelbar als Wiederholung vorherbehandelten Falles auffassen, indem man das von einer Fläche entworfene Bild ansieht als Objekt für die nächste. Der Einfachheit wegen setzen wir noch voraus, daß auf die erste Fläche natürliches Licht auffiele.

Bezeichnen wir mit

$$\boldsymbol{I}_{1p}'' = a_1{}^{d_1}\, \frac{\boldsymbol{I}}{2} \left(\frac{n_2}{n_1}\right)^2 (1 - m_{1p})$$

die im Medium n_2 geltende spezifische Intensität der einen der durch die Fläche 1 hindurchtretenden Komponenten, so gelangt infolge der Absorption a_2 im Medium n_2 auf der Weglänge d_2 bis zur Fläche 2 die Intensität

$$\boldsymbol{J}_{1p}'' = a_2{}^{d_2}\, \boldsymbol{I}_{1p}'' = a_1{}^{d_1}\, a_2{}^{d_2}\, \frac{\boldsymbol{I}}{2} \left(\frac{n_2}{n_1}\right)^2 (1 - m_{1p})$$

und natürlich entsprechend für die andere Komponente

$$\boldsymbol{J}_{1s}'' = a_2{}^{d_2}\, \boldsymbol{I}_{1s}'' = a_1{}^{d_1}\, a_2{}^{d_2}\, \frac{\boldsymbol{I}}{2} \left(\frac{n_2}{n_1}\right)^2 (1 - m_{1s}).$$

Den Reflexionsverlust an der Fläche 2 erhalten wir aus

$$\boldsymbol{I}_{2p}' = \boldsymbol{J}_{1p}''\, m_{2p} = a_1{}^{d_1}\, a_2{}^{d_2}\, \frac{\boldsymbol{I}}{2} \left(\frac{n_2}{n_1}\right)^2 (1 - m_{1p})\, m_{2p}$$

und

$$\boldsymbol{I}_{2s}' = \boldsymbol{J}_{1s}''\, m_{2s} = a_1{}^{d_1}\, a_2{}^{d_2}\, \frac{\boldsymbol{I}}{2} \left(\frac{n_2}{n_1}\right)^2 (1 - m_{1s})\, m_{2s},$$

so daß wir nun die durch die Fläche 2 hindurchtretende Intensität aus der Gleichung bestimmen können

$$I_{2p}'' = \frac{n_3{}^2}{n_2{}^2}\left(J_{1p}'' - I_{2p}'\right)$$

und wir erhalten schließlich

$$I_{2p}'' = \left(\frac{n_3}{n_1}\right)^2 a_1{}^{d_1} a_2{}^{d_2} \frac{I}{2}(1 - m_{1p})(1 - m_{2p})$$

und

$$J_{2p}'' = a_3{}^{d_3} I_{2p}'' = \left(\frac{n_3}{n_1}\right)^2 a_1{}^{d_1} a_2{}^{d_2} a_3{}^{d_3} \frac{I}{2}(1 - m_{1p})(1 - m_{2p}).$$

Ganz entsprechende Beziehungen gelten für die andere Komponente. Die Verallgemeinerung auf k Flächen und $k+1$ Medien ist nun einfach. Bezeichnen wir noch mit d_{k+1} die Strecke im $k+1$ ten Medium vom Austritt aus der k ten Fläche bis zum Orte der Wirkung, so erhalten wir als Komponenten der Intensität

$$J_{kp}'' = \left(\frac{n_{k+1}}{n_1}\right)^2 \frac{I}{2} \prod_{\nu=1}^{k+1} a_\nu{}^{d_\nu} \prod_{\nu=1}^{k}(1 - m_{\nu p})$$

$$J_{ks}'' = \left(\frac{n_{k+1}}{n_1}\right)^2 \frac{I}{2} \prod_{\nu=1}^{k+1} a_\nu{}^{d_\nu} \prod_{\nu=1}^{k}(1 - m_{\nu s})$$

und

$$I_{k+1}'' = J_{kp}'' + J_{ks}'' = \left(\frac{n_k+1}{n_1}\right)^2 \frac{I}{2} \prod_{\nu=1}^{k+1} a_\nu{}^{d_\nu}\left\{\prod_{\nu=1}^{k}(1 - m_{\nu p}) + \prod_{\nu=1}^{k}(1 - m_{\nu s})\right\}.$$

Für die durch das System hindurchgelassene Intensität, d. h. die Intensität des Hauptbildes ergibt sich also das Resultat, daß wir den infolge der Absorption übrigbleibenden Bruchteil von dem Reflexionsbruchteil sondern können, und daß der infolge beider Wirkungen bestehende Bruchteil sich als Produkt beider Faktoren ergibt. Wir können dabei hervorheben, daß der Reflexionsbruchteil allein abhängig ist von dem Typus des optischen Systems, sich also bei einer Änderung des Maßstabes nicht ändert; dagegen ist der Absorptionsbruchteil vom Ausführungsmaßstabe derart abhängig, daß er bei einer Ausführung in e facher Größe durch die e te Potenz des entsprechenden Bruchteils am Normalsystem gegeben ist.

Was nun die an den verschiedenen Trennungsflächen reflektierten und mit immer geringeren Intensitäten begabten Strahlen angeht, so erleiden sie an weiter rückwärts gelegenen Trennungsflächen wiederum durch Reflexion Verluste. Das hindurchgelassene Licht tritt schließlich mit einer Bewegungsrichtung in das erste

Medium zurück, die der ursprünglichen Lichtrichtung entgegengesetzt ist. Im allgemeihen wird es für die Lichtwirkung im Hauptbilde nur als Verlust in Rechnung zu ziehen sein.

Anders verhält es sich mit dem zweimal (richtiger eine gerade Anzahl von Malen) gespiegelten Strahlen. Sie treten schließlich in das letzte Medium ein und erzeugen dort von den Objekten sogenannte *katadioptrische Nebenbilder*, die in der Regel nicht mit den Hauptbildern zusammenfallen.

Genauer studiert sind diese Erscheinungen bei den photographischen Objektiven, und dort sollen sie auch eingehender behandelt werden. Nur in dem Spezialfalle, daß die Trennungsflächen alle als parallele, weit ausgedehnte Ebenen aufgefaßt werden können, ist Intensität des gesamten, einer geraden Anzahl von Reflexionen unterworfenen Lichts rechnerisch behandelt worden; eine zusammenfassende Behandlung wurde von H. KRÜSS (*3.*) gegeben, und auf sie sei hier hingewiesen.

Im Nachstehenden wollen wir nun, wo nicht ausdrücklich anders bemerkt, bei einem System brechender Flächen nur die durch Brechung allein bewirkte Strahlenvermittelung berücksichtigen. Fassen wir nun den oben ausführlich gegebenen Gesamtbruchteil unter der Abkürzung $\mathfrak{k}$ zusammen, so lautet die letzte Gleichung

$$I''_{k+1} = \left(\frac{n_k + 1}{n_1}\right)^2 \mathfrak{k}\, I\;.$$

Es ist das ein Ausdruck für das KIRCHHOFFsche Gesetz, bei dem die Verluste durch Absorption und Reflexion berücksichtigt sind. Die durch das System vermittelte Intensität erfährt also eine Verminderung auf $\mathfrak{k} I$, wenn das erste dem letzten Medium gleich ist. Diese Verminderung wird noch verstärkt, wenn $n_{k+1} < n_1$ ist. Im entgegengesetzten Falle $n_{k+1} > n_1$ lassen sich drei Möglichkeiten denken; d. h. die Verminderung wird geringer, gerade aufgehoben, in eine Verstärkung verkehrt, je nachdem $\sqrt{\mathfrak{k}}\, n_{k+1} \begin{cases} < n_1 \\ = n_1 \\ > n_1 \end{cases}$ ist.

Haben wir in dieser Weise die vermittelte Intensität festgestellt, die in dem Bilde der Lichtquelle jedem Punkte beizulegen ist, so ist damit die Frage, wie die Beleuchtungswirkung im ganzen Bildraume zu bestimmen ist, auf ein schon behandeltes Problem zurückgeführt. Zeichnen wir nämlich die A.-P. des Instruments, so wirkt das Bild der Lichtquelle für die Punkte des Raumes als selbstleuchtende Fläche, für die die vermittelnden Strahlen direkt oder verlängert die A.-P. passieren können. Wir haben schon oben (s. Fig. 116 auf S. 493) die drei Gebiete kenntlich gemacht, in die der Bildraum auf diese Weise zerlegt wird. Somit sind wir zum Ausspruche des ersten ABBEschen Strahlungssatzes (*1. 285.*) berechtigt:

„Die gesamte Strahlenwirkung, welche ein beliebiger optischer „Apparat im Bereich des letzten Mediums vermittelt, ist nach allen „Beziehungen vollständig bestimmt, indem man dem Bilde des Ob- „jects oder der Lichtquelle Punkt für Punkt die spezifische Intensität „der correspondirenden Stellen des Objects selbst (oder eine ihr „proportionale) beilegt, und die vom Bilde ausgehende Strahlen- „verbreitung durch das Bild der Oeffnung so begrenzt denkt, wie die „Strahlung einer selbstleuchtenden Fläche durch ein entsprechendes „Diaphragma."

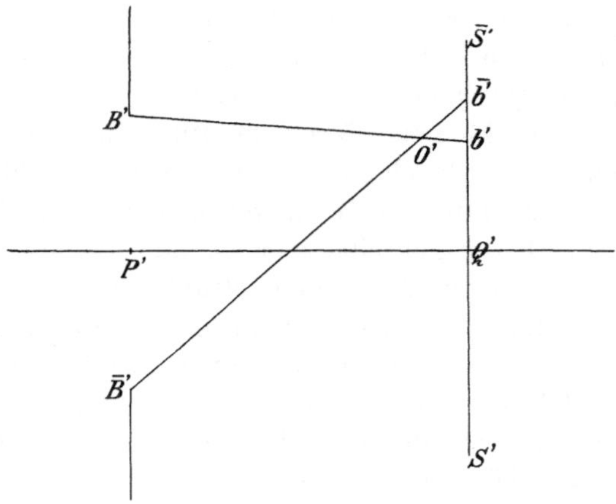

Fig. 131.
Zur Lokalisierung der spezifischen Intensität in der Austrittspupille.

Diese der Bestimmung primärer Strahlung im Objektraume analoge Regel läßt nun eine Bestimmung der Beleuchtungswirkung im Bildraume überall da zu, wo die Grundregel des photometrischen Gesetzes angewandt werden kann, d. h. wo die Entfernung des beleuchteten Objekts von dem Bilde der Lichtquelle endlich ist. Fällt aber das Element, für das die Beleuchtungswirkung ermittelt werden soll, mit dem Bilde der Lichtquelle selbst zusammen, wie das beispielsweise bei den zu objektiver Projektion bestimmten Apparaten eintreten kann, so versagt die oben aufgestellte Regel ihren Dienst. Wir umgehen diese Schwierigkeit damit, daß wir eine andere äquivalente Lichtverteilung einführen, und zwar denken wir uns die vermittelte Intensität an den entsprechenden Stellen der A.-P. lokalisiert. Zu diesem Zwecke projizieren wir von einem zunächst außerhalb des Bildes $S'Q'\overline{S'}$ der Lichtquelle angenommenen Punkte O' jedes zwischen $\overline{b'}$ und b' gelegene Element dieses Bildes in die A.-P. und legen dem Durchstoßungspunkte zwischen $\overline{B'}$ und B' die vermittelte Intensität dieses Elements bei. Die so in der A.-P. erhaltene Lichtverteilung kann dann für den betrachteten Punkt das Bild der Lichtquelle vollständig ersetzen, und das wird in dem Abbeschen Hilfssatze (*1. 288/89.*) ausgesprochen:

„Es ist die gesamte Strahlung an irgend einem Orte des letzten „Mediums in allen Stücken identisch mit einer Strahlung aus der „Fläche des Oeffnungsbildes, wofern man dieser jedesmal Punkt für „Punkt eine spezifische Intensität beilegt, gleich oder proportional „derjenigen der ursprünglichen Lichtquelle in dem Theile, dessen „Bild sich von jenem Orte aus auf das Bild der Öffnung projicirt.“

Lassen wir nun den beleuchteten Punkt O' näher und näher an die Lichtquelle Q' rücken, so entspricht der ganzen A.-P. ein immer kleinerer und kleinerer Kreis im Bilde der Lichtquelle, bis schließlich, wenn der beleuchtete Punkt O' in das Bild der Lichtquelle selbst gelangt, nur die Intensität dieses einen Punktes auf der Fläche der A.-P. ausgebreitet werden muß. Diese Überlegung führt uns zu dem zweiten Abbeschen Strahlungssatze (*1. 289.*):

„Die Lichtwirkung, welche irgend ein optischer Apparat in „einem beliebigen Punkte des Bildes einer gegebenen Lichtquelle „vermittelt, ist stets äquivalent einer Lichtstrahlung aus der Fläche „des Oeffnungsbildes, wenn dieser in allen Theilen die spezifische „Intensität des zugehörigen Objectpunktes beigelegt wird, — oder „eine dieser im Verhältniss des Quadrats des Brechungsexponenten „proportionale, falls das letzte Medium vom ersten verschieden ist.“

3. Die Anwendung der Strahlungsgesetze auf optische Instrumente.

Gehen wir nun dazu über, die Strahlungsvermittelung durch optische Instrumente zu studieren, so werden wir passend wieder zu unterscheiden haben zwischen Projektionssystemen und Instrumenten zu subjektivem Gebrauche.

A. Die Projektionssysteme in Luft.

Die bei freier E.-P. in das System eintretende Lichtmenge. Handelt es sich zunächst um einen Punkt der Achse in der endlichen Entfernung $\mathfrak{A}$ von der E.-P., so ist, wie wir von S. 479 her wissen, der Öffnungswinkel u des Systems gegeben durch

$$\operatorname{tg} u = \frac{\mathfrak{r}}{\mathfrak{A}} \, ,$$

wenn $\mathfrak{r}$ der Halbmesser der E.-P. ist.

Wir erhalten also die Lichtmenge, die ein in O senkrechtes Flächenelement dq in das System sendet, nach den Überlegungen auf S. 515, da die E.-P. immer als bestrahlte Fläche anzunehmen ist, zu

$$d\boldsymbol{L}_o = \pi \boldsymbol{I} d q \sin^2 u \, ,$$

wo u ein endlicher Winkel ist.

Ist der Pupillendurchmesser sehr klein, also

$$dQ = \pi d\mathfrak{r}^2 \, ,$$

so wird

$$d L_o = \boldsymbol{I} \frac{d q \, d Q}{\mathfrak{A}^2} \, ,$$

wie es ja nach dem LAMBERTschen Gesetze sein muß.

Halten wir zunächst an dieser Annahme einer kleinen E.-P. fest, so ergibt die Anwendung desselben Satzes für ein zur Hauptstrahlneigung w gehöriges Flächenelement der in der Entfernung $\mathfrak{A}$ errichteten Objektebene, wenn man die E.-P. als aberrationsfrei annimmt, eine Lichtmenge

$$d L_w = \frac{\boldsymbol{I} d q \, d Q \cos^4 w}{\mathfrak{A}^2} \, ,$$

also

$$d L_w = d L_o \cos^4 w \, .$$

Für endliche Pupillendurchmesser ergibt sich nach S. 517 für das Gebiet, in dem keine Abblendung durch die E.-L. eintritt,

$$d\boldsymbol{L}_w = \frac{\pi}{2} \boldsymbol{I} d q \left(1 - \frac{p}{\sqrt{q^2 - 1}} \right) \, ,$$

wo p und q die S. 517 angegebene Bedeutung haben, wenn $\mathfrak{y}$ gegeben ist durch die Beziehung

$$\mathfrak{y} = - \mathfrak{A} \operatorname{tg} w \, .$$

Für Überschlagungsrechnungen bei Systemen, die mit keiner allzu großen objektseitigen Apertur benutzt werden, ist es nun sehr angenehm, daß der Quotient

$$\frac{d\,\boldsymbol{L}_w}{d\,\boldsymbol{L}_o}$$

sehr nahe mit dem Werte von $\cos^4 w$ übereinstimmt.

Zum Beweise dieser Behauptung erwähnen wir, daß in einem ganz extremen Falle, wie er durch

$$\mathfrak{A} = -\,100\,\mathrm{mm}\,; \qquad \mathfrak{r} = 15\,\mathrm{mm}\,; \qquad y = 100\,\mathrm{mm}\ (w = 45^0)$$

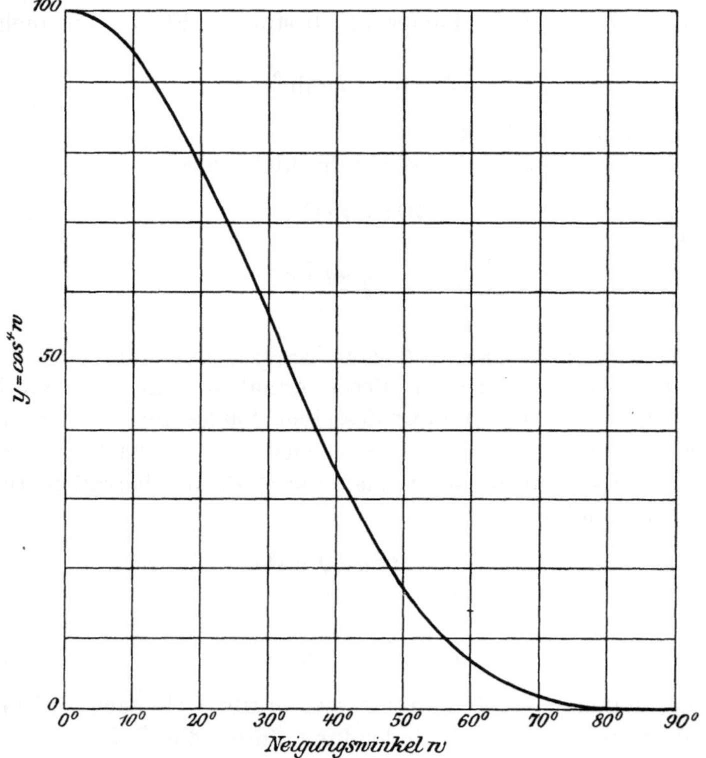

Fig. 132.

Der Verlauf der Funktion $\cos^4 w$ für $0^0 \leqq w \leqq 90^0$.

gegeben ist, der Quotient $d\boldsymbol{L}_{45} : d\boldsymbol{L}_0$ bis auf $2.84\,^0/_0$ mit dem Werte von $\cos^4 w$ übereinstimmt. Man würde also die vermittelte Lichtmenge um $0.7\,^0/_0$ der für die Mitte des Gesichtsfeldes geltenden unrichtig berechnet haben. Auf Größen dieses Betrages wird es aber selbst bei genaueren Rechnungen nicht ankommen, da gerade Intensitätsbestimmungen nicht mit besonders großer Genauigkeit gemacht werden. Der Fall ist aber auch wirklich extrem, da es in der Wirklichkeit wohl nie vorkommen wird, daß ein System einer so hohen Apertur ($A = -0.148$) ein abblendungsfreies Gesichtsfeld von 45^0 Hauptstrahlneigung besitzt.

Die nebenstehende graphische Darstellung des Verlaufs der Funktion $\cos^4 w$ läßt also mit genügender Annäherung erkennen, wie die der E.-P. zugesandte Lichtmenge abnimmt, wenn man Flächenelemente des abblendungsfreien Gesichtsfeldes betrachtet, die endlichen Werten von w entsprechend von dem Mittelpunkte weiter und weiter entfernt sind.

Schon bei $w = 13.1^0$ sind nur noch $90^0/_0$ der für die Mitte geltenden Lichtmenge vorhanden, und die Annahme geht dann zunächst noch rascher vor sich; so ist die Menge bei einem Winkel $w = 32.8^0$ auf die Hälfte der der Mitte gesunken.

Im Falle einer unendlich großen Entfernung $\mathfrak{A}$, bei einem nach der Objektseite telezentrischen Strahlengange, ist für Flächenelemente im abblendungsfreien Teile des Gesichtsfeldes gar keine Abnahme der in das System gesandten Lichtmenge, der Mitte gegenüber vorhanden.

Die bei sekundärer Aperturbegrenzung durch die E.-L. in das System eintretende Lichtmenge. Gehen wir jetzt dazu über, den Objektpunkt O_w außerhalb des abblendungsfreien Gebietes anzunehmen, so sind nach den früher angestellten Überlegungen die Fälle einer und zweier E.-L. möglich. Wir beschränken uns hier auf den speziellen Fall einer Luke im Endlichen bei Vorderlage der ebenfalls im Endlichen liegenden E.-P. und bemerken, daß der Fall der Hinterlage ganz analog zu behandeln sein würde.

Wir projizieren zunächst von O_w aus die Begrenzung der E.-L. in die Ebene der E.-P. und werden dadurch auf den Radius $\overline{\mathfrak{R}}$ dieser Projektion geführt

$$\overline{\mathfrak{R}} = \frac{-\mathfrak{A}}{-\mathfrak{A} + \eta}\, \mathfrak{R}\,,$$

während der Achsenabstand $\overline{PL}$ des in der Papierebene liegenden Mittelpunkts $\overline{L}$ gegeben ist durch

$$m_w = \frac{-\mathfrak{A}}{-\mathfrak{A} + \eta}\, \eta\, \mathrm{tg}\, w\,.$$

Als lichter Teil der E.-P erscheint nun das Kreiszweieck $DQD'M$, das zum Teil von der Begrenzung E.-P., zum Teil von der der Projektion der E.-L. eingeschlossen wird. Fällen wir jetzt von O_w aus ein Lot $O_w\overline{P}$ auf die Ebene der E.-P., ziehen $\overline{PD}$ und denken uns auch $O_w D$ gezogen, so haben wir nach dem Früheren die Beziehungen einzuführen

$$\measuredangle D\overline{P}P = \mathfrak{v}; \qquad \measuredangle DO_w\overline{P} = \omega .$$

Benutzen wir ferner analog den vorher für $\mathfrak{A}$, $\mathfrak{y}$, $\mathfrak{r}$ definierten Größen p und q die Bezeichnungen $\overline{p}$ und $\overline{q}$ für die aus den Größen $\mathfrak{A}$, $\overline{\mathfrak{y}} = \mathfrak{y} - m_w$ und $\mathfrak{R}$ gebildeten Ausdrücke, so haben wir, wenn wir noch mit $\overline{P}D$ als Radius um $\overline{P}$ als Mittelpunkt den Kreisbogen DND' beschreiben, die auf die beiden Kreiszweiecke $MDND'$ und $NDQD'$ fallende Lichtmenge zu bestimmen, was ausgedrückt sei durch

$$[MDND'] = d\boldsymbol{L}_{\chi, \mathfrak{v}} : \boldsymbol{I}dq ; \qquad [NDQD'] = (d\overline{\boldsymbol{L}} - d\overline{\boldsymbol{L}}_{\overline{\chi}, \mathfrak{v}}) : \boldsymbol{I}dq .$$

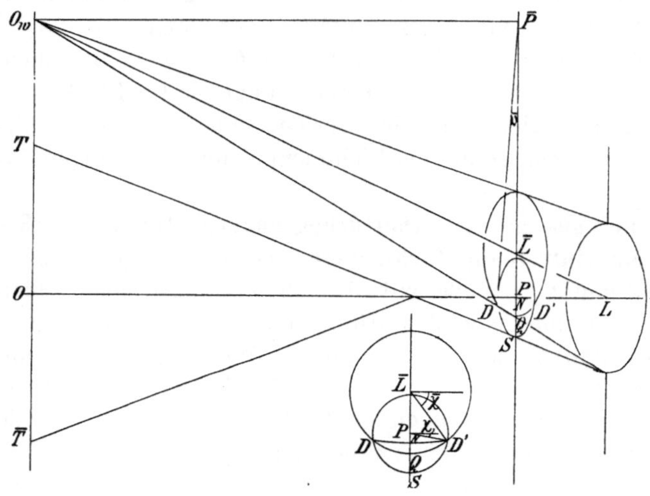

Fig. 133.

$$PO = \mathfrak{A}; \quad PL = \eta; \quad P\overline{L} = m_w .$$

An dem dicht unter $\overline{L}$ liegenden Scheitel der Eintrittspupille ist ein M einzuschalten.
Die Bestimmung der bei Abblendung durch die Eintrittsluke in das System gestrahlte Lichtmenge.

Die Winkel χ und $\overline{\chi}$ sind der Vorderansicht der Ebene der E.-P. eingeschrieben. Setzt man schließlich die Werte für $d\boldsymbol{L}_{\chi, \mathfrak{v}}$ und $d\overline{\boldsymbol{L}}_{\overline{\chi}, \mathfrak{v}}$ ein, so erhält man nach Vornahme einiger Vereinfachungen den Ausdruck

$$[MDQD'] = [MDND'] + [NDQD'] = (\overline{\chi} - \chi)\,2$$
$$+ \frac{p}{\sqrt{q^2 - 1}}\left(\operatorname{arc\,tg} \frac{q\,\operatorname{tg}\chi_2 - 1}{\sqrt{q^2 - 1}} - \operatorname{arc\,tg} \frac{q - 1}{\sqrt{q^2 - 1}}\right) + \frac{\pi}{2}\left(1 - \frac{\overline{p}}{\sqrt{\overline{q}^2 - 1}}\right)$$
$$- \frac{\overline{p}}{\sqrt{\overline{q}^2 - 1}}\left(\operatorname{arc\,tg} \frac{\overline{q}\,\operatorname{tg}\overline{\chi}_2 - 1}{\sqrt{\overline{q}^2 - 1}} - \operatorname{arc\,tg} \frac{\overline{q} - 1}{\sqrt{\overline{q}^2 - 1}}\right); \quad \chi_2 = \chi : 2.$$

Der Fall zweier E.-L. ist wohl für die Rechnung komplizierter, bietet aber prinzipiell keine größeren Schwierigkeiten dar.

Die Beleuchtungsstärke auf der Bildebene. Die in die E.-P. eintretende Lichtmenge dL erfährt infolge der beim Durchgang durch das System vorkommenden Absorptions- und Reflexionsverluste eine Reduktion auf

$$dL' = \mathfrak{k}\, dL ,$$

und diese Lichtmenge ist dann der A.-P. zuzuschreiben, die sie dem Bildelement dq' zustrahlt. Um die Beleuchtungsstärke in dem scharf vorausgesetzten Bilde festzustellen, müssen wir die Größe kennen, in der das Flächenelement dq in dq' abgebildet wird. Sei der Maßstab der Flächenabbildung mit β^2 bezeichnet, so gilt

$$dq' = \beta^2\, dq$$

und wir erhalten

$$\frac{dL'}{dq'} = \frac{\mathfrak{k}}{\beta^2}\,\frac{dL}{dq}$$

für jedes Element dq des ebenen Objekts. Wie man sieht, ist die Beleuchtungsstärke ebener Bilder von der Verzeichnung abhängig.

Bei der Theorie des photographischen Objektivs, wo eine eingehendere Behandlung dieses Problems von praktischer Bedeutung ist, wollen wir uns mit dem hier rein formell eingeführten Faktor β^2 genauer beschäftigen.

B. Die Systeme mit Grenzmedien von verschiedener Brechung.

Nehmen wir den Fall an, das erste und letzte Medium seien verschieden, so ergibt sich für ein in der Achse bei p senkrecht angenommenes Element dq bei endlicher und unter dem endlichen Winkel u erscheinender Öffnung der E.-P.

$$dL = \pi I\, dq \sin^2 u$$

und ganz entsprechend für das in p' entworfene konjugierte Bild

$$dL' = \pi I''\, dq \sin^2 u' ,$$

wenn wir voraussetzen, daß dort überhaupt ein solches entsteht, und dabei zunächst die selbstverständliche Annahme machen, daß für den endlichen Winkel u' die sphärische Aberration in p' beseitigt sei. Nun ist aber nach dem KIRCHHOFFschen Gesetze

$$I'' = \left(\frac{n_k + 1}{n_1}\right)^2 \mathfrak{k}\, I ,$$

mithin

$$\frac{d\,\boldsymbol{L}'}{\mathfrak{k}} = \pi\,\boldsymbol{I}\left(\frac{n_k+1}{n_1}\right)^2 d\,q'\sin^2 u'\,.$$

Da nun nach dem Früheren $d\,\boldsymbol{L} = \dfrac{d\,\boldsymbol{L}'}{\mathfrak{k}}$ sein muß und für Paraxialstrahlen $\left(\dfrac{dq'}{dq}\right)_{u\,=\,u'\,=\,o} = \beta^2$ gilt, so ist die notwendige Folge der Forderung, daß für endliche $u,\,u'$ eine deutliche Abbildung erzielt
werden, d. h. die durch die paraxialen Strahlen definierte Vergrößerung β auch für endliche Öffnungswinkel gelten soll:

$$\beta\,n_{k+1}\sin u' = n_1\sin u\,.$$

Das Produkt der numerischen Apertur mit der Lateralvergrößerung muß also für die aberrationsfreien konjugierten Punkte konstant sein, wenn die Abbildung sich auf ein Flächenelement beziehen soll.

Somit stimmt also der von uns in der geometrischen Optik abgeleitete Sinussatz zu den Sätzen der Strahlungstheorie, und in
dieser Weise hat H. HELMHOLTZ (**4.**) den Beweis des Sinussatzes geliefert. Umgekehrt kann man auch das KIRCHHOFFsche Strahlungs-
gesetz für aplanatische Punkte ableiten, wie das bei S. CZAPSKI
(**3. 178.**) geschehen ist.

Der Spezialfall des Auges. Wenn wir von den in den Augen-
medien eintretenden Lichtverlusten absehen, so ist beim Sehen mit
unbewaffnetem Auge die Beleuchtungsstärke auf der Netzhaut oder
die *natürliche Helligkeit* gegeben durch

$$H_0 = \frac{d\,\boldsymbol{L}}{dq'} = \pi\,\boldsymbol{I}\,n'^2\sin^2 U',$$

dabei bedeutet U' den Öffnungswinkel im Glaskörper, dessen Größe
je nach dem dazugehörigen Pupillendurchmesser ungefähr 5^0 be-
trägt. Aus diesem Ausdrucke geht ohne weiteres hervor, daß die
natürliche Helligkeit einer gleichmäßig leuchtenden Fläche von ihrer
Entfernung vom Auge ganz unabhängig ist, so lange sie überhaupt
noch als Fläche erscheint.

Gehen wir jetzt zu den Instrumenten über, die zur Unterstützung
des Sehens bestimmt sind, so ist die durch sie vermittelte Helligkeit
durch die Formel gegeben:

$$H = \frac{d\,\boldsymbol{L}}{dq'} = \mathfrak{k}\,\boldsymbol{I}\,n'^2\sin^2 U',$$

wobei U' wieder der Öffnungswinkel im Glaskörper ist. Ist nun
die A.-P. des Instruments größer als die Augenpupille bei dieser

Beleuchtung oder ihr gleich, so blendet diese einen Teil der A.-P. ab oder umschließt sie gerade, und das Auge erhält einen Helligkeitseindruck von derselben Größe, als wenn das ebenso vergrößerte, mit der vermittelten Intensität $\mathfrak{k}I$ strahlende Objekt mit bloßem Auge betrachtet würde. Alsdann erscheint das *vergrößerte Objekt*, wie man zu sagen pflegt, *durch das Instrument in natürlicher Helligkeit.*

Ist dagegen der Durchmesser $\overline{\mathfrak{p}}$ der A.-P. kleiner als der der Augenpupille, so entspricht ihm ein Öffnungswinkel $\overline{U}'$, und die Helligkeit wird

$$\overline{H} = \pi\,\mathfrak{k}\,I n'^{2} \sin^{2} \overline{U}'.$$

Nehmen wir jetzt an, daß man mit einem Instrument desselben Typus auch eine soviel geringere Vergrößerung für dq' erzielen könnte, daß der Winkel U' gerade genügend groß würde, um dem Pupillenradius $\mathfrak{p}_0$ des Auges bei dieser Beleuchtung zu entsprechen, so liefert uns nach der vorigen Gleichung das Instrument nunmehr die natürliche Helligkeit H_0 nach

$$H_0 = \pi\,\mathfrak{k}\,I n'^{2} \sin^{2} U',$$

und wir kommen zu der Gleichung:

$$\frac{\overline{H}}{H_0} = \frac{\sin^{2} \overline{U}'}{\sin^{2} U'}\,.$$

Bei den kleinen Winkeln können wir unbedenklich den Sinus mit der Tangente vertauschen, und wir erhalten, wenn wir annehmen, daß das Instrument auf die deutliche Sehweite $\mathfrak{l}$ eingestellt sei,

$$\frac{\overline{H}}{H_0} = \frac{\mathfrak{l}'^{2}\,\mathrm{tg}^{2} \overline{U}'}{\mathfrak{l}'^{2}\,\mathrm{tg}^{2} U'} = \frac{\overline{\mathfrak{p}}'^{2}}{\mathfrak{p}_0'^{2}} = \frac{\overline{\mathfrak{p}}^{2}}{\mathfrak{p}_0^{2}}\,.$$

Der Zähler und der Nenner des letzten Bruches lassen sich nun aber auch durch den Austrittswinkel des Instruments in Luft und die deutliche Sehweite ausdrücken]

$$\overline{\mathfrak{p}} = \mathfrak{l}\,\mathrm{tg}\,\overline{u}'$$

$$\mathfrak{p}_0 = \mathfrak{l}\,\mathrm{tg}\,u_0'.$$

Nimmt man nun weiter an, daß man auch bei den Winkeln u', u_0' die Tangente mit dem Sinus vertauschen kann, und daß der betrachtete Objektpunkt ein aplanatischer Punkt des Instruments sei, so erhält man weiter die Beziehungen, wenn man die linearen Vergrößerungen des Objektpunkts durch $\overline{N}$ und N_0 bezeichnet und unter A die numerische Apertur versteht,

$$\overline{\mathfrak{p}} = \mathfrak{l}\sin\overline{u}' = \frac{\mathfrak{l}A}{N}$$

$$\mathfrak{p}_0 = \mathfrak{l}\sin u_0' = \frac{\mathfrak{l}A}{N_0}.$$

Diese zuletzt aufgeführte Vergrößerung N_0, bei der der Durchmesser der A.-P. des Instruments gleich dem der Augenpupille ist, bezeichnen wir als *Normalvergrößerung* und erhalten für sie den Ausdruck

$$N_0 = \frac{\mathfrak{l}A}{\mathfrak{p}_0}$$

und entsprechend nach S. 497

$$-V_0 = \frac{A}{\mathfrak{p}_0}.$$

Durch die Vermittelung der für $\overline{\mathfrak{p}}$ und $\mathfrak{p}_0$ angegebenen Ausdrücke ergibt sich schließlich die Beziehung

$$\frac{H}{H_0} = \frac{N_0{}^2}{N^2} = \frac{V_0{}^2}{\overline{V}^2}.$$

Zusammenfassend können wir sagen: Die durch optische Instrumente vermittelte Helligkeit ist so lange der des natürlichen Sehens höchstens gleich, als die Vergrößerung unterhalb der normalen bleibt, wächst die Vergrößerung des Instruments über diese Grenze hinaus, so ist die Helligkeit umgekehrt proportional der Flächenvergrößerung.

Genauere Angaben werden wir bei der Theorie der einzelnen Instrumente erhalten.

4. Historische Notizen.

Das photometrische Grundgesetz und seine Anwendungen auf solche Fälle, in denen die Integrationen sich ausführen lassen, ist den Werken von J. H. LAMBERT (*1. 2.*) und A. BEER (*1.*) entlehnt, die diesen Teil der Photometrie sehr eingehend behandelt haben. Die Anwendung der Theorie auf optische Instrumente wurde von ihnen nicht sehr weit gefördert, doch kamen sie in Sonderfällen hinsichtlich der Strahlungsvermittlung zu richtigen Resultaten. Absorptions- und Reflexionsverluste werden von ihnen empirisch bestimmt.

Was die mittelbare Lichtstrahlung angeht, so ist die diffuse Strahlung nach CHR. WIENERS Vorgange in der im Text schon zitierten Arbeit von FR. THALER (*1.*) behandelt worden; an dieser Stelle finden sich auch Literaturnachweise. Die Reflexion an spiegelnden Flächen für endliche Inzidenzwinkel ist wohl zuerst von J. MACCULLAGH (*1.*) genauer untersucht worden; die von ihm stammenden, die Intensitätsverhältnisse des an einem Stahlspiegel zurückgeworfenen Lichts darstellenden Kurven wurden von M. E. Mascart (*1.* **2.** *449.*) aufgenommen. Sie haben einen der unteren Darstellung in Fig. 127 ganz gleichen Charakter. Die Reflexionsverluste an einer brechenden Fläche bei beliebigem Inzidenzwinkel wurden zuerst von A. Fresnel (*1.*) theoretisch bestimmt.

Wie bereits erwähnt worden ist, wurde eine Bestimmung der Reflexionsverluste bei mehrmaliger Reflexion an Planplatten nebst einem auch die Stokessche Arbeit (*1.*) umfassenden Literaturnachweise von H. Krüss (*3.*) gegeben. Auch machte er dort auf sorgfältigen Experimenten beruhende Angaben über die Absorption eines schweren Flintglases. Genau bestimmte Durchlässigkeitsfaktoren für eine Reihe älterer Glasarten finden sich bei H. Vogel (*1.*) und bei J. Wilsing (*2.*). Mit einem reichen Literaturverzeichnisse ist die schon zitierte Arbeit von H. A. Krüss (*1.*) versehen, in der die Durchlässigkeitsfaktoren für eine Reihe neuerer Gläser im kurzwelligen Teil des Spektrums angegeben werden.

Eine wichtige Förderung erfuhr die Theorie der Strahlungsvermittlung durch optische Instrumente von C. Nägeli und S. Schwendener (*1. 85.*), als sie die Wirkungsweise von Beleuchtungsapparaten am Mikroskop behandelten. Auf sie folgt E. Abbe (*1.*) mit seiner häufig zitierten, allgemeinen Theorie der Strahlungsvermittlung, der er seine im vorhergehenden Kapitel behandelte Theorie der Strahlenbegrenzung als wesentlichen Bestandteil einfügte. Er gelangte auf Grund des Satzes von Kirchhoff zu seinen in die meisten dieses Thema behandelnden Lehrbücher aufgenommenen Strahlungssätzen, nach denen die durch Instrumente vermittelte Strahlungswirkung einmal dem Bilde der Lichtquelle, das andere Mal der A.-P. des Instruments beigelegt werden kann. Von spezielleren Anwendungen finden wir nur die Theorie der Kondensoren, während E. Abbe (*2.*) schon 1873 ausgesprochen hatte, daß die Helligkeit der vom Mikroskop gelieferten Bilder nie größer als die des natürlichen Sehens, sondern höchstens ihr gleich werden kann. Sehr bald darauf beschäftigte sich H. Helmholtz (*3.*) und (*4.*) mit diesen Fragen, ermittelte auf Grund strahlungstheoretischer Überlegungen den Sinussatz und definierte die Normalvergrößerung des Mikroskops.

In neuester Zeit hat namentlich P. Drude (*3.*) eine sehr klare Zusammenstellung der allgemeinen Definitionen der Photometrie und der Strahlungsvermittlung durch optische Instrumente gegeben.

Verzeichnis häufiger Abkürzungen.

$A = $ numerische Apertur $= n \sin u$.

A.-L. $=$ Austrittsluke. Achsenort in den Figuren L'.

A.-P. $=$ Austrittspupille. Achsenort in den Figuren P'.

b. A. $=$ bildseitiges Abbild.

$c = s\text{-}r$ Objektabstand vom Kugelmittelpunkte.

$C_\nu =$ Abstand zwischen dem Zentrum der νten und der $\nu{+}1$ten Kugel.

$d_\nu =$ axiale Dicke zwischen der νten und der $\nu + 1$ten Fläche.

$d_\nu =$ schiefe, auf dem Hauptstrahle gemessene, Dicke zwischen der νten und $\nu + 1$ten Fläche.

$D = $ KERBERscher Ausdruck für
$$\sin i' + \sin u' - \sin i - \sin u.$$

$D_{xs} =$ Abkürzung für $\dfrac{1}{s_1} - \dfrac{1}{x_1}$.

$e,\ e' =$ Lot vom Flächenscheitel auf die Strahlrichtung vor und nach der Brechung.

E.-E. $=$ Einstellungsebene. Achsenort in den Figuren O.

E.-L. $=$ Eintrittsluke. Achsenort in den Figuren L.

E.-P. $=$ Eintrittspupille. Achsenort in den Figuren P.

$f,\ f' =$ Brennweiten, gemessen von den Brennpunkten nach den Hauptpunkten.

$f_t,\ f_t' =$ tangentiale $\Big\}$ Brennweiten
$f_s,\ f_s' =$ sagittale $\Big\}$ schiefer Büschel.

$h\ =$ Einfallshöhe im allgemeinen, meist eine endliche Größe.

$h_\nu =$ paraxiale Einfallshöhe an der νten Kugelfläche.

$h_\nu =$ paraxiale Einfallshöhe an der νten Kugelfläche für die zweite Farbe.

$h_\nu{}_f =$ vom Einfallsorte des Hauptstrahls auf die benachbarten Sagittalstrahlen vor und nach der Brechung gefälltes Lot.

$h_\nu{}_t,\ h_\nu{}_t' =$ vom Einfallsorte des Hauptstrahls auf die benachbarten Tangentialstrahlen vor und nach der Brechung gefällte Lote.

Hierher gehörig auch $\dfrac{h_{kt}'}{h_{1t}}$ S. 174

oder [wie später] weniger korrekt geschrieben $\dfrac{h_{kt}}{h_{1t}}$ S. 272.

$i,\ i' =$ Inzidenzwinkel von Strahlen aus Achsenpunkten vor und nach der Brechung.

$I = n \sin i$ Grundinvariante: für kleine Öffnungen gilt $I = h Q_s$.

$j,\ j' =$ Inzidenzwinkel von Strahlen aus der Blendenmitte vor und nach der Brechung.

$J = n \sin j$ Grundinvariante; für kleine Neigungen gilt $J = y Q_x$.

$1 : k =$ relative Öffnung eines für große Objektabstände benutzten Systems.

$l,\ l' =$ Achsenabstand des Durchstossungspunktes in den GAUSSschen Ebenen, bei aberrationsfreier Abildung, entspricht dem Hauptstrahlneigungswinkel $w,\ w'$.

$l_\nu^{(k)}\ [\nu = 0, 1, 2, \mathrm{II}, 3, \mathrm{III}]\ \Big\}$ tangentiale $\Big\}$
$L_\nu^{(k)}\ [\nu = 1, 2, 3, \mathrm{III}]\ \Big\}$ sagittale $\Big\}$
in der GAUSSschen Bildebene entstandene, in das Objekt zurückpro-

jizierte Zerstreuungslinie eines k-flächigen Systems; die für ν eintretende Ziffer gibt die Potenz der Öffnungswinkel $\begin{Bmatrix} u \\ v \end{Bmatrix}$ an.

$l, l' =$ bei der Rechnung für windschiefe Strahlen die Y-Koordinate des Durchstoßungspunkts des Strahls mit der Vertikalebene.

$L, L' =$ bei der Rechnung für windschiefe Strahlen die Z-Koordinate des Durchstoßungspunkts des Strahls mit der Horizontalebene.

$m_\nu =$ vertikale Koordinate des Durchstoßungspunkts in der Öffnungsebene der νten Fläche bei geringen Neigungen entspricht dem Öffnungswinkel u_ν $(d\,u_\nu)$.

$m_\nu =$ bei endlichen Neigungen.

$M_\nu =$ horizontale Koordinate des Durchstoßungspunkts in der Öffnungsebene der νten Fläche bei geringen Neigungen entspricht dem Öffnungswinkel v $(d\,v)$.

$M_\nu =$ bei endlichen Neigungen windschiefer Strahlen.

M.-E. $=$ Mattscheibenebene. Achsenort in den Figuren O'.

$n, n' =$ Brechungsexponenten vor und nach einer Fläche.

Bei einem $k$flächigen System sind die Brechungsexponenten bezeichnet: $n_1; n_1' = n_2; n_2' = n_3 \ldots n_k'$.

o. A. $=$ objektseitiges Abbild.

$p, p' =$ Weglänge vor und nach der Brechung auf Öffnungsstrahlen von Achsenpunkten.

$q, q' =$ Weglängen vor und nach der Brechung auf Hauptstrahlen.

$Q_s, Q_{\nu s}$ $(Q_x, Q_{\nu x}) =$ Nullinvariante für den Objekt (Blenden) punkt an der νten Fläche.

$$n\left(\frac{1}{r} - \frac{1}{s}\right)\left[n\left(\frac{1}{r} - \frac{1}{x}\right)\right].$$

$Q_s =$ Invariante für Strahlen endlicher Neigung $n\dfrac{s-r}{p\,r}$.

$Q_t, Q_{t\nu} =$ Invariante der Tangentialstrahlen $n\left(\dfrac{\cos j}{r} - \dfrac{\cos^2 j}{t}\right)$.

$Q_f, Q_{f\nu} =$ Invariante der Sagittalstrahlen

$$n\left(\frac{\cos j}{r} - \frac{1}{f}\right).$$

$r =$ Radius der brechenden Fläche.

$s, s' =$ paraxiale Schnittweiten für Achsenpunkte vor und nach der Brechung.

$s, s' =$ paraxiale Schnittweiten für Achsenpunkte und die zweite Farbe.

$s, s' =$ 1. Schnittweiten von Büscheln geringerer oder größerer Öffnung u aus Achsenpunkten vor und nach der Brechung.

2. Bei der Rechnung für windschiefe Strahlen X-Koordinate des Durchstoßungspunkts des Strahls mit der Vertikalebene.

$\overline{s_\nu}, \overline{s_\nu}' =$ Schnittweite der Projektion des tangentialen, auf dem unter w_ν, w_ν' geneigten Hauptstrahle liegenden Bildpunkts.

$\overline{\overline{s_\nu}}, \overline{\overline{s_\nu}}' =$ Schnittweite der Projektion des sagittalen, auf dem unter w_ν, w_ν' geneigten Hauptstrahle liegenden Bildpunkts.

$f, f' =$ Sagittalschnittweite dem Hauptstrahle benachbarter Strahlen vor und nach der Brechung.

$S, S' =$ bei der Rechnung für windschiefe Strahlen X-Koordinate des Durchstoßungspunkts des Strahls mit der Horizontalebene.

$t, t' =$ Tangentialschnittweiten der dem Hauptstrahle benachbarten Strahlen vor und nach der Brechung.

$t, t' =$ Tangentialschnittweiten geringerer oder größerer Öffnung u vor und nach der Brechung.

$u, u' =$ Öffnungswinkel in Achsenpunkten vor und nach der Brechung, unter Umständen auch du und du' geschrieben.

$u, u' =$ Öffnungswinkel im Tangentialschnitte vor und nach der Brechung, unter Umständen auch du und du' geschrieben.

$U =$ 1. Zentrallot für Strahlen aus Achsenpunkten.

2. Radiusvektor in der Transversalebene vom Koordinatenanfangspunkte nach dem Durchstoßungspunkte des windschiefen Strahls.

v, v′ = Öffnungswinkel mit der ersten Nebenachse; im speziellen Falle bei Sagittalbüscheln werden diese Öffnungswinkel in der Rechnung durch dv, dv′ und beim Schlußergebnis mit v, v′ bezeichnet.

V, V′ = Öffnungswinkel mit der zweiten Nebenachse.

V = Ausdruck für die chromatische Variation, also $Vs = s - \text{s}$.

v_ν = vertikale Koordinate des Durchstoßungspunkts in der durch die Kugelmitte gelegten Transversalebene bei der Rechnung für windschiefe Strahlen.

V_ν = horizontale Koordinate des Durchstoßungspunkts in der durch die Kugelmitte gelegten Transversalebene bei der Rechnung für windschiefe Strahlen.

w, w' = Hauptstrahlneigungswinkel.

W = Zentrallot für Hauptstrahlen.

x, x' = paraxiale Schnittweiten für die Blendenmitte vor und nach der Brechung.

$\boldsymbol{x}$, $\boldsymbol{x}'$ = Schnittweiten von Büscheln geringerer oder größerer Neigung w für die Blendenmitte vor und nach der Brechung.

$\mathfrak{a}$, $\mathfrak{a}'$ = Koeffizient der sphärischen Längsaberration.

$\mathfrak{A}$, $\mathfrak{A}'$ = konjugierte, von den Pupillen aus gemessene Objekt- und Bildabstände.

$\mathbf{A}$, $\mathbf{A}'$ = Abszissen konjugierter Punkte auf ein Paar konjugierter Punkte allgemeiner Lage bezogen.

$\mathfrak{b}$, $\mathfrak{b}'$ = Koeffizient des ersten Zonengliedes der sphärischen Längsaberration.

$\mathfrak{b}s$ = Schnittweitendifferenz für endliche Öffnungswinkel.

$\mathfrak{m}$, $\mathfrak{m}'$ = Richtungskosinus eines windschiefen Strahls mit der X-Achse.

$\mathfrak{p}$, $\mathfrak{p}'$ = Richtungskosinus eines windschiefen Strahls mit der Y-Achse.

$\mathfrak{q}$, $\mathfrak{q}'$ = Richtungskosinus eines windschiefen Strahls mit der Z-Achse.

$\mathfrak{r}$ = Radius der E.-P.

$\mathfrak{R}$ = Radius der E.-L.

$\mathfrak{s}$, $\mathfrak{s}'$ = Schnittweiten von Büscheln verschwindender Öffnung auf der ersten Nebenachse.

$\boldsymbol{\mathfrak{s}}$, $\boldsymbol{\mathfrak{s}}'$ = Schnittweiten von Büscheln endlicher Öffnung auf der ersten Nebenachse.

$\mathfrak{S}$, $\mathfrak{S}'$ = Schnittweiten von Büscheln endlicher Öffnung auf der zweiten Nebenachse.

t_ν, $t_\nu{}'$ = Schnittweiten des Hilfsstrahls auf dem Hauptstrahle bei der Ableitung des Rinnenfehlers.

u_ν auch $d u_\nu$ = Winkel zwischen dem Haupt- und dem Hilfsstrahle bei der Ableitung des Rinnenfehlers.

$\mathfrak{x}$, $\mathfrak{x}'$ = Abstand konjugierter Objektpunkte von den zugehörigen Brennpunkten.

$d\mathfrak{x}$, $d\mathfrak{x}'$ = entsprechende Abstandsänderungen für die Brennpunktsabstände paraxialer Strahlen.

$d\boldsymbol{\mathfrak{x}}'$ = entsprechende Abstandsänderung des Schnittpunkts endlich geöffneter Strahlen auf der Bildseite.

$\mathfrak{X}$, $\mathfrak{X}'$ = Abstand konjugierter Pupillenmitten von den zugehörigen Brennpunkten.

$\mathfrak{y}$, $\mathfrak{y}'$ = konjugierte Achsenabstände berechnet nach der Gaussschen Theorie, auch $d\mathfrak{y}$, $d\mathfrak{y}'$ geschrieben.

α = Tiefenvergrößerung $\dfrac{d\mathfrak{x}'}{d\mathfrak{x}}$.

α, α_ν = Prismenwinkel.

β = Lateralvergrößerung in Objekt- und Bildebene $\dfrac{d\mathfrak{y}'}{d\mathfrak{y}}$ auch $\dfrac{\mathfrak{y}'}{\mathfrak{y}}$.

β_t = Lateralvergrößerung im Tangentialschnitte.

β_f = Lateralvergrößerung im Sagittalschnitte.

B = Lateralvergrößerung in den Pupillenebenen.

$\gamma =$ 1. Winkel zwischen der Systemachse und der ersten Nebenachse.

2. Konvergenzverhältnis in Objekt- und Bildebene.

$\Gamma =$ 1. Winkel zwischen der Systemachse und der zweiten Nebenachse.

2. Konvergenzverhältnis in den beiden Pupillenebenen.

$\gamma_t =$ Konvergenzverhältnis im Tangentialschnitte.

$\gamma_f =$ Konvergenzverhältnis im Sagittalschnitte.

$\delta s =$ Schnittweitendifferenz der s-Werte für kleine Öffnungswinkel.

$\triangle =$ optisches Intervall.

$\varDelta =$ Differenzzeichen für die Werte nach und vor der Brechung:
$$\varDelta n = n' - n.$$

$\varepsilon =$ Ablenkungswinkel bei Prismen.

$\varepsilon_0 =$ Minimalablenkung.

$\varepsilon =$ Winkel zwischen der Systemachse und der Projektion des windschiefen Strahls in die XY-Ebene.

$\zeta_\nu =$ Seidelscher Polarwinkel von U in der durch den Kugelmittelpunkt C_ν gelegten Transversalebene.

$\vartheta =$ relative Teildispersion.

$\Theta =$ ihr Äquivalentwert bei einer Linsenkombination.

$\lambda, \lambda' =$ Seidelscher Ausdruck für den Winkel zwischen dem windschiefen Strahle und U, U'.

$\nu =$ reziproker Wert des Dispersors $= \dfrac{n_\nu - 1}{V n}$.

$N =$ äquivalenter ν-Wert.

$\xi, \xi' =$ reziproke Werte der Schnittweiten des Blendenorts $= \dfrac{1}{x}, \dfrac{1}{x'}$.

$\varXi$ für $\dfrac{\xi}{\varphi} = \dfrac{t}{x}$ gebraucht.

$\pi, \pi' =$ Seidelsche Bezeichnung für den Richtungsunterschied der Projektion des Strahls in die Transversalebene und der Y-Achse.

$\varrho = \dfrac{1}{r}; \ \varrho_\nu = \dfrac{1}{r_\nu}$ Krümmung der νten Fläche.

$P =$ 1. für $\dfrac{\varrho}{\varphi} = \dfrac{f}{r}$ gebraucht und

2. als Bezeichnung der Petzvalschen Bedingung
$$P = \frac{1}{R} = \sum_{\nu=1}^{k} \frac{1}{r_\nu} \varDelta_\nu \frac{1}{n} = - \sum_{\nu=1}^{k-1} \frac{1}{n_\nu + 1 f_\nu}.$$

$\sigma, \sigma' =$ 1. Abstände der Brennpunkte eines zusammengesetzten Systems von den Brennpunkten der Komponenten.

2. reziproker Werte der Schnittweiten $\dfrac{1}{s}, \dfrac{1}{s'}$.

Σ für $\dfrac{\sigma}{\varphi} = \dfrac{f}{s}$ gebraucht.

$d_\varsigma =$ die Verschiebung des sagittalen Bildpunkts bei der Änderung $d u$.

$\tau, \tau' =$ Seidelsche Bezeichnung für den Richtungsunterschied zwischen dem Strahle und der Systemachse vor und nach der Brechung.

$d \tau =$ Die Verschiebung des tangentialen Bildpunkts mit der Änderung $d u$.

$\dfrac{1}{2} \dfrac{d\tau}{d u} =$ Krümmungsradius der kaustischen Kurve im Tangentialschnitte.

$\varphi =$ 1. Kugelwinkel für Strahlen aus Achsenpunkten.

2. Stärke einer Linse, gleichbedeutend mit $1/f$.

$\Phi =$ Kugelwinkel für Strahlen aus der Blendenmitte.

$\varPhi =$ Gesamtstärke eines Linsensystems.

$d\psi_\nu, d\psi_\nu' =$ Richtungsunterschied der in der Meridianebene liegenden Spur des windschiefen Strahls gegen den Hauptstrahl. Bei der Ableitung des Rinnenfehlers.

$\Omega =$ sekundäres Spektrum.

Sachregister.

B.

V.

Vergrößerung, siehe unter Tiefenvergrößerung α oder Lateralvergrößerung β oder Konvergenzverhältnis γ.

Vergrößerung β bei Projektionssystemen 473—475, N bei Instrumenten zu subjektivem Gebrauche 496.

Vergrößerungsvermögen V 497, Beziehung zur Vergrößerung N 497.

Vergrößerungswirkung von Prismen 441—442.

vermittelte spezifische Intensität bei Metallspiegeln 522, bei brechenden Flächen 527.

Verschiebung des tangentialen Bildpunkts mit der Büschelöffnung $d\tau$ 271, des sagittalen Bildpunkts mit der Büschelöffnung $d\varsigma$ 286.

Verteilung der Leistung auf Objektiv und Okular 403—407, bei teleskopischen Systemen 404—405.

Verwirrung, Stelle der geringsten 31.

Verzeichnung 239—250, ihre Abhängigkeit von der sphärischen Aberration der Blendenmitte und der Hauptstrahlneigung 239—241, ihre Zerstreuungslinie bei kleinen Hauptstrahlneigungen 241—246, Sonderfälle 246—250, einer Fläche 246, einer dünnen Linse 248, bei symmetrischen Systemen 335/336; ihre chromatische Variation 372.

Verzeichnungsfreiheit, ihre Sonderfälle für endliche Hauptstrahlneigungen 241, für symmetrische Systeme und kleine Hauptstrahlneigungen 336.

Verzerrung 240.

Vignettierungswinkel ω, Definition 485.

virtuell, Definition 35, virtueller Büschelbrennpunkt 137.

W.

Weglänge, Definition 40.

Weiße, Definition 521.

Winkelvorzeichen für i 9, für u 37, 101.

Z.

Zapfenquerschnitt 518.

Zentrallot, Definition 40.

zentrierte Kugelflächen 39, Definition 129, 142.

Zerstreuungsfigur 467.

Zerstreuungskreis 467.

Zerstreuungslinie bei kleiner Neigung für die Verzeichnung 241—246, für die Bildfeldkrümmung und den Astigmatismus 256—261, für die Koma im engeren Sinne 269—275, für den Rinnenfehler 277—283, für den Dreiecksfehler 285—288, für die sphärische Aberration des tangentialen Büschels 307—310, die tangentiale Differenz des Rinnenfehlers 310—313, die zweite tangentiale Differenz der sagittalen Schnittweite 313—314, die sphärische Aberration des sagittalen Büschels 314—316.

Zerstreuungsradius der sphärischen Lateralaberration 221—224, der chromatischen Lateralaberration 342.

Zonenglieder, primäre, sekundäre, höhere 211, primäres Z. der sphärischen Längsaberration 233—239, seine Darstellung 235.

Zusammensetzung von Abbildungen 112 bis 121, von zwei dünnen Systemen doppelter Krümmung, deren Hauptschnitte nicht zusammenfallen 187 bis 194.

zweite Schnittweiten s. unter sagittale Schnittweiten.

Autorenregister.

Die Titel wurden unter möglichster Bewahrung der Schreibart der Autoren übernommen; englische Titel aber ohne Großschreibung der Substantiva. Entstammen sie nicht den Druckschriften selbst sondern sekundären Quellen, so sind diese kenntlich gemacht, und zwar steht

C für Catalogue of scientific papers,

P „ Poggendorfs biographisch-literarisches Handwörterbuch.

Die Titel sind in kleinen Lettern gesperrt gedruckt, wenn sie hier gebildet wurden; sie sind eingeklammert, wenn sie als unverbürgte Fassungen aus (C) herrühren.

Die halbfette, eingeklammerte Ordnungszahl dient als Hinweis bei den Zitaten. Unmittelbar hinter dem Titel oder der sachlichen Notiz findet sich die Zahl der betreffenden Seite.

Die Quellenangaben sind so exakt angegeben, als es sich hier in Jena ermöglichen ließ, wo uns keine große Bibliothek zur Verfügung stand.

A.

Abbe, E.: (*1.*) Ueber die Bestimmung der Lichtstärke optischer Instrumente. Mit besonderer Berücksichtigung des Mikroskops und der Apparate zur Lichtconcentration. 507. 508. 513. 514. 537. 538. 547.

Jen. Zeitschr. f. Med. u. Natw. 1871. **6.** 263—291. (Schluß fehlt.)

—, —: (*2.*) Beiträge zur Theorie des Mikroskops und der mikroskopischen Wahrnehmung. 298. 337. 547.

Schultzes Archiv für mikrosk. Anat. 1873. **9.** 413—468.

—, —: (*3.*) Neue Apparate zur Bestimmung des Brechungs- und Zerstreuungsvermögens fester und flüssiger Körper. 418.

Jen. Zft. f. Naturw. 1874. **8.** 96—174.

—, —: (*4.*) Ueber mikrometrische Messung mittelst optischer Bilder. 474.

Sitz.-Ber. Jen. Ges. Med. u. Natw. 1878. 11—17.

—, —: (*5.*) On new methods for improving spherical correction applied to the construction of wide-angled object-glasses. 371. 372.

Journ. R. Micr. Soc. 1879. (2) **2.** 812—824.

Abbe, E.: (*6.*) Note on the proper definition of the amplifying power of a lens or lens-system. (12. März 1884.) 498.

Journ. R. Micr. Soc. 1884. (2) **4.** 348—351 mit 1 Fig.

—, — und Rudolph, P.: (*7.*) Firma Carl Zeiss in Jena: Anamorphotisches Linsensystem. 194. 206.

D.R.P. 99 722 vom 30. Nov. 1897.

—, —: Improvements in anamorphotic lens systems.

E. P. 8512^{98} vom 12. April (provisional specification) 5. Dec. 1898 (complete specification).

—, —: (*8.*) Linsensystem mit Correction der Abweichungen schiefer Büschel. .26.

D.R.P. 119 915 vom 27. April 1899.

—, —: Improvements in lens and reflector systems.

E. P. 8933^{00} vom 15. Mai 1900.

—, —: (*9.*) Verfahren sphäroidische Flächen zu prüfen und Abweichungen von der vorgeschriebenen Gestalt nach Lage und Grösse zu bestimmen. 26.

D.R.P. 131 536 vom 16. Nov. 1899.

—, —: Improvements in the method of and the means for pro-

Brewster, D.: (*1.*) A treatise on new philosophical instruments, for various purposes in the arts and sciences. With experiments on light and colours. 465.
Edinburgh, W. Blackwood; London, J. Murray, 1813. 8⁰. XX, 427 S. Mit 12 Tfln. Zitat vergessen.

—, —: (*2.*) Optics. 372.
The Edinburgh Ency. 1823. 15. 1. 171—295. Mit 15 Tfln.

—, —: Darstellung der Ablenkung, der Dispersion und des sekundären Spektrums bei Prismen mit endlichem brechendem Winkel. 465.

Brockmann, H.: (*1.*) Beiträge zur Dioptrik zentrierter sphärischer Flächen. 123. 148.
Diss. Rostock, 1887. 8⁰. 40 S. Mit 1 Taf.

Brodhun, E.: (*1.*) Photometrie. 508. 510.
A. Winkelmanns Handbuch der Physik. Breslau, E. Trewendt, 1894. 2. 1. Abt. 450 bis 469.

Bruns, H.: (*1.*) Das Eikonal. 22. 23. 60 (bezieht sich auf *404*).
Sächs. Ber. d. Wiss. 1895. 21. 321—436. Auch als S.-A. Leipzig, S. Hirzel, 1895. gr. 8⁰. 113 S.

—, —: Rechenverfahren nach E. Wandersleb für windschiefe Strahlen: Übergangsformeln und Anfangswerte. 60—62. Brechungsformeln. 69—73.

Burckhardt, W., s. u. Huygens, Ch. (*1.*)

Burmester, L.: (*1.*) Homocentrische Brechung des Lichtes durch das Prisma. 433.
Schlömilchs Zft. Math. Phys. 1895. 40. 65—90.

—, —: Sätze u. Konstruktionen zur homozentrischen Abbildung. 434. 438. 441.

Busch, E.: Pantoskop. 407.

C.

Casorati, F.: (*1.*) Alcuni strumenti topografici a riflessione e le proprietà cardinali dei cannocchiali anche non centrati. 107. 113. 120.
Milano, G. Bernardoni, 1872. 8⁰. 129 S.

Charlier, C. V. L.: (*1.*) Über den Gang des Lichtes durch ein System von sphaerischen Linsen. 338.
Upsala, Nova acta, 1893. 16. 1—20. auch S.-A. Upsala, 1893. 4⁰. 20 S.

—, —: (*2.*) Zur Theorie der optischen Aberrationscurven. 338.
Astr. Nachr. 1895. 137. No. 3265. 1—6.

Charlier, C. V. L.: (*3.*) Entwurf einer analytischen Theorie zur Construction von astronomischen und photographischen Objectiven. 383.
Vierteljahrsschrift Ast. Ges. 1896. 31. 266 bis 278.

—, —: (*4.*) Über die Berechnung von zweilinsigen Objektiven. 408.
Zft. f. Inst. 1898. 18. 253—254.

—, —: (*5.*) Ueber akromatische Linsensysteme aus einer Glassorte. (9. Nov. 1898). 372.
Stockholm, Akad. Förhandl. 1898. 55. No. 9. auch S.-A. Stockholm, Norstedt & Söhne, 1899 8⁰. 18 S.

—, —: (*6.*) Ueber akromatische Linsensysteme. 372.
Stockholm, Akad. Förhandl. 1899. 56. 12 S. (P.)

Christie, W. H. M.: (*1.*) Note on the curvature of lines in the dispersion spectrum, and the method of correcting it. 430.
Month. Not. 1874. 34. 263—265.
s. dazu:
Simms, W.: Note on a paper by Mr. Christie, "On a method of correcting the curvature of the lines in the dispersion spectrum". 430.
ibid. 363—364.

Clairaut, A. C.: (*1.*) Mémoires sur les moyens de perfectionner les lunettes d'approche par l'usage d'objectifs composés de plusieurs matières differemment réfringentes. 372. 457.
Mém. de Paris. 1756. 380—437. 1757. 524 bis 550. 1762. 578—631 mit Textf. und 2 Tfln.

Classen, J.: (*1.*) Mathematische Optik (Schubertsche Sammlung *40*). 338.
Leipzig, G. J. Göschen 1901. X. 207 S. kl. 8⁰ mit 52 Fig.

Coddington, H.: (*1.*) A treatise on the reflexion and refraction of light, being part I of a system of optics. 202. 337.
Cambridge, Simpkin and Marshall, London. 1829. XX. 296. (2.) 8⁰. 10 Tfln.

Cole, R. S.: (*1.*) Graphical methods for lenses. 109.
Phil. Mag. 1896. (5.) 41. 216—217.

Cornu, A.: (*1.*) Caustiques — Centre de Jonction. 201. 203.
Nouv. Ann. de Math 1863. (2.) 2. 311—317.

caso di duè mezzi rifrangenti diversi separati da una sola superficie sferica. Significato da una costruzione proposta da Newton per trovare i fochi delle lenti. 107.
Atti d. R. Accad. dei Lincei. 1889. (4) **5.** 307—311.

Gregory, J.: (1.) Optica promota, seu abdita radiorum reflexorum & refractorum mysteria, geometrice enucleata; cui subnectitur appendix, subtilissimorum astronomiae problematon resolutionem exhibens. 336.
London, S. Thomson, 1663. kl. 4⁰. (8) 134 S.

Grubb, Th.: (1.) On the equivalent focus of photographic lenses, and on the angle of subjects included. 507.
The Brit. Journ. of Phot. 1862. **9.** No. 166. 187—188; No. 167. 205—206; No. 168. 224—225; No. 169. 248; No. 171. 287—288.

Grunert, J. A.: (1.) Optische Untersuchungen. 408.
I. Allgemeine Theorie der Fernröhre und Mikroskope. X, 251 S. Mit 1 Taf.
II. Theorie der achromatischen Objective für Fernröhre. XVI, 304 S. Mit 2 Taf.
III. Theorie der zweifachen achromatischen Oculare VI, 206 S.
Leipzig, E. B. Schwickert, 1846, 47 u. 51.

—, —: (2.) Ueber merkwürdige Puncte der Spiegel- und Linsen-Systeme. 107.
Grun. Arch. f. Math. Phys. 1867. **47.** 84 bis 105.

Günther, S.: (1.) Darstellung der Näherungswerte von Kettenbrüchen in independenter Form. 120.
Habil.-Schr. Erlangen, 1873. gr. 8⁰. IV. 128.

Guébhard, A.: (1.) Exposé élémentaire des découvertes de Gauss et de Listing sur les points cardinaux des systèmes dioptriques centrés. 107.
Annal. d'Oculist. 1879. **1.** 195—215.

Gullstrand, A., Betonung der Bedeutung des Augendrehungspunkts bei der Betrachtung einer Abbildskopie. 507.

H.

Hällstén, K.: (1.) Die dioptrische Fähigkeit in centrirten Systemen mit besonderer Rücksicht auf die dioptrische Fähigkeit und die Accommodationsbreite des Auges. 107.
Arch. f. Anat. u. Phys. Physiol. 1880. 115 bis 125.

Hagen, E., und Rubens, H.: (1.) Das Reflexionsvermögen von Metallen für ultraviolette Strahlen. 525.
Verh. D. Phys. Ges. **3.** 1901. 165—176. Mit 4 Fig.

—, — und —, —: (2.) Das Reflexionsvermögen einiger Metalle für ultraviolette und ultrarote Strahlen. 525.
Zft. f. Instr. 1902. **22.** 42—54. Mit 4 Fig.

Hamilton, W. R.: (1.) Theory of systems of rays. (Gel. 13. Dez. 1824; Zusätze bis zum Juni 1827.) 21. 22. 33. 202. 206.
Trans. R. Irish Ac. 1828. **15.** 69—174.
Das ausführliche Inhaltsverzeichnis beschäftigt sich mit Systemen von reflektierten und gebrochenen Strahlen Die Abhandlung selbst enthält aber nur die Theoreme über reflektierte Strahlen. H. S.

—, —: (2.) Supplement to an essay on the theory of systems of rays. (Gel. 26. April 1830.) 22. 33. 202.
Trans. R. Irish Ac. 1830. **16.** 3—62.

—, —: (3.) Second supplement to an essay on the theory of systems of rays. (Gel. 25. Okt. 1830.) 22. 33. 202.
Trans. R. Irish. Ac. 1830. **16.** 93—126.

—, —: (4.) Third supplement to an essay on the theory of systems of rays. (Gel. 23. Jan. und 22. Okt. 1832.) 22. 33. 202.
Trans. R. Irish Ac. 1837. **17.** V—IX, 1 bis 144.

Hamilton, W. R.: Erwähnung der Brennlinien von J. C. Sturm. 206.

Hankel, H.: (1.) Die Elemente der projektivischen Geometrie in synthetischer Behandlung. 84. 132.
Leipzig, B. G. Teubner, 1875. gr. 8⁰. VIII, 256 S.

Hansen, P. A.: (1.) Untersuchung des Weges eines Lichtstrahls durch eine beliebige Anzahl von brechenden sphärischen Oberflächen. [1871.] 123.
Leipzig, Abh. Akad. 1874. **10.** 63—202.

—, —: (2.) Dioptrische Untersuchungen mit Berücksichtigung der Farbenzerstreuung und der Abweichung wegen Kugelgestalt. 408.
Leipzig, Abh. Akad. **10.** 693—784.

Harkness, W.: (1.) On the colour correction of achromatic telescopes. 372.
Sillimann's Journ. 1879. **18.** 189—196.

rektion speciell bei Fernrohrobjektiven."
Centr. Ztg. f. Opt. u. Mech. 1888. **9.** 153.

von Höegh, E.: (*3.*) Zur Theorie der zweitheiligen verkitteten Fernrohrobjektive. 385. 408.
Zft. f. Instr. 1899. **19.** 37—39.

—, —: (*4.*) Bemerkungen zu dem Werke „Theorie und Geschichte des photographischen Objektivs von M. VON ROHR." 399.
Arch. f. wiss. Phot. 1900. **2.** 83—91.

Hoppe, E.: (*1.*) Über die Bestimmung der Haupt- und Brennpunkte eines Linsensystems. 107.
Pogg. Ann. 1877. **160.** 169—173.

de l'Hospital: (*1.*) Analyse des infiniment petits. 200.
Seconde edition, Paris 1716. 4⁰. 181 S. Mit 11 Tfln.

Huygens, Chr.: (*1.*) Traité de la lumiere où sont expliquées les causes de ce qui luy arrive dans la reflexion, & dans la refraction. Et particulierement dans l'etrange refraction du cristal d'Islande. Avec un discours de la cause de la pesanteur. 336.
Leiden, P. VAN DER AA, 1690. 4⁰. (VIII.) 180 S.
S. auch den Neudruck von W. BURCKHARDT.
Leipzig, GRESSNER & SCHRAMM, o. J. gr. 8⁰. IV. 134 S.
In lateinischer Übersetzung enthalten in:

—, —: Opera reliqua.
Amsterdam, JANSSON-WAESBERG, 1728. 4⁰. **1.** X. (IV.) 315 S. mit 15 Tfln. **2.** (XX.) 226. (V.) 184. (20.) Mit 42 Tfln.

—, —: Aufstellung der Undulationstheorie. 1. Ableitung der Grundgesetze. 9.

Huygenssches Okular. 354.

I.

Isely, L.: (*1.*) Propriétés harmoniques des miroirs et des lentilles. 123.
Arch. sc. phys. 1893. (3.) **29.** 527—528.

K.

Kästner, A. G., s. u. Smith, R. (*2.*)

Kanthack, R., s. u. Heath, R. S. (*2.*)

Kayser, H.: (*1.*) Handbuch der Spectroscopie. 430. 451.
Leipzig, S. HIRZEL, 1900. Bd. I. gr. 8⁰. XXIV, 781 S.
Hier kommt hauptsächlich in Betracht: Kap. V. 2. Abschnitt.

Keller, G. A.: (*1.*) Zur Dioptrik. Entwicklung der Glieder fünfter Ordnung. Gekrönte Preisschrift. 336.
München, C. R. SCHURICH, 1865. 8⁰. 24 S.

Kepler, J.: (*1.*) Dioptrice seu demonstratio eorum quae visui et visibilibus propter conspicilla non ita pridem inventa accidunt.

Praemissae epistolae Galilæi de iis, quae post editionem Nuncii siderii ope perspicilli, nova et admiranda in cœlo deprehensa sunt.

Item examen praefationis Joannis Penae Galli in Optica Euclidis, de usu optices in philosophia. 123. 336.
Augsburg, DAVID FRANC, 1611. (VII.) 28. 80. (2.) kl. 4⁰.
S. auch den Neudruck:
London, J. FLESHER, 1653. 8⁰. S. 51—173.
Es ist mit Petri Gassendi Institutio astronomica und G. Galilei Sidereus nuncius zusammen gedruckt.

Kerber, A.: (*1.*) Über die chromatische Korrektur von Doppelobjektiven. 372
Centr. Ztg. f. Opt. u. Mech. 1886. **7.** 157—158.

—, —: (*2.*) Die Vereinigungsweite eines Strahles mit Berücksichtigung der vierten Potenz der Einfallshöhe. 336.
Centr. Ztg. f. Opt. u. Mech. 1886. **7.** 217—218.

—, —: (*3.*) Bestimmung der Lage und Grösse des sphärischen Zerstreuungskreises. 336. 338.
Centr. Ztg. f. Opt. u. Mech. 1889. **10.** 147—149; 157—159; 169—170; 182—184.

—, —: (*4.*) Über die Beseitigung der chromatischen Differenz der sphärischen Aberration in Mikroskopsystemen. 372.
Centr. Ztg. f. Opt. u. Mech. 1890. **11.** 217—219.

—, —: (*5.*) Einige Sätze über die Vereinigung der heteronomen Strahlen. 337. 408.
Centr. Ztg. f. Opt. u. Mech. 1891. **12.** 121—122; 133—135; 145—147; 158—161.

—, —: (*6.*) Ueber die Aufhebung des sekundären Spektrums durch Kompensationslinsen. 372.
Centr. Ztg. f. Opt. u. Mech. 1893. **14.** 145—147.

—, —: (*7.*) Beiträge zur Dioptrik. Erstes Heft. 37. 78. 82.
Leipzig, Selbstverlag, 1895. gr. 8⁰. 14 S.

Krüss, H.: (*2.*) Ueber Spectral-Apparate mit automatischer Einstellung. 460.
Zft. f. Instr. 1885. **5.** 181—191; 232—244.

—, —: (*3.*) Ueber den Lichtverlust in sogenannten durchsichtigen Körpern. 536. 547.
Abh. Natw. Ver. Hamburg 1889. **11.** 1.—28. Centr. Ztg. f. Opt. u. Mech. 1890. **11.** 50—54; 61—63; 75—78.

—, H. A.: (*1.*) Die Durchlässigkeit einer Anzahl Jenaer optischer Gläser für ultraviolette Strahlen. (Jenaer Inaug.-Diss.) 533. 547.
Berlin, J. SPRINGER, 1903. gr. 8⁰. 28 S. Mit 7 Fig.
Auch:
Zft. f. Instr. 1903. **23.** 197—207; 229—239.

Kummer, E. E.: (*1.*) Allgemeine Theorie der gradlinigen Strahlen - Systeme. (Oct. 1859.) (P. C.) 22. 33. 202.
CRELLES Journ. 1860. **57.** 189—230. Auch S.-A. 8⁰. 42 S.
Dazu gehörig noch:
—, —: (*2.*) Modelle der allgemeinen, unendlich dünnen, gradlinigen Strahlenbündel. (P. C.)
Berl. Akad. Ber. 1860. 469—474.
—, —: (*3.*) Ueber die algebraischen Strahlensysteme, in's Besondere über die der ersten und der zweiten Ordnung. (9. Aug. 1865.)
Berlin. Akad. Monatsber. 1865. 288—293. Berl. Akad. Abh. 1866. No. 1. 1—120. Auch S.-A. Berlin, F. DÜMMLER, 1867. gr. 4⁰. 120 S.

Kundt, A.: (*1.*) Über die Brechungsexponenten der Metalle. 11.
Berl. Ber. 1888. 255—272. Ann. d. Phys. 1888. (3.) **34.** 469—489.

L.

de Lagrange, J. L.: (*1.*) Sur la théorie des lunettes (1778). 123. 156. 199. 336.
Mém. de Berlin. 1780. 162—180.
—, —: (*2.*) Sur une loi générale d'optique. 199. 336.
Mém. de Berlin. 1803. 3—12.

Lagrange-Helmholtzsche Gleichung. 148. 199.
S. auch unter HELMHOLTZsche Gleichung, sowie SMITH-HELMHOLTZsche Gleichung.

Lambert, J. H.: (*1.*) Photometria sive de mensura et gradibus luminis, colorum et umbrae. 546.
Augsburg. KLETT, 1760. (16.) 547 (13.) S. 8⁰. Mit 8 Taf.
Übersetzt als:
(*2.*) Lamberts Photometrie. 546.
Deutsch herausgegeben von E. ANDING. OSTWALDS Klassiker der exacten Wissenschaften. No. 31 32. 33. Leipzig, W. ENGELMANN, 1892.
S. 50—172 des dritten Bändchens nehmen die Anmerkungen des Übersetzers ein.

Lambert, J. H.: (*3.*) Sur les lorgnettes achromatiques d'une seule espece de verre. 372.
Mém. de Berlin, 1771. **2.** 338—351.
—, —: Photometrisches Grundgesetz. 509. 522. Bestrahlung eines achsensenkrechten Kreises durch ein paralleles, axiales Flächenelement. 515, durch ein ausseraxiales, paralleles Flächenelement. 516. Einführung der Bezeichnung Albedo. 521.

von Lang, V.: (*1.*) Zur Dioptrik eines Systems centrirter Kugelflächen. 123.
Wiener Ber. 1871. **63.** 666—672. Carl. Rep. 1872. **8.** 20—25. Pogg. Ann. 1873. **149.** 353—359.

Lebourg, E.: (*1.*) Méthode élémentaire pour la construction des foyers conjugués des miroirs et des lentilles. 109.
Journ. de phys. 1877. **6.** 305—307.

Lefebvre, P.: (*1.*) Notes d'optique géométrique. 109.
Journ. de phys. 1892. (3.) **1.** 341—345.
—, —: (*2.*) Points corrélatifs des points de BRAVAIS. 107.
C. R. 1899. **128.** 930—933.
—, —: (*3.*) Points de BRAVAIS et pôles. 107.
C. R. 1899. **128.** 1320—1322.

Leman, A.: (*1.*) Zur Berechnung von Fernrohr- und schwach vergrössernden Mikroskopobjektiven. 408.
Zft. f. Instr. 1899. **19.** 272—273.
S. dazu auch:
Harting, H.: Bemerkung zu dem vorstehenden Aufsatze.
Ibidem 1899. **19.** 274—275.

Leroy, C. J. A.: (*1.*) Théorie de l'astigmatisme. 167. 182. 203.
Arch. d'ophtalm. 1880. **1.** 220—260; 335—364.

Lippich, F.: (*1.*) Fundamentalpuncte eines Systemes centrirter brechender Kugelflächen. 84. 107. 132.
Mitt. naturw. Ver. Steiermark, 1871. **2.** 429—459.
S. auch:
S.-A. Graz, 1871. 8⁰. 31 S. Mit 1 Tfl.

Malus scher Satz. 20/21. 23. 26.

Martin, A.: (*1.*) Interprétation géométrique et continuation de la théorie des lentilles de GAUSS. 109.
Diss. Paris 1867. 75 S. Mit 2 Tfln.
Auch: Ann. Chim. Phys. 1867. (4) **10.** 385 bis 455.

Mascart, M. E.: (*1.*) Traité d'optique. 547.
Paris, GAUTHIER-VILLARS et FILS,. 8⁰. Mit 395 Textf.
1. VIII, 638. 1889.
2. VI, 643. 1891.
3. (II) 692. 1893.

Matthiessen, H. Fr. L.: (*1.*) Elementare Beweise zweier bekannten Theoreme aus der Optik.
SCHLÖMILCHS Zft. f. Math. u. Phys. 1874. **19.** 176—180.
Zitat vergessen.

—, —: (*2.*) Grundriss der Dioptrik geschichteter Linsensysteme. Mathematische Einleitung in die Dioptrik des menschlichen Auges. 107. 120. 156.
Leipzig, B. G. TEUBNER, 1877. 8⁰. VIII. 276 S. Mit 75 Textf.

—, —: (*3.*) Über eine Methode zur Berechnung der sechs Cardinalpuncte eines centrierten Systems sphärischer Linsen. 107.
SCHLÖMILCHS Zft. f. Math. u. Phys. 1878. **23.** 187—191.

—, —: (*4.*) Ueber den schiefen Durchgang unendlicher dünner Strahlenbündel durch die Krystalllinse des Auges. 204.
PFLÜGERS Arch. Physiol. 1883. **32.** 97—111. Mit 1 Taf.

—, —: (*5.*) Ueber die Form der astigmatischen Bilder sehr kleiner gerader Linien bei schiefer Incidenz der Strahlen in ein unendlich kleines Segment einer brechenden sphärischen Fläche. (1882.) 204.
GRÄFES Arch. f. Ophth. 1883. **29.** Abt. 1. 147=149.

—, —: (*6.*) Ueber die Form der unendlich dünnen astigmatischen Strahlenbündel und über die KUMMERschen Modelle. (1883.) 204.
Münchner Sitzber. Math.-phys. Cl. 1884. **13.** 35—51. Mit 1 Taf.

—, —: (*7.*) Untersuchungen über die Lage der Brennlinien eines unendlich dünnen Strahlenbündels gegen einan-

der und gegen einen Hauptstrahl. (22. Sept. 1883.) 204.
Acta Math. 1884. **4.** 177—192.

Matthiessen, H. Fr. L.: (*8.*) Allgemeine Formeln zur Bestimmung der Cardinalpuncte eines brechenden Systems centrirter sphärischer Flächen, mittels Kettenbruchdeterminanten dargestellt. 120.
SCHLÖMILCHS Zft. f. Math. u. Phys. 1884, **29.** 343—350.

—, —: (*9.*) Bestimmung der Cardinalpuncte eines dioptrisch-katoptrischen Systems centrirter sphärischer Flächen, mittels Kettenbruchdeterminanten dargestellt. 107. 148. 204.
SCHLÖMILCHS Zft. f. Math. u. Phys. 1887. **32.** 170—175.

—, —: (*10.*) Untersuchungen über die Constitution unendlich dünner astigmatischer Strahlenbündel nach ihrer Brechung in einer krummen Oberfläche. 33. 181. 204.
SCHLÖMILCHS Zft. f. Math. u. Phys. 1888. **33.** 167—183.

—, —: (*11.*) Ueber die Kardinalpunkte afokaler dioptrischer Systeme. 107.
Zentr. Ztg. f. Opt. u. Mech. 1891. **12.** 181 bis 182.

—, —: (*12.*) Bestimmung der Lage der Collineationsebene und des Collineationscentrums eines optischen Systems. 109.
Centr. Ztg. f. Opt. u. Mech. 1893. **14.** 1—2.
SCHHÖMILCHS Zft. f. Math. u. Phys. 1893. **38.** 190—192.

—, —: (*13.*) Das astigmatische Bild des horizontalen, ebenen Grundes eines Wasserbassins. 431.
Ann. d Phys. 1901. **6.** 347—352.

—, —: Regelmäßige Referate über physiologische Optik. 205.

Maurer, H.: (*1.*) Ueber die Theorie des Winkelspiegels. 142.
GRUN. Arch. 1890. (2) **9.** 1—18.

Maxwell, J. C.: (*1.*) On the elementary theory of optical instruments. 85.*) 182.
Phil. Mag. 1856. (4) **12.** 402—403.
Cambridge, Phil. Soc. Proc. 1866. **1.** 173 bis 175.
*) Zitierung dort vergessen.

—, —: (*2.*) On the general laws of optical instruments. 85.
Quart. Journ. Pure and Applied Math. 1858. **2.** 233—246.

Schmidt, E.: (*1.*) En Fremstilling af Theorien for centrerede optiske Systemer. 107.
  Tidsskrift for Physik og Chemie. 1892. 1. 65—80.

—, J. C. E., s. u. Herschel, J. Fr. W. (*4.*)

—, —: (*1.*) Lehrbuch der analytischen Optik. Nach des Verfassers Tode herausgegeben von C. W. P. GOLDSCHMIDT. 338.
  Göttingen, DIETERICH, 1834. 8⁰. X, 628 S. Mit 4 Tfln.

—, W.: (*1.*) Die Brechung des Lichts in Gläsern, insbesondere die achromatische und aplanatische Objectivlinse. 372. 408.
  Leipzig, B. G. TEUBNER, 1874. 8⁰. 121 S.

Schnitzer, .., s. C. C. Harrison. 407.

Schroeder, H. L. H.: (*1.*) Ueber die Untersuchung optischer Flächen auf Gestaltfehler. 169.
  Centr. Ztg. f. Opt. u. Mech. 1881. 2. 5—8; 15—18.

—, — und Stuart, J.: (*2.*) Improvements in lenses. 407.
  E. P. 5194[88] vom 7. April 1888.

—, —: (*3.*) Über Farbenkorrektion der Achromate. 372.
  Centr. Ztg. f. Opt. u. Mech. 1889. 10. 217—220.

—, —: (*4.*) Über katadioptrische Teleskope und über eine neue Konstruktion derselben. 365. 372.
  Centr. Ztg. f. Opt. u. Mech. 1896. 17. 101—104.

—, —: (*5.*) Über chromatische Homofocallinsen und über meine chromatische Planparallelplatte. 372.
  Phot. Mitt. 1896/97. 33. 5—7; 22—24

—, —: (*6.*) Über die Anwendung meiner homofokalen chromatischen Planparallelplatte. 372.
  Centr. Ztg. f. Opt. u. Mech. 1899. 20. 71—73; 81—83.

—, —: Kugellupe 241.

Schroedersche Legierung, ihr Reflexionsvermögen 526.

Schünnemann s. Brandes.

af Schultén, N. G.: (*1.*) Recherche générale sur la quantité de lumière directe ou indirecte envoyée dans l'œil par des objets lumineux (1823). 167. 202. 206.
  St. Petersb. Mém. Sav. étr. 1830. 1. 39—51

af Schultén, N. G.: (*2.*) Note sur les faisceaux infiniment menus répandus dans l'espace suivant une loi donnée (14 oct. 1836). 167. 202. 206.
  St. Petersb. Mém. Sav. étr. 1845. 4. 203—214.

—, —: (*3.*) Note ultérieure sur les faisceaux infiniment menus (14 oct. 1836). 167. 202. 207.
  St. Petersb. Mém. Sav. étr. 1845. 4. 215—225.

—, —: (*4.*) Mémoires sur les réfractions et réflexions sous des angles d'incidence très petits (1838). 167. 202. 205.
  St. Petersb. Mém. Sav. étr. 1845. 4. 382—444.

Schupmann, L.: (*1.*) Die Medial-Fernrohre. Eine neue Konstruktion für grosse astronomische Instrumente. 336. 365. 372.
  Leipzig, B. G. TEUBNER, 1899. 8⁰. IV, 146 S.

Schuster, A.: (*1.*) Spectroscopy. 450.
  Encyc. Brit. 9. Ed. 22. 373—381.

—, —: (*2.*) An easy method for adjusting the collimator of a spectroscope (1879). 441.
  Phil. Mag. 1879. (5.) 7. 95—98.
  London, Proc Phys. Soc. 1880. 3. 14—17.

Schwarz, A.: (*1.*) Ueber die optische Achse oder die Cardinale nicht centrirter dioptrischer Systeme. 113.
  Inaug.-Diss. Rostock 1892 8⁰. 33 S.
  S. a. Beibl. 1893. 17. 328—329.

Seidel, L., s. a. u. Steinheil, C. A. (*1.*)

—, —: (*1.*) Zur Theorie der Fernrohr Objective. 336 zu 2.
  Astr. Nachr. 1853. 35. No. 835. 301—316.
  Zitat vergessen.

—, —: (*2.*) Zur Dioptrik. 123. 144. 146. 327. 372.
  Astr. Nachr. 1853. 37. No. 871. 105—120.

—, —: (*3.*) Zur Dioptrik. Ueber die Entwicklung der Glieder 3ter Ordnung, welche den Weg eines ausserhalb der Ebene der Axe gelegenen Lichtstrahles durch ein System brechender Medien bestimmen. 211. 263. 337. 338. 407. 408.
  Astr. Nachr. 1856. 43. Nr. 1027. 289—304; No. 1028. 305—320; No. 1029. 321—332.
  Gelehrte Anzeigen k. bayr. Akad. d. Wiss. 1855. No. 16 u. 17.

—, —: (*4.*) Ueber die Theorie der caustischen Flächen, welche in Folge der Spiegelung oder Brechung von Strahlenbüscheln an den Flächen eines optischen Apparates erzeugt werden. 338.
  Münch. gel. Anz. 1857. 44. 241—251.

Seidel, L.: (*5.*) Brennfläche eines Strahlenbündels, welches durch ein System von centrirten sphärischen Gläsern hindurch gegangen ist. (P.) 338.

Berl. Akad. Monatsber. 1862. 695—705.

—, —: (*6.*) Trigonometrische Formeln für den allgemeinen Fall der Brechung des Lichtes an centrirten sphärischen Flächen. 57. 66. 82.

Münch. Sitzb. 1866. **2.** 263—283.

Auch abgedruckt — mit veränderten Bezeichnungen und mit Zusätzen — als Beilage III in:

STEINHEIL, A., und. VOIT, E. (*3.*) *257—270.*

Dieser Abdruck hat beim Kapitel II zu Grunde gelegen. Das Zitat auf S. 82 ist ebenfalls diesem Abdruck, als der späteren, von L. SEIDEL sogar erweiterten Veröffentlichung entnommen. Es findet sich, von gänzlich unbedeutenden Abweichungen abgesehen, auch in den Münchener Sitzungsberichten.

s. a. u. Wanach, B. (*1.*)

—, —: (*7.*) Ueber die Bedingungen möglichst präziser Abbildung eines Objekts von endlicher scheinbarer Größe durch einen dioptrischen Apparat. 338.

Aus dem Nachlasse herausgegeben von S. FINSTERWALDER. [395—400.] Sitzber. Münch. Akad. math.-phys. Cl. 1898. 395—422.

—, —: Anwendung des Schemas für windschiefe auf Strahlen aus Achsenpunkten von B. WANACH 40—42. Rechenschema für windschiefe Strahlen: Übergangsformeln und Anfangswerte 56—60. Brechungsformeln 66—68. Kontrollformeln 68—69. Berechnung der Sagittalstrahlen nach seinem Verfahren von B. WANACH 76—78. Aufstellung allgemeiner Differenzenformeln 82. Zusammenhang zweier dasselbe System durchsetzender Paraxialstrahlen 144—146. Theorie der SEIDELschen Abbildung 208—212. 317—336. Beweis für die Unvereinbarkeit der Sinusbedingung mit der HERSCHELschen Bedingung 330—331.

Seidelsche Abbildung 211. Bildfehler 212. Ihre Ableitung nach A. KERBER 317—323. Bei deformierten Flächen 323—326. Ihre Hebung 373.

Seidelsche Bildfehler, ihre Korrektion 380—400. Im dünnen Linsensystem 380—389. Korrektion zweier durch geeignete Radienwahl 382—387. Durch Blendenstellung 387—389. In einem System dünner Linsen mit einem Abstande 390—392. Korrektion zweier durch Linsendurchbiegung 391—393. Dreier durch Linsendurchbiegung 393—395. Durch Abstandswahl 395—396. In einem System dünner Linsen mit zwei Abständen 396—397. Bei einer einfachen Linse 397—400.

Seidelsche Eliminationsformeln 326—330. Für die s, h-Werte 327—328. Für die x, y-Werte 328—330.

Short, J., s. u. Dollond, J. (*1.*)

Siedentopf, H., und Zsigmondy, S.: (*1.*) Über Sichtbarmachung und Grössenbestimmung ultramikroskopischer Teilchen, mit besonderer Anwendung auf Goldrubingläser. 7.

Ann. d. Phys. 1903. (4.) **10.** 1—39.

—, —: Die Berechtigung einer geometrischen Optik. 1—35.

Simms, W., s. a. Christie, W. H. M. (*1.*) 430.

Sissingh, R.: (*1.*) Propriétés générales des images formées par des rayons centraux, traversant une série de surfaces sphériques centrées. 123.

Verh. Kon. Acad. Amsterdam 1900. (5.) **7.** Auch S.-A.

Smith, R.: (*1.*) A compleat system of opticks in four books, viz. a popular, a mathematical, a mechanical, and a philosophical treatise. To which are added remarks upon the whole. 198. 201. 336.

Cambridge, im Selbstverlage und bei C. CROWNFIELD, 1738. 4⁰. **1.** (V.) VI. (VIII.) 280 S. Mit 556 Fig. **2.** (II.) S. 281—455. Fig. 557—685.

The author's remarks: 1—171, (13.) Mit 20 Tfln.

—, —: (*2.*) Vollständiger Lehrbegriff der Optik nach Herrn ROBERT SMITHS Englischen mit Aenderungen und Zusätzen ausgearbeitet von A. G. KÄSTNER. 336.

Altenburg, RICHTER, 1755. 4⁰. (XXIV.) 531 (3.) S. Mit 22 Tfln.

Übersetzung des 1. und 3. Teiles von R. SMITH. Umarbeitung des 2. Teiles. Der 4. Teil ist fortgelassen.

—, —: (*3.*) Pezenas, L. P.: Cours complet d'optique, traduit de l'anglois de ROBERT SMITH, contenant la théorie, la pratique et les usages de cette science. Avec des additions considérables sur toutes les nouvelles découvertes qu'on a faites en cette manière depuis la publication de l'ouvrage anglois. 198. 201. 336.

Avignon, VEUVE GÉRARD et FR. SEGUIN, J. AUBERT, Paris, CH.-AN.-JOMBERT, CH. SAILLANT, 1767. 4⁰. **1.** XXVIII. 472 S. Mit 38 Tfln. **2.** 536 S. (1.) Tfln. 39—72.

—, —: Folgerungen aus dem COTESschen Satze. 156.

Wiener, Chr.: (**1.**) Die Zerstreuung des Lichtes durch matte Oberflächen und die Empfindungseinheit zum Messen der Empfindungsstärke. 521.
> Festschr. Techn. Hochsch. Karlsruhe zum 40jähr. Regierjub. des Großherzogs.
> Auch S.-A. Karlsruhe, G. BRAUN, 1892. 4⁰. 24 S. Mit 6 Textf. und 1 Taf.

—, —: Vorgängerschaft für die THALERsche Arbeit. 521. 546.

Wilde, E.: (**1.**) Geschichte der Optik, vom Ursprunge dieser Wissenschaft bis auf die gegenwärtige Zeit. 200. 336.
> Teil I. Von ARISTOTELES bis NEWTON. Berlin, RÜCKER und PÜCHLER, 1838. 8⁰ VIII, 352 S. und 3 Tfln.
> Teil II. Von NEWTON bis EULER. 1843. 407 S. und 4 Tfln.

Wilsing, J.: (**1.**) Zur homocentrischen Brechung des Lichtes durch das Prisma. 434.
> SCHLÖMILCHS Zft. f. Math. u. Phys. 1895. **40.** 353—361.

—, —: (**2.**) Ueber die Lichtabsorption astronomischer Objective und über photographische Photometrie. 547.
> Astr. Nachr. 1897. **142.** No. 3400. 241—252.

—, —: s. a. u. Müller.

Y.

Young, Th.: (**1.**) On the mechanism of the eye (27. Nov. 1800). 201.
> Phil. Trans. 1801. **102.** 23—88. Mit 5 Tfln.
> Siehe auch:
> PEACOCK, G.: Miscellaneous works of the late THOMAS YOUNG. London, J. MURRAY, 1855. 8⁰. **1.** VI, 600 S. Mit 8 Tfln.
> **2.** VI, 623 S. Mit 3 Tfln.
> **1.** No. II. 12—63.
> Und ferner in:
> Oeuvres ophthalmologiques ·de THOMAS YOUNG, traduites et annotées par M.TSCHERNING. Copenhague, HÖST & SÖN, 1894. 8⁰. VIII, 248 S. Mit 3 Tfln. und 95 Textf.
> Unter dem Titel:

—, —: Sur le mécanisme de l'oeil. No. II. 73—232.

Young, Th.: (**2.**) On the theory of light and colour (12. Nov. 1801). 1.
> Phil. Trans. 1802. 12—48.
> Und bei:
> G. PEACOCK. **1.** 140—169. Mit 4 Fig.
> Zitat vergessen.

—, —: (**3.**) A Course of lectures on natural philosophy. 125. 201.
> London, J. JOHNSON, 1807. **1.** 4⁰. XXV, 796 S. MIt 43 Tfln. **2.** XII, 738 S. Mit 15 Tfln, hier handelt es sich um Bd. **2.**

—, —: Erweiterung der Undulationstheorie. 1.

Youngsche Konstruktion des gebrochenen Strahls. 125. 163. Des perspektivischen Zentrums der Tangentialstrahlen. 164. 176.

Z.

Zech, P.: (**1.**) Die Geometrie unendlich dünner Strahlenbündel und die Affinität ebener Systeme. 123.
> SCHLÖMILCHS Zft. f. Math. u. Phys. 1872. **17.** 353—374. Mit 1 Taf.

—, —: (**2.**) Elementare Behandlung von Linsensystemen. 123.
> Math.-naturw. Mitt. **2.** 9—25.
> Auch S.-A.:
> Tübingen, FR. FUES, o. J. 8⁰. 16 S. Mit 16 Fig.

—, —: (**3.**) Durchgang eines dünnen Strahlenbündels durch ein Prisma. 431.
> SCHLÖMILCHS Zft. f. Math. u. Phys. 1879. **24.** 168—179.

Zeiss, C.: Herstellung theoretisch bestimmter nichtsphärischer Flächen. 26.

Zinken genannt Sommer, H.: (**1.**) Ueber die Berechnung der Bildkrümmung bei optischen Apparaten. 337.
> Pogg. Ann. 1864. **122.** 563—574.

—, —: (**2.**) Untersuchungen über die Dioptrik der Linsen-Systeme. 337. 372. 408.
> Braunschweig, FR. VIEWEG & SOHN, 1870. 8⁰. VIII, 162 S.

Zinken-Sommersche Systemhälfte, ein ihr entsprechendes Rechenbeispiel. 387.